环境监测质量管理

吴邦灿　李国刚　邢冠华　编著

中国环境科学出版社·北京

序

党中央、国务院领导同志十分关心环境监测工作。温家宝总理明确要求要建立先进的环境监测预警体系，全面反映环境质量状况和变化趋势，准确预警各类突发环境事件。李克强副总理针对开展城乡统筹环境监测系统建设作出重要批示，要求结合推进农村环保工作认真研究落实。

在党中央、国务院的正确领导下，各地区各部门把环境保护摆上更加重要的战略位置，"十一五"环保工作取得显著成绩，环境质量有所改善。特别是污染减排任务超额完成，成为贯彻落实科学发展观的一大亮点。环境保护事业越是快速发展，越离不开牢固的基础。环境监测作为环保工作的重要基础，是一项系统而复杂的科学技术活动，其直接目的是获取具有代表性、准确性、精密性、可比性和完整性的环境信息，为科学的环境管理工作服务。

各级环保部门要高度重视环境监测事业发展，在科学、规范和有效等方面狠下功夫，坚持以探索中国环保新道路为统领，着力理顺环保系统和其他部门、环保系统内部各部门和环保监测系统上下级关系，建设先进的环境监测预警体系，做到说得清污染源状况、说得清环境质量现状及其变化趋势、说得清潜在的环境风险。这就需要做好三个方面工作：一是建立完整和谐、科学高效的环境监测政策法规制度，推进全国环境监测管理"一盘棋"；二是培养业务精通、结构合理的环境监测人才队伍，推进全国环境监测队伍"一条龙"；三是完善先进实用、种类齐全的环境监测网络，推进环境监测网络"一体化"。

数据精准是环境监测工作的生命线。环境监测质量管理是提高数据质量的基本途径，是监测管理的灵魂。目前全国环境监测系统尚未形成完整的质量管理体系，全程序的质量管理也没有全面展开，"质量就是生命"的意识亟待强化。以《环境监测质量管理三年行动计划》为契机，以全面监测质量管理为手段，不断完善环境监测质量管理规定，探索运行质量管理体系的长效机制，逐步实现环境监测全过程质量控制，确保环境监测数据质量，才能从根本上提升环境监测服务的科学化、规范化和精准化水平。

本书是一部全面系统地阐述环境监测质量管理的实用性专业书，有理有据，内容丰富。我相信本书的及时出版，对于指导环境监测质量管理，全面提高环境监测水平将起到积极推动作用。

周生贤

中华人民共和国环境保护部部长

2011 年 8 月 12 日

前　言

当今环境与发展问题日益突出，环境保护任重道远。环境监测是以说清环境质量和污染物排放状况、准确预警突发环境事件等为目标的环境保护基础工作，当前环境监测已从传统的技术层面全面融合到环境保护工作的整体中去，是推动环境保护历史性转变的重要突破口之一。形势要求环境监测实现从传统到现代，从粗放到精准，从地面到天地一体化，从分散封闭到集网联动，从现状监视到环境预警。总之，对环境监测工作质量要求愈来愈高。我国环境监测事业历经了 30 多年，虽已取得了长足发展，但与世界新时期的环保要求和先进环境监测水平相比，还有很大差距。全国环境监测还存在缺乏统一监督管理、监测信息生产能力弱、质量不高、监测网不健全、功能不完善、监测技术标准体系不完备、仪器装备水平较低、队伍配置结构不合理、资金投入缺少长效机制等问题，这些都直接或间接地影响到环境监测质量。尤其是监测人才问题是监测质量保证的关键点。由于监测系统条件所限，高素质技术人才缺乏，而在职的监测人员由于忙于日常工作，知识不能及时更新，水平难以提高。因此，切实持久地抓好人才引进培养，经常进行监测人员“三基”培训、考核，不断提高监测人员业务素质，已是当务之急。

本书以法律为依据，以构建先进的环境监测预警体系为目标，以系统论、控制论、信息论作为理论先导，以全程序质量管理理念为主线，详尽地阐述环境监测质量管理的理论与实践。

全书共分七章。第一章绪论，概述环境监测质量管理的理论依据、技术路线、管理内涵和发展目标；第二章全面阐述环境监测实验室基础工作的质量保证因素，为全程序质量管理构筑好平台；第三章阐述环境监测质量的首要问题——空间代表性问题，分述几大要素的监测点位布设优化质量保证问题；第四章关于环境监测现场采样对质量的影响与对策作专题论述；第五章对实验室内及现场分析测试各环节质量管理、包括计量认证、方法标准化等质量问题分类阐述；第六章从原始数据记录、整理、运算、修改、检验，到归纳分析、解释运用的全程数据质量管理；第七章专门阐述环境监测为环境管理服务，综合分析评价阶段的质量管理，确保达到说清环境质量和污染排放状况、准确预警突发事件的目的。

本书科学性、系统性、实用性强，为全国各级环境监测站以及相关的实验室全面质量管理提供了实用的教科书和工作指南。

本书得到环保部监测司及总站领导的支持和指导，在前期调研过程中，受到全国许多省、市监测站的大力支持（如广东省深圳市中心站、福建省厦门市中心站、广西壮族自治区站、四川省站、新疆维吾尔自治区站、内蒙古自治区站及河北省张家口市环境监测站的大力支持），在此向他们表示衷心感谢！并向本书所引用文献的作者表示感谢！

由于作者水平所限，难免有疏漏和不当之处，恳请读者惠予指正！

吴邦灿

2011 年 8 月

目　录

第一章　环境监测质量管理概论 1

第一节　环境监测管理 1

第二节　环境监测质量管理 17

第二章　实验室基础工作质量管理 25

第一节　实验室环境条件 25

第二节　实验材料的质量保证 32

第三节　实验仪器设备的维护管理 51

第四节　实验方法的标准化 62

第五节　实验人员构成与能力 79

第三章　野外优化布点质量管理 95

第一节　优化布点概述 95

第二节　空气监测点位布设优化 98

第三节　水监测点位布设优化 108

第四节　土壤监测点位布设优化 117

第五节　环境噪声监测点位布设优化 120

第四章　现场采样过程的质量管理 122

第一节　采样质量管理概述 122

第二节　水样采集质量管理 126

第三节　气样采集质量管理 147

第四节　土壤固废物采集质量管理 165

第五节　生物样品采集质量管理 169

第五章　实验室测试质量管理 177

第一节　监测计量认证 177

第二节　监测计量器具检定 183

第三节　监测方法选用 186

第四节　标准物质及量值溯源 202

第五节　监测质控图 214

第六节　实验室间质控 225

第七节　自动与人工监测比对 230

第六章 数据处理质量管理 232
第一节 数据误差及传递 232
第二节 数据记录整理 238
第三节 监测数据的分布类型检验 243
第四节 监测数据的离群值检验 247
第五节 监测数据相关性检验 250
第六节 监测数据的统计检验 257

第七章 综合分析质量管理 268
第一节 综合分析质量管理内涵 268
第二节 监测数据的搜集统计 271
第三节 监测数据的解释和表达 274
第四节 污染源监控减排质量管理 290
第五节 环境质量评价质量管理 303
第六节 环境影响评价质量管理 325
第七节 环境风险评价质量管理 333

参考文献 342
附 录 343
附录一 数据换算表 343
附录二 部门规章选录 354
附录三 环境标准目录 426

第一章　环境监测质量管理概论

第一节　环境监测管理

一、环境监测管理内涵

环境监测是指按照规定的技术标准、规范和规程，对大气、水、海洋、土壤、森林、草原、生物、生态等环境质量要素、污染源及自然和人为突发事件等影响环境质量的因素进行监视、检测和评价活动的统称。我国县以上环境保护部门依法设置环境监测站，从事本区域环境监测活动。

根据《中华人民共和国环境保护法》第 11 条规定：国务院环境保护主管部门建立监测制度，制定监测规范，会同有关部门组织监测网络，加强对环境监测的管理。环境监测管理是环境保护主管部门运用科学方法指导和协调环境监测活动中以质量和效率为中心的各类环境监测问题，达到对环境监测系统的科学管理，确保为环境管理提供及时、准确、高效的决策依据，其主要管理内容是：

1. 环境监测计划管理

计划是目标的具体体现，依据法律法规政策结合各自监测站的建设情况和承担的任务实施计划管理。主要包括常规监测计划、应急监测计划、监测报告计划、监测技术开发计划，以及各种环境监测实践活动的监测方案等。监测计划管理按时间要求，可分为年度计划、季度计划、月计划、专项计划等。按目标内容可分为工作指标计划、质量改进计划、技术提高计划、科研监测计划等。计划管理可以通过定量化、定额化、规范化管理把工作的“弹性”指标转化为“硬性”指标，更有效地做好计划管理工作。

2. 环境监测质量管理

监测质量可以概括为环境监测满足使用者的要求的适用性，它是监测站的灵魂。监测质量包括监测过程质量、监测成果质量和监测工作质量。工作质量决定着过程质量，过程质量又决定着成果质量。过程质量和成果质量是因果关系。监测过程中有许多因素在起作用，因此必须建立环境监测质量管理体系，实施全过程的质量控制和质量保证工作。由于监测质量问题的重要、复杂和综合性，决定质量管理居特殊地位。实践证明，抓好了质量管理就是抓住了提高监测管理水平的关键。

3. 环境监测技术管理

环境监测技术管理内容很多，首先是各环境要素的监测技术路线的执行，监测点位的优化，项目、频次的确定，监测方法的选择，仪器设备的检验等。其核心内容是对环境监测质量保证的技术支持。因为环境监测质量保证的技术支持系统必须保证具备一系列先进的技术条件。当前摆在各地环境监测站的重点问题是如何发挥监测队伍和监测装备的潜力，把监测站的基本建设、人才资源、装备投资变成现实的强大生产力，这就要在监测技术、监测方法、监测质量保证的各方面有一个大的提高。技术支持就是开发并提供这些技术条件，帮助解决影响监测数据的各种技术问题，如组织监测方法验证、组织研制和生产、分发环境标准物质、编制监测质量保证程序、质量保证手册、技术指南及有关技术规定等都是监测技术管理工作。

4．环境监测综合管理

环境监测综合管理包括监测成果的统计汇总表达，数据分析解释评价及应用等。监测站综合室要对各专业监测室的监测数据统计审核，通过综合分析对月、季、年均值以及异常值进行识别分析，编制各类监测报告等，这是当好“耳目”的最终环节，是环境监测获取信息、汇集、审核、解释、运用能力的集中体现，这个环节最容易出现无形的错误，不易发现，难以纠正，其原因是综合统计分析阶段数据多、信息结果复杂，涉及学科领域广，既有设计模式，又有分析推理等软科学，可以说综合管理是技术密集型工作，是为环境管理服务的窗口。

5．环境监测网络管理

网络是把空间分布星罗棋布、业务相似的若干站点、单元，按一定组织程序相互联系构成协调的系统。环境监测需要调动社会各方面力量协调配合建立起高效能的环境监测网络体系。既有收集、传输环境质量和污染动态的信息功能，又有组织管理各级监测站点的功能，联合协调，共同开展环境监测工作。网络管理包括主管部门、行业监测网站统一监测技术方法、计量认证、人员培训考核、技术交流、信息共享等。国家环境监测网包括环境质量监视性监测网和污染源监督性监测网及环境信息网。环境质量监测网有空气、酸沉降、辐射噪声、地表水、海洋、生态监测网；污染源网有城市、工业和流动源网。环境信息网是由基层站、信息分中心、信息中心组成的国家环境信息网，环境监测信息流是监测网络的命脉，也是检验网络运行机制的根本要素，是监测网络管理的中心。如图 1-1 所示。

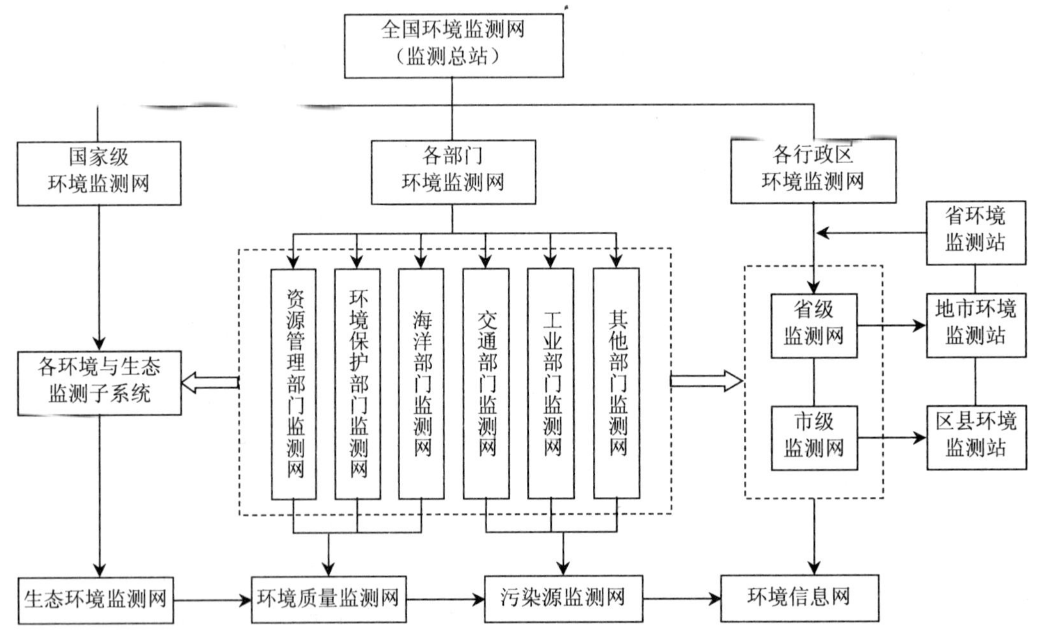

图 1-1 环境监测网管理框图

二、法律依据

1．法律

（1）《中华人民共和国环境保护法》
（2）《中华人民共和国水污染防治法》
（3）《中华人民共和国大气污染防治法》
（4）《中华人民共和国固体废物污染防治法》
（5）《中华人民共和国环境噪声污染防治法》
（6）《中华人民共和国海洋环境保护法》
（7）《中华人民共和国放射性污染防治法》
（8）《中华人民共和国清洁生产促进法》
（9）《中华人民共和国环境影响评价法》
（10）《中华人民共和国城市规划法》
（11）《中华人民共和国突发事件应对法》

2．法规政策

（1）《环境监测管理条例》
（2）《医疗废物管理条例》
（3）《危险化学品安全管理条例》
（4）《水污染防治条例》
（5）《大气污染防治条例》
（6）《建设项目环境保护管理条例》
（7）《国务院关于落实科学发展观　加强环境保护的决定》
（8）《全国生态环境保护纲要》
（9）《关于加强水生物物种管理的通知》
（10）《加强发展循环经济的若干意见》
（11）《全国整顿和规范矿产开发程序的通知》
（12）《建设项目环评审批规定》

3．规章制度

（1）《建设项目环境保护管理办法》
（2）《建设项目竣工验收管理规定》
（3）《工业污染源监测管理办法》
（4）《环境监测质量保证管理规定》
（5）《环境监测为环境管理服务若干规定》
（6）《全国环境监测仪器管理规定》
（7）《环境监测人员合格证制度》
（8）《环境监测优质实验室评比制度》
（9）《环境监测报告制度》
（10）《全国机动车尾气排放管理监测管理制度》
（11）《实验室和检查机构资质认定管理办法》

（12）《实验室资质认定评审准则》

4．技术政策

（1）《城市污染水处理及污染防治技术政策》

（2）《城市生活垃圾处理及污染防治技术政策》

（3）《危险废物污染防治技术政策》

（4）《燃煤二氧化硫排放污染防治技术政策》

（5）《矿山生态保护与污染防治技术政策》

（6）《制革、毛皮工业污染防治技术政策》

（7）《汽车产品回收利用技术政策》

三、基础理论

（一）监测质量管理的系统论方法

系统是自成体系的组织。系统论是研究其模式、原则和变化规律，并对其结构和功能进行数学描述的一门学科，我们可把各种复杂的研究对象称为“系统”。它是由相互作用和相互依赖及若干组分构成的具有特定功能的有机整体。如果我们将“若干组分”看成是组织起来的系统的若干“单元”，则很自然地看出，“系统”具有由各组成单元共同组合而成的集合性，由各单元之间相互作用、相互依赖的相关性，由各单元为了某种目的而结合的目的性，系统存在于运动之中的动态性和各单元环节顺次连接的有序性。对于具有这些特性的“系统”如何组织管理？怎样才能使这个“系统”在最佳状态下提高运行机制？这就产生了系统工程和系统方法。系统工程是组织管理“系统”的规则、设想、研究和使用的科学方法。其实质是用搞工程的办法搞组织管理，它以系统为对象用概率、运筹、模拟等方法经过分析推理、判断综合，建立系统模型进而以最优化的方法使系统的运行取得最佳化结果。系统方法是用唯物辩证法的原理合理地研究和处理“系统”各单元组成间联系的方法论。由于“系统论”有着极为丰富的内涵，其解决问题的系统方法有着广泛的适用性，它是哲学方法和其他科学方法联系的纽带，是数学方法、控制论方法、信息论方法互相渗透、相辅相成的媒介。它比其他任何方法更能使综合、分析、归纳、演绎等方法有机地结合起来。同时，系统方法既是确定目标的方法，又是实现目标的方法，它能把任何研究对象都看做系统，确定其结构、吸引数学方法深入研究，使之运用于现实存在的系统。作为环境科学的一个分支，环境监测管理也是综合性较强的边缘学科，理工结合、文理交叉，用系统论的方法研究它，沟通自然科学和社会科学、技术科学与人文科学之间及与环境监测管理的联系，促进该学科知识的整体化趋势是非常有益的。

环境监测工作是一个由一定制度、组织、程序构成的人造系统，它是客观存在的事实。它具有输入、处理、输出组成系统的三个基本要素，加上反馈构成了一个完整的系统。如图 1-2 所示，其输入即环境状况信息，处理即一系列监测活动，输出即掌握环境质量变化规律和发展趋势，反馈即根据管理和监测结果修改监测计划。环境监测过程就是系统运动的过程，用环境监测的系统论点研究和处理环境监测活动中的问题，如系统分析是监测综合管理的重要方法，系统分析技术已是环境监测综合技术的基础和依据。系统分析要求对特定问题进行周密的调查，在掌握大量监测数据资料的基础上运用数学方法和计算机技术进行可行性运算；针对目标定出各种方案，提出可行性建议；再用系统分析的方法进行归纳、总结，得出结论，进行反馈，使系统处于最佳状态。在评价环境质量时，因社会环境涉及许多人文科学，对象复杂，很难运用直观（数字）方法表述的均可用系统方法构成的系统模式完成。

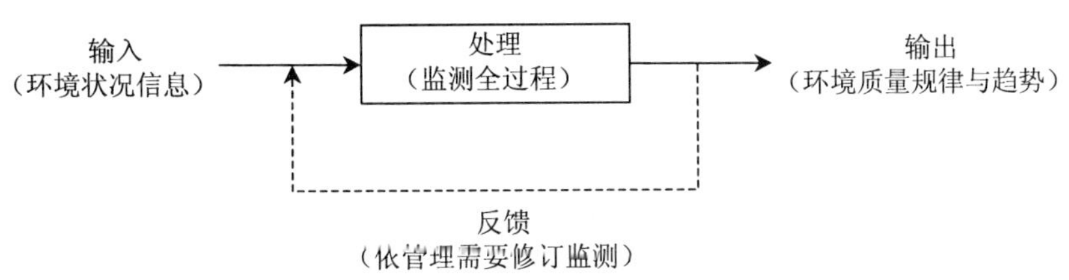

图 1-2　监测信息系统关系图

又如，环境监测有各种目的，评价环境质量的监测，自然存在一个如何用最少的测点和监测频次获得最有代表性的数据问题，这就需要对监测网络进行优化设计，即可用系统论的网络分析技术，将同一尺度上的监测网点看成一个系统，将组成系统的各功能类型特征点按时空进行划分组合，通过数学的计算方法和网络形式，寻求最佳统筹，寻找出最佳的监测网点，属于监测点位的管理。

在环境监测活动中作为研究对象的系统很多，系统的规模大小及繁简程度不一，对于结构简单、规模较小的系统，我们可以进行直接观察和分析，很容易解决问题。但对于结构复杂、规模较大的系统，则需要经过中间的描述手段，借助于一系列间接的方法对系统进行仿真描述，这就是系统模型方法和模拟方法。前者是研究对象的简化描述，后者则多指通过模型方法和时空变化进行动态描述。在环境监测工作中，往往不仅要掌握环境质量的现状，而且需要预测它的未来，不仅需要研究某一瞬时的确定情况，还需要研究它的变化规律和发展趋势，这就需要借助系统模型。它能对现状进行抽象或模仿，反映影响环境质量的各主要因素及因素间的关系，是环境质量评价和预测的重要方法。

系统是由多因素构成的，各因素间相互作用同处于动态发展之中，关系比较复杂。所以，进行系统分析时，应外部因素和内部因素相结合，短期效应与长期效应相结合，局部效益与整体效益相结合，定量分析与定性分析相结合。环境监测质量保证更应该遵循系统论的原则，对环境监测的全过程进行质量控制，而不是单单某一个环节进行质量控制，不仅要对用数量来表示的因素进行控制，也要对那些不容易用数字、数量表示的指标（如管理制度等）进行控制。系统方法是合理地研究和处理组成系统的全体对象的整体联系的方法论。环境监测管理的系统方法就是研究和处理环境监测诸环节（布点、采样、测试、数理、综合）的整体联系的方法论。环境监测全过程各个环节，一环扣一环，相互嵌接，缺一不可。在研究和处理过程中必须遵守系统论方法的基本原则，即环境监测的目的性、整体性、相关性、有序性、动态性的原则。

1. 目的性原则

任何一个人类管理活动都有一定的目的，监测管理活动也必须如此。不同类型基础工作以及监测过程的各个环节都有各自的目的，目的就是总目标，是价值取向，是监测管理活动的方向和指南，目的由一系列的决策活动去实现。一个目的的提出首先要规划，指出合理的目标集，以及达到目标的策略、途径、对象和方法等。它涉及目标的结构和目标的优先次序、衡量的标准。目的性是系统的龙头，纲领性的。环境监测的目的是及时、准确、系统地掌握环境质量及变化趋势，为环境管理提供科学依据，即为环境管理服好务。环境监测管理的目的自然应是以质量和效率为中心，深入研究其监测活动规律，实现对环境监测整个系统的科学管理。

2．整体性原则

环境监测是以掌握环境质量状况、变化规律及发展趋势为目的存在的。但环境质量从概念上来说，绝不是某几个环境要素的简单加和，而是有联系的各环境要素的关系的综合。解释环境质量现象不仅要通过其组成部分的各环境要素，而且还应充分估计到它们之间的联系。一个地区的环境质量优劣不等于空气和水的环境质量，还要看它们与其他因子的联系，单纯追求某一要素的质量而忽视其他，是不会有整体质量效果的。列宁说“要真正地认识事物，就必须把握、研究它的一切方面、一切联系和中介。我们绝不会完全地做到这点，但是全面性的要求可以使我们防止错误和防止僵化”。这是系统论的整体性原则的辩证法思想基础。在确定环境监测的系统方法时，绝不能舍弃整体性，而以部分取代有机的整体，不能用环境分析方法来取代环境监测方法。要考虑到整体性，要体现各因素之间的联系总和。

3．相关性原则

任何一个系统都是由若干单元组成，单元之间的相关依赖性称为相关性。系统论的相关性原则是辩证法的普遍联系的特点的具体体现和运用。环境监测作为一个客观存在的系统，它是由监测活动诸环节相互联系、相互制约、相互依赖而构成的整体。每一个环节离开了它和周围条件的联系和相互作用，便立即失去存在的意义。例如，地表水的分析数据再精确也代表不了地下水质一样，因为它离开了布点、采样等环节的联系，如果布点错误或采样不符合规范要求，或者样品没有保存好不具代表性，数据再精确也没有用，甚至是有害的；如果数据处理方法不对或者综合评价的模型错误，数据的精确也无济于事。如果只对实验室进行质控考核，而忽略对环境监测的其他环节进行质控和全过程质量保证，会严重影响环境监测为环境管理服务的水平。因此，可以说环境监测系统论相关性的原则就是环境监测的全过程各环节的联系原则。

4．有序性原则

环境监测系统是有序的，要提高环境监测系统的运行机制，必须把握其有序性。从监测活动的全过程来说，从现场调查→设计布点→样品采集→运送保存→分析测试→数据处理→综合评价，一环扣一环，缺一不可，也不可超越，互为前提，依次排列。从宏观上来说，环境监测是获取、解释、运用数据资料的过程。这三者联系十分密切，相互依存、互为前提。如果不注意到他们之间的必然联系，监测工作就会失败。比如不顾布点技术水平状况，数据的空间代表性没有解决好，一味地追求高、精、尖仪器设备，即使是数据很准确，也不可能对环境质量作出正确的评价。

5．动态性原则

环境监测管理不仅要研究环境监测发展的方向和趋势，而且应该探索其发展的动力。

环境监测发展的动力应是不断提高为环境管理服务的水平，集中体现的是这种服务的及时性、针对性、准确性和科学性。从环境分析到环境监测，从手工监测到自动在线监测，从定性到定量，从浓度控制到总量控制，从单要素评价到综合评价等，都是在这种动力下推动前进的。静止的观点，没有动态眼光不是完善的系统方法。加强监测管理，是监测工作适应新形势的要求，必须要有时间观念，把握动态原则，充分发挥监测活动各环节的内涵作用，严格按环境监测系统的内在规律办事（见表 1-1）。

表 1-1　环境监测管理系统特征

系统特征	系统科学的含义	环境监测管理的含义
整体性	系统必须是由三个以上单元组成的全体，一个构不成系统	环境监测是由布点、采样、测试、数据处理、综合评价等环节共同构成，环境监测过程缺一不可
相关性	系统中各单元有各自的存在目的而且会相互影响	环境监测各环节相互依赖、相互制约、相互关联，任何一个环节都会对其他环节或总体结果有影响
目的性	每一个系统都以完成某种特定功能、作用为目的而存在	环境监测的目的是及时、准确、全面地掌握环境质量的变化规律。各环节也有各自目的，没有目的的监测是不存在的
有序性	每一单元与单元之间有机的联系，有序的排列组合	环境监测的每个过程是有机联系的，按序排列的，如布点—采样—测试—数据处理—综合评价
动态性	系统不仅是一种状态，且有时间性，系统不是静止的，存在于运动之中	环境质量存在着时空差异性，是随时间和空间而改变的，所以监测不是一劳永逸的，瞬时监测不能反映变化

（二）监测质量管理的控制论方法

控制是一种普遍现象，存在于一切系统之中，任何系统都有控制问题。控制论主要是研究系统状态的运动规律和改变这种运动规律的方法和可能性。所谓运动规律是指它们在一定内外条件下所必然产生的响应运动。我们可以通过分析来认识系统的运动规律。综合的目的就是改造系统的运动，以满足需要，所以控制的目的就是通过揭示机器、生物、社会在内的各种不同的控制系统的共同规律。它包括自然科学和社会科学，横跨各个学科，超出了各个学科的局限性，为各个学科找到了一个统一的东西。所以“控制论”是研究各种系统共同控制规律的科学，又称为“横断科学”。比如大气污染监测问题，是自然科学问题又是社会科学问题，是当今关系到人类生存的大问题。据统计，全世界汽车每年排出的二氧化碳有 2 亿多 t，碳氢化合物 5 000 多万 t，照这个速度发展下去，到 2100 年，人类在地球上无法生存。如何解决这个问题，绝对不能单靠一门科学研究就可解决，就需要把人与环境作为一个大系统加以认识和研究，消除使生态平衡破坏的各种因素。从“控制论”来看，这个问题就是采取全面监测数据，综合治理的办法。环境监测管理是一门理工结合、文理交叉的边缘分支学科，必须用控制论来研究和解决问题。

控制论在研究各种系统（小系统、中系统、大系统）共同存在的规律与对象时，遵循着“同构理论”和“信息反馈论”原则。信息是控制论的一个基本概念。如果把控制过程中的“同构性”比喻为控制的“骨骼”，那么控制过程中的信息如同“血液”在控制反馈的网络中流动。

1．控制的“同构性”

一切控制系统所共有的基本特点是信息交流和反馈，可以说“通讯”是信息的传递或交换，系统的控制过程就是信息的交换过程。这里特别注意的是尽管机器与人在质上有着天壤之别，存在着无生命和有生命的区别，但机器控制的动作和人的行为过程，它们都有一个相当确切的“同构性”。这就是在实现机器的动作和人的行为过程中，无例外要经过效应器官、感觉器官、中枢决策器官三个环节。把属于人文科学研究的行为、目的引入机器，赋予机器在功能上以人的属性。说明有控制功能的机器其行为和目的看成是与人的控制行为目的相同的。这为我们监测管理研究模拟方法指出了功能模拟的方向。如控制的机器也像人脑一样有加工、处理、发出信息的功能，机器就会像人一样“自觉”地去工作，即通过计算机与通讯的结合，建立三个系统：控制系统、情报系统和信息管理系统，逐步实现监测的自动监控。

2．控制的反馈性

控制的对象是系统，控制靠信息实现控制反馈。就是将已实施控制的效果（如与我们预期目标的误差的变化情况）作为我们决定或修改下一步控制作用的依据。

信息反馈是一个闭合回路，其最大特点是任何误差不论来源何处都可以利用“反馈原理”加以消除，特别是当系统工作受到种种干扰时运用反馈原理就更有用，见图 1-3。

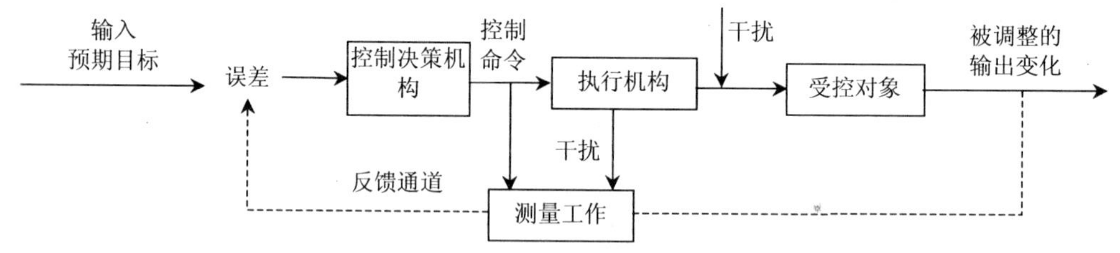

图 1-3　信息控制反馈示意图

控制反馈性就是自适应控制，对实践有重要价值。如仪器可以利用控制的正负反馈作用原理，自己及时识别迅速变化的外界条件和机器自身的变化，能自己做出正确的判断，随机应变自己发出反馈信号以控制自己完成规定的任务。人可以靠对反馈机制的认识，开展各种各样的控制技术研究，特别是对生物反馈机制的分析和模拟。监测是一种控制活动，同样需要抓住信息反馈这个环节。管理没有反馈，只有上情下达而无下情上达，就要脱离实际、出乱子，犯官僚主义瞎指挥、主观主义错误。有效地管理，信息反馈是重要的原则，克服反馈失调和重视反馈调节是同等重要的。通过反馈把握控制事物发展过程，掌握事物的变化规律，使其向有益于人类的方向发展。环境监测要向有益于环境管理的方向发展，其过程必须处于受控变化。这里所说的“控”不是任何个人主观意向的“控”，而是一整套符合监测发展规律的理论——控制理论。

环境监测活动各环节的控制要点如表 1-2。

表 1-2　环境监测活动控制要点

监测过程	控制要点		控制方法
布点系统	监测目标体系的控制 监测点数的优化控制 监测点位的优化控制	控制空间代表性及可比性	功能区划法 数理统计法 模拟法 综合法
采样系统	采样对象控制 采样频率的优化控制 样品传输过程控制 采样工具的控制	控制时间代表性及可比性	模型控制法 概率数理法 优化控制法 试差代入法 双叠代法 多叠代法
测试系统	测试方法准确度、精密度的控制 测试方法可比性、等效性的控制； 实验室及实验室间的质量控制监测人员素质的控制	控制准确性、精密性、可靠性	标准仲裁法、质控图法、比对法、测试方法质量保证 监测仪器标准化
数据处理系统	数据分布类型的控制 数据处理方法的控制 数据精度的控制 数据管理制度的控制	控制精确性、可靠性、科学性	数据分布检验 离群值检验 统计检验 方差分析 回归分析
综合评价系统	信息量的控制 系统分析方法的控制 结论完整性、透彻性控制 对策控制	控制传输信息的一致性和重复性。 控制目的性、完整性、科学性	统计分析法、解析法、综合归纳法、指数法、模型法、等标法、权重法

监测控制理论是研究环境监测系统状态的活动规律和改变这种活动规律的方法和可能性。活动规律是指它们在一定内外部条件下所必然产生的响应活动。内外条件与活动过程之间存在着固定的因果关系，这种关系大部分可用数学形式表现出来。我们可以通过系统分析方法找出监测活动各过程的活动规律，有必要建立系统的数学方程。建立模型的方法有三种：解析法、实测法和统计法。解析法就是把一个复杂的受控系统按照它的结构分为若干独立的单元或组合，每个单元或组合又分为元件或环节。根据每个环节的物理化学性质（包括水文、气象等）或过程特点，用分析方法写出数学模型——运动方程，最后把这些方程式按系统的结构原理和相互作用关系联系起来称为一个方程组。这种方法只能用于易分解为独立部分受控对象的。事实上并不是所有受控对象都能做到如此分解，因为分解后的环节和在系统中的该环节有质的差别，当不能分解时就可借助于实验实测法，如采样系统。环境样品是随着时间和空间的改变而动态变化的，我们控制的目的是具有代表性，受控对象的输入端的控制量不是确定的，是一个已知其统计特性的随机过程。可用统计实验法，达到环境监测要逐渐实现以最少的测点和频率取得最有代表性数据的目的。要提高监测效率，达到及时、准确、针对性地为环境管理服务，就必须寻求、研究、探索实现这一目标的控制规律。诸如建立优化布点的理论和方法，发展简易、快速、高效的分析测试理论和方法，研究环境质量描述理论和方法等。这些理论和方法的建立又都是建立在它的监测目标影响规律的基础上，同时还必

须看到，环境监测各环节在运动中会不断出现矛盾。环境监测工作的发展过程是各环节不断产生矛盾又不断解决矛盾的过程。问题在于利用控制反馈理论和系统分析方法，适时能动地掌握这种矛盾的规律，控制、运用好这个规律，使监测朝着有益的方向发展。

目前“控制论”向宏观大系统理论发展。大系统与一般系统的区别在于，经典的一般系统往往只是解决总目标中某一个关键性因素的控制，即使涉及几个关键因素的控制也有局限性，而大系统控制的是整个体系，总的性能指标，往往具有规模庞大、结构复杂、功能综合、因素众多的特点，如整个监测预警系统，或者整个地球自然界视为一个大系统来研究控制其资源及生态变化规律，向智能科学发展。人工智能就是研究人的智能的机制及人的智能在机器中的再现。当环境发生变化时，机器可直接用已有的认识结果得到适当的控制方案，无须重新进行摸索和计算。

（三）监测质量管理的信息论方法

信息是经过加工处理之后的一种数据形式，它能提高人们对事物的认识程度，可以用来帮助工作计划制订、执行与控制。“信息”有自然和文化信息、功能和非功能信息、自然科学与社会科学信息等。环境信息就是其中之一。人们生活在信息的海洋中，时刻不能离开信息，因为要有效地工作就必须要有足够的信息。所以又可理解为“信息”是知识，“信息”是资源、是财富，信息具有下列属性。

1. 信息具有价值

环境信息是通过一系列的监测活动经过加工处理得到的，使其能对环境管理决策活动产生影响的数据或依据形式，给环境保护带来效益，因此具有应用价值。信息的价值大小，取决于由获取该信息而产生的决策行为得到的效益，要大于为得到该信息而付出的代价。如果信息本身的成本大于由它引起的决策行为变化而取得的效益，该信息就无价值。

2. 信息能减少对事物认识的不确定性

信息的作用在于它能告诉接收者原来所不知或不能预言的情况，在一个充满不定因素的环境中，信息能够减少这种不定因素，能够改善决策活动中达到预期结果的概率，如环境信息存在的必要性就在于环境管理活动中抉择决策的需要，如果不存在抉择和决策，信息就没有存在的价值了。因此，它是对事物有序性的一种量度，有人也把信息称为事物的一种“负熵”。

3. 信息的滞后性与生命期

信息的滞后（期）性是指构成该信息的各种基本数据产生之后，到处理加工以至于用于决策活动之间的时间延迟。这种延迟通常是由两种因素造成的：一是加工处理需要花费一定时间；二是很多管理决策活动是按固定周期（月、季、年等）进行的。与此相适应，对信息的需要也会是周期性的。尽管有了计算机数据库及自动监测系统等数据采集设备的应用，加工处理过程是在较短时间内完成，几乎无滞后地给出信息，但通常还是希望按一定时间间隔提供信息。原因有三：一是管理决策活动对于短期间隔是不敏感的；二是尚缺乏实现不定期信息报表的能力；三是管理人员的经验表明，定期信息报表对决策活动更为有利。信息生命期描述从信息产生起到能对管理决策活动起作用所经历的时间区间。

4. 信息的编码及信息量

在计算机信息系统中采用不同编码形式表示各种信息，把只考虑信息交换的系统称信息系统。最基本的信息系统是由信源、发信机、信道、收信机、收信者、噪声源组成，见图 1-4。

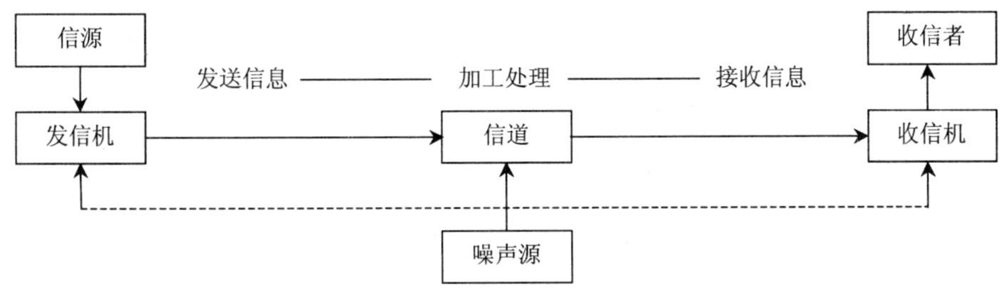

图 1-4　信息传输示意图

有关信息属性的一些理论问题已形成一门专门学科——信息论。环境监测是最注重信息传输的，因为环境监测站本身就是提供和反馈信息的部门，可以说信息是环境监测的灵魂。首先，环境监测的首要任务就是捕获有关环境质量的代表性信息，紧接着的是加工信息，最终是向环境管理部门提供信息及反馈信息。“捕获→加工→反馈”是环境监测的全过程，这是监测工作的特性所决定的。另外要取得环境监测的效果和效率，还必须研究内外信息的流通性。内外信息不通的监测很难是有效的监测，如若内外互不通气，不相往来，不通信息，监测结果是很难满意的。为了提高监测效率，在内部信息的管理上应做到跟踪管理，其流程见图 1-5。

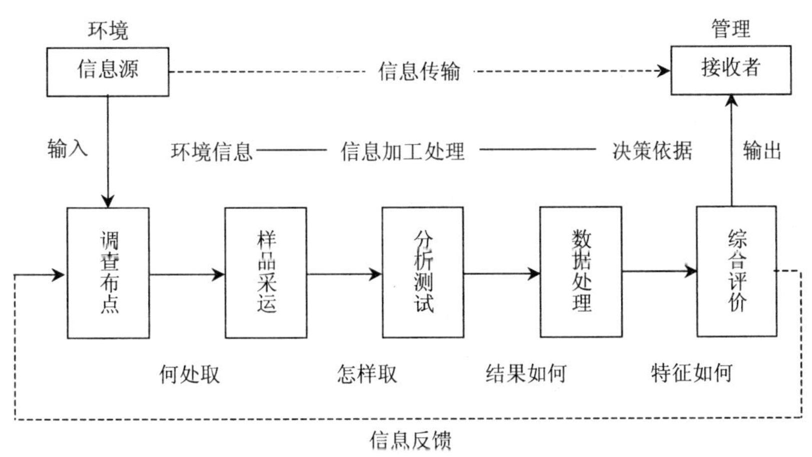

图 1-5　环境决策信息传输图

综合分析人员经常分析每个具体信息的流通过程及其所起的作用，以决定下一循环要不要获取这一信息。对于外部信息也应进行跟踪管理，多次跟踪反馈精选，信息的质量才能不断提高。在因素复杂的环境监测信息系统中，“信息论”的应用尚有一定局限性，但它的意义在于：

（1）信息的获得需要付出代价，但信息在辅助决策活动中又具有使用价值。通过对决策活动的改善而获得更大的价值。

（2）信息可以用来减少认识过程中的不定因素。因此，只有存在抉择和选择的情况下，才需要用信息对决策活动予以辅助。

（3）在数据的传输过程中，往往需要借助于反馈数据对其进行控制。反馈数据本身不存在信息价值，需加工处理。

不同管理层次的监测管理部门所担负的任务不同，与完成其任务所需要的信息特征不同，监测站不同职能部门业务活动特点不同，与完成其任务所需要的信息特征也有所不同。一般来说，作业处理级需要信息主要由监测站内常规监测活动的数据处理之后得到，而较少地考虑监测站外部环境情况，越是上级监测站（总站、中心站）或监测管理部门，越是要更多地考虑监测站环境因素的影响，需要更多的外部信息。一线监测业务组所涉及的信息大部分是结构化的，可以通过较为简单的程序化方法予以处理；越是上层管理部门，所需要的信息越缺乏结构性。因此不能采用简单化方法进行处理，更多的需要通过模型与模拟等复杂的处理办法，以及管理人员的经验、艺术予以处理，综合考虑管理的纵向和横向关系。上层又可分为技术管理级和战略决策级，下层可分为作业处理和技术操作级。（见图 1-6）。

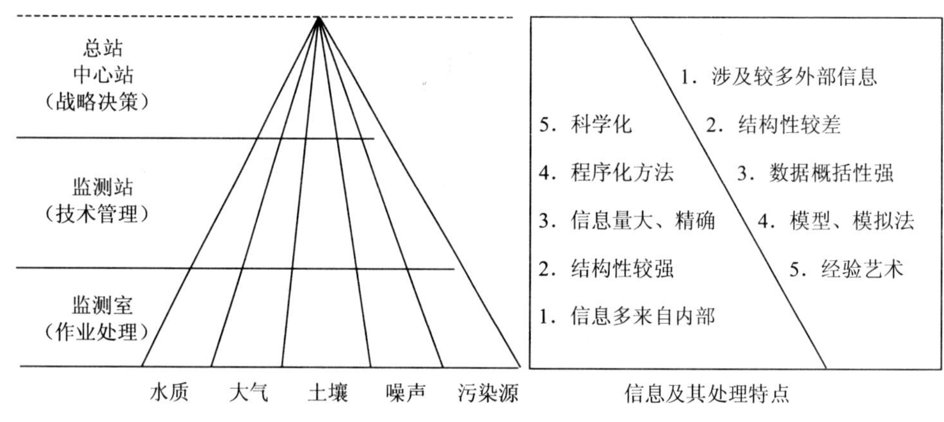

图 1-6　监测管理层次图

计算机信息系统故有数据处理系统、管理信息系统和决策支持系统。数据处理系统是利用计算机的高速自动化计算能力代替原来机械数据处理系统，形成电子数据处理系统；管理信息系统是在电子数据处理系统的基础上，充分运用数据库技术和管理数学模型而建立起的一个综合系统，是功能和结构更加复杂的系统。它更加强调了信息对决策的预测和管理能力，以及对各级决策管理部门的决策活动的辅助作用。一般来说，一个具有数据库的普通数据处理系统加上一个信息查询功能，以及一、二个计划或决策模型就成了一个管理信息系统了。而以通过相应的智能软件来实现像人那样，特别是像具有专门知识的专家那样，能获取知识和使用知识，做专家能做的事的计算机系统叫专家系统。以专家系统为基础用以解决非结构性、非程序化的管理决策问题的人-机交换系统，是当今决策管理中应用的新课题——决策支持系统（DSS），适应构建先进的环境监测预警体系需要。

四、技术路线

1．空气监测技术路线

以连续自动监测技术为主导，以自动采样和被动吸收式采样及实验室分析技术为基础，以可移动自动监测技术为辅助路线。

2. 地表水监测技术路线

流域为单元，优化断面为基础，手工采样、实验室分析技术为主体，采样连续自动监测分析技术为主导，以移动式现场快速应急监测技术为辅助手段的常规监测、自动监测与应急监测相结合的技术路线。

3. 环境噪声监测技术路线

区域环境噪声监测按网络布点，道路环境噪声监测按路段布点，分期定点连续监测进行功能区噪声监测的技术路线。大型国际空港和大型铁路枢纽建立自动监测系统。

4. 固定污染源监测技术路线

重点源自动在线监测技术为主，一般源以手工或自动采样、测流、实验室分析为基础，浓度和总量监测相结合的技术路线。

5. 固体废弃物监测技术路线

以重点源固废人工采样、实验室常规分析为基础，焚烧处理厂自动在线监测为先导，逐步形成固体废物分析技术体系。

6. 土壤监测技术路线

以农田土壤监测为主，以污灌田和有机食品基地为重点，开展形成土壤例行监测和污染调查监测网络体系。要对大型的有害固体废物堆放场周围土壤、污泥土地处理区域开展跟踪监视性监测，逐步完善我国土壤环境监测技术标准和网络体系。

7. 生物监测技术路线

以生物群落监测技术为主，以生物毒理学监测技术为辅，优先开展水环境生物监测，逐步拓展大气污染植物监测，巩固现有水生生物监测网。

8. 核（磁）辐射监测技术路线

以手动定期采样分析和测量为基本手段，在重点区域采取自动连续监测，说清污染程度和环境质量状况。

9. 生态监测技术路线

微观生态以物理、化学或生物学的方法对生态系统各个组分提取属性信息，宏观生态监测以原有的自然本底图和专业图件为基础，以遥感技术和生态图技术为主体，监测所得的几何信息多以图件的方式输出，主要内容是监测区域范围内具体特殊意义的生态系统的分布及面积的动态变化。

五、管理特点

环境监测是一个大系统，对这一系统的管理成效与否，首先取决于对监测质量管理特点的透彻了解。环境监测质量管理的基本特点是目标性、层次性、动态性和整体性。

（一）目标性

环境监测质量管理的目标，宏观上是不断提高环境管理服务水平，达到及时性、针对性、正确性、经济性和科学性；从微观角度看最重要的是环境监测数据资料的代表性、准确性、精密性、可比性和完整性。前者统称服务质量，后者习惯称数据质量，二者统称监测成果质量。如图 1-7 所示。

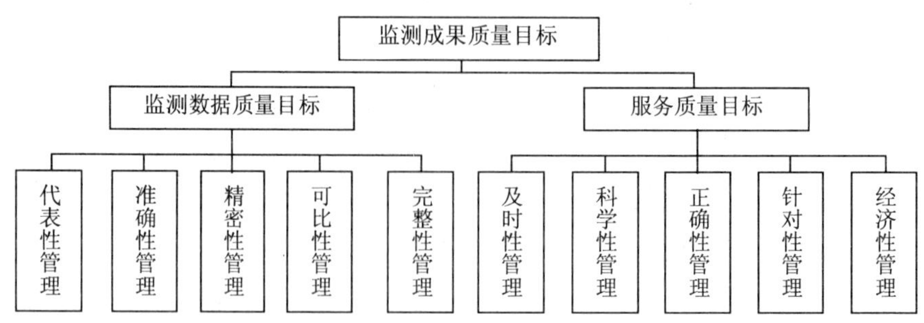

图 1-7　监测质量管理目标体系

监测数据的代表性主要取决于样品的代表性，如果采集的样品代表性不强，尽管对样品分析测试很准确，不具代表性的数据也毫无意义。样品的代表性管理主要在点位的布设和样品的采集管理。数据的准确性和精密性，取决于实验室的分析测试工作，它包括软件和硬件的管理。软件部分包括采用准确可靠的分析方法、实验室的管理水平、分析人员的技术水平和质量保证程度。硬件部分包括合格的仪器、试剂及实验室环境等。数据的完整性取决于采集到的样品的完整性，因为每个样品的代表性均有一定的局限性。必须在监测计划中所有采样的点位上均按规定采集样品不能遗漏，只有对所有采样点位采集到的全套样品进行监测分析统计得到的综合数据才是完整的。根据这些数据进行必要的分析统计，才能对整个环境质量做出全面正确的评价。因此，不完整的数据不能说是科学有效的数据。监测数据的可比性，是数据的以上四个特征的综合体现。不但同一批监测数据之间可比，在批间也要可比，室间也可比，在更大范围内也具有可比性。

（二）层次性

环境监测是当代社会新兴的事业，就其性质来说是社会公益性的科技事业，又是技术执法监督管理部门，涉及的部门很广、专业很多，与软硬科学的各个方面都有联系，要对它进行有效的质量管理，还必须弄清它的层次关系，如环境监测按其实施活动的类型可分为四类监测：即环境质量监视性监测、污染源监督性监测、突发污染事故应急性监测以及环境预警监测。其中环境质量监视性监测和污染源监督性监测是摸清环境质量和污染变化规律和趋势的两大主体监测，又必须分层次管理。

1．环境质量监测质量管理

这类监测又根据不同的目的划分为：

（1）环境质量监视性监测；

（2）环境质量背景监测；

（3）环境质量专项监测；

（4）企业环境质量监测。

这类监测按环境要素又包括：环境地表水、近岸海域、地下水、降水、环境空气、土壤以及环境噪声监测等，对上述类型的监测主要实施监视性监测的质量管理。

2．污染源监督性监测质量管理

包括：

（1）污染源监督排污收费监测；

（2）污染源自动设施的校核验收监督性监测；

（3）排污单位的委托性监测；

（4）新、扩、改建项目的环评竣工验收监测等。

这类监测主要包括污染源企业排放的废水、废气、废渣及其对周围环境造成的污染和破坏的因素的监督性监测活动的质量管理。无论在进行哪种监测质量管理时，都要分清层次、理顺关系、分类突破。

（三）动态性

环境问题不是一成不变的。污染源、污染物排放时时在变化着，环境质量当然存在着时空差异性，它们都是随着时间和空间而改变着。环境监测工作在不同地区、不同时期有着各自的重点。在环境污染严重的地域，污染源监督性监测的任务繁重，有的监测站污染源监测的任务甚至占全站全年任务工作量的六七成。无论是环境质量监视性监测还是污染源监督性监测，如果不能掌握其变化规律，制订相应的监测计划，就无法捕获真实的环境质量和污染变化信息，就很难做到为环境管理服务的及时性、针对性和正确性的要求。所以，环境监测质量管理必须适应环境形势的动态变化，及时调整管理目标和监测计划，如监测项目的增减、频率的升降、点位的变更等，始终保持监测工作的高质量、高效率。

（四）整体性

环境监测过程是由布点、采样、测试、数据处理和综合评价等基本环节组成的复杂系统，每一环节都具有质量管理问题。如监测点位质量管理、采集技术的质量管理、分析测试的质量管理、数据处理传输的质量管理及综合评价的质量管理等各环节既有独特的目标，又有密切的联系，是个有机整体，共同构成监测全过程的质量管理，从而保证环境监测整个大系统的计划管理、技术管理的落实。所以，对环境监测实行质量管理必须是全过程的质量管理。针对环境监测质量管理这一特点，环境监测的质量问题必须通过建立完整的质量保证体系才能解决。任何某一环节、某一过程的质量控制都不能取代全过程的质量保证工作。在环境监测质量管理中充分认识和运用整体性的特点至关重要。

六、发展目标

（一）目标内涵

目标内涵是指为了顺利完成环境质量监视性监测、污染源监督性监测、环境污染事故应急监测和重大环境问题专项调查性监测任务而建立的一套先进的完整的符合国情的环境监测的法规制度、业务管理、技术装备、技术标准和人才保障体系。其显著标志是“法制健全、体制顺畅、数据准确、代表性强、方法科学、传输及时、人员精干、持续发展”。做到全面反映环境质量状况和变化趋势，及时跟踪污染源污染物排放的变化情况，尽可能地准确预警和及时响应各类环境突发事件，满足环境管理需要。

（二）体系要求

1．要建立和完善全面环境质量监测和污染源监督网络，形成科学的网络运行机制和信息发布制度。

2．要设置科学的环境监测管理系统，理顺环境监测的机制和体制。

3．要具备达到标准的常规监测能力和应急监测能力。

4．要建立和完善科学的环境监测技术系统、先进的技术装备系统、实用的质量管理系统。

5．要建立高素质的人才队伍和完善的后勤保障系统。

（三）建设内容

1．要依法开展环境监测，明确环境监测的法律地位。设置科学的环境监测体系为目标，构建完整和谐、科学高效的环境监测法规政策和行政管理体系。

2．要以说清环境质量和污染源排放现状，准确预警突发环境事件为目标，构建先进实用、种类齐全的环境监测技术装备体系。

3．要以环境监测数据安全可靠、及时传输为目标，构建传输及时、简便实用的环境监测信息体系。

4．要以环境监测数据准确、代表性强为目标，构建技术可靠、方法科学的环境监测技术方法体系（包括技术路线、技术规范、分析方法及仪器设备标准化等）。

5．要以环境监测事业可持续发展为目标，培养业务精通、结构合理的环境监测人才队伍体系。

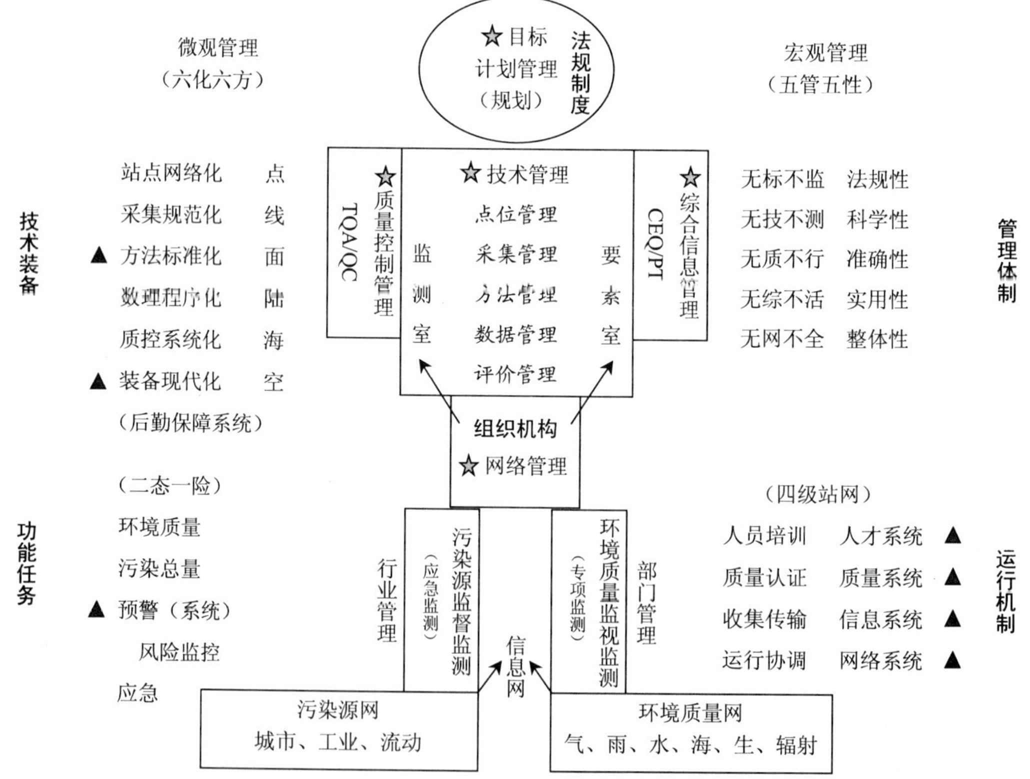

图 1-8 构建先进环境监测预警体系管理架构图

第二节　环境监测质量管理

一、环境监测质量管理内涵

（一）质量管理及作用

“管理”就是“决策”，是一个组织、计划、控制被管理系统的连续过程。依据ISO 8402—1994 定义，质量管理是指确定质量方针、目标和职责，并通过质量体系中的质量策划、质量控制、质量保证，改进其实现的所有管理职能的全部活动。

国务院于 1996 年发布的《质量振兴纲要（1996—2010）》中指出：质量问题是经济发展中的一个战略问题。质量水平的高低是一个国家经济、科技、教育和管理水平的综合反映，已成为影响国民经济和对外贸易发展的重要因素之一。必须加快引进两个根本性转变，尽快提高我国的产品质量、工程质量和服务质量水平。满足人民生活水平日益提高和社会不断发展的需要，增强竞争力，促进我国国民经济和社会的发展。因此，质量问题是反映民族素质高低的重要方面，是直接关系到国计民生的战略性的重大问题。

（二）监测质量管理

环境监测实质上是一项政府行为，是各级政府部门强化环境规划、协调、监督和服务职能的重要阵地，是运用监测技术手段，对一切违反环境法律、行政规章和管理制度的行为进行监督，为环境执法提供科学依据的过程。环境监测质量管理是通过用经济有效的各种方法体系和管理手段，取得适合要求的质量监测成果，使相应的管理职能充分发挥出来，从而达到保证和提高环境监测质量的目的活动。所以，坚持“质量第一”是环境监测的性质所定，是监测结果使用者的要求所定，也是关系到环境监测站发展前途的大事。

概括来说，环境监测质量就是满足使用者要求的适用性。它是环境监测站各项工作的综合反映，受到管理和技术活动中许多复杂因素的影响。30 多年来我国在开展质量保证工作上取得了不少成绩，但由于受到各种因素的制约，目前的监测成果还存在着许多不尽如人意之处，在很多方面还难以满足环境管理的需要。要保证和提高监测质量，就必须研究和掌握它的产生和形成的客观规律，实行科学的质量管理，不断提高监测水平，切实把质量问题作为一个中心问题来抓，建立起质量管理体系，保证为使用者提供科学、权威的监测成果，是每个监测站必须认真研究的重大问题。

（三）环境监测质量内容与要点

环境监测质量从狭义讲，是监测成果质量，而从广义上讲，环境监测质量应包括监测工作质量、监测过程质量和监测成果质量。如图 1-9。

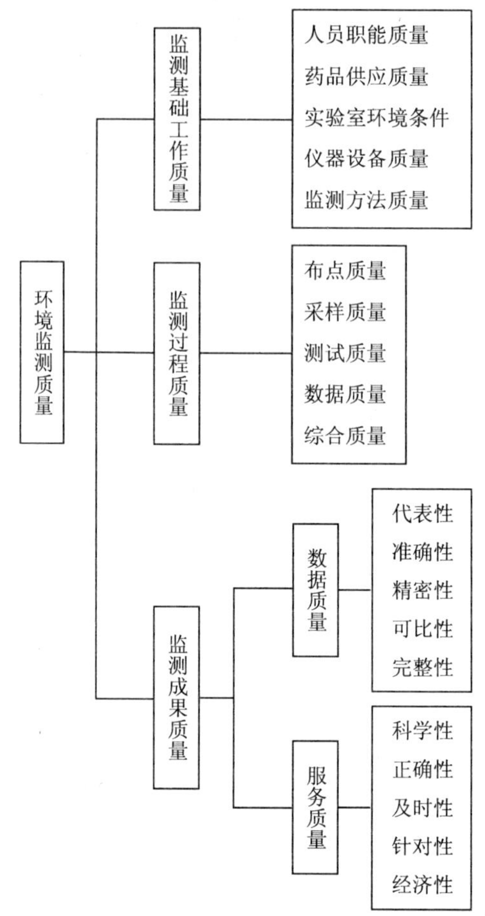

图 1-9 环境监测质量内容

环境监测基础工作质量决定着监测过程质量，过程质量又决定着成果质量，过程质量和成果质量是因果关系。监测过程中有许多因素在起作用。这些因素中，都要人去进行工作，因此，从某种意义来说，成果质量取决于监测各方面的工作质量，是各个方面、各个环节的综合反映。基础工作质量是成果质量的保证，环境监测站必须概括具体情况定出工作质量标准，先做监测计划，才能以工作质量保证成果质量。

对质量问题不能就事论事，也不能单纯靠质量部门去解决，而是要求全站、各个科室、每个职工都提供优质工作质量，环境监测站各科室工作质量的内容是指他所应承担的质量职能，而工作质量的好坏则取决于执行质量职能的程度。

所以要求环境监测站每一个成员都应遵守以下准则：

（1）爱岗敬业，尽职尽责，忠诚环保，热爱监测，钻研业务，勤奋工作；

（2）科学监测，诚实守信，严格规范，数据准确，接受监督，优质服务；

（3）遵纪守法，公正廉洁，不徇私情，不弄虚假，秉公操作，恪守法律；

（4）团结协作，顾全大局，团结和睦，互助协作，乐于助人，甘于奉献；

（5）艰苦奋斗，开拓创新，吃苦耐劳，勤学苦练，不甘落后，锐意进取。

对环境监测工作中的质量问题，树立如下观点：

（1）确保“监测质量第一”的观点；

（2）提供优质服务的观点；

（3）质量是计划实施出来的观点；

（4）质量具有波动规律的观点；

（5）质量要以自控为主的观点；

（6）质量以数据说话的观点；

（7）质量靠全面管理的观点。

抓好环境监测质量管理中的要点“三全一多”：

（1）要求对环境监测站进行全面的质量管理；

（2）要求环境监测站全体人员参加质量管理；

（3）要求对环境监测全过程各环节全部质量管理；

（4）所采用的质量管理方法是多种多样的。

二、环境监测质量管理体系（QM）

（一）质量体系（QS）

1．定义

体系是由若干有机联系、相互作用的要素结合成的具有特定功能的整体。建立质量体系要通过一定的制度、规章、方法、程序、组织机构等，把质量保证活动加以系统化、标准化和制度化。

环境监测质量管理体系是监测站以保证和提高监测质量为目标，确保使用者的利益，运用系统论、控制论、信息论的理念与方法，把监测质量管理的各个阶段、各个环节的质量职能组织起来，形成一个既有明确的任务、职责和权限，又能互相协调、互相促进的有机整体，建立协调各部门质量管理工作的组织机构和灵敏的质量信息传递、反馈系统，这样形成的质量管理网络就是监测质量体系。

2．构成

质量体系不仅包括组织机构、职责及组织体制、程序等“软件”方面的内容，还包括资源，即体系的硬件。也就是说质量体系建立健全的基础在于人和物。所谓程序，是指与完成某种活动而规定的方法、实施步骤，即规定某项活动的目的、范围、做法、时间进度、执行人员、控制方式、记录等。它们通常由管理标准、工作标准、规章制度、规程等方式体现。所谓资源，是指人力资源和物质资源，例如人才资源及其专业技能、仪器设备、药品试剂等。

质量体系作为组织管理系统，不能直观地展现在我们面前，因此，要形成必要的体系文件。体系文件通常包括：质量手册、程序文件、作业指导书及质量或技术记录四个层次内容，图 1-10。

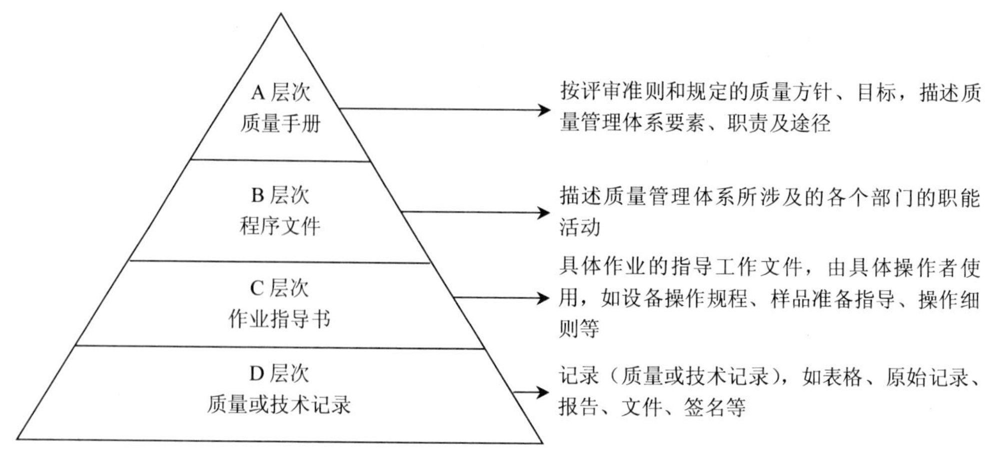

图 1-10　质量体系文件内容层次

文件层次从上到下越来越具体详细，从下到上每层都是上一层次的支持文件，相互衔接，前后呼应。要求质量管理体系文件要达到“五性”：

（1）规范性：必须经审批后生效执行，修改必经规定程序，不得使用无效版本文件；

（2）系统性：所有文件、所用要素、要求和规定应有系统、有条理，按规定方法编辑成册，相互协调；

（3）协调性：体系文件与实验室管理规定相互协调、相互印证、职责清楚；

（4）唯一性：对一个实验室，体系文件是唯一的，对一项活动，工作程序是唯一的，对一项操作其步骤是唯一的；

（5）适用性：遵循“简单、易懂”可操作适用的原则。

3. 作用

质量体系能够从组织上、制度上确保监测站长期稳定地保证和提高监测质量。其作用是：

（1）通过建立质量体系，可把监测站全体组织起来，明确各科室、各环节的质量职能和职责，使质量管理工作制度化、程序化，使监测站从整体出发，有计划、有系统地开展质量保证活动，有联系地而不是孤立地去不断和改善质量问题。

（2）可以把各环节的工作质量与成果质量联系起来，使提高成果质量有坚实基础。

（3）可以把内部质量管理活动和供应、使用过程的质量信息沟通起来，使监测站的质量管理活动，达到上下衔接、横向协调，不但可以很快发现质量问题，而且可以得到综合治理。

（4）能向用户提供质量体系文件和质量记录，证明具有保证监测质量的能力。

总之，建立健全有效的质量体系能确保环境监测站和使用者双方利益。

（二）质量控制（QC）

1. 内涵

质量控制是通过配套实施各种质控技术和管理规程，达到确保环境监测各个环节（如采样、实验室分析测试等）工作质量的目的。它是质量保证的重要组成部分。通常包括样品采集过程和实验室质控，对分析测试质量的管理是环境监测中重要的一环，一般把这一环节的质量管理称为质量控制。包括实验室内部质控和实验室间质控，其目的是要排除监测分析过程中影响质量的各种因素，将误差控制在允许范围内。

2．一般程序

（1）确定控制计划与目标；

（2）实施控制计划与标准；

（3）发现质量问题并分析造成问题的原因；

（4）采取纠正措施，恢复正常状态。

实验室内部质控是实验室自我控制监测分析质量的程序，能反映实验室监测分析质量的稳定性，发现监测分析中的异常情况，以便及时采取适当的校正措施。实验室间质控能找出实验室内部不易发现的误差，特别是系统误差，以便及时予以校正，其内容包括分析测量系统的现场评价和分发标准样品，进行实验室间的评价。

3．质控程序

质控程序包括方法选定、基础实验、检测（出）限的估算、校准曲线的制作、精密度检验、准确度检验、干扰试验等。

（1）方法选定

分析方法是分析测试的核心。每个分析方法各有其特定的适用范围，应先选用国家标准分析方法。这些方法是通过统一验证和标准化程序，上升为国家标准的，是最可靠的分析方法。如果没有相应的标准方法，应先采用统一方法，这种方法也是经过验证的，是比较成熟和完善的分析方法，在经过标准化程序，经权威机构批准后才能成为标准方法。如果既无标准方法又无统一方法时，只能选用试行方法或其他新方法，但必须作等效试验，报经上级批准后才能使用。

（2）基础实验

① 对选定的方法，要了解其特性，正确掌握实验条件，必要时，应带已知样品（明码样）进行方法操作练习，直到熟悉和掌握为止。

② 作空白实验，空白值的大小和它的分散程度，影响着方法的检测限和测试结果的精密度。

影响空白值的因素有：纯水质量、试剂纯度、试液配制质量、玻璃器皿的洁净度、精密仪器的灵敏度和精确度、实验室的洁净度、分析人员的操作水平和经验等。

要求空白实验的重复结果应控制在一定范围内，一般要求平行双份测定值的相对差值不大于5%。

（3）检测（出）限的估算

检测（出）限是指所用方法在给定的可靠程序内可以从零浓度检测到（检出）待测物的最小量（或浓度）。所谓检出，是指定性检出，判定样品中有浓度高于空白的待测物质。

当计算值小于或等于方法规定值时，为合格，可进行下一步实验。

当计算值大于方法规定值时，应检查原因，直至计算值合格为止，若经重复实验，检测（出）限仍大于方法检测限时，经有关技术部门批准，可采用本实验室的检出限。

（4）校准曲线的制作

校准曲线是表述待测物质浓度与所测量仪器响应值的函数关系，制好校准曲线是取得准确测定结果的基础。校准曲线分工作曲线和标准曲线，根据具体方法选用。

水质分析使用的校准曲线为该分析方法的直线范围，根据方法的测量范围（直线范围），配制一系列浓度的标准溶液，系列的浓度值应较均匀分布在测量范围内，系列点≥6个（包括零浓度）。

校准曲线测量应按样品测定的相同步骤进行（经过实验证实，标准溶液系列在省略部分操作步骤时，直接测量的响应值与全部操作步骤具有一致效果时，可允许省略操作步骤），测得的仪器响应值在扣除零浓度的响应值后，绘制曲线。

在坐标纸上绘制散点分布图。当散点图的点阵分布满足要求后，再进行线性回归处理，根据回归结果建立回归方程 $y=a+bx$。

用线性回归方程计算出校准曲线的相关系数、截距和斜率，应符合标准方法中规定的要求，一般情况相关系数 r 应大于等于 0.999。

用线性回归方程计算结果时，如石墨炉原子吸收分光光度法、等离子发射光谱法、气相色谱法、离子色谱法等，应检查测量信号与浓度确实存在一定的线性关系，可用比例法计算结果。

（5）精密度检验

精密度是指使用特定的分析程序，在受控条件下重复分析测定均一样品所获得测定值之间的一致性程度。

检验分析方法精密度时，通常以标准溶液（浓度可选在校准曲线上限浓度值的 0.1 倍和 0.9 倍）、实际水样和水样加标三种分析样品，参照空白测定方法，求得批内、批间和总标准偏差，测得的值应等于（或小于）方法规定的值。

（6）准确度检验

准确度是反映方法系统误差和随机误差的综合指标。检验准确度可采用：

① 使用标准物质进行分析测定，测得值与保证值比较求得绝对误差。

② 用加标回收率测定（加标量一般为样品含量的 0.5～2 倍，但加标后的总浓度应不超过方法的测定上限浓度值），测得的绝对误差和回收率应符合方法规定要求。

（7）干扰试验

针对实际样品中可能存在的共存物，检验其是否对测定有干扰及了解共存物的最大允许浓度。

干扰可能导致正或负的系统误差，其作用与待测物浓度和共存物浓度大小有关，为此干扰试验应选择两个（或多个）待测物浓度值和不同水平的共存物浓度的溶液进行试验测定。

常规监测质控程序的主要目的是控制测试数据的准确度和精密度，常用的程序有：

① 平行样分析：同一样品的两份或多份子样在完全相同的条件下进行同步分析，一般做平行双样，它反映测试的精密度（抽取样品数的 10%～20%）。

② 加标回收分析：在测定样品时，于同一样品中加入一定量的标准物质进行测定，将测定结果扣除样品的测定值，计算回收率，一般应为样品数量的 10%～20%。

③ 密码样分析：密码平行样或密码加标样分析，它是由专职质控人员，在所需分析

的样品中，随机抽取 10%～20%的样品，编为密码平行样或加标样，这些样品对分析者本人均是未知样品。

④ 标准物质（或质控样）对比分析：标准物质（或质控样）可以是明码样，也可以是密码样，它的结果是经权威部门（或一定范围的实验室）定值，有准确测定值的样品，它可以检查分析测试的准确性。

⑤ 室内互检：在同一实验室内的不同分析人员之间的相互检查和比对分析。

⑥ 室间外检：将同一样品的子样分别交付不同实验室进行分析，以检验分析的系统误差。

⑦ 方法比较分析：对同一样品分别使用具有可比性的不同方法进行测定，并将结果进行比较。

⑧ 质量控制图的绘制：为了能直观地描绘数据质量的变化情况，以便及时发现分析误差的异常变化或变化趋势所采取的一种统计方式。一般应有专职质控人员来执行。

当方法纳入常规应用后，为了监视例行监测分析工作需要建立质量控制图。质量控制图的基本原理由 W. A. Shewart 提出的，他指出：每一个方法都存在着变异，都受到时间和空间的影响，即使在理想的条件下获得的一组分析结果，也会存在一定的随机误差。但当某一个结果超出了随机误差的允许范围，运用数理统计的方法，可以判定这个结果是异常的、不足信的。质量控制图可以起到这种监测的仲裁作用。因此实验室内质量控制图是监视常规分析过程中可能出现误差，控制分析数据在一定的精密度范围内，保证常规分析数据质量的有效方法。

（三）质量保证（QA）

内涵

质量保证是使人们确信监测站能满足质量要求而在质量体系中开展的并按需要进行证实的有计划和有系统的全部活动。一般包括两个含义：一是指为了确保监测质量所必需的全部有计划、有组织的活动；二是监测站在监测质量方面对用户所作的一种担保，这种担保必须有充足而确凿的证据。在监测站内部，质量保证是一种质量管理手段，其管理的对象就是成果质量；另一方面，“保证”就是使使用者相信监测站具有保证质量的能力。因此，它又分为内部和外部质量保证。

内部质量保证主要向监测站最高领导提供信任，即要最高领导相信本站具备满足质量要求的能力。为此，需要开展质量审核、质量体系复审、质量评价等活动。外部质量保证主要向使用者提供信任。为此，首先要研究使用者对质量的要求，并向使用者提供有关质量体系能满足要求的证据。这种证据主要是接受第三方客观、公正评价的计量认证书，以及质量手册、程序性文件、作业指导书、质量记录、鉴证材料等。

总之，监测质量保证是保证环境监测数据可靠性的全部活动和措施。环境监测质量保证水平不仅与监测技术水平有关，而且与管理水平有关。

（四）QS、QC 和 QA 三者在质量管理中的作用

质量体系这一概念与质量保证密不可分。真正的质量保证只能来自于成果质量自身，即既要有良好的技术服务质量，更要确保成果的质量；既要保证成果的计划质量、实施

质量，又要保证报出后的使用质量。所以质量保证是以成果质量为中心的、有计划、有系统的质量管理活动。为了实现质量保证，就必须要有组织上的保证和健全的有关成果，服务质量的管理制度，即建立质量体系，也正因为如此，它有时又称质量保证体系。质量管理、质量保证、质量控制和质量体系关系可以用下图形象说明（图 1-11）。

质量管理（QM）包括制定方针和为实施方针而对所有有关的职能和活动的管理，所以它是一个含义十分广泛的概念。而质量体系（QS）是推行质量管理时的组织、程序、资源的系统化、标准化与规范化，是实施质量管理的组织保证。因此，QS 是从属于质量管理的一个概念。质量保证和质量控制是实施质量管理时在组织内采用的具体实施方式和手段，所以它们又是从属于 QS 的下位概念。内部质量保证主要体现在组织内对产品、服务质量的管理，所以它与质控密不可分。外部质量保证则体现监测站在与其他单位进行交往时为取得他们的信任而开展的活动。

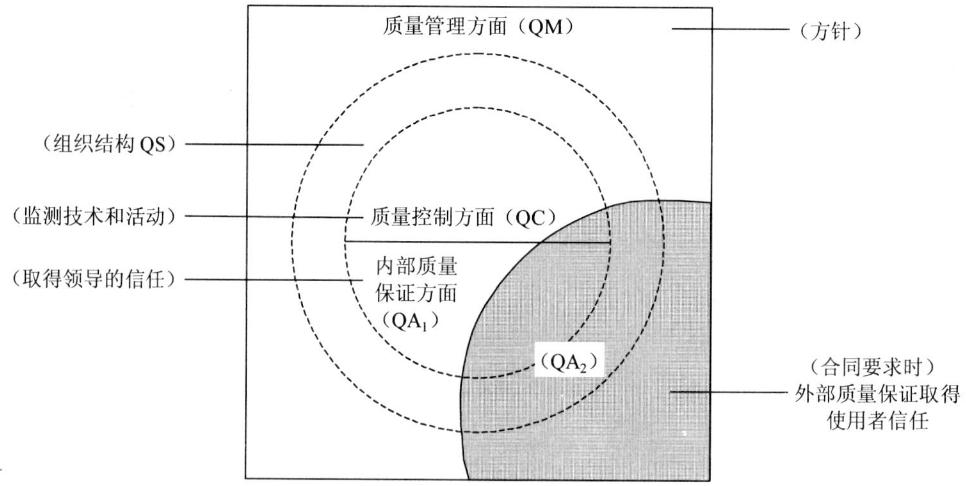

图 1-11　几个重要概念之间的关系示意图

第二章　实验室基础工作质量管理

实验室基础工作质量管理是控制监测质量不可忽视的重要方面。不能设想，没有合乎要求的实验室、仪器设备、试剂和纯水，缺乏规范操作技巧、使用不具备合格要求的玻璃器具，“脏、乱、差”的实验室环境条件却能测出优质的检测结果。

实验用水和试剂纯度、器具材质和洁度、仪器设备的精度以及实验室环境条件等实验室基础工作是监测分析工作者赖以取得满足质量要求结果所必备的条件。而由于人们常常因循习旧、习以为常忽略了这些，而造成难以觉察的质量问题。所以在环境监测质量管理活动中，首先应加强实验室基础工作的质量保证。

影响分析测试质量的因素很多，主要有环境条件、实验材料、仪器设备、所用方法和人员能力等五个方面。实践证明，这五个因素对监测质量的影响是非常显著的，故引用“主导因素”的概念，是指在众多影响最终质量的因素中起决定全局或支配地位的因素。测试过程中，我们可以运用主导因素，采取切实有效的措施，达到保证监测质量的目的。

第一节　实验室环境条件

监测实验室的环境条件是进行监测分析的重要基础条件，依据实验室所从事监测工作不同，对设施和环境条件的要求也有很大差异。因此在规划和建设监测站时，环境条件应满足有关法律、法规、技术规范或标准的要求。监测实验室的环境条件包括外环境和内环境，外环境主要是指监测楼的规划、选址及建筑结构布局、干扰等问题；内环境条件主要是实验室温度、湿度、风道、洁净度、噪声、振动、照明度、“三废”污染等问题。

实验室的内外环境条件都会直接影响分析结果的质量、分析人员的身心健康、工作效率和仪器设备的使用寿命。实验室周围存在污染物质，会对分析实验产生影响，而实验室所产生的废气和废水亦可影响周围环境，因此，在新建实验室时，要考虑这些因素。已建成的实验室，不能满足规定条件的应加以改进。

一、实验楼建筑要求

1．环境监测站楼的选址

首要条件，应是“清洁的、安静的”。因此，实验楼最好与交通干线、产生废气和烟尘的工厂保持一定的距离，以避免废气、烟尘、噪声和振动对实验室带来不良后果。实验楼亦不宜建在稠密的居民区，防止实验室产生的有毒气体对周围的影响。此外，楼的周围要有适当的绿化地带，有利于改善局部的微小气候，减少尘埃和降低噪声。

实验楼主楼宜南北向，使实验室内避免阳光直射，当由于条件限制，部分实验室为东西向时，则应设有效的遮阳措施，防止阳光对仪器和试剂产生不良影响。

2．实验楼建筑结构

实验楼应能防震、防尘、防火、防潮，隔热良好，耐火等级应为 1～2 级，要求墙、柱、梁、楼板及屋顶承重构件均为非燃烧体。

楼层室高应不低于 3.6 m，以保持足够有效空间，地面不透水，以免一旦积水渗漏影响下层实验室。

走廊宽度应满足工作和安全的需要，单面走廊轴线宽度为 2 m，双面走廊为 2.6 m，多层建筑除主楼梯外，还应考虑设有安全楼梯。

房门一般为内开门，有爆炸危险的实验室门则应为对开门，大实验室设双开门，走廊两端可设双向弹簧门。

窗户大小应符合采光和自然通风的要求，可向外开启，亦可为移窗。对精密仪器室、冬季气温较低或风沙较大的地区，则宜用双层窗，使设有空调系统的仪器室保持恒定的室温。为避免冬季阳光直射室内和某些仪器室的需要，可加窗帘，其色泽应不影响实验观察。

房顶和墙面以白色为宜，对清洁度要求较高的实验室可喷塑或刷合适的涂料，应注意散发出的有机气体对某些分析实验可能带来的影响。

室内地面应符合耐酸、耐碱和耐其他液体腐蚀的要求，防止因缝隙发生积水渗漏而影响下层，因此，楼面最好有 50 mm 厚细石混凝土现浇层，同时亦便于电缆管线的铺设。地面可采用水磨石、耐酸地砖或塑胶，底层地面还应有防潮措施。

3．实验室建筑设置

实验室布局要合理，便于工作。监测分析用房的设置应考虑安全、操作方便和避免测试项目之间的交叉污染等因素。危险品仓库和高压气瓶的贮放不应设在实验室楼内。

根据分析对象和项目，实验室必须有足够的空间。实验及其他仪器设备等的配置应使操作方便顺手。每位分析人员保证有一定的操作台面和活动范围。

化学分析室和仪器分析的预处理室可以大间与小间搭配，隔墙可设大的双层密封玻璃窗，便于联系和观察。天平和大型精密仪器可设专用室，仪器室与预处理室以邻近为好，方便操作。

供数据计算、文字整理、学习和休息用的办公室设置在楼层端头，与实验室稍有隔离。分析人员活动频繁的场所为朝南向，如化学分析室和预处理室等。

实验室供电电源取自城市低压工频三相交流公用电力网。照明（和空调）用电和工作用电线路要分开，并设专用配电系统，配电房供电要求为总用电量的 2～3 倍。室内根据需要设有三相交流电源和单相交流电源，良好的静电接地系统，同时要设总电源控制开关。电源插座的配备必须足够，插座位置适中，便于分析人员使用。线路符合安全要求。

实验室用电特点为除马弗炉、电热蒸馏水器外，容量较小，但数量较多，因此，需注意合理配置。此外，一些精密仪器需具备稳压电源，应予考虑。对固定装置的用电设备，如生化培养箱、冰箱等，可与照明线连接，避免因切断实验室总电源而受影响。

对可产生易燃、易爆气体的房间，可按《爆炸危险场所电气安全规程（试行）》要求，选用适当的电器设备。

保持上下水道通畅。用于器皿洗涤、抽滤、回流和蒸馏冷凝等的自来水应保证足够水压和水量，装置各种水龙头，如普通水龙头、尖嘴龙头及鹅嘴龙头等。水槽大小适中，便于洗涤，底面可铺以橡皮，以减少玻璃器皿的破损。水槽下部水管应装水封管，弯管处宜用三通，堵塞时便于疏通。上、下水管道安置合理。

二、实验室内装要求

1. 一般化学分析室和预处理室

应具有完善的自然（或机械）通风，保持实验室内空气清洁，又要避免遭致大量的灰尘飞扬。除门、窗对流自然通风外，可在外墙上部安装双向排气扇，供送入新鲜空气或排出室内气体用。另外，应设置通风橱，产生毒害和腐蚀刺激性气体的操作应在通风橱内进行。通风橱的大小应根据实验需要而定，前面为可以上下升降的玻璃移门，在移门下部左、右两侧开设小玻璃外开门，开门可伸手入通风橱内操作，移门应足够高，使持吸管的手能自由进入橱内加液。侧面应为玻璃窗，便于观察实验情况。靠墙面可贴以白色瓷砖。橱上部由聚氯乙烯塑料板（阻燃型）制成漏斗状，并与塑料排风管相接，然后以弧状与直排风管接通，选用合适的塑料风机安装于楼层顶部至少约 1.5 m，便于气体逸散。通风橱内不宜安装电插座，以免受腐蚀发生短路。为便于清洗和蒸馏等操作，通风橱内最好有上下水路装置。

实验室内应有良好的采光，以利于操作进行。除自然采光外，应具有良好的人工照明，便于晚间操作，为此，灯光应在室内均匀分布，避免出现阴影而妨碍操作和观察。实验室内应设地漏，以备应急排水用。

根据实验室面积设置合适大小的实验台，高度应便于操作，通常约 85 cm，主要操作实验台应与窗面呈垂直放置，使光线从操作者站立的侧面射入，无对光和背光之弊。台面应由耐热和耐腐蚀，且易于清洗洁净的材质制成，通常用木质台面并刷以保护漆，或铺以塑胶板或塑料板。放置加热器如电炉的台面亦可用水磨石台板。

试剂溶液瓶可放置在试剂架上，亦可置于专用玻璃橱内，前者可直接放在实验台上，后者可做成阶梯状隔架，使试剂瓶分层放置。两者均应防尘和避光，免致玷污和变质。

洗净的玻璃器皿等应倒置于专用隔架上，晾干后收入玻璃橱内备用。

比色管架、分液漏斗架和吸管架等，以耐腐蚀、易清洗和不易沾附的聚氯乙烯板制作。

2. 大型精密仪器室

为防尘和保持室内清洁，可设置前室，以玻璃和玻璃移门为隔墙。有条件时亦可设套间，内间安放仪器，外间为准备室。

安设空调器保持仪器操作所需的温度和湿度。

原子吸收分光光度计操作室，由于在操作时高温引起有害及腐蚀性气体的产生，通常安装排气扇，排气扇应尽量靠近有害气体发生源，罩以伞形为宜，通过排气扇的调速或调节风管截面，以控制合适的排气量，既排出有害气体，又不影响测试。

3. 各种辅助用室

应根据使用功能提出相应的要求。如天平室应避免阳光的直射，室内或邻近无振动源，采暖装置应与天平保持适当的距离，以免受局部影响，防止强的空气对流影响称量操作。仪器分析室除防潮、防尘和通风外，应具有稳压电源和足够的负荷。

制备质控样品的实验室应比一般常规实验室有较高的清洁度，以确保质控样品的质量。

三、实验室安全设施

环境监测实验室涉及的样品极为广泛，所用分析方法和手段也很庞杂，既有无机污染物监测，也有有机污染物分析，工作中时时都要接触水、火、电、各种有机与无机化学试剂，以及剧毒、易燃易爆物品。因此，实验室和分析人员的安全就是非常重要的问题，它直接关系到操作人员的人身安危和国家财产的安全。从领导到操作人员应该引起足够的重视。实验室应制定严格的、切实可行的安全操作制度，并落实有效的检查措施，以保证实验工作的顺利进行。

实验室工作人员在工作中应将安全放在首要位置，经常保持警惕，消灭各种不安全的因素和隐患，并及时妥善地处理所发生和发现的各种意外事故，把损害减低到最小限度。

为加强安全教育和管理，应将我国公布的各有关条例和规定经常向实验室工作人员进行宣传教育，使人人熟知各项规章的内容和要求，并能熟练使用所配备的各种安全消防器材，做到常备不懈。

很多事故的发生，固然与缺乏有关的安全知识有关，然而有相当多的则是因疏忽大意，有章不循，违反操作规程，工作责任心不强所致。

实验室的主要安全问题有火灾、爆炸、中毒、触电、化学性（腐蚀）烧伤和切割伤、被盗等，只要我们小心防范，这类事故是可以避免的。

1．火灾的防止

实验室引起火灾的主要原因是由于自燃或易燃的化学试剂处理或存放不当；各种强氧化剂意外地与易燃物、可燃物或易氧化物接触；可燃气体如煤气的泄漏；电线裸露引起的火花燃着建筑物或附近物品。

物质本身的可燃性、氧的供给和燃烧的起点温度是物质起火的三个必备条件。任何可燃物的温度低于着火点时，即使供氧也不会燃烧。因而，控制可燃物的温度是防止起火的主要条件。

防止火灾的发生应注意以下各点：

（1）贮放易燃试剂的库房必须严格管理，不同性质的试剂分隔清楚，瓶封良好，保持阴凉通风，杜绝火源，标记明显。实验室内不能存放过多的易燃品，以满足短期内需用量为宜，可将易燃的液体有机溶剂密封贮放在水槽下面的小柜中。

（2）使用易燃品操作时，室内应加强通风，并切忌明火，以防易燃蒸汽扩散，遇火燃烧。

（3）各种加热器如酒精灯、喷灯、电炉等，用后应随时关闭。

（4）进行易燃液体的蒸发、蒸馏或回流操作时，分析人员绝不允许擅自离开。

（5）实验中易燃废液应妥善处理，切忌随意废弃。

（6）经常检查电器电线，防止出现电线裸露的情况。

一旦发生失火，首先应保持镇定，及时切断电源，关闭燃气阀门和机械通风设备，注意个人防护，并根据火源采取相应措施：

（1）实验室及楼层走道应设置必要的消防灭火器材，做到定期检查，保持完好。经常对全体人员进行安全防火教育，保证人人都能正确使用。不同的灭火剂适用于不同的火源，应予注意，例如：

① 酸碱式，适用于非油类及非电器类失火的一般火灾；

② 泡沫式，适用于油类失火；

③ 二氧化碳，用于电器失火；

④ 干粉灭火，适用于扑救油类、可燃气体、电器设备等；

⑤ 四氯化碳，适用于电器灭火；

⑥ 1211（CF_2ClBr），主要用于油类、有机溶剂、高压电器设备和精密仪器等。

（2）在紧急处理的同时，还应及时报警，防止火势蔓延。

（3）除使用灭火器外，还可以就地取材，如将工作衣用水冲湿后，罩于火源上，使与空气隔绝而灭火。

（4）实验室内取水较为方便，但只适用于溶于水或稍溶于水，以及溶于水而相对密度大于水的易燃与可燃液体的失火，而不能用于与水能发生猛烈作用的物质和比水轻而溶于水的液体的失火。

2．爆炸的防止

操作不当而引起猛烈的化学反应，如水倾注入浓硫酸或发烟硫酸；高氯酸遇有机化合物或热的有机液体混合，均可造成爆炸。

加压或减压容器已出现裂痕而未被发现，或在使用时超出容许压力范围，以及一些压力容器如压力锅的安全装置（易熔片）失效等原因而发生爆炸。高压气瓶受阳光曝晒或室温过高，亦可出现事故。

防止爆炸的发生，首先应严格遵守操作规程。对所要进行的实验，必须了解其反应和所用化学试剂的特性；对有危险的实验，要准备应有的防护措施及发生事故时的处理方法；在未了解实验反应之前，试料用量要从小量开始。

（1）慎用高氯酸。在使用高氯酸进行消解时，应先用硝酸将样品中的大部分有机物氧化，然后放冷，再加入高氯酸。

（2）加压或减压容器使用前应仔细检查有无裂痕、缺损。

（3）高压气瓶应按劳动人事部门的规定，如《气瓶安全监督规程》。定期送请检查，对不合格的不允许继续使用。各种高压气瓶均应有明显标志，防止互用，见表 2-1。

表 2-1　高压瓶的标志

使用类别	外表涂漆颜色	字样颜色	横条颜色
氧气	浅蓝	黑	—
氢气	深绿	红	红
氮气	黑	黄	棕
压缩气体	黑	白	—
乙炔	白	红	—
二氧化碳	黑	黄	—
一氧化二氮	灰	黑	—

（4）高压气瓶贮存室应保持阴凉、干燥、通风。

（5）使用高压气瓶时，应将气瓶用套环固定在墙上或工作台旁边；可燃或助燃气体的气瓶放置的场所应隔绝明火；氧气瓶及其专用工具严禁与油类接触。

3. 中毒的防止

（1）从事可产生腐蚀、刺激等有害气体的操作时，必须在通风橱内进行。

（2）熟悉实验室常见的有毒化学试剂，这些试剂的浓（贮备）溶液必须妥善保管，不用时不应任意放置在实验台上。用吸管吸取溶液时，应使用吸（洗耳）球吸取，不准用嘴吸。实验室内不应放置食品和进行饮食，以免玷污发生意外。

（3）注意妥善处理有毒废液。氰化物遇酸可产生剧毒的氰化氢气体；含汞溶液遇氯化亚锡作用可生成元素汞而产生汞蒸汽；氰化物废液应在偏碱性条件下，加适量漂白粉或次氯酸钠溶液使分解。

（4）一旦发生有毒物质沾附皮肤，应及时作针对性处理，如用大量水冲洗，并用小苏打或硼酸的稀溶液中和酸或碱，脂溶性毒物如苯并[a]芘类，切忌用有机溶剂清洗皮肤，以免促进吸收。当出现中毒症状时，应立即撤离实验室，送医院进行急救，并提出毒物名称和性状。

（5）分析人员应按有关规定定期作身体检查，以了解健康状况。

4. 触电的防止

（1）电器线路、设备、插头、插座应完好，无裸露，插座、开关安装应牢固不松动，已老化电线及时更换，合理配电而不允许出现超负荷现象。

（2）所有插座均应具有良好而有效的接地线，禁止以水管、煤气管道作为接地线用。

（3）定期对电气设备和用电仪器进行安全检查，检查是否有短路及其他故障存在。在无把握的情况下，不得随意拆卸和修理。

（4）备有试电笔或电表，以随时可测试仪器设备有无漏电。

（5）安装的保险丝应按负荷量选定，不得任意加大或以铜丝代替。

（6）避免任意拉线，必要时应设置明确警示标志。

（7）应按仪器说明书进行操作，任何时候不得以湿手或湿布触及开关及电气部件。

（8）一旦发生触电事故，应立即关闸，或用绝缘材料使电气设备与人身分开，如发现呼吸与心跳停止，应及时进行人工呼吸和心外按摩，并送医院抢救。

（9）工作结束后，应将电源开关拉下。严禁使用裸线、残缺的电闸和开关。

5. 安全培训与检查制度

（1）新上岗的分析人员，首先应接受安全知识教育，学习有关规章制度。

（2）定期进行安全检查，对不重视安全操作的，应进行教育帮助；对屡次造成严重事故的，必要时应调离岗位。各种安全设施（通风橱、消防器材等）应定期检查，使之处于正常状态，保证随时可供使用。

（3）实验室应备有常用的急救药品和器械，以备急用。

（4）下班时，应有专人检查门、窗、水、电、气等，加强对贵重物品的管理，避免因疏忽大意造成损失。

（5）一旦发生意外事故，现场人员应迅速切断电源、火源、气源，立即采取有效措施及时处理，并向领导汇报。

对于这五大因素，以上我们一般性地提出了应该遵守或值得注意的方面，当然，还包含极为广泛的内容，涉及复杂的技术问题（如仪器的操作使用等）。

四、实验室“保洁”及“三废”处理措施

提供一个良好的实验室环境，是保证获得准确分析结果的重要前提。除上述条件外，以下所述亦是不可忽视的因素。

1．保持实验室整洁安静

（1）实验室内保持清洁、整齐、明亮、安静，噪声应低于 65 dB。对温度、湿度和清洁度要求较高的实验（仪器）室，除在建筑和添置必要设施外，操作人员应注意各种细节，诸如更换工作衣、帽、鞋。在实验结束后的清洁整理工作中，要避免扬尘和过分的潮湿。

（2）在分析项目的安排上，应特别注意相互交叉污染，如测氨与使用氨水的实验，测汞与原子吸收的预处理操作等，都应分室进行。应在通风橱内进行操作的实验，必须按照操作规程在通风橱内操作。

（3）保持实验室的整洁，除“窗明几净”、实验台整洁无尘外，还应注意器皿的洁净，以及玻璃器皿的洗刷工具，直至实验台抹布。经常用洗净的湿抹布揩拭台面，地面亦宜使用潮湿的拖布拖抹，而不能用扫把进行打扫。

（4）分析人员的失误亦可给实验带来污染，诸如化妆用品、日常衣鞋帽、吸烟等。因此，进行实验操作必须着工作衣，不进行与实验无关的活动，严禁吸烟。不得大声喧哗，不得做与实验无关的事情，如吃东西、洗衣服等。

（5）进入实验室前应准备好需用的技术资料和实验记录本（表）等，工作服和鞋帽等穿戴整齐。

（6）不得将与试验无关的物品带入实验室，实验室的药品试剂及化验用品原则上亦不能带出实验室。

（7）实验室不兼做生活和学习场所。非经批准，外来人员一律不得进入实验室。

（8）离开实验室前，应检查水、电、气是否关闭，是否有不安全的因素，按规定将实验用器物清洗干净，放回原处，清扫卫生，关好门窗。

（9）注意消灭室内蟑螂和老鼠，尤其实验楼底层，应加以防范。

（10）实验室内不放置与实验无关的物品。冰箱内没有与实验无关的物品，无过期试剂，无不宜和不需贮放的试剂。

（11）实验用品安置合理、摆放整齐，有防尘或防玷污措施，既便于操作，又不易发生差错和造成器皿破损，应养成专物专用的良好习惯。

2．实验“三废”的处理、处置

在监测分析的过程中产生的废气、废水及废渣，有的仅具酸、碱性，有的具腐蚀刺激性，更有的具较强的毒性，可腐蚀管道、设备，直接排放将会污染环境以及直接或间接危害人体健康，或引起安全事故。因此，尽管试验过程中所产生的“三废”量不多，且为间歇性和无规律性，亦应引起足够的重视。必须创造条件对其进行有效的处理后再行排放，如建造废水处理池进行处理，不得随意倒掉，以防污染环境。

实验室废液种类很多，但数量不大，通常监测分析过程中产生的废液在贮存到一定

的数量时集中处理。实验室内应配置相应的废液缸，废液处理要认真记录各项处理结果和去向。应注意：

（1）用于回收的废液应分别用洁净的容器盛装，严禁混合贮存，以免发生剧烈化学反应造成事故。

（2）同类废液中高浓度的应集中贮存以便于回收某些组分，浓度低的经适当处理达到排放标准要求的即排放。剧毒、易燃、易爆的废液应按规定执行。

（3）废液应用密闭容器贮存防止挥发性气体逸出污染实验环境。贮存液容器必须贴上明显的标签，标明种类和贮存时间，贮液应避光，远离热源，贮存时间不宜过长。

（4）互不混溶的有机溶剂废液，应集中回收处理，防止发生燃烧、爆炸，萃取用过的氯仿、四氯化碳、石油醚等原则上集中存放，待蒸馏回收。

（5）实验室产生的废气、废渣等有害物质也要进行适当处理，达到相应的排放标准后方可排放。

第二节　实验材料的质量保证

一、化学试剂的质量管理

化学试剂是监测分析的必要条件，主要用于定性分析，定量分析。一级试剂（优级纯）适用于精密的分析研究工作，二级试剂（分析纯）适用于较精密的分析检测工作，三级试剂（化学纯）适用于实验室的一般的分析监测工作。在环境样品中，一级品可用于配制标准溶液；二级品常用于配制定量分析中的普通试液；三级品只能用于配制半定量或定性分析中的普通试液和清洁液等。化学试剂是由化学品配制而成。化学品种类繁多，常用的有数百种，气体、液体、固体都有。不少还具有易燃、易爆和剧毒，保存不当又可发生变质失效，因此，对化学试剂性能的了解，妥善的保存和合理的使用就显得至关重要。

不同规格的试剂纯度不同，纯度越高，制造工艺要求越高，价格亦相应提高。为此，在选用试剂时必须对试剂的规格有一个正确的认识，做到合理使用，不可盲目追求高纯度而造成浪费，又不随意降低规格而影响分析结果的准确度。在分析工作中，选择试剂的纯度除了要与所用方法相匹配外，其他如实验用水、使用的器皿也须与之相适应。例如，基准试剂的纯度相当于或高于一级品，可用作滴定分析的基准物，也可直接用于配制标准溶液；光谱纯试剂中所含杂质的含量，用光谱分析法已测不出或者杂质含量低于某一限量，这种试剂主要用作光谱分析中的标准物质，但不应把它当做化学分析的基准试剂来使用。

目前，试剂生产厂家很多，水平不一，或因流通环节等原因，有时可发现产品与瓶签所标明的质量不符，使用前应予注意，防止影响分析结果。购得试剂应由分析人员对规格、外观、包装和数量验收，合格方可入库备用。

1．促使试剂变质的影响因素

试剂在存放过程中，由于自身的理化性质、包装、使用和受外界环境条件的影响，可发生变质。

（1）气体影响

空气中的氧对某些低价离子的无机化合物、活泼金属和非金属，以及有机试剂中具有强还原性的化合物（如 $SnCl_2$、$FeSO_4$、Na_2SO_3）等能起氧化作用；强氧化剂则易被空气中的还原性物质所还原。当受到这些因素影响时，试剂就会降低或失去其原有的氧化还原能力。

强碱性试剂如氢氧化钠、氢氧化钾、二丁胺和水合肼等易吸收二氧化碳，当试剂封装不严时，就会被二氧化碳侵蚀而变质。

当水蒸气含量过高时，则可使干燥剂和脱水的试剂潮解、结块，或使某些试剂发生水解作用，如过硫酸铵吸湿水解后会释放出氧而失去其氧化性，硫化钠吸湿后变成液体，并逸出硫化氢；无水氯化铝水解后成为氢氧化铝等。

空气过于干燥，可使一些试剂发生风化，如水合盐类失去结晶水。

空气中的微生物能使蛋白胨、琼脂、甘露醇和一些有机酸及其盐类溶液发霉、分解和变质。

实验室常用的一些具挥发性的试剂，如氨水、盐酸等，在使用或操作过程中的逸散使得实验用水或其他试剂受到玷污，从而使其纯度发生程度不同的变化。

纤维和尘埃亦可能使某些试剂还原、变色。

化学试剂必须密封贮于容器内，开启取用后立即盖严，必要时应加蜡封。

（2）温度影响

试剂变质的速度与温度高低有密切的关系。夏季高温会加速不稳定试剂的分解。低碳烷烃、醇类、酮类、醚类、苯及其衍生物等，受热极易挥发，氯胺 T 受热会分解。温度对一些有机试剂及强氧化物影响更大。丙烯腈、过氧化氢、过氧化钠、叠氮化钠等宜在低温下冷藏，但甲醛在低温下则可发生聚合作用而沉淀变质。严寒会使冰醋酸冻结后胀破容器。

（3）光影响

阳光能使某些试剂如银盐、汞盐、溴和碘化物、联苯胺、α-萘酚等酚类试剂发生化学反应而变质。H_2O_2、$KMnO_4$ 等见光易分解。阳光中的紫外线能使某些试剂变质。一般要求避光的试剂，可装在棕色瓶内，属于必须避光的，在棕色瓶外还要包一层黑纸，使用时，外层黑纸不要撕毁，从上面启封取用后仍按原样包好。贮存时应放在避光的试剂橱内。

（4）杂质影响

试剂的纯度对其变质情况的影响不容忽视，贮存和取用这类试剂时应特别注意防止杂质污染。纯度级别较高的某些试剂，受到杂质污染，会使其变得不稳定而变质。如纯净的溴化汞不受光照的影响，若杂有微量溴化亚汞或有机物，遇光则分解变黑；间苯二胺为白色，在空气中稳定，若混入少量杂质，在空气中色泽会迅速变深而发生聚合。对于这类试剂，应尽量使用纯度级别较高者，并在取用和贮存中特别注意严防杂质污染。

（5）贮存期的影响

一些不稳定试剂在长期贮存后可能发生歧化、聚合、分解或沉淀等变化。这类试剂最好分次少量采购贮存。使用前除检查其外观外，还应注意其出厂日期。使用前如怀疑有可能变质，应经检验合格后再用。

已经变质的试剂，如可通过提纯和精制以分离其变质产物，经检验合格后仍可使用，否则即应弃去不用，以免影响分析质量。

2．一般化学试剂的贮存和管理

化学试剂应贮存在专用的库房内。实验室只存放短期工作所需的小量试剂，且应与配制的试剂溶液分橱贮放。

（1）化学试剂较多时，应按各种试剂的理化性质、规格分类保管。取用后放回原处，以免放乱后不易寻找。定期检查使用及保管情况。性质稳定的固体盐类可按阳离子或阴离子分类，分开摆放。

（2）库房内要配有专用的带玻璃门的试剂橱，在橱的设计上要能使各种试剂便于分隔存放；橱门严密，并能上锁。

（3）橱内试剂应按其性质不同分格放置，固体试剂和液体试剂分橱贮存；小瓶试剂放上格，大瓶试剂放下格。

（4）易产生污染其他试剂的气体的试剂，应分开贮存，并尽力使封装严密。

（5）试剂的放置应便于取用。如固体试剂可分钾盐、钠盐、胺盐、有机酸，其他金属盐类，指示剂、色谱试剂、其他有机试剂等。

（6）碳酸铵、过氧化氢等容易产生气体的试剂，封装不能太严，否则，可产生炸裂，并放在通风良好的地方。

（7）瓶装具腐蚀性试剂，应有塑料或搪瓷盘承托，以便一旦发生意外，可承纳全部试剂。

（8）易潮解或受潮后变质的试剂，尤其是固体有机分析试剂和指示剂可贮于干燥器内。吸水性强的试剂（如 Na_2CO_3、NaOH、Na_2O_2），瓶口应用蜡密封。易挥发试剂应特别注意冷藏。

（9）对室温降低时可造成液体试剂变为固态的，如发烟硫酸、苯酚、冰醋酸等，应防止发生瓶子破裂事故。

（10）库房应注意避光、通风、保持整洁、卫生、阴凉、干燥、防潮、防震，远离火种、热源。消防器材放在明显位置，并确保随时可用。

（11）应经常检查瓶签是否完好，字迹是否清楚，瓶封是否严密，有无瓶裂、盖裂，以及变色、潮解、混浊及沉淀等异常情况发生，遇此类情况时，应及时处理。

（12）所有的试剂瓶外面应擦拭干净，标签上涂蜡，贮存在干燥洁净的药柜内，最好置于阴暗避光的房间。有些试剂保存不当，非但危险且易变质，因此必须注意。

（13）建立台账，做到出入有数，账物相符，定期盘点。

（14）根据各室提出的使用计划，统一购买，防止积压浪费。

（15）入库时严格执行验收制度，验收核实后办理入库手续方可入库。

（16）领取时填写领取申请单，经领导审核签字后，由保管员核实、登记和发放。需用剧毒试剂，先填写申请单，经领导审核批准后，方可称量、领取，必须有两人在场签名（其中一名为保管员）。

3．危险化学品的贮存

危险性试剂主要有易燃、易爆、腐蚀、有毒和放射性等五大类物质。

（1）易爆试剂

凡属受到冲击、振动、摩擦、火花、曝晒、高温等外界因素作用或接触酸、碱、金属和氧化物时，可在瞬间发生化学反应，并随之释放出大量热能和气体，从而产生燃烧或爆炸的这些物品，称为易爆试剂。

有机易爆试剂多为芳香族硝基化合物和重氮化合物，如三硝基甲苯、三硝基苯、三硝基苯胺、重氮氨基苯等。

无机易爆试剂如叠氮钠、硝酸盐和氯酸盐等。

某些含氧酸及其盐类与一些固体试剂或有机物混合时亦可发生爆炸，如高氯酸与乙醇或有机物，氯酸盐与硫酸或氰化物，硝酸盐与氯化亚锡，高锰酸钾与硫酸，硝酸钾与乙酸钠，硝酸银与氨水等。

为此，除操作时应避免外，贮存时应注意防止外界因素的影响，相遇时可发生爆炸的试剂不能混合存放。

实验室使用多种氧化剂，如过氧化钠、过氧化氢、高氯酸及其盐类、高锰酸钾、重铬酸钾、各种硝酸盐、氯酸钾及次氯酸钙等遇还原剂、有机物、易燃物、可燃物或强酸时，亦可产生剧烈反应，引起燃烧爆炸。

（2）易燃试剂

是指在空气中能自燃或遇其他物质容易燃烧的物质，通常在较低温度或常温即易挥发或汽化，或极易水解。

易燃液体试剂大多为有机溶剂，如苯及苯系物、低碳烷烃、低级醇类、醚类、酮类等，沸点低、多数低于 100℃，容易挥发、汽化，因其闪点低，所以易着火燃烧。

易燃固体试剂如硝基苯类、硝基酚类、铝粉、镁粉、硝基纤维和醋酸纤维等，有的在空气和水中发生放热反应而燃烧，亦有的可因靠近火源、高热源或受红外线辐射以及与氧化剂或还原剂接触而燃烧。

一些元素如钾、钠，金属的氰化物如氰化钾、氰化钠等，遇水或在潮湿空气中可发生剧烈反应放出大量热量，同时产生的气体，遇火可引起燃烧或爆炸。

（3）有毒化学试剂

经口、鼻或经皮肤、黏膜侵入人体时，会产生局部或全身中毒，严重的甚至死亡。亦有发生急性中毒或慢性中毒。

实验室中可接触的如三氧化二砷、砷化氢、氧化铍、亚砷酸钠、氰化钾、氰化氢、可溶性钡盐、硒酸、甲基汞等。苯可使造血器官产生严重损害。

（4）腐蚀性试剂

腐蚀性试剂一般有较强的吸水性，大多有毒或兼具有强氧化性。对人体、建筑材料、金属和纤维等均有腐蚀作用。

实验室常见氢氟酸、过氧化氢、硝酸、发烟硝酸、硫酸、发烟硫酸、盐酸、氢氧化钾、氢氧化钠、氨水、硝酸银、苯酚等。

（5）放射性物质

放射性物质是指能自发蜕变辐射α、β、γ或中子等高能粒子，直接或间接地引起物质电离的物质，人体受辐射产生皮肤或体内污染，引起放射病。

实验室气相色谱仪检测器中的镍 ^{63} 和氚，就具有放射性。

对易燃、易爆、有毒和腐蚀性试剂以及放射性物质，由于它的危险性，应谨慎贮放。除遵守对一般试剂的要求外，还应注意以下各点：

① 易燃、易爆试剂应根据不同的理化性质，分别贮放于铁皮柜或沙箱中，远离火热源，室内温度亦在 30℃以下，严禁烟火、曝晒。实验室内存放量应保持在最低水平，以不影响正常工作开展又保证安全为原则。

② 易挥发试剂应瓶封严密，贮放在有通风设备的房间内。

③ 有毒试剂必须严格领用制度，有专用保险柜贮放，并有专人保管。使用时要有审批手续，随用随领，两人共同称量，登记用量。剧毒试剂必须严格遵守使用规定，放入专柜加锁，其内外门钥匙应由两人分别保管。剧毒试剂要严格控制领用量，并做好使用记录，不准在实验室内任意存放。实验室内多余的或过期的剧毒试剂要及时处理，不得随意倒掉。

④ 使用强酸强碱性试剂时，应认真遵守使用规定，切实防止腐蚀仪器，灼伤、误伤人员等事故的发生。

⑤ 对放射性物质，应有必要的屏蔽措施和测量装置，严格做好个人防护，避免发生事故。

⑥ 库房的门窗需牢固，并加锁，定期进行检查，做到账物相符。

4．化学试剂配制使用的一般原则

选用试剂是分析工作中的一项重要工作，操作人员应对分析结果作全面的考虑，在不降低分析结果准确度的前提下，本着节约的原则选用合格试剂。

（1）由于试剂的不纯所引起的误差，对分析者来说必须十分重视才行。实验室用试剂级别的一般依据是试剂所含的杂质应对样品的分析不产生干扰，并应根据不同实验条件、分析方法、分析对象和对分析结果要求的准确度进行选用。一般来讲，要求分析准确度较高时，应采用较纯的试剂。但并不是所有的分析对象或分析项目都需要纯度级别高的试剂，也不是分析项目中的所有试剂都需要用高纯试剂或优级纯试剂，更不是所用的试剂纯度级别越高越好。如果采用二级品试剂可以保证分析质量，就不一定要用一级品。往往试剂等级提高一级，其价格有时相差几倍以上，这对大量的环境分析来说，是一个应考虑的问题。

（2）在微量和痕量分析中，试剂的纯度极为重要。对一些长期使用或贮存的试剂，特别是某些不易保存的试剂，以及某些不符合规定要求的高纯试剂，都要进行纯度检验，变质的试剂不能使用，不符合纯度级别要求的试剂应进行提纯或精制处理，或降级使用。

（3）选用试剂时，注意核对瓶签上所标明的含量（或浓度）、杂质最高含量及分子式与所需要的是否吻合。尤其是无水或含水的化学品，在配制缓冲溶液时易被忽视而造成差错。

（4）有些试剂品级虽然合格，但由于包装不良或放置时间太长，使浓度因挥发而降低，或由于吸收外面气体而变质。取用前应进行检查，注意其生产日期，不能使用过期或失效的试剂。如怀疑有失效的可能，应经检查合格后再用。使用中要注意保护瓶上的标签，如有脱落应及时贴好，如有损毁则应照原样补全并贴牢。

（5）在同一批样品分析中应使用同一瓶试剂，有时同一批号的试剂亦可出现差异。

（6）在分析测试中，需注意选用试剂纯度级别还应与试验用水和所用器皿相匹配。

高纯试剂用一般蒸馏水配制，并贮存在一般的容器中，不可能得到纯度较高的试液。

（7）在取用固体试剂，尤其是保证试剂或高纯试剂时，应先将比所需用量多一点的试剂倒入洁净干燥的称量瓶中，然后加盖称量。称量后多余的试剂，不允许再倒回原试剂瓶内，即“只出不进，量用为出”的原则，避免对整瓶试剂的污染。

（8）一般试剂取用时，所用药匙应洁净干燥，每次一匙只用一种试剂，用后及时清洗。

（9）取用液体试剂时，应遵守“只能倾出，不准吸出”的原则，以防污染原瓶试剂或带入水分。不得在试剂瓶中直接吸取，倒出的试剂不可再倾回原瓶中。倾倒液体试剂时应使瓶签在上方，以免淌下的试剂玷污或腐蚀瓶签。

（10）有毒气体或挥发性强的试剂必须在通风橱内取用、操作，严禁在通风橱外的室内进行，使用挥发性强的有机溶剂时要注意避免明火，绝不可用明火加热。

（11）需加热助溶或在溶解过程中释放大量溶解热时，应在烧杯内配制，待溶解完全并冷至室温后再定容装瓶。

（12）从冰箱内取出的试液，应放置至室温平衡后，方可取用。

（13）用毕试剂，及时密封并放回原处。

主要控制措施：外购时在合同中明确规定质量要求；加强进站的质量检验；合理选择外购厂；督促、帮助外购厂的质量控制和质量保证工作。

二、溶剂、试液的质量管理

（一）溶剂

1．实验室用水

这里所指的实验用水是用于试液配制、荡洗器皿和样品稀释定容等所用的水。实验室用水的质量对环境监测来说具有特殊的重要性。因为环境监测中所测定组分的浓度都很低，为了消除试剂和器皿中所含的待测组分和操作过程中的玷污，通常又以实验用水代替样品来进行空白实验，然后从样品测定结果中扣除空白值作为必要的校正。实验用水应符合要求，其中待测物质的浓度应低于所用方法的检出限，否则将增大空白实验值及其标准偏差而影响实验结果的精密度和准确度。

分析测试之前首先要制备出合乎要求的实验室用水。国家标准《分析实验室用水规格和试验方法》（GB 6682—92）中明确了实验室用三个等级净化水的规格和相应的质量检验方法，应根据实验工作的不同要求选用不同等级的水。

对有特殊要求的实验用水，常需使用相应的技术条件处理和检验。一般来说，不含氯、As、Pb 等的水，是比较容易达到要求的。但不含氨、二氧化碳、有机物的水不宜制备。氨极易溶于水（1 体积水约可溶解 700 体积氨），制备的无氨水很容易受到空气中氨的影响，用纳氏试剂法测定氨氮，有时空白值高达 0.080 以上。无有机物的水必须用玻璃容器盛放，但容易受到空气中尘埃、有机物的影响。使用过程中难免接触有机物，如洗瓶、下口瓶放水口的塑料管等。对这些实际问题应切实加以考虑，并采取有效措施避免由于水的原因对实验带来的影响。

制备的实验用水最好贮于硬质玻璃瓶中，密塞放置，减少吸收空气中的二氧化碳和其他杂质。聚乙烯容器应注意其材质中可能溶出的组分造成水质的玷污。实验用水应尽可能不长期贮存。

无酚水和不含有机物的水不宜贮于塑料容器内。还应避免与乳胶管或橡皮塞接触，因为此类制品往往含有酚类等有机物。清洗器用水因用量较大，通常贮存于大瓶或桶中，这些容器亦应经常清洗，避免藻类等沉积而影响水的质量。

2. 有机溶剂

有机溶剂与所用溶质的纯度应相当，若纯度偏低，需经蒸馏或分馏，收集规定沸程内的馏出液，必要时应进行检验，质量合格后再用。

（二）试液

以分子、原子或离子状态分散于溶剂中构成的均匀而稳定的体系叫试液。通常未规定精确浓度的只用于一般实验的试液，叫普适试液。它的配制所用的溶质有固体或液体试剂，其纯度应满足实验准确度的要求。在环境监测分析中所用试剂纯度一般为一级或二级，配制用水必须至少符合《分析实验用水规格和实验方法》（GB 6682—92）中三级水的质量要求。一般常用聚乙烯瓶或硬质玻璃试剂瓶盛放，摇匀后备用。玻璃容器耐碱性较差，腐蚀后溶出物将污染试液，故必须用聚乙烯瓶存碱性试液和浓盐类试液，勿贮于玻璃瓶内。聚乙烯瓶必须具有内盖。软质玻璃耐酸性和耐水性也比较差，故不能用此种玻璃容器长期盛放试液。需避光的试液应用棕色瓶盛放，必要时可用黑纸包裹试剂瓶。在试液的配制、使用和保存中应注意：

1. 试剂配制管理

配制环境标准水样时应使用符合要求的试剂。试剂的化学计量组成必须清楚，固体试剂应具良好的水溶性，必须均匀、稳定，且易于精制和干燥处理，一般试剂要注意：

（1）稳定性较好的试剂配成试液后，稳定性可能变差。因此，试液都应标明配制日期，并根据需要定期检查，如发现有变色、沉淀、分解等变质现象，即应弃去重配。不稳定试液应分次少量配制，并根据情况采取特殊贮存方法，如避光、冷藏、加入不干扰测定的稳定剂等。

（2）一般浓溶液在贮存期内的变化不大，而稀溶液则随贮存时间的延长，浓度多会发生变化。浓度愈低，有效使用期限愈短。

（3）试剂瓶的瓶口塞必须能与瓶口密合，以防杂质侵入和溶剂或溶质挥发逸出。试剂瓶在使用前应认真检查。将玻璃塞插入瓶口后从各个方向振动检查，严密无隙者方可使用。

（4）当配制准确浓度的溶液时，如溶解已知量的某种基准物质或稀释某一已知浓度的溶液时，必须用经校准过的容量瓶，并准确地稀释至标线，然后充分摇匀。

（5）一定要将浓酸或浓碱缓慢地加入水中，并不断搅拌，待冷却到室温后，才能稀释到规定的体积。严禁将水加入浓酸或浓碱中。

（6）配制时所用试剂的名称、数量及有关计算，均应详细写在质量记录本上，以备查对。

2. 试液的使用和保存

关于试剂的使用和保存的大部分内容都适用于试液。

（1）吸取试液的吸管应预先洗净、控干。多次或连续使用时，每次用后应妥善存放，避免污染，不允许裸露平放在桌面或插在试剂瓶内。

（2）同时取用相同容器盛放的几种试液，特别是当两人以上在同一实验台操作时，应注意防止盖错瓶塞，造成交叉污染。

（3）配制各种试液和标准溶液必须严格遵守操作规程。同时配制多种试剂时，要先在容量瓶和试剂瓶上贴上瓶签，以免拿错用错。瓶签书写规范，应以不褪色的墨水在瓶签上写明试剂名称、浓度、酸度和配制日期（必要时注明所用试剂的级别和溶剂的种类）。盛装易燃、易爆、有毒或有腐蚀性试液的试剂瓶，应使用红色边框的瓶签。

（4）试液瓶内液面以上的内壁，常有水汽凝成的成片水珠，用前应振摇均匀以保证试液的浓度准确。

（5）每次取用试液后应随即盖好瓶塞，不能为省事而使试剂瓶口在整个分析操作过程中长时间敞开，这样可避免溶剂挥发或受到玷污。

（6）有些标准溶液常因化学变化或微生物作用而慢慢变质，这类标准溶液要注意保存温度并经常进行标定。蒸发损失也会影响浓度。除非经过重新标定，超过一年就很难说未起变化。假如能使蒸发减少到极微，超过 1 年也不会有多大问题。瓶子如常敞口或为半瓶，几个月内的蒸发损失就很可观了。

（7）试液瓶附近不许放置加热设备，以防试液温升变质或引起浓度变化。

（8）贮有试液的容器应放在试液橱内或无阳光直射的试液架上。试液架应安装玻璃拉门，以免灰尘积聚在瓶口上而导致倒取时引起污染。必要时可在瓶口罩上烧杯防尘。

（9）有些试液受日光照射易引起变质，如硝酸银溶液等，应该保存于深色玻璃瓶中，最好贮存于暗处。

（10）已经污染、变质或失效的试液应随即处理，以免与新配试液混淆而被误用。

（11）试液的保存时间随溶剂的特性、质量、配制的浓度和保存条件而异。有的稳定性很差，如硫化钠、氯胺 T 等；有的随放置时间而浓度逐渐降低，如硫酸亚铁铵、氯化亚锡、氰化钾等；有的则较为稳定，如重铬酸钾、氯化钠、硫酸钾等；苯酚当浓度为 1 mg/ml 在冰箱中保存时，能放置较长时间而浓度几无变化，而 1 μg/ml 则需临用时现配。铜、锌、铅、镉等重金属离子，加酸与不加酸差异很大，前者比后者稳定得多。因此，试液应根据使用情况，适量配制，并定期进行检查，如发现浓度降低、失效或受玷污，应及时处理。

（三）指示剂

化学分析中，常以化学反应的外观变化指示物质反应的进行程度。对难以由其外观变化做出明确判断的反应，常需借助一种辅助试剂，以它在反应进行中所发生的外观变化指示反应的进行程度，这种辅助试剂就是指示剂。

一般要求：

（1）名称：指示剂应使用系统的化学名称或染料索引号（CI），不应使用商品号。

（2）浓度：配制指示液时，如所用指示剂为液体，则指示液的浓度应以体积分数表示；若指示剂为固体，则应以质量浓度（g/L）表示。

（3）水和溶剂：配制指示液的实验用水必须符合 GB 6682—92 中三级水的要求。所用溶剂如乙醇应呈中性，纯度在分析纯以上。

（四）缓冲溶液

缓冲溶液是一种能对溶液酸碱度起稳定作用的试液，它能耐受进入其中的少量强酸或强碱性物质以及用水稀释的影响而保持溶液 pH 值基本不变。

一般要求：

（1）配制缓冲溶液必须使用符合 GB 6682—92 中三级水要求的新鲜蒸馏水。配制 pH 值为 6 以上的缓冲溶液时，必须赶除水中的二氧化碳并避免其侵入。

（2）所用试剂纯度应在分析纯以上。

（3）所有缓冲溶液都应避开酸性物质或碱性物质的蒸汽。保存期不得超过 3 个月。凡出现混浊、沉淀或发霉等现象时，应立即废弃。

配制标准缓冲溶液除执行“一般要求”外，还需做到：

（1）所用试剂必须是“pH 基准缓冲物质”。

（2）草酸三氢钾应在（54±3）℃干燥 4～5 h，不得在 60℃以上加热干燥。

（3）在 25℃用酒石酸氢钾配制饱和溶液时，过量的未溶固体必须滤除。贮存时应加入少量百里酚（0.9 g/L）防霉。

（4）氢氧化钙易吸收空气中的二氧化碳变成碳酸钙，必要时可于 1 000℃灼烧碳酸钙制得氧化钙，将过量氧化钙在 25℃与无二氧化碳水共摇，滤去多余固体即得所需溶液，贮存在聚乙烯瓶中密封保存。

（5）精制硼砂应在 60℃以下析出结晶，以保证含有 10 个结晶水。其溶液应密闭保存于聚乙烯瓶中。

三、标准溶液的质量管理

标准溶液为用基准试剂配制成元素、离子、化合物或原子团的已知准确浓度的溶液。标准溶液也可用其他方法标定其准确浓度。

1．标准溶液的配制要求

（1）溶剂：配制标准溶液需用 GB 6682—92 规定的二级以上纯水或优级纯（不得低于分析纯）溶剂。

（2）试剂：配制或标定标准溶液所用试剂必须是基准试剂或纯度不低于优级纯的试剂。

（3）仪器：工作中使用的分析天平、砝码、滴定管、容量瓶和吸管均需检定或校正。

（4）浓度：用于容量分析的标准溶液浓度单位为 mol/L，光度分析法所用标准溶液则以其中待测物的含量表示，如 mg/L、μg/L 等。

通常，标准溶液浓度是指 20℃时的浓度，否则应予校正。

2．标准溶液的管理

标准溶液是相对分析方法中赖以比较的物质基础，其质量的优劣直接关系着监测结果的精密度、准确度和可比性。因而，在监测分析工作中，各实验室一向对它十分重视。下面介绍标准溶液在保存和使用中的要求和注意事项。

（1）各种标准溶液必须按其化学性质进行配制和保存。对于在稀溶液中不稳定的物质，应先配制浓度较高的标准贮备溶液，使用前再按分析方法的要求稀释成标准工作溶液（标准使用溶液）。

（2）配制好的标准溶液应使用能密塞的硬质玻璃瓶或塑料瓶贮存，不得长期保存在容量瓶中。

（3）标准工作溶液应在每次实验时现行稀释，一次性使用，不宜保存。

（4）标准贮备溶液（水溶液）应在低温保存，用前充分摇匀，倾出少量于洁净干燥的容器中，荡洗后弃去，再倾注适量，置室温下平衡温度后使用。剩余部分应立即弃去，不得倾回原瓶。

（5）用有机溶剂配制的标准贮备溶液不宜长期大量存放在冰箱内，以免相互污染或发生危险。

（6）对光敏感的物质，其标准贮备溶液应装贮在棕色容器内，密塞后保存于阴凉避光处。

（7）标准溶液的容器瓶签上必须准确标注配制日期、浓度和配制人姓名。

（8）一般的标准溶液不宜长期保存。随时检查发现有变质或可疑情况（如瓶口破损，瓶塞松动，瓶签模糊、涂改或损毁，溶液量有不明原因的增加或减少等异常现象）时，应立即废弃不用。

（9）高浓度剧毒或有毒物质的标准贮备溶液应按有毒试剂的使用和管理规定执行，妥善保管，不得随意放置。

四、实验器皿的选用

采用化学分析方法或样品需经预处理后进行仪器分析的监测项目，无论是现场采样或实验室分析，均会遇到使用各种材质的器皿，如气体样品的吸收管，水质样品的容器，实验室常用的玻璃量器，以及在消解、过滤、萃取、蒸发、灼烧等操作中所使用的石英、玻璃、塑料（聚乙烯及聚四氟乙烯）、瓷质及金属等材质制成的各种器皿，选用不当就会影响分析结果。当这些器皿与样品（尤其是溶液）接触时，这些材料以 3 种方式影响待测痕量组分的浓度：

（1）痕量组分可能吸附在容器壁上，从而降低了它们在溶液中的浓度。

（2）器皿材料的组分可能被浸出到溶液中，于是增大了待测组分的浓度。

（3）吸着在壁上的前一种溶液组分可能解吸而进入后一种溶液。

低浓度时，在吸附、浸出和解吸之间建立起平衡通常是很慢的。因此，在诸如加热蒸发和升温溶解样品等持续时间较长的分析操作中，以及当用容器贮存样品溶液、标准溶液和试剂溶液时，器皿壁对于溶液组分所施加的这三种影响甚为明显。而在诸如移液、过滤、在容量瓶中稀释溶液以及测量吸光度等持续时间短的操作中，这些影响通常可以忽略。

首先应了解这些不同材质所制成的器皿的性能，才能合理地使用和保证一定的洁净度。

1．玻璃器皿

玻璃除含大量的硅外，还含有硼、铝、钙、镁、钾和钠等。玻璃器皿存在吸附和溶出的性能，前者对分析将造成损失，后者则造成玷污。吸附和溶出与多种因素有关，如所贮溶液的离子强度、离子性质、pH 值等，且与玻璃性质有一定关系。酸对玻璃的溶出作用是由于氢离子交换玻璃中存在的碱金属离子。此外，碱可腐蚀玻璃，通过侵蚀二氧化硅骨架并使其逐渐溶解。不同料性的玻璃（硼硅玻璃及软质玻璃）则其应用对象亦不同。

量器分量出式和量入式。用来测量从量器内部排出的液体体积的量器，如滴定管和吸管，称为量出式量器。用来测量注入量器内部的液体体积的量器，如容量瓶，称为量入式量器，这说明用容量瓶代替吸管量取液体是不妥当的。

滴定管、吸管和容量瓶是使用频次最高的玻璃量器，分析人员应了解其计量检定规程、检定方法和技术要求。由于制造工艺的原因，量器容量不可能绝对符合其标准值，常用滴定管、吸管和容量瓶等玻璃量器，按检定规程，对不同等级，规定了容量允差，滴定管和吸管还规定了水的流出时间和等待时间。按量器的允许误差范围划分为不同等级，见表 2-2 和表 2-3。

表 2-2 标准温度 20℃时全量和零至任意分量的容量允差表

标称容量/ml	容量允差/ml						
	滴定管及微量滴定管			完全流出式（漫）及不完全流出式吸管			快流速及吹出式吸管
	A 级	A_2 级	B 级	A 级	A_2 级	B 级	
100	±0.100	±0.150	±0.200				
50	±0.050	±0.075	±0.100	±0.100	±0.150	±0.200	
25	±0.040	±0.060	±0.080	±0.050	±0.075	±0.100	
10	±0.025	±0.038	±0.050	±0.050	±0.075	±0.100	±0.100
5	±0.010	±0.015	±0.020	±0.025	±0.038	±0.050	±0.050
2	±0.005	±0.008	±0.010	±0.010	±0.015	±0.020	±0.025
1	±0.005	±0.008	±0.010	±0.008	±0.012	±0.016	±0.020
0.5						±0.010	±0.015
0.25						±0.005	±0.008
0.2						±0.005	±0.006
0.1						±0.003	±0.004

表 2-3 标准温度 20℃时标称容量允差表

标称容量/ml	容量允差/ml						
	无分度吸管		量　　瓶		量　　筒		量　杯
	A 级	B 级	A 级	B 级	量入式	量出式	量出式
2 000			±0.60	±1.20	±6.0	±12.0	±14.0
1 000			±0.40	±0.80	±4.0	±8.0	±10.0
500			±0.25	±0.50	±2.0	±4.0	±6.0
250			±0.15	±0.30	±1.0	±2.0	±3.0
200			±0.15	±0.30			
100	±0.080	±0.160	±0.10	±0.20	±0.4	±0.8	±1.5
50	±0.050	±0.100	±0.05	±0.10	±0.3	±0.6	±1.0
25	±0.030	±0.060	±0.03	±0.06	±0.2	±0.4	

标称容量/ml	容量允差/ml						
	无分度吸管		量　　瓶		量　　筒		量　杯
	A 级	B 级	A 级	B 级	量入式	量出式	量出式
20	±0.030	±0.060					±0.6
15	±0.025	±0.050					
10	±0.020	±0.040	±0.02	±0.04	±0.1	±0.2	±0.5
5	±0.015	±0.030	±0.02	±0.04	±0.1	±0.2	0.3
3	±0.015	±0.030					
2	±0.010	±0.020					
1	±0.007	±0.015					

流出时间是指量出式量器内充满液体至全量标线后，按规定方式排出全部水量所需的时间，见表 2-4 和表 2-5。

表 2-4　滴定管的流出时间表

滴定管的全容量/ml	水的流出时间/s		滴定管的全容量/ml	水的流出时间/s	
	A 级、A_2 级	B 级		A 级、A_2 级	B 级
1～2	20～35	15～35	25	45～70	35～70
5	30～45	20～45	50	60～90	50～90
10	30～45	20～45	100	70～100	60～100

表 2-5　吸管的流出时间表

无分度吸管、分度吸管的全容量/ml	水的流出时间/s				
	无分度吸管		分度吸管		
			完全和不完全流出式		快流速和吹出式
	A 级	B 级	A 级、A_2 级	B 级	
0.1～0.5	—	—	—	5～10	2～5
1～2	7～12	5～12	15～25	10～25	3～6
3～5	15～25	10～25	15～25	10～25	5～10
10～15	20～30	15～30	20～30	15～30	5～10
20～25	25～35	20～35	25～40	20～40	—
50	30～40	25～40	30～45	25～45	—
100	30～45	30～45	—	—	—

当量器内的液体排出后，为使器壁上残留的液体充分流出所规定的时间称为等待时间。按 1979 年试行的检定规程（JJG 196—79），分为 A、A_2、B 级，A、A_2 级具有一条标线的无分度吸管，等待时间为 15 s；1990 年实行的规程（JJG 196—90）改为 A、B 级，目前更新为 JJG 196—2006 它们的容量允差不同，应根据需要选用相应的等级。对 A 级具有一条标线的无分度吸管，当溶液自最高标线排至流液口后，约等 3 s 后移开，即等待时间由原先的 15 s 改为 3 s。检定规程的改变，实际操作亦须相应改变。了解这些检定要求和改变情况，对监测人员是十分有用的。

使用吸管时，应注意不同种类吸管的使用方法。分度吸管中的吹出式吸管，当溶液流至口端不流时，随即用吸耳球将口端残留液排出；完全流出式吸管有等待时间，当溶液流至口端不流时，等待 15 s 后，随即将流液口移开（口端保留残留液）。对于无规定等待时间的吸管，为保证液体完全流出，可等约 3 s；不完全流出式吸管，无等待时间；单标线吸管则溶液自最高标线排至流液口后，约等 3 s 后移开。

选用适当容量的量器，可以减少量器本身带来的误差。量器规格越大，相应的允差也越大。

比色皿的成套性应经常检查。其透光面、外壁应保持清洁，不能用硬质材料去擦拭，手指应在不透光面持取。使用时应注意是否有方向性，因为有些比色皿不同的透光方向，透光性可能会有变化，因此，通常在比色皿毛玻璃壁一面的上端，蚀刻有一个箭头。推动拉杆时应轻而缓慢，以免溶液溅出。比色皿装入比色架前，应检查透光面内壁有无气泡、外壁有无液迹等，必要使用柔软致密的吸水纸擦拭。皿壁可结成雾状而影响准确读数，此类现象在测量沸点较低的有机溶剂溶液吸光值时，常可发生。比色皿应加盖，并在测量完毕，从比色皿架中取出时，再一次观察皿外壁，必要时，经擦拭皿外壁后重新测量。比色皿用后应及时清洗，先用自来水冲洗后，用棉花蘸少许洗涤剂液擦拭内外壁，用水冲洗，再用蒸馏水荡洗两遍。必要时，用水冲洗晾干后，浸泡于铬酸洗液中 1～2 min，取出立即用水反复冲洗，再用蒸馏水荡洗，置于干燥器内保存。

2．塑料器皿

塑料器皿的优点甚多，应用广泛，对于微量元素的测定来说，塑料器皿是很适用的，因为它本身一般不含有金属成分，水不能沾湿它的表面，与溶液长期接触没有碱金属离子释出，发生污染的可能性较小。用塑料瓶贮存酸或碱溶液时所溶解的杂质极少。但使用温度不宜过高，即使聚四氟乙烯容器，当温度高于 250℃时，就开始软化变形。

特氟隆（聚四氟乙烯、FEP、TFE）有良好的化学稳定性，对有机和无机溶剂是很稳定的。但可渗透 Cl_2、HCl、HNO_3。

聚乙烯比特氟隆有更大的渗透性，对苯和四氯化碳要大 100 倍，水的扩散则大 10 倍。有报道贮放在聚乙烯瓶中的水经过不同时间后，发现有荧光性杂质，很可能是聚合促发剂的杂质，或聚合过程中的荧光副产物。

此外，塑料制品中，加入的增塑剂、抗老化剂、稳定剂和抗静电剂等有机或无机组分，有可能溶出一些杂质而造成污染。

3．石英器皿

石英器皿广泛地应用于痕量元素分析，具有很高的耐酸与耐热性能，远较一般化学玻璃制造的器皿优越，但不耐碱。

4．瓷质和金属器皿

瓷质和金属器皿多用于蒸发、灼烧和熔融操作，尤其是灼烧和熔融，在加入化学试剂并处于高温条件下，所选用的器皿材质有一定的要求，各个分析方法上均作了明确的规定，不能任意换用。而对于铂器皿，由于其价格昂贵，使用不当极易损坏，因此，在使用前必须熟悉操作要求和注意事项。

五、玻璃实验器皿的清洗

玻璃仪器的清洁与否直接影响实验结果的准确性与精密度，因此，必须十分重视玻璃仪器的清洗工作。

实验室中常用肥皂、洗涤剂、洗衣粉、去污粉、洗液和有机溶剂等清洗玻璃仪器。肥皂、洗涤剂等用于清洗形状简单、能用刷子直接刷洗的玻璃仪器，如烧杯，试剂瓶，锥形瓶等；洗液主要用于清洗不易或不应直接刷洗的玻璃仪器，如吸管、容量瓶、比色管、凯氏定氮仪等。此外，长久不用的玻璃仪器以及刷子刷不下的污垢也可用洗液来洗，利用洗液与污物起化学反应，氧化破坏有机物而除去污垢。

（一）洗涤液的配制和使用

1．强酸性氧化剂洗液

是实验室最常见的洗液之一，由重铬酸钾与硫酸配制而成。前者在酸性溶液中形成重铬酸钾，有很强的氧化能力。此洗液对玻璃仪器侵蚀作用小，洗涤效果好，但六价铬能污染水质，应注意废液的处理。

铬酸洗液的配制：称取 20 g 工业品重铬酸钾置于 40 ml 水中加热溶解，放冷。缓慢加入 360 ml 工业浓硫酸（注意不能将重铬酸钾溶液加入硫酸中），边加边用玻璃棒搅拌。因为二者混合时大量放热，故硫酸不要加得太快，注意防止因过热而飞溅。配好后放冷，装入有盖的玻璃器皿中备用。

新配制的洗液呈暗红色，氧化能力很强。应随时盖好器皿的盖子，以免洗液吸收空气中水分而逐渐析出 CrO_3，降低洗涤能力。使用温热的洗液可提高洗涤效率，但失效也加快。洗液经长期使用或吸收过多水分时即变成黑绿色，表明已经失效，不宜再用。

2．碱性高锰酸钾洗液

本洗液作用缓慢温和，可洗涤有油污的器皿。配制方法是将 4 g 高锰酸钾溶于少量水中，然后加入 10%氢氧化钠至 100 ml。另一种配制法是取 4 g 高锰酸钾溶于 80 ml 水中，再加 50%氢氧化钠至 100 ml。后者更有利于高锰酸钾的快速溶解。如果使用本洗液后，玻璃器皿上沾有褐色氧化锰，可用盐酸或草酸洗液洗除。碱性高锰酸钾洗液不应在所洗的器皿中长期存留。

3．纯酸洗液

根据污垢的性质，如水垢或盐类结垢，可直接用 1∶1 盐酸或 1∶1 硫酸、10%以下的硝酸、1∶1 硝酸浸泡或浸煮器皿，但加热的温度不宜太高，以免浓酸挥发或分解。

4．纯碱洗液

纯碱洗液多采用 10%以上的浓氢氧化钠、氢氧化钾或碳酸钠，用于浸泡或浸煮玻璃仪器，可煮沸以加强洗涤效果。但在被洗的容器中停留不得超过 20 min，以免腐蚀玻璃。

5．有机溶剂

沾有较多油脂性污物的玻璃仪器，尤其是难以使用毛刷洗刷的小件和形状复杂的玻璃仪器，如活塞内孔、吸管和滴定管的尖头、滴管等，可用汽油、甲苯、二甲苯、丙酮、酒精、氯仿等有机溶剂浸泡或擦洗。

（二）玻璃仪器的洗涤方法

1．例行洗涤法

即常法洗涤。先用肥皂洗净双手。对于一般的玻璃仪器，经自来水冲去灰尘后用毛刷蘸取热肥皂液（洗涤剂或去污粉等）仔细刷净内外表面，尤其应注意容器磨砂部分。然后，边用水冲边刷洗至看不出有肥皂液时，用自来水冲洗 3～5 次，再用蒸馏水充分冲洗 3 次。洗净的清洁玻璃仪器壁上应能被水均匀润湿（不挂水珠）。玻璃仪器经蒸馏水冲净后，残留的水分用指示剂检查应为中性。

洗涤中应按少量多次的原则用水冲洗，每次充分振荡后倾倒干净，凡能使用刷子刷洗的玻璃仪器，都应尽量用刷子蘸肥皂液洗刷。

2. 不便刷洗的玻璃仪器的洗涤法

可根据污垢的性质选择不同的洗涤液浸泡或共煮，再按常法用水冲净。

3. 水蒸气洗涤法

有的玻璃仪器，主要是成套的组合仪器，除按上述要求洗涤之外，还要安装起来用水蒸气蒸馏法洗涤一定的时间。如凯氏微量定氮仪每次使用前应将整个装置连同接收瓶用热蒸汽处理 5 min，以便去除装置中的空气和前次实验所遗留玷污物，从而减少实验误差。

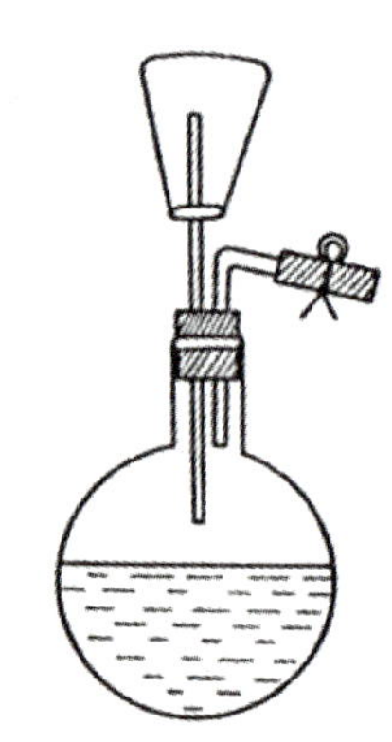

图 2-1 水蒸气洗涤装置示意图

一般的水蒸气洗涤装置如图 2-1 所示；凯氏微量定氮仪则可利用装置本身烧瓶发生的蒸汽冲刷整套装置。

4. 特殊的清洁要求

在某些实验中对玻璃仪器有特殊的清洁要求，如分光光度计的比色皿用于测定有机物之后，应以有机溶剂洗涤。必要时可用硝酸浸洗，但要避免用重铬酸钾洗液洗涤，以免重铬酸盐附着在玻璃上。用酸浸后，先用水冲净再用乙醇或丙酮洗涤、干燥。参比池应做同样的处理。对洗好的比色皿进行几次光密度或透光度的检查，读数应该相等。

对测定微量金属用的玻璃仪器，应以 1∶1 硝酸-水混合液洗涤，或用 10%硝酸浸泡 8 h 以上。对用于测磷酸盐的玻璃仪器，不得使用含磷的洗涤剂。对测氨和凯氏总氮的玻璃仪器，应以无氨水洗涤。

测水中微量有机物如有机氯杀虫剂类时，玻璃仪器需用铬酸洗液浸泡 15 min 以上，再用水、蒸馏水洗净。用于有机物分析的采样瓶，应用铬酸洗液、自来水、蒸馏水依次洗净后，最后以重蒸的丙酮、乙烷或氯仿洗涤数次。瓶盖也用同样方法处理。

应用于增塑剂类分析测定的玻璃仪器，经过刷洗和自来水冲净以后，还需依次用热水、丙酮、己烷等浸泡和冲刷，然后再用蒸馏水冲洗洁净。用来萃取环境样品中增塑剂的索氏提取器，先用己烷和乙醚分别回流提取 3～4 h，才能用于环境样品的分析。

塑料器皿除不宜用有机溶剂或铬酸洗涤外，其余与玻璃器皿洗涤相同。

一般玻璃器皿清洗时应注意以下各点：

（1）使用后的器皿先倒尽剩液，并用自来水洗数次。用蘸有洗衣粉液的毛刷仔细刷洗内外表面，尤应注意接口或活塞的磨砂部位。然后用自来水反复冲洗洗衣粉液，再用蒸馏水荡洗 2～3 次，洗净的器皿壁上应能被水均匀湿润而不挂水珠。

（2）新使用的器皿应先用自来水（必要时用 1+3 盐酸或硝酸）浸泡过夜，再按常法洗涤。热的盐酸能与铅形成络合物，硝酸则否。盐酸与铁亦可形成如 $HFeCl_4$ 的可溶性络合物，利于清洗。

（3）当按常法洗涤未能奏效时，可用铬酸洗液浸泡。必要时用热的铬酸洗液洗涤效果更好。比色皿亦可在铬酸洗液中浸泡短时间，并随即用自来水反复冲洗。洗液中含大量铬（Ⅵ），注意防止铬的污染，必要时可再经 1+3 硝酸浸泡后，用水冲洗。锰盐积垢用羟胺溶液浸泡，效果较好。

（4）油污较多的器皿，用洗衣粉洗涤效果较差时，可先用有机溶剂如丙酮、乙醇等清洗。

（5）玻璃器皿不宜在洗衣粉液中长时间浸泡。用于金属离子测定的器皿，在一般洗涤后，用 1+3 硝酸浸泡过夜，并用无金属离子水荡洗 2～3 次。

（6）注意避免因毛刷尖和柄部铁丝戳破器皿或使产生划痕或发毛。

洗涤用毛刷等工具，要避免交叉污染，如测汞和测化学需氧量、测锌和测硫化物的器皿，不能使用同一套洗刷工具。

每次实验都应使用干净的玻璃仪器，所以，玻璃仪器用后应立即洗净和干燥。

（1）控干。洗净的玻璃仪器倒置在滴水架上或专用柜内控水晾干。倒置还有防尘作用。

（2）烘干。这是最常用的方法，其优点是快速、省时间。将洗净的玻璃仪器置于 110～120℃的清洁烘箱内烘烤 1 h 以上，有的烘箱还可鼓风以驱除湿气。烘干的玻璃仪器一般都在空气中冷却，但称量瓶等用于精确称量的玻璃仪器则应在干燥器中冷却保存。任何量器均不得用烘干法干燥。

（3）吹干。急需使用干燥的玻璃仪器而不便于烘干时，可使用电吹风机快速吹干玻璃仪器。电吹风机可吹冷风和热风，供选择使用。各种比色管、离心管、试管、三角烧瓶、烧杯等均可用此法迅速吹干。一些不宜高温烘烤的玻璃仪器如移液管、滴定管、比重瓶等也可用电吹风法快速干燥。如果玻璃仪器大量带水，先用丙酮、乙醇、乙醚等有机溶剂冲洗一下，吹干时更为快速。

（4）烤干。在缺乏电吹风机的情况下，也可用酒精灯或红外线灯加热烤干。烤干时从玻璃仪器底部烤起，逐渐将水赶到出口处挥发掉，注意防止瓶口的水滴滴回烤热的底部引起炸裂。反复上述动作 2～3 次即可烤干。烤干法只适用于硬质玻璃仪器。有些玻璃仪器如比色皿、比色管、称量瓶、试剂瓶等不宜用烤干法干燥。

（三）实验器皿的保存

将干净的玻璃仪器倒置于专用柜内，柜的隔板上衬垫清洁滤纸，也可在玻璃仪器上覆盖清洁纱布，关好柜门防止落尘。

各种不同的玻璃仪器还要根据其特点、用途、实验要求等按不同方法加以保管。例如：

（1）移液管可置于有盖的搪瓷盘、盒中，垫以清洁纱布；

（2）滴定管可倒置在滴定架上，或盛满蒸馏水，上口加套指形管或小烧杯。使用中的滴定管（内装试液）在操作暂停期间也应加套以防灰尘落入；

（3）清洁的比色皿、比色管、离心管要放在专用盒内，或倒置在专用架上；

（4）具磨口塞的清洁玻璃仪器，如量瓶、称量瓶、碘量瓶、试剂瓶等要衬纸加塞保存；

（5）凡有配套塞、盖的玻璃仪器，如比重瓶、称量瓶、量瓶、分液漏斗、比色管、滴定管等都必须保持原装配套，不得拆散使用和存放；

（6）专用的组合式仪器如凯氏微量定氮仪、K-D 蒸发浓缩器等洗净后要加罩防尘。

六、实验量器的校准

量器容量的基本单位是标准升，即在真空中重量为 1 kg 的纯水在其密度为最大值时的温度下（3.98℃）所占的体积。校准的方法是称量一定体积的水，然后根据该温度下水的密度，将水的重量换算为体积。由于水在各种温度下的密度都是已知的，现有称量技术也可达到所要求的准确度，因而使本方法可作为校准量器容量的依据。

由于测量工作一般在实验室条件下进行，并规定 20℃为标准温度，所以，将任意温度下水的重量换算成体积单位时，需要考虑三个因素：温度改变时，水的密度也随之改变；在空气中称量时的空气浮力校正值；温度改变引起玻璃仪器热胀冷缩，导致容量改变。为便于计算和应用，可将此三项校正值合并为一个总校正值。

进行容量校准时，先称量量器某一容量标线内所容纳或放出的水，然后根据该温度下水的密度将其重量换算为体积。

1．滴定管的校准

（1）活塞的密合性检查，在活塞不涂凡士林的清洁滴定管中加蒸馏水至零标线处，放置 15 min，液面下降不超过 1 个最小分光度者为合格。

（2）液面的观察：应当是最下层弯月面的最低点与分度线的上缘水平相切，观察者的视线必须与分度线在同一水平面上；观察围线滴定管的液面时，应当是前面和背面的标线中心相重合；对乳白背蓝线量器的前后面观察，应当使蓝线的最尖端与分度线上缘相重合。

（3）校准的操作：将滴定管洗净，活塞两端涂好凡士林，加入蒸馏水至零标线处，记录水温。以滴定的速度放出 0～10 ml 水（相差不超过±0.1 ml）至预先称量的 50 ml 具磨口玻璃塞的锥形瓶中，再称量（准确至 0.01 g），再次称量之差即为放出的水的重量。然后同上依次称出 0～20 ml、0～30 ml……等标线间的水重。以实验时的水温密度校正值γ在表 2-6 中查出。

表 2-6 水在 10～40℃间的γ值

t/℃	γ/（g/ml）	t/℃	γ/（g/ml）	t/℃	γ/（g/ml）	t/℃	γ/（g/ml）
10	998.41	18	997.51	26	995.91	34	993.71
11	998.34	19	997.35	27	995.66	35	993.67
12	998.26	20	997.17	28	995.41	36	993.40
13	998.17	21	996.99	29	995.15	37	992.74
14	998.06	22	996.79	30	994.88	38	992.41
15	997.94	23	996.59	31	994.60	39	992.06
16	997.81	24	996.37	32	994.31	40	991.71
17	997.67	25	996.14	33	994.01		

然后按公式：

$$V_{20}=\frac{W_t}{\gamma}$$

计算出滴定管各标线间的容量及其校正值。

2．移液管的校准

分度移液管的校准方法和滴定管的校准方法相同，无分度移液管只须校准总容量即可。

3．量瓶的校准

将清洁干燥带塞的容量瓶在载荷为 2 000 g 的天平上准确称重，称量准确度的要求应与量瓶的大小相称（如校准 250 ml 量瓶应称至 0.01 g，而校准 1 000 ml 量瓶则称至 0.05 g)。向已称重的空量瓶中注入蒸馏水至标线，记录水温。用滤纸吸干瓶颈内壁和瓶外的水滴，盖上瓶塞称重。两次称量之差为量瓶容纳的水重。按下式计算出量瓶的真实容量，求出校正值。

$$V_t = \frac{W_t}{d_r}$$

也可用已校准的移液管加入校正值体积的水，重新刻画一标线记号。

七、实验滤料的选用

环境监测中的过滤操作所使用的滤料，常用的有滤纸、滤膜、石棉纤维浆和玻璃砂芯。了解这些滤料的性能有助于正确选用和获得预期的过滤效果。

1．化学分析滤纸

根据国家标准 GB/T 1914—93，化学分析滤纸按用途分为定性滤纸和定量滤纸；按滤水速度的不同，分为快速、中速和慢速三种；按质量水平则分 A、B、C 三等。

定性和定量滤纸的主要差别是灰分的含量，如表 2-7 所示。

表 2-7 灰分含量的比较

指标		规定		
		A 等	B 等	C 等
灰分/%	定性	≤0.13	≤0.15	≤0.17
	定量	≤0.009	≤0.01	≤0.011

快速、中速和慢速滤纸的差别主要在于分离性能和滤水时间，如表 2-8 所示。

表 2-8 定性和定量滤纸技术指标

	规定								
	A 等			B 等			C 等		
	快速	中速	慢速	快速	中速	慢速	快速	中速	慢速
分离性能（沉淀物）	氢氧化铁	硫酸铝	硫酸钡（热）	氢氧化铁	硫酸铝	硫酸钡（热）	氢氧化铁	硫酸铝	硫酸钡（热）
滤水时间/s	≤35	≤70	≤140	≤35	≤70	≤140	≤35	≤70	≤140

从上述指标可知，不是重量法的灼烧称重就不需要使用定量滤纸；不论是定量还是定性，其分离性能是以某些化合物的沉淀物进行测试，并无对孔径的要求，这是在使用

时必须引起注意的。

由于制造工艺使滤纸具有较强的吸附性能，铵盐离子等常可检出，必要时在使用前作适当处理。

2．滤膜

国产微孔滤膜所用材质有醋酸纤维素，混合纤维素（硝酸纤维素和醋酸纤维素），聚乙烯和聚四氟乙烯。不同材质的性能各异，根据分析要求进行选用。孔径亦有多种规格，在水样分析中，国际上一般定义以 0.45 μm 粒度作为可滤态与悬浮物的界线，小于 0.45 μm 的为可溶性成分，因此环境水样分析中多选用孔径为 0.45 μm 的滤膜。

3．石棉纤维浆

石棉的特点是耐酸、耐碱，常作为古氏坩埚的铺衬材料，用于含强酸或强碱的废水过滤。由于铺陈的厚薄，直接影响过滤质量和速率，难以和其他滤料的分离性能进行比对。

八、器材采购质量

监测站不是一个封闭的系统，如果实验材料、外购品的质量不好，最终将会在成果质量上体现出来。此外，监测站需要的来自外部的服务质量，也会直接、间接地对成果质量产生影响。因此，监测站在对外采购方面，必须做好计划工作，并加以控制，保证所采购的物资符合规定的质量标准，做到供应及时、方便。还要在保证满足监测需要的前提下减少储备，加速物资的周转。同时，还要与各供应单位建立密切的工作联系和信息反馈系统。通过这种方法，可以保持持续的质量改进，并能避免或迅速解决质量争端。采购质量一般应包括下列内容：

1．规定购物要求

要做好物资的采购工作，首先要对所采购物资的要求做出明确的规定，这些规定通常都包含在向供应单位提出的规范、图样和采购文件中。采购文件应清楚地描述对订购物资或产品的要求，具体包括物资或产品型号、类别和等级，检验规程和规范的适用版本，采用的质量体系标准。

采购文件在发放前，应对其准确性和完整性进行评审，并经有关领导批准。

2．选择供应单位

对供应单位质量保证能力的确认，可以采用以下一种或几种方法：对供应单位的能力和质量体系进行现场评价，对产品质量进行评价，对比类似产品的历史情况，对比类似产品的试验结果，对比其他用户的使用经验等。

3．签订保质协议

应与供应单位达成明确的质量保证协议，以明确规定供应单位的质量保证责任。常用的质量保证方式有：信任供应单位的质量保证责任，随发送的物资提交规定的检验、试验记录或工序控制记录，由供应单位进行 100%的检验/试验，由供应单位进行批次接受抽样检验/试验，实施规定的正式的 QS，由监测站或第三方对供应单位的 QS 进行定期评价，入站接受检验或分选等。

4．验证方法协议

监测站应就采购物资的验证与供应单位达成协议。有关协议应能使在质量方面的解释和检验、试验与抽样方法方面的争端减至最少。在协议中还可以包括供需双方互换检验和试验资料的内容，以进一步改进成果质量。

5．规定争端处理

为了更好地协调解决供需双方的质量争端，应规定有关处理常规和非常规质量争端的制度和程序，以疏通供需双方的联系渠道。

6．记录进货检验

为了控制入站物资的质量，监测站应制订进货检验计划和进货控制办法，例如对收到的物资批次应有标记，以防止误用或安装不合格品。应注意在确定进货检验范围、检验项目和相应的检验水平时，考虑检验的费用，尽量做到经济合理，慎重选择被检验物资的质量特性，物资入站前充分做好进货检验的各项准备工作。

对于采购物资进行检验或委托化验，不合格的物资要实行退货或索赔。这也属于事后检验，只起“把关”作用，不起预防作用。最好的办法是把器材供应的质量管理延伸到供货单位。对于大宗的重要器材，在订货采购前到供应单位去调查了解该物资的质量情况。对于定点供应和固定的外协单位，可以建立经常性的固定质量管理关系，以便提高供货单位的重视，使他们保证供货质量。此外，在进货检验时，应认真做好进货质量记录并妥善保存以便利用这些资料评价供应单位的供货能力和质量水平，达到可追溯的目的。

第三节　实验仪器设备的维护管理

一、监测仪器的类型

环境监测仪器依其环境计量系统可概括为三大类：化学计量仪器类的化学污染监测分析仪器；物理计量仪器类的物理污染监测测量仪器；生物计量仪器类的环境生物检验仪器。当前，化学污染是环境监测工作的主要对象，环境的化学污染相当复杂，几乎关联到所有的化学品。从学科分类来说，这属于分析化学。因此环境分析化学已成为分析化学中的带头学科，在不断解决各种分析难题中推动分析化学向前发展。

环境分析目前主要是在环境监测站内对环境样品中的化学污染物进行定性与定量分析（主要是定量分析）。而浓度很低的定量分析用经典的化学法是不可能的，因此，各种仪器分析方法必然要在环境监测中得到广泛的使用。只有一些污染浓度较高的项目，还可采用经典的重量法和容量法。

环境监测中使用的分析仪器，从应用范围上可分成两大类。通用的成分分析仪器和专用的污染监测仪器，前者在一般分析化学工作中所通用，如色谱仪、分光光度计等。后者主要用于专项污染检测，如溶氧仪、测汞仪和汽车尾气测定仪等。由于取得环境样品往往需要一些特殊的采样设备，所以在这些专用仪器中也常包括如烟尘采样器、大气连续采样器等设备。

从计量方式，环境监测仪器（不包括采样处理）分为两大类：一类是直接测定试样浓度，一类是求取与绝对量成比例的量。前者，浓度反映单位体积试样待测成分的多少，与流量无关。后者则不然，它所测的量不仅要受浓度的制约，还要受流量的影响。如原子吸收分光光度、原子荧光光度、紫外可见分光光度分析等均属于前者。其所依据的是朗伯-比尔定律，直接测定试样光密度一类的物理性质并算出浓度值。在这种情况下，无论试样是气体流动状态还是液体静止状态，浓度都不变。而另一种如大气监测的许多仪器如气相色谱、离子色谱等属于测定绝对量的方法，即这类仪器是求取在一定时间内，在吸收液中（或载气中）所捕集到的待测成分的绝对量。由于是以求取时间平均值为基本原理的，因而如果在这段时间内流量发生变化，那么测定值肯定会产生误差。

为了便于管理，国内外监测分析仪器大体分三类：大中型精密监测仪器，自动监控系统和小型现场快速监测仪器（不包括采样处理）。

（一）大型精密监测仪器

主要有气相色谱-质谱仪（GC/MS）、液相色谱-质谱仪（LC/MS）、傅里叶红外光谱（FTIR）、等离子体质联谱（ICP/MS）及 X 光荧光光谱（XRF）等。这类仪器我国省级站及市中心站大都拥有，逐步普及。

（二）中型监测仪器

主要有原子吸收仪（AAS）、气相色谱仪（GC）、高效液相色谱（HPLC）、离子色谱（IC）、紫外可见分光光度计（UV）以及极谱仪（POL）等。这类仪器已在我国环境监测工作中占主导地位，其中火焰原子吸收仪、紫外可见分光光度计和极谱仪已经国产化，目前仪器性能标准达到或接近国际先进水平。

通过用计算机控制来实现从样品进入到数据输出的全过程自动化。需要人工进行的工作是把各个样品（通常是液态）及所用标准及空白等分别装入自动进样器的容器，选定分析方法，设定有关参数，确定计算方法等，计算机即可在分析完成后给出各种信息：测得的信号值、计算结果、误差分析、校正曲线及其有关数据，还可绘得各种曲线或谱图等。这类仪器国内外已批量生产，在各种色谱仪、原子吸收分光光度计、极谱仪等大中型仪器上均也实现微机控制。

（三）小型及现场监测仪器

主要是实验室通用的监测仪器和污染采用现场检测仪器。大多是利用电化学和光电原理研制成的监测仪器，利用率较高、应用面广，主要有：

1．小型实用仪器

包括可见分光光度计（SP）、紫外分光光度计（UV）、生物发光光度计（BV）、测汞仪、酸度计、离子计、电导仪、浊度仪、COD 测定仪、DO 测定仪、浊度计、BOD_5 测定仪、油分析仪、元素测定仪、TOC 测定仪以及生物显微镜等。

2．携便现场监测仪器

包括声级计、振动测量仪、场强仪、烟尘测试仪烟气测定仪、林格曼黑度仪、汽车尾气测定仪、柴油机排烟黑度监测仪、流速仪以及各种采样器等。

小型监测仪器自动化程度愈来愈高。如各种分光光度计，自动记录、自动控制、容量分析的自动化调定、自动电子天平、自动水分测定仪以及现场各种监测仪（声级计、振动仪、烟尘仪等）大多实现了自动记录。

为适应应急监测的需要，在应急监测车上装有便携式气相色谱及傅里叶红外光谱，可在现场进行多种有机污染的分析。

（四）自动监测仪器

（1）水质自动连续监测系统

分为地表水和污水监测系统，可以自动、连续地测定几个项目，做到及时掌握水质变化情况、控制污染物的总量排放。

（2）空气自动连续监测系统

通常用于掌握某一地域的空气质量，也可用于某一地区内某些特殊污染物的浓度及其变化趋势的监测。系统中的多数仪器是能进行连续监测具有时间代表性的空气质量数据。

对环境监测能全部实现实时监测当然最为理想，但这是不现实的。要实现实时监测或较简单的连续监测，必须是在工作上有必要性，在技术上有可行性，在经济上有可能性，三者缺一不可。

（3）水污染源自动在线监测系统

它是一套以在线自动分析仪器为核心，运用现代传感技术、自动测量技术、自动控制技术、计算机应用技术以及相关专用分析软件和通信网络所组成的一个综合性在线自动监测系统。

（4）固定源烟气自动监测系统

是对固定污染源烟气排放的颗粒物浓度和气体污染物（NO_2、SO_2、CO）浓度以及排放量进行连续监测的系统。

当前，国内外都已进行了环境空气质量的自动连续监测，因为环境空气流动性大，污染物浓度变化快，短时间的采样时间代表性太差，不可能反映环境空气质量及其变化趋势，因此有必要进行连续监测；环境空气的组分比较简单，虽然污染物浓度很低，但可能存在的干扰物往往浓度更低，只要监测方法有足够的灵敏度，要对主要污染物进行连续监测在技术上是可行的。所以，限制环境空气自动连续监测工作发展的主要因素是经济上的可能性。在经济发达国家，这种自动监测系统已相当普遍。

固定污染源烟气自动监测系统（CEMS）主要包括颗粒物监测子系统，气态污染物监测子系统，烟气排放参数监测子系统，数据处理子系统。其中颗粒物监测子系统主要对烟气排放中的烟尘浓度进行测量，气态污染物监测子系统主要对烟气排放中 NO_2、SO_2、CO 等气体形式及污染物进行监测，以及烟气湿度、压力、温度、含氧量、CO_2 等参数监测，并将污染物浓度转换成标准干烟气状态和规定过剩空气系数下的浓度，以便符合环保计量的要求以及污染物排放量的计算。数据处理子系统主要是完成测量数据的采集、存贮，统计功能，并根据环保要求的格式将数据传输到环保管理部门。

水污染自动在线监测系统通常由采样设备、废水在线监测仪器、数据采集设备、数据传输设备、通信设备和终端接收设备组成。监测设备通常由化学需氧量、氨氮、总磷、总氮、pH、电导率等监测仪器，以及流量计、超标留样器等组成。数据采集设备主要是对各种监测测量数据进行采集、存贮及处理，它不仅具有自动记录功能，同时能够对排污单位环保设备的运行状况进行自动监测，对监测数据可以进行统计处理，可打印输出周、月、季、年平均数，以及日、周、月、季、年最大值、最小值、统计报告图表，并可输送到中心数据库或上网。系统还具有监测项目超标及子站状态信号显示、报警功能，自动运行、停电保护、远程故障检修等功能。截至2009年3月底，我国建成324个省级、地市级监控中心，在10 279个重点监控企业的7 225个污水排放和5 472个废气排放口安装了自动监控设备，全国累计投资近 80 亿元。该系统的建立在环境管理和应急减排中发挥了应有的作用。但是，由于目前污染源自动监测数据审核制度和程序还不够完善，国家重点监控企业污染源自动监测数据有效性的认定，缺少监督考核环节，导致大多数国家重点监控企业自动监测设备的运行效率低，自动监测数据准确率不高，不能如实反映主要污染物排放的真实情况，难以为污染物总量减排提供科学依据，已成为亟待解决的问题。

二、仪器设备的选型

仪器设备的选型、使用和维护是否得当，是很关键的因素。

可以用仪器能力来表示仪器设备本身所具有的实际工作能力，即当人、实验材料、方法和环境等因素在恒定条件下时，只考虑仪器设备对监测质量的影响，仪器能力引起的质量波动的标准偏差约占测试质量波动标准偏差的75%。

在选购仪器设备时，应注意使用目的。在环境监测中，无论是采样或分析，都涉及监测对象的问题。例如在污染源的监督与环境质量的例行监测中，根据国家标准和实际情况，前者待测组分浓度高于后者，因而当使用原子吸收分光光度计测定重金属时，前者用火焰原子吸收法即可，而后者则须石墨炉法方可完成。如果购置不带石墨炉或石墨炉质量不过关的原子吸收分光光度计，就无法满足环境样品的测定工作。

仪器设备须与监测分析相匹配，根据监测要求建立的分析方法，确定了方法的检出限、准确度和精密度，这些指标包括了样品的预处理和仪器测量两个方面的结合，当仪器的技术指标即仪器的检出限、准确度和精密度接近或差于分析方法的这些指标时，就难适用。

向已经使用过的单位了解情况，以判断仪器实际使用效果，无论是进口或国产的仪器，这一点是很重要的。有的仪器并非如样本说明书介绍的，在每个实验室都可达到列出的技术要求。

三、仪器设备的检定管理

对仪器设备主要是控制异常因素造成的质量波动。消除异常因素的一般方法有加强仪器设备维护和保养，定期检定其关键精度和性能项目，并建立关键部位日点检制度，对测试质量管理要点的仪器设备进行重点管理，严格按操作规程操作等。

仪器设备按用途可分为实验室通用精密仪器、实验室辅助电器类仪器设备和环境监测专用仪器三大类。通常将价值 500 元以上的仪器设备列为固定资产，对这些仪器设备必须建立严密、科学的管理制度，做到账物相符、家底清楚、性能完好、准确有效，其测量范围、灵敏度和准确度要满足测试所采用的方法标准的要求，确保各项监测科研任务的完成。

应配备必要的辅助设备，并处于正常状态。它是计量装置的重要组成部分，是确定被测量值必不可少的，将它配全并完好使用，才能保证测试工作顺利进行和测试结果的准确性。

1．仪器设备台账

仪器设备台账是实验室所有仪器设备的简明检索资料，同类仪器按其购入时间的先后顺序登记在同一账页上，记载的项目包括仪器的名称、型号、生产厂家、购入日期、领用科室和财务记账租赁证等，基本要求应是账、物、卡相符和附件齐全，领用单位明确。仪器设备台账应由仪器设备专管人员负责保管。人员较少而仪器设备不多的基层站可由财务人员代管。

2．仪器设备的计量检定和校验

为保证测试数据的准确可靠和在全国范围内的统一可比，必须对所用仪器设备进行计量检定。具体地说，有以下三种情况：

（1）强制检定的计量器具

用于环境监测并列入《中华人民共和国强制检定的工作计量器具目录》的计量器具，实行定点定期检定。环境监测机构按规定将所使用的强制检定的工作计量器具登记造册，报当地人民政府计量行政部门备案，并向其指定的计量检定机构申请周期检定。当地不能检定的，向上一级计量行政部门指定的计量检定机构申请周期检定。

（2）非强制检定的计量器具

国家规定的《强制检定的工作计量器具目录》以外的其他依法管理的计量器具，属非强制检定的计量器具。这类计量器具环境监测机构可以自己依法进行检定。本单位不能检定的，送有关其他计量检定机构进行检定。

计量器具的检定，应按经济合理、就地就近的原则，可以不受行政区划和部门管辖的限制。

（3）计量部门不能检定的仪器设备

国家、部门或地方尚没有检定系统和计量检定规程，或者所在县、市、省计量检定机构尚无检定能力的仪器设备，环境监测机构可以自己进行校验，评定它的测试性能，确定其是否合格。

仪器设备校验要满足下列要求：

（1）编写校验方法，格式及内容应参照《国家计量检定规程编写规则》（JJG 1002—84）的要求进行。

校验方法的内容一般应包括：概述、技术要求、校验条件、校验项目、具体校验方法、校验结果的处理、校验周期、附加说明等。校验方法要在本单位组织讨论，质量保证负责人核查，技术负责人审批，报计量认证机构备案，并收入仪器设备档案。

（2）有相应的、合格的、校验用的计量标准器。

（3）有合格的校验人员，具备校验该仪器设备的能力。

（4）有合适的校验环境条件。

对所有仪器设备实行标志管理，分别贴上国家计量行政部门统一制订的标志，分合格证（绿色）、准用证（黄色）和停用证（红色）三种标志，并将内容填写全。三种标志的使用范围请参阅《产品质量检验机构计量认证技术考核规范》（JJG 1021—90）附录 1“产品质量检验机构（质量管理手册）编写导则”第 36.1、36.2、36.3 条。贴停用标志的仪器设备是指由于使用过程中发现一些问题需要解决而暂停使用的，并不包括那些已报废、准备报废或根本不用的仪器设备。

上述三种情况的计量检定工作做好以后，要制定"仪器设备检定周期表"，见表 2-9。

表 2-9 仪器设备检定周期表

序号	仪器设备名称	型号	编号	检定周期	最近检定日期	送检负责人	备注

检定周期按相应的计量检定规程的规定执行。自校仪器设备校验周期可参照类似的仪器设备的检定规程确定或按仪器设备的准确度、使用频繁程度和使用环境条件来确定。检定与校验如有特殊情况应与计量行政部门商定解决办法。

计量检定的目的主要是评定计量器具的计量性能（准确度、稳定性、灵敏度等），确定其误差大小，使用寿命和安全。检定按国家颁布的计量检定规程进行。计量检定规程的内容包括规程的适用范围，计量器具的计量性能、检定项目、检定条件、检定方法、检定周期以及检定结果的处理，检定规程在经过一个时期的施行后，进行修改并颁布新检定规程。

监测人员学习和掌握有关的检定规程，对正确使用和维护计量器具是十分有帮助的。

3. 仪器设备档案

为了掌握仪器设备的技术状态，保证测试数据的准确可靠，便于调查和分析质量事故原因，帮助使用者解决对监测数据提出的异议，对仪器设备进行动态管理并建好档案是十分必要的。

监测站除应有全部仪器设备的台账和管理卡片外，还应对每台在用仪器设备建立一份完整的档案，每台仪器应有一个档案号码和档案袋，档案袋中应有下列资料：

（1）仪器设备档案一本

除仪器名称、型号、本站编号、生产厂、出厂号、出厂日期、价格和启用日期外，档案本中尚需附有下列项目：

1）配套零部件表；

2）零部件增减情况表；

3）启用、验收和调试记录，初始参数；

4）设备转移情况记录（仪器在室间转移或变换了保管人员均应有交接记录）；

5）使用、校准、维护保养记录和维修、大修、降级情况记录（要特别做好仪器设备的使用情况记录，记录本放在仪器设备旁边。每次使用时要认真记录使用日期、时间、使用前后状态、使用人等，并定期将其归档，便于随时了解仪器设备的状态变化，确定其是否正常，是否需要维修等）。

（2）说明书

说明书是仪器设备的技术资料，其原件应保管在该仪器的档案袋中，进口仪器的外文说明书中有关操作和日常维修部分还应有中文译文存档。一般情况下仪器使用人员保存说明书的复印件，如使用人员必须备有说明书原件时，应履行借阅手续。人员变动时应做好交接工作。当同种仪器有数台时，存档的说明书可以只留一份。

（3）仪器检定证书

属于强制检定（或校验）的计量仪器，应按规定进行检定（或校验），其检定证书和结论应保存在档案袋中。

4．仪器设备的综合管理

由上述各节内容可知，仪器设备的管理是一项十分细致的工作，为此，各实验室必须指定专门（或兼任）的仪器设备管理人员，协助本单位业务领导做好仪器设备管理工作。诸如仪器设备的新增计划，型号及厂家选择，仪器的检定和校验，档案管理，仪器的操作规程及定期维护保养等，使用、监督、直至更新报废等所有环节均应参与，以保证资金的合理使用，保证仪器的性能，并满足监测业务工作的需要。

四、仪器设备的安置

仪器设备的放置应避免受到化学试剂及有害气体的腐蚀，以免影响其性能。监测仪器，尤其是大型精密仪器的安置有一系列要求，在设计仪器室时必须充分考虑，以下几点是必须注意的几个方面：

1．仪器室的一般要求

精密测试仪器，应注意防尘和防潮。南方地区通常都安排在第二层或以上、窗户向阴开启的房间，每间的大小以 20 m^2 为宜。窗户不宜过大，以利于防尘和控制室温。为防止对流气流的影响，必要时可在门内设置一道带移门的隔离间，深度 1～1.5 m 左右，此小间可兼做更衣或存放仪器备用件场所。

大型仪器室亦可采用两间相连的内外套间，内间放置仪器，外间可做准备间，以方便工作。

2．仪器台的安置

分析测试仪器因防震需要，应安放在稳固的水泥台上，台面应用水磨石或铺上塑胶板。放置小型仪器如天平、分光光度计、pH 计等的台板，可靠墙安放台面，宽度为 65～70 cm，根据房间的宽度和仪器的数量，水泥台可沿台的纵向一边或两边安放。放置大型仪器如色谱仪、原子吸收分光光度计等的水泥台，不能靠墙安放，与墙之间要留出 50～60 cm 的间距，便于操作人员进入其间进行仪器背面的安装和检查工作。大型仪器的台板要有足够的宽度，一般为 75～80 cm，特殊情况下，如使用自动进样器的原子吸收分光光度计的台面宽度，甚至要达到 90 cm。大型仪器要避免经常搬动，有的还应放置在专室内，避免相互影响。小件便携式仪器可放置于橱内。

3．水、电管线的连接

注意稳压电源和良好的接地线，仪器室中的电源的容量要足够大，除了满足仪器自身的负荷需要外，还要考虑到空调器、除湿机和空压机等辅助设施的用电量。以原子吸收分光光度计实验室为例，配备石墨炉的仪器，用电量为 5 kW，加上附属设备的用电量，其总负荷不应低于 8 kW 的水平。供仪器使用的电源插头，应设置在水泥台板的台柱上，保证仪器与墙面间的通道畅通。所有供仪器使用的电源，均要有良好的接地。仪器室根据需要，设置上下水道以方便工作。有些实验室很巧妙地把石墨炉冷却水的进出通道事先安装在仪器台下侧，使室内没有多余的通水管道，是值得借鉴的。

在较长时间停用时，为防止线路元件的受潮霉变，要定期通电预热驱潮，并做好书面记录。带除湿剂（如硅胶）装置的应及时更换。

注意防水、防爆、防触电、漏电。

4．压缩气体的存放

大型精密仪器离不开压缩气体，常用的压缩气体有空气、氢气、乙炔、氧化亚氮、氮气等，因其压力较大，具有一定的危险性，应安全合理地存放，并应注意：首先应将燃气和助燃气体分开放置。其次是注意每种需用气体只保留一瓶，多余的备用气体应在实验楼外妥善保管。

仪器室用压缩气体瓶，为安全起见，有的安排在与该室相邻的室内，气路管道穿过隔墙与之相通；有的在气瓶与仪器之间设一防爆墙；有的在楼外设有专用的钢瓶间，用管道将气体输送至室内。

在室内安放气瓶，应做好固定装置，并防止日光直射。远离火源、热源，避免曝晒及强烈振动。

5．防潮和控制室温

精密仪器通常应在干燥和温度变化不大的环境中使用，否则对仪器的基线（稳定性）和灵敏度会有不利的影响，甚至会影响到仪器的使用寿命。

东南沿海和华南地区因无取暖条件，冬季室温很低，夏季则炎热难当，加之常年平均湿度较大，仪器工作条件恶劣，因此，应在大型精密仪器室配备空调器和去湿机，以保证仪器的正常工作环境。

五、仪器设备的使用保管

各类精密仪器均需有完善、严格的使用保管制度，以保证正确使用、维修及时，一旦出现故障或异常，也能根据各种记录分析出原因和责任者。这对于监测及科研工作的顺利开展和保持仪器设备的完好，充分发挥仪器的效益和延长其使用寿命，都是十分必要的。

1．建立通用仪器专人保管制度

大型仪器一般均为专人使用，其使用保管方面的问题较小。一般实验室的通用仪器，如天平、分光光度计、pH 计、大气采样器等均非专人使用，若无人负责则易造成仪器使用不当甚至损坏的现象。因此，必须建立上述通用仪器的专人保管制度，即指定一人对其负责，其责任为及时检查仪器性能是否正常（如检查天平的灵敏度、稳定性和准确性）；是否认真执行了使用登记制度；保持仪器的正常使用条件（如更换干燥剂）等。该制度对大气采样器等类仪器更为重要，因此这类仪器均为在外场作业使用，零部件损坏和丢失的机会也较多，每次使用前后均需由专人检查其零部件是否齐全无损、流量计是否准确，电机运转是否正常等。

2．岗前培训和考核制度

经验表明，导致仪器性能下降甚至损坏的直接原因之一是操作者在未了解仪器性能和不熟悉操作规程的情况下就使用仪器。即使是常用的普通仪器，如对其原理不甚了解，也会因仪器上的各种调节旋钮使用不当而得不到准确的测量数据。由此可见，仪器在未投入使用前，应组织监测分析人员系统地学习有关的原理、操作规程和日常的保养维修知识，对有关资料和仪器使用说明书作全面了解，并经理论和实际操作考核合格后方可上岗操作，以确保仪器的安全使用，杜绝各类事故的发生。

3. 仪器使用登记制度

使用仪器前要先检查仪器是否正常。仪器发生故障时，要查清原因，排除故障后方可继续使用，绝不允许仪器带病运行。

仪器使用后必须进行登记，其作用有二。当使用前发现仪器不正常时，可根据登记本上的记录，与前一位使用者共同查明原因，分清责任，并报告仪器专管人员及时处理故障，加以维修。其二可根据使用登记表上的记录，统计仪器的使用效率，以确定该类仪器的合理配置数量。

仪器使用登记本可设计成两种形式，分别供普通和大型仪器用。

（1）普通仪器登记本：供普通仪器如天平、分光光度计、pH 计等使用的登记本以 10 cm×15 cm 大小的带塑料封套的小型本为宜，扉页上应印有仪器名称、型号、出厂号、本站编号、使用科室和保管人等项目。登记本的内容有仪器检定情况表、仪器保养记录、仪器使用登记和维修记录等四部分。按实际需要，每一部分可分设几个项目，以供填写。仪器使用登记本和相应的仪器放在一起，从一而终。仪器使用期间，尽可能不更换新本。

（2）大型精密仪器日志：每台大型仪器，应附有专用的大型精密仪器日志，其开本以 19 cm×16 cm 为宜，用硬质纸张印刷，封面上印有仪器名称、型号规格、国别厂商、统一编号和保管人等项目。日志填写主要内容是开机时间、使用时间、测试项目和数量。

根据登记本日志可统计出在某段时间内该台仪器的测定样品数和开机时数，从而可计算出该仪器的使用效率。

仪器用毕后，要恢复到所要求位置，断电、散热，做好清洁工作，盖好防尘罩，备下次使用。

六、监测系统的维护管理

（一）监测系统的日常维护

1. 监测子站的巡检

对监测子站应定期进行巡检，每次巡检应做到：

（1）检查子站的接地线路是否可靠，排风排气装置是否正常，标准气钢瓶阀门是否漏气，标准气的消耗情况。

（2）检查采样和排气管路是否有漏气或堵塞现象；各分析仪器采样流量是否正常。

（3）检查监测仪器的运行状况和工作状态参数是否正常。

（4）对子站房周围的杂草和积水应及时清除，当周围树木生长超过规定的控制限时，对采样或监测光束有影响树枝应及时进行剪除。

（5）在经常出现强风暴雨的地区，应经常检查避雷设施是否可靠，子站房屋是否有漏雨现象，气象杆和天线是否被刮坏，站房外围的其他设施是否有损坏或是被水淹，如遇到以上问题及时处理，保证系统能安全运行。

（6）在冬、夏季节应注意子站房屋内外温度，若温差较大使采样装置出现冷凝水，应及时改变站房温度或对采样总管采取适当的控制措施，防止冷凝现象。

（7）检查监测仪器的采样入口与采样支路管线结合部之间安装的过滤膜的污染情况，若发现过滤膜明显污染应及时更换。

（8）随时记录巡查情况。

2. 中心计算机室检查

（1）检查中心计算机室与各子站的数据传输情况是否正常。

（2）每日应对各子站至少调取一次数据，若发生某子站数据不能调取出故障，应立即查找原因并及时排除故障。

（3）对于开放光程监测仪器系统，每天应至少检查一次各子站发射光源的亮度情况，若发现某子站发射光源的亮度明显偏低，应立即查明原因并及时排除故障。

（4）中心站每次调取数据时，应对各子站计算机的时钟和日历设置进行检查，若发现时钟和日历错误应及时调整。

（5）如系统具有远程诊断功能时，应远程检查各子站仪器的运行状况是否正常。

3. 系统仪器设备的定期维护

（1）对于垂直层流式采样总管，每年至少清洗一次，竹节式采样总管每 6 个月至少清洗一次。每次采样总管清洗完后，都应做检漏测试，确保采样总管工作正常。

采样总管系统检漏测试方法是：将总管上的一个支路接头接上真空表或压力计，将其支路接头和采样口封死，然后抽真空至大约 1.25 kPa，将抽气口封死，使整个采样系统不与外界相通。15 min 内真空度不应有变化。采样总管内的真空度小于 0.64 kPa。

（2）对从总管到监测仪器采样口之间的气路管线，每年至少清洗一次。

（3）PM_{10} 采样头至少每两个月清洗一次。

（4）对监测仪器设备中的过滤装置，按仪器设备使用手册规定的更换和清洗周期，定期进行更换和清洗。

（5）使用开放光程监测仪器系统，应每半年对发射/接收端的前窗玻璃窗镜至少进行一次清洗，擦洗时注意避免损坏镜头表面的镀膜。

（6）子站房空调机的过滤器，每 1 个月至少清洗 1 次，防止出现阻塞空调机过滤网，影响运行故障。

（7）定期备份系统的监测数据。

（二）系统检修

1. 预防性检修

预防性检修是在规定的时间对系统区在运行的仪器设备进行预防故障发生的检修。在有备用仪器的保障条件时，应用备用仪器将子站中正在运行的监测分析仪器设备替换下来，送往实验室进行预防检修。

预防性检修计划应根据系统仪器设备的配置情况和设备使用手册的要求制定。

（1）监测子站的监测仪器设备，每年至少进行一次预防性检修。

（2）按厂家提供的使用和维修手册规定的要求，根据使用寿命，更换监测仪器中的紫外灯、光电倍增管、制冷装置、转换炉、发射光源（氙灯）和抽气泵膜等关键零部件。

（3）对仪器电路各测试点进行测试与调整。

（4）对仪器进行气路检漏和流量检查；对光路、气路电路板和各种接头及插座等进行检查和清洁处理。

（5）对仪器的输出零点和满量程进行检查和校准，并检查仪器的输出线性。

（6）在每次全面预防性检修完成后，或更换了仪器中的紫外灯，光电倍增管、制冷装置、转换炉和发射光源（氙灯）等关键部件后，应对仪器进行多点校准和检查，并记录检修及标定、校准情况。

（7）对完成预防性检修的仪器，要进行连续 24 h 的运行考核，在确认仪器工作正常后，方可投入使用。

2. 针对性检修

针对性检修是指对出现故障的仪器进行针对性检查和维修，针对性检修应做到：

（1）应根据所使用的仪器结构特点和厂商提供的维修手册的要求，制定常见故障判断和检修的方法及程序。

（2）对于在现场能够诊断明确，并且可用简单更换备件解决的问题，如电磁阀控制失灵、抽气泵泵膜破损、气路堵塞和灯源老化等问题，可以在现场检修。

（3）对于其他不易诊断和检修的故障，应将发生故障的仪器送实验室进行检查和维修，并在现场用备用仪器替代发生故障的仪器。

（4）在每次针对性检修完成后，根据检修内容和更换部件情况，对仪器进行校准。对于普通易损件的维修（如更换泵膜、散热风扇、气路接头或插件等）只做零/跨校准。对于关键部件的维修（如对运动机械部件、光源部件、检测部件和信号处理部件的维修）应按仪器使用手册的要求进行多点校准检查，并记录检修及标定、校准情况。

七、仪器性能的审核与校准

（一）精确度审核

它是反映仪器设备系统存在随机误差的大小。分析测试的随机误差越小，仪器的精密度越高，如对于 SO_2、NO_2、O_3、CO 监测仪器，精密度审核采用向每台分析仪器通入一定体积分数的标气，将仪器读数与标气实际体积分数比较，来确定仪器的精密度。对于 PM_{10} 监测仪器，精密度审核采用标准流量计测量监测仪器的工作流量，将流量测定值与监测仪器设定值比较来确定仪器的精密度，在仪器精密度审核前，不能改动监测仪器的任何设置参数。若精密度审核与仪器零/跨调节一起进行时，则要求精密度审核必须在零/跨调节之前进行。每台仪器每 3 个月要进行一次精密度审核，一年不能少于 4 次。

（二）准确度审核

它是反映仪器设备存在系统误差和随机误差的综合指标，决定着该仪器分析结果的可靠程度。如对于 SO_2、NO_2、O_3、CO 监测仪器，准确度审核采用向每台分析仪器通入一系列体积分数的标气，将仪器读数与标气实际体积分数比较，来确定仪器的准确度。对于 PM_{10} 监测仪器，准确度审核可采用标准滤膜检测，或经典的重量法比对方式进行。但在仪器准确度审核之前，不能改动监测仪器的任何设置参数，若准确度审核连同仪器零/跨调节一起进行时，则要求准确度审核必须在零/跨调节之前进行，每台监测仪器准确度审核每年至少 1 次。

（三）仪器设备的校准

（1）根据工作需要，对监测仪器性能和工作状态进行检查和了解时，先做零/跨校准。

（2）监测仪器设备安装调试影响，应对监测仪器做零/跨和多点校准，检查仪器的准确度和精密度是否符合要求。

（3）在运行中的监测仪器每半年至少进行一次多点校准。

（4）对于不具有自动校零/跨的系统，一般每5～7 d进行1次零/跨漂移检查。将不含待测及干扰物质的空气和浓度为仪器测量满量程 75%～90%的标气通入仪器进行零/跨漂移检查，并按要求对仪器进行零/跨漂移调节。如仪器的性能状况已变差，应视情况缩短检查或调节周期。

（5）空气自动监测仪器用β射线法和微量振荡天平法监测 PM_{10} 时，应每半年进行一次流量校准，每次换滤膜后，应检查仪器的采样流量，在有条件时，可同时用标准膜进行标定。

（6）对于使用开放光程监测分析仪器，应每季度进行一次单点检查（即选择 1 个项目用等效浓度量程 10%～20%的标气），每年进行一次等效浓度的多点校准。

第四节　实验方法的标准化

环境监测方法是监测工作的依据，是监测实验室开展检测所必需的资源，也是实验室质量管理体系所必需的作业指导书。一个项目的测定往往有多种可供选择的分析方法，这些方法的灵敏度不同，对仪器和操作的要求不同，而且由于方法原理不同，干扰因素也不同，甚至结果的表示含义也不尽相同，当采用不同方法测定同一项目时就会产生结果不可比的问题。因此要进行方法标准化。

一、方法的类型与选择

监测分析方法包括标准分析方法和非标准分析方法。国家环境保护标准方法由国家标准和行业标准两部分组成，在此以外都属于非标准监测分析方法。

监测方法的选择应遵循下列原则：

（1）常规监测优先选用国家环境标准分析方法（包括 GB、HJ），需要时可采用国际标准方法，但需验证使用。

（2）委托监测选用监测方法时，应优先使用经监测站已确认、认证和正在开展的监测方法，若委托方推荐的方法适用，可按委托方提出的方法，若委托方提出的方法不适用，应通知委托方改用。

（3）在监测活动中需要选用非标准方法时，经主管领导同意并经验证等效方可使用。

二、标准方法的条件及基本内容

标准方法的选定首先要达到所要求的检出限，对各种环境样品能得到相近的准确度和精密度，即提供足够小的随机和系统误差，当然也考虑技术、仪器的现实条件和推广的可能性。

标准方法又称方法标准，是技术标准中的一种。它是实验室质量管理体系中所必需的作业指导书，是一个技术文件，是权威机构对某个项目监测所作的统一规定的技术准则和各方面共同遵守的技术依据，它必须满足以下条件：

（1）按照规定的程序编制；

（2）按照规定的格式编制；

（3）方法的成熟性得到公认，通过协作试验，确定了方法的误差范围；

（4）由权威机构审批和发布。

标准方法的种类很多，每类方法都有其特性、各类方法之间有明显的差别，但是尽管各类方法之间存在着明显的差别，但方法的基本内容是相同的。2004 年颁布的《环境监测分析方法标准制订技术导则》（HJ 168—2004）对环境监测分析方法标准制订的基本要求、标准构成和技术规定做了说明。2010 年对此导则进行了修订，对环境监测分析方法标准的制订工作程序、基本要求、标准的主要技术内容以及方法验证、开题报告和标准编制说明的内容等重新作出了技术规定。以下根据 HJ 168—2010 的规定，对方法的基本内容予以简述。

1. 方法的适用范围

方法的适用范围虽然不是方法的技术内容，但也是方法的非常关键性的内容。

一个方法的适用范围通常包括三个方面的内容，方法的应用场合、待测元素的浓度范围、存在干扰时要指明干扰因素及其限量。当我们使用标准时，要看清楚这方面的具体内容。

研究方法的适用范围时，对下述两种情况要给予特别注意：

（1）检测限和最低检出浓度

检测限是指对某一特定的分析方法在给定的可靠程度内可以从样品中检测待测物质的最小浓度或最小量。所谓“检测”是指定性检测，即断定样品中确实存在高于空白浓度的待测物质。检测限本身表明检测的“下限”，使用的“检测下限”是不对的，表达检测的上限时，要用检测上限。

最低检出浓度是个定性概念，不能作为定量概念使用。

（2）关于干扰因素

干扰分可以克服的干扰和不可克服的干扰。不可克服的干扰列入适用范围内，表明有这种干扰因素时，方法不能使用，可以克服干扰在相应的步骤当中。

2. 术语

应尽量采用国家环境保护标准、其他的国家标准、行业标准和国际标准中的定义；是现行的国家标准、行业标准中的一些概念尚无规定时，应在该标准中给出定义或说明。

3. 原理或方法提要

简要叙述所用方法的基本原理和主要步骤。必要时，列出主要的化学方程式，尽可能用离子反应式表示。

对原理和步骤的要点要说清楚，关键参数不要遗漏。

4. 干扰和消除

在进行干扰实验的基础上，提出对方法产生干扰的环节和因素，说明干扰的组分及其限量，产生干扰的程度、干扰的消除方法及操作步骤。

5. 试剂和材料

试剂和材料是一个方法的物质基础，每个方法都规定了所需的试剂及其低限度质量要求。所谓最低限度质量即指低于该质量方法的使用就得不到保证。其基本要求是：

（1）分析方法中，除特定规定外，只应使用分析纯试剂和蒸馏水或同等纯度的水。

（2）试剂和材料的名称一般应按无机化学物质和有机化学物质的系统命名原则命名。一般不使用商品名称，某些情况下需要使用商品名称时，一般应注明学名和分子式。

（3）分析方法中所用全部试剂和材料一般应编号列出，说明其基本特色如浓度、密度等，并应写明除分析纯以外规定使用的纯度。

仅用于配制试剂者不单独编号列入，一般在需要处直接写出试剂名称、级别或标准号及使用浓度等。

（4）必要时，应规定有关试剂和材料贮存时的注意事项及贮存时间，包括贮存措施、配制要求、失效现象等。如用时现配，贮于塑料瓶中，出现浑浊即不能使用等。

（5）对标准溶液，应说明其制备方法，必要时，其标准方法也应在此条写出。如有相应的国家标准或行业标准时，可引用该标准。

（6）当必须验证试剂中不含某种干扰元素或提纯试剂时，应说明为此采用的试验细节或提纯方法。

（7）所有试剂和材料应按下列顺序编排：

① 市售试剂（不包括标准溶液）；

② 基准试剂；

③ 溶液或悬浮液（不包括标准滴定溶液和其他标准溶液），并说明其大约浓度；

④ 标准滴定溶液和其他标准溶液；

⑤ 指示剂；

⑥ 辅助物料（干燥剂等）。

6. 仪器和设备

方法中所使用的仪器和设备的名称应列出，并进行连续编号，按下列顺序编排：

① 采样设备

② 分析仪器

③ 辅助设备

仪器和设备的功能、主要性能指标和特殊要求应予以说明，但不应出现仪器设备的生产制造单位及商标、带有厂家特征的编号等内容。

7. 样品

涉及样品的采集和样品的制备、保存等方面的内容。

8. 分析步骤

应逐条准确叙述分析中的每一操作步骤，包括所有不可少的预操作在内。如所用的分析方法已见于其他标准，应以："采用……中规定的方法"或"采用……中的方法之一"来表述。如对引用方法有所改变须加以说明。

9. 结果计算与表示

说明结果的计算方法及结果表示的有效数字等内容。

10. 精密度

一般应标明分析方法的精密度。精密度是对一个方法使用性能的评估，是方法标准的组成部分。要完整地表达一个方法的精密度，要求把下面三个方面的问题交代清楚。

（1）是重复性，还是再现性；

（2）表明标准偏差的浓度水平；

（3）给出自由度的数目。

11．质量保证和质量控制

质量保证和质量控制的具体措施和要求应予以说明，一般包括仪器性能控制目标、校准的控制指标、方法空白的要求等内容，但并不限于此。

12．注意事项

对于实验操作过程中可能出现的异常现象及其处理方法、使用该方法的特殊要求、操作过程中需要注意的事项等，可采用“注”的形式置于有关条款或子条款的末尾。

13．附录

对标准的补充性内容进行说明，分为“规范性附录”和“资料性附录”。

三、标准方法制订原则与程序

标准方法应遵照如下原则制订：

（1）要充分考虑满足环境质量标准、污染物排放标准的需要。首先制订环境质量标准和污染物排放标准中所缺少的标准方法，进一步安排制订环境质量标准和污染物排放标准中新增加项目的标准方法。

（2）所制订的标准方法在技术上要成熟。方法的研制工作完成后，要在一定的范围推广应用，要在各种不同水平的实验室内进行验证，认为方法可靠后才能上升为标准方法。

（3）实施方法标准化时要符合国情，要密切结合国内监测部门的设备和技术条件，力求所制订的标准方法在最大的范围内推广应用。

（4）标准方法要全面配套，要实施不同测定范围、存在各种抗干扰因素、不同应用场合的配套，还要实施从布点、采样、样品贮存和测定方法全程序的标准方法配套，因为任何一个标准方法都有它的局限性，有它们的测定范围、干扰物的种类和允许量，这就要求对某一待测物制订几个标准方法实施横向配合。如测定挥发酚，制订了 4-氨基安替吡啉分光光度法，同时又制订了测定高浓度挥发酚的溴化容量法。

（5）积极采用国际标准，我国采用国际标准中的政策是：“通用的标准方法，如采样法、试验方法、测定方法等，一般都等效采用”。我们在方法标准化工作中，一直遵守这一规则。凡是我国尚未制订的标准方法，国际标准中有的，我们都积极采用，首先组织验证，后起草和颁布为我国标准。方法标准化工作的程序如图 2-2 所示。

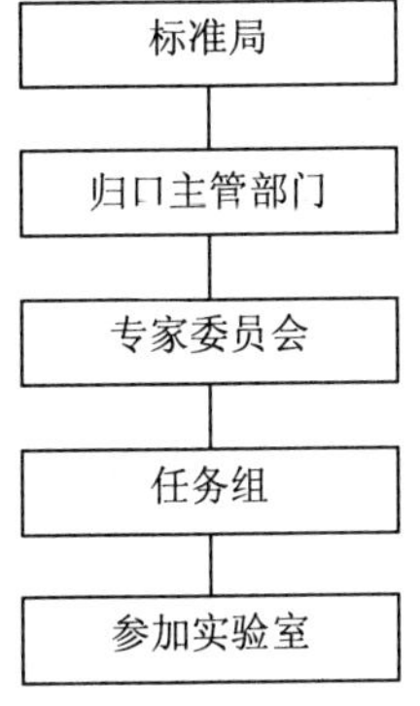

图 2-2　方法标准化的一般程序

① 由一个专家委员会根据需要选择方法，确定准确度、精密度和检测限指标。

② 专家委员会指定一个任务组。任务组负责设计实验方案，编写详细的实验程序，制备和分发实验样品和标准物质。

③ 任务组负责抽选 6～10 个参加实验室，进行方法验证工作。其任务是熟悉任务组提供的实验步骤和样品，并按任务要求进行测定，将测定结果写出报告，交给任务组。

④ 任务组整理各实验的报告，如果各项指标均达到设计要求，则上报权威机构出版公布；如达不到预定指标，需修正实验方案重做实验，直到达到预定指标为止。

四、标准方法的特点与作用

（一）标准方法的特点

1．标准方法的通用性和局限性

制订环境质量标准时要因地制宜，考虑区域差异性。排放标准的制订要体现环境、经济、社会效益三统一的原则。而标准方法则是纯技术性的规定，不受社会条件、经济条件的限制，没有国界，具通用性，可以采用国外的先进标准和国际标准。

标准方法的局限性是：

（1）标准方法不能跨出类别。标准方法可以跨出国界，用遍世界，但不能越过类别。比如在空气、水、土壤中测定同一待测物则不能同用一个完全相同的方法，因介质和基体的不同，采样方法、前处理的差异很大，就要采用三种不同的方法。成套方法的形成往往是以介质（或基体）为基础的，国际标准化组织（ISO）就有以空气、水和土壤为基础三套独立的分析方法系统。

（2）标准方法在同一介质中的局限性。这主要取决于方法本身的特性和介质（或基体）的复杂性，使每一个方法只应用于一个介质的某些规定的情况，而不是全部情况。受限制的因素有两个，方法本身的检测限和介质（基体）中的干扰因素。

2．标准方法的技术权威性

标准方法和非标准方法之间的主要区别除了标准方法在技术上的成熟性得到公认外，必须得到权威机构的批准。所以标准方法是非常严肃的，在技术上的任何改动，只有权威机构有权做出，任何人或其他机构都无权修订。使用者应毫无保留地执行。

中华人民共和国标准化管理条例第十八条规定，标准一经批准发布就是技术法规，各级生产、建设、科研、设计管理部门和企业事业单位都必须严格贯彻执行，任何单位不得擅自更改或降低标准。

通常方法标准是推荐性标准，国内是这样，国外也是这样。国际标准也是推荐性标准。但与强制性标准配套后就变成了强制性标准。配套的标准方法是执法需要的标准，必须强制执行。

3．标准方法的仲裁性

在日常监测中用标准方法仲裁非标准方法，而方法标准之间也会出现差异。由于方法不同，监测数据有时也会出现显著差异。如果监测部门和被监测部门用不同方法，甚至使用利于本部门的方法，给执法将带来困难。为了解决这一矛盾，比较客观地进行判断，需要再确定仲裁方法。仲裁方法是一种法定方法，在发生争执时以仲裁方法报出的数据为准。对仲裁方法的要求有两点：一是技术上最成熟；二是使用面广。广大基层监测部门都具有使用条件。仲裁方法要由标准的发布部门确认。

（二）标准方法在环境监测管理中起着重要作用

1. 它是环境质量标准和污染物排放标准的配套标准

要实施环境质量标准和污染物排放标准必须对其规定的被测污染物配以适宜的标准方法，没有分析方法，就不能得到数据，没有标准分析方法就不能达到准确、可比、有代表性的数据。《地表水环境质量标准》（GB 3838—2002）规定了 109 个项目，每个项目配备了 1～3 个标准方法，共配备了 149 个方法；《污水综合排放标准》（GB 8978—1996）规定了 32 个被测污染项目，需配套 39 个标准方法等。环境质量标准、污染物排放标准离不开标准方法，离开了标准方法，就不能实施，而标准方法更离不开质量标准和污染物排放标准，离开了它们，本身就失去了意义，所以在制订标准方法时需要紧紧扣住环境质量标准和污染物排放标准，并为之配套。

2. 它是环境质量标准和污染物排放标准的先行官

确定环境质量标准和污染物排放标准待测物的种类和含量的主要依据是准确的监测数据。数据的正确性、代表性和可比性是环境质量标准、污染物排放标准的关键。一些技术先进、环保走在前面的国家，他们都把分析方法、方法的标准化及其质量保证工作放在了非常重要的地位，他们制订环境质量标准和污染物排放标准时，以监测数据为先导，所制订出来的标准具有科学性，符合他们的国情。我国的环保事业起步较晚，在制订环境质量标准和污染物排放标准时，手上没有监测数据，积累又来不及，而国外已有大量的经验和成果，在这种情况下，为了加快我们的步伐，可以借鉴他人的经验。我国在制订环境质量标准和污染物排放标准时大体上是这样做的。这种借鉴他人经验的办法可行，但不是方向。为了使环境质量标准和污染物排放标准更切合我国的实际情况，就必须有足够的、可靠的数据。要出可靠的数据，监测方法必须标准化。所以从实质上、战略上和科学性方面讲，方法标准化应走在环境质量标准和污染物排放标准的前头，为他们开路。

3. 它是环保科研的技术基础

环境研究课题大都是涉及面很广的课题，大到涉及全球，比如酸雨的调查、全球气温变暖的问题。研究这些问题要求全球数据可比，要求酸雨的测定方法、CO 的测定方法全球统一。环境的变化是缓慢的，如果几十年内全球温度提高 1℃影响就不得了，但如果日常监测这种变化不太精细，地区和地区之间污染物含量，有的差别显著，有的则不显著。找出它们之间的变化，长期研究它们的动态，就要求采用精密度好、有可比性的统一分析方法——标准方法，没有这些标准方法提供可靠的数据，就不能得出正确的结论，所以方法标准是环境研究工作的技术基础。

五、现行的标准方法

（一）水环境质量监测项目的标准方法

表 2-10 水环境质量标准监测项目及其标准方法

项目	方法	检测限/（mg/L）	方法标准编号
水温	温度计法		GB 13195—91
色度	标准比色法	5 度	GB/T 5750.4—2006
浑浊度	散射法	0.5 NTU	GB/T 5750.4—2006
	目视比浊法	1 NTU	GB/T 5750.4—2006
臭和味	嗅气和尝味法		GB/T 5750.4—2006
肉眼可见物	直接观察法		GB/T 5750.4—2006
pH 值	玻璃电极法	仪器精确到 0.01 pH	GB 6920—86
溶解氧	碘量法	0.2	GB 7489—87
	化学探头法		HJ 506—2009
高锰酸盐指数	酸（碱）性法	0.5	GB 11892—89
COD	重铬酸盐法	10	GB 11914—89
	快速消解光度法	15	HJ/T 399—2007
BOD_5	稀释接种法	2	HJ 505—2009
	微生物传感器快速测定法		HJ/T 86—2002
氨氮	光度法	0.025	HJ 535—2009
	光度法	0.004	HJ 536—2009
	气相分子吸收光谱法	0.02	HJ/T 195—2005
总氮	光度法	0.05	GB 11894—89
	气相分子吸收光谱法	0.05	HJ/T 199—2005
总磷	光度法	0.01	GB 11893—89
总硬度	滴定法	1.0	GB/T 5750.4—2006
溶解性总固体	称量法		GB/T 5750.4—2006
细菌总数	平板法		GB/T 5750.12—2006
粪大肠菌群	多管发酵法、滤膜法		HJ/T 347—2007
总大肠菌群	多管发酵法		GB/T 5750.12—2006
总α放射性	物理法		GB/T 5750.13—2006
总β放射性	物理法		GB/T 5750.13—2006
氟化物	光度法	0.05	GB 7483—87
	目视比色	0.05	GB 7482—87
	离子选择电极	0.05	GB 7484—87
	离子色谱	0.02	HJ/T 84—2001
氰化物	光度法	0.001	HJ 484—2009
挥发酚	光度法	0.000 3	HJ 503—2009
石油类	红外光度法	0.01	GB/T 16488—1996
阴离子表面活性剂	光度法	0.05	GB 7494—87
硫化物	光度法	0.005	GB/T 16489—1996
	光度法	0.004	GB/T 17133—1997
	气相分子吸收光谱法	0.005	HJ/T 200—2005

项目	方法	检测限/（mg/L）	方法标准编号
硫酸盐	重量法	准确测定 10	GB 11899—89
	AAS	0.4	GB 13196—91
	光度法	8	HJ/T 342—2007
	IC	0.09	HJ/T 84—2001
氯化物	滴定法	10	GB 11896—89
	滴定法	2.5	HJ/T 343—2007
	IC	0.02	HJ/T 84—2001
硝酸盐	光度法	0.02	GB 7480—87
	紫外光度法	0.08	HJ/T 346—2007
	IC	0.08	HJ/T 84—2001
	气相分子吸收光谱法	0.006	HJ/T 198—2005
铁	AAS	0.03	GB 11911—89
	光度法	0.03	HJ/T 345—2007
锰	光度法	0.02	GB 11906—89
	AAS	0.01	GB 11911—89
	光度法	0.01	HJ/T 344—2007
亚硝酸盐	光度法	0.003	GB 7493—87
	气相分子吸收光谱法	0.003	HJ/T 197—2005
余氯	比色法	0.005	《生活饮用水卫生规范》
	光度法	0.004	HJ 586—2010
硒	荧光法	0.000 25	GB 11902—89
	AAS	0.003	GB/T 15505—1995
砷	光度法	0.007	GB 7485—87
	光度法	0.000 4	GB 11900—89
	冷原子荧光法	0.000 06	《水和废水监测分析方法（第三版）》
汞	冷原子吸收光度法	0.000 05	GB 7468—87
	冷原子荧光法	0.000 006	HJ/T 341—2007
铜	AAS	0.001	GB 7475—87
	光度法	0.010	GB 7474—87
	光度法	0.06	GB 7473—87
锌	光度法	0.005	GB 7472—87
	AAS	0.05	GB 7475—87
镉	AAS	0.001	GB 7475—87
	光度法	0.001	GB 7471—87
铬（Ⅵ）	光度法	0.004	GB 7467—87
铅	AAS	0.01	GB 7475—87
	光度法	0.01	GB 7470—87
硼	光度法	0.02	HJ/T 49—1999
	ICP-AES	0.011	GB/T 5750.6—2006
	ICP-MS	0.000 9	GB/T 5750.6—2006
钴	光度法	0.002	HJ 550—2009
	ICP-AES	0.002 5	GB/T 5750.6—2006
	ICP-MS	0.000 03	GB/T 5750.6—2006

项目	方法	检测限/（mg/L）	方法标准编号
铍	光度法	0.000 2	HJ/T 58—2000
	AAS	0.000 02	HJ/T 59—2000
	ICP-MS	0.000 03	GB/T 5750.6—2006
	ICP-AES	0.000 2	GB/T 5750.6—2006
钒	光度法	0.018	GB/T 15503—1995
	ICP-AES	0.005	GB/T 5750.6—2006
	ICP-MS	0.000 07	GB/T 5750.6—2006
钼	AAS	0.005	GB/T 5750.6—2006
	ICP-AES	0.008	GB/T 5750.6—2006
	ICP-MS	0.000 06	GB/T 5750.6—2006
锑	原子荧光	0.000 5	GB/T 5750.6—2006
	AAS	0.001	GB/T 5750.6—2006
	ICP-AES	0.03	GB/T 5750.6—2006
	ICP-MS	0.000 07	GB/T 5750.6—2006
镍	AAS	0.005	GB/T 5750.6—2006
	ICP-AES	0.006	GB/T 5750.6—2006
	ICP-MS	0.000 07	GB/T 5750.6—2006
钡	AAS	0.01	GB/T 5750.6—2006
	ICP-AES	0.001	GB/T 5750.6—2006
	ICP-MS	0.000 3	GB/T 5750.6—2006
钛	极谱法	0.000 4	GB/T 5750.6—2006
	光度法	0.02	GB/T 5750.6—2006
	ICP-MS	0.000 4	GB/T 5750.6—2006
铊	AAS	0.000 01	GB/T 5750.6—2006
	ICP-AES	0.04	GB/T 5750.6—2006
	ICP-MS	0.000 01	GB/T 5750.6—2006
三氯乙醛	分光光度法	0.08	HJ/T 50—1999
	GC	0.001	《生活饮用水卫生规范》
硝基苯	GC	0.000 2	GB 13194—91
二硝基苯	GC	0.2	GB/T 5750.8—2006
2,4-二硝基甲苯	GC	0.000 3	GB 13194—91
2,4,6-三硝基甲苯	GC	0.1	GB/T 5750.8—2006
硝基氯苯	GC	0.000 2	GB 13194—91
五氯酚	GC	0.000 01	HJ 591—2010
邻苯二甲酸二丁酯	HPLC	0.000 1	HJ/T 72—2001
邻苯二甲酸二（2-乙基己基）酯	GC	0.000 4	《生活饮用水卫生规范》
乙醛	GC	0.3	GB/T 5750.10—2006
丙烯醛	GC	0.02	GB/T 5750.8—2006
丙烯腈	GC	0.6	HJ/T 73—2001
环氧氯丙烷	GC	0.02	GB/T 5750.8—2006
氯苯	GC	0.01	HJ/T 74—2001
三氯甲烷	HS-GC	0.000 3	GB/T 17130—1997

项目	方法	检测限/（mg/L）	方法标准编号
四氯化碳	HS-GC	0.000 3	GB/T 17130—1997
三溴甲烷	HS-GC	0.001	GB/T 17130—1997
三氯甲烷	HS-GC	0.000 3	GB/T 17130—1997
三氯乙烯	HS-GC	0.000 5	GB/T 17130—1997
四氯乙烯	HS-GC	0.000 2	GB/T 17130—1997
甲醛	光度法	0.05	GB 13197—91
	光度法	0.05	《生活饮用水卫生规范》
苯	液上 GC	0.005	GB 11890—89
	HS-GC	0.000 07	GB/T 5750.8—2006
甲苯	液上 GC	0.005	GB 11890—89
	萃取 GC	0.05	GB 11890—89
	HS-GC	0.001	GB/T 5750.8—2006
乙苯	液上 GC	0.005	GB 11890—89
	萃取 GC	0.05	GB 11890—89
	HS-GC	0.002	GB/T 5750.8—2006
二甲苯	液上 GC	0.005	GB 11890—89
	萃取 GC	0.05	GB 11890—89
	HS-GC	0.001	GB/T 5750.8—2006
1,2-二氯苯	GC	0.002	GB/T 17131—1997
1,4-二氯苯	GC	0.005	GB/T 17131—1997
苯胺	光度法	0.03	GB 11889—89
联苯胺	GC	0.000 2	《水和废水标准检验法（第 15 版）》
丙烯酰胺	GC	0.000 05	GB/T 5750.8—2006
滴滴涕	GC	0.000 2	GB 7492—87
林丹	GC	4×10^{-6}	GB 7492—87
环氧七氯	GC	0.000 083	《生活饮用水卫生规范》
对硫磷	GC	0.000 54	GB 13192—91
甲基对硫磷	GC	0.000 42	GB 13192—91
马拉硫磷	GC	0.000 64	GB 13192—91
乐果	GC	0.000 57	GB 13192—91
敌敌畏	GC	0.000 06	GB 13192—91
敌百虫	GC	0.000 051	GB 13192—91
内吸磷	GC	0.002 5	GB/T 5750.9—2006
甲萘威	HPLC	0.01	GB/T 5750.9—2006
	光度法	0.02	GB/T 5750.9—2006
百菌清	GC	0.000 4	GB/T 5750.9—2006
溴氰菊酯	GC	0.000 2	GB/T 5750.9—2006
	HPLC	0.002	GB/T 5750.9—2006
阿特拉津	HPLC	0.000 5	GB/T 5750.9—2006
甲基汞	GC	1×10^{-8}	GB/T 17132—1997
多氯联苯	GC		《水和废水标准检验法（第 15 版）》
四乙基铅	比色法	0.000 1	GB/T 5750.6—2006
微囊藻毒素	HPLC	0.000 06	GB/T 5750.8—2006
松节油	GC	0.02	GB/T 5750.8—2006

项目	方法	检测限/（mg/L）	方法标准编号
苦味酸	GC	0.001	GB/T 5750.8—2006
丁基黄原酸	光度法	0.002	GB/T 5750.8—2006
黄磷	光度法	0.002 5	《生活饮用水卫生规范》
水合肼	光度法	0.005	GB/T 5750.8—2006
	光度法	0.002	GB/T 15507—1995
吡啶	GC	0.031	GB/T 14672—93
	光度法	0.05	GB/T 5750.8—2006
苯并[a]芘	荧光光度法	4×10^{-7}	GB 11895—89
	HPLC	4×10^{-8}	HJ 478—2009

（二）水污染物排放标准监测项目的标准方法

表 2-11 水污染物排放标准监测项目及其标准方法

项目	测定方法	标准编号
总汞	冷原子吸收光度法	GB 7468—87
	高锰酸钾-过硫酸钾消解法双硫腙分光光度法	GB 7469—87
烷基汞	气相色谱法	GB/T 14204—93
总镉	原子吸收分光光度法	GB 7475—87
	双硫腙分光光度法	GB 7471—87
总铬	高锰酸钾氧化-二苯碳酰二肼分光光度法	GB 7466—87
六价铬	二苯碳酰二肼分光光度法	GB 7467—87
总砷	二乙基二硫代氨基甲酸银分光光度法	GB 7485—87
总铅	原子吸收分光光度法	GB 7485—87
	双硫腙分光光度法	GB 7470—87
	示波极谱法	GB/T 13896—92
总镍	火焰原子吸收分光光度法	GB 11912—89
	丁二酮肟分光光度法	GB 11910—89
多环芳烃	高效液相色谱法	HJ 478—2009
苯并[a]芘	高效液相色谱法	HJ 478—2009
	乙酰化滤纸层析荧光分光光度法	GB 11895—89
总铍	铬菁 R 分光光度法	HJ/T 58—2000
	石墨炉原子吸收分光光度	HJ/T 59—2000
总银	火焰原子吸收分光光度法	GB 11907—89
	3,5-Br_2-PADAP 分光光度法	HJ 489—2009
	镉试剂 2B 分光光度法	HJ 490—2009
pH 值	玻璃电极法	GB 6920—86
色度	稀释倍数法	GB 11903—89
悬浮物	重量法	GB 11901—89
生化需氧量（BOD_5）	稀释与接种法	HJ 505—2009
化学需氧量（COD）	重铬酸钾法	GB 11914—89
	快速消解分光光度法	HJ/T 399—2007
石油类	非分散红外分光光度法	GB/T 16488—1996
动植物油	红外分光光度法	GB/T 16488—1996

项目	测定方法	标准编号
挥发酚	溴化容量法	HJ 502—2009
	4-氨基安替比林分光光度法	HJ 503—2009
氰化物	容量法和分光光度法	HJ 484—2009
硫化物	碘量法	HJ/T 60—2000
	直接显色分光光度法	GB/T 17133—1997
	亚甲基蓝分光光度法	GB/T 16489—1996
	气相分子吸收光谱法	HJ/T 200—2005
氨氮	纳氏试剂分光光度法	HJ 535—2009
	水杨酸分光光度法	HJ 536—2009
	蒸馏和滴定法	HJ 537—2009
	气相分子吸收光谱法	HJ/T 195—2005
氟化物	离子选择电极法	GB 7484—87
	茜素磺酸锆目视比色法	HJ 487—2009
	氟试剂分光光度法	HJ 488—2009
总磷	钼酸铵分光光度法	GB 11893—89
甲醛	乙酰丙酮分光光度法	GB 13197—91
苯胺类	*N*-（I-萘基）乙二胺偶氮分光光度法	GB 11889—89
硝基苯类	气相色谱法	HJ 592—2010
阴离子表面活性剂	亚甲蓝分光光度法	GB 7494—87
总铜	原子吸收分光光度法	GB 7475—87
	二乙基二硫代氨基甲酸钠分光光度法	HJ 485—2009
	2,9-二甲基-1,10-菲啰啉分光光度法	HJ 486—2009
总锌	原子吸收分光光度法	GB 7475—87
	双硫腙分光光度法	GB 7472—87
总锰	火焰原子吸收光度法	GB 11911—89
	高碘酸钾分光光度法	GB 11906—89
总硒	2,3-二氨基萘荧光法	GB 11902—89
	石墨炉原子吸收分光光度法	GB/T 15505—1995
有机磷农药（以P计）	气相色谱法	GB 13192—91
乐果	气相色谱法	GB 13192—91
对硫磷	气相色谱法	GB 13192—91
肼	对二甲氨基苯甲醛分光光度法	GB 15507—1995
微囊藻毒素	高效液相色谱法	GB/T 5750.8—2006
丙烯腈	气相色谱法	HJ/T 73—2001
甲基对硫磷	气相色谱法	GB 13192—91
马拉硫磷	气相色谱法	GB 13192—91
五氯酚及五氯酚钠（以五氯酚计）	气相色谱法	HJ 591—2010
	藏红T分光光度法	GB 9803—88
可吸附有机卤素（AOX）	微库仑法	GB/T 15959—95
	离子色谱法	HJ/T 83—2001
三氯甲烷	顶空气相色谱法	GB/T 17130—1997
四氯化碳	顶空气相色谱法	GB/T 17130—1997
三氯乙烯	顶空气相色谱法	GB/T 17130—1997
四氯乙烯	顶空气相色谱法	GB/T 17130—1997

项目	测定方法	标准编号
苯	气相色谱法	GB 11890—89
甲苯	气相色谱法	GB 11890—89
乙苯	气相色谱法	GB 11890—89
邻二甲苯	气相色谱法	GB 11890—89
对二甲苯	气相色谱法	GB 11890—89

（三）空气和废气监测项目的标准方法

表 2-12 空气和废气监测项目的标准方法

项目	测定方法	标准编号
一氧化碳	非分散红外法	GB 9801—88
氮氧化物	盐酸萘乙二胺分光光度法	HJ 479—2009 GB/T 13906—92
二氧化氮	Saltzman 法	GB/T 15435—1995
氨	纳氏试剂分光光度法	HJ 533—2009
	次氯酸钠-水杨酸分光光度法	HJ 534—2009
	离子选择电极法	GB/T 14669—93
pH	电极法	GB 13580.4—92
臭氧	紫外光度法	HJ 590—2010
	靛蓝二磺酸钠分光光度法	HJ 504—2009
氟化物	滤膜采样氟离子选择电极法	HJ 480—2009
	石灰滤纸采样氟离子选择电极法	HJ 481—2009
二氧化硫	甲醛吸收-副玫瑰苯胺分光光度法	HJ 482—2009
	四氯汞盐吸收-副玫瑰苯胺分光光度法	HJ 483—2009
二硫化碳	二乙胺分光光度法	GB/T 14680—93
	气相色谱法	GB 11741—1989
总烃	气相色谱法	GB/T 15263—94
苯系物	固体吸附/热脱附-气相色谱法	HJ 583—2010
	活性炭吸附/二硫化碳解吸-气相色谱法	HJ 584—2010
甲醛	乙酰丙酮分光光度法	GB/T 15516—1995
恶臭	三点比较式臭袋法	GB/T 14675—93
总悬浮颗粒物	重量法	GB/T 15432—1995
降尘	重量法	GB/T 15265—94
铅	火焰原子吸收分光光度法	HJ 538—2009
	石墨炉原子吸收分光光度法	HJ 539—2009
	火焰原子吸收法	GB/T 15264—94
烟尘	锅炉烟尘测度法	GB 5468—91
硫化氢、甲硫醇、甲硫醚和二甲二硫	气相色谱法	GB/T 14678—93
苯并[a]芘	高效液相色谱法	GB/T 15439—1995

(四)土壤、沉积物、生物、固废监测项目的标准方法

表 2-13 土壤、沉积物、生物、固废监测项目的标准方法

项目	测定方法	标准编号
总铬	土壤——火焰原子吸收分光光度法	HJ 491—2009
	固体废物——二苯碳酰二肼分光光度法	GB/T 15555.5—1995
	固体废物——直接吸入火焰原子吸收分光光度法	GB/T 15555.6—1995
	固体废物——硫酸亚铁铵滴定法	GB/T 15555.8—1995
六价铬	固体废物——二苯碳酰二肼分光光度法	GB/T 15555.4—1995
	固体废物——硫酸亚铁铵滴定法	GB/T 15555.7—1995
总砷	土壤——二乙基二硫代氨基甲酸银分光光度法	GB/T 17134—1997
	土壤——硼氢化钾-硝酸银分光光度法	GB/T 17135—1997
	固体废物——二乙基二硫代氨基甲酸银分光光度法	GB/T 15555.3—1995
总汞	土壤——冷原子吸收分光光度法	GB/T 17136—1997
	固体废物——冷原子吸收分光光度法	GB/T 15555.1—1995
铜	土壤——火焰原子吸收法测定	GB/T 17138—1997
	固体废物——原子吸收分光光度法	GB/T 15555.2—1995
锌	土壤——火焰原子吸收法测定	GB/T 17138—1997
	固体废物——原子吸收分光光度法	GB/T 15555.2—1995
镍	土壤——火焰原子吸收分光光度法	GB/T 17139—1997
	固体废物——直接吸入火焰原子吸收分光光度法	GB/T 15555.9—1995
	固体废物——丁二酮肟分光光度法	GB/T 15555.10—1995
铅	土壤——KI/MIBK 萃取火焰原子吸收法	GB/T 17140—1997
	土壤——石墨炉原子吸收法	GB/T 17141—1997
	固体废物——原子吸收分光光度法	GB/T 15555.2—1995
镉	土壤——KI/MIBK 萃取火焰原子吸收法	GB/T 17140—1997
	土壤——石墨炉原子吸收法	GB/T 17141—1997
	固体废物——原子吸收分光光度法	GB/T 15555.2—1995
氟化物	离子选择性电极法	GB/T 15555.11—1995
二噁英类的测定	土壤/沉积物——同位素稀释高分辨气相色谱-高分辨质谱法	HJ 77.4—2008
	固体废物——同位素稀释高分辨气相色谱-高分辨质谱法	HJ 77.3—2008
六六六	土壤——气相色谱法	GB/T 14550—93
	生物——气相色谱法	GB/T 14551—93
滴滴涕	土壤——气相色谱法	GB/T 14550—93
	生物——气相色谱法	GB/T 14551—93
1-羟基芘	生物尿——高效液相色谱法	GB/T 16156—1996
有机磷农药	粮食和果蔬——气相色谱法	GB/T 14553—93

（五）机动车排放污染物监测项目的标准方法

表 2-14 机动车排放污染物监测项目的标准方法

项目	监测方法	标准编号
一氧化碳	CO/HC 红外排气工况法 摩托分析仪测定	GB/T 14622—2002
	CO/HC 红外点燃式发动机汽车双怠速法及简易工况法	GB 18285—2005
	CO/HC 红外三轮汽车和低速货车柴油排污测定方法	GB 19756—2005
	CO/HC 红外车用压燃式发动机排污测定方法	GB 17691—2005
	CO/HC 红外轻便摩托车排污测量法（工况法）	GB/T 18176—2002
	CO/HC 红外摩托车和轻便摩托车排污测量方法（怠速法）	GB 14621—2002
	CO/HC 红外轻型汽车污染物排放测量方法	GB 18352.1～3—2001
碳氢化合物	摩托车排气测量方法（工况法） CO/HC 红外排气分析仪	GB/T 14622—2002
	点燃式发动机排气测定法 CO/HC 红外排气（双怠速法及简易工况法）	GB 18285—2005
	三轮汽车和低速货车用柴油排气污染物测量方法（红外仪）	GB 19756—2005
	车用压燃式发动机排气污染物测量方法（红外仪）	GB 17691—2005
	轻便摩托车排气污染物测量方法（工况法）红外仪	GB/T 18176—2002
	摩托车和轻便摩托车排气污染物测量方法（怠速法）红外仪	GB 14621—2002
	轻型汽车污染物排放测量方法	GB 18532.1—2001
烟度值	摩托车和轻便摩托车排气烟度排放限值及测量方法	GB 19758—2005
	车用压燃式发动机和压燃式发动机汽车烟度排放限值及测量方法	GB 3847—2005
	农用运输车自由加速烟度排放限值及测量方法	GB 18322—2005

（六）噪声、振动监测项目的标准方法

表 2-15 噪声、振动监测项目的标准方法

项目	监测方法	标准编号
环境噪声	声环境功能区监测方法	GB 3096—2008
	社会生活环境噪声排放标准	GB 22337—2008
厂界噪声	工业企业厂界噪声测量方法	GB 12349—2008
建筑施工场界噪声	建筑施工场界噪声测量方法	GB 12524—90
铁路边界噪声	铁路边界噪声限值及测量方法	GB/T 12525—90
机场噪声	机场周围飞机噪声测量方法	GB 9661—88
交通噪声	汽车加速行驶车外噪声限值及测量方法	GB 1495—2002
	摩托车和轻便摩托车定置噪声排放限值及测量方法	GB 4569—2005
	摩托车和轻便摩托车加速行驶噪声限值及测量方法	GB 16169—2005
	声学 机动车辆定量噪声的测量方法	GB/T 14365—93
	三轮汽车和低速货车加速行驶车外噪声限值及测量方法（中国Ⅰ、Ⅱ阶段）	GB 19757—2005
工业噪声	声学 机器和设备发射的噪声及声压级现场测量方法	GB/T 17248.3—1999
振动	城市区域环境振动测量方法	GB/T 10071—88

（七）电磁辐射监测项目的标准方法

表 2-16 电磁辐射监测项目的标准方法

项目	监测方法	标准编号
锶-90	水中锶-90 放射化学分析方法 发烟硝酸沉淀法	GB/T 6764—1986
锶-90	水中锶-90 放射化学分析方法二、(2-乙基己基) 磷酸萃取色层法	GB/T 6766—1986
锶-137	水中锶-137 放射化学分析方法	GB/T 6767—1986
铀	水中微量铀分析方法	GB/T 6768—1986
	放射性废物固化体长期浸出试验	GB/T 7023—1986
镭-226	水中镭-226 的分析方法	GB 11214—1989
镭-α	水中镭的α放射性核素的测定	GB/T 11218—1989
钚	土壤中钚的测定、萃取色层法	GB/T 11219.1—1989
钚	土壤中钚的测定、离子交换法	GB/T 11219.2—1989
铀	土壤中铀的测定，Cl-5209 萃取树脂分离 2-（5-溴-2-吡啶偶氮）-5-二乙氨基苯酚分光光度法	GB/T 11220.1—1989
铯-137	生物样品灰中铯-137 的放射化学分析法	GB/T 11221—1989
锶-90	生物样品灰中锶-90 的放射化学分析方法二、(2-乙基己基) 磷酸萃取色层法	GB/T 11222.1—1989
锶-90	生物样品灰中锶-90 的放射化学分析方法 离子交换法	GB/T 11222.2—1989
铀	生物样品中铀的测定 固体荧光法	GB/T 11223.1—1989
铀	生物样品灰中铀的测定 激光液体荧光法	GB/T 11223.2—1989
钍	水中钍的分析方法	GB/T 11224—1989
钚	水中钚的分析方法	GB/T 11225—1989
钾-40	水中钾-40 的分析测定	GB/T 11338—1989
氚	水中氚的分析方法	GB/T 12375—1990
钋-210	水中钋-210 的分析方法 电镀制样法	GB/T 12376—1990
铀	空气中微量铀的分析方法 激光荧光法	GB/T 12377—1990
铀	空气中微量铀的分析方法 TBP 萃取荧光法	GB/T 12378—1990
碘-131	水中碘-131 的分析方法	GB/T 13272—1991
碘-131	植物、动物甲状腺中碘-131 的分析方法	GB/T 13273—1991
氡	环境空气中氡的标准测量方法	GB/T 14582—1993
γ	环境地表γ辐射剂量率测定规范	GB/T 14583—1993
碘-131	空气中碘-131 的取样测定	GB/T 14584—1993
碘-131	牛奶中碘-131 的分析方法	GB/T 14674—1993
铁-59	水中铁-59 的分析方法	GB/T 15220—1994
钴-60	水中钴-60 的分析方法	GB/T 15221—1994
铀	铀加工及核燃料制造设施流出物的放射性活度监测规定	GB/T 15444—1995
	拟开放场址土壤中剩余放射性可接受水平规定（暂行）	HJ 53—2000
	工频电场测量	GB/T 12720—1991
	辐射环境保护管理导则 电磁辐射监测仪器和方法	HJ/T 10.2—1996
	高压架空输电线、变电站无线电干扰测量方法	GB/T 7439—2002

（八）室内空气监测项目的标准方法

表 2-17 室内空气监测项目的标准方法

项目	监测方法	标准编号
温度	公共场所室内温度测定方法	GB/T 18204.13—2000
相对湿度	公共场所室内相对湿度测定方法	GB/T 18204.14—2000
空气流速	公共场所风速测定方法	GB/T 18204.15—2000
新风量	公共场所室内新风量测定方法	GB/T 18204.18—2000
二氧化硫	居住区甲醛液吸收-盐酸副玫瑰苯胺分光光度法	GB/T 16128—1995
	环境空气二氧化硫甲醛吸收——副玫瑰苯胺分光光度法	GB/T 15262—94
二氧化氮	居住区二氧化氮改进的 Saltzman 法	GB 12372—90
	环境空气二氧化氮的 Saltzman 法	GB/T 15435—1995
一氧化碳	空气质量一氧化碳的测定——非分散红外法	GB/T 9801—88
	公共场所空气一氧化碳检测方法	GB/T 18204.23—20
二氧化碳	公共场所空气中二氧化碳气相色谱检测法	GB/T 18204.24—2000
氨	公共场所空气中氨的分光光度检测法	GB/T 18204.25—2000
	空气质量氨的纳氏试剂比色法	GB/T 14668—93
	空气 氨的测定 离子选择电极法	GB/T 14669—93
	空气质量氨的次氯酸钠-水杨酸分光光度法	GB/T 14679—93
臭氧	公共场所空气中臭氧的分光光度测定法	GB/T 18204.27—2000
	环境空气 臭氧 靛蓝二磺酸钠分光光度测定法	GB/T 15437—1995
	环境空气 臭氧 紫外光度法	GB/T 15438—1995
甲醛	居住区大气中甲醛 分光光度测定法	GB/T 16129—1995
	公共场所空气中甲醛 分光光度测定法	GB/T 18204.26—2000
	空气质量 甲醛乙酰丙酮分光光度测定法	GB/T 15516—1995
苯系物	毛细管气相色谱法	GB/T 18883—2002
	居住区大气中 苯、甲苯和二甲苯卫生检验标准方法 气相色谱测定法	GB 11737—89
	空气质量 甲苯、二甲苯、苯乙烯的测定 气相色谱法	GB/T 14677—1993
可吸入颗粒物 PM_{10}	室内空气中可吸入颗粒物撞击式-重量法测定	GB/T 17095—1997
总挥发性有机物 TVOC	热解吸/毛细管气相色谱法	GB/T 18883.—2002
苯并[a]芘	环境空气 苯并[a]芘测定 高效液相色谱法	GB/T 15439—1995
菌落总数	撞击法	GB/T 18883.—2002
氡	两步法	HJ/T 167—2004
	城市建设档案著录规范	GB/T 50323—2001
	空气中氡的标准测量方法	GB/T 14582—93
	民用建筑工程室内环境污染控制规范	GB 50325—2010

第五节　实验人员构成与能力

人员素质水平的考察对监测站是至关重要的。在所有资源中，人是最宝贵的资源。一个实验室的水平高低、优劣，很大程度上取决于人员素质水平，特别是关键人员的任职资格条件应加以规定，如受教育程度，理论基础，实际工作能力（包括组织管理能力和技术能力）、工作经验等。人员素质不高，就保证不了工作质量，也就不可能保证环境监测的全过程质量。因此，由合格的人员从事环境监测工作，保证监测工作质量是提高成果质量，即监测数据达到“五性”的基础与保证。但它的提高不像成果质量的提高那样直观地表现出来，是通过监测站的全体人员共同努力，最终通过成果质量表现出来。监测站各科室应该发挥什么作用，应该承担什么职责，应该开展哪些活动，就是质量职能所研究的内容。通常把这些为实现质量目标，使监测成果具有一定的适用性而进行的全部活动称为质量职能，它是一个与组织机构、人员分工等相关的概念。围绕保证与提高监测质量，监测人员经常要做很多性质相同的工作，例如，研究对质量的要求，制定实施监测计划，进行质控等。因此，质量职能是监测站各科室、各岗位在确保质量方面的重要任务。

一、组织机构与人员要求

环境监测站实行站长负责制，站长负责全站机构设置，资源配备和职责分配，环境监测站设技术负责人和质量负责人各一名，共同负责监测管理体系的建立、运行和完善。全站可以分设若干个二级机构，如站长办公室（包括人事、财务）、综合统计室、质量管理室、水环境监测室、大气环境监测室、固土生态监测室、物理监测室、污染源应急监测室、预警和在线仪器监测室等，根据各地情况，可以调整或增加。如沿海地区可以增设海洋监测室，有辐射污染源的可设核磁辐射监测室。组织机构如图 2-3 所示。

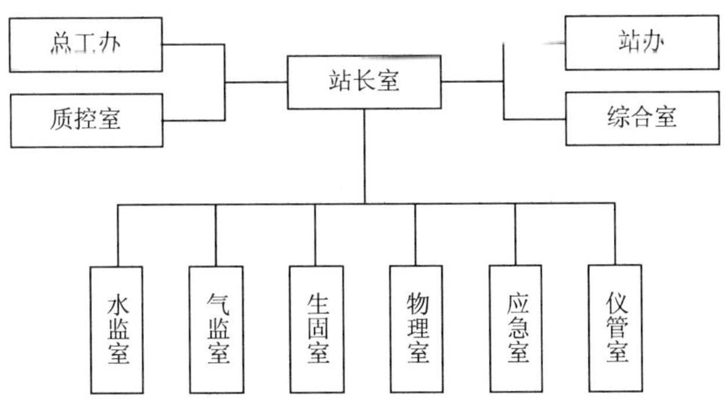

图 2-3　监测站组织结构示意图

组织人事管理是行为科学，不但要懂业务且政策性很强，是研究人的行为科学。行为科学是针对如何调动人的积极性而展开的，行为科学的人类需要层次论证提出了人类需要的五个层次，即生理需要、安全需要（以上为基本需要）、情感需要、尊重需要和自我实现需要。行为科学认为管理中最重要的因素是对人的管理，因此要研究人、尊重人、关心人，满足人的需要以调动人的积极性。

我国环境监测经过 30 多年的建设和发展，已形成一支数万人的队伍，他们中的大多数工作在监测的第一线，担负着繁重的监测任务，提供环境管理和其他方面所需要的各种监测成果，参与环境保护的技术监督管理工作。这是环保事业的宝贵资源，是监测站的主导因素。

监测人员应坚持党的路线、方针、政策，了解国家有关社会、经济发展和环境保护方面的政策、法规，遵纪守法，具备良好的职业道德。要热爱本职工作，有高度的责任心和严谨的工作作风，有献身于环境保护事业的思想和精神。熟知有关的环保法规、标准和规定，具备坚实的监测专业基础理论知识和实际操作技能，具备计量法与计量学基本知识，学习和了解国内外环境监测的动态，积极开展和参与监测科研。坚持“质量第一”的原则，正确熟练掌握环境监测分析操作技能和质量管理知识，保证监测数据的真实、准确和公正性、科学性，不弄虚作假，不受直接或间接行政干预和人际关系的影响，及时有效地为经济建设和环境保护提供服务。

1. 各专业负责人

各专业负责人作为学科带头人，应是全面熟悉和掌握本专业的有关理论，并能指导和参与实际操作的技术领导者，在组织站内人员完成任务的同时，又负有培养下属人员的责任。

2. 一般监测分析人员

一般监测分析人员应能掌握有关专业知识和基本操作技能，并接受考核，取得合格证并持证上岗。考核应是全面的，包括专业理论知识，基本操作技能和实际样品测定分析，只有全面通过，才是一个合格的监测分析人员。

3. 高级技术人员

对于高级技术人员，应具备一定的外文阅读能力，要求在完成工作任务的同时，应了解本专业的国内外发展动态，开展环境监测科研，并协助室负责人培养初中级技术人员。

监测站专业技术机构设置及人员组成表 2-18。

表 2-18 监测站专业技术机构设置及人员组成

专业机构	人员组成	功能作用
大气监测室	1. 环境分析、环境化学分析人员 2. 大气化学、大气物理及气象人员	按技术规范要求组织大气监测计划的实施。测取整理、处理、综合分析监测数据资料，总结编制大气环境质量报告及综合防治建议
水质监测室	1. 环境化学、化学分析专业人员 2. 水化学、水力学等专业人员	组织水环境污染计划的实施，测取、汇总、处理及综合分析监测数据和资料，编制水环境质量报告及综合防治建议
生态监测室	1. 生态监测检验人员 2. 环境医学、生物学专业人员	组织生态监测计划的实施，测取汇总处理、综合分析监测数据和资料，编制生物监测报告及专题报告
物理污染监测室	1. 环境声学、放射化学、物理学等专业人员 2. 相应的实验、测量人员	组织物理污染监测计划的实施，测取汇总、处理综合分析监测数据和资料总结、编写物理污染监测报告

专业机构	人员组成	功能作用
固弃物土壤监测室	1. 岩矿分析、土壤分析化验人员 2. 指定的分析实验人员	组织土壤固弃物污染监测计划的实施，测取汇总、处理综合分析监测数据和资料，总结及编写土壤固弃物监测及利用报告
标准质控室	1. 环境化学、化学分析人员 2. 标准计量专业技术人员	配制标定各种试剂标准和管理样品，组织实施监测质量控制、质量保证；计量认证和计量器具的检定
污染源监测室	1. 环境管理、环境化学、环境工程、工业化学专业工程技术人员 2. 工业污染控制管理统计人员	按技术规范要求、组织污染源监督监测，测取数据汇总、建档、评价及控制管理污染源，编制污染监测报告及防治对策
综合技术室	1. 环境管理、环境化学 2. 环境工程、环境质量评价 3. 计算机、应用数学专业人员	制订监测技术规范及质量保证计划，综合分析、处理监测数据及资料，总结、汇总并编制质量报告书，组织协调网络关系及各业务室关系

各监测站应根据各自监测工作的特点和工作量配备管理人员和技术人员，监测人员的数量和能力均能满足工作要求，在使用合同制人员和其他的技术及关键支持人员时，应确认其能力并监督其工作，确保其工作符合管理体系要求。

二、健全质量管理岗位职责

质量保证责任制要求明确规定监测站每个科室和个人在质量工作上的具体任务、责任和权利，以此把同质量有关的工作和岗位人员的积极性结合起来，形成一个严密的质量管理工作系统，鉴于成果质量本身具有的综合性，质量必须由站长负责，质量责任制必须是以站长为首的确保质量的责任制。要把质量责任从上到下落实到科室和个人，把各科室各环节的工作质量、过程质量和成果质量有机地联系起来，在站长的统一领导下，必须采取适合实际情况的组织形式，协调各个环节的质量管理。

建立质量责任制，明确了责、权、利三者依存关系，加强了责任感。质量责任制分为职能机构责任制和人员岗位责任制。前者与监测站组织建设有密切关系。除专职质量管理机构，各职能科室都要明确质量责任。岗位责任制是有关监测站各类人员质量的责任制度。它应明确每一个成员在质量管理中的分工，具体应承担的任务和责任。

职能科室职责与其成员的岗位职责密切关联，最后还是要落实到每个岗位，每个职工身上，真正做到人各有责，物各有用，事有人管。建立质量管理责任制应分对象，分层次，分专业制定各级各类人员的责任制。先从定性开始，逐步做到定量化、由粗到细，先易后难，逐步完善。

各业务室职责：

（一）综合分析室

（1）组织起草全站监测计划，年度工作计划以及各项监测任务方案。

（2）负责综合分析全辖区的环境质量状况，编制环质报告，年鉴、月报，季报等。

（3）承担本辖区城市环境综合整治质量考核，环保模范城市评比工作。

（4）承担本辖区地方监测网建设。

（5）负责本辖区环境互测信息传输网络及监测数据库、平台系统建设，运行维护和管理共享工作。

（6）负责全辖区监测科研管理工作及其他综合分析，统计上报工作。

（7）负责本辖区环境统计技术工作及数据质量审核工作。

（8）负责编制统计年报、公报、快报等各类监测成果技术报告、信息及环境污染分析。

（二）质量管理室

（1）负责本辖区日常监测质量管理工作，并对监测成果质量负责。

（2）负责《质量管理手册》的贯彻落实，监督检查各室的质量执行情况，解决执行问题。

（3）负责制定年度质量保证计划并组织实施，落实年终质量管理报告与总结。

（4）负责监测质量事故调查处理工作。

（5）制定质量管理技术方案和具体实施方案的组织实施。

（6）负责监测点位优化，样品采集管理，实验室内分析质控和监测数据审核等。

（7）负责新上监测项目，新方法验证工作。

（8）负责制定标准物质和标准样品采购计划及发放、管理和量值传递验证工作。

（9）负责组织接受上级业务部门的质量考核具体安排。

（三）技术条件室（或称仪管室）

（1）负责全站仪器设备、试剂、器材的选型、购置、开箱验收、安装调试及管理和维修工作。

（2）建立仪器设备档案，制定仪器设备管理制度，并经常检查制度执行情况。

（3）按照有关技术要求，编写仪器设备检定周期表，负责组织全站仪器设备（计量器具）的检定工作，确保仪器设备完好率达到100%。

（4）制定本站玻璃仪器、药品、试剂等的消耗定额，编制定期采购计划，负责采购、保管、调剂和供应。

（5）建立各类器材、药品、试剂明细账，做到账物相符。制定器材、药品、试剂管理和使用制度，组织积压物品和报废仪器的处理。

（6）负责全站仪器设备维修并协同有关科室处理仪器设备故障和事故，并提出鉴定报告和处理意见。

（7）负责指导下级站仪器设备选型和管理工作。

（8）负责全站电气设施的维护和管理，保障线路的畅通，安全运行。

以上各科室都要协调好其他科室的关系，完成领导交办的其他工作。

（四）水质监测室

（1）负责完成本辖区各项水质监测任务质量。

（2）严格执行《环境水监测质量保证手册》等技术规范要求、标准方法，落实水质控制，认真做好各种质量记录。

（3）负责完成环保目标责任书、城市环境综合整治定量考核、环境规划、环评验收和排污收费监察等委托的监测任务。

（4）落实《实验员合格证制度》，接受本站及上级业务部门的技术考核，持证上岗。

（5）负责本辖区水质自动监测站及在线监测的运行管理，质量考核及技术检验。

（6）负责收集建立维护地区水、饮用水源地等水质的监测数据库。

（7）配合站领导进行环境监测的质量管理和技术培训工作。

（8）参与协调本辖区地表水、地下水、水源地水质监测网的建立，协调各水站技术交流成果共享。

（五）大气监测室

（1）负责完成本辖区各项大气、废气（包括室内空气）质量监测任务。

（2）严格执行《环境空气监测质量保证手册》技术规范和标准方法的要求，落实大气监测质控措施，认真做好各种质量记录。

（3）负责完成环保目标责任制，城市环境综合整治定量考核，区域环境规划，环评验收，排污收费监察等委托的气的监测任务。

（4）落实《实验员合格证制度》，接受本站及上级业务部门技术考核、持证上岗。

（5）负责本辖区空气自动站及空气预警监测的现场运行管理、质量考核、技术培训工作。

（6）负责收集建立空气质量、酸沉降和沙尘暴监测的成果，建立大气环境监测数据库。

（7）负责本辖区空气质量周报、日报、预报工作。

（8）负责大气废气监测仪器的验证、维护、保养工作。

（六）土固生态室

（1）负责完成本辖区土壤、固体废弃物及生态（生物）监测任务。

（2）严格执行《环境监测质量管理规定》和《生态保护大纲》及实施监测技术规范和标准方法要求。

（3）参与本辖区生态环境质量监测网，支持环境监测网，以及固废管理工作。

（4）负责本辖区发生的对生态土壤环境影响事故的应急监测工作和事故报告。

（5）负责落实本辖区生态、土壤、固废等各种质量监测报告和信息，建立生态、土壤、固废监测数据库。

（6）参与组织生态、土壤、固废监测技术规范和方法标准的制修订工作。

（7）承担本辖区生态、生物、土壤、固废等专项调查、研究和技术培训。

（七）物理监测室

（1）负责本辖区有关噪声、振动、放射性，电磁辐射、汽车尾气监测等任务。

（2）严格执行《环境监测质量管理规定》和各项物理污染防治的技术法规、标准的要求。

（3）负责编制本辖区环境噪声、高速道路噪声、汽车尾气等监测信息，建立道路噪声、汽车尾气污染监测数据库。

（4）负责本辖区各类环境事故应急监测的现场监测处置报告工作。

（5）起草本辖区物理污染监测规划、年度计划、工作报告，并组织组建本辖区物理污染监测网，承担相关专题监测任务。

（6）负责本站噪声振动、汽车尾气监测技术研究，仪器维护，定期检验工作。

（八）污染源应急监测室

（1）负责全站污染源监测工作任务及其质量管理。

（2）严格执行《污染源监测管理规定》等法规和技术规定，制定本辖区污染源调查监测工作计划，并组织实施。

（3）负责编制本辖区污染源各类监测报告，建立各类监测数据库。

（4）负责污染源调查监测的质量管理和技术培训工作。

（5）负责本辖区发生的环境污染应急事件的监测与技术指导工作。

（6）负责本辖区污染源监测网的组建运行、管理工作，协调各行业分工合作，成果共享。

（7）负责对应急监测车、应急监测仪器设备及安全防护装备的购置、使用、保养等管理工作。

基层监测站也可不按环境要素分室，而按监测活动的作业环境分：现场室、自动室、生态室、中心实验室（有机室、无机室）、核监室等。

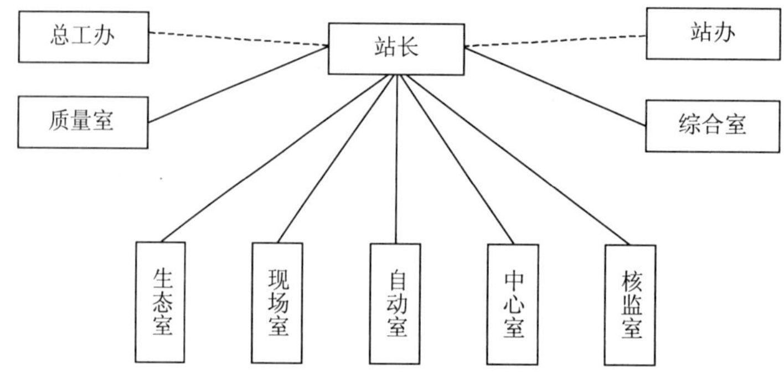

其各室的职责：

（一）现场室

（1）负责环境空气、功能区噪声、地表水、边界河流、海洋水生生物、土壤和底质等环境要素的样品采样与现场监测工作，录入、校对采样的信息，流转样品。

（2）负责废水、污染源噪声、振动、废气和固体废弃物等类污染源样品采样与现场监测和数据录入，校对采样单信息，流转样品并负责污染源噪声、振动监测报告编制工作。

（3）负责各类环境投诉，环境纠纷监测工作，参加污染事故的现场调查和应急监测工作，承担科研课题的现场监测工作。

（4）负责委托监测的签约、咨询，收接委托样品及分送给有关科室。

（5）指导各区站采样，排污的规范化及现场监测工作。

（6）负责本室承担的监测仪器设备管理工作，保证现场仪器设备处于正常工作状态。

（7）负责编制修订本室有关程序文件，作业指导书及有关质量记录等。

（二）自动室

（1）承担本辖区污染源在线监测系统建设规划及技术支持，负责自动监测系统质量保证体系的筹建、实施和完善。

（2）负责本辖区环境质量监测系统建设和管理工作，负责自动监测系统委托运营的监测工作。

（3）负责全站仪器设备的维修和本室仪器设备的管理工作，保证仪器设备处于正常工作状态，满足监测工作需要。

（4）负责自动监测系统的监测数据处理，监测报告和报表的编写，环境质量日报、周报、月报和有关环境监测数据的上报，以及相关环境监测公报的发布。

（5）负责本室自动监测系统软件的维护管理，数据备份、数据库管理，系统恢复和安全保密工作。

（6）负责编制和修订有关程序文件，作业指导书及相关质量记录并不断开发和完善自动监测系统功能。

（三）中心实验室（包括有机室、无机室）

（1）负责环境空气、降水、地表水、海洋、生物残毒，土壤和底质等环境要素的有机、无机分析工作。

（2）负责废水、废气、固废等各类污染源样品，委托样品和污染事故样的分析工作。

（3）负责开展分析方法验证、适用性检验、等效性试验等工作，指导监测项目的分析工作。

（4）负责本科室仪器设备的管理工作，保证仪器设备处于正常工作状态，并满足监测工作需要。

（5）负责编制和修订有关程序文件，作业指导书及相关质量记录。

（6）负责本室标样管理，常用标准试剂药品管理及实验室管理工作。

（四）生态室

（1）负责制定和实施生态监测方案及相关报告（表）的编写。

（2）负责全站生物样品分析监测工作。

（3）负责本辖区生态监测系统的筹建工作，并指导下级站的生态监测工作。

（4）负责本室的生态仪器设备管理工作，保证仪器设备处于正常工作状态并满足监测工作需要。

（5）负责编制和修订有关的程序文件，作业指导书及相关质量记录。

（五）核监室

（1）负责本辖区的环境辐射水平监测，放射性监测及相关报告编写。

（2）负责本辖区“新、扩、改”建设的放射性工作场所的辐射安全和防护设施管理，进行验收监测及日常监督监测工作。

（3）负责放射事故的应急监测与调查处理，放射事故类型级别认定，协助相关部门做好核事故应急工作。

（4）负责本辖区放射性、电磁辐射污染防治，群众投诉及纠纷调查处理工作。

（5）负责本室耒用仪器设备及标准源的管理工作，保证满足监测工作及设施安全。

（6）负责编制和修订有关作业指导书及相关质量记录。

三、人员构成与上岗要求

监测人员都必须持证上岗，上岗的授权必须明确、具体。如授权进行某一项抽样检测，签发某范围内的报告，操作某一台仪器设备等。但上岗前的资格确认方式可以根据工作的复杂程度，个人的学识经验水平等而有所差异，有些岗位人员可能需要经过专门培训（如大型精密仪器的使用等）、见习、考核岗位合格后方可授权，有些岗位或人员可能仅需要简单的确认后就可以授权。从事特殊监测活动的岗位如污染现场应急监测、核辐射监测等应注意依据相关法律法规对从业人员的资格及身体规定要求，并确保其专业技术人员和管理人员符合这些要求。

1．站长岗位职责

（1）全面负责监测站的各项工作，主持监测站的行政、业务及思想政治等工作。抓好全站的两个文明建设，带领全站职工圆满完成上级下达的各项任务，并指导下级站的工作。

（2）主持召开站务会议，组织制定站的各项工作计划。讨论决定站内有关人事、财务、物资、岗位目标责任和规章制度等的重大问题，并进行决策。

（3）检查副站长和各科室负责人的工作情况，发现问题及时处理。

（4）根据站长办公会的决定，分管某些方面，如财务和人事方面的工作。

（5）直接领导、组织和检查全站的质量管理工作，为环境管理和其他方面提供科学、合理及可靠的监测成果。

（6）及时审批和签发全站的重要综合性文件和行政公函。

（7）审定全站的经费预决算，按规定审批重大经费开支。

（8）制定和审定全站的年度工作计划、发展计划和科研计划等，负责组织实施站月、阶段和年度及临时工作计划，并负责督促检查。

（9）组织全站的阶段和年度的工作总结，并负责向全体职工报告阶段和年度工作完成情况和站财务情况。

（10）根据站长办公会议决定，负责对本站工作人员的考核、晋升、任免、奖惩、调动等，决定聘用各类专业技术人员。拥有国家规定的对站进行管理的其他权限。

（11）组织检查站规站纪的落实情况，对违反者有权进行处理。

（12）负责全站职工的在职培训和技术素质的提高，使全站职工的实际工作水平适应环境监测和科研工作的需要。

（13）深入调查研究，关心群众生活，协调好各科室工作，促进全站团结。

（14）负责定期和不定期向环保局、上级环保局和监测站报告和请示工作，并负责安排落实上级下达的各项临时工作任务。

2. 副站长岗位职责

（1）在站长领导下进行工作，对站长负责。

（2）组织开展并指导分管范围内的有关工作。

（3）参加站长办公会议，并负责及时根据分管工作及站内其他工作，提出召开站长办公会议的建议。

（4）对站长工作提出建议和其他参考意见。

（5）按季度、年度向站长办公会提交分管工作情况通报和总结。

（6）协助站长抓好站内各项工作，特殊情况下受站长委托，履行站长职责。

3. 总工程师职责

（1）在站长统一领导下进行工作，并向其负责。

（2）协助分管站长做好有关环境监测和科研的业务技术工作。

（3）参加站有关业务工作及考核工作会议，协助站长做好月、阶段和年度工作计划并负责检查落实。

（4）做好简报、季报、年鉴、年报、环境质量报告书及上报数据等的审核工作。

（5）完成领导交办的其他工作。

4. 技术负责人岗位职责

（1）在站长直接领导下工作，对站长负责。

（2）掌握环境监测技术发展方向，负责监测工作质量。对工作质量有否决权，以保证《质量管理手册》和 QS 的实施。

（3）负责管理本站环境监测、环境科研及对外技术服务等方面技术工作。审核签发监测报告、报表等技术性文件并负责。

（4）负责提出本站监测、科研工作的发展规划及年度计划，审核监测科研工作的技术方案、实施计划、工作总结和研究报告，组织科研成果的评审、验收和成果奖的申报。

（5）负责监测、科研工作的协调、检查和指导。

（6）领导质量保证负责人和质量管理室履行职责，全面落实质量管理措施。负责调查监测事故，并对事故责任人提出处理意见。

（7）负责全站业务技术培训、业务考核和对下级站的业务指导。

（8）负责组织有关人员研究解决工作中的技术难题。

5. 质量保证负责人岗位职责

（1）在站长、技术负责人的领导下工作，负责日常监测质量管理，并对监测成果质量负责。

（2）负责《质量管理手册》的贯彻落实，检查各室的执行情况，解决执行中存在的问题。

（3）熟悉本站的主要业务和监测技术标准、规范，掌握质量监督理论，做好质量监督工作。

（4）负责制定年度质量保证计划并组织实施，年终写出质量管理总结。

（5）负责质量事故的调查处理并提出处理意见。

（6）负责受理使用者对监测成果的申诉，实事求是地解决有争议的问题。

（7）在技术负责人缺勤时，负责签发报告等技术文件。

6. 质量管理人员职责（含各室质量管理员）

（1）熟悉环境监测质量保证的方针、内容、程序、规定和制度，熟悉环境监测技术。

（2）开展所辖区域的质量保证工作，负责全站的监测质量。

（3）制定本站质量管理技术方案、计划、措施和规章制度并组织实施。按隶属关系定期组织本站及下级站的实验室内及实验室间分析质控工作，及时发现分析测试数据的失控现象，督促有关人员查找原因并进行纠正。

（4）深入实验室监督检查质量管理各项内容的实施情况，及时了解各项监测工作的进展，检查分析方法的合理性、规范性及仪器的完好情况，检查人员操作、使用、维护情况，纠正出现的差错。定期向有关领导报告质量管理工作的开展和完成情况。

（5）负责审查各项质控数据，牢固树立“质量第一”的观念，严格把关，凡不合格的数据一律不得外报。

（6）组织实施上级下达的考核工作。组织有关的技术培训、交流和考核。指导下级站开展质量管理工作，帮助解决有关质量管理方面的技术问题。

（7）负责本站基准试剂、标准样品、标准溶液的管理和发放使用。

（8）协助技术负责人和质量保证负责人处理监测质量事故和监测质量申诉。

（9）协助有关人员研究解决质控中遇到的疑难问题。

（10）定期检查、统计各监测项目的质控率、合格率。按期做好年度质量管理工作计划与总结，准时上报。

（11）组织所辖地区及本站监测人员的考核、计量认证和实验室评比等项工作。

（12）完成站、室交办的其他工作，服从站、室的统一安排。

7. 室主任职责

（1）在站长的统一领导下，对站长负责。负责主持本室全面工作，认真组织履行本室的各项职责。

（2）认真贯彻执行国家有关方针、政策、法规，上级有关规定和站长办公会议决议，及时传达和学习并组织实施。

（3）负责按照站的工作计划，制定本室的年度工作计划及月工作计划，并保证计划的完成。做好年终工作总结。

（4）负责全室的质量管理工作，深入进行“质量第一”的思想教育，定期召开质量分析会，发生质量问题时，积极配合有关科室分析、研究、解决。

（5）有关业务室主任要做好监测数据、报告的审核，签发本室各类报告，送质量管理室和站长审核。

（6）积极组织全室开展监测技术服务工作，并负责本室仪器、化学试剂的使用计划，对任何责任事故和浪费负有领导责任。

（7）组织执行站内规章制度及制定本室各项管理制度和管理办法，监督、检查本室人员的工作纪律。坚持原则，秉公办事，大胆管理，对不服从领导、不认真完成工作的人员，有权交站领导处理。

（8）组织全室人员开展政治、业务学习，做好政治思想工作，不断提高业务水平，培养严谨的工作作风和科学态度。定期召开室务会，及时总结工作中的经验教训，提高全室的工作效率。

（9）注意各室之间的协调，顾全大局、团结协作。

（10）组织全室人员积极参加义务劳动，搞好实验室管理及办公室和卫生区的卫生。

（11）副室主任在室主任领导下工作，对室主任负责。室主任不在时，由副主任主持全室工作。

（12）完成领导交办的其他工作。

8．监测分析人员岗位职责

（1）必须树立高尚的职业道德，热爱本职工作，钻研监测技术，培养科学作风，谦虚谨慎，遵守工作纪律，搞好团结协作。牢固树立“质量第一”的思想，精益求精。

（2）全面熟练地掌握所从事监测项目的监测分析技术，对承担的监测项目要做到熟悉方法原理，操作正确，严守规程，准确无误，并能较好地解释和排除化验分析中出现的异常情况，保质保量完成监测工作。

（3）积极参加样品采集和现场调查工作。认真做好分析测试前的各项技术准备。各项测试条件如实验用水、标准溶液、器皿、仪器等均应符合分析质控要求后，方能进行分析测试。

（4）严格遵守监测分析的技术规范，积极做好分析质量控制，发现异常数据应及时查找原因进行纠正。主动接受各项业务部门的考核和考试。

（5）认真计算、核对监测数据，负责地填报监测数据，严格履行签字和复核手续，做到记录清晰、完整，核对严格，准确可靠。

（6）分析测试完成后，及时清理实验室，仔细清洗样品容器，及时保养维护仪器设备，做到现场环境清洁，工作交代清楚，安全无事故。

（7）认真填报监测分析结果，字迹要清楚，记录要完整，要实事求是，严禁伪造数据，校对要严格，做到准确无误。

（8）在完成本职工作后，积极开展对采样、监测新技术、新方法的学习和探讨，不断提高业务水平。

（9）严格遵守站内的各项规章制度，爱护仪器设备，节约实验材料和水电，对损坏仪器设备、玩忽职守造成责任事故的负直接责任。

（10）努力完成站长、室主任交办的其他工作，服从站、室的统一安排。

9．计量检定人员职责

（1）按照授权单位的授权范围进行计量检定工作，按授权单位的监督与考核，做到持证上岗。

（2）努力学习计量知识，学习计量法规和规程，不断提高理论和技术水平。

（3）正确使用计量标准器具，严格按照计量检定规程进行检定。严禁使用未经检定合格的计量标准器具进行量值传递。

（4）认真填写检定质量记录及检定证书，字迹清楚、内容完整、签名齐全，并对出具的检定数据和结论负责。

（5）经常检查各实验室使用的玻璃仪器，有权制止使用不合格和超过检定周期的玻璃仪器。

（6）严格按照国家计量检定系统表和计量检定规程对计量器具进行周期检定，并负责计量标准器具档案和检定工作档案的建立。

（7）严格执行站内卫生制度。进入检定室着工作服，换工作鞋，定期对计量室进行清洁，每次工作完毕，各种标准器具和附件必须进行清洁、复原。

10．综合分析人员职责

（1）负责全站和所辖区域各种监测数据、资料的收集、验收、审核、上报、归档和综合分析，做好各类报表、资料的整理和报送工作。严格执行有关保密制度和规定。

（2）按时完成监测月报、季报、简报、年报、环境质量报告书的编写，积极撰写各类专题报告，及时提供各种应急报告，不断提高综合分析水平。

（3）努力做到科学地管理资料和技术档案，按照技术规定及时地提供监测资料和技术成果，充分发挥监测资料的作用。对因保管不善而造成数据资料丢失、虫蚀、霉烂、破损等负有直接责任。

（4）加强资料整编技术的学习，研究资料整编新技术、新方法，不断吸收、引进好的经验。

（5）承担对下级站综合分析、资料整编工作的业务指导。

（6）完成站、室交办的其他工作，服从站、室的统一安排。

11．图书资料管理人员职责

（1）负责制定全站图书、专业报刊的征订计划。

（2）做好图书、资料期刊、杂志的分类登记。对图书要做到分类正确、整理上架，及时提供借阅。借阅要认真登记，严格执行有关规定。

（3）负责国内外环境监测技术资料的收集整编工作，负责各种环境标准的收集、归档、发放使用工作，及时传达新资料、新方法、新标准，提供技术信息。

（4）做好图书和各类资料的装订、管理和保存，严防发生丢失、火、虫、水、鼠害等损失，否则，负直接责任。

（5）定期进行图书、资料清理工作。保持环境的清洁、卫生。

（6）完成站、室交办的其他工作，服从站、室的统一安排。

12．档案管理人员职责

（1）严格遵守国务院批准的《科学技术档案管理条例》和国家科委、国家档案局联合制定的《科学技术研究档案管理暂行规定》、《档案保密制度》、《档案借阅制度》，熟悉档案类别、来源、用途，做到家底清楚，查阅迅速。防止档案的泄密和丢失。

（2）负责全站各种监测科研资料档案的收集、接收、整理、登记、排架、保管利用工作。并定期进行档案的统计和利用效率分析，及时对超期档案提出鉴定和处理。

（3）负责档案库房管理，注意通风、防蛀、防火、防鼠、防潮、防尘、防晒、防盗工作，确保档案的完好，并最大限度延长其使用寿命。

（4）忠于职守，不失密，不泄密，工作变动时要严格履行档案移交手续，认真核查清单，确认后签字。

（5）完成站、室交办的其他工作，服从站、室统一安排。

13．仪器设备管理人员职责

（1）负责全站仪器设备的选型、购置、验收、调试和建档工作。

（2）负责全站仪器设备的计量检定，根据实际情况，定期列出仪器设备的停用、报废计划，并提出处理意见，经站务会批准后负责实施。

（3）全面掌握全站仪器设备状况，及时进行维修，因技术条件达不到而不能维修时及时汇报，并负责联系修理单位，因不能及时修理贻误工作，造成仪器设备损坏的要负直接责任。

（4）组织制定仪器设备管理、使用、维护制度及操作规程，协助各业务科室对仪器设备进行定期保养、维护。

（5）有权制止违章操作，以保证仪器设备的正常使用，确保仪器设备和人身安全。负责组织仪器设备事故调查，判断事故原因，写出总结报告。

（6）努力钻研业务，不断提高维修水平，了解国内外仪器设备生产制造现状和技术水平及发展趋势，掌握有关信息和资料，协助站长做好购置计划，并负责对下级站的仪器选型指导和有关的业务培训。

（7）完成站及室交办的其他工作，服从站、室的统一安排。

14. 试剂、器材管理人员职责

（1）负责全站试剂、器材的购置、验收、入库和管理工作。根据全站的购置计划，及时做好试剂、器材等的进货工作。严格名称、规格和数量，厉行节约，防止浪费。严格执行入库和发放制度。

（2）试剂、器材的发放要严格履行手续，必须凭领料单发放，否则，出现差错由管理人员负责。剧毒药品的领取必须遵守有关规定，不得擅自行事。出入试剂及时登记，做到日清月结。

（3）努力学习仓库物资管理知识，提高业务能力，掌握各类物资的特性，根据物品种类分别建立账目、卡片，保证按时供应。试剂和器材安放有序，妥善保管，拿取方便，清洁卫生，安全第一，严防火、盗、潮、霉、破损等事故发生。

（4）每月发放的试剂、器材等及时汇总，提前列出将缺物品的种类、数量、规格，以便组织购买。仓库每半年清理一次，年终盘点一次，做到账、卡、物相符，若发现问题及时汇报，以便及时处理。

（5）及时提报试剂、器材的库存状况。

（6）废旧过期试剂、器材的处理，需经站务会批准，不得随便丢弃。

（7）完成站、室交办的其他工作，服从站、室的统一安排。

四、监测人员培训要求

（一）技术培训的必要性

任何工作过程都离不开人的操作。即使是先进的自动化设备，也还是需要人去操作和管理。对于操作人员占支配地位的手工操作来说，例如取样、移液、滴定、称量、定容等，操作人员的工作技能和严谨态度更为重要。造成操作误差的主要原因有：质量意识差，操作时粗心大意，不遵守操作规程，操作技能低和技术不熟练等。要解决这些问题，就要加强技术培训。

（1）随着经济社会的快速发展，环境保护的科学管理和执法中对环境监测的要求越来越高，对监测质量也提出了更高的要求。监测人员必须提高业务素质、技术水平和服务效能，不仅要测试出科学、准确、可靠的数据，也要加工好监测成果，及时有效地为社会、经济发展和环境保护服务，为决策提供可靠的依据。

（2）我国的环境监测吸收了国内外的科技成果，在中国环境保护方针政策的指导下，在 30 余年的实践中建立了监测体系、理论基础、技术规范、标准分析方法、QA 技术，必须熟悉和掌握一整套理论、规范和方法。

（3）部分监测人员对基础概念和方法的掌握不够，一些基础实验操作不规范，对分析方法只知其然而不知其所以然。

（4）监测技术、仪器设备在不断地发展，环境监测所面临的工作在不断扩大和深化，要求监测人员必须不断地学习和提高，掌握新技术去解决新问题。特别是许多监测站骨干技术人员趋于老龄化，存在知识断层和培养技术骨干新人问题。

（5）多数站的技术人员，其专业构成与环境监测多学科、多专业的要求不相适应，在全面完成各种监测任务上存在着一定的难度。应补充环境生物监测、数理统计、综合分析及质量评价、物理监测等专业知识。

（6）青年监测人员和新参加工作的人员对我国环境监测已形成的技术路线、监测技术规范、质量体系、数据处理等技术管理和要求还不太熟悉。

（7）相当多的监测分析人员对监测分析实验室的基础实验还缺乏规范化训练，对实验室的质控缺乏系统的学习，甚至对自己分析的数据的准确性不能判断。

（8）忙于常规性的监测工作，监测科研工作较少。对监测的新技术、新方法、新仪器的掌握和应用较少。

（9）对监测方法理解不透，尚缺乏对监测方法的适用性和技术理论知识的学习。

（二）人员素质培训的主要内容

监测站要制订系统的培训计划，人员素质培训的主要内容包括：

（1）环境监测的基础理论和方法。以系统论、信息论和控制论为指导的监测方法学，形成了布点、采样、数据处理、评价、综合分析和组织管理学。这些方法学包括了抽样学、数理统计学、分析测试原理等。对这些基础理论方法，监测人员应有基本的了解。

（2）我国环境监测方针政策、技术规范、质量保证、标准分析方法及分析方法指南等，这些都是监测人员“三基训练”的重要内容。

（3）有关的环境管理法规、标准、制度及其对环境监测提出的要求。

（4）环境监测技术管理、监测数据资料库和规范化管理、监测信息系统、计算机网络系统以及监测站改革和管理经验交流。

（5）计量学的基本理论。

（6）学习、推广、应用国内外不断发展的新方法、新技术、新仪器、新设备、新经验，推进我国环境监测技术的进步和发展。

环境监测事业需要培养和造就一大批环境监测的优秀人才。要制定人才培训计划，有目的、有计划地培养不同层次、不同类型的人才。首先要培养出大批的技能上很熟练的骨干人才，这是人才队伍的基础，大量的日常监测工作要靠这批人才来支撑。其次是要培养一部分学术上有造诣的专家人才。这些人要在业务上有建树，在某领域充当学科带头人，是高级专家。要靠这批人开拓监测科研工作，攻克技术难关，解决监测过程中的实际问题。再次是要造就业务上能综合管理的人才，这类人既要懂业务，又要会协调，善管理。

上述这三类人才，相比较而言，最缺乏的是懂技术会协调的业务管理人才。不同层次技术人员的培训方向、方式不同。

1．初级监测人员的培训

包括新参加工作的大学生，其主要培训内容是参加本专业的“三基”训练，即基础理论、基本专业和基本操作技能的培训工作，学习环境监测技术规范、计量标准、专业标准，使他们成为具有扎实的监测基础理论、专业知识，严格的操作技能，掌握监测实验室质控方法和要求，具有科学、严谨的工作态度的新一代环境监测人员。

应在已取得的专业知识基础上，在监测工作实践的同时，对我国环境监测体系形成一整套技术内容进行系统的学习。学习的重点是与监测实践紧密联系的监测学基础理论、方法学、监测技术规范、质量保证技术手册、基础实验标准化操作、监测项目分析方法原理。

培训方式应以组织办班和自学相结合：

（1）对新参加工作的同志应指派一名老技术人员（工程师或高工）作为指导老师，在老师的指导帮助下工作（约 2 年），使其在监测业务技术学习和工作实践中积极健康成长。

（2）新参加工作和未受监测技术培训的人员，在承担监测分析项目前，应参加统一组织的监测基础技术培训班学习。这种培训班应由省站或市站组织（根据培训人数而定），时间从 20 天到 1 个月，内容主要是监测基础理论（布点学、采样学、测试方法学、数理统计基础、分析误差和质控、技术规范）和基础实验操作。

（3）监测人员在承担一个新项目之前，应该对其分析方法进行精密度偏性分析试验，在通过试验的基础上，参加该项目上岗认证考核，执行持证上岗制度，成为一名合格的分析人员。无合格证者不得独立对外发出监测成果。

2．中级监测人员的培训

中级监测人员在监测站内担负着重要的监测任务，是承上启下的中坚力量，各级监测站应对他们放手使用，重视实践锻炼，做好技术业务接班人的培养工作。

培训方向是提高组织和领导监测业务的能力，增强解决监测分析工作中疑难问题的本领、加深本岗位的专业理论水平，培养总结工作和独立开展科研的能力。培训方式如下：

（1）各监测站在安排工作时，应鼓励和支持中级监测人员挑重担、负责任，让他们在实践中锻炼提高。中级技术人员要坚持阅读有关的中外期刊杂志、图书资料，扩展知识的深度和广度，撰写总结报告和科技文献综述，提高学术水平和解决问题的能力。

（2）主管的环保局要支持监测站开展监测科研工作，在经费上给予一定的保证，使中级人员有机会参加有关推进环境监测技术进步和发展监测科研工作。开展监测科研，尤其是与本岗位工作直接有关的监测课题（如废水分析方法适用性研究、水质分析的预处理技术，大气监测优化布点、大气监测质量保证研究、区域环境质量调查与评价研究等方面）是提高技术干部业务水平的有效途径。

（3）安排一些中级技术人员参加省内外监测技术的各类学术交流会，组织本站的中高级人员承担自己工作方面的环境监测动态或研究成果的综合评述，进行交流，举办讲座。这对中级人员和全站都是一个很好的技术培训形式。

3．高级技术人员和监测站的业务组织领导者

他们是业务技术工作的带头人，承担着组织和带领中、初级人员开展监测科研工作的重任，其业务技术水平和组织能力直接关系到全站的工作水平和发展。高级技术人员要注意技术更新，掌握国内外环境监测技术动态，吸收可用的新技术为自己服务。培训方式如下：

（1）不定期组织他们参加国内外最新监测技术动态的专题研讨班和学术报告会。

（2）定期组织参加高层次环境监测技术信息研讨会和国际工作交流会。

（3）鼓励高级技术人员不断提高技术业务水平，坚持查阅有关文献期刊书籍，了解本领域的新动态，吸收新知识、新技术。

（4）组织由高级技术人员负责的监测方法研制，新规范的制定等科研课题。

（5）组织各方面的专家编写有关环境监测技术等方面的专著、译著，鼓励他们向国家一、二级学术期刊杂志发表学术论文。订阅必要的国内外图书资料，选派他们参加跨地区、跨流域、跨行业的环境污染调查、环境评价、气候变化、生态保护等联合监测科研活动。

监测工作需要各方密切协作、相互支持，随着区域性、流域性、全国性的环境问题日益突出，联合监测、同步监测、统一监测也会增多。不进行卓有成效的组织和协调，是很难完成好这些工作的。

多年来各监测站在提高人员素质、开展业务培训上做了大量的工作，取得了显著的成绩，其中一些有效的方法是值得推广的。

（1）中心站结合监测任务下达新监测项目、新监测方法的推行，组织下属监测站工作人员开展相关的监测技术学习班，为提高基层站监测人员业务技术水平、促进监测工作的开展，起了有益的作用。

（2）结合开展监测分析实验室质控工作，执行分析人员持证上岗制度，进行监测项目合格证考核，举办质控专题学习班，通过理论考核，实际操作考核和实际样品考核，取得合格证，大大地推进实验室质控工作的开展，提高了监测质量。进行岗位技术练兵，加强操作专业培训，严格遵守操作规程。应重视对质控理论和方法的理解，要掌握基础实验，避免单纯追求合格证数量。

（3）结合监测分析工作中存在的实际问题，开展监测分析方法的研究和监测科研工作，举办监测科研成果交流报告会，这是提高监测人员业务学术水平的有效途径。如果重视监测科研，那么在取得丰硕科研成果的同时，也会培养锻炼一批技术人员。

（4）选派技术人员参加省内外举办的学术交流会、专业讨论会，吸收省内外的新技术、新方法、新经验。各省、市环境科学学会组织较高水平的学术年会，在推动监测技术进步方面也会做出成绩。

（5）支持和鼓励无专业学历的在职监测人员到业余或半脱产的专业学校、函授学校系统学习专业基础理论。

（6）根据本站人员结构和监测工作开展的需要，有计划地选派人员到大专院校环境监测专业进修学习。这类学习不但解决了监测工作中的专业需要，也改变了站内技术人员的结构。但是这类长期学习仅限于少数人员，必须注意所学专业要结合监测工作的需要，长期培训一定要学用一致。

第三章 野外优化布点质量管理

环境监测点位布设和优化，就是运用科学的方法和手段寻找和确定完成环境监测任务的最优监测点位布设方案，力求用最少的点位，获取最有代表性（主要是指空间代表性），能反映环境质量的监测数据。点位布设的失误较之其他环节的失误，可能是差之毫厘，谬以千里的后果。所以为了保证监测质量，首先根据监测计划制订优化布点的质量管理措施。

第一节 优化布点概述

一、优化布点内涵

要掌握环境质量状况，必须进行环境监测。而环境是个大空间，我们不可能对其环境总体进行监测。要获取完整的环境质量监测信息，从理论上讲，要求监测的空间和时间分辨率越高越好。然而单纯追求和实现高分辨的空间和时间监测，不论从经济观点，还是从实践观点上看都是极不现实而难以实现的。即使采用连续自动采样监测系统以求获得高分辨率的时间代表性，却很难（几乎不可能）做到获得高分辨率的空间代表性，只能以少量环境样品分析结果来推断总体环境质量，即监测的部分点位的少数样品得出的结论却代表了环境的总体。如果监测的部分样品不代表环境总体，环境监测工作就毫无意义了。环境监测优化布点就是追求最少（或尽可能少）的监测点位获取最有空间代表性的监测数据。这就要求监测样品必须首先保证代表性，即从质量上要有严格的要求，从数量上也要科学合理。监测点位的质量管理包括定量和定性管理两个方面，确定最佳测点数和最佳点位及测点代表的覆盖面属于定量管理，而测点的布设均匀性和点位的可行性及对区域环境的代表性属于定性管理范畴。最佳点数的确定一般应经过严格的调查设计、数学模型计算，并经过综合考虑后确定。监测点位要合理、可行，并具一定空间代表性，选定的点位有明显的标志，保持相对稳定。

二、点位优化的原则

1. 信息量优先原则

所设计的监测网络，必须能提供监测范围内的、具有足够代表性的环境质量信息。这里的“代表性”和“足够”是两个最基本的、必须满足的要求和遵循的原则。代表性是指能代表一定空间范围内环境污染水平（或环境质量水平）、规律及变化趋势，污染物的污染特征及其分布规律；足够的信息量是指所获取的监测数据在空间分布上重复性最小，代表性最好，监测数据的空间分辨率处于最佳状态，既能满足信息量的要求，又不致造成过大的经济负担。

2．信息的完整性原则

所设计的监测网络不仅能掌握环境污染水平、环境质量状况，而且还能掌握监测范围内的污染源状况及区域的环境污染特征。不仅能获得监测范围内环境污染的共性信息，还能获得监测范围内其特有的、典型污染的个性信息，这就是网络设计必须遵循的信息的全面性或称完整性原则。

3．充分考虑社会经济特征的原则

环境问题的实质是经济问题。资源和能源的浪费不仅造成环境污染，而且也直接影响整个社会经济的发展。因此，监测网络的设计应充分考虑监测范围内的社会经济特征，对那些在社会经济生活中有重大影响的地区，应区别对待，予以足够的考虑，适当增设必要的监测点位。

4．充分考虑自然环境特征的原则

环境监测网络的设计还必须考虑监测范围内的自然环境特征及各种环境条件对环境质量的原动作用。应掌握自然环境的背景信息，以便于对污染水平和环境质量进行综合分析评价。

5．可行性原则

进行环境监测网络设计时，还必须充分考虑现实的可行性，即遵循环境监测网络设计的可行性原则。在决定具体监测点位的设置时，对许多具体问题应做周密的考虑，如：① 监测点址上有无易于获取的电源；② 交通条件是否便利；③ 监测点位附近的微气候条件是否干扰采样监测；④ 监测点位附近有无局地污染源对采样监测产生干扰；⑤ 是否会因为监测点位的设置而损坏文物古迹或破坏景观环境；⑥ 在设置的监测点位（或断面）上是否容易获得和测取气象和水文参数等。

总之，在进行环境监测网络设计时，必须遵循上述基本原则，将其归纳起来就是“实事求是，面向实际，立足当前，兼顾发展，根据需要，考虑可能”，尽可能使环境监测点位布设方案满足设计的要求。

三、网络设计的程序

环境监测网络设计的基本程序是：网络的性质、目的和任务分析—现状调查—网络设计的资料收集—确定网络设计的技术路线—制订多个网络设计方案—最优网络设计方案的选择—最优方案的实施（确定网络测点的数量和位置）—网络的试运行和实测验证—完成网络设计任务。

1．网络性质、目的和任务分析

网络设计的第一步，首先要对所设计网络的性质、目的和任务进行深入分析，明确你要设计的是什么性质的网络、要达到什么目的？完成何种监测任务？需要通过监测网络捕获哪些监测信息？网络的监测范围有多大？对监测的精度有什么要求等。

2．现状调查

现状调查的主要内容有：监测网范围内的自然环境状况，社会经济状况，环境质量状况，污染源状况以及本地区监测工作的现状等（包括现有监测的断面、站位、测点状况、监测仪器设备及装备状况、监测人员状况）。

3. 资料收集

应根据网络设计的需要尽可能详细系统地收集下述各种资料：现有的各种环境监测数据资料，污染源现状资料（污染源数量、分布、构成及各种主要污染物的排放量、排放去向和规律、污染源的治理状况等），社会经济发展规划资料，环境条件（气象、水文、交通等）数据资料，已有的各种有关的环境科研成果资料，国内外相类似情况下的环境监测点位优化布设资料等。

4. 确定网络设计的技术路线

确定网络设计的技术路线主要进行以下各项工作：现有各种监测资料的综合分析，现有网络设计方法的对比分析，进行网络设计的总体构思，研究确定网络设计的工作程序框图，研究确定网络设计的技术路线框图，研究确定网络设计采用的研究方法及需应用的数学模型等。

5. 制订多个监测网络设计的方案

环境监测网络设计的概念中，就包含着“优化设计”的概念，所以在进行网络设计时要制订多个设计方案，以供优化选择。其工作内容主要是改变技术路线或采用不同的研究方法，在达到同一设计目标下进行多方案的设计。

6. 网络设计方案的优化选择

将设计出的多个网络设计方案，进行网点代表性、监测网精度、监测网技术经济及监测网可行性方面的对比分析，优选出网点代表性最好、监测网精度最高、技术上可行、最经济和实施可行性等较好的最优网络设计方案。

7. 最优网络设计方案的实施

选择出最优网络设计方案后，根据设计方案中确定的网络设计程序框图、技术路线框图和确定的研究方法及数学模型，实施网络设计方案，确定网络的最佳监测点数和监测点位。

8. 网络的试运行和实测验证

启动新的监测网络，进行试运行，按要求在新的点位上进行至少一个周期的实际监测，进行网络代表性、精度和实际监测可行性等分析，验证网络设计的各项指标是否达到设计的要求。如果全部达到或基本达到了设计要求，网络设计的任务就基本完成，如通过验证有某些方面还不十分理想，则对网络的测点进行部分调整，直至满意为止。

四、基本设计方法

国内外在环境监测网络设计中应用的方法很多，到目前为止，归纳起来基本方法有统计法、模拟法和综合法三大类。

1. 统计法

包括群值分析法、均值偏差法、结构函数法、相关函数法、基本分量法、线性程序设计等方法。统计法的基本原理是在任何一个范围内，所测得的环境质量（污染物浓度）数据在时间上和空间上是相关的。也就是说，从环境监测网获得的环境监测数据具有一定程度的重复性，或者会出现某相邻两个测点的监测数据相关系数近于零或近于±1 的情况。基于这一情况，在进行网络设计时，利用相关性、减少重复性，就有可能得到代表性最好的网点布局，这就是统计法的基本原理。利用统计法进行环境监测网络设计的基本条件是必须具有足够的实测数据资料，否则就无法进行。统计法的优点是方法简便、易于掌握、省时、省力、省钱。其缺点是在利用该法时预先假定监测网的存在，再据此估计其时间和空间的相关范围，没有考虑（或没有充分地考虑）监测范围内污染源强度及环境条件等影响因素，所设计的环境监测网适应性较差。

2. 模拟法

包括许多水质模型及大气点源、面源及复合模拟法等。应用模拟法进行监测网络设计的基本原理是：依据污染源的污染物排放特性及环境条件（环境气象及环境水文条件等）来预测污染物的浓度分布，从而指出污染物浓度范围的大体情况，据此进行监测点位的合理布设，使所设计的监测网能完成预定的监测任务。运用模拟法进行网络设计的基本条件是需要有关污染源强度及环境条件方面的足够资料，否则即使有可靠的模拟模型也无济于事。

3. 综合法

上述分析表明，统计法的不足是没有很好地考虑污染源的排污强度，而模拟法的不足是对监测数据资料和环境条件资料的依赖性太大，而且应用起来较为复杂。因此，近年来国内外在进行监测网络设计时，较多地采用综合的方法，所谓综合法即综合上述各种方法之长，相互补充，既考虑现有监测数据的规律，又考虑污染源的排放状况和环境条件，同时还考虑社会经济特征、区域的污染特征等具体情况，采用硬技术和软技术相结合的方法进行环境监测网络设计的实例，而且都取得了较好的效果，中国 1985—1986 年进行的全国大气环境监测优化布点的研究和全国地表水监测优化布点的研究就是采用综合法。

第二节 空气监测点位布设优化

为了获取环境空气质量状况的信息，掌握其变化规律，空间点信息通过两个途径获得：一是通过大量的设点监测，二是通过模型估算。设点监测与设点密度密切相关。模型估算方法简便，然而其模型准确度和精度往往不够高。由于环境空气因子的多样性和环境状况的复杂性，目前的模型研究精度尚不能完全达到实际需求的范围。因此，有些还必须进行设点监测。

空气监测点位的布设要特别注意发挥集体的主观能动性。通过任务分解、现状调查、制定多个方案、进行技术论证等程序，做出最优化设计的初步方案。监测一段时期后，根据监测结果与实际考察分析，评论布点的合理性，再进一步优化，最后做到以最少的测点代表一定范围的空间。点位要合理可行并具一定代表性，选定的点位有明显的标志，保持相对稳定。布点记录和图表应齐全。

一、监测点数的确定

固定测点的空气环境监测常用的点数确定方法最早有人口数法、经验法、地理变异系数法和功能区法。

1. 人口数法

世界卫生组织（WHO）以环境保护的对象人群为参量，测点数随人口数量的多少而定，不同项目测点数目不同，测点数与人口数成正比，见表 3-1。

表 3-1　WHO 建议的空气质量趋势监测平均测点数表

城市人口/万人	每种污染物的平均测点数					
	TSP	SO_2	NO_x	氧化剂	CO	气象
＜100	2	2	1	1	1	1
100～400	5	5	2	2	2	2
400～800	8	8	4	3	4	2
＞800	10	10	5	4	5	3

WHO 建议的空气质量趋势监测平均测点数，人口数量越多，相应的城市面积大，社会经济和城市交通等各环节越复杂，大气环境状况越多样化，所需监测的类型越多，观测点也越多。作为全球监测的一个指导性定量数据是基本可行的，可以达到简单、易于检查和控制的目的。

其缺点在于只强调了共性，不适于复杂的环境条件，缺少强有力的科学依据做方法学支持，无法从各城市的大气环境实际状况出发解决具体的定量化问题，只能提出经验性的框架原则，操作中存在很强的人为因素。

2．经验法

美国环保局（EPA）颁布的空气质量监测网的准则中，给出了两种监测网密度估算的经验法，其一是以人口为基础，这一方法与 WHO 相近；其二是以测区面积及污染程度为基础的经验法，根据当地空气污染程度，可以分为污染超过年平均空气质量标准的地区，介于标准与本底水平之间的地区，以及空气质量处于本底水平的地区三种。这三种地区的面积（km^2）用 X，Y，Z 来表示。该城市所需监测点数（N）的经验公式：

$$N = N_X + N_Y + N_Z$$

$$N = 0.096\,5 \cdot \frac{C_m - C_s}{C_s} \cdot X$$

$$N = 0.096\,5 \cdot \frac{C_m - C_b}{C_s} \cdot Y$$

$$N = 0.000\,4 \cdot Z$$

式中：C_m——日均最大浓度等值线的值，mg/m^3；

C_b——日均最小浓度等值线的值，mg/m^3；

C_s——日均浓度的标准值，mg/m^3。

污染程度和面积加权的方法，其应用条件在于首先对本地区污染分布状况要十分了解，等值线的所辖面积清楚。该方法的优点是以各城市空气质量状况为依据，具有实用性，可以根据具体的污染面积污染等值线梯度计算出所需的测点数目，在定量化过程中考虑了面积的因素。问题在于该方法属理论统计方法，其经验公式参数的适用性和通用性需得到论证。另外，该法只考虑了超标面积，而污染程度仅以年均值为计算依据，应以污染最严重期、季的状况来计算测点数目，保证测点在污染严重期的代表性。

3．地理变异系数法

是用不同地点的数据差异程度估计、计算设点数的统计学方法，它的方法原理是以统计学的抽样理论为基础。首先要确定样本的分布状况，对高斯分布（正态分布）的样本，在给定的精度要求下，通过数据的变异程度，可以对所需样本量进行估计。估计的准确度由统计理论中的置信度水平来保证。由此可得：

$$N = \frac{C_v^2 \cdot t^2}{P^2}$$

式中：N——测点数目；

t——指定学生分布（t 分布）置信度的界限值；

P——给定的精度要求，即与真值的允许相对误差（百分偏差）；

C_v——变异系数。

$$N = \frac{s}{\overline{x}} \times 100\%$$

式中：s——样本总体标准差（方差）；

$\overline{x}$——样本的均值。

对于环境样品而言，污染的浓度倾向于对数正态分布。该方法的应用条件，首先应了解样品的分布状况，非正态分布的样本不能随意使用该法。另外，必须确定允许相对误差范围和置信度水平。

该方法是针对各样本的差异程度，即变异系数来确定需采集的样品量，统计计算过程有统计理论的支持，减少了人为因素，具有明显的优势。不利因素在于计算过程较前两个方法相对繁杂，需对样本进行全面的统计计算。该方法的使用有较明确的限制条件，使用中受一定限制。

4．功能区法（或综合法）

城市区域环境空气监测点数的确定，通常参照世界卫生组织和美国 EPA 的方法，以城市人口分布为主，结合区域的污染状况及地形、气候等自然因素。综合考虑划定不同的城市功能区，确定监测点设置数目见表 3-2。

表 3-2 城市区域环境空气监测点设置数目（个）

城市人口/万人	＜50	50～100	100～200	200～400	＞400
TSP、PM_{10}、SO_2、NO_2	3	4	5	6	7
灰尘自然降尘量	＜3	4～8	8～11	12～20	20～30
硫酸盐化速率	＜6	6～12	12～18	18～30	30～40

二、监测点位的确定

空气环境监测点数目确定后，只完成了空气环境监测点位优化布设任务的一半，另一个重要任务是要确定具体的采样监测位置。正确地选择监测点的位置是监测网络设计中的一项极为重要的任务。具体的监测点位选择不好，所得的监测数据就会出现较大的偏差，造成优化布点工作的前功尽弃。因而点位的具体确定是环境监测全过程中的重要环节。监测点位的确定主要任务：一是确定监测点的大致方位；二是确定监测点的具体位置。确定监测点大致方位的方法较多，其前提是点数是固定的，常用的方法有，网格实测法、同心圆法、扇形法、统计法、功能区法、模拟法及综合法等。

1．网格实测法

当城市区域污染源较多，调查面源时，采用规则正方网格法，每个网格中心设一测点，网格大小视源强大小而定，污染物排放量大而密集的地区网格应小些，反之则大些。

这种分布不受人为因素的影响，随机性强，所反映污染物分布规律较客观。其布点图如 3-1 所示。

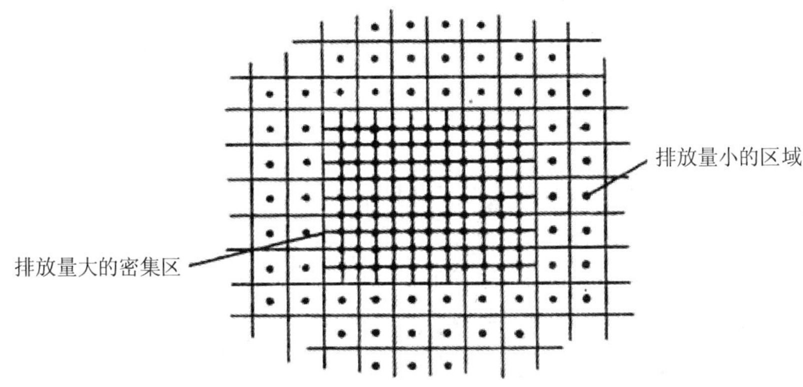

图 3-1　面源调查网格法

对交通干道污染调查，可将线源附近区域划成若干网格，网格大小视调查范围而定，如图 3-2 所示。

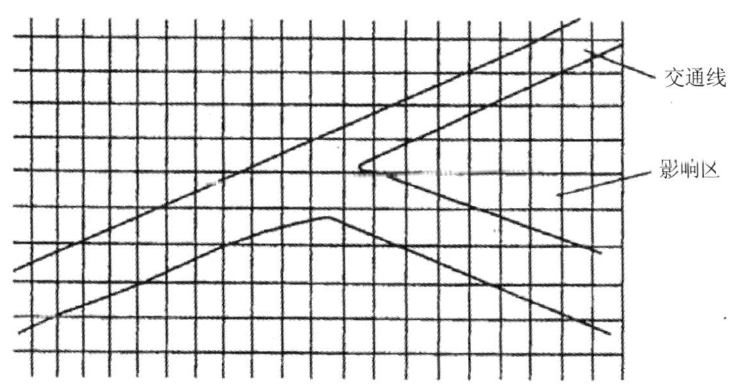

图 3-2　线源调查网格法

2．同心圆法

对高架点源监测的布点则是以排放源为中心，沿放射方向向外扩散，采样点分布在同心圆上。这种方法的要点是：① 主导风向应和主轴一致；② 射性夹角不宜太大，为防止主导风向的波动，射线应多一些；③ 最近点和最远点要依排放源高度、地形和气象条件而定，最大浓度着地处圆应密，向外渐流，如图 3-3 所示。当风向多变时，可采用同心圆多方位布点法及同心圆轴线法。其步骤是：

① 确定放射线：以排放源为圆心作出 16 方位、8 方位或 4 方位的放射线。

② 同心圆半径的确定：以排放源为圆心取若干个同心圆。距圆心最近点和最远点的圆周半径应根据排放源的性质，与排放源有关的物理参数和当地的气象条件，用高斯正态烟云模式计算予以确定（一般情况下，高浓度出现的地点在距下风方位相当于源有效高度的 10～20 倍远处）。同心圆的数目不少于 5 或 7 个。为了计算方便，同心圆的距隔最好取距圆心 100 m 为单位（若源高较低，也可以取其他长度）。

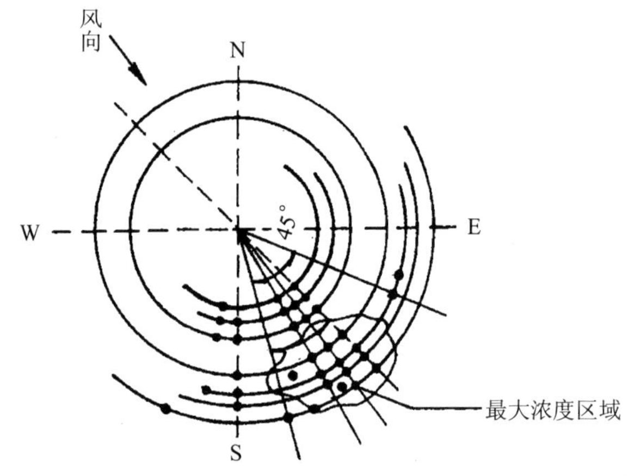

图 3-3　点源调查网络法

3. 扇形法

以同心圆周与放射线的交点定为监测点。在最大落地浓度的距离周围处布较密点，同时视风向波动情况，在下风向方位布点要密，其他地方布点放稀（或不设点）构成扇形。其步骤：① 确定主导风向；② 沿主导风向轴线，从污染排放源向两侧分别扩至 30°、22.5°、15° 或更小夹角（视风向脉动情况而定）的射线，两射线构成的扇形区域即为监测采样的布点范围；③ 在扇形区域内作出不少于 3～5 根放射线；④ 在扇形区域内作不少于 3～7 个同心圆弧，圆弧与射线的交点即为监测点，如图 3-4 所示。

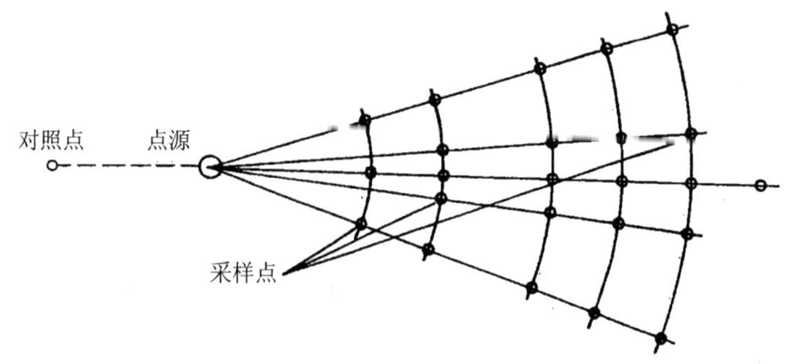

图 3-4　扇形布点法

点源单一布点法。取扇形布点只取中心一个交点为监测点，圆弧半径的确定方法与上述多方位布点同心圆数的确定方法相同。并要在排放源上风方位设置 1～2 个点，作对照，如图 3-5 所示。

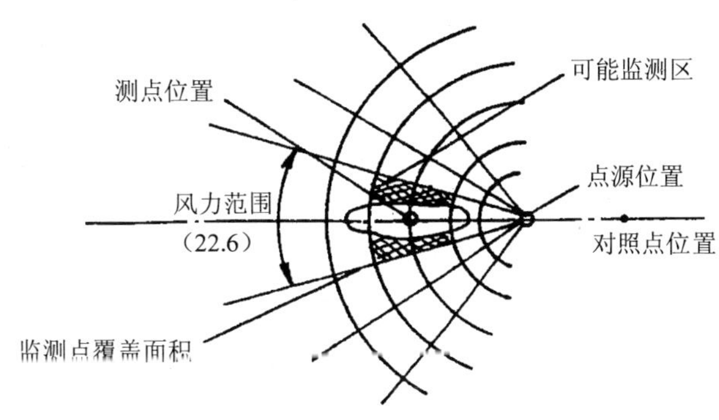

图 3-5 点源单一布点法

4．功能区法

“功能区”的概念在环境领域特别是空气环境监测方面都是以人类社会生活的活动来划分其功能属性，如划分为工业区、商业区、居民区、文教区、清洁区等（见表 3-3）。这种划分方法是在中国空气环境监测初期普遍采用的，在世界很多国家也还沿用这一概念。

该方法的出发点是基于空气污染与人类活动的特点分不开。因此设想在不同的主要功能区域，必然造成有其活动特点的空气污染。最初的污染事件也都突出反映在工业生产的主要区域，所以人们非常自然地接受了这一种概念。

表 3-3 典型城市功能分区表

功能区类别	名 称	功 能 区 划 分
A	居住区	居民稠密，区内没有中小工业，100 m 内没有主要交通干线，不受远距离高架源的影响或影响很小，居民主要暴露在本区或邻近同类地区的污染源中
B	居住区	居民稠密，区内没有中小工业，100 m 内没有主要交通干线，不受远距离高架源的影响或影响很小。区内具有现代化设施，使用清洁能源
C	商业区	商业繁华、交通拥挤、行人稠密、建筑物被交通干线环绕
D	居住与中小工业混合区	人口稠密，中小工业密度高，工业建筑房屋与居住房屋相互交错
E	工业区	人口稠密，区内有大型工业企业，生活居住与工业企业之间有密切关系
F	市区背景区	绿化较好，有水面镶嵌，直径 100 m 内没有商业、工业、交通干线、居住设施的城市中心地带
G	非市区背景区	距城市较远，周围没有工厂、交通干线、居住设施，地处城市主导风向的上风方位

在不同的空气污染功能区中各选择一个有代表性的点，组成一个城市监测网。从原理上讲这种设想符合分层（分类）采样的统计学原理，但也需要结合区域面积、影响人

口数、污染状况、气象条件等多种因素。因为随着人们对空气污染的认识提高，采用高烟囱政策，尽量通过大气的容量和自净，缓解局地污染状况，使空气污染的局地问题转化为中远距离的输送问题。尤其是风力将空气污染排放物在时空上发生位移，使地面的功能无法替代空气中的空气污染状况。

因此，区域环境空气监测点的设置应从以下几方面考虑：网格实测、统计监测数据，并结合区域内点源、面源排放的数据资料，以模式模拟计算法对监测点位优化论证；或以实际污染状况为依据，综合考虑影响因子的作用，即考虑污染源强度，污染物排放规律和变化，以及已有的实际观测结果，并通过对大气污染变化长期积累的经验和认识，把较为复杂和难以真实描述的城市污染状况实际简化，用这种综合技术法优化确定监测点位。

三、监测点位的管理

在确定空气环境监测点具体位置时，必须满足以下要求：

（1）监测点位置的确定应先进行周密的调查研究，采用间断性的监测，用硫酸盐化速率的测定对本地区大气污染状况有粗略的概念后再选择设置监测点的位置。监测点的位置一经确定之后，不宜轻易变动，以保证监测数据的连续性和可比性。

（2）监测点的周围应开阔，采样口水平线与周围建筑物高度的夹角应不大于 30°。测点周围无局地污染源并避开树木及吸附能力较强的建筑物，距高层建筑（7 层楼以上）的距离应为其高度的 2.5 倍距离以外，距一般建筑物的距离则在其高度的 2 倍距离以外，交通稠密区监测点应离开人行道边缘 1.5 m 以外，距主要交通线的距离应在 20 m 以外。采样口周围（水平面）应有 270°以上的自由空间。

（3）应考虑各测点之间的设置条件尽可能一致或标准化，使各测点所获得的信息有可比性。

（4）监测点历史数据一般应满足方差、变异系数较小的条件，对所测污染物的污染特征和规律较明显，数据受周围环境因素干扰较小。同时也要求选择一个方差值或变异系数较大，影响因素主要来源于大区域污染源、非局地污染源影响的测点。

（5）采样高度：SO_2、NO_x、TSP 及硫酸盐化速率的采样高度为 3～15 m，以 5～10 m 为宜；降尘的采样高度为 5～15 m，以 8～12 m 为宜；TSP、PM_{10}、降尘和硫酸盐化速率的采样口应与基础面有 1.5 m 以上的相对高度，以减少扬尘的影响。特殊地形地区可视情况选择高度。

（6）配置监测亭，为适应城市建设的发展和监测技术的提高，应在所确定的监测点处安置配套的监测亭（室），并考虑有稳定可靠的电源供应和方便的交通条件等。

对已确立的监测点的周围环境要进行经常性管理，要满足如下要求：

（1）以监测点为中心 25 m 范围内，地面土层不得裸露；40 m 范围内禁止堆放生活垃圾，禁止露天堆放建筑材料；100 m 范围内禁止裸露运输建筑材料和垃圾等固体废物；1 000 m 范围内，拆迁和建筑施工时，其工地周围必须设置喷水装置，以防扬尘，地面硬化和植被覆盖均要求达到所辖区的平均水平。

（2）在监测点为中心 10 m 范围内，限制使用居民炉灶；20 m 范围内限制使用食堂大灶；25 m 范围内限制使用营业性炉灶；30 m 范围内限制使用燃烧式茶炉；40 m 范围内限制使用燃烧式锅炉；100 m 范围内限制新建工业窑炉。

（3）在监测点为中心 25 m 范围内，限制机动车行驶和内燃机使用，限制设置机动车停车场和开设机动车修理、保养、清洗场所，限制建设机动车车库。

（4）以监测点为中心 5 m 范围内，限制人为散步游玩活动；10 m 范围内限制集会活动和人工卫生清扫；25 m 范围内限制开设集贸市场；100 m 范围内不得随意燃放烟花、爆竹；1 000 m 范围内不得集中燃放烟花爆竹。确保环境空气监测点位具有代表性，不受其他外在因素的干扰。

四、点位布设技术论证

空气环境监测点数和具体位置确定以后，监测网络设计的任务并没有最后完成，应启动监测网络，在优化布设的点位上进行至少一个监测周期的实际监测（冬、春、夏、秋四个季节）和有关气象指标的监测。然后根据监测点位布设的实际情况和验证性监测结果，按各级监测网规定的点位验收标准的要求，逐项进行技术论证。一般情况下，技术论证的主要内容如下：

1．布点的目的性论证

充分论证所设计的监测网是否达到了该尺度环境监测网所要求的目的。例如国家级尺度的空气环境监测网，应达到以下目的：

（1）应从国家网络的角度考虑和优选点位，把网络内的每个城市作为整体的一个组成部分来考虑，应集中反映在该城市范围总体空气污染水平、趋势及污染规律。

（2）应突出反映该城市空气污染的特点，因为该城市是全国许多同类非国控网城市的代表，故在选点时，应充分考虑该类城市的空气污染特点。如重点旅游城市应考虑到旅游区的空气污染问题和城市总体污染的控制等，重工业城市则应考虑主要污染源对城市人口集中区影响的布点问题等。

（3）应兼顾国控、省控和市控网监测任务的要求。

2．布点空间范围论证

监测点位反映的空间范围是已建成区内的城市空气污染状况，所以监测点位必须设在建成区内（清洁对照点除外）。在进行监测点位监测数据的统计计算时，必须以已建成区内的监测结果进行统计计算。

3．设计参数和优选点数目论证

优选点位的监测项目应根据环境监测技术规范选取。必测项目为 SO_2、NO_2、TSP、硫氧化物（测硫酸盐化速率）和降尘，再考虑本地区特征污染物的选测项目。在条件不允许时，可主要考虑 SO_2（或硫酸盐化速率）和 TSP 两项参数，同时也应考虑降水监测。

优选点数目一般应以“技术规范”为依据确定最终优选点数目，如不能满足要求时，可适当考虑增加测点，但必须充分阐明增加测点的必要性和合理性，并提供用以比较详细的监测资料。

4．优选点位采用方法的条件论证

（1）采用统计法

如采用网格实测法，必须满足不同尺度空气环境质量监测网所规定的时间代表性和空间代表性（网格密度）的条件要求；如采用部分加密网格，统计监测结果时应考虑测点的代表面积，即要求用面积加权进行统计。

（2）采用模拟法

① 点源模拟法：当在所要设计的监测网范围内，有一个单独的强点源占优势时，用点源模拟法。此法首先要满足合理地选择扩散模型，预测污染物浓度的频率分布，然后计算监测点位的覆盖系数，最后依据污染物浓度的频率分布及监测点位的覆盖面积，确定有代表性的监测点。

② 面源模拟法：当所要设计的监测网范围不是一个单独的强点源占优势，而是面污染时选用由高斯模式演化而来的面源模式——哈纳模式计算。

采用点源模拟法，第一步是鉴别引起高浓度（近地面）的气象情况，并测定其各种风向时所出现的频率；第二步是确定覆盖面积比（覆盖面积与潜在监测地区面积之比），该比率可提供位于覆盖面积内的测点将有至少预报最大浓度的 80%的概率。

对无规律排放点源、面源和有规律排放点源的污染源动态资料和同步气象资料必须满足所规定的要求，原则上资料的时间代表性和空间代表性应不低于网格实测法的要求，并要有一定比例的抽查监测数据。

运用复合源模拟法进行网络设计的基本条件与点源模拟法相似。

（3）采用综合法

应用的监测资料的时间和空间代表性也必须满足规定的要求。主要工作程序如图 3-6 所示。

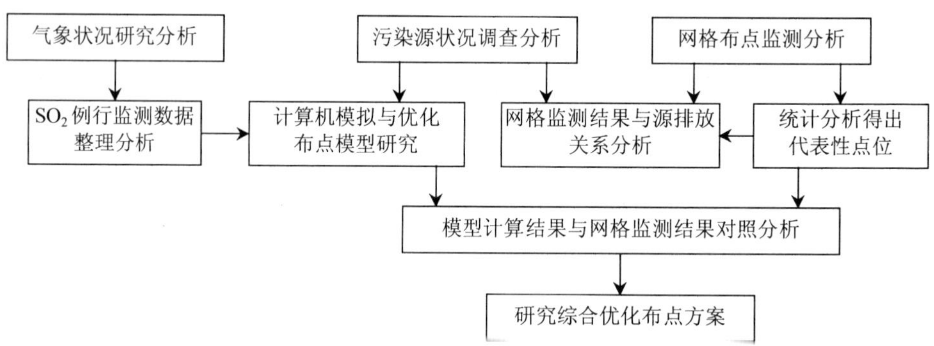

图 3-6 综合法主要工作程序

5．优选点的检查指标论证

优选点位的气象指标、环境地形指标、数据统计指标和点位设置条件都必须满足监测技术规范和不同尺度的空气环境质量监测网点指标所规定的要求。

五、点位的检查与调整

监测网的效率不是不变的，有可能影响监测质量。所以，需要对监测点位布设进行经常性的检查和调整。这一环节的质量管理内容一般有：

（一）定量指标的保证

1．最佳测点数的复验

应该说，最佳点数的确定一般应经过严格的调查设计、数学模型计算并经综合考虑后确定，在一段时间内是相对稳定的。复验时，只需根据当年监测数据，按照原定优化设计数学模型，代入最新的参量数值，进行一次验算，将得出的最佳点数与实际测点数相比较，两者应尽量接近。

2. 最佳测点点位的复验

对所有的监测点的具体位置进行复查，并将点位定位数据记录下来，与原点位（设计点位）进行对照，发现差错应进行纠正。若点位属小范围不便用经纬度表示，则应选定永久性的参照物，一一记录存档，在质量管理计划中应重新定位要求。

3. 测点覆盖面的复验

将现有测点的覆盖面积与原设计的覆盖面积进行比较，两者应越接近越好，一般来说，满足了测点数目的要求，这条要求是易于满足的。

（二）定性指标的保证

1. 测点布设均匀性的检查

将所布点位在所辖区域的行政区划图上标注出来，看是否与原设计相同，其均匀性是提高了还是降低了？如果与原设计有较大变动，应及时找出原因，并妥善处理。

2. 点位区域环境特征代表性检查

对所布设点位的环境区域特征进行调查并与原设计进行对照，如果点位地区的社会环境特征有重大变化，该点位已丧失其设计意图时，应进行调整，并在点位图上予以标明。

3. 点位区域社会环境特征代表性检查

对所布设区域的社会环境特征进行调查并与原设计进行对照，如果点位地区的社会环境特征有重大变化（如对照区已发展为新建的居民住宅区等情况），该点位已丧失原设计意图要求时，应进行调整，并在点位图上予以标明。

4. 点位可行性调查

所布点数、点位应具有空间代表性，但又必须有采样的可行性，否则是不实际的。所以，应对点位的工作条件进行检查，如果采样条件（如交通方便、有稳定可靠的能源供应等）发生较大变化，应创造条件，若失去采样的可能性则应调整点位，亦应在点位图上予以注明。

（三）布点环节的质量管理措施

1. 建立监测点位档案

每一个监测点位都应建立点位卡片，卡片内容如表 3-4 所示，测点卡片应每年填写一次，分析一次，借以把握测点的变动情况，并为进一步优化设计提供基础资料。

表 3-4 环境监测点位卡片

<table>
<tr><td>测点编号</td><td>×××</td><td>测点名称</td><td>×××</td></tr>
<tr><td>测点位置</td><td colspan="2">（填明设计位置及实际位置）</td><td rowspan="5">记事
（填写点位变动情况、样品成分变动情况等）</td></tr>
<tr><td>样品性质</td><td colspan="2">（指原设计意图）</td></tr>
<tr><td>样品类型</td><td colspan="2">（指哪种环境要素的样品）</td></tr>
<tr><td>采样方式</td><td colspan="2">（指连续还是手工）</td></tr>
<tr><td>样品预计成分</td><td colspan="2"></td></tr>
</table>

2. 建立点位代表性检查制度

一般来说，永久性的监测网点是不存在的，也不可能有一个一劳永逸的优化设计。这是因为，社会经济状况在不断变化，环境质量及环境质量的影响因素也在不断变化，科学技术在不断进步，监测技术和手段在不断改善，环境问题的表现形式也在不断变化。因此，对布设的监测点数目、点位应定期组织检验，并在优化设计的方法上进行不断的改进。这种代表性检查工作应一年进行一次，形成制度。

第三节　水监测点位布设优化

水环境构成比较复杂，一般分成地表水、海水和地下水。地表水一般又分成江河水、湖泊（水库）水。海水分近岸海水和海洋水。水环境监测点位的优化布设应根据监测目的、水体功能、测点性能及所处位置等情况而定。为了合理地确定水环境监测点位和点数，必须先做好调查研究和资料收集工作，然后遵循水环境监测点位优化布设的原则布设点位。

一、点位优化布设原则

1. 点位在宏观上能反映水系特征

假定某一水系是由一条干流和若干支流所组成，若支流的信息为 R_i，则该水系的总信息为：

$$R = \sum R_i$$

故每条支流在水系中占有该信息的比例为 $r=R_i/R$，当支流汇入干流时，便把它的信息传入干流。若在入口处标记信息比 r，则按水流方向使信息量在干流上逐段累积，最后有 $R = \sum r$。若考虑水系的几种信息，则对每条支流求出信息比之后，再求出平均值标记在入口处，仍使 R 值处于[0，1]区间内。

若设干流 AB 长度为 x（图 3-7），则：

R 为 x 的函数，故 $R(x)\mathrm{d}x$ 表示河段的信息分布，令总信息为：

$$R = \int_A^B R(x)\mathrm{d}x$$

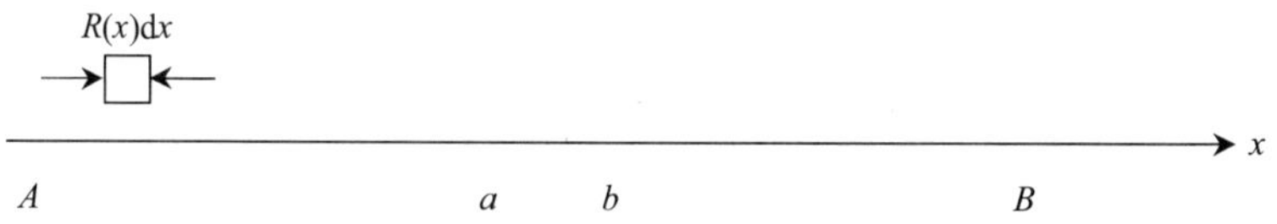

R(x)dx

x

A　a　b　B

图 3-7　监测断面的宏观位置图

信息沿水系呈非均匀分布，则依据物理学的质心模型可知，AB 的矩心α浓缩了水系信息，其位置在：

$$a = 0.5\int_A^B R(x)\mathrm{d}x$$

又依据几何学的黄金分割原理可知，AB 的割点 b 富集了水系信息，其位置在：

$$b = 0.6\int_A^B R(x)\mathrm{d}x$$

所以，由矩心系数 0.5 和黄金分割系数 0.6 所划定的河段 $\overline{ab}$ 便是水系监测所应选定的宏观位置，而该位置就能反映出水系的水质特征。

优选河段 ab 在水系中的空间位置，即 a 点和 b 点的坐标分别由步长系数 $(0.5)^{n-1}$ 和 $(0.6)^{n-1}$ 决定，即优选河段 $\overline{ab}$ 的坐标是：

$$(a,b) = [(0.5)^{n-1},(0.6)^{n-1}]$$

当 n=1 时，即一级监测河段 $(\overline{ab})_1$，设在下游的 B 点，即（a，b）的位置在（1.00，1.00）；当 n=2 时，则二级监测河段 $(\overline{ab})_2$ 的位置坐标（0.5，0.6）；当 n–3 时，则三级监测河段 $(\overline{ab})_3$ 有两个，位置分别在（0.25，0.36）和（0.75，0.86）；依此类推。但随着监测河段级别的降低（n 增大），而使河段个数按 $2n^{n-1}$ 增加，且河段长度缩小，故使次级河段所提供的信息越来越少。

2．监测点位微观位置（监测断面）应能反映断面特征

地表水监测点位微观位置的确定，取决于河段的水质特性。水质特性可以利用水质模型估计，通过现场实验和模型计算，了解水系中干流和主要支流的水体运动规律及污染物分布特征，进行河段内污染物混合区及水质均匀区的划分。前者可用于判断宏观位置之间是否具有显著差别而决定取舍，后者可判断优选河段内各断面的水质情况，从而确定微观位置的确切坐标。在河流情况允许的条件下，微观位置要设在混合区之外，在这样的河段位置设置断面才能以最少的测点获得有代表性的监测数据。

3．监测点位的典型位置（测点）应能反映水质特征

在确定断面微观位置之后，则要确定在此断面上测点的具体位置。一个断面可分为左、中、右和上、中、下不同位置和不同深度，经过水质参数的实测以后，可进行各测点之间的方差分析，判断显著性差别。同时进行相关分析以判断各测点之间的密切程度，从而决定断面上测点的具体位置。在完全混合区的断面上多设测点能提高参数的可靠性，但不能增加测点的代表性。为了确定完全混合区内断面上的测点数目，有必要规定采样点之间的最小相关系数、最高平均相关系数的监测点位置一般应该在河流的中间。在通常情况下，若在混合区内设置测点则要多一些，均匀区内设置测点可少一些。

4．监测点位要考虑水文特征

根据河流的水文特征、水体功能、水环境自净能力等因素的差异性，考虑监测点的布设。同时，测点的布设还应考虑自然地理的差异及特殊需要。为此必须事先做好调查研究和资料收集工作，其内容包括：① 水体的水文、气象、地质地貌特征；② 水体沿岸城市分布和工业布局、污染源分布及排污情况和城市的给排水情况；③ 水体沿岸的资源（包括森林、矿产、土壤、耕地、水资源等）现状，特别是植被破坏和水土流失情况；④ 水资源用途，饮用水源分布和重点水源保护区；⑤ 实地勘察现场的交通情况、河宽、河床结构、岸边标志等，对于湖泊还需了解生物、沉积物特点，间温层分布、容积、平均深度、等深线等；⑥ 收集原有的水质分析资料或在需要设置断面的河段上设若干调查断面采样。

二、江河水监测点位的布设

江河水质监测点位的优化布设，一是监测断面的选择（包括断面的数量和位置）；二是断面上测点位置（含点数和点位）的选择。

1. 监测断面的设置

对于一条河流（江）或一个河段（江段）而言，水环境监测一般应设置四种类型的断面，即背景断面、对照断面、控制断面和削减断面。

（1）背景断面

指为评价某一完整水系的污染程度未受人类生活或生产活动影响，能够提供水环境背景值的断面。

（2）对照断面

是判断水体污染程度时起对照作用的监测断面。主要反映一个河段开始接纳本地区污染物以前，河流或河段水质的初始状况。对照断面一般设置在河流开始接纳污染物的排污口上游或开始接纳本地区污染物的排污口上游处流经城市和工业区的河段。为了解河流入流前的水体水质情况，应在河流进入城市或工业区以前的地方，避开工业废水和生活污水流入或回流处设置对照断面，一个河段只设一个背景断面或对照断面，如图 3-8 所示。

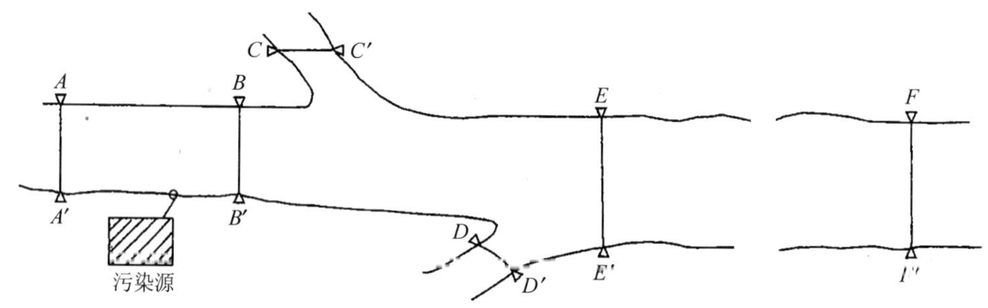

A-A′——对照断面；*B-B′*，*C-C′*，*D-D′*，*E-E′*——控制断面；*F-F′*——削减断面

图 3-8 河段设置断面示意图

（3）控制断面

受到污染必须及时掌握水质污染现状及其变化动态，进而进行污染控制的断面。主要反映不同地区（对一条河流）或本地区（对一个河段）排放的废水对河流（或河段）水质的影响，其位置应设在排污口的下游、污染物与河水能较充分混合处。一个河段上控制断面的数目应根据城市的工业布局和排污口分布情况而定。控制断面与废水排放口的距离应根据主要污染物的迁移、转化规律、河水流量和河道水力特征确定。

（4）削减断面

削减断面是指废水、污水汇入河流，流经一定距离与河水充分混合后水中污染物的浓度。

一般认为，削减断面应设在城市或工业区最后一个排污口下游 1 500 m 以外的河段上。对于一些小流量的河流，可根据具体情况确定削减断面的位置。污染河段采样点的确定参照一般河流采样点的布设原则结合实际污染状况确定。

就一个河段而言，对照断面一般只需一个，削减断面一般也只需一个。控制断面则应视污染物的排放状况而定，并根据本地区排放该河段的污染负荷的 80%以上为依据。对于一条河流而言，如果只流经一个城市（排污地区），情况就和一个河段一样。如果流经多个城市（排污地区），那么就应该设置一个河流背景断面和多个河段对照断面，多个控制断面及一个河流的削减断面和多个河段的削减断面。另外，应在河流较大支流汇入前的河口处、重要河流的入海口处、国际和省际河流的出、入境处设置必要的监测断面。

2．断面监测垂线的设置

江河监测断面上的监测垂线一般应根据江河水面宽度，按表 3-5 规定设置。

表 3-5 江河监测断面监测垂线数的确定表

水面宽/m	垂线数/条	说　　明
≤50	1 条（中泓）	1．断面上垂线的布设，应避开岸边污染带。对于有必要进行监测的污染带，可在污染带内酌情增加垂线 2．对无排污河段或有充分数据证明断面上水质均匀时，可只设 1 条中泓垂线 3．凡布设于河口，要计算污染物排放通量的断面，必须按本规定设置垂线
50～100	2 条（左、右近岸有明显水流处）	
＞100	3 条（左、中、右）	

三、湖泊（水库）监测点位的布设

湖泊、水库所蓄水是停滞水，在进行水环境监测点位的优化布设时，应考虑汇入湖、库的河流数量，径流量、季节变化情况、沿岸污染源对湖、库水体的影响及水面性质（单一或复杂水面）和水体的动态变化等水文条件特性的情况下，结合湖、库水体的生态环境特点（有无水生植物，源水、挺水和沉水植物的分层状态，以及鱼类的繁衍场所）等，再按照湖、库中污染物的扩散与水体自净状况，判定湖、库是单一水体还是复杂水体。湖库水环境监测点位的设置实际上是监测垂线及垂线上监测点位的设置。一般按湖库区的不同水域，如进水区、出水区、深水区、浅水区、湖心区、岸边区，按水体功能分别设置监测垂线。若湖库区无明显功能分区，可用网格法均匀设置。

湖库监测垂线上的监测点位设置一般与河流的设置方法相同。但当有可能出现温度分层现象时，应先做水温、溶解氧的探索性试验后，再确定监测垂线上的监测点位。

一般湖泊、水库采样点位置的确定方法与江河的相同。但是，如果湖泊、水库存在间温层，则要按图 3-9、图 3-10 所示，考虑设置间温层采样。

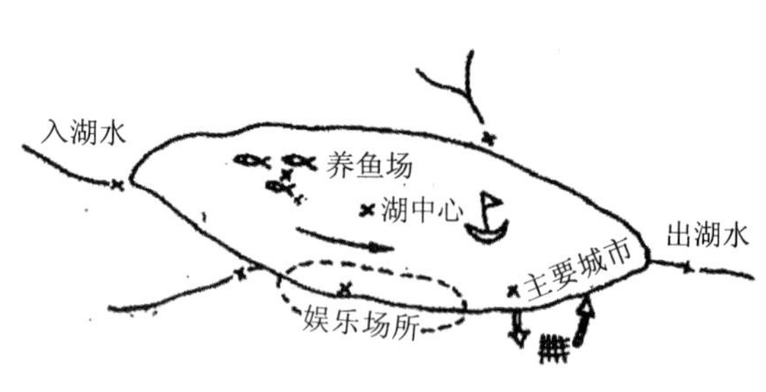

图 3-9 湖泊、水库中采样点设置示意图

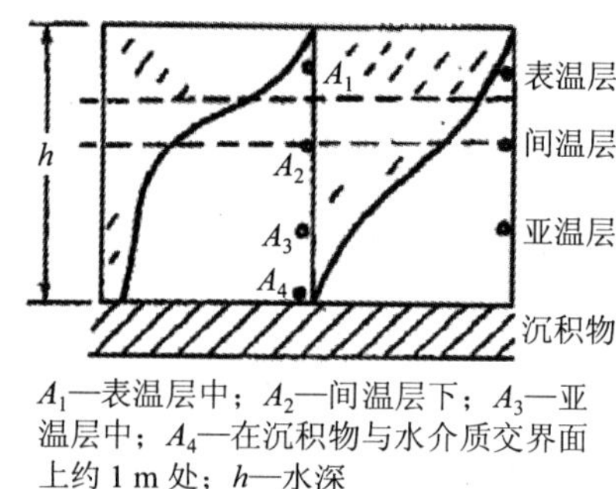

A_1—表温层中；A_2—间温层下；A_3—亚温层中；A_4—在沉积物与水介质交界面上约 1 m 处；h—水深

图 3-10 间温采样点设置示意图

四、污水监测点位的布设

为确保布点质量，污染源污水监测点位的布设必须在全面掌握与污染源污水排放有关的工艺流程、污水类型、排放规律、污水管网走向等情况的基础上，经由当地环境监测站核实后确定采样点位。为此排污单位需按 HJ/T 91—2002 规范要求向当地环境监测站提供废水监测基本信息登记表。其布点原则是：

（1）第一类污染物采样点位一律设在车间或车间处理设施的排放口或专门处理此类污染物设施的排口。

（2）第二类污染物采样点位一律设在排污单位的外排口。

（3）进入集中式污水处理厂和进入城市污水管网的污水采样点位应根据地方环境保护行政部门的要求确定。

（4）污水处理设施效率监测采样点的布设：

① 对集体污水处理设施效率监测时，在各种进入污水处理设施污水的入口和污水设施的总排口设置采样点；

② 对各污水处理单位效率监测时，在各种进入处理设施单元污水的入口和设施单元的排口设置采样点。

五、地下水监测点位的布设

储存在土壤和岩石空隙（孔隙、裂隙和溶隙）中的水，统称为地下水。它包括井水、泉水、钻孔水、抽出水等。当前全世界有不少城市的饮用水来自地下水，而且用量日趋增长，这就越需考虑地下水的污染问题。所以，地下水的监测工作越来越被重视。

1．布点前的调查和资料收集

（1）布点前应收集、汇总有关水文和地质方面的资料。这些资料包括水文地质图、剖面图、航空摄影图、水井的成套参数（井位、钻井日期、井深、钻井单位、水位及测量日期、成井的方法、水井的用途及使用价值）有关的气象资料以及其他所需参数等。

（2）摸清城区内各含水层的地质阶梯、地下水补给、径流和排泄方向。含水层和地质阶梯可用钻探和调查的方法进行了解。根据水井相互贯通的含水层静水位，利用水位等高线标出地下水的统一水位和标高，初步确定地下水的大致流向。

（3）调查城市发展、工业分布、资源开发和土地利用等情况，了解化肥和农药的施用面积和施用量，查清污水灌溉、排污、纳污和地面水污染的现状。一般地说，地下水的污染来源有：① 污染河水的渗滤；② 大规模的污灌；③ 工业和城市污水的地面处理系统；④ 有害废渣的堆放和填埋；⑤ 农业生产中化肥和农药的施用；⑥ 土壤盐碱化的影响。

（4）要对水位及水深进行实际测量。水位可从水井直接测得，也可用地下水位计测得，还可以从监测系统中地面水（泉、湖、河流）的丰枯情况观察到。系统附近的机井和人为排泄或补给的水井也能改变水位的自然梯度。水深也可从成井资料的有关参数中获取。测量水位和水深是为了决定采水器和泵的类型，所需费用和采样程序。

（5）在完成以上调查研究的基础上，确定主要污染源和污染物。根据地区特点与地下水的主要类型（已有资料），把地下水分成若干个水文地质单元。

2．监测点的设置

地下土壤的不均匀性，使得设置采样点变得复杂起来。自监测井采集的水样只代表含水层平行和垂直的一小部分，所以，进行现场采样前，应合理地确定采样位置。目前，地下水监测以浅层地下水（又称潜水）为主，应尽可能利用各水文地质单元中原有的水井（包括机井）。还可对深层地下水（也称承压水）的各层水质进行监测。孔隙水以第四纪为主；基岩裂隙水着重对泉水监测。

因此，地下水监测应设置各种类型的点位，开始时测点可多一些，随着对地下水污染规律的逐步掌握，测点可逐渐减少。一般情况下，应设置两种类型的监测点位。即背景点和控制点。地下水背景值的监测点位是调查和监测地下水的重要内容，应在一定地区内选择不垂直于地下水流的上方向设置一个背景点（或对照点）。地下水污染控制监测点一般情况下应在地下水流方向的下方向设置 3 个以上的控制点，以及时和控制各种地面污染源对地下水的影响。监测点的设置原则是：

（1）监测井布点时，应考虑环境水文地质条件，地下水开采情况、污染物的分布和扩散形式以及区域水化学特征等因素。

（2）工业区和重点污染源所在地的监测井的布设，主要根据污染物在地下水中的扩散形式确定：

① 条带状污染是渗坑、渗井和堆渣区的污染物在含水层渗透性较大的地区的一种扩散形式。其监测井的布设应沿地下水流向，用平行和垂直的监测断面控制。

② 点状污染是渗坑、渗井和堆渣区的污染物在含水层渗透性小的地区的扩散形式。监测井应在与污染源距离最近的地方布设。

上述两种扩散形式的布点方法见图 3-11 和图 3-12。

③ 块状污染是污灌区、污养区或缺乏卫生设施的居民区的污水对周围环境造成大面积垂直污染的一种扩散形式。其监测井的布点方式应是平行和垂直于地下水流向的方式。

④ 地下水位下降的漏斗区，主要是开采漏斗附近的侧向污染扩散。监测井采取平行环境变化最大的方向和平行地下水流向的方式布设。应在接近污染源的侧面进行重点监测，也可由漏斗中心区向外围布点监测。

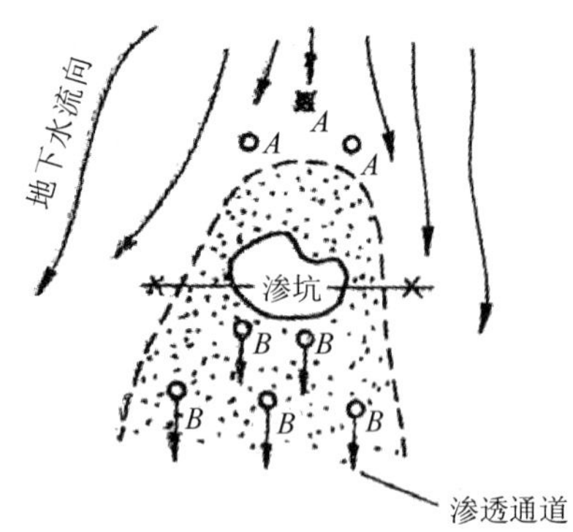

图 3-11 条带状和点状污染扩散形式的布点示意图

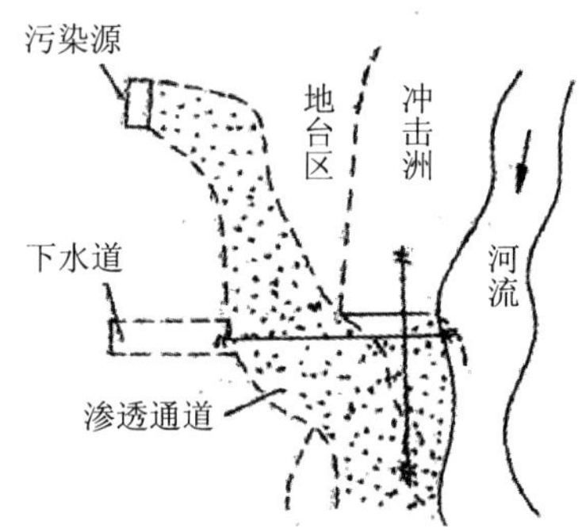

图 3-12 带状污染扩散形式的示意图

（3）对供城市饮用的主要地下水、工业用和农田灌溉用地下水，均应适当布设监测井，对人为补给的回灌井，要在回灌前后分别采样监测水质的变化情况。

（4）一般监测井在液面下 0.3～0.5 m 处采样。若有间温层或多含水层分布，可按具体情况分层采样。

六、近岸海域水监测点位的布设

环境质量监测站位布设一般采用网格法，环境功能区监测站位一般设在环境功能区的中心位置，污染影响监测站位布设一般采用收敛型集束式（近似扇形）。

海洋污染以河（江）口和沿岸地区（近岸海域）尤为严重。近岸海域范围的划定，没有严格的规定，一般用水深和离岸距离来划定，如渤海湾沿岸，普遍将 2～5 m 等深线以内的海域作为近岸海域。近岸海域水环境监测点位的设置原则如下：

（1）近岸较密，远岸较疏。

（2）重点区较密，对照区较疏，如主要河口、大厂矿排污口、渔场和养殖场、重点风景游览区、国防设施区，近海石油开发区等。

（3）力求纵横呈断面（如断面与海岸线垂直，河口区的断面与径流扩散方向一致或垂直，开阔海区成纵横断面网格状，海湾视地形、潮流航道的具体情况）布设。底质不同于水质。

（4）尽可能与海洋标准断面站点吻合，力求与固定监测站点吻合，与河流污染调查入海段的测点和断面相协调的原则。

一般除了在河口、沿岸设置监测点位（站位）外，还应以江、河入口为中心，在 10～30 km 为半径的海域内增设若干横断面和一个纵断面。近岸海岸监测点位的设置可在离岸的不同距离上设置若干个大断面，并在断面上每隔 10～15 km 处设一个监测点位。有航道的海域，可在航道上隔不同距离设置若干个监测点位。如要采集不同深度的水样进行监测，应考虑在监测站位上根据水深布设测点，当水深小于 5 m 时，只设置一个表层水样监测点，设在离水面 0.3～0.5 m；当水深为 5～15 m 时，布设 2 个测点（水面下 0.3～0.5 m 处，离底面 0.3～0.5 m 处）；当水深大于 15 m 时，布设 3 个测点（水面下 0.3～

0.5 m 处，1/2 水深处，离底面 0.3～0.5 m 处）；当水深超过 30 m 时，根据需要可适当增加测点。监测站位必须标明站位号码，并明确具体的经纬度。监测站位的布设以能真实反映监测海域环境质量状况和空间趋势为前提，以最少量的站位所获得的监测结果能满足监测目标为原则。监测站位布设须综合考虑以下因素：

（1）一定的数量和密度，在突出重点的前提下（入海河口、重要渔场和养殖区、自然保护区、海上废弃物倾倒区、环境敏感区），能总体反映监测海域环境全貌；

（2）污染源分布和海域状况；

（3）兼顾海域环境质量站位与近岸海域环境功能区的关系；

（4）兼顾各类环境介质站位的相互协调。

监测站位布设时还应注意：陆域直排海污染源环境影响监测和大型海岸工程环境影响监测等，专题监测的对照站位应设在基本不受该类污染源或海岸工程的污染影响处，并避开主要航线、锚地、海上经济活动频繁区、排污口附近海区；沉积物质量监测站位布设时要考虑入海径流和潮汐作用的影响，一般与水质监测站位相一致；生物监测站位依据污染源、生物栖息环境状况，与水质、沉积物质量站位相协调。

七、水点位布设技术论证

水环境监测断面（测点）确定以后，监测网络设计的任务并没有最后完成。这时应启动该监测网络，在优化布设的点位上进行至少一个监测周期的实际监测（如枯、丰、平三个水期）。根据监测点位布设的实际情况和实际进行的验证性监测结果，按各级监测网规定的点位验收有关标准的要求，逐项进行技术论证。一般情况下，技术论证的主要内容如下。

1．断面设置的目的性论证

断面设置的目的应能正确及时地反映和掌握不同尺度的监测网所要求的地表水环境质量现状及其变化规律；能反映和掌握本地区经济活动频繁、人口分布相对集中的城市水环境质量现状及其变化规律；能反映和掌握本地区水环境污染的特征；应能兼顾国家、省和市一级环境监测网的功能，兼顾城市环境综合整治定量考核的要求，兼顾本地区社会经济发展规划及其他特殊要求。

2．断面设置的可行性论证

所设置的监测断面应考虑其稳定性和连贯性，应选择周围环境稳定，受偶然因素干扰少，水质较稳定的监测断面。还应考虑实施实际监测的可行性，并应便于测量和获取水文环境数据及资料。

3．监测断面的空间范围论证

水环境监测断面的设置原则上应在河流所流经城市（或地区）的行政区划内，如需跨境进行监测的断面，由上一级环境保护主管部门划定并组织实施。

4．断面的数量和位置论证

监测断面的数量和位置应符合《地表水监测技术规范》的要求，控制断面的数量增减应充分阐明其必要性和合理性。在本地区所控制的河段如无明显的削减位置，可设在河流出境处。

5. **检查指标论证**

（1）代表性指标

纳污量：应充分反映本地区地表水污染状况及主要污染物的分布规律，断面的设置应能控制该地区排入该河流（河段或湖、库）纳污量的 80%以上。

控制河段长度：所设置断面应能控制河流（或水库）在该行政区内河段长度（或水库）水面的 80%以上。

（2）完整性指标

所设置断面的类型、数量以及垂线和测点的数量均应符合《环境监测技术规范》的要求。

（3）可控性指标论证

所设置监测断面的测点实现率应达到 100%，计算公式如下：

$$\eta = \frac{m}{n} \times 100\%$$

式中：η——断面测点实现率，%；

m——年度监测断面实测点数；

n——年度监测断面应测点数。

所设置的监测断面的监测数据获取率应达到 90%以上，计算公式如下：

$$\gamma = \frac{\sum_{i=1}^{n} P_i \cdot S_i}{\sum_{i=1}^{n} R_i \cdot T_i}$$

式中：γ——监测断面数据获取率，%；

P_i——年度实际监测次数；

R_i——年度按《规范》应测次数；

S_i——实际监测的必测项目监测数；

T_i——按《规范》必须监测的项目应测数。

6. **方法运用的技术条件论证**

应用下列三类方法进行监测断面布设和优化的，必须满足如下技术条件。

（1）历史数据估算法

运用历史数据估算法进行数据统计时，原则上应有 5 年以上的监测数据。污染参数的选择，应选占该河段历年污染负荷前 5 位的主要污染物以及本地区的特异污染物。同时必须对一个断面作年际规律的分析，并作出客观解释。如规律不明显时，应作探索性加密实测，以确定断面的具体设置位置。对多个控制断面应作年际总体污染水平的相关分析，对相关性不好的断面，作出客观分析后，考虑是否取消或进行探索性实测后，再确定其具体位置。探索性实测应选择一个典型水期，并按规范要求进行实测。

（2）扩散模式计算法

必须掌握完整的水文资料，对有规律排放的点污染源和无规律排放的面污染源，均应掌握至少 1 年以上的以水期为统计单元的污染源排放资料，水文、污染源排放资料及水质监测资料均应以水期为统计单元，要特别注意数据资料的典型性和代表性。要求取得排污、水文和水质的同步（或符合要求）的监测数据，并要求获得的水质和水量的配套数据，用模式计算确定的监测断面应用历史数据估算法或示踪试验来进行验证。

（3）综合法

综合法中的探索性试验应满足规范要求，应充分掌握本地区水污染特征、社会经济发展及环境水文资料等。

第四节　土壤监测点位布设优化

土壤是由固、液、气三相组成的，其主体是固体。污染物进入土壤后，流动、迁移、混合都比较困难，所以样品往往具有不均匀性。一般认为土壤监测中布点采样误差对结果的影响往往大于分析测定误差。因此，土壤环境监测点位布设和优化的目的，在于选择具有代表性的监测点位，以客观真实地反映土壤的化学组分、土壤污染物在空间与时间上的分布特征与变化规律，以最少的测点取得最有代表性的监测信息。

土壤监测点位的布设，依其监测目的而定，主要分背景监测、污染监测和常规监测。其过程是首先要做调查，对监测区域的自然条件（包括母质、地形、植被、水文、气象等）、农业生产情况（包括土地利用、作物及耕作情况）、土地性状（包括土壤类型、层次特征）及污染状况做深入细致地调查。在调查研究的基础上根据需要和可能来优化布设监测点位。

一、土壤监测的分类

土壤环境监测主要有以下几种：

（1）土壤本底与背景值监测

首先要摸清研究区域内土壤的类型及分布状况。土壤监测点位应包括主要类型的土壤，同一类型的土壤应有 3～5 个重复监测采样点，特殊情况下要求有更多的监测点位，以便检验本底值或背景值的可靠性。

（2）土壤污染状况监测

在土壤监测布点时，除了调查监测区土壤的自然条件、土壤性状、农业生产情况外，应重点调查土壤污染的历史与现状，要详细调查污染源、污染途径、污染方式、污染范围及污染程度等。在调查的基础上，根据监测目的确定监测范围及测点，并选择一定面积的土壤作为对照区，在对照区内布设一定数量的对照测点。

（3）土壤常规监测和评价监测

根据环境保护的需要，要进行土壤的常规监测、土壤环境质量评价监测等。

不同的监测目的有不同的要求，监测的原则和方法也不同。

二、监测区土壤状况调查

掌握土壤状况的各种资料是合理布设土壤监测点位的基础。在明确监测目的的情况下，对土壤状况要进行各方面的调查，如土壤背景值监测、往往采用“环境单元法”，采用该法则要调查地形、气候、土壤类型、土壤发育及成土母质岩石组成等，据此划分土壤环境单元，然后确定监测范围、监测单位和确定监测采样点位。其他目的的土壤监测也要事先进行有关方面的调查，以便取得有关土壤特征及污染状况资料，在调查基础上考虑监测点位的布设。

三、确定监测区、监测单位和监测点

（1）监测区域

也称监测评价范围，是指每次监测所包括的宏观范围，或者指所监测的总体范围。根据监测目的不同，其宏观范围可大可小，可以从区域的各环境单元中选择若干有代表性的单元作为监测区域。

（2）监测单位

是指在确定的监测区域内确定的实际监测采样的面积，每个监测区域可选择若干块监测采样面积，每块监测采样面积称一个监测单位或采样单位。

（3）监测点位

也称采样点位，是指采集土壤监测样品的具体地点，采样点位应设置在监测单位内。每一个监测单位内的布点方法、原则、监测采样点数量，应根据监测目的、土壤状况、污染情况等确定。每个监测采样点实际上是监测单位内的某一点。监测单位应代表监测区域内某整块土壤的状态，而监测采样点则应对监测单位内的土壤具有良好的代表性和均衡性。由于土壤本身在空间分布上具有不均匀性，因此在确定具体监测采样点位以前，要选择确定有代表性的监测单位，再在监测单位内选择确定适当的监测采样点位，才能取得均匀混合的样品和有代表性的监测数据。

四、点位布设方法

土壤环境监测点位的布设，一般多采用数理统计法和综合法，具体方法步骤大致与空气监测布点相似。

（1）土壤背景值监测点位的布设

土壤的本底值或背景值是评价土壤环境质量和污染程度的标准和尺度，其数值要通过大量监测数据的计算而得出。首先要计算监测值的标准差（S），计算公式如下：

$$S=\sqrt{\frac{\sum_{i=1}^{n}(X_i-\overline{X})^2}{n-1}}$$

$$S=\sqrt{\frac{\sum_{i=1}^{n}X_i^2-\frac{(\sum X_i)^2}{n-1}}{n-1}}$$

$$\overline{\overline{X}}=\overline{X}\pm S$$

式中：$\overline{\overline{X}}$——土壤背景值或本底值；

$\overline{X}$——监测值的平均值；

X——每一个监测值；

S——监测值的标准差；

n——土壤样本数（监测点测定值的参数）。

土壤背景值（或本底值）可作为衡量土壤污染现状的基准。土壤背景值的大小与区域土壤类型、土壤发育及其分布规律、区域自然条件、气候条件等密切相关，要了解土壤类型和特征需研究了解土壤的剖面结构、土壤发育层次、地质层次与障碍层次以及它们的特点。故背景值的监测与研究是一项相当复杂的工作，需要采用科学的研究手段和采样方法。

土壤背景值的布点方法一般采用网格布点法（比例分配法或最优分割法）、环境单元法和无污染对照法等方法。首先进行监测单位的布设和优化，再在监测单位内采用对角线布点法、梅花形布点法、棋盘式布点法和蛇曲形布点法等进行具体监测点位的布设。

（2）土壤污染监测点位的布设

土壤污染是指生物性污染物或有毒有害化学性污染物进入土壤中，引起土壤正常结构、组成和功能发生变化，超过了土壤对污染物的净化能力，直接或间接引起不良后果。

土壤污染监测和土壤环境质量评价监测的布点方法和原则与土壤背景值监测布点不同。背景值监测布点主要考虑土壤的类型、特征和地形地貌等，而污染监测布点却主要考虑土壤污染状况、污染方式、污染范围及污染源的类型等。

土壤污染主要来源于工业“三废”、农药、化肥以及生活污水和生活废物，其污染方式主要分以下四种类型：

① 水型污染：即未经净化处理的工业废水和生活污水通过污水灌溉或直接排放进入农田和土壤造成污染，其进入土壤的污染物因工业废水、生活污水组成的不同而有很大的差异。

② 气型污染：主要来自空气污染物的自然沉降或随降水而落入土壤，酸雨就是最严重的一种土壤气型污染。

③ 固体废弃物型污染：即固体废弃物，如工业废渣、尾矿、污泥、人畜粪便等直接堆放或随施肥而引起土壤污染。

④ 农业型污染：即农药和化肥对土壤的污染，这是农业生产过程中带来的污染。

土壤污染类型决定于土壤污染源的类型。气型污染主要是点状污染源、高架点源和面源；水型污染主要是灌溉流线型污染源，因此土壤监测采样点主要布设在流经路线上，即灌田进水口、田中间、出水口等处；固体废弃物污染一般属于固定性点状污染源；农药和化肥污染一般属于分散型面状污染源。充分掌握土壤污染源类型对于监测点位的布设至关重要，它直接决定着监测单位的确定和监测采样点的布设。

1）点状污染源土壤监测点位的布设

点状污染源一般可分为一般点源和高架点源。如果是单个高架点源对土壤的污染，监测点位的布设应根据气象条件、地形、生产规模、污染物排放量、排放高度等情况，以污染源为中心，按不同距离画同心圆布设监测点位。以同心圆圆心为起点，向 16 个方位或下风向 4 个方位画放射线，同心圆周与方位射线的交点则为具体的监测点位。

距圆心最近的同心圆、距圆心最远的同心圆和其他同心圆的半径大小决定于高架点源污染的落地浓度。污染物的落地浓度与距污染源的距离有关。高架点源的污染物要经过一段距离才能落地，所以在点源附近的浓度反而降低，以烟波落地点浓度最高，以后则越远越低。因此画同心圆时要给予充分考虑。按大气污染物扩散模式计算不同距离污染物的落地浓度。根据计算结果决定各个同心圆的半径，最小同心圆的半径和最大同心圆半径应该是污染物落地浓度略高于大气本底浓度的地方。在最大落地浓度附近应多画几个同心圆，而且圆与圆的距离要近一些。

2）面状污染源土壤监测点位的布设

在面源污染的区域内，应按等面积布设土壤监测点位，即在每一相等的土地面积上均匀布设 1 个或几个监测点位。如果监测区域土地面积较小，并进行详细调查，则应在每 2.5～25 hm^2 内设置一个监测点。如面积较大，可按每 1 000～2 000 hm^2 内设置一个监测点。如能明显区别出污染程度，则可分为轻、中、重、严重等四个污染等级，划成几个区段，每个区段都设置土壤监测点位。

3）流线型污染源土壤监测点位的布设

若调查污水灌溉对土壤的污染，则应在灌溉区域内，根据水流的径路，分别在主灌区和支灌区附近布设监测点位，或者在灌渠的近端与远端布设监测点位。如果灌溉水田、稻田、水流径路比较规范，则应在进水口、水流中段和出水口分别设置监测点位。

4）农药、化肥污染土壤监测点位的布设

农药、化肥对土壤的污染通常是广泛和相对均匀的。因此，在监测区域内可采用网络法进行监测点位的布设。

5）土壤污染对照监测点位的布设

进行土壤污染监测一定要设置对照区或对照点，对照点应设置在土壤类型、成田土质、土壤理化特征、农业开发利用情况等因素与污染区土壤完全相同或基本相似的地区，对照点应远离污染源，并在污染源的上风向或河流的上游。

第五节　环境噪声监测点位布设优化

噪声是危害人体健康的物理因素，是环境监测的重要内容之一，环境中噪声来源极为广泛，主要有流动性交通运输噪声、持续性工业噪声、建筑施工噪声以及生活噪声等。环境噪声的监测内容及范围较为广泛，可根据噪声源的性质、测定要求来进行噪声监测点位的优化布设。

一、道路交通噪声监测点位布设

由于在同一公路的不同路段声级分布是不均匀的，因此道路交通噪声监测应分段布设监测点位。布点时，还要注意路旁铺装、绿化、路面特点、交通量以及社会活动等因素。监测点位应远离交通路口，离路口的距离应为预测路段长度的 1/5 或距主要交通路口 50 m 以上，将监测点位选在路面环境条件及社会活动因素比较正常的中段位置最为适宜。监测路段应选在两个路口之间的主要交通干线。监测点位可每隔 50～100 m 设置一个。监测路段在 5 km 以上者，可每隔 500 m 设一个测点。监测点应布设在主要交通干线的人行道上，距公路边沿 20 cm，距地面 1.2～1.5 m 处，长度短于 100 m 的路段，测点可设在路段的中间。

若要了解中心路口交通噪声对环境的影响，可在路口设置噪声监测点（其监测数据单独处理），以评价路口噪声强度。监测布点可以路口中心为圆心，以 10 m、20 m、50 m、100 m、200 m 为半径画同心圆，每个同心圆上选择设置 3～5 个测点。

一个城市有多条交通干线，可在多年监测数据的基础上，采用一定的优化方案，布设全市的道路交通噪声监测点位。

二、区域环境噪声监测点位布设

将区域分成等面积的网格（如 500 m×500 m），网格的数目一般应大小 100 个，监测点位位于每个网格中心。

如区域内各功能区比较明显，在进行功能区噪声监测时，可在所要测量的功能区内选择设置有代表性的测点，测点一般需设在建筑物外 1 m 处。

二、工业企业厂界噪声监测点位布设

根据工业企业声源，周围噪声敏感建筑物的布局以及毗邻的区域类别，在工业企业厂界布设多个测点，其中包括距噪声敏感建筑物较近以及受被测声源影响大的位置。测点应选在工业企业厂界外 1 m，高度 1.2 m 以上位置：

（1）当厂界有围墙且周围有受影响的噪声敏感建筑物时，测点应选在厂界外 1 m 高于围墙 0.5 m 以上的位置；

（2）当厂界无法测量到声源和实际排放状况时（如声源位于高空，厂界设有声屏障等）应在工业企业厂界外 1 m、高度 1.2 m 以上设置测点，同时在受影响的噪声敏感建筑物户外 1 m 处另设测点；

（3）室内噪声测量时，室内测量点位设在距任一反射面至少 0.5 m 以上，距地面 1.2 m 高度处，在受噪声影响方向的窗户开启状态下测量；

（4）固定设备结构传声至噪声敏感建筑物室内，在噪声敏感建筑物室内测量时，测点应距任一反射面至少 0.5 m 以上，距地面 1.2 m，距外窗 1 m 以上，窗户关闭状态下测量，被测房间内的其他可能干扰测量的声源（如电视机、空调机、排气扇以及镇流器较响的日光灯、运转时出声的时钟等）应关闭。

第四章　现场采样过程的质量管理

样品是总体的一部分。样品的质量应由它与总体之间的符合程度给定，其量值可用多份样品构成的标准偏差表述，或以一份样品与总体组分“真值”相比较的偏倚描述。样品质量既受总体组分及其不均匀性的影响，也受样品数量和采样方法的影响。另外，样品质量还要受不恰当的二次抽样（子样）、污染及组分变化所导致的不利影响，质量上限应由所用分析方法的精密度决定。

环境样品是复杂多变的。也就是说，环境总体质量变异性大，必须加强样品管理，严格执行采样规范和标准方法，才能保证其代表性。

第一节　采样质量管理概述

一、采样质量管理内涵

环境监测所采集的环境样本基本上是按随机抽样的原则选取的。也就是说，在取样时要使构成环境总体中的每个个体都有同等机会被抽到样本中来。不按这一原则取样（抽样）就很难保证样本的代表性。随机化是监测设计的一项重要原则，随机不是随便，也不是随意。在环境统计中所用的样本监测结果，都应是随机化的样本。因为只有是随机化样本对总体才有代表性，才能由样本推断总体，否则就失去了取样（抽样）的意义。样品随机化的办法是采样规范化。

首先要建立严格的样品采集管理制度，规定对采样人员的基本要求、采样程序、采样质量保证责任等。对采样人员的基本要求中除有关责任心方面的软要求外，还应规定认真填写采样记录、样品送检记录等。同时，对采样器性能、容量校正及对样品代表性的影响随时检查，尤其是各种自动采样器的时空控制精度，应特别严格地控制管理。在采样过程中随时注意保证监测数据的时间代表性，进行样品跟踪观察。

根据不同的监测对象，环境样品可分为无形样品和有形样品两大类。如噪声、振动、电磁波等物理指标均为无形样品，空气、水体、土壤和生物体内的有害组分测定，均为有形样品。无形样品是不可再现和无法保存的，测定值为一次有效。有形样品中的多数项目在一定程度上可保存一段时间，某些样品如土壤即可长期保存。由于上述区别，决定了不同监测项目在样品采集、保存以及运送交接上有很大的不同。

此外，环境样品还具有基体组成复杂，含量变化幅度大的特点，表现出在空间和时间分布上极不均匀。这就决定了要采集到具有一定代表性的环境样品绝非易事，况且原处于大环境中的各类环境样品，无论是气样、水样还是固态样，虽然是按上述规定方法采集的具有代表性的样本，但当采集到容器中之后，由于样品从大的自然环境转入到小的容器环境之中，无论温度、压力、酸度、湿度都有变化，尤其是经过较长时间运输和贮存，不可避免地会发生物理（吸附、沉淀）、化学（氧化还原）及生物（菌解）等作用，从而使组分或性质变化。因此，采样、贮运、交接时间越短，分析结果越可靠。特别是许多常数的测定，要在现场即刻进行，以免在样品运送过程中发生变化。无法在现场测定的监测项目，应采取适当的保存方法或加保存剂，加盖密封，尽快运送到实验室分析。样品在运输过程中应置于暗处、冷藏，尽可能平稳，减少振荡。

经验表明，采样误差往往是最大且最重要的误差。决不能认为采样是监测站中最简单、最容易的工作，认为谁都可以采样，要改变以往忽视采样环节的错误做法。一些发达国家的监测工作给予采样以充分的重视，如美国 EPA 执法人员只抓住采样环节，而把分析工作委托给有资格证书的实验室。

根据目前国内外建立的环境分析的采样理论证实，分析的不确定度与采样的不确定度具有完全不同的特性。前者一般可用经典的如空白扣除、标准量值的传递、准确度控制等方式加以控制。后者由于受影响的因素更多更复杂，且采样中的真值一般很难确定，因而不易了解其特性，有时难以用空白扣除、加标回收等方法加以控制。因此，分析中的不确定度和采样中的不确定度必须分别处理。

当分析误差为采样误差的 1/3 或更小时，进一步降低分析误差不是重要的，此时就不必用精密度、准确度更高的新型仪器，而完全用一些简便快速的、低精度的分析方法和仪器。也就是说不尽快解决采样的误差来源而用好的分析仪器是完全不必要的。事实上，在某些情况下，分析误差与采样误差之间远远小于一比三，不少时间与场合甚至出现数量级上的差异。采样环节的差错会导致前后环节诸多努力的前功尽弃。采样过程既是空间代表性的继续，又是时间代表性的主要决定因素，所以说它是监测数据代表性的集中反映。

二、采样过程质量管理内容

整个采样过程大致分为采样准备、样品采集、保存、样品搬运、样品交接四个阶段。

1. 采样的准备

采样前应由技术负责人组织采样人员、质控人员及分析测试人员共同议定采样计划，使采样和分析测试紧密衔接，保证样品采集的数量和质量。同时对采样器性能容量校正及对样品代表性的影响随时检查，尤其是各种自动采样器的时空控制精度，应特别严格地控制管理。注意样品容器的一般处理及特殊处理，特殊处理应严格按要求进行。容器材质要符合监测分析的要求，应能密封不漏不渗，特别注意要求低温保存的样品。带足、带全所需物品，确定合理的行车路线。

2. 样品的采集保存

采样方法的确定主要是依据监测对象的变化规律。样品保存、处理和贮运等对监测结果质量的影响，有时可采取全程序空白、现场加标进行检验。

采样量要符合要求，地点要准确，应特别注意不能漏项（尤其在采集污染源样品时）。在采样过程中随时注意保证监测数据的代表性，进行样品跟踪观察。对现场需加固定剂处理的样品，应注明处理方法及注意事项。对于能现场测定的项目要尽量在采样现场分析测试，如水质监测中的 pH、流量、DO、温度、电导率、氧化还原电位、空气监测的气象参数等。

3．样品的搬运

装运前要逐件与任务通知书、委托书、样品标签和采样记录进行核对，无误后装箱尽快运送到实验室。运输过程中应置于暗处，保证完整和清洁，尽可能平稳，减少振荡，严格避免样品损失、玷污、变质或渗漏。应在规定时间内送交实验室。气体样品采集后二氧化硫、氮氧化物等项目不能现场分析，可用低温保存运回实验室尽快分析；总悬浮颗粒物采样后的滤膜要小心拿放，避免尘的损失。为避免由于搬运时的振动、腐蚀、温度等对样品造成损坏，或其他任何在搬运或交接过程中可能的损坏，对搬运要求进行适当的计划和控制。

4．样品的交接

要严格样品的交接程序，以往对这个环节似乎认识不足。采回的样品首先送质量管理机构，由质量管理人员对照任务单或采样计划和采样记录，清点和检查全部样品，正确无误后在采样记录上签字验收。质量管理机构将样品进行质控编号、加标等工作后，交有关科室监测分析。样品接收人员要核对样品，验明标记，确定无误后填写样品交接单并签字。如果这个环节出错，少则造成几个样品的差错，多则造成整批样品报废。

交接过程中，如发现编号错乱、标签缺损、字迹不清、监测项目不明、规格不符、数量不对等，以及采样不合要求者可拒收，并建议补采样品。如无法补采或重采，需经有关领导批准方可收样，且在完成测试后需在报告中注明。

样品交接登记完毕后，如不能立即分析，则应根据规定妥善保存，防止样品挥发和成分组成发生变化及受到污染，并在规定保存期内完成化验分析，不得无故拖延。

采样任务、采样记录、交接记录、样品登记表、送样单及现场测试的质量记录要认真填写，一一核对，做到完整、齐全、清楚，并与实验室测试记录汇总保存。

表 4-1　采样过程质量管理要求

项　目	质 量 保 证 要 求
采样准备 样品采集 保　　存	1．采样地点符合优化布点要求；2．确定合理的采样频率；3．采样工具符合技术规范要求；4．采样时间符合技术规定；5．量足；6．需要保存的样品有可靠的保存方法，相对地控制样品物理化学性质的变化；7.防止样品被玷污
样品搬运	1．缩短样品运输时间；2．防止样品搬运过程的损失、玷污、变质或渗漏；3．安全保质地运送至实验室；4．满足分析方法对样品的要求
样品交接	1．核对样品；2．填写交接单；3．及时、正确地处理不合格样品

从表 4-1 可以看出，采样过程最根本的是保证样品真实性，既满足时空要求，又保证样品在分析之前不发生物理化学性质的变化。要满足样品代表性的这些要求必须实行严格的质量保证计划及质量保证措施，这些措施是：

（1）建立严格的样品采集管理制度

规定对采样人员的基本要求、采样程序、采样质量保证责任等。采样人员必须有高度的责任心，熟悉环境样品采集的全部程序和规范，严格按照有关采样规定执行，要认真记录采样现场的各有关参数和环境状况。采样记录的基本内容见表 4-2。

表 4-2　手工采样记录表

采样名称：　　　　　　　　　　采样工具：　　　　　　　　　　采样时间：

样品名称	样品处理记录	现场测定记录	现场描述

采样人员：

采样程序应在技术规定的基础上，根据不同样品不同分析方法的要求，编制采样人员易于执行的采样程序。为了明确采样质量保证责任，实行样品送检表制度，送检表基本内容如表 4-3 所示：

表 4-3　××样品送检表

编　号	样品名称	采样地点	采样时间	处理及搬运情况	分析项目

采样人员：　　　　　　　接样人员：　　　　　　　采样时间：

（2）代表性的跟踪校验

采样过程的一切活动最主要的目的是保证监测数据的时间代表性。采样频率的确定应考虑到环境管理的需要、本站的监测能力及样品的类型等因素，保证有时间代表性，一般说来，监测的目的不同，频率要求也不同，所需要的代表性数据量（样品量）不同。如果监测的目的是为了实时控制，相应地应加大采样频率，提高时间分辨率起到实时控制的作用，此时所采的样品数较多，并且应尽可能得多，以满足实时控制的需要。如果监测的目的只是宏观地掌握环境质量现状、变化规律及发展趋势，则采样频率可以适当地降低，不要求过高的时间分辨率，样品量可以少一些。此时，为了寻找合适的时间分辨率，一般的做法是先进行加密监测，掌握时间分布规律后，逐步减少频率，去掉重复性，提高代表性。为了保证这种时间代表性，一种有效的方法是样品跟踪，综合分析人员对每一个样品要做跟踪观察，即哪个测点的样品—什么时间—什么分析方法—数据处理结果—在综合评价分析中起什么作用，并对同一测点不同时段的样品数据进行分析，用该测点的综合污染指数作为纵坐标，时间为横坐标，如图 4-1 所示。

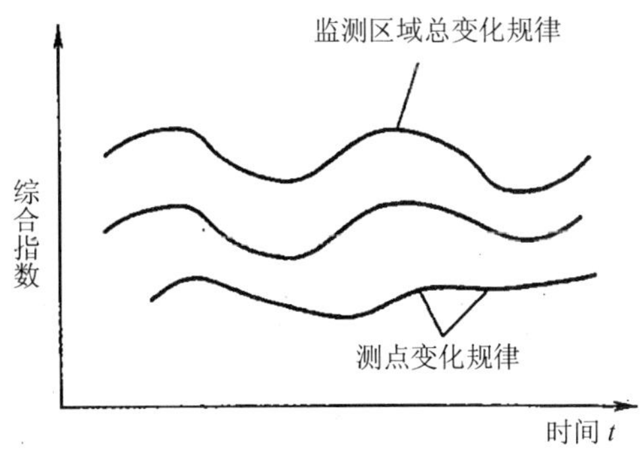

图 4-1　时间变化规律示意图

观察时间变化规律（时间可根据情况而定，日、月、季均可）。如果时间变化曲线是呈规律性的变化，则认为具有代表性，若长时间无变化（曲线呈 ⌒ 形）或变化剧烈无法分辨时则应相应地减少或增加采样频次，以便对污染状况进行符合实际的客观分析。所以，必须克服采样人员、分析人员、综合分析人员互不通气的现象，尤其是综合分析人员应密切注意样品的搬运过程，注意质量信息的传输过程，随时做好数据代表性的调控工作。

（3）采样器性能的定期校验

采样器的性能对样品的代表性有很大影响，对各种采样器的性能应进行定期的校准，尤其是各种自动采样器的时间控制精度应特别严格地进行控制。

（4）采样人员的安全防护

在采样过程中，有的需要立足高空，如烟道气和粉尘的采集；有的需下江河、湖库，如水样的采集。采样人员必须在思想上十分重视操作安全，切忌图方便、舒适而留下后患。如上高空操作，必须系安全带，攀梯需有人扶持；当有可能接触有毒气体如一氧化碳时，应戴防毒面具；遇高温场所，应着较厚服装和厚底鞋。

采集水样时，船上操作要穿好救生衣并注意风浪和来往船只，采样器具及容器等做必要的固定，上下船和搬运过程中注意“脚踏实地”。

无论是采集尘、气或水样，必须同时有两人在现场，以防意外事故的发生和妥善处理。

第二节　水样采集质量管理

对环境水样的采集管理前必须要掌握水样的特性，选备合适材质的采样容器，并经过严格的清洗后方可按水样采集技术规范的要求进行采样。不同的水样有不同的采集方法和保存、运输要求，废水采样时，同时测量废水排放的流量等，以保证水样的代表性。

一、了解水样的特性

1. 水质的变异性

各种水体的水质很少是稳定而不变的，在不同的水系中，某些组分的变化规律可能存在一定的关系，但有些组分之间却毫无相关。水质样品组分的变异性，以及所采集样品的数目，决定了其测定值与真实值的接近程度。一般来讲，从大量样品得到的均值与真实值比较接近。所以要使样品的均值更为可靠，就必须增加采样的数目，当然这并不是说采样的数目越多越好，应将数据的可靠程度与样品采集和分析的费用兼顾起来，达到用尽可能少的经费得到代表一定质量的水质监测结果。

水质的变化是由于物质进入水体和水的流量或其体积的变化引起的，这种变化可能有两种，即随机变化和周期变化。变化可能是天然的，也可能是人为的，江河水和其他水体的变化常常是这些变化类型的综合表现。

（1）随机变化

水质的随机变化无规律可循，常常是由预想不到的事情引起的，如暴雨可使河流流量增加，又如工业企业的偶然排水，以及发生事故性溢出或泄漏等，这些情况中的任何一种都可能在任何时候和没有预见性的情况下发生，从而导致水质的变化。此外，还有农药、化肥的施用以及乡镇企业的无组织排放等均能引起水质变化。

（2）周期变化

就我国不同地区和各个气候带而言，除了气候变化异常和自然灾害外，年循环周期是有一定规律的，如雨量和季节温度的变化、植物的季节生长和腐烂可使水的组成发生周期变化，水体的自净能力也与温度有关。光合作用可引起溶解氧、pH 值等指标在水体中的日循环周期变化。此外，工农业生产中的排放常呈现年循环，工业废水和生活污水的排放均有日循环和月循环，河流流量的水位管理，诸如河水调节、发电、航行等均具有周期性。

2. 水质的不均匀性

水质往往是不均匀的，水质的不均匀有两种类型。一种类型是一般水系会由两股以上成分不同的水体组成，它们又可分为不混合和可混合两种情况；前者为夏天湖泊的垂直热分层现象，后者为废水排入河流中的情况。

另一种类型是在均匀的水体中，某些污染物呈不均匀分布，如油类趋于向上浮动，悬浮物则趋向下沉。此外，化学和生化反应在水体不同部位，其进行的程度也有所不同，这也会引起水体的不均匀性，由于排放的污染物能引起溶解氧的差异，水体表层水藻的生长能引起 pH 值的变化等。

由于水体的水质有这些特性，必然引起了样品在水体不同部位的差异性，导致样品采集的复杂化。

二、水样容器的选备

水样贮存容器材质选择不当或清洗方法错误，也可能由于吸附、挥发而造成待测组分损失或玷污样品。为此，在采样前，必须要先选备好符合要求的容器，按照容器的日常管理和清洗质量规定进行使用。

1. 了解水样容器的种类特点

常用的水样贮存容器材质有硼硅玻璃（硬质玻璃）、石英、聚乙烯、四氟乙烯，广泛使用的是聚乙烯和硼硅玻璃制成的容器。

（1）硼硅玻璃容器

硼硅玻璃主要成分是二氧化硅和三氧化硼，因为无色透明便于观察样品及其变化，耐热性能良好，能耐强酸、强氧化剂以及有机溶剂的侵蚀。但是不耐氟化氢和强碱，易破碎，运输中需特别小心。常用作监测有机污染物水样的贮存器，也可作为某些无机污染物（如六价铬、硫化氢、氨等）水样的贮存器。不宜贮存碱性水样以及测定锌、钠、钾、钙、镁、硅等的水样，因为某些种类的玻璃容器可溶出这些物质而玷污样品。

（2）聚乙烯容器

聚乙烯材料有两种，高压低密度聚乙烯、杂质含量少；低压高密度聚乙烯，它的硬度较大，某些金属杂质含量较高。

聚乙烯在常温下不被浓盐酸、磷酸、氢氟酸和浓碱腐蚀，对许多试剂都很稳定，容器耐冲击、轻便，便于运输和携带。但是浓硝酸、溴水、高氯酸和有机溶剂对它有缓慢的侵蚀作用。贮存水样时，对大多数金属离子它很少吸附，对铬酸根、硫化氢、氨、碘有吸附作用，并有吸附磷酸根离子及有机物的倾向。聚乙烯塑料容器适合于贮存大多数无机成分的样品。由于塑料本身和添加剂的老化分解，能从器壁溶解到水样中来，产生有机物污染，因此不宜贮存测定有机污染物（如苯、油、氯化烃类等）的水样。

（3）特殊样品容器

溶解氧应使用专用容器，测定 BOD_5 的样品瓶应配有尖端玻璃塞，以减少空气的吸收程度，在运输过程中要求特别的密封措施。微生物检验的样品容器要求能够经受灭菌过程中产生的高温。采用冷冻灭菌，瓶子和衬垫的材料也应符合要求。在灭菌和样品存放期间，该材料不应产生和释放出抑制生物生存能力或促进繁殖的化学物质。

2. 容器材质选择原则

（1）容器的材质应不会对水样产生污染，避免用能溶出无机组分的玻璃（尤其是软玻璃制品）和溶出有机化合物及金属的塑料、合成橡胶容器用于对结果有影响的测定项目。测定硅、硼不能使用硼硅玻璃，可使用石英玻璃或聚四氟乙烯材料容器贮存分析微量金属的样品。

（2）容器的材质在化学和生物方面具有惰性，其器壁不会吸收或吸附某些待测组分，例如测定有机物不应使用聚乙烯容器。

（3）容器不会与某些组分发生反应，例如测氟水样不能贮存于玻璃瓶内，否则易生成氟硅化合物而损失。测定对光敏感的组分，应使用不透明材料或无光化性玻璃材料容器，例如水样贮存可使用深色玻璃容器（如棕色玻璃瓶）。

3. 采样前容器的清洗

样品容器在使用前都必须彻底清洗干净。具塞玻璃瓶在磨口部位常常有溶出、吸附、吸着等情况，聚乙烯瓶易吸附油分、沉淀物和有机物及某些金属元素，带柄的聚乙烯桶其柄弯曲部位不容易清洗，这些就该特别小心。

容器洗涤应根据监测项目和分析要求不同，采用适当的洗涤剂和洗涤方法。

（1）一般清洗方法

玻璃和聚乙烯容器一般清洗步骤如下：

a. 用不含磷酸盐的去污粉或洗涤剂，用软毛刷洗刷容器内外表面及盖子；

b. 用自来水冲洗干净，然后用纯水（指符合被监测项目的分析方法要求的蒸馏水或去离子水，下同）冲洗数次；

c. 玻璃容器检查瓶壁不挂水珠，晾干、备用；

d. 用于贮存监测有机污染物水样的玻璃瓶，也可用重铬酸钾洗液浸泡，然后用自来水、纯水冲洗干净，晾干备用。

（2）特殊的清洗

贮存监测微量金属水样的容器用 1+4 硝酸浸泡 24 h 以上，使用前从浸泡液中取出容器，用纯水冲洗至近中性，这对于一般微量金属的监测已能满足要求。

当要分析海水中含量极低的金属离子时，用 1+4 硝酸浸泡容器会把容器表面活性点吸附的痕量金属去掉，贮存水样时，它会吸附样品中的金属离子，导致结果严重偏低。研究结果表明，容器按上述要求清洗后，即改用待测水样浸泡，使水溶液和器壁之间重金属的分配达到平衡。临采样时把浸泡容器的水样倒掉，直接用待取海水冲洗 2～3 次，然后采样，这样引起的吸附损失最小。

贮存监测微量有机物水样的容器，可按玻璃容器一般清洗方法清洗干净，并在烘箱中烘干后，用纯化过的己烷振摇以除去器壁表面玷污的有机物。

用于阴离子表面活性剂测定的容器在用去污粉或洗涤剂刷洗后，用甲醇荡洗（振摇 1 h），然后再依次用自来水、纯水冲洗干净。

用于采集贮存检验细菌水样的容器，除按一般清洗方法外，还应将玻璃容器和塞子，置于高压锅中加热至 121℃并保持 15 min，或在 160℃烘箱烘烤 2 h，予以灭菌。在紧急情况下，也可将容器放在沸水中煮沸 15 min。

当要采集加氯处理水样时，可在灭菌前，在样品瓶内按每 125 ml 样品加入 0.1 ml 10% 硫代硫酸钠，以除去余氯对细菌的抑制作用。当被测定水样含高浓度重金属时，则须在灭菌前，采样瓶内按 500 ml 水样加入 1 ml 15% EDTA-Na 溶液，再进行灭菌处理。

如果采用塑料容器，则应浸泡在 0.5%过氧乙酸溶液中 10 min 或用环氧乙烷气体进行低温灭菌。聚丙烯耐热塑料容器可采用 121℃高压蒸汽灭菌 15 min。

（3）容器清洗质量检查

采样前随机抽取已备好待用的样品容器数个（每项目不少于 2 个），加入纯水，按样品保存要求加入相应保存剂，在规定保存条件下，放置一定时间（如样品允许最长保存时间），然后进行实验室测定。不应检出待测组分（或待测组分未超过该项目允许要求），否则，应查明原因，容器重新清洗。

4．采样前容器的检查

（1）水样瓶在使用前应进行密封性试验，瓶塞（盖）渗漏，不密封的瓶子不能用做水样容器。

（2）样品容器按样品类型、监测项目配置。污染源监测应该配置专用容器，一般情况下不能与环境样品的容器通用。

（3）样品容器应按样品类型和项目编号，标签要粘贴在瓶子不易摩擦、碰撞的部位。塑料容器受挤压易变形，标签容易脱落。为此，在采样前要检查所有容器的标签完整性，发现脱落应及时补上。禁止用医用胶布和其他可能玷污样品的物品作标签。

（4）贮存、保管样品容器要有适宜的库房，并配置专用橱、柜。容器仓库不能同时存放有可能腐蚀、玷污容器的试剂、药品、油料和其他物品。采样器可与样品容器同库存放。库内应保持干燥、通风，防止容器受潮发霉。橱、柜有防尘埃玷污的设施。

（5）容器应该分类型、分项目存放，做到整洁有序，维护和使用方便。样品容器为专用物品，一般情况下，不得挪作他用。指定项目样品容器因需要用于其他项目时，应该选择相互对测定结果无干扰者。例如，测定挥发性酚的样品容器，因长期接触硫酸铜，硫化物样品容器用锌作保存剂，所以都不能作为这些金属项目的样品容器。

（6）日常样品容器的运输应配置带盖、密封性好的专用洁净箱子（木质或塑料制），箱盖应设计成可以防止瓶塞松动、避免样品溢流或受污染。

三、采集频次的确定

1．河流水样的采集频数

包括断面垂线、采样点采样时间和频数的确定。

河流断面一般应根据水面宽度设置垂线，水面宽≤50 m，设一条中泓线，水深不足

1 m 的水域在 1/2 水深处设点采样；河流封冻季节，在冰下 0.5 m 处采样。水深在 5～10 m 时，采表层、底层（距河底 0.5 m 处）两层水样；水深大于 10 m 时，采表层、底层、中层（1/2 水深处）三层水样。断面上垂线和采样点设置要避开岸边污染带。对于有必要进行污染带监测的，可在污染带内酌情增加垂线及采样点。对于无排污河段或有充分数据证明断面上水质均匀时，可只设一条中泓垂线；若有充分数据证明垂线上水质均匀，可酌情减少采样点。

布设监测断面的河流（段），每年至少监测采样 6 次，分别在平水期、丰水期和枯水期各采样两次，两次间隔时间至少 1 d。流经城市或工业区污染严重的河流、特殊功能的水域（如饮用水源地、游览水域）为了掌握水质的季节变化状况，每年监测不少于 12 次，每月至少采样 1 次。为了掌握短期内水质变化动态，重要的控制断面根据工作需要，可按一定时间间隔进行 1～3 d 的连续采样监测。有自动采样设备的则可进行连续自动采样和监测，河流水系的背景断面（包括潮汐河流的背景断面）每年采样一次。潮汐河流全年按丰、平、枯三期，分别在采样月份第一次大潮期（溯、望）和第一次小潮期（上弦、下弦）各采样一次。采当天涨潮和退潮水样各 1 份。涨潮水样应在采样断面涨平时采样；退潮水样在采样断面退平时采样。若无条件按上述要求采样断面，可只在大潮期分别采集涨潮期内和退潮期内的水样，但在上报结果时应予注明。

2．湖泊、水库水样的采集频数

湖泊、水库采样垂线及采样点设置要求与河流相同。但对有可能出现温度分层现象者，应先做水温、溶解氧的探索性试验。发现存在温度分层状况的水域，应根据温差和溶解氧的变化设置间温层采样点。设有专门监测站位的湖泊、水库，每月采样不少于 1 次，全年采样不少于 12 次，其他一般湖泊、水库全年采样两次，在枯、丰水期各 1 次。有废水排入且污染严重的湖、库应酌情增加采样次数。

3．河口、港湾水样的采集频数

河口、港湾水域采样点（层次）可参照表 4-4，结合监测的要求确定。

表 4-4 河口、港湾水域采样层次要求

水深范围/m	采样层次/m	底层与相邻层次最小距离/m
<10	表层（0.1～1，下同）	—
10～25	表层、底层（离底 2 m 处，下同）	—
25～50	表层、10、底层	—
50～100	表层、10、50、底层	5
100 以上	表层、10、50 以下水层的酌情加层，底层	10

河口、海湾的近岸海水按平、丰、枯水期三期进行采样。在采样月份第一次大潮期（溯、望）和小潮期（上弦、下弦）各采样 1 d，每天采集断面涨平时和退平时的水样各 1 份，分别采集。有特殊要求的监测站位，为了掌握水质在一个或几个潮周内连续变化状况，可按 1～2 h 间隔，连续采样 2～6 个潮周。

四、采集方法的选择

环境水样的采样顺序是先水质后底质，采集多层次的深水水域样品，按从浅到深的顺序采集。

采样时应避免剧烈搅动水体，任何时候都要避免搅动底质。如发现水体受底质影响发生浑浊，应停止采样，待影响消除后再进行。当水体中漂浮有杂质时，应注意防止漂浮杂质进入采样容器，否则应重新采样。用采水塑料桶或样品瓶人工直接采集水体表层水样时，采样容器的口部应该面对水流流向。采水器的容积有限不能一次完成采样时，可以多次采集，将各次采集的水样集中装在洗涤干净的大容器中（容积大于 5 L 的玻璃瓶或聚乙烯桶），样品分装前应充分摇匀。注意混匀样品不适宜于测定 DO、BOD_5、油类、细菌学指标、硫化物及其他有特殊要求的项目。在样品分装和添加保存剂时，应防止操作现场环境可能对样品的玷污，尤其测定微量物质的样品更应格外小心。要预防样品瓶塞（或盖）受玷污。测定溶解氧、BOD_5、pH、二氧化碳等项目的水样，采样时必须充满，避免残留空气对测定项目的干扰。测定其他项目的样品瓶，在装取水样（或采样后）至少留出占容器体积 10%的空间，一般可装到瓶肩处，以满足分析前样品充分摇匀。从采样器往样品瓶注入水样时，应沿样品瓶内壁注入，除特殊要求外，放水管不要插入液面下装样。除现场测定项目外，样品采集后应立即按保存方法采取措施，加保存剂的样品应在采样现场进行。在加保存剂时，除碘量法测定溶解氧的样品，移液管插入液面下加入保存剂外，一般项目加保存剂时，移液管嘴应靠瓶口内壁，使保存剂沿壁加到样品中，防止溅出。加入保存剂的样品，应颠倒摇动数次，使保存剂在水样中均匀分散。

环境水样采集可用聚乙烯桶或选用合适的采水器采样。

1. 聚乙烯桶采样

聚乙烯塑料桶是一种普通的采样器具，适用于水体中表层水除溶解氧、油类、细菌学指标等有特殊采样要求以外的大部分水质和水生生物监测项目样品的采集。用聚乙烯桶采样时应注意到达采样点正式采样前，首先要用水样涮洗桶体 2～3 次，用桶采集的水样包括离表层 0 至几十厘米深处混合水样，这在实际工作中是允许的。但是，应该避免水面漂浮的物质进入采样桶。采样时使桶口迎着水流方向浸入水中，水充满桶后，应迅速提出水面。

2. 单层采水器采样

单层采水器主要由采水瓶架子（包括铅锤）和采水瓶构成，其结构见图 4-2。单层采水器的特点是由样品瓶直接在水体中装样，从表层水到较深的水体都可使用。它适用于大部分监测项目的样品采集，尤其是油类和细菌学指标等监测项目必须使用这类采水器。但是这类采水器不能用于水中微量气体（如溶解氧等）项目样品的采样，这是由于在水样充满样品瓶过程中，水气交换改变了容器内水样中微量气体的含量之故。

单层采水器采水时，将已洗净并经干燥或特殊处理的样品瓶固定在采水器上，连接启瓶盖（塞）装置，入水前，检查各部分连接是否牢固可靠。然后，将采水器慢慢放入水体中，到达预定深度时，打开瓶盖（塞），待水充满样品瓶（从水面可以观察到不再冒气泡）后，迅速提出水面，倒掉瓶上部少量水样（充满容器保存的样品除外），便获得所需样品。

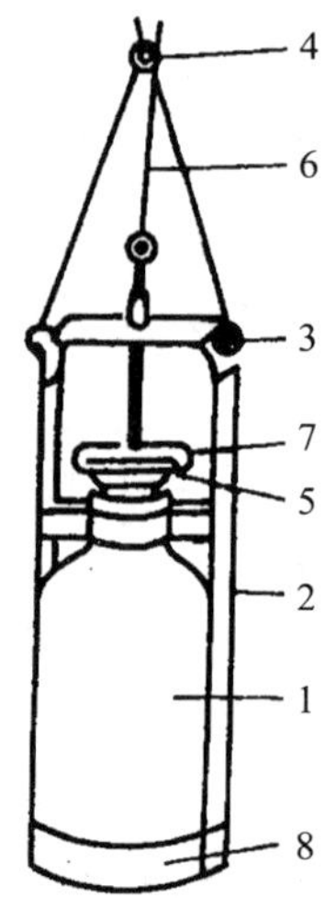

1-水样瓶；2-采水瓶架；3-控制采水瓶平衡的挂钩；4-固定采水瓶绳的挂钩；5-瓶盖（塞）；6-开瓶盖（塞）软绳；7-固定瓶盖装置；8-铅锤

图 4-2 单层水器示意图

3. 有机玻璃采水器采样

该采水器由桶体、带轴的两个半圆上盖和活动底板等构成。桶体内装有水银温度计。采水器桶体容积 1～5 L 不等，常用的一般为 2 L（图 4-3）。有机玻璃采水器用途较广，除油类、细菌学指标等监测项目所需水样不能使用该采水器外，适用于水质、水生生物大部分监测项目测定样品的采集。

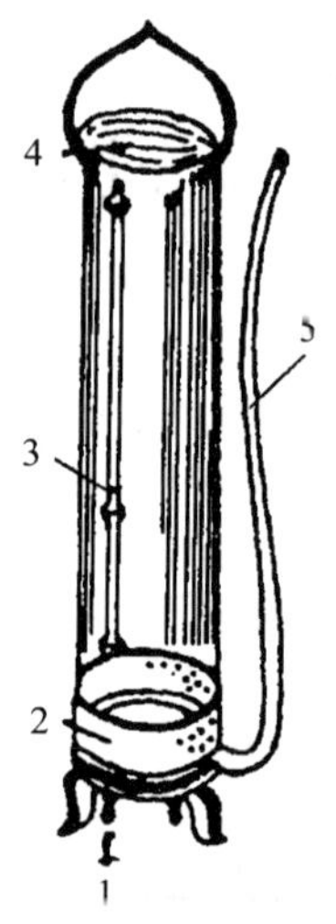

1-进水阀门；2-压重铅圈；3-温度计；4-溢水阀；5-放水管

图 4-3 有机玻璃采水器

有机玻璃采水器放入水体时，应保持与水面垂直，因此，当水深流急时，应增加铅锤的重量。采水器到达指定水层后，稍停片刻即可提升出水面。在样品分装前，松开放水胶管夹子，先放掉少量水样再分装。有机玻璃采水器强度较差，在采样过程中容易碰撞或操作不当，引起采水器损坏。如果发现采水器活动底板漏水或上盖板脱落，应立即停止使用。

4．直立式采水器采样

直立式采水器由采水桶、溶解氧采水瓶和采水器架等部件组成。可专供溶解氧（或其他水中微量气体）监测用水样的采集。采水器见图 4-4。采样时将采水桶和溶解氧瓶分别放入采水器架内的相应位置上。固定后，用乳胶管连接好溶解氧瓶，关好侧门，换上带有软绳的瓶塞，将直立式采水器慢慢放入水中。到达预定水层时，分别提拉采水桶和溶解氧瓶塞的软绳，将瓶塞打开，水便从溶解氧瓶灌入，空气从采水桶口排出，待水灌满后迅速提出水面，倒掉采水桶上部一层水，取下采样瓶。

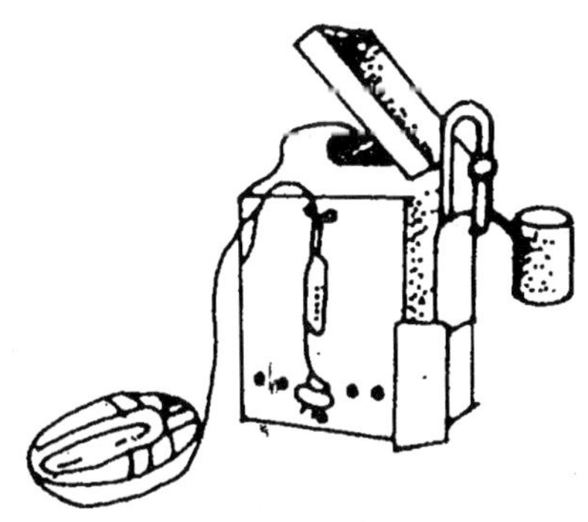

图 4-4　直立式采水器示意图

5．泵式采水器采样

泵式采水器由抽吸泵（常用的是真空泵）、采样瓶、安全瓶、采水管（一般可用聚乙烯管）等部件构成。采水管的进水口固定在带有铅锤（鱼）的链子或钢丝绳上，到达预定水层用泵抽吸水样，因此泵式采水器可用于多种监测项目的样品采集。泵式采水器装置见图 4-5。

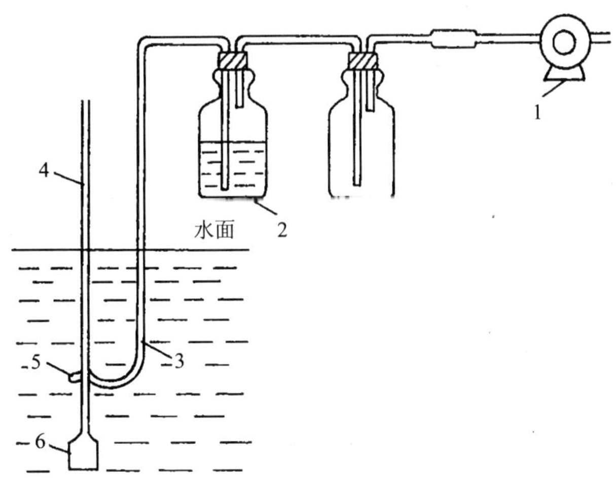

1-抽吸泵；2-样品容器；3-聚乙烯管；4-固定绳（或钢丝绳）；5-采水嘴（玻璃或聚乙烯材料）；6-重锤

图 4-5　泵式采水器

泵式采水器采样时，先连接采样装置，开启真空泵，堵住采水管的进水口，检查采样系统的密封性能。将采水管的进水口通过钢丝绳沉降到所需深度（一般由绞车操纵），开启真空泵抽吸，当水样瓶中水样体积达到采水管内容积 5 倍以上后，关闭气路，将采样瓶内的水倒掉弃去。

把采水管上端插到采样瓶底部，以 1 L/min 的速度抽吸水样，待采样瓶充满水样后，关闭气路，迅速从采样瓶中取出采水管，把水样分装到样品瓶中。泵式采水器不能用于测定油类、细菌学指标的水样采集。当无其他采水器而必须用泵式采水器采集水中微量气体（如溶解氧、二氧化碳等）的样品时，样品瓶应直接作为采样瓶通过泵吸采样，并且要缓慢地进行抽吸（泵压不能明显低于大气压），否则易造成样品中气体成分逸散。在抽吸时应使样品溢出至安全瓶，溢流量与样品容器容积的 5 倍左右。泵式采水器采集测定不溶性物质的水样时，采水管的进水口应当对着水流方向，并且要调整采样速度，使水速与被采样水体的流速相接近，以便进入采样瓶中的待测浓度与水体中浓度相同。

6．连续自动采水器采样

连续自动采水器有多种类型，一般由浮标、采水主体（进水构件、排气节流系统、传动系统、贮水室）、定位装置等三部分组成。它利用进水面与水体水面的水位差产生的压力或定量泵连续采样，有的可随流速变化自动按比例采样。

使用自动采水器采样的注意事项和操作方法参考有关的采水器使用说明书。测定油类、pH、溶解氧、硫化物和水生生物等项目的样品不宜用自动采水器采样。

此外，在水文采样中常常使用颠倒采水器，上面装有精度较高的颠倒温度计，如海洋水文监测用的南森式采水器，能采水样 1.3 L，湖泊水文监测上使用的艾克曼式采水器能采水样 0.8 L。由于这类采水器是用金属材料制成，因此不能用于监测金属项目及能与金属作用的项目的样品采集。球盖式采水器是一种采集量大（2 L 以上）不同深度的采水器，与颠倒采水器一样需要固定在钢丝绳上，由绞车控制达到预定深度采样。但由于采水器桶体两头密封球盖多为橡胶制品，故不能采集受橡胶干扰的项目（如微量金属、硫化物等）的水样。

河流、湖泊、水库和河口、港湾水域可使用船舶进行采样监测，最好用专用的监测船或采样船。如无专用船只，可根据监测站位所在水域的状况、气象条件、安全和采样要求，选用适当吨位的船只作为采样船。采样船只从到达采样站位开始直至采样结束，禁止排放任何污染物。采样时，船只应该逆向水流流向，保持顶流状态。水质样品的采集一般在船只的前半部分作业。测定油类的水样，必须在船只附近面对水流流向的位置操作，要避开船体及船上油性污染物玷污的局部水域。

对采集到的每一个水样都要做好记录，每一个样品都有相应的标记。现场监测项目的测定值及有关资料可直接记录在采样记录表上。其他项目应在采样记录或水样送检表上按登记内容记录。

对下列监测项目采样时应注意：

（1）pH 值电导率

测定水样的 pH 值，应使用密封性好的容器。由于水样的 pH 值不稳定，且不宜保存，所以采样器采集样品后，应立即灌装。另外，在样品灌装时，应从采样瓶底部慢慢将样品容器完全充满并且紧密封严隔绝空气。

灌装样品前，每个样品瓶及瓶塞（盖）必须用水样充分荡洗。方法是，装入瓶容积的 1/4 水样，盖紧摇动，倒出洗涤水时，同时冲洗瓶塞，重复操作两次。

测定电导率的样品可参照 pH 值测定样品要求采集。也可从测定 pH 值的样品中，分取部分样品用于电导率的测定（但不能用已测定过 pH 值的样品溶液再去测定电导率）。

（2）溶解氧、生化需氧量

应用碘量法测定水中溶解氧，水样需直接采集到样品瓶中。在采集水样时，要注意不使水样曝气或有气泡残存在采样瓶中。特别的采样器如直立式采水器和专用的溶解氧瓶可防止曝气和残存气体对样品的干扰。如果使用有机玻璃采水器、球盖式采水器、颠倒采水器等则必须防止搅动水体，入水应缓慢小心。

当样品不是用溶解氧瓶直接采集，而需要从采样器（或采样瓶）分装时，溶解氧样品必须最先采集，而且应在采样器从水中提出后立即进行。用乳胶管一端连接采水器放入嘴或用虹吸法与采样瓶连接，乳胶管的另一端插入溶解氧瓶底。注入水样时，先慢速注至小半瓶，然后迅速充满，至溢流出瓶的水样达溶解氧瓶 1/3～1/2 容积时，在保持溢流状态下，缓慢地撤出管子。合格的样品一经采集后立即加入保存剂固定。小心移开瓶塞，按顺序加入锰盐溶液和碱性碘化钾溶液。加入时需将移液管的尖端缓慢插入样品表面稍下处，慢慢注入试剂。小心盖好瓶塞，将样品瓶倒转 5～10 次以上，并尽快送实验室分析。

在现场用电极法测定溶解氧，可将预先处理好的电极直接放入河水或 1 000 ml 以上容积的水样品瓶中测量。采样方法同上。

测定生化需氧量的样品采集参照溶解氧。

（3）透明度

透明度的现场测定采用塞氏盘法。测量时将盘在船（或其他采样位置）的背光处平放入水，逐渐下沉至恰好不能看见盘面的白色时，记取其尺度，再将盘继续下降直至完全看不见，然后再缓慢地提升到刚可看见，记下第二次测得的尺度。两次深度读数的平均值（向下和向上）作为透明度的测量值。

塞氏盘法的读数决定于有效亮度，所以它随测量当天的时间、云量及位置而变动。塞氏盘的读数也随观察者之间的视力差异而不同。为使读数可比性和标准化，应在相同的照明条件下，由专人重复测定。由于不能经常满足这些要求，所以测量时的有关气象条件、测量时间及测量人员的姓名应同时填写在采样记录上。

（4）浑浊度、悬浮物及总残渣

浑浊度、悬浮物及总残渣测定用的水样，在采集后，应尽快从采样器中放出样品，在装瓶的同时摇动采样器，防止悬浮物在采样器内沉降。非代表性的杂质，如树叶、杆状物等应从样品中除去。灌装前，样品容器和瓶盖用水样彻底冲洗。该类项目分析用样品都难以保存，所以采集后应尽快分析。

（5）重金属污染物、化学需氧量

水体中的重金属污染物和部分有机污染物都易被悬浮物质吸附。特别在水体中悬浮物含量较高时，样品采集后，采样器内的样品中所含的污染物随着悬浮物的下沉而沉降。因此必须连续摇动采样器（或采样瓶）、边向样品容器灌装样品，以减少被测定物质的沉降，保证样品的代表性。

样品采集后为防止水体的生物、化学和物理作用，应立即过滤处理或加入固定剂保存。采样要防止采样现场大气中降尘带来的玷污。

（6）油类

测定水中溶解的或乳化的油含量时，应该用单层采水器固定样品瓶在水体中直接灌装，采样后迅速提出水面，保持一定的顶空体积，在现场用石油醚萃取。

测定油类的样品容器禁止预先用水样冲洗。测定水体中包括油膜的油含量时，要一并采集水面上的油膜样品，同时测量抽膜厚度和覆盖面积。采样方法是：将三角漏斗固定在球形分液漏斗上（分液漏斗的体积视样品需要量而定）。采样时，打开分液漏斗的支管活塞，手持分液漏斗和三角漏斗，将其倒置迅速插入水中，水样和油膜一并通过三角漏斗进入分液漏斗中，即将充满时，关闭分液漏斗的支管活塞，快速倒转提出水面。测定水面上薄层油膜的油分含量时，可用一个已知面积的不锈钢格架，格架上布好不锈钢丝网，网上固着容易吸收油类的介质（如厚滤纸、有机溶剂泡洗过的纸浆、硅藻土、合成纤维等）。将不锈钢网格放在水面上吸收漂油的油分。

五、废水样品的采集

废水有工业废水、医院污水和生活污水，主要是从企事业单位污染源排放的污水、废水和城市综合排污口、排污渠排放的污水。为了确保采集到有代表性的废水（污水）样品，采样前必须了解污染源的废水排放规律和废水中污染物的时间、空间和数量变化状况。废水样品采样位置还取决于废水中污染物种类，依据精度要求确定样本数。同时测量废水的流量，作为排污计算依据。

1．采样位置、监测项目及频数的确定

第一类污染物：指能在环境或动物体内蓄积，对人体健康产生长远不良影响者，含有此类有害污染物质的污水，不分行业和污水排放方式，也不分受纳水体的功能类别，一律在车间或车间处理设施排出口取样。第一类污染物包括：总汞、烷基汞、总镉、总铬、六价铬、总砷、总铅、总镍、苯并[a]芘、总铍、总银、总α放射性和总β放射性等。

第二类污染物：指其长远影响小于第一类污染物质的环境污染物。监测这一类污染物时，在排污单位排出口取样。除第一类污染物以外的其他监测项目一般都按本要求选择采样点位置。采样点设置在排污管道或排污渠道采样，采样点应该在管道（渠道）平直、水流稳定的部位。当废水以水路形式排到公共水域时，为了不使公共水域的水倒流进排放口，在排放口应设置适当的堰，采样点布设在堰溢流处。

城市综合排污口、排污渠污水　城市综合排污口、排污渠污水的采样点根据监测目的选择以下位置：在全市总排污口处；污水处理厂的进、出水口；污水泵站的进水口及安全溢流口；市政排污管线入河（海）口等。监测项目和频次分别为：

（1）工业废水

排污单位应对污染物排放口、处理设施的污染物排放进行定期监测，频次由当地环境保护行政主管部门组织其所属监测站根据行业特点、环境管理的需要、排放污染物类别和排放标准确定。

工矿企业排放废水的监视性监测，采样时间应按照不同企业年度生产任务安排、废水排放规律等来确定。采样频次每年不少于 2 次。

监测项目确定除一类、二类污染物外，其他项目可根据污染源类型确定。

（2）生活污水

生活污水采样，包括城市的综合排污口，采样频次每年不少于 2 次，分别在每年的春季和夏季各进行 1 次。监测项目主要是 DO、COD、BOD、TOC、NH_3-N、NO_3、NO_2、油等。

（3）医院污水

医院污水按工业废水要求，由排污单位进行定期监测。此外，医院污水的监视性监测，每年采样 4 次，每季度进行 1 次。主要监测项目：致病菌、细菌总数、大肠杆菌、氨氮等。

2. 采样时间、周期和类型的选择

废水的采样时间和采样周期的确定是一个复杂的问题，主要取决于排污状况（例如排放的连续、均匀性）和分析要求。对于排污状况复杂、浓度变化大的废水，采样的时间间隔要短，最好采用连续自动采样的方式。面对排放污染物已知且浓度变化较小或废水经治理设施处理的，由于水质和水量的变化比较稳定，频次可以减少。在一般情况下，工业废水的采样时间应该尽可能选择在开工率、运转时间及设备等没有异常状态时，并且至少以调查一个操作日作为变化单位，在生产和废水的排放的周期内，应该根据废水的具体情况，确定采样的时间间隔。而且，一般应从生产和废水排放的周期开始起，到这个生产和废水排放完毕为止的期间为一个采样单位。

废水样品采集的基本类型为瞬时废水样、平均废水样和单独采集的废水样，采样时应该根据排污口的污染物排放状况确定。

（1）瞬时废水样

一些工厂的生产工艺过程连续、恒定，废水中组分及浓度不随时间变化，可以用瞬时采样方法采集废水样品。

瞬时采样也适用于采集有特定要求的废水样，例如：某些平均浓度达标，但高峰排放浓度超标的废水，可随时瞬时采样，分别测定。

（2）平均废水样

平均废水样是在一个或几个生产或污染物排放周期内，按一定时间间隔分别采样，对于性质稳定的污染物，可对分别采集的样品进行混合后一次测定；对于不稳定的污染物可分别采样，测定后取平均值。

工厂生产的周期性不仅影响废水的成分和浓度，也影响废水的排放量，为获得排污量数据，在采样的同时，应测量废水的流量。在废水不稳定的情况下，可将一个排污口不同时间的废水样，依照流量的大小，按比例混合，即得到平均比例混合废水样。这是获得平均浓度最常用的方法。有时需将几个排污口的废水样按相对流量比例混合，用以代表瞬时综合排污浓度。也可将一个污染源（如废水集污池）在不同地点采集的废水样按比例混合起来，组成代表性的混合废水样。

采样的时间间隔和采样周期的选择主要取决于排污的均匀程度和分析要求。多数废水可在一个生产周期（或排污周期）内，每隔半小时或 1 h 采样 1 次，混合后进行各组分的测定。如采集几个周期（如 3～5 个周期）的废水样，可每隔 2 h 采样 1 次，但采样总数一般不应少于 8～10 次。对于排污情况复杂、浓度变化很大的废水，采样的时间间隔要适当短些，有时需要 5～10 min 取一个废水样。

城市排污管道，大多数受纳数十个甚至更多的工厂排放的废水，且在出水口前已流过一段距离，产生了一定的混合作用。为了获得管道出水口处废水组分的平均浓度。可每隔 1 h 采样 1 次，连续采集 8 h（共取 9 个废水样，与 72 h 连续采样的平均浓度比较，相对误差应小于±15%），也可连续采样 24 h（共取 25 个废水样，与 72 h 连续采样的平均浓度比较，相对误差应小于±10%），然后予以混合，测定各组分的平均浓度。

（3）单独废水样

测定废水的 pH 值、溶解氧、硫化物、细菌学指标、余氯、化学需氧量、油脂类和其他可溶性气体等项目的废水样不宜混合，要瞬时采集单独废水样，并应尽快予以测定。不能及时分析的也应采取相应的保存方法予以处理。

3．样本数目的确定

样本数目的确定目前我国尚未统一规定，主要凭监测人员的经验和监测站的力量各自因地制宜地确定。但合理地描述水质所必需的样本数目是在收集了一些浓度的背景数据和所研究的参数浓度的方差之后确定的。这些数值可以凭经验估计，然而估计会减小结果的可靠性。下面介绍三种方法计算样本数。

（1）限制变异性确定样本数

就是根据允许的样品变异性来计算出样本数。即明确了采样所允许的相对标准偏差误差，明确了置信水平即可用试差法代入公式计算：

$$\Omega / S=\sqrt{N'}\cdot\left(\sqrt{\frac{1}{X^2_{N'-1,\frac{\alpha}{2}}}}-\sqrt{\frac{1}{X^2_{N'-1,1-\frac{\alpha}{2}}}}\right)$$

式中：Ω / S——置信水平下的标准偏差；

α——显著性水平；

N——实际样本数；

N'　　设定样本数；

X^2——卡方。

（2）限制均值确定样本数

就是根据允许的样品均值的准确度来计算样本数，应用这一方法，先需给出如下三点：需要的置信水平（1−α）；抽样源的变异系数 CV 及样品均值要求的准确度。采用双重叠代法（尤其是被求得的样本小的时候 N<30，对这一计算假定是正态分布）代入公式计算：

$$N'=\left(\frac{C_{\text{V}}\cdot Z_{\alpha/2}}{D/100}\right)^2$$

$$N'=\left(\frac{C_{\text{V}}\cdot t_{\alpha/2},N'-1}{D/100}\right)^2$$

（3）求总体均值确定样本数

为了求总体均值，在服从正态分布的前提下，最小样本数由下列四个因素决定：测定的准确度目标（E）；方法的精密度 S_0；总体的均匀程度；显著性水平。采用多叠代法，由下式求得所需的最小样本数 N。

$$N' = \left(\frac{t_{(\alpha, N-1)} S_0}{E} \right)^2$$

上述前两种方法是美国常用的方法。

4．废水采集方法选择

废水采样可选用聚乙烯塑料桶、有机玻璃采水器、泵式采水器、自动采水器等采样器或采用自制的采样工具、设备，也可用样品容器手工直接灌装。

样品容器可以使用硬质玻璃和聚乙烯等制的带盖（或塞）瓶，不要使用橡胶塞和软木塞，原则上有机项目选用玻璃材质，无机项目可用聚乙烯容器。容器使用前要用（1+10）硝酸和水清洗干净。细菌学指标等特殊要求的监测项目使用的样品容器应参照本节“环境水样品的采集”中容器清洗要求处理。

对含强酸、强碱和有机溶剂的废水样品，特别要注意废水的腐蚀作用和容器表面被溶解后对测定结果的影响，采样前应仔细选择合适的样品容器。

（1）从管道、水渠等落水口处取样

从管道、水渠等落水口处取样，可直接用容器或聚乙烯桶，要注意悬浮物质分取均匀。

（2）从排污管道中取样

在排污管道中采样，由于管道壁的滞留作用，同一断面不同部位的流速有差异，污染物分布不均匀，浓度相差颇大。因此当排污管道水深大于 1 m 时，可由表层起向下到 1/4 深度处采样，作为代表平均浓度的废水样。如果排污管道水深小于或等于 1 m 时，可只取 1/2 深度处的废水样即可。

（3）从容器、贮罐、废水池等处取样

对盛有废液的小型容器，采样前先充分搅匀，然后取样。废液分两层以上，不能搅匀时，可按各层量的多少的比例分层取样。对于污染物分布不均匀的大型贮罐或废水池，根据具体情况，可多点分层次采样。

（4）用泵式采水器采样

用链条、绳索等将氯乙烯软管悬吊在一定深度的水中，再开启泵抽吸。取样管的前端装有滤网，泵流量控制在 1 L/min。

（5）利用自动采水器采样

当利用自动采水器采样时，应把自动采水器的采水用配管沉到采样点的适当深度（一般在中心部分），配管的尖端附近装上 2 mm 筛孔的耐腐蚀的筛网，以防止杂质进入配管及泵内。由于筛孔容易堵塞以及泵易黏附油脂类物质，所以要进行定期清洗。

采样时应注意：

（1）在排污管道或渠道中采样时，应在水流平稳、水质均匀的部位采集，要防止异物进入采样水体。

（2）随废水流动的悬浮物或固体微粒，应看成是废水的一个组成部分，不应在测定前滤除。油、有机物和重金属离子等，可能被悬浮物吸附，有的悬浮物中就含有被测定的物质，如选矿、冶炼废水中的重金属。

（3）采集平均废水样，可采样后立即混合，也可采样后分批放置，待采样完成后再进行混合。采集的废水样品应保存在避光（特别要避免阳光直射）和较低温度的环境中，以减少贮存过程中某些组分的损失。

（4）特殊监测项目的样品采集按特殊要求进行。

5. 废水流量的测量

工业、生活、医院等各种污染源的废水，在采集的同时，对废水排放的流量要进行测量，否则难以掌握污染物的排放量。

污染物的排放量=污染物浓度×排水量

在装有废水流量计的排放口，废水流量可以从仪器上读取。国家规定的废水流量计有超声波、电磁和浮标三种类型。目前暂时无条件安装废水流量计的废水排放口，而又必须进行废水流量实测的废水排放口（排放管、渠），可根据具体条件选择下述的方法之一测量流量。在某一时间间隔内，排放口的排水量为：

排水量=流量×时间=流速×截面积×时间

（1）流速测量法

由于排污管道的截面积和时间较易求得，所以排水量可通过测量流速然后计算求出。用 m/s 表示废水流速，可使用浮标法和流速仪两种方法测量。

① 浮标法：选取一段底壁平滑、长度不小于 10 m、无弯曲、有一定液面高度（注意流速变化时，液面高度随之改变）。取一小段易漂浮的如木片、泡沫塑料块等，放入流动的废水渠道中，在无外力影响下（如风力、漂浮阻塞等），使漂浮物流过被测量距离，记录流过时间（以秒计），重复 10 次，取平均值，即得流速（V），计算公式如下：

$$V=0.7L/t$$

式中：V——截面平均流速，m/s；

L——漂浮物流经距离，m；

t——平均流过时间，s；

0.7——滞流系数。

引入系数 0.7 是由于流体受渠道壁滞留作用的影响，其平均流速是主轴线表面流速的 0.7 倍。如果废水在封闭性管道中运动（充满了管道），其平均流速是主轴线流速的一半，此时系数可取 0.5。

测量渠道中废水的高度（h）和渠道宽度（d），可计算出在渠道中运动的废水流量（Q）。

$$Q=V\cdot S=V\cdot d\cdot h$$

式中：Q——废水流量，m^3/s；

V——截面平均流速，m^3/s；

S——截面积，m^2；

h——渠道中废水高度，m；

d——渠道宽度，m。

② 流速仪法：水深大于 30 cm，流速不小于 0.05 m/s 时，可用流速仪测量流速。水文测量中使用的流速仪，适用于测量河水的流速，如用于污染源监测，要注意废水可能对仪器的腐蚀，应勤于维护。

旋杯式流速仪的探头前端是叶片式桨叶，其转速（N）与废水流速（V）的关系是：

$$V = K \cdot \frac{N}{t} + C$$

式中：V——废水流速，m/s；

K——比例系数；

N——旋杯式叶片小桨在采样时间内的总转数；

t——测量时间，s；

C——因摩擦引起的修正系数。

使用流速仪测量时，应将探头放入管道或渠道 0.6 倍深度处。测量时间越长，流速越准确，最短测量时间不应少于 100 s。

从仪器读数盘读取流速值，废水流量计算参照浮标法。

（2）溢流堰法

在废水沟或废水渠中设置一特定形状的障碍物，抬高上游水位，水流将经障碍物上面溢流。溢流堰法就是利用流量的大小与水头高度及障碍物形状关系来测定废水流量的一种方法。

薄壁堰法是废水流量测定中常用的量水设备，具有使用方便，测流精度高等优点，适用于现场或实地测定明渠水流或废水流量。

薄壁堰根据溢流口的形状又可分为多种堰，环境监测中常用三角堰和矩形堰。

① 三角堰法：此法是最常用的实用测流设备，适用于水头高 0.05 m$\leqslant h \leqslant$0.35 m，流量 $Q \leqslant$0.1 m/s 的废水流量的测定，使用方法简单，测定结果准确度较高，因而获得广泛应用。

流量计算公式：

$$Q=C \cdot h^{5/2}$$

式中：Q——废水流量，L/s；

C——流量系数（随 h 而变化）；

h——过堰水头高，cm。

[注]

Ⅰ．堰为自由流的非淹没薄壁堰。

Ⅱ．堰口角度为 90°。

Ⅲ．测量过堰水深 h 时，应在堰口上游≥3h 处进行。

Ⅳ．一般适用于 h=5～30 cm 范围。

表 4-5 随 h 而变化的 C 系数值表

h/cm	C 值	h/cm	C 值
<5.0	0.014 2	15.1～20.0	0.013 9
5.1～10.0	0.014 1	20.0～25.0	0.013 8
10.1～15.0	0.014 0	25.0～35.0	0.013 7

② 矩形堰法：矩形堰板形状。

流量计算公式：

$$Q=0.018\,38(b-0.2h)h^{3/2}$$

式中：Q——流量，L/s；

h——过堰水位，cm；

b——堰切口底宽，cm。

使用溢流堰法测流量时应注意如下几点：

溢流堰应设置在渠道平整、水流呈直线流动的直段内，直段长度应大于堰上最大水头的 5 倍以上。堰板要垂直设置，不得渗漏，并保证堰口中心与上游水流中心一致。

水舌下空气应保持自由通路，堰下水位保持低于堰顶，无壅水现象。

测量过堰水头 h 时，应在堰口上游≤$3h$ 处进行。

在土明渠内不宜设置溢流堰。当污水量大于 150 L/s 时，不宜在排水渠道内临时安设堰板。

（3）容积法

工厂废水量很少（<1 m^3/min）时可用容积法测量废水流量。流量计算公式为：

$$Q = 60\times V/t$$

式中：Q——废水流量，m^3/min；

V——容器容积，m^3；

t　　接流时间，s。

容积法测流量应该用秒表测定废水充满容器的时间；容器的容积要选择流水充满容器时间至少在 20 s 以上。测定应重复数次，取平均值。

（4）推算法

当没有任何测量条件时，可根据采样前调查工业用水情况以平衡计算法或查表法、管径估算法。

① 查表法：在没有回收利用的情况下：

废水排放量=日用水量（查水表）×（1－耗水率）

日用水量=日开泵时数×时提取量

② 管径估算法：根据自来水管管径估算用水量。

六、水样保存、运送和交接

水样采集后，应尽快送到实验室分析，样品久放，受下列因素影响，某些组分可能会发生变化。

（1）生物因素

微生物的代谢活动，如细菌、藻类和其他生物的作用可改变许多被测物的化学形态，它们可影响许多测定指标，主要反映在pH值、溶解氧、生化需氧量、二氧化碳、碱度、硬度、磷酸盐、硫酸盐、硝酸盐和某些有机化合物的浓度变化上。

（2）化学因素

测定组分可能被氧化或还原，如六价铬在酸性条件下易被还原为三价铬，低价铁可氧化成高价铁。由于铁、锰等价态的改变，可导致某些沉淀与溶解、聚合物产生或解聚作用的发生，如多聚无机磷酸盐、聚硅酸等，所有这些，均能导致测定结果与水样实际情况不符。

（3）物理因素

测定组分被吸附在容器壁上或悬浮颗粒物的表面上，如溶解的金属或胶状的金属，以及某些有机化合物。

1．水样保存方法

目前主要是冷藏或冷冻法、加化学保存剂法。

冷藏或冷冻是样品在4℃冷藏或将水样迅速冰冻，贮存在暗处，可以抑制生物活动，减缓物理挥发作用和化学反应速度。

冷藏是短期内保存样品的一种较好方法，对测定基本无妨碍。但需要注意冷藏保存也不能超过规定的保存期限，冷藏温度必须控制在4℃左右。温度太低（例如≤0℃），因水样结冰体积膨胀，使玻璃容器破裂，或样品瓶盖被顶开，失去密封，样品受玷污。温度太高则达不到冷藏目的。

加化学保存剂法用得较普遍，针对不同的测定项目分别加入不同的保存剂。

（1）控制溶液pH值

测定金属离子的水样常用硝酸酸化至pH 1～2，既可以防止重金属的水解沉淀，又可以防止金属在器壁表面上的吸附，同时在pH 1～2的酸性介质中还能抑制生物的活动。用此法保存，大多数金属可稳定数周或数月。测定氰化物和挥发性酚的水样需加氢氧化钠调至pH 1～2。测定六价铬的水样应加氢氧化钠调至pH 8，因在酸性介质中，六价铬的氧化电位高，易被还原。保存总铬的水样，则应加硝酸或硫酸至pH 1～2。

（2）加入抑制剂

为了抑制生物作用，可往样品中加入抑制剂。如在测氨氮、硝酸盐氮、COD的水样中，加氯化汞或加入三氯甲烷、甲苯作防护剂以抑制生物对亚硝酸盐、硝酸盐、铵盐的氧化还原作用。在测酚水样中用磷酸调溶液的pH值，加入硫酸铜以控制苯酚分解菌的活动。

（3）加入氧化剂

水样中痕量汞易被还原，引起汞的挥发性损失，加入硝酸-重铬酸钾溶液可使汞维持在高氧化态，汞的稳定性大为改善。

（4）加入还原剂

测定硫化物的水样，加入抗坏血酸于保存有利。含余氯水样，能氧化氰离子，可使酚类、烃类、苯系物氯化生成相应的衍生物，为此在采样时加入适量的硫代硫酸钠予以还原，除去余氯干扰。

样品保存剂如酸、碱或其他试剂在采样前应进行空白试验，其纯度和等级必须达到分析的要求。

2. 水样的保存条件

不同监测项目样品的保存条件见表 4-6，可作为水环境监测保存样品的一般原则。此外，由于环境样品、废水（或污水）样品的成分不同，同样保存条件很难保证对不同类型样品中待测物都是可行的。因此，在采样前应根据样品的性质、组成和环境条件，要检验保存方法或选用的保存剂的可靠性。

表 4-6 水样的采集及保存条件

项目	采样容器	容器洗涤	采样量①/ml	保存剂用量	保存期
浊度*	G.P.	I	250		12 h
色度*	G.P.	I	250		12 h
pH*	G.P.	I	250		12 h
电导*	G.P.	I	250		12 h
悬浮物**	G.P.	I	500		14 d
碱度**	G.P.	I	500		12 h
酸度**	G.P.	I	500		30 d
COD	G.	I	500	加 H_2SO_4，pH≤2	2 d
高锰酸盐指数**	G.	I	500		2 d
DO*	溶解氧瓶	I	250	加入硫酸锰，碱性碘化钾叠氮化钠溶液，现场固定	24 h
BOD_5**	溶解氧瓶	I	250		12 h
TOC	G.	I	250	加 H_2SO_4，pH≤2	7 d
F^-**	P	I	250		14 d
Cl^-**	G.P.	I	250		30 d
Br^-**	G.P.	I	250		14 h
I^-	G.P.	I	250	NaOH，pH 12	14 h
SO_4^{2-}**	G.P.	I	250		30 d
PO_4^{3-}**	G.P.	Ⅳ	250	NaOH，H_2SO_4 调 pH=7，$CHCl_3$ 0.5%	7 d
总磷	G.P.	Ⅳ	250	HCl，H_2SO_4，pH≤2	24 h
氨氮	G.P.	I	250	H_2SO_4，pH≤2	24 h
NO_2^--N**	G.P.	I	250		24 h
NO_3^--N**	G.P.	I	250		24 h
凯氏氮**	G.	I	250		
总氮	G.P.	I	250	H_2SO_4，pH≤2	7 d
硫化物	G.P.	I	250	1 L 水样加 NaOH 至 pH 9，加入 5%抗坏血酸 5 ml，饱和 EDTA 3 ml，滴加饱和 $Zn(Ac)_2$，至胶体产生，常温避光	24 h
总氰	G.P.	I	250	NaOH，pH≥9	12 h
Be	G.P.	III	250	HNO_3，1 L 水样中加浓 HNO_3 10 ml	14 d
B	P	I	250	HNO_3，1 L 水样中加浓 HNO_3 10 ml	14 d

项目	采样容器	容器洗涤	采样量①/ml	保存剂用量	保存期
Na	P	II	250	HNO_3，1 L 水样中加浓 HNO_3 10 ml	14 d
Mg	G.P.	II	250	HNO_3，1 L 水样中加浓 HNO_3 10 ml	14 d
K	P	II	250	HNO_3，1 L 水样中加浓 HNO_3 10 ml②	14 d
Ca	G.P.	II	250	HNO_3，1 L 水样中加浓 HNO_3 10 ml②	14 d
Cr^{6+}	G.P.	III	250	NaOH，pH=8～9	14 d
Mn	G.P.	III	250	HNO_3，1 L 水样中加浓 HNO_3 10 ml	14 d
Fe	G.P.	III	250	HNO_3，1 L 水样中加浓 HNO_3 10 ml	14 d
Ni	G.P.	III	250	HNO_3，1 L 水样中加浓 HNO_3 10 ml	14 d
Cu	P	III	250	HNO_3，1 L 水样中加浓 HNO_3 10 ml②	14 d
Zn	P	III	250	HNO_3，1 L 水样中加浓 HNO_3 10 ml HCl 2 ml②	14 d
Se	G.P.	III	250	HCl，1 L 水样中加浓 HCl 2 ml	14 d
Ag	G.P.	III	250	HNO_3，1 L 水样中加浓 HNO_3 2 ml	14 d
Cd	G.P.	III	250	HNO_3，1 L 水样中加浓 HNO_3 10 ml②	14 d
Sb	G.P.	III	250	HCl，0.2%（氢化物法）	14 d
Hg	G.P.	III	250	HCl，1%如水样为中性，1 L 水样中加浓 HCl 10 ml	14 d
Pb	G.P.	III	250	HNO_3，1%如水样为中性，1 L 水样中加浓 HNO_3 10 ml	14 d
油类	G	II	250	加入 HCl 至 pH≤2	7 d
农药类**	G	I	1 000	加入抗坏血酸 0.01～0.02 g 除去残余氯	24 h
除草剂类**	G	I	1 000	加入抗坏血酸 0.01～0.02 g 除去残余氯	24 h
邻苯二甲酸类**	G	I	1 000	加入抗坏血酸 0.01～0.02 g 除去残余氯	24 h
挥发性有机物**	G	I	1 000	用 HCl 调至 pH≤2，加入 0.01～0.02 g 抗坏血酸除去残余氯	12 h
甲醛**	G	I	250	加入 0.2～0.5 g/L 硫代硫酸钠除去残余氯	24 h
酚类**	G	I	1 000	用 H_3PO_4 调至 pH≤2，用 0.01～0.02 g 抗坏血酸除去残余氯	24 h
阴离子表面活性剂	G.P.	IV	250		24 h
微生物**	G	I	250	加入硫代硫酸钠至 0.2～0.5 g/L 除去残余氯，4℃保存	12 h
生物**	G.P.	I	250	当不能现场测定时用甲醛固定	12 h

表中：*表示应尽量作现场测定；**低温（0～4℃）避光保存。

G.为硬质玻璃瓶；P.为聚乙烯瓶（桶）。

① 为单项样品的最少采样量；② 如用溶出伏安法测定，可改用 1 L 水样加 19 ml 浓 $HClO_4$。

Ⅰ、Ⅱ、Ⅲ、Ⅳ表示四种洗涤方法，如下：

Ⅰ：洗涤剂洗一次，自来水三次，蒸馏水一次。于采集微生物和生物的采样容器，须经 160℃干热灭菌 2 h，经灭菌的微生物和生物采样容器必须在两周内使用，否则应重新灭菌；经 121℃高压灭菌 15 min 的采样容器，如不立即使用，应于 60℃将瓶内冷凝水烘干，两周内使用。细菌检测项目采样时不能用水样冲洗采样容器，不能采混合水样，应单独采样后 2 h 内送实验室分析。

Ⅱ：洗涤剂洗一次，自来水二次，1+3 HNO_3 荡洗一次，自来水洗三次，蒸馏水一次；

Ⅲ：洗涤剂洗一次，自来水洗二次，1+3 HNO_3 荡洗一次，自来水洗三次，去离子水一次；

Ⅳ：铬酸洗液洗一次，自来水洗三次，蒸馏水洗一次。如果采集污水样品可省去用蒸馏水、去离子水清洗的步骤。

3．水样的运送和交接

水样采集后必须立即送回实验室，根据采样点的地理位置和每个项目分析前最长保存时间，选用适当的运输方式，在现场工作开始之前，就要安排好水样的运输工作，以防延误。

同一采样点的样品应装在同一包装箱内，如需分装在两个或几个箱子中时，则需在每个箱内放入相同的现场采样记录。运输前应检查现场采样记录上的所有水样是否全部装箱。要用红色在包装箱顶部和侧面标上“切勿倒置”的标记。

每个水样瓶均需贴上标签。内容有点位编号，采样日期和时间、测定项目、保存方法，并写明用何种保存剂。

在样品运输过程中应有押运人员，防止样品损坏或受玷污。移交实验室时，交接双方应一一核对样品，在样品送检单上签名，办妥交接手续。

废水样品采集后应及时将污染源名称、废水种类、废水流量、现场测定结果、送检样品标记、保存条件和现场简要描述等做认真登记并填写废水采样记录及样品送检表。

七、水样采集质量保证

水和废水采样的质量保证是一项重要而又烦琐的工作，就水质而言，由于降雨、潮汐的影响，同一水体中水位和流量往往有很大的差异。某些被测组分的浓度水平因采样时间的不同会有所不同。此外，在调峰电站水库下游的河流，因调峰电站发电量的不同排泄到下游的水量也有很大的差异，此种效应也会影响到水体中某些组分浓度的变化。由此可见，采样时必须考虑到时间代表性的因素以保证样品有一定的代表性。即使是在相对平静的、水量变化不大的湖库中，由于藻类光合作用的影响，在日照强烈的夏季中午时分，水质的 pH 值和溶解氧等项指标，可能有明显偏高的超常值出现。因此湖库采样要避开日照强烈的中午。

国外已有人提出用于水质采样质量考查的质控程序。根据我国近期环境监测的状况和具备的条件，在水和废水采样过程中，增加室内空白样、现场空白样、现场平行样和现场加标样等样品工作，以及跟踪检验等对控制和监视水质采样（包括采样前的准备）质量具有显著意义。分述如下：

（1）室内空白样

是指在实验室内，以纯水作样品，按被测定项目的采样方法和要求装入采样容器，按规定加入保存剂，然后送实验人员测定。室内空白样与分析时的空白试验区别在于前者能反映出样品保存剂质量、容器的洁净程度等条件引起的空白变化。

（2）现场空白样

是指在采样现场以纯水作样品，按测定项目的采集方法和要求，与样品同等条件下装瓶、保存、运输和送交实验室分析。通过现场空白样的测定，对照室内空白样，掌握采样过程中操作步骤和环境条件对样品质量影响的状况。

（3）现场平行样是指在同等采样条件下，采集平行双样，编码送实验室分析。其测定结果反映出采样与实验室测定的精密度。当实验室精密度受控时，主要反映采样过程精密度变化状况。

（4）时间重复样

是在指定的时间内，按一定时间间隔连续在同一采样点采集两份或多份水样，用于了解水体因时间的变化而引起各种组分的改变。

（5）空间重复样

是在水样某一横截面上同时采集两份或多份水样，用于了解某组分浓度在横断面上的变化情况。

（6）样品代表性的跟踪检验

为了保证样品的代表性（时间代表性）需要找寻合适的时间分辨率，一般的做法是先进行加密监测，掌握时间分布规律后，逐步减少频率，去掉重复性，提高代表性。对同一测点不同时段的样品数据进行分析，用该测点的综合污染指数（I）为纵坐标；时间（t）为横坐标（图 4-6 所示），观察时间变化规律（时间可根据情况取日、月、季均可）。如果时间变化曲线是呈规律性的变化，则认为具有代表性。若出现长时间的无变化现象或变化剧烈无法分辨时，则应增加采样频率，以便对污染状况进行符合实际的客观分析。

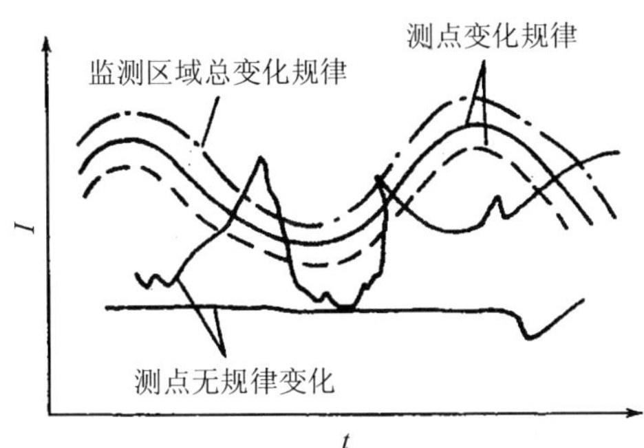

图 4-6　综合污染指数与时间变化的规律

第三节　气样采集质量管理

通常所说的空气和废气实质上是大气的组成部分。地球表面被大气包围，由于受到自然和人为的两大因素影响，大气不可避免地受到污染。距地球表面高度的不同，污染物的浓度不同。一般来说，近地面处污染物浓度较大。考虑到人们通常活动在地面上，从健康的角度出发大气监测的样品也大多采集自距地面数米或数十米的空间，故称为空气监测。把各类污染源排放的气体称为废气。无论是空气和废气都具有复杂性、变化性和无定形性。掌握了气样的特性，选配、安装合适的采集系统，严格按照气样采集方法和技术规范要求实施采集管理才能获得具有代表性的样品。

一、掌握气样的特性

1. 复杂性

空气中污染物的形态不像水质那样简单，一般以气态、蒸汽和气溶胶等形态存在。

气态是指某些污染物在常温常压下以气体形式分散在空气中，例如：CO、SO_2、

NO_2等。

蒸汽是指某些物质在常温常压下为液体或固体，但由于它们的沸点或熔点较低，因而能以蒸汽态挥发到空气中，例如：苯、汞、酚等。

气溶胶是由固体颗粒或液体颗粒悬浮于空气中的悬浮体，根据其不同性质和粒径常见的有以下几种专门名词。

（1）总悬浮微粒

空气中固体和液体颗粒的总称，其粒径为 0.1～100 μm，用大流量和中流量采样器采样，收集在超细玻璃纤维滤膜上。

（2）降尘

大气常规监测的一项指标，一般指粒径在 30 μm 以上的颗粒物，用广口集尘缸收集样品，一般每月一次。

（3）可吸入颗粒物

粒径在 10 μm 以下的颗粒物，可由呼吸道吸入，对人体健康有害，用带有切割器的采样器采样。

（4）烟尘

这是工业企业炉窑管道中排出的固体颗粒物总称，通常用烟道气采样器等速采样的方法采集样品。

（5）粉尘

多指作业现场无组织扩散排出的粒径在 75 μm 以下的颗粒物，作为劳动保护的一项指标可用粉尘采样器在车间空气采样。

2．变化性和无定形性

由于空气能垂直运动、水平运动和分子扩散运动，它是没有边界的。污染物一旦进入环境空气中，便会随风漂流，无影无踪，逐步稀释。因此，随着测点位置与污染源间距离的加大，其浓度会越来越低，又由于风向的不同和风力大小的不等，即使在以污染源为中心的等距同心圆上，各个方位测点污染物浓度也会有极大的差异。此外，污染物在高度的分布上也是不均匀的，一般说来，随着高度增加，污染物的浓度降低。

总之，环境空气中污染物浓度的分布受到诸如风向、风力、气温、湿度和气压等因素的影响，其浓度也有着瞬间不同的变化，这就意味着，即使在同一个测点上，也难以采集到浓度完全相等的两份平行样品。

二、环境空气采样质量管理

1．采样系统的装配

环境空气监测采样系统由空气入口和进气导管、样品收集装置、采样器等组成。由于环境空气中污染物种类多，浓度范围宽，存在状态不同，必须选择相适应的采样系统。

（1）空气入口和进气导管

对于气态污染物采样装置的入口不需要特殊设计，如仪器在室内而采样入口暴露在室外颗粒物环境中，只需在入口处安装一个倒置的玻璃或聚乙烯漏斗。采样入口至吸收瓶间的导管最长不超过 5 m。为防管内积水，导管不可打结，弯曲半径不得小于 5 cm。

临时性采集气态污染物时，不必设空气入口和进气导管装置，将采样器直接置于采样点即可。采集总悬浮颗粒物等气溶胶污染物时，应配有合适的入口，如双坡顶盖入口、风罩式入口或漏斗状具网罩入口等。

（2）气态污染物样品收集装置

气态污染物样品可用 100 ml 玻璃注射器、塑料袋和球胆收集，常用的装置是气体吸收管（瓶）。气体吸收管（瓶）有多种，常用的是气泡吸收管和多孔玻板吸收管（瓶）。气泡吸收管适用于采集气态污染物，抽气速度 0.5～2 L/min。采样时，吸收管要垂直放置。多孔玻板吸收管（瓶）适用于采集气态或气态与气溶胶共存的污染物，抽气速度 0.1～1 L/min。使用前应检查玻璃砂芯的质量。将多孔玻板吸收管（瓶）内装 5 ml（50 ml）水，以 0.5 L/min（2 L/min）的流量抽气，气泡分布应均匀，无特大气泡，气泡路径（泡沫高度）为 50 mm±5 mm，阻力应为 4.7 kPa±0.7 kPa，见图 4-7。

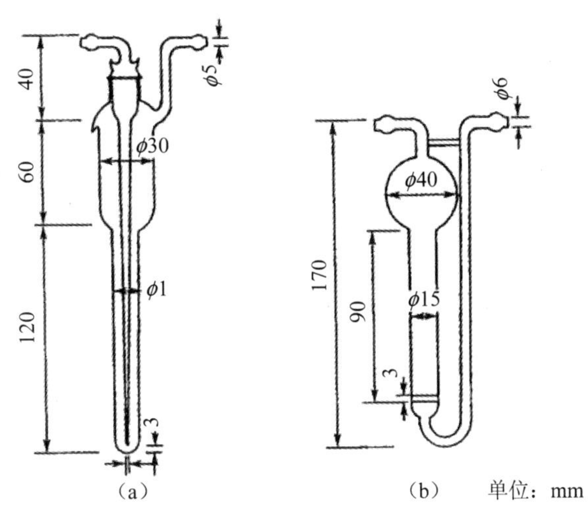

（a）气泡吸收管；（b）U 形多孔玻板吸收管

图 4-7　吸收管图

（3）气溶胶污染物样品收集装置

气溶胶样品的采集常用冲击式吸收管和各种滤料。小型冲击式吸收管气泡出口内径为 1 mm，气泡出口至管底距离为 5 mm，内装 5～10 ml 吸收液，抽气速度必须保持 28 L/min。大型冲击式吸收管气泡出口内径为 2.3 mm，气泡出口至管底距离为 5 mm，内装 50～100 ml 吸收液，抽气速度 28 L/min，详见图 4-8。常用的滤料有定量滤纸、玻璃纤维滤膜、过氯乙烯纤维滤膜、微孔滤膜和浸渍试剂滤料等。

定量滤纸（中速和慢速）价格便宜、灰分低、纯度高、机械强度大，对一些金属尘粒采样效果很好，且易于消化，空白值低，但抽气阻力大，有时孔隙不均匀，吸水性较强。

玻璃纤维滤膜机械强度差，但耐高温、阻力小、不易吸湿，可用于采集大气中总悬浮颗粒物及可吸入颗粒物。样品还可以用酸或有机溶剂提取，用于分析不受滤膜组分及所含杂质影响的元素。

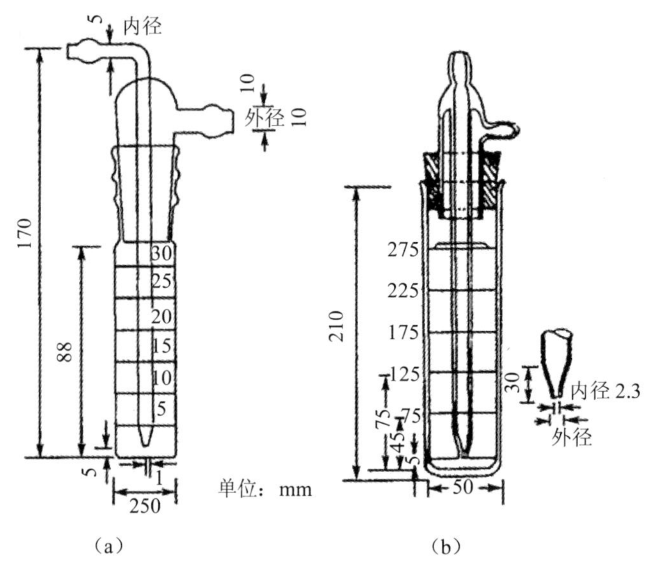

（a）小型管；（b）大型管

图 4-8　冲击式吸收管

过氯乙烯纤维滤膜不易吸湿、阻力小、带静电、采样效率高，能溶于乙酸乙酯，常用于可吸入颗粒物采样和分散度的测定，也可用于分析可吸入颗粒物化学成分。

微孔滤膜重量轻、灰分等杂质含量低，带静电、采样效率高、机械强度好、可溶于多种有机溶剂，但吸湿性强，阻力大且随孔径减小而显著增加。该滤膜不宜做重量分析，经丙酮蒸熏使之透明后，可直接在显微镜下观察尘的颗粒状态。

将某种化学试剂浸渍在滤纸或滤膜上便成浸渍试剂滤料。这种滤料适宜采集气态和气溶胶状态共存的污染物。采样中，气态或蒸汽态的污染物与滤料上的试剂迅速反应，从而被固定在滤料上，所以它具有物理（吸附、过滤）和化学两种作用，能同时将气态和气溶胶污染物采集下来。浸渍试剂滤料使用很广，如用磷酸二氢钾浸渍的玻璃纤维滤膜采集大气中的氟化物，用聚乙烯氧化吡啶浸渍的滤纸采集大气中的砷化物，用碳酸钾浸渍的玻璃纤维滤膜采集大气中的含硫化合物等。

（4）采样器的检定

环境空气监测采样器包括 24 h 大气连续采样器、总悬浮微粒采样器和各种类型的手工采样器。采样器由流量测量和控制装置、时间测量和控制装置以及采样泵等部分组成。为保证监测质量，根据 JJG 680—90，JJG 659—90，JJG 520—88 和原国家环保局 1992 年制订的《24 h 恒温自动连续大气采样器检定办法（试行）》及《总悬浮微粒采样器检定办法（试行）》规定的技术指标，应定期对流量测量和控制装置进行校准。

2．采集方法的选择

环境空气中污染物种类繁多，其中影响范围广，具有普遍性的污染物气态的主要有二氧化碳、氮氧化物、碳氧化物、碳氢化物等，气态以外的包括各种各样的固体、液体和气溶胶等。不同种类和形态的污染物采集方法不同。采集气态样品的方法有直接取样法和富集取样法两类。常用的采样器具如图 4-9 所示。根据被测物质在空气中的浓度以及所用分析方法的灵敏度，可选用不同的采样方法。

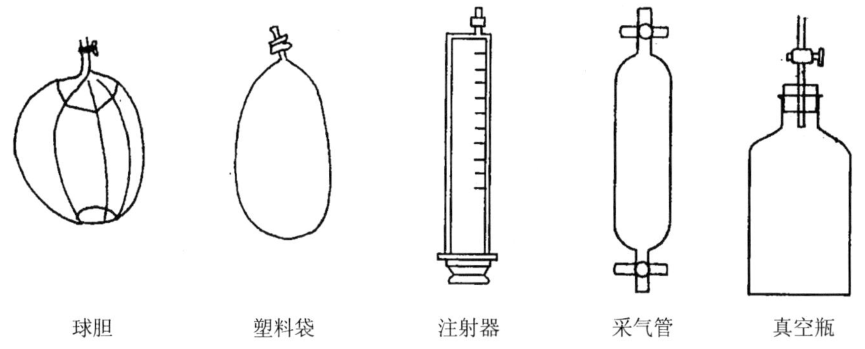

图 4-9　直接采样容器

（1）直接法

空气中被测组分浓度较高或者所用分析方法很灵敏时，直接采取少量样品就可满足分析要求。用直接取样法测得的结果是瞬时浓度或短时间内的平均浓度。直接法用 5～100 ml 的医用注射器或塑料袋、球胆采集和储存气样。

预先做采样准备：将玻璃注射器用水清洗，干后备用。球胆或塑料袋用干燥清洁空气吹洗，编号备用。

用玻璃注射器采样时，先抽取现场空气 3 次，以饱和器壁对被测组分的吸附，再抽取一定体积的空气样品，密封进样口，送实验室分析。样品在运送和保存过程中，注射器都要保持垂直，使容器内略呈正压状态，外界空气不易扩散到容器内。

用球胆或塑料袋采样时，必须选用与所采集的污染物样品既不起化学反应，又不吸附、不渗漏的球胆或塑料袋。在采样现场用双联球打进空气冲洗 2～3 次后，再打进一定体积的空气样品。取样量以球胆或塑料袋略呈正压为宜。内压越大，样品向外扩散越明显，保存一定时间后，各组分原比例有可能改变，所以采样量要适当。将球胆或塑料袋进气口密封后送实验室。如果采样容器连续使用，在采样前必须确认容器内无残留的前次样品。

（2）富集法

大气中污染物浓度一般很低，直接取样远不能满足分析的要求，需采用一定的方法，将大量气样进行浓缩富集，使之满足分析方法灵敏度的要求。另外，富集采样法取样时间一般较长，所得的分析结果是在富集采样时间内的平均浓度，从环境保护的角度来看，它更能反映环境污染的真实情况，所以富集取样法在空气污染监测中具有更重要的意义。

常用的富集方法有溶液吸收法、固体吸附法、低温冷凝法和浸渍试剂滤料采样法等。

① 溶液吸收法：当空气通过装有吸收液的吸收管时，空气流形成无数个小气泡上升，污染物在气泡-吸收液界面上溶解或发生化学反应，从而污染物被吸收液吸收，达到富集的目的。它主要用于采集气态和蒸汽态的污染物。

先作采样准备：采样前用皂膜流量计校准采样器流量，并根据测定方法的规定配制需要的吸收液。将一定量吸收液加入准备好的吸收管中，将进、出气口用乳胶管套封，放入采样箱内，带至现场备用。

采样时将吸收管接到采样器上，在吸收管与采样管之间连接一个阻力较小的干燥管（安全瓶），避免水汽进入流量计内。注意吸收管的进出口不能接反。

流量计调节旋钮放在最小指示位置，开启采样泵，迅速将流量调至规定值，开始采样。采样结束前，再检查一下流量指示，关闭采样泵，取下吸收管，用乳胶管封闭进、出气口，放入采样箱，送实验室分析。

用溶液吸收法采样，要求吸收液对被采集的污染物溶解度要大，化学反应要快，污染物在吸收液中要有足够的稳定时间。

溶液吸收法采样时间一般不能超过 1 h。因为采样时间过长，溶液挥发量大，在气温较高的环境中更是如此，以致溶液中污染物浓度不断增高，而气相中浓度又很低，使溶解吸收速度变慢，采样效率降低。

② 固体吸附法：用内径 3～5 mm，长 60～100 mm 的玻璃管，装入粒度均匀的吸附剂颗粒成吸附柱。在常温或低温下，使气体样品以 0.2～1 L/min 的流速通过吸附柱，气体中被测组分被吸附在吸附剂表面上。被吸附的组分可以用有机溶剂洗脱，也可加热解吸在较小体积的清洁空气或惰性气体中，从而达到富集的目的。常用的吸附剂有活性炭、硅胶、分子筛、CDX 担体、Tenax 树脂等。

先作采样准备：挑选内径一致的玻璃管，洗净烘干，一端填入约 2 mm 长经清洗并烘干玻璃棉，从另一端装入 2/3 需要量经活化处理过的吸附剂，轻轻振动使吸附剂装实，填入一小段玻璃棉，再在此端装入 1/3 需要量的吸附剂，振动装实后，填入一小段玻璃棉。将两端熔封或用硅橡胶帽密封。

为防止采样过程中被采集的污染物从吸附柱中穿漏，采样体积不能超过一定的限度，此限度称为最大采样体积。其确定方法是：将准备好的吸附柱带至现场，吸附剂少的一端接采样进气口。在几种不同的时间内，以规定的流量采样，分别测定吸附柱前 2/3 段和后 1/3 段吸附剂所吸附的污染物量。如后段吸附的污染物不超过总量的 10%，则无穿漏，实际采样体积小于最大采样体积；如超过总量的 25%，则认为已穿漏，实际采样体积已超过最大采样体积。

采样前检查采样装置是否漏气，将吸附柱后 1/3 段接采样器进气口，使吸附柱垂直放置，开启采样泵，调节流量指标至一定值，用手堵住吸附柱进气口，流量计浮子应回零，否则，找出漏气部位予以修复。确认不漏气后，调节流量指示至规定值，开始采样记时。采样结束时，再一次检查流量指示，关闭采样泵，取下吸附柱，两端用硅橡胶帽密封，送回实验室。

固体吸附法的特点是：可以长时间采样，测得大气中日平均浓度或一段时间内的平均浓度值；若选择合适的吸附剂，对于蒸汽和气溶胶都有较高的采样效率；污染物浓缩在吸附剂上比在溶液中稳定时间长，有时可放几天，甚至几周不变。

③ 低温冷凝法：一般气相色谱仪附有冷凝富集和气化进样装置。通常也可用大口保温瓶作冷阱。常用的制冷剂有氧（−183℃）、二氧化碳（−78℃）、水（0℃）、盐水、液氮（−20℃）、半导体制冷器（−40～0℃）等。冷凝管为内径 5 mm，长 0.5～1 m 的玻璃 U 形管，复温管为内径 4～5 mm，长 2～3 m 的绕成螺旋状的金属管。

先做采样准备：测量冷凝管的容积后，在 U 形冷凝管出气端接近 U 形管底部，填入

10～20 cm 清洁干燥的玻璃棉。选择适当的制冷剂装入冷阱内，制冷温度应低于被采集污染物沸点 80～100℃。将冷凝管慢慢插入冷阱制冷剂中 25～30 cm，带到现场备用，同时需备有制冷剂以补充消耗。

采样时将金属螺旋复温管的一端与 U 形冷凝管出气口相接，另一端接到采样器上。复温管置于 15～30℃水浴中（图 4-10）。

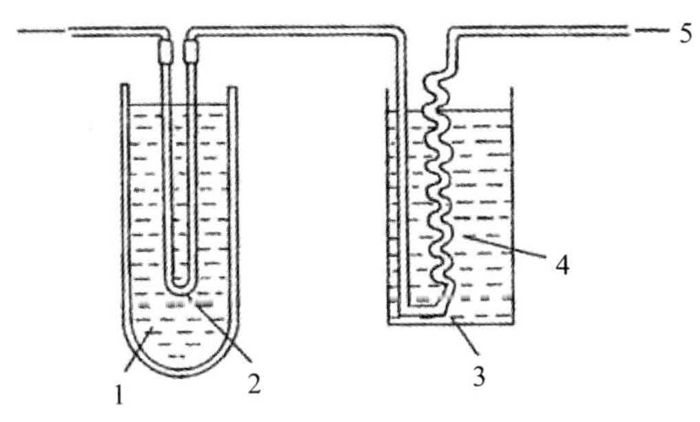

1-制冷剂；2-冷凝管；3-水浴；4-复温管；5-连接采样器

图 4-10 低温冷凝采样装置

开启采样泵，调节采样流量至规定值，开始采样。采样结束时，检查流量计指示，关闭采样泵。从冷凝管出口断开采样系统，在冷凝管两端各接一只 100 ml 玻璃注射器，慢慢撤去冷阱。冷凝管内气体逐渐膨胀，顶起注射器，然后推回。如此反复两次，使气体混合均匀。记录注射器内气体体积 V_0，富集后的气体体积为：

$$V=V_0+V_1$$

式中：V——富集后的气体体积，ml；

V_0——注射器内气体体积，ml；

V_1——U 形冷凝管容积，ml。

富集倍数： $$f=V_2/V$$

式中：f——富集倍数；

V_2——采样体积，ml；

V——富集后的气体体积，ml。

取下注射器，用橡胶帽密封进气口，垂直放置，送回实验室分析。用过的冷凝管用清洁干燥空气吹洗后备用。

④ 浸渍试剂滤料采样法：对很多以气态和气溶胶状态共存的污染物，用浸渍试剂滤料采样法往往可以获得满意的采样效果。此种采样法是用某种化学试剂浸渍在滤纸或滤膜上作采样滤料。在采样过程中，它具有物理（吸附和过滤）与化学作用，除了有效截留颗粒物质外，空气中以气态或蒸汽态存在的污染物质与滤料上的试剂迅速起化学反应亦被采集下来。浸渍试剂滤料采样法分两类：一是无动力采样法，如碱片法测定硫酸盐化速率，石灰滤纸挂片法采集空气中氟化物；二是动力采样法，如聚乙烯氧化吡啶浸渍滤纸采集空气中砷化物，磷酸二氢钾浸渍滤膜采集空气中氟化物。

环境空气中颗粒物样品的采集，主要是灰尘自然降尘量、总悬浮颗粒物（TSP）和可吸入颗粒物（PM_{10}），因其粒径、形态不同，其采集方法不同。

（1）灰尘自然沉降量（降尘）

降尘是指从空气中自然降落于地面的颗粒物，其粒径一般在 10 μm 以上。

测量原理是让空气中的灰尘自然沉降在盛有水的集尘缸内，经蒸发、干燥后称重，计算出每月每平方公里降尘的吨数。

集尘缸规格为内径 15 cm，高 30 cm 的圆筒形具盖玻璃缸或搪瓷缸、聚乙烯塑料缸、瓷缸。缸内加入 500～2 000 ml 蒸馏水（具体加水量视当地历年月降水量和月蒸发量而定），使采样在湿式条件下进行，以防止落入集尘缸中的灰尘被风吹走。夏季集尘缸内加入 2.00～8.00 ml，0.005 mol/L 的硫酸铜溶液，以抑制微生物及藻类的生长；冬季则加入 300 ml 20%的乙醇或乙二醇水溶液作为防冻剂。采样周期为（30±12）d。多雨季节应该注意缸内水量，必要时更换干净的集尘缸继续收集，采样完毕合并测定。

（2）总悬浮颗粒物（TSP）

使一定体积的空气通过已恒重的滤膜，空气中悬浮颗粒物即被阻留在滤膜上。根据采样前后滤膜重量之差及采样空气体积即可计算出总悬浮颗粒物浓度。

TSP 采样可使用流量为 0.967～1.14 m^3/min 的大流量采样器，流量为 0.05～0.15 m^3/min 的中流量采样器，以及流量为 0.01～0.05 m^3/min 的小流量采样器。这些采样器的主要性能指标必须符合如下要求。

结构要求：大流量采样器采样口宽度为 4 cm±0.1 cm，采样口方向向下，沿采样器四周均匀分布。滤膜有效采样面积为 180 mm×230 mm，应有滤膜夹，便于更换滤膜。安放滤膜夹的边框应平整，不漏气。中、小流量采样器采样口应向下，空气进入采样口向上的行程 b 与采样口宽度 a 的比值 b/a=0.60～0.65。采样口宽度应均匀，要便于拆卸并具有良好的密封性。

采样口抽气速度规定为 0.30 m/s，气流垂直向上。当滤料负荷变化为 3.0～6.0 kPa、电源电压变化为±10%时，采样口抽气速度的相对变化不得超过±8%。

采样时间控制及计时要求：计时精度不低于 0.1%，时间的预置范围为 0～24 h，电源停电时，采样器计时装置能自动扣除停电时间，来电后能自动继续计时采样。

其他技术要求：采样器平均无故障时间，大流量的不低于 800 h，中、小流量的不低于 1 500 h。仪器噪声，大流量的不高于 70 dB（A），中、小流量不高于 65 dB（A）。采样器应能在−20～40℃环境中正常工作。在 10～35℃、相对湿度≤85%条件下，仪器对地的绝缘电阻值应不小于 20 MΩ。

采样前，每张滤膜均需用 X 光看片机进行检查，发现有针孔、皱褶、团块物或其他缺陷者，就应废弃。用软毛刷刷掉附在滤膜上的松散纤维或小颗粒等杂质。将合格的滤膜统一编号，号码不能印在滤膜有效面积上。将已编号的滤膜放在平衡室内，在温度 15～35℃、温差不大于 3℃，相对湿度小于 50%、变化不大于 5%的条件下平衡 24 h 后称重。将滤膜平放在滤膜袋（盒）内，带至现场。打开滤膜夹，将滤膜毛面向上置于网托上（网托事先用纸擦净），紧固滤膜夹螺母，盖上顶盖，开启采样泵，调节流量计到所需的流量值。5 min 后再读流量计的流量指示，直到流量稳定。采样结束前再读一次流量值，关闭采样泵，并记录采样时间、地点、流量、现场情况及气象条件等。取下顶盖，打开滤膜夹螺母，滤膜应无破损，样品轮廓界线清晰，否则，该样品应报废。小心用镊子取下滤膜，将滤膜收集面向内对折后放回滤膜袋（盒）内送实验室。

分析前，将滤膜取出在平衡室内平衡 4 h 后再称重。

（3）可吸入颗粒物（PM_{10}）

空气动力学当量直径小于 10 μm 的颗粒物称为可吸入颗粒物。其采样原理是：使一定体积的空气通过带有截留 10 μm 以上颗粒切割器的大流量采样器，或者通过带有撞击式挡板或小旋风式采样器的小流量采样器，小于 10 μm 的可吸入颗粒物被收集在已恒重的滤膜上。

滤膜准备、采样步骤均同总悬浮颗粒物。

3．质量保证

（1）采样装置的设置

距采样装置 10～15 m 范围内不应有炉窑、烟囱等局地污染排放源。监测周围应开阔，采样口水平线与周围建筑物高度的夹角应不大于 30°，采样口周围（水平面）应有 270°以上的自由空间。采样装置距绿化乔木或灌木绿化带的距离应大于 15～20 m。进行交通污染监测时，采样装置的进气口应朝向行车道一方。用两台或两台以上采样器做平行采样时，其间应保持一定距离以防止相互干扰。小流量采样仪器间距以 1 m 为宜，大、中流量采样器相互距离应在 2 m 以上。采集颗粒物时，采样头上应配有合适的入口，如双坡顶盖入口、风罩式入口或倒挂漏斗状具网罩入口等，手工采样法采集颗粒物样品时，采样头上必须罩上百叶箱。

（2）采样高度

二氧化硫、氮氧化物、总悬浮微粒及硫酸盐化速率的采样高度为 3～15 m，以 5～10 m 为宜。灰尘自然沉降量的采样高度 5～15 m，以 8～12 m 最为合适。采样口应与基础面有 1.5 m 以上的相对高度。

（3）多孔玻板吸收管（瓶）的筛选

多孔玻板吸收管（瓶）吸收效率的好坏，对测定结果影响很大，因此，新吸收管（瓶）使用前必须进行筛选，进行阻力试验和发泡试验。在用吸收管每年筛选一次。

① 阻力试验：小型多孔玻板吸收管内注入 5 ml 水，以 0.5 L/min 的流量抽气检查，阻力应为 4 000 Pa±667 Pa。

大型多孔玻板吸收瓶内注入 50 ml 水，以 2 L/min 的流量抽气检查，阻力应为 6 666 Pa±667 Pa（图 4-11）。

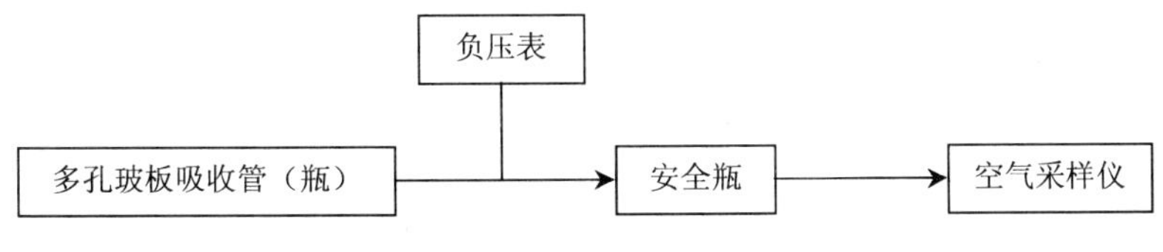

图 4-11 阻力试验装置示意图

② 发泡试验：将多孔玻板吸收管（瓶）内注入 5 ml（50 ml）水，先放松螺旋夹，打开空气采样器的流量旋钮，慢慢关紧螺旋夹，仔细观察吸收管（瓶）内出现最初几个气

泡的位置、大小及发泡面积分布。若 2/3 的面积产生均匀气泡且玻板边缘无气泡者为合格，若发泡面积小于 1/2 或最先出现气泡的位置是玻板边缘空隙，则不合格（见图 4-12）。

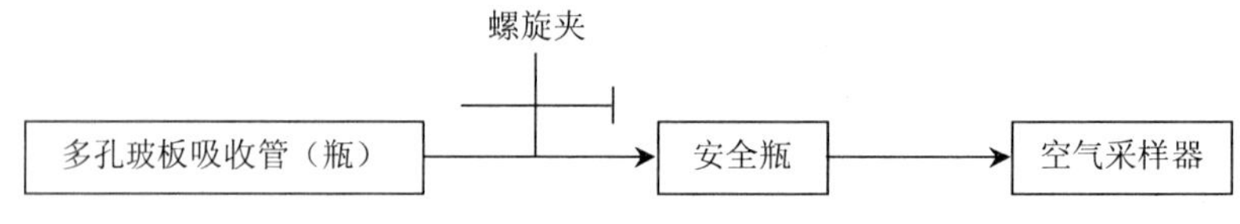

图 4-12 发泡试验装置示意图

（4）流量计校准

手工采样时，每次采样前必须对采样器的流量计用皂膜流量计或精度高一级的流量计校准，每季度不得少于一次。

校准流量计时应将流量计连接到采样系统中进行，使流量计校准状态和使用状态尽可能一致。

流量计算公式为：

$$Q = K \cdot \sqrt{\frac{\Delta P}{\rho}}$$

式中：Q——流量；

ΔP——量计中转子上下两端压力差；

ρ——空气密度；

K——常数。

从式中看出流量与转子两端压力差成正比，与空气密度成反比。当温度、压力发生变化时，将影响气体密度发生变化，流量计的读数将不能代表气体的真实流量。应予以必要的修正。

通常流量计是在 1 个大气压 101.325 kPa 下校准，使用时系统阻力增加。当系统阻力为 P，流量读数为 Q_p，校正到 1 个大气压下的流量 Q 为：

$$Q = \sqrt{\frac{101.3254 - P}{101.3254}}$$

一般气体采样收集器的阻力小于 7.999 4 kPa，经计算，流量误差小于 4%，不必校正。但当采样系统大于 7.999 4 kPa 时，应予以校正。

当流量计使用温度为 t、流量读数为 Q，校正到 20℃的流量 Q_{20} 为：

$$Q_{20} = \sqrt{\frac{273 + 20}{273 + t}}$$

当温度在 0～40℃范围时，温度产生的流量误差小于±3%。可以忽略不计。

但对流量作精确测量时，要求流量计的使用状态和标准状态尽量一致。差别很大时要校准。校准时可将流量计连接在采样系统中进行，这样可使流量误差减至最小。若差别不大，使用状态修正后的流量 Q_2'可以通过下式修正。

$$Q_2' = Q_2 \frac{T_2 P_1}{T_1 P_2}$$

式中：Q_2——使用时流量计的读数；

T_1、P_1——流量计校准时的绝对温度和压力；

T_2、P_2——流量计使用时的绝对温度和压力。

当需要将测量状态的流量换算成标准状态时，应用气态方程进行换算。

为保证流量测量的准确性，流量计管道中应保持清洁。

转子流量计读数时，应以转子直径的最大部分作为标记。

使用皂膜流量计校准流量时的注意事项：

预先用蒸馏水以重量法校准皂膜计管的体积，每次使用前必须清洗干净，并用皂液润湿，保证皂膜上升速度均匀。皂膜上升速度一般应小于 4 cm/s，以减少秒表计时误差。每个流量校准点皂膜通过的时间应大于 30 s 为宜，以减小计时误差。

三、污染源气体采样质量管理

1. 采样系统检查

污染源具有高温、高湿、污染物浓度高及腐蚀性强等特点。因此，对污染源监测采样系统各部分的性能要求与环境空气监测采样系统有很大差别。

污染源采样系统由采样管、样品收集装置、气体状态参数测量装置、采样器等四部分组成。

（1）采样管规格

采样管是采样时插入污染源气体管道的导管，其直径要求以不使尘粒在采样管内沉积及不产生太大阻力为原则，一般采用ϕ12 mm×2 mm 不锈钢管。气体采样管的样品收集装置在管道外部，为防止烟气中水汽在采样管内冷凝，采样管外部装有加热导管，头部有一填料过滤器，以防尘粒进入吸收瓶。尘粒采样管前端装有连接采样嘴的滤筒夹。为适应不同大小断面的烟道采样要求，尘粒采样管有 600 mm，1 200 mm，1 800 mm 等多种长度规格，如图 4-13 所示。

采样嘴是为了改变采样管口径，以适应尘粒等速采样需要及导流而装在采样管头部的配件。对采样嘴的质量要求是：其形状应以不扰乱吸气口内外的气流为原则；连接采样管一端的内径应与采样管完全吻合；内表面必须光滑，不应有急剧的断面变化；采样嘴的尖端夹角应制成小于 30°的锐角，嘴边缘的壁厚不能超过 0.2 mm；管嘴内径不应小于 5 mm（通常为 6 mm、8 mm、10 mm、12 mm）。

（2）样品收集装置的安装

① 颗粒物样品收集装置：颗粒物样品收集装置亦称集尘装置。采样的准确性与收集装置的效率关系很大，一般要求收集装置的效率达 99%以上。常用的收集装置有滤筒、小旋风集尘器、带滤膜的小旋风集尘器以及湿式冲击瓶等。

滤筒是用特定的滤料制成，当含尘气流通过时，在碰撞、拦截等作用下尘粒被捕集下来。滤筒在一定直径下具有较大的过滤面积，因此阻力小，有利于提高过滤效率。由于滤筒直径小，可直接放入烟道或排气筒内部，这就消除了外部采样法中因尘粒在较长采样管内沉积所产生的误差，并省去了为防止烟气中水汽在采样管内凝结所需的加热和保温装置，因此用滤筒采样不仅简单而且准确可靠，同其他集尘装置相比，具有许多优点。我国《锅炉烟尘测试方法》规定烟尘浓度采用等速采样滤筒过滤计重法测定。

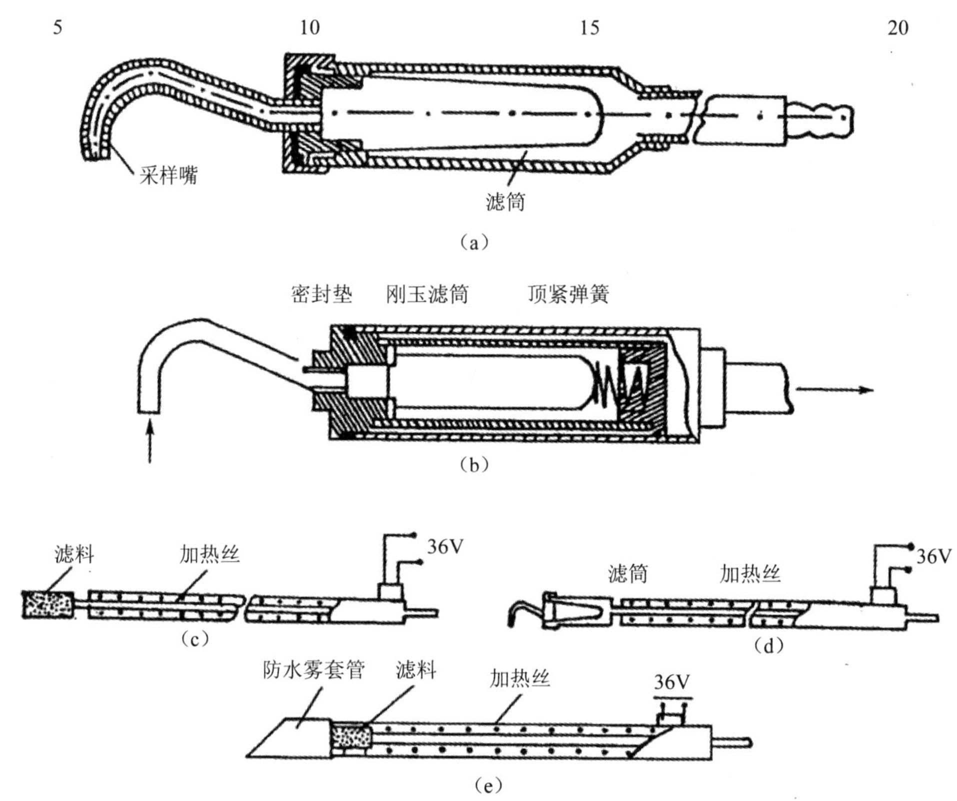

（a）玻璃纤维滤筒采样管；（b）刚玉滤筒采样管；（c）部分加热气体采样管；

（d）加热式滤筒采样管；（e）全加热防湿采样管

图 4-13 各式采样管

常用的滤筒有玻璃纤维滤筒和刚玉滤筒两种。玻璃纤维滤筒由无碱超细玻璃纤维制成。对粒径大于 0.3 μm 的颗粒，滤筒的捕集效率可达 99.99%。有时为了提高滤筒强度，在制作时加了少量胶合剂，称加胶滤筒，适于在 200℃以下的烟气中使用。不加胶合剂的适于在 200～500℃的烟气中使用，但强度不如加胶滤筒。使用时，滤筒装入滤筒夹后，由于入口处两个锥度相同的圆锥的夹压，可不漏气。在滤筒夹中还有一个直径比滤筒稍大的多孔不锈钢滤筒托，用以承托滤筒，以防破裂。

刚玉滤筒用白刚玉砂加有机填料在 1 280℃温度下烧结而成，能承受高温，宜在 500～800℃高温烟气中使用。由于滤筒本身不吸湿，称重时极稳定，测量含尘浓度很低的烟气也十分准确。使用时，需采用刚玉滤筒采样管，滤筒从滤筒夹底部插入，用支架底部的耐高温弹簧及螺母顶丝将滤筒顶紧到滤筒夹上。滤筒口部用细砂纸磨平，滤筒和滤筒夹交接处加石棉垫圈，以防漏气。

② 气体样品收集装置：气体样品的收集通常有玻璃筛板吸收瓶、大型冲击吸收瓶、

多孔玻板吸收管、大型气泡吸收管等。

玻璃筛板吸收瓶的容积为 250 ml 或 125 ml。进气管下端的玻璃筛板，孔径为 40～50 μm，离瓶底 5 mm。玻璃筛板吸收瓶适于 2 L/min 以下流量的采样，通常将两个吸收瓶串联使用。

大型冲击吸收瓶适于采集气溶胶状态的污染物，由于流量较大（15～25 L/min），往往要三级串联。大型冲击吸收瓶如图 4-14。

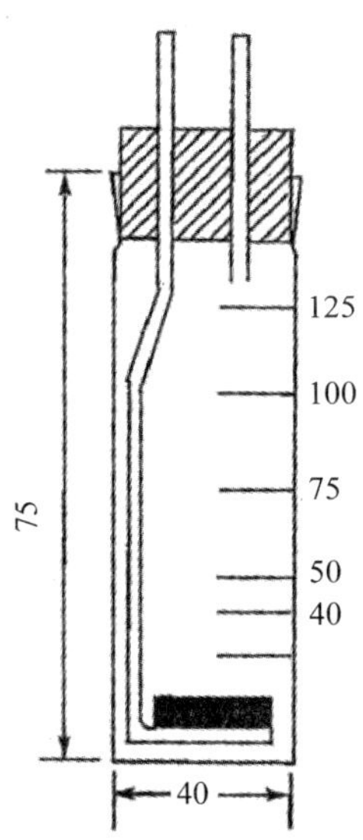

图 4-14　大型冲击吸收瓶

单位：mm

（3）气体状态参数测量装置

① 温度测量装置：污染源温度测量常用玻璃水银温度计和热电偶温度计。前者适宜在直径较小温度较低的管道内测量，此种温度计易破碎，已不常用；后者与测温毫伏计配合使用，其中镍铜-康铜热电偶适用于 800℃以下的温度测量，镍铬-镍铝热电偶适用于 1 300℃以下的温度测量。应注意，污染源气体温度是仪表读数和自由端环境空气温度之和。

② 压力测量装置：污染源气体的压力分静压、动压和全压。静压是指单位体积气体的势能，动压是指单位体积气体的动能，静压和动压之和则为全压。压力测量装置由皮托管和压力计组成。

标准皮托管：它是一个弯成 90°的双层金属同心管，其开口端同内管相通，用来测量全压。在其外管管壁靠近管头的位置有一圈小孔，用来测量静压。标准皮托管校准系数近似等于 1。因它的测孔较小，仅适用于较清洁的管道，或用它来校准其他类型的皮托管和流量测量装置。

S 形皮托管：它由两根同样的金属管组成，测端制成方向相反的两个相互平行的开口。出厂前已用标准皮托管校准，标明校准系数。当流速在 5～30 m/s 时，S 形皮托管由于开口较大不易被尘粒堵塞，可在颗粒物浓度较高、壁较厚的管道内侧压。在低流速的情况下，由于其断面较大，测量易受涡流和气流不均匀性的影响，灵敏度将下降。因此，在管道气流流速小于 3 m/s 时不宜使用。

U 形压力计：U 形玻璃管内注入一定量的液体便成 U 形压力计。注入的液体（通常是水、酒精或水银）不同，压力计的测压范围和精度也不同。U 形压力计使用时应保持垂直。U 形压力计的误差较大，故不适于测量微小压力，如测量烟气动压。

倾斜式微压计：倾斜式微压计由一个截面积较大的容器和一根截面积小得多的斜玻璃管连接而成。测压时，微压计的容器开口、斜管分别与测定系统中压力较高的一端和压力较低的一端相连，作用于两个液面上的压力差使液体沿斜管上升，读出斜管内液柱上升高度及斜管所在位置的修正系数，就可获得被测系统的压力。倾斜微压计用于测量 27 kPa（200 mmHg）以下的压力。由于它只需一次读数，比 U 形压力计的精度高。但是，当斜管与水平面夹角小于 3°时，测量精度反而下降。

③ 湿度测量装置：湿度测量装置随污染源气体含湿量测定方法的不同而异。

吸湿管：重量法测定含湿量时，湿度测量装置为一装有吸湿剂的 U 形吸湿管，吸湿剂上面充填少量玻璃棉。常用的吸湿剂有无水氯化钙、硅胶、氧化铝、五氧化二磷等。应注意选用只吸收污染源气体中水汽而不吸收其他气体的吸湿剂。

冷凝器：冷凝器用来凝结污染源气体中的水汽以减轻采样器中干燥剂的负担，同时测定气体的含湿量。冷凝器是一个带有进出气管和温度计的玻璃瓶。温度计用于测量出口处的露点温度。在外环境温度较高时，可用盘管冷凝器，并在盘管外填满碎冰，以加速水汽凝结。

采用干湿球温度计测量气体含湿量的采样系统一般不设冷凝器。

干湿球温度计：黄铜壳体内插两支量程为 0～150℃的玻璃温度计，其中一支的球部包上浸水纱布，便成干湿球温度计。测量时，应将干湿球温度计用一段短管连在气体加热采样管的后面，以免气体在到达干湿球温度计前冷凝而产生误差。当气体温度高于 150℃时，由于湿球温度计球部的纱布干得太快，因此不宜用此种温度计来测定气体的含湿量。

（4）采样器检定

固定污染源采样器是指各类烟气、烟尘采样器，主要由干燥器、流量计、采样泵三部分组成。由于进入流量计的气体温度较高，在流量计前安装温度计和测压装置，以便修正气体流量。所有采样器均应按 JJG 520—88，JJG 680—90 规定的技术性能指标，每年进行一次强制性检定。

2. 采集方法的选择

污染源气样采集：由于污染源气体在管道内分布比较均匀，且无惯性影响，不需等速采样，可在管道中心采样。

固定污染源气体采样系统通常由加热式气体采样管或加热式滤筒采样管、样品捕集装置、烟气采样器组成。根据采气量的大小，有吸收瓶采样系统和注射器采样系统两种形式。前着适于采集 3 L 以上体积的气体，后者用于采集少量气体。

（1）吸收瓶采样法

吸收瓶采样系统如图 4-15 所示。

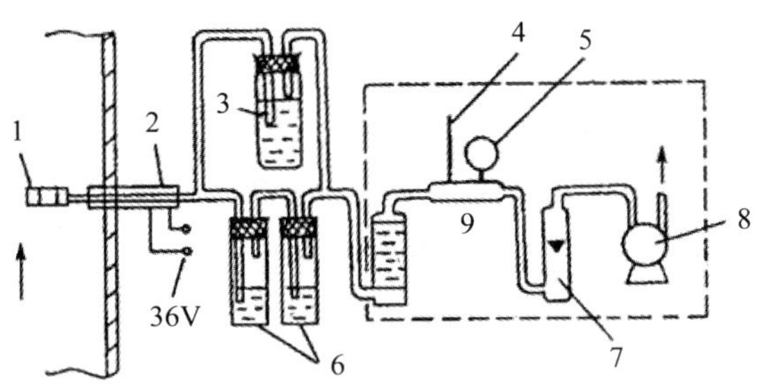

1-滤料；2-加热采样管；3-旁路吸收瓶；4-温度计；5-压力计；

6-吸收瓶；7-流量计；8-抽气泵；9-干燥瓶

图 4-15　吸收瓶采样系统

采样前应清洗采样管，更换滤料，并检漏，将采样管预热到所需温度，插入管道中心位置。用旁路吸收瓶吸收采样管路中的空气 3～5 min 后开始正式采样。将三通阀接通吸收瓶，调节采样流量至需要的值。记下流量计读数和流量计前气体的温度和压力。

如无旁路吸收系统，可用一个吸收瓶接到管路内，采样 5～10 min 后，用止水夹将采样管出口连管夹死，更换吸收瓶正式采样。采样完毕，在关闭抽气泵的同时，应切断管路，使采样管不与吸收系统相通，防止由于管道负压将吸收瓶内的吸收液倒抽入管道。

（2）注射器采样法

注射器采样系统采样体积较小，适于在管道正压端采样。采样时注射器只需抽气一次，不必反复抽吸。注射器采样系统如图 4-16。

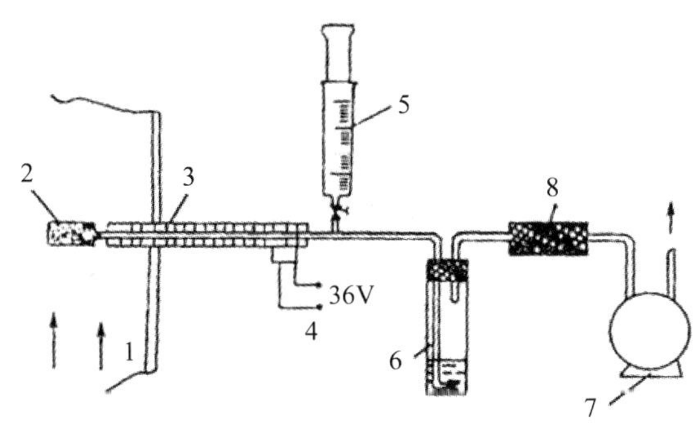

1-烟道；2-滤料；3-加热采样管；4-加热电源接头；5-注射器；

6-吸收瓶；7-抽气泵；8-活性炭过滤器

图 4-16　注射器采样系统

采样前更换滤料，清洗并预热采样管，检查注射器筒和活塞之间是否严密。将注射器安装在采样系统中，关闭注射器阀门，以 1 L/min 的流量抽气 3～5 min，以充分置换采样管路内的空气。打开注射器阀门，慢速抽气达所需的气体体积后关闭注射器阀门。取下注射器，冷却至室温，读出注射器的采气量，并记下室温，将注射器垂直带回实验室。

污染源颗粒物的采样，包括固态颗粒物与液态颗粒物的采集。尽管气溶胶中固、液态颗粒物的性质不同，粒径分布各异，但它们的采样原理、采样质量保证要点及采样方法基本相同。污染源颗粒物样品的采集、污染源气流流量的瞬时波动是造成采样误差的主要原因。为了取得有代表性的污染源颗粒物样品，进入采样嘴的气流速度必须和该点气流的速度相等，这一条件下的采样称为等速采样。采样速度与管道内气流速度相差不得超出 5%～10%。

为保证颗粒物顺利通过采样嘴进入采样器，要求采样嘴轴线与气流流向的偏角不得超过 5°。采样嘴直径有 6 mm、8 mm、10 mm、12 mm 等规格，以供在不同气流速度下选用。为获得有代表性的数据，每个测定断面采样次数不得少于 3 次，每个测点连续采样时间不少于 3 min，每个污染源所采集样品累计的总采气量不得少于 1 m^3。

常用的等速采样方法有预测流速法和瞬时压力零点平衡法两种。

1）预测流速法

预测流速法是在采样前测出管道断面各点的流速，根据选定的采样嘴直径，计算出各点的采样流量进行等速采样。测定高温、高湿气污染源中颗粒物时，还要进行温度、压力和含湿量的测量，并根据这些参数计算等速采样流量及标准状态下干烟气流量。其步骤：

① 滤筒处理：滤筒用铅笔编号后，玻璃纤维滤筒在 105～110℃烘箱内烘 1 h，若滤筒在 300℃以上烟气中使用，则在 400℃马弗炉中烘 1 h；如用刚玉滤筒，先用细砂纸将筒口磨平，置 400℃马弗炉中烘 1 h。滤筒从烘箱中取出置干燥器内冷却 40 min 后称重，放入盒内备用。

② 检漏：开启采样泵，使负压表指示为 6.7 kPa。迅速将系统进、出口橡皮管同时夹紧，关闭采样泵，1 min 内压力下降不得超过 133 Pa。

③ 测温：将温度计插入管道中心位置，待温度指示稳定后读数。

④ 测压：根据采样管道断面大小，确定采样点位，并在皮托管和采样管上做好标记。当被测压力大于 27 kPa（200 mmHg）时，用 U 形压力计测量；当被测压力小于 27 kPa 时，用倾斜式微压计测量。

现以倾斜式微压计为例，说明皮托管孔口位置与压力计连接方法。将倾斜式微压计调至水平，排除斜管液柱内的气泡，置斜管于一定的角度，将液面调至零点。

用标准皮托管和微压计测全压时，在正压管段，皮托管内管的引出管与微压计容器开口端相连，微压计斜管端与大气相通。在负压管段，皮托管内管的引出管与微压计斜管相连，容器开口与大气相通。测静压时，在正压管段，皮托管外套管的引出管与微压计容器开口端相连，微压计斜管与大气相通；在负压管段，皮托管外套管的引出管与微压计斜管相连，微压计容器开口端与大气相通。测动压时，无论在正压还是负压管段，皮托管内管的引出管均与微压计容器开口端相连，皮托管外套管的引出管均与微压计的斜管相连。用 S 形皮托管测动压时，皮托管面对气流的引出管与微压计的容器开口端相连，背向气流的引出管与微压计的斜管相连，如图 4-17 所示。

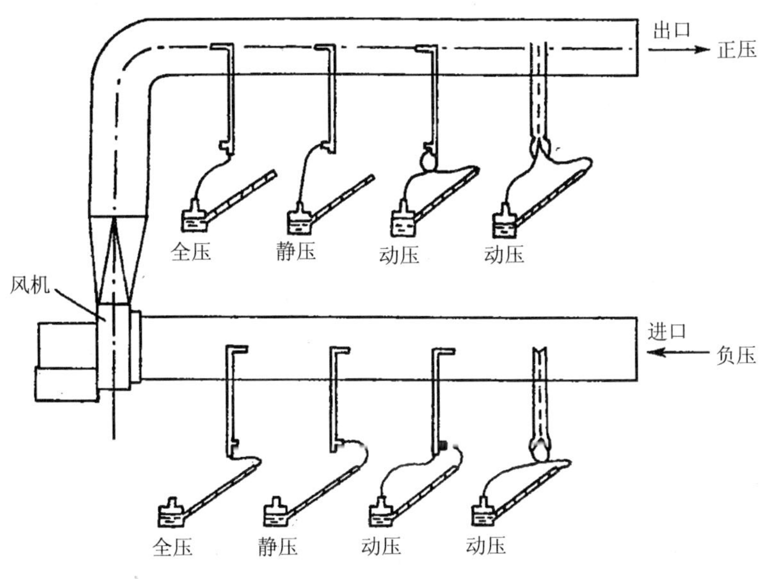

图 4-17　测压连接方法

打开管道测孔，将皮托管头部插入测定位置，管嘴尽可能对准气流的流向，压力值应取三次测量读数的平均值。

⑤ 含湿量测定：重量法测含湿量时，将已准确称重的两个吸湿管串联，接在气体加热采样管和采样器之间。将采样管插入管道中心位置，预热数分钟后，打开吸湿管阀门，以 1 L/min 的流量抽气，当吸收水汽量大于 10.0 mg 后，关闭吸湿管阀门，取下吸湿管，擦去表面附着物，称重。

用冷凝法测定含湿量时，将冷凝器连接在滤筒加热采样管和采样器之间，将冷却水管连接到冷凝器冷水进口，或将小冰块与水的混合物直接放入冷凝器中，将采样管插入管道中心位置，使管嘴背向气流，以 20 L/min 左右的流量抽气。采样时间应使冷凝器中的冷凝水量在 20 ml 以上。记下冷凝器出口饱和水汽温度、流量计读数和流量计前的温度、压力。采样结束后，将凝结在采样管和连接管内的水滴倒入冷凝器中，用量筒测量冷凝水体积。

干湿球温度计测湿法是使污染源气体以一定速度流过干湿球温度计，根据干湿球温度，计算污染源气体的水汽含量。测量时，将干湿球温度计连在加热采样管和采样器之间，使气体以大于 2.5 m/s 的速度先后流过干湿球温度计，待温度指示稳定后读数。

⑥ 样品采集：根据测定的各项参数，计算管道各测点气体流速，选择一定直径的采样嘴，计算各测点等速采样时流量计读数。将准备好的滤筒装入采样管、采样管插入管道第一个采样点，使采样嘴对准气流方向，开动抽气泵，迅速调好该点等速采样流量，开始采样。由于尘粒在滤筒上聚集，阻力逐渐增大，需随时调节流量以保持等速条件，并记录流量计前的温度、压力及采样时间。第一点采样结束后，立即将采样嘴移到第二点，同时迅速调节好该点的等速采样流量，进行采样。依此类推，每点采样时间不少于 3 min，各点采样时间应相等。

采样结束时，速将采样嘴背向气流，在调小采样器流量而关机之前取出采样管。注意采样嘴不能倒置，以免尘粒倒出。轻轻敲打管嘴并用毛刷将附着在管嘴内的尘粒刷到滤筒中，用镊子取出滤筒，放回盒中保存。每次至少采集 3 个样品，取平均值。采样结束后再测量一次各测点的流速。如与采样前的流速相差 20%以上，样品作废，应重新采样。

2）瞬时压力零点平衡法

当管道内气流波动较大，不易测定气流速度时，可用等速采样管采样。利用瞬时压力平衡原理制成的等速采样管，当烟气流速在 4～24 m/s 的范围内时，等速精度为±50%。

应注意，等速采样管是利用压力平衡而不是用采样流量来指示等速情况的，采样流量不断变化，因此，不是使用瞬时流量计而是采用累计式流量计测量采样气体体积的。

用等速采样管采样时，可直接将采样管插入烟道，通过调节流量，使压力处于平衡状态，实现等速采样。等速采样法虽操作简便，但尘粒浓度高时，测压孔易堵塞，在 3 m/s 以下流速使用时，易产生较大误差。

3．保存和运送

气体样品中的待测组分，由于其浓度极低，易被吸附在采样容器的内壁上。有些成分还能穿透塑料袋或球胆壁而逃逸损失。有些易吸收水分形成气溶胶而凝聚。因此，一般说来，气体样品是不能长期存放的，采样后应在短时间内进行测定，用直接法采集的样品需立即（在 2～3 h 内）测定。

用溶液吸收法、滤膜法或固体吸附法采集的样品，相对比较稳定，一般可以存放数小时到一周，其中用溶液吸收法采集的样品保存时间较短，一般应在当天分析。用滤膜法或固体吸附法采集的样品可保存数天之久。

采样时，应认真填写采样记录，包括测点名称，采样日期（时间）、测定项目、流量和采样时间（时、分）、气温和大气压、吸收液体积等有关参数，以利于正确计算结果和填写分析报告。

当用溶液吸收法采样时，要将吸收瓶放在专用的采样箱中。采样箱的尺寸类似于保健药箱的大小，一般每箱可放 10 只采样瓶。采样记录要随样品放入采样箱中，一并送交实验室。

分析人员在接收样品时，要仔细校对样品和采样记录，确认正确无误后，方可签收。

4．质量保证

（1）采样时对工况的要求

运行三年以内的工业锅炉，应在额定出力的情况下测试；运行三年以上的锅炉，应在额定出力 85%以上的情况下测试。工业炉窑的测试在满负荷下进行。其他生产设备应在正常生产情况下进行测试。

为保证采样具有代表性，必须有专人负责监督工况，厂方应积极配合，保证测试时间的工况要求并保持相对稳定。

（2）采样点位

应符合规范要求，优先考虑垂直管段，保证抽取的烟尘样品具有代表性，若达不到规范要求时，应适当增加采样孔和测点数。

在稳定工况下，自一个采样位置采集的样品数不得少于 5～6 个，每个样品的相对误差不超过±15%。对于工况不稳定的，应自始至终采样。

（3）采样嘴的形状及尺寸

采样嘴制成锐边渐缩形对气流流线的破坏程度最小，锐边锥度以 30°为宜。采样嘴的内径不能过小，以防把大颗粒排斥在外或得不到足够烟气体积的样品。但也不可过大，否则在现有抽气动力下达不到等速采样要求。因此采样时采样嘴的选择十分重要。

（4）采样速度

当采样速度（V_n）与污染源内气流速度（V_s）相差在−5%～1%范围内，引起的采样误差可略去不计。当 $V_n>V_s$ 时，采样结果浓度低于实际浓度。当 $V_n<V_s$ 时，采样结果浓度高于实际浓度，实践证明，采样速度高于气流速度造成的误差比低于气流速度时小些。

为保证烟尘等速采样，采样时皮托管和采样嘴必须对准气流，偏差不得超过 5°；采样过程中，应经常检查和调节流量；采样后应重复测定流速，当采样前和采样后流速相差大于 20%时，样品作废，重新采样。

烟尘流速、流量等参数的测定，操作要符合规范要求，保证测定值的准确度。

（5）烟尘或粉尘

各点采样时间应不少于 3 min，总采尘量不低于 20 mg，当采集低浓度工业粉尘时，总采尘量不低于 5 mg。

（6）对周期性非稳定排放源

为保证样品具有代表性，对周期短的，要连续测定一个周期以上，以一个周期作一个测定值；对周期长的，根据周期性排放特点，应分段采样，按同一周期内测定的不同值，用时间加权法取其平均值。

第四节　土壤固废物采集质量管理

土壤是指陆地上能生长作物的疏松表层，是由固、液、气三相组成的，其主体是固体，具多孔体的机械截留、吸附和生物吸收性，容易接收环境中的各类污染物，且流动、迁移、混合比较困难。沉积物是矿物、岩石、土壤的自然侵蚀产物、生物过程的产物、有机质的降解物、污水排出物和河床母质等随水流迁移而沉积在水体底部的堆积物的统称。其中蓄积了各种各样的污染物，显著地表现出水环境的物理、化学和生物学的污染现象，能记录给定水环境的污染历史，反映难以降解的污染物的累积情况。固体废弃物是生产、生活和其他活动中产生的污染环境的固态、半固态废弃物。侵占土壤、污染环境，这些样品都具有不均匀性和复杂性。所以，一般认为土壤、沉积物、固废物的采样误差对结果的影响往往大于分析测定误差。要获得代表性样品，土壤固废物的采集管理不可忽视。

一、土壤样品采集质量管理

土样的采集地点、层次、方法、数量和时间等依其分析监测的目的决定。对于土壤污染情况的监测，在布点采样前，首先要做调查了解，要调查监测地质的自然条件（包括母质、地形、植被、水文、气候等），农业生产情况（包括土地利用、作物与产量、耕作、水利、肥料、农药等）、土壤性状（包括土壤类型、层次特征、分布及农业生产特性等）以及污染历史及现状（通过水、气、农药、肥料）等途径以及矿床的影响度进行调查研究。在调查研究的基础上根据需要和可能布设采样地点，以代表一定面积的地区或地段，并挑选一定面积的对照地区或地段，布置一定数量的采样点。每个采样点实际上是一个采样测定单位，它更应具体代表它所在的整个地块的土壤。由于土壤本身空间分布上具有一定的不均一性，应多点采样，均匀混合，以使土壤样品具有代表性。在同一个采样测定单位里，如面积不大，在 1 300～2 000 m^2（2～3 亩）以内的，可在不同方位上选 5～10 个具有代表性的采样点。采样点的分布应尽量照顾土壤的全面情况，不可太集中。土壤样品的采集方法很多。根据监测目的不同选择不同的方法。土壤背景值监测一般采用网格布点采样。土壤污染状况监测，根据污染状况及污水流向可分别选用对角线法（a）、梅花形法（b）、棋盘法（c）或蛇曲形法（d）等，如图 4-18 所示。

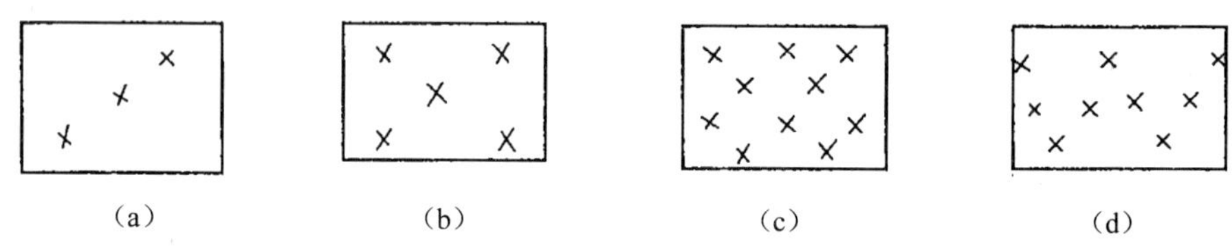

图 4-18　采样方法

1．对角线法

适宜于污水灌概或受污染的水灌溉的田块采样，其方法是由田块进水口向对角线引一斜线，将此对角线三等分，以每等分的中央点作为采样点。每一田块虽只有三个点，但应根据监测目的、田块面积的大小和地形等条件做适当变动。

2．梅花形法

适宜面积较小，地势平坦，土壤较均匀的田块，一般采样点在 5～10 个。

3．棋盘式法

适宜于中等面积，地势平坦，地形完整，但土壤较不均匀的田块，一般采样在 10 个点以上。这种方法也适用于固体废物污染的土壤，因固体废物分布不均匀，采样点酌情增减。

4．蛇曲形法

适用于面积较大，地势不太平坦，土壤不够均匀，采样点较多的田块。土壤中某些有害物质含量达到一定数量时，对作物生长产生影响，在采样前，要全面观察田间作物生长发育情况，按其形态特征，结合土壤、灌溉、施肥、施用农药等情况划分不同类型的地段，分别布点进行样品采集，最后予以混合作为一个样品进行测定。

如果只是一般了解土壤污染情况。采样深度只需取 20 cm 耕层土壤和 20～40 cm 耕层以下的土壤。如果需要了解土壤污染的深度，则应按土壤剖面层次分层取样。其次序由下而上。如果测定金属，应将与金属采样器接触部分弃去。或者使用非金属材料的采样器，常用的采样工具有土钻、取样筒、小型铁铲等。另外还备有金属制成或竹制的刮刀、镊子等。

采样量视测定项目而定。可以对每一采样点分别测定，但更多是采用多点混合土样。一般要求在每一采样点采样 1 kg 左右。对多点采集的混合样可反复按四分法弃取。最后留下所需的土量。

土壤的采样时间应根据调查的目的和污染特点确定。如果调查测定土壤的物理、化学性质，不一定考虑季节的变化，只是对于农耕地要避开种植期。如果调查土壤生物，则随季节变化很大。所以有必要分季节采样检验，如果调查气型污染，至少应每年取样一次。调查水型污染，可在灌溉前和灌溉后分别取样测定。如果为了观察农药污染，可在用药前及植物生长的不同阶段或者作物收获期与植物样品同时采样测定。

二、固体废物样品采集管理

为了使采集的样品具有代表性，在采集前要调查研究生产工艺过程、废物类型、排放数量、废物堆积历史，危害程度和综合利用情况等。如果采集有害废弃物则应根据其有害特性采取相应安全措施。连续的或间断的排放的新鲜固体废弃物，可分批采集等量的单个样品/混合成平均样品。陈旧的固体废弃物根据堆积时间、堆积方式等具体情况，多层多点采集等量的单个样品，混合成平均样。或按照不同时期废物量的多少按比例采样。

常用的采样工具有尖头钢锹、钢尖镐（腰斧）、采样铲（采样器）和具盖采样桶或内衬塑料的采样袋。

1. 采样程序

（1）根据固体废物批量的大小确定应采份样的个数（由一批废物中一个点或一个部位，按规定量取出的样品称为份样）。

（2）根据固体废物的最大粒度（95%以上能通过的最小筛孔尺寸）确定份样量。

（3）根据采样方法，随机采取份样，合在一起，组成总样，然后再进行样品制备。

表 4-7　批量大小与最少份样

批量大小（液体/10^3 L；固体/t）	最少份样个数
＜5	5
5～50	10
50～100	15
100～500	20
500～1 000	25
1 000～5 000	30
＞5 000	35

2. 份样数与份样量

按表 4-7 确定应采份样个数以及确定每个份样应采的最小质量。所采的每个份样应大致相等，其相对误差不大于 20%。流态的固体废物的份样量以不小于 100 ml 的采样瓶（或采样器）所盛量为准。

3. 废渣堆采样

在废渣堆侧面距堆底 0.5 m 处画一横线，然后每隔 0.5 m 画一条横线；再在横线上每隔 2 m 画一条垂线，其交点作为采样点（图 4-19）。

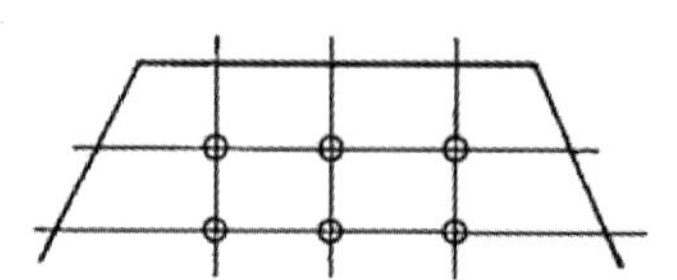
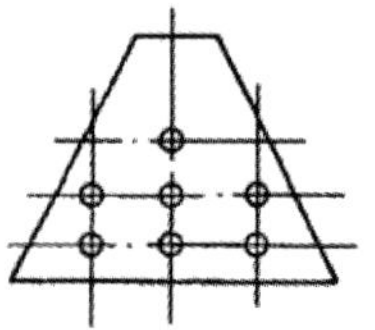

图 4-19 废渣堆中采样点的分布

按表 4-7 确定的份样数确定采样点数。在每点上从 0.5～1 m 深处各随机采样一份。

重量不大于 50 t，粒度不大于 50 mm 的废渣采样，一般将其堆成锥形，然后压成饼状。重复三次，最后将饼分成四份，弃去对角的两份，继续重复上述过程，直至达到新要求的最小样重，如图 4-20 所示。

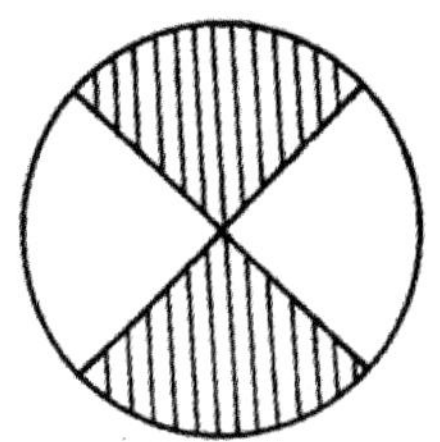
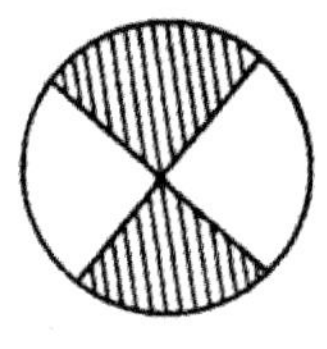
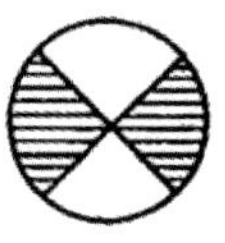

图 4-20 四分法缩分示意图

对流动废渣样品，可用容器在流动废渣运转线上连续或周期的截取部分试样，再把所采集的试样混合成一份原始试样。

单个样品的采集量一般为 1 kg，采样时要注意工具和容器的清洁，以及所用材料是否会影响测定结果。防止工具、容器和样品及样品之间的互相污染。含水分多的泥状样品应装聚乙烯瓶内，而坚硬块状样品应装布口袋内，并贴好标签。

三、固体样品运输保存要求

固体样品的运输方法大体与水样相同，如不能立即运回实验室，应将样品放在阴凉处或放有冰块的隔热箱内。但必须防止融化的冰水进入样品袋内。样品送交实验室时，必须按规定填写送样单一式三份。其中一份由采样人负责保存，两份交实验室备查，送样、收样人都必须同时在送样单上签名负责。一般监测项目，如总汞、有机汞、铜、铅、锌、铬、砷、硒等都必须用风干样品进行测定，不能用曝晒和高温下烘干的样品，因此样品保存管理中要注意：

（1）风干

要选择通风良好、干燥、干净的实验室风干样品。室内摆好样品架，并按样品的多少准备搪瓷盘或塑料盘。样品盘必须预先用洗涤剂刷洗干净，清水漂洗后，用稀硝酸清洗两次，再用清水漂洗干净、晾干。在盘的外壁贴上标签、标签的内容与样品瓶的一致，也要用防水墨水或碳素铅笔填写。

（2）拣样

按顺序将样品袋（瓶）中的样品分别倒入盘中（一个盘只能装一个样品），残留在瓶中的样品，可用干净的玻璃棒挑入盘中。拣出石块、贝壳、杂草等杂物，将样品在盘中均匀地摊成薄层。检查盘与袋（瓶）的标签是否一致，然后将盘放在样品架上让样品自然风干。要防止阳光直射和尘埃落入，在风干过程中还要定时翻动并将大块捣碎。

（3）捣碎

将风干样品摊在有机玻璃板上（厚度 5～10 cm），用有机玻璃棒捣碎，再剔除碎石和动植物残体。过 40 目筛，弃去筛上样品。

（4）缩分

将筛下样品用四分法反复缩分，得到所需数量的样品。

（5）过筛

将缩分后的待分析样品置于玛瑙研钵中（不能用其他材质的研钵）手工或机械研磨，使样品全部通过 100 目筛。如果样品需要分析金属项目，网筛的材质必须是尼龙的或塑料的，不能用金属网筛。

（6）保存

把过筛后小样品反复搅拌均匀，然后放入预先清洗、烘干并冷却后的小磨口玻璃瓶中，塞紧后，贴上标签放在阴凉处，尽快分析。标签内容与原样瓶和盘上的标签相同。另外增加制备日期和监测项目两项。

第五节　生物样品采集质量管理

生物样品种类繁多，采集方法也不同。主要有细菌采样、浮游植物采样、浮游动物采样、底栖动物采样、陆生植物、动物采样管理。

一、细菌样的采集管理

在饮用水、水源水、地表水和各种工矿企业废水、生活污水中细菌监测采样，预先要备好经高温灭菌过的采样瓶，然后在采样点按照细菌样的采样要求进行采集。

1. 采样瓶选备

通常用 500 ml 带磨口塞的广口瓶。也可使用带螺旋帽的耐热塑料瓶（聚乙烯）。螺旋帽必须配以氯丁橡胶作衬垫。

采样瓶洗涤干燥后，用防潮纸或干净报纸将瓶颈包扎好，于 160℃干热灭菌 2 h 或用高压蒸汽灭菌器 121℃灭菌 15 min。塑料采样瓶则不能使用高温灭菌，应浸泡在 0.5%的过氧乙酸溶液中 10 min 进行消毒。灭菌或消毒好后，可供采样用。如采样瓶两周内未使用，需重新灭菌。

2. 采样方法选择

（1）样品中含有杂氯时应加入脱氯剂。即在灭菌前向 500 ml 采样瓶内加入 0.3 ml 10%硫代硫酸钠溶液。当样品中铜锌等重金属含量很高时，应加螯合剂，即在灭菌前向 500 ml 采样瓶中加入 1 ml 15%的乙二胺四乙酸二钠（$EDTA\text{-}Nat_2$）溶液。

（2）直接采取地表水表层水样时，打开瓶塞，先将瓶口朝下迅速浸入水中，距水面 0～15 cm，再把瓶口转向来水方向，使水灌到瓶内。采好后，加上瓶盖和覆盖纸。采样后，采样瓶内上部应留有一定空隙，以使检验前充分混匀水样。

用采样器采样时，将灭菌的水样瓶放入架内。将采样装置放入水中。到达预定深度后，打开瓶塞，待水样灌好后，松开瓶塞的软绳，盖上瓶塞。再将整个装置提出水面。

采取自来水样时，先用酒精灯将水龙头烧灼消毒，再将水龙头完全打开，放水数分钟，然后取样。

（3）在同一采样点，要同时采几瓶水样时，供水质细菌学检验的水样应先采取，否则样品可能被污染。采样前，不得用水样涮洗采样瓶。于水面下 10～15 cm 处采样，不必装满。

（4）采样瓶上应贴好白胶布，编好水样号，并记录下采样条件。填入表格内。采样后的水样应在 2 h 内进行检验，否则即使冷藏保存也不能超过 6 h。

3. 标注限值参照

样品采集质量也可用不同水质、不同功能、细菌数的标准限值范围来反推采样质量，如出现极大或极小值，提出采样是否有问题，见生物采样质量标准范围标准限值表及环境标准中常规菌群限值表。如表 4-8。

表 4-8 我国环境标准中常规菌群限值

标准名称	标准编号	项目	数值	要求
（一）水质标准				
地表水环境质量标准	GB 3838—2002	粪大肠菌群数	Ⅰ≤200 Ⅱ≤2 000 Ⅲ≤1 万 Ⅳ≤2 万 Ⅴ>4 万	
地下水质标准	GB/T 14848—93	细菌总数 总大肠菌群数	Ⅰ≤100 Ⅱ≤100 Ⅲ≤100 Ⅳ≤1 000 Ⅴ>1 000 Ⅰ≤30 Ⅱ≤30 Ⅲ≤30 Ⅳ≤100 Ⅴ>100	
生活饮用水卫生标准	GB 5749—2006	细菌总数 总大肠菌群数	≤100 个/ml 不得检出	
饮用天然矿泉水	GB 8537—1995	细菌总数 大肠菌群数	<5 个/ml 0 个/ml	<50 个/ml（灌装水）
海水水质标准	GB 3097—1997	大肠菌群数 粪大肠菌群数 病原体	≤10 000 个/L ≤2 000 个/L	供人生食的贝类养殖水质≤700 个/L 供人生食的贝类养殖水质≤140 个/L 供人生食的贝类养殖水质不得含有
渔业水质标准	GB 11607—89	总大肠菌群数	≤5 000 个/L	贝类养殖≤500 个/L
农田灌溉水质标准	GB 5084—92	粪大肠菌群数 蛔虫卵数	≤10 000 个/L ≤2 个/L	
景观娱乐用水水质标准（2000 年废止）	GB 12941—91（由 GB 3838—2002 代替）	总大肠菌群数 粪大肠菌群数	≤10 000 个/L ≤2 000 个/L	适用于天然浴场或其他与人直接接触的景观娱乐水体
人工游泳池水质标准	GB 9667—88	细菌总数 总大肠菌群数	≤1 000 个/ml ≤18 个/L	
生活杂用水水质标准	CJ 25—89	总大肠菌群数	≤3 个/L	

标准名称	标准编号	项目	数值	要求
（二）污水排放标准				
污水综合排放标准	GB 8978—1996	粪大肠菌群数	≤500 个/L（一级标准） ≤1 000 个/L（二级标准） ≤5 000 个/L（三级标准）	医院（＞50 张病床）、兽医院及医疗机构含病原体污水
		粪大肠菌群数	≤100 个/L（一级标准） ≤500 个/L（二级标准） ≤500 个/L（三级标准）	传染病医院、结核病医院污水
肉类加工工业水污染物排放标准	GB 13457—92	大肠菌群数	≤5 000 个/L	
医院污水排放标准	GBJ 48—83	总大肠菌群数	≤500 个/L（消毒处理后）	连续三次各取样 500 ml，不得检出肠道病原菌和结核杆菌
城镇污水处理厂污染物排放标准	GB 18918—2002	粪大肠菌群数	≤1 000 个/L（一级标准 A 标准） ≤10 000 个/L（一级标准 B 标准） ≤10 000 个/L（二级标准） 无要求（三级标准）	
污水海洋处置工程控制标准	GB 18486—2001	大肠菌群数 粪大肠菌群数	≤100 个/L ≤20 个/L	
（三）固体废物处置标准				
城镇垃圾农用控制标准	GB 8172—87	大肠菌值 蛔虫卵死亡率	$\geq 10^{-1} \sim 10^{-2}$ ≥95%～100%	
生活垃圾填埋污染控制标准	GB 16889—1997	大肠菌值	$\geq 10^{-1} \sim 10^{-2}$	
医院污水排放标准	GBJ 48—83	大肠菌值 蛔虫卵死亡率	$\geq 10^{-2}$ ≥95%	污水污泥无害化处理标准
畜禽养殖业污染物排放标准	GB 18596—2001	粪大肠菌数 蛔虫卵死亡率	$\leq 10^{-5}$ 个/L ≥95%	废渣无害化处理标准

二、浮游植物的采集管理

常在水体污染的生物群落监测中根据浮游植物在不同污染带中出现的物种频率或相对数量来监测水的污染程度。对浮游植物样品采集要求主要是：采水器、采样层次、定量采集、定性采集和标本固定。

1. 采水器选备

浮游植物的采样，可采用有机玻璃采水器（使用时注意先夹住出水口橡皮管，再将两个半圆形上盖打开，让采水器沉入水中，底部入水口则自动开启。下沉深度应在系绳上有所标记，当沉入所需深度时，即上提系绳，上盖和下入水口自动关闭，拉出水面后，不要碰及下底，以免水样泄漏。将出水口橡皮管伸入容器口，松开铁夹，水样即流入容器）。

2. 采样层次划分

一般常规生物监测，河流宜在水面下 0.5 m 左右采样，可不分层取样。在湖泊、水库采样，若水深不超过 2 m，一般可仅在表层取样，若透明度很小，可在下层加取一样，并与表层样混合制成混合样，对于透明度较大，水又较深的地方，可按表层、透明度的 0.5 倍处、1 倍处、1.5 倍处、2.5 倍处、3 倍处各取一样，再将各层样品混合均匀后从混合样中取一样，作为定量样品。

3．定量标本的采集量

用采水器采水，一般采水 1～2 L，若浮游植物密度过低，应酌情增加采水量。

4．定性标本的采集

用 25 号浮游生物网（网孔大小为 0.064 mm），在水面和 0.5 m 深处以每秒 20～30 cm 的速度作α形循回缓慢拖动（网内不得有气泡）约 3 min（视生物多寡而定）。

5．标本固定

除非留着进行活体观察的样品（这种样品不应太浓，不应完全充满容器，并应在 3 h 以内镜检），其他定性、定量样品都应加防腐剂固定。建议用鲁哥（Lugol）氏液（40 g 碘溶于含碘化钾 60 g 的 1 000 ml 溶液中）。一般在 1 000 ml 样加 15 ml 鲁哥氏液。为防止样品退色，样品应保存于暗处，或 1 000 ml 样中加 1 ml 饱和硫酸铜溶液。

用做长期保存的样品，在实验室内浓缩至 50 ml（见浮游动物部分），补加 1 ml 40%左右的甲醛，密封保存，并应加贴标签，最好样品瓶内也放一同样标签。

6．现场记录

所有样品都应编号，并就采样时间、地点、深度、采样量等进行记录，或将样品贴上注有上述内容的标签。

若在现场进行活体观察，应记录观察到的种类，特别是固定时容易变形的种类，如隐藻（cryptomonas）、衣藻（chlamgdomonas）、单鞭金藻（chromulina）等。

三、浮游动物的采集管理

常根据水体中浮游动物，如轮虫、鞭毛虫类、水蚤类、环旋轮虫类、贝类、鱼类等生物物种的存在与否、群集程度划分污水生物体系，确定不同污染程度。浮游动物采样同浮游植物，用有机玻璃采样器。采水层次同浮游植物采样。但注意浮游动物的群集性较浮游植物明显，采样量视生物的多寡而定。原生动物、轮虫和未成熟的微小甲壳动物，采水量一般 1～5 L。若需定量采集甲壳动物，建议用 13 号网过滤更多的水。

1．定性标本的采集

原生动物和轮虫，用 25 号网，甲壳动物用 13 号网，捞 3 min 左右（视生物多寡而定）。

2．标本固定

除非留待活体观察的样品，所有样品都应固定。原生动物和轮虫，每升水样加 15 ml 鲁哥氏液固定，甲壳动物加 5%甲醛固定。

3．活体观察与记录

原生动物和轮虫的分类，应进行活体观察（现场或回实验室），并应做好记录。进行活体观察时，可在盖片沿边滴一小滴 1%硫酸镉，仅以麻醉为度，并随时将多余的硫酸镉用滤纸吸掉。

留着进行活体观察的水样，不能太浓，并且只能充满容器的一半，不能接触固定剂及其他化学药品，在 2～3 h 内镜检。

所有样品都应加贴标签，载明时间、地点、采样量等内容。

4．样品的浓缩

建议采用沉淀-倾泻法。即将已固定的原水样静置 48 h，让样品自然沉淀，然后用虹吸法小心吸去上清液。需要注意几点：

（1）沉淀中途，可轻轻转动容器一次，或用玻璃棒轻轻沿器壁搅动，使粘在器壁上的样品脱落下沉。

（2）虹吸管出水口应始终低于入水口，防止清液倒流冲动样品，如有冲动，应再次沉淀。

（3）最后一次沉淀可用有刻度的 1 000 ml 直圆柱形分液漏斗做浓缩器浓缩。一般先浓缩到 20 ml 以下，将样品注入有刻度的样品瓶，再用本样品的上清液将粘在浓缩器上的样品洗入样品瓶，共洗两次，每次 5 ml。计数时，将此样品准确调整到 30 ml。

四、底栖动物的采集管理

底栖动物采样，根据监测目的分定量采集和定性采集。

1．定量采集

采样工具有采泥器和人工基质采样器两种，一般通用的为采样面积为 1/16 m^2 的彼得逊采泥器，此采泥器适用于采集淤泥底质和砂泥底质。可应用于湖泊、水库及底质非砾石且较为松软的河流。人工基质采样器主要应用于河流及溪流中。近些年来通用的规格直径为 18 cm，高 20 cm 的圆柱铁笼，此笼携带方便不怕碰撞。此笼用 8 号和 14 号铁丝编织，小孔为 4～6 cm^2。使用时，笼底铺一层 40 目尼龙筛绢。内装洗净的长度为 7～9 cm 的卵石，其重量约有 67 kg。在每个采样点的底部放置两个铁笼。用棉蜡绳固定在桥上、码头上或木桩上。经过两周（14 d）后取出，卵石倒入盛有少量水的桶内，用猪毛刷将每个卵石和筛网上拓殖的底栖动物洗下，再用 40 目分样筛洗净将生物在白解剖盘内以肉眼所及检出固定。

底栖动物包括水生昆虫、软体动物，水栖寡毛类（河口地区尚有多毛类）、线虫、水蛭、钩虾等六类，多数情况下种类多数量大。野外检出的标本应立即固定。用 5%的福尔马林液固定或 70%工业酒精固定。水栖寡毛类、水蛭及某些水生昆虫的幼虫（或稚虫）在上述浓度中常易自行截体脱锶，如有可能先放入较低的浓度，如 2%的福尔马林或 3%的酒精，数小时后再过渡到正常的固定浓度。亦可保存于 5%福尔马林和 70%酒精的混合液中。用上述固定的标本，可保存很长时间。唯此两种固定液，特别是 70%酒精固定的标本极易脱色，红、绿等鲜艳颜色在 1～2 h 内即行退色。最好在固定前将有关种类的色泽记录下来，以备后用。

2．定性采集

在各种水体的岸边地区或河流的上游，水深如不及 50 cm，可将石块及砾石捞出，用镊子轻轻取下标本，放入瓶内固定。用手抄网将底泥细沙捞起，检出标本，并作好采样记录，如水深超过 50 cm，可用三角拖网拖拉一段距离，经过 40 目分样筛，将标本排出固定，固定液和浓度同定量采集的标本。

五、植物样品的采集和制备

以环境监测为目的的植物样品的采集，首先要明确监测的目的与要求，对监测对象的有关情况如污染物及其性质、环境因素包括污染源的地理位置、气象要素、水文资料、土壤性质及植物本身特性等，进行必要的调查与分析，然后根据需要选择采样区和对照采样区。再在采样区内划分和确定有代表性的 3～5 个小区来作样点。一般在每个小区内选定 5～10 棵植株或采样数，将其混合构成一个代表性的样品。

采集植物时一定要注意植物样品的代表性、典型性和适时性。

1．代表性

选择能代表大多数情况的样品，不要采集田埂边或离田埂 2 m 以内的植物作样品。

2．典型性

污染物在植物体各部位的分布是不均匀的，例如污染物在植物中分布规律是：根＞茎＞叶＞穗＞壳＞种子，样品部位要能反映所要了解的情况，不要将各部位任意混合。

3．适时性

要在植物不同生长发育阶段定期采样，以了解污染物对植物生长的影响。

采样数量要保证处理后够分析测定的使用。一般要求干样品有 1 kg，新鲜样品（以含水量 80%～90%计），要求有 5～10 kg；对水生植物、水果、蔬菜等含水量高的植物，采样量还需酌情增加。

采样点的布置方法，分梅花形布点法[图 4-21（a）]和交叉间隔布点法[图 4-21（b）]，即将选定的采样按图 4-21 划分后，在“⊗”的位置上采样。

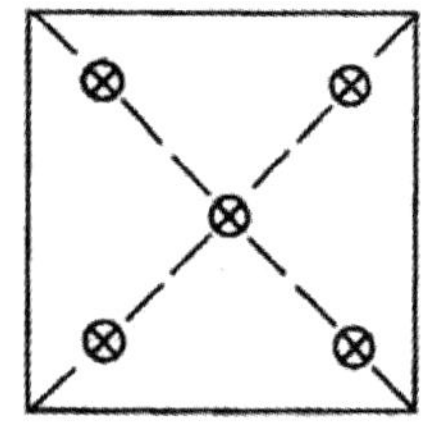
（a）梅花形布点

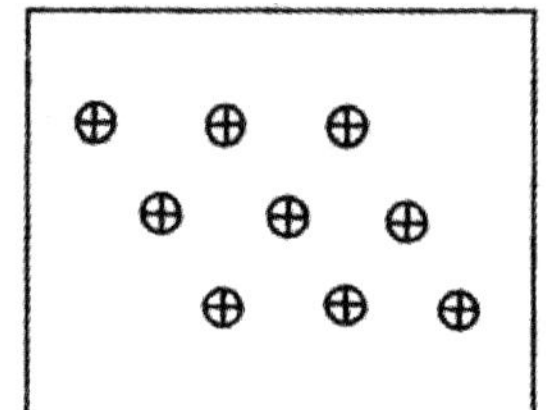
（b）交叉间隔布点

图 4-21　采样点的布置方法

采样工具有小铲、剪刀、布（或塑料）袋等，还要有标签、笔记本和样品采集登记。

采样时，应按植株的根、茎、叶、果、种子等不同部位分别采集，或采集整株带回实验室后，再按各部位分开存放和处理。对根系样品，要用清水洗净（但不能浸泡，并用纱布拭干，不要损失根毛，应尽量保持根系完整。采集果树样品时，要注意树龄、株形、生长势、载果数量及果实生长部位和方向。如果采集的是新鲜样品，采样后要用清洁潮湿的纱布包住，或装在塑料袋中，以免鲜样萎缩。水生植物一般要采集全株，并用清水洗净。

样品带回实验室后，鲜样应立即处理和分析，若当天难以完成时，应冷藏于冰箱中。干样品也应该放置在干燥通风处。

植物样品的制备

从现场带回的样品称为原始样品，要根据分析要求对样品进行选取。如粮食类可平铺后用四分法取样；瓜果、块根类可切成 4～8 块，再各取 1/8～1/4 混合。所选取的平均样品还要制备成分析用的试样。

（1）鲜样的制备

测定植物体中容易转化或降解的物质如酚、氰、有机农药等项目时，应采用新鲜样品进行分析。制备这类样品时，须将洗净、擦干后的样品切碎、混匀，称取 100 g 放入电动搅碎机的搅碎杯中，加入同样重量的蒸馏水或去离子水（含水分多的样品亦可不加水），搅碎 1～2 min，制成匀浆。含纤维多或较硬的样品，可切成碎块或碎片混合均匀备用。

（2）干样品的制备

经洗净、风干的样品，要放在 60～70℃的鼓风干燥箱或低温真空干燥箱中烘干，再将其剪碎（或先行剪碎后烘干）。谷类的果实样品，要先脱壳后再粉碎。粉碎后的粒度一般要通过 1 mm 的筛孔，有的要求通过 0.25 mm 的筛孔。粉碎后的样品贮存于磨口的广口瓶中备用。

用于测定金属元素的样品，在整个制备过程中要防止金属的污染，最好不用钢制的粉碎机，而用玻璃研钵碾碎，尼龙筛过筛，聚乙烯瓶保存。

因分析结果常以干重为基础表示试样中待测成分的含量（如 mg/kg，干重），所以在制备样品的同时，还须测定试样的含水量，以便换算分析结果。测定含水量的常用方法是烘干法，即称取一定量的分析样品，在 100～105℃温度下烘至恒重，以失重计算含水量。对样品中含有在 100～125℃条件下会热分解的物质，则可在真空干燥箱中低温烘至恒重。对于含水量很高的浆果和幼嫩蔬菜等，以鲜重计算为好，也可附记水分含量以便参考。

六、动物样品的采集和制备

动物的各部分组织，都可作为监测对象。动物的尿液、粪便、血液、胃液、毛发、指甲以及内脏等多作检查环境污染的样品。一般采集尿液、血液、毛发和指甲较为方便，并具有实用价值。

1．尿液

绝大多数毒物及其代谢产物，主要由肾脏排出，而且收集尿液比较方便，所以尿液是最常见的检验对象。收集尿液的采样瓶要用硝酸浸泡、蒸馏水洗净、烘干后使用。一般早晨浓度较高，可一次收集，也可收集 8 h 甚至 24 h 的尿样。

2．血液

血液可检测微量金属（如铅、汞）和非金属元素如氟等。一般可用注射器抽取 10 ml 注入清洁的试管中备用（有时需加抗凝剂如二溴酸盐等）。

3．毛发与指甲

蓄积在毛发与指甲中的污染物保留时间较长，即使动物体已脱离污染物或停止摄入污染食品，血液和尿液中的污染物含量已经下降时，毛发、指甲中仍容易检出。另外，有些污染物如汞、砷在毛发和指甲中的含量高，且毛发与指甲的采集不伤害动物体，又容易长期保存，所以是最常用的监测试样之一。

采集到的毛发和指甲样品，要用中性洗涤剂处理、去离子水冲洗、再用乙醚或酒精洗涤，在室温下充分干燥后装瓶备用。

4．鱼类和其他

鱼类是人们常用的食物，也是水污染物进入人体的途径之一，因此，鱼体中污染物的测定，对我们来说也具有重要意义。采集鱼类样品时，大鱼（250 g 以上）取 3～5 条，小鱼取 10～30 条，洗净后沥去水分，去鳞、鳍、内脏、皮骨，取一侧或全部可食部分的 200 g 切细混匀，或用组织捣碎机搅碎成糊状，立即分析，或放入试样瓶中置于冰箱内保存备用。

其他水生动物如贝类、甲壳类等，均应取其可食部分，洗净、捣碎、保存于冰箱中备用。

七、质量保证

（1）采回来的生物样品应有正规的标签，包括送检项目，送样人，时间，所用的防腐剂及措施等。

（2）样品入室应有密闭装置，或保存在 4℃的容器中加入保护物质，防止分解，可避免吸潮应用密封的塑料瓶、放冰块或冰取代物保存。

（3）为减少采集过程中的误差，当生物样移去和漂去不需要的物质时，应检测是否引入其他杂质。

（4）检测一个样本的生物活性时，尿液比血液灵敏度更高、更易于采集，不用浓缩，不存在干扰问题，但尿液中检测到的可能是化学物质的代谢产物，而不能下定论。

（5）重复实验可取得精密的数据，但切记重复测样时需从相同处取样。

（6）细菌样的采集质量也可用不同类型功能区水中菌群及数量的标准限值来对照检查（见表 4-8）。

第五章　实验室测试质量管理

实验室测试质量管理是环境监测过程中的重要一环。试想不合乎要求的仪器设备、试剂和纯水，缺乏熟练的操作技巧，不符合条件的实验室环境及科学的质量管理制度却能测出优质的分析结果。实验基础工作是监测分析工作者赖以取得满足质量要求结果的必备条件，而实验室质量控制措施是发现监测过程中质量问题的关键环节，这一环节获得的信息和数据，为全面质量监测提供科学依据，所以一般把这一环节的质量管理叫做质量控制。依据计量法规定，“凡是向社会提供公证数据产品质量的检测机构，必须进行计量认证”的要求，因此“计量认证”是环境监测测试质量管理的重中之重。分析测试质量控制、监测计量认证的技术和理论是监测分析人员必须掌握的重点。

第一节　监测计量认证

一、计量认证内涵

计量法第二十二条规定，为社会提供公证数据的产品质量检验机构，其计量测定、测试能力和可靠性，必须经省级以上人民政府计量部门考核合格。在计量法实施细则中，把这项工作称为产品质量检验机构的计量认证（以下简称计量认证），并且明确指出计量认证的内容是：

（1）计量测定、测试设备的性能。

（2）计量检定、测试设备的工作环境和人员的操作技能。

（3）保证量值统一、准确的措施及检测数据公正可靠的管理制度。

产品质量检验机构的职能是对产品进行检测，根据检测的结果判断产品质量是否符合产品技术标准的规定。计量认证的目的是：

（1）保障全国计量单位制的统一和量值的准确可靠。

（2）提高质检机构的知名度和竞争力。

（3）提高质检机构的管理能力、检测技术水平和第三方公正性，“测量数据”受到法律承认和保护。

（4）确立质检机构的合法地位和权威。

（5）为国际间检测数据的相互承认与国际接轨创造条件。

这些方面与环境监测机构要达到的目的是一致的，其出发点也是吻合的，而且是国家计量认证规定的四大强检部门（贸易结算、医疗卫生、安全防护、环境监测）之一。

环境监测机构出具的各类监测数据主要用于环境质量评价和环境监督管理及环保科研工作，不仅要求准确可靠，而且应具有公正性、权威性和科学性。因此，环境监测机构进行计量认证会更加强化环境监测机构的规范化、科学化和标准化管理，提高监测数据的准确性和可靠性，促进了监测站的质量管理。环保部国家计量认证环保评审组，负责全国环境监测站的监测计量认证工作。国家计量认证环保评审组设在中国环境监测总站，并承担计量认证具体技术性事务性工作。在规定期限内不通过认证的监测站，其出具的数据会失去第三方公正性和权威性，也即失去法律效力。

二、计量认证特点

由于计量认证的目的是要监督考核监测机构的计量检测工作质量，促进监测机构提供准确可靠的监测数据，在全国范围内保证计量检测数据一致、准确，保护国家、公民和企业的利益；同时也是为了帮助监测机构提高工作质量，树立其环境监测工作的信誉，为与国际环境保护接轨，促进改革开放创造条件。因此计量认证有以下特点：

（1）具有权威性

计量认证管理办法指出，被认证的监测机构，其计量检测数据在环境管理出证中作为公证数据，具有法律效力。这就是说，要通过计量认证，树立这些单位在检验工作中的权威地位。

当然，这种地位的建立，不是通过行政授权，而是要真正在技术上被承认。要做到这点，单凭计量部门的考核是不够的，计量部门对具体监测的技术要求不内行，因此，为了树立起这些监测机构在计量检测工作上的权威性，必须实行由计量检测专家和本行业专家（包括主管部门及监测部门的代表）共同参加的专家评审考核。

（2）坚持考核和帮、促结合的工作方法

由于环境监测是计量技术的具体应用，因此计量部门不仅要根据计量法，考核其计量检验能力和可靠性，而且要帮助它们解决一些具体的技术问题，包括计量检测仪器检定问题。从计量学的角度考虑如何提高计量检测工作质量以及如何科学管理，保证计量检测工作的可靠性。

（3）处理好管理和技术的辩证关系

计量检测本身就包括了技术和管理两个方面的工作内容。技术是基础，管理是手段。计量认证本身是一种技术管理工作。这就决定了我们在进行计量认证时，既要坚持专家评审，又要严格遵守统一的计量认证规范。

（4）计量认证是第三方认证

在目前的认证工作中，不论是数据质量认证，还是检测实验室认证，都必须坚持第三方认证，这样才能做到认证工作本身公正、可靠。计量行政部门，既不是监测机构的主管部门，又不是使用这些监测机构的单位，因此计量认证是第三方认证。

为了适应目前国内和国际形势的发展，与国际惯例接轨，同时又兼顾中国的法律要求和具体国情，自 2002 年起开始执行《产品质量检验机构计量认证/审查认可（验收）评审准则》，替代了《产品质量检验机构计量认证技术考核规范》（JJG 1021—90）计量认证考核条款 6 个方面 50 条。新评审准则涵盖了《校准和检验实验室能力的通用要求》（GB/T 15481—1995，等同采用 ISO/IEC 指南 25—1990）的全部内容），参照了 ISO/IEC 17025—1999《检测和校准实验室能力的通用要求》的有关规定，同时也满足了国家计量法对检验机构计量认证的要求。

三、计量认证程序

（一）计量认证申请与受理

根据《计量法实施细则》、《计量认证管理办法》规定计量认证分两级管理（国家级和省级）。省级以上（含省级）环保机构可申请国家级计量认证，由国家计量认证环保评审组协同国家认监委组织实施。省级以下单位可申请省级计量认证。其申请程序：

（1）凡申请国家级计量认证的单位，必须以红头文件的形式向国家计量认证环保评审组提出书面申请，并注明法人单位，上级主管部门和评审类型（首次认证、复查评审、扩项），申请书需加盖单位公章，申请复查应在合格证书有效期满前6个月提出复查申请。

（2）国家计量认证环保评审组接到申请后每季度汇总一次，经环保部科技标准司审查同意后上报国家认监委。

（3）国家认监委根据各行业评审组报送的申请，编制计量认证评审计划（一般一年两批，上半年、下半年各一批），评审计划自下达之日起一年内评审有效，逾期不能完成的，需向认监委报告，并列入下一批评审计划。未列入评审计划时，原则上不安排评审。

（4）国家计量认证环保评审组接到国家认监委下达的评审计划后及时转发给被评审机构。

（二）认证的准备工作

首先做好认证的组织准备，成立认证领导小组及工作小组，并作如下准备工作：

1．确定认证申请项目

按照国家计量认证环保评审组提供的“申请认证项目表（范例）”，结合被认证单位现有的仪器设备、测试能力及环境条件，确定认证申请项目。复查认证的单位需统计出复审项目数和扩项数。

环保系统申请认证项目的类别如下：

（1）水（含大气降水）和废水；

（2）环境空气和废气；

（3）土壤、底质、生物残留体、固体废物；

（4）生物；

（5）机动车排放污染物；

（6）噪声、振动；

（7）电磁辐射、电离辐射；

（8）室内环境。

2．确定授权签字人与签字领域

由法定代表人确定授权签字人与签字领域（签发监测报告），需有授权书。授权签字人应具有相应的职责和权力，具备相应的工作经历，熟悉相应的检测管理程序及记录、报告的核查程序。

3．研究技术负责人和质量负责人

在规模较小的实验室，质量负责人也可以是技术负责人。

4．上岗证考核

监测人员应熟悉所从事的检测工作，了解所使用仪器的性能、操作方法和维护保养等方面的知识，具备基本的数据处理能力。为了解监测人员是否达到上述要求，必须对其进行上岗考核，取得上岗证后，方可对外出具监测数据。上岗证的有效期为 5 年。被认证单位可根据计量认证申请项目，确定检测人员持证上岗考核项目。上岗考核内容为基本理论、实际操作及未知样品考核，没有未知样品的项目只考核前两项。每个项目至少有两人持证，不得缺项。此项工作应在计量认证评审前完成（也有单位将上岗考核与计量认证评审合并进行）。

5．文件编制与资料准备

（1）编写质量体系文件。质量体系文件是描述质量体系的一整套文件，包括质量手册、程序文件和作业指导书。质量手册记录了规定的质量方针和目标以及适用的标准描述质量体系；程序文件描述实施质量体系要素所涉及的各职能部门的活动；作业指导书为详细的作业指导文件，包括操作规程、检测细则、监测原始记录表格、报告等。

（2）填写计量认证申请书。按国家认监委提供的统一表格填写计量认证申请书。评审前 20 天由国家计量认证环保评审组将申请书连同评审组成员名单报国家认监委实验室与检测监管部，经审核批准后方可实施现场评审。

申请书中的组织机构框图应能表示出被评审单位的内、外部关系，法人单位同上级行业主管部门的隶属关系以及行业主管部门与国家、地方质量技术监督局的关系。

（3）完成认证工作情况汇报。计量认证工作情况汇报的内容包括：为保证监测数据准确、可靠、公正所采取的措施；计量认证准备情况，特别是对初查提出意见的整改情况；仪器设备情况、人员情况、环境条件改善情况等。

6．档案整理

（1）建立仪器设备档案。仪器设备档案应包括仪器设备的名称、型号、制造厂名称、出厂编号和本单位固定资产编号（为仪器设备唯一识别号）、购置仪器的申请、仪器装箱单、仪器验收清单、验收日期和启用日期、仪器设备使用说明书（若是外文，则需将主要操作及校准部分译成中文）、送检仪器的检定证书原件、使用维修记录等。确定一名仪器管理人员。

（2）监测报告的归档整理。对于复查评审，需整理归档前一次计量认证以来对外出具的监测数据和报告，CMA 印章必须盖在监测报告封面的左上角。

（3）建立技术人员业绩档案。技术人员业绩档案包括人员简历、获奖情况、培训情况、科技成果、发表的学术论文及相关材料的复印件（如学历证明、上岗证、课题完成证书、获奖证书、专利证书等），属于非人事档案。

（4）技术文件和资料的整理。整理现行有效的标准、规范、规程等技术文件和资料，购买或复印申报项目所依据的现行有效的检测方法、质量标准及排放标准，按文件控制程序管理，已作废的标准应在封面加盖作废章。

7．仪器的检定与校准

（1）根据申请认证的项目送检仪器，检测所使用的仪器和属于国家强检而且国家有检定规程的仪器必须送检，如天平、分光光度计等参见国家强制检定的工作计量器具明细目录。

（2）国家无检定规程且计量部门无法检定的仪器可以自行校验，由仪器使用人员参照《国家计量检定规程编写规则》（JJF 1002—1998）编写仪器校验规程、内容应包括：概述、技术要求、校验条件、校验项目、具体校验方法、校验结果的处理、校验周期、附录或附加说明等部分，出具校验证书。实验设备也应制订检验方法。

（3）所有用于检测的仪器设备均须实行标识管理，根据有关规定贴绿色（合格证）黄色（准用证）、红色（停用证）三色标识。

8．质量手册的宣传贯彻

质量手册经批准发布实施后，质量技术主管部门应制订宣传贯彻计划并组织实施，使各部门人员了解质量手册的内容，熟悉本单位的质量方针、目标以及与本职工有关的规定。质量手册编制指南见 GB/T 19023—1996。

9．自查

根据《产品质量检验机构计量认证/审查认可（验收）评审准则》（13 章 56 条 126 款）逐条自查，填写“计量认证自查情况表”。评审准则的内容包括：组织和管理，质量体系、审核和评审，人员，设施和环境，仪器设备和标准物质，量值溯源和校准，校准和检测方法，检验样品的处理，记录，证书和报告，检验的分包，外部协助和供给，抱怨。

10．认证基础知识培训

评审前对技术人员进行计量认证基础知识、法定计量单位的使用等方面的培训和模拟考试。

11．实验室环境整治

实验室应清洁、整齐，与检测工作无关的物品不得放入实验室；办公室与实验区应分开；走廊或实验室需配有消防、灭火设施。

12．推荐当地评审员

推荐两名当地评审员，一名可由被评审单位所在地的省级质量技术监督局确定，此人应具备计量认证评审员资格；另一名为被评审单位上级主管部门人员，不要求是评审员。

13．审批材料的准备

被评审单位在评审前需填好上报国家认监委的审批材料，包括：

（1）计量认证申请书；

（2）计量认证评审报告；

（3）计量认证证书附表；

（4）不同类别的监测报告各一份。

（三）计量认证评审

1．组建评审组

根据被认证单位的申请项目及所涉及的专业领域组建评审组（评审员人数视被认证机构的规模大小、申请项目多少及技术难易程度而定，一般不多于 6 人）。评审组的专业评审员必须经过国家认监委的培训和考核，并获得国家级计量认证评审员资格。

2．评审组赴现场

评审组接到国家认监委核准的名单后，组织评审员和技术专家赴现场，依据评审准则进行现场评审。

3．现场评审

现场评审通常分软件组和硬件组。软件组负责评审准则中组织和管理、质量体系、审核和评审、人员、检验样品的处置、记录、检验的分包、外部协助和供给、抱怨等要求的评审，组织召开座谈会；硬件组负责设施和环境、仪器设备和标准物质、量值溯源和校准、校准和检测方法、证书和报告等要求的评审，进行现场实验项目的考核。

现场评审需进行计量基础知识考试，未知样品与实际操作考核。评审组抽取被评审单位10%的人员参加计量基础知识闭卷考试（不足100人的单位，抽取10人参加理论考试），与被评审单位商定现场考核项目，并召开质量手册执行情况检查座谈会。现场评审一般为2～3天。

4．审查上报材料

对上报材料做进一步审查。

（四）整改与上报材料

（1）对于现场评审提出的缺陷，在两个月内整改完毕。

（2）根据评审时提出的意见修改质量体系文件。

（3）整理以下上报材料（含软盘）：

① 计量认证申请书；

② 计量认证评审报告；

③ 计量认证证书附表；

④ 不同内容的监测报告两份（其中一份为近期的报告，另一份由评审组现场选定）；

⑤ 经审批机关核准的计量认证评审组成员名单；

⑥ 事业单位法人证书复印件，或中华人民共和国组织机构代码复印件；

⑦ 按照评审组提出的整改意见，完成计量认证评审整改报告，并经评审组长签字确认；

⑧ 质量手册与程序文件。

（五）审批发证

（1）按照与评审组商定的时间将上述材料报国家计量认证环保评审组，评审组审查后报国家环保部科技标准司审查盖章，然后报国家计量认证办公室。

（2）经国家计量认证办公室审核后，报国家认监委审批。

（3）国家认监委按规定对申报材料审查，符合要求的办理审批手续，存在问题的退回评审单位整改。

（4）符合要求的单位由国家计量认证办公室与其制作证书、名录及刻制印章（有效期自发证之日起5年）。

（5）取证后，被评审单位根据计量认证证书号，制作计量认证铜牌，并报国家计量认证环保评审组登记备案。

四、质量手册的编写

质量手册是阐明一个实验室的质量方针并总体描述其质量体系的文件，是实验室建立和实施质量体系的纲领。质量手册在结构上应尽可能与准则要素的分布保持一致；在内容上应覆盖准则的全部要素及要求。可按以下模式编写：

（1）封面。包括文件名、文件编号（包括发放编号）、发布单位、时间、受控标识等。

（2）颁布会。最高管理者颁布手册的通告及其签字和签发日期。

（3）质量方针及其声明；

（4）公正性声明；

（5）修订记录。包括修订序号、修订章节号、修订内容、批准人及日期；

（6）目录；

（7）手册的说明和管理。包括主题内容，适用范围、定义术语以及对手册编制、审查、批准、发放、修订、保存、保密做出的规定；

（8）机构概况；

（9）组织机构图；

（10）职能分配表；

（11）各要素的描述。应尽可能地对要素的要求以及实验室如何满足准则要求进行原则性、概括性的描述，包括要素控制的目的、运作方式，主要责任人或部门，应达到的要求以及支持性文件等；

（12）手册附件。包括实验室平面布置图，在职人员一览表、部门和岗位职责、仪器设备一览表、监测能力一览表、程序文件目录等。

第二节　监测计量器具检定

一、计量器具检定内涵

计量器具是指能用以直接或间接测出被测对象量值的装置、仪器、仪表、量具和用于统一量值的标准物质，包括计量基准器具、计量标准器具和工作计量器具。

计量基准器具和各级计量标准器具的使用必须具备如下条件。

（1）经上级计量检定合格。

（2）具有正常工作所需要的环境条件。

（3）具有称职的保存、维护和使用人员。

（4）具有完善的管理制度。

计量器具检定是指为评定计量器具的计量性能，确定其是否合乎所进行的全部工作。根据《计量法》第九条规定：县级以上人民政府计量行政部门对社会公用的计量标准器具、部门和企业、事业单位使用的最高计量标准器具，以及用于贸易结算、安全防护、医疗卫生、环境监测方面的列入强制检定目录的工作计量器具，实行强制检定。未按规定检定或者检定不合格的不得使用。

二、计量器具检定规程

强制检定的计量标准和强制检定的工作计量器具统称为强制检定的计量器具。

1987 年 5 月 28 日国家计量局发布了中华人民共和国强制检定的明细目录，计 55 项，

1987 年 7 月 1 日起施行。

对照明细目录，环境监测中现场采样和实验室分析常用的计量器具，除小容量玻璃量器外，包括气体流量计、天平、电导仪、pH 计、分光光度计、气相色谱仪、原子吸收分光光度计、火焰光度计、测汞仪、溶解氧测定仪、有害气体分析仪、温度计和声级计等，均属强制检定的工作计量器具范围。对一些尚未制订检定规程的环境监测专用仪器，应自行制订规程，并报计量行政部门审核批准。

计量检定的目的主要是评定计量器具的计量性能（准确度、稳定性、灵敏度等），确定其误差大小，使用寿命和安全。检定是按国家颁布的有关计量检定规程进行。计量检定规程的内容包括规程的适用范围，计量器具的计量性能、检定项目、检定条件、检定方法、检定周期以及检定结果的处理，检定规程在经过一个时期的施行后，进行修改并颁布新检定规程。监测人员学习和掌握有关检定规程，对正确使用和维护计量器具十分必要。如常用吸管、滴定管和容量瓶等玻璃量器，按检定规程，对不同等级，规定了容量允差见第二章表 2-1、表 2-2。

下列为与环境监测有关的中华人民共和国国家计量检定规程：

JJG 98—90 非自动天平（试行）

JJG 99—90 砝码（试行）

JJG 178—89 可见分光光度计

JJG 378—85 单光束紫外可见分光光度计

JJG 682—90 双光束紫外可见分光光度计

JJG 681—90 色散型红外分光光度计

JJG 689—90 紫外可见、近红外分光光度计

JJG 179—90 滤光光电比色计

JJG 537—88 荧光分光光度计

JJG 538—88 荧光光度计

JJG 548—88 冷原子荧光测汞仪

JJG 119—84 实验室用 pH（酸度）计

JJG 376—85 电导仪（试行）

JJG 291—82 复膜电极溶解氧测定仪（试行）

JJG 20—89 标准玻璃量器

JJG 196—90 常用玻璃量器

JJG 11—87 比色管

JJG 12—87 刻度离心管、刻度试管

JJG 514—87 微量吸管（试行）

JJG 646—90 定量可调移液器

JJG 257—81 玻璃转子流量计（试行）

JJG 586—89 皂膜气体流量标准装置（试行）

JJG 711—90 明渠堰槽流量计

JJG 188—90 声级计

JJG 74—83 电子自动电位差计（试行）

JJG 128—89 二等标准水银温度计（试行）
JJG 130—84 工作用玻璃液体温度计
JJG 143—84 标准镍铬-镍硅热电偶
JJG 288—82 颠倒温度表
JJG 289—82 表层水温表
JJG 521—88 环境监测用 X、γ辐射空气吸收剂量率仪
JJG 698—90 环境监测用 X、γ辐射热释光剂量测量装置
JJG 520—88 粉尘采样器
JJG 551—88 二氧化硫分析仪
JJG 630—89 氨自动监测仪
JJG 630—89 火焰光度计
JJG 635—90 一氧化碳、二氧化碳红外气体分析仪
JJG 656—90 硝酸根自动监测仪
JJG 659—90 飘尘采样器
JJG 979—90 冷原子吸收测汞仪
JJG 680—90 烟尘测试仪
JJG 694—90 原子吸收分光光度计
JJG 695—90 硫化氢气体分析仪
JJG 700—90 气相色谱仪
JJG 705—90 实验室液相色谱仪
JJG 713—90 直接电流法测氰仪
JJG 715—91 水质综合分析仪
JJG 757—91 离子计
JJG 761—91 电极式盐度计
JJG 205—80 气象用毛发湿度表、毛发湿度计
JJG 272—91 空盒气压计和空盒气压表
JJG 46—76 扭力天平（试行）
JJG 156—83 架盘天平

三、计量器具检定资质

国家法定计量检定机构的计量检定人员必须经上一级政府计量部门考核合格，并取得计量器具检定证书，无计量检定证书的不得从事计量检定工作。依照计量法细则第 30 条规定：县级以上政府计量行政部门可根据需要采取以下形式授权其单位的计量检定机构和技术机构在规定范围内执行强制检定和其他检定测试任务。

（1）被授权单位执行检定测试任务的人员必须经授权单位考核合格。

（2）被授权单位的相应计量标准，必须接受计量基准或社会公用计量标准的检定。

（3）被授权单位承担授权的检定测试工作须接受授权单位的监督。

（4）被授权单位成为计量纠纷中当事人一方时，在双方协商不能自行解决的情况下，由上一级或政府主管部门调解和仲裁检定。

计量检定必须按照国家计量检定系统表进行，必须执行计量检定规程。执行强制检定工作机构应当在规定期限内按时完成检定，对检定合格的计量器具发给国家统一规定的检定证书、检定合格证，或者在计量器具上加盖检定合格印章。任何单位和个人不准在工作岗位上使用无检定合格印章或者超过检定周期以及经检定不合格的计量器具，违者处罚。

第三节 监测方法选用

一、测试质量参数与评价方法

分析测试的质量可以通过控制影响质量的参数将其改进或保持在一个稳定的水平。有很多监测方法可以控制质量参数。这些参数可以用定量的表达公式给出。尽管有些质量参数难以做出定量描述，但对质量是有影响的。分析测试过程的影响因素很多，常用控制质量的参数是准确度、精密度以及衡量方法的参数、灵敏度、检出限、检测范围、测定限、最佳测定范围等。

（一）准确度（accuracy）

常用度量一个特定分析程序所获得的分析结果（单次测定或重复测定值的均值）与假定的或公认的真值之间的符合程度。一个分析方法或分析系统的准确度是反映该方法或该测量系统存在的系统误差和随机误差的综合指标，它决定着这个分析结果的可靠性。用绝对误差或相对误差表示。

可用测量标准物质或以标准物质做回收率的办法评价分析方法和测量系统的准确度。

（1）标准物质分析

通过分析标准物质，由所得结果了解分析的准确度。这是评价分析方法准确度的最佳选择，但是要求选用的标准物质（或质控样）要尽可能和分析样品具有接近的基体。目前可提供的标准物质尚难以满足各种分析方法评价的需要。

（2）回收率测定

在样品中加入一定量标准物质测定其回收率，这是污染源监督检测推荐的，也是目前实验室中常用的确定准确度的方法。从多次回收实验的结果中，还可以发现方法的系统误差。亦有采取样品及样品经 1+1 纯水稀释后，分别作加标回收试验，有助于判断基体的干扰影响，但此法对恒定的正偏差或负偏差的发现是没有帮助的。

（3）不同方法的比较

通常认为，不同原理的分析方法具有相同的不准确性的可能性极小。当对同一样品用不同原理的分析方法测定，获得一致的测定结果时，即可将其作为真值的最佳估计。

当用不同分析方法对同一样品进行重复测定时，若所得结果一致，或经统计检验表明其差异不显著时，则可认为这些方法都具有较好的准确度；若呈现显著性差异，则应以被公认是可靠的方法为准。

分析方法初次使用进行仲裁监测或参加实验室比对、协作定值和能力检验必须同时进行标样测定和 100%加标回收率测定。

（二）精密度（precision）

是使用特定的分析程序在受控条件下重复分析同一样品所得测定值之间的一致程度。它反映了分析方法或测量系统存在的随机误差的大小。分析的随机误差越小，测试的精密度越高，它通常与被测物的含量水平有关。

精密度通常用极差、平均偏差和相对平均偏差表示。标准偏差在数理统计中属于无偏估计而常被采用，它的可靠程度受测量次数的影响，对标准偏差做较好估计时，需要足够多的测量次数。

为满足某些特殊需要，引用以下三个精密度的专用术语。

（1）平行性（replicability 或 parallelism）

在同一实验室中，当分析人员、分析设备和分析时间都相同时，用同一分析方法对同一样品进行双份或多份平行样测定结果之间的符合程度。

用平行双样进行精密度评价时，凡能进行平行双样分析的项目，每批样品均做 10%～15%的平行双样，样品数较少时，每批样品应至少一份样品的平行双样。水质样品平行双样相对偏差应符合《水和废水监测分析方法》中水质监测质量控制指标的要求。

（2）重复性（repeatability）

在同一实验室内，当分析人员、分析设备和分析时间中的任何一项不相同时，用同一分析方法对同一样品进行两次或多次独立测定结果之间的符合程度。

（3）再现性（reproducibility）

用相同的方法，对同一样品在不同条件下获得的单个结果之间的一致程度。不同条件指不同实验室、不同分析人员、不同设备、不同（或相同）时间。

精密度分析应注意以下几方面的问题：

（1）分析结果的精密度与样品中待测物质的浓度水平有关。因此，必要时应取两个或两个以上不同浓度水平的样品进行方法精密度的检查。

（2）精密度可因与测定有关的实验条件的改变而变动。通常由一整批分析结果中得到的精密度，往往高于分散在一段较长时间里的结果的精密度。如可能，最好将组成固定的样品分为若干批分散在适当长的时期内进行分析。

（3）标准偏差的可靠程度受测量次数的影响。因此，对标准偏差作较好估计时（如确定某种方法的精密度）需要足够多的测量次数。

（4）通常以分析标准溶液的办法了解分析方法的精密度，这与分析实际样品的精密度可能存在一定的差异。

精密度高的不一定准确度高，因为这时可能存在较大的系统误差。准确度高一定需要精密度高，精密度是保证准确度的先决条件，精密度低说明所测结果不可靠，当然其准确度也就不高。因此，如果一组测量数据的精密度很差，自然失去了衡量准确度的前提。

（三）灵敏度（sensitivity）

是指某方法对单位浓度或单位量待测物质变化导致的响应量变化程度。它可以用仪器的响应量或其他指示量与对应的待测物质的浓度或量之比来描述。如分光光度法常以校准曲线（calibration curve）的斜率度量灵敏度。一个方法的灵敏度可因实验条件的变化而改变，同一呈色溶液在不同的分光光度计上的吸光度读数可能不一致，这往往是造成不同实验室制备校准曲线的斜率存在差异的主要原因。在一定的实验条件下，灵敏度具有相对的稳定性。

通过校准曲线可以把仪器响应量与待测物质的浓度或量定量地联系起来，用下式表示它的直线部分：

$$A = kc + a$$

式中：A——仪器响应值；

c——待测物质的浓度；

a——校准曲线的截距；

k——方法灵敏度，校准曲线的斜率。

1975 年国际纯粹和应用化学联合会（International Union of Pure and Applied Chemical，IUPAC）通过的光谱化学分析中的名词、符号、单位及其用法的规定，把能产生 1%吸收的被测元素浓度或含量定义为特征浓度（characteristic concentration）和特征含量（characteristic content），它们可用以比较低浓度或低含量区域校准曲线的斜率。

分光光度法中常用的摩尔吸光系数ε，系指当测量光程为 1 cm，待测物浓度为 1 mol/L，相应于待测物质的吸光系数。ε越大，方法的灵敏度越高。

（四）检出限（limit of detection 或 minimum detectability）

为某特定分析方法在给定的置信度内可从样品中检出待测物质的最小浓度或最小值。所谓“检出”是指定性检出，即判断样品中存有浓度高于空白的待测物质。这一参数在环境监测中十分重要。由于环境样品中待测物的浓度常常很低，尤其在像背景值调查时，要求分析方法能满足调查要求，通常希望是低的检出限。方法的检出限受到仪器灵敏度和稳定性、全程序空白试验值及其波动性的影响。不同的实验室条件所求得的方法检出限会有差异，即同一个方法在不同实验室求得的检出限有高有低，这会给分析数据的综合评价带来困难或失误。

1．检出限的计算方法

目前有如下几种规定检出限的计算方法：

（1）在《全球环境监测系统水监测操作指南》中规定：给定置信水平为 95%时，样品待测值与零浓度样品的测定值有显著性差异即为检出限 L。零浓度样品为不含待测物质的样品。

$$L = 4.6\sigma_{\mathrm{wb}}$$

式中：σ_{wb}——空白平行测定（批内）标准偏差。

当空白测定次数 n 少于 20 时，

$$L = 2\sqrt{2}tfs_{\mathrm{wb}}$$

式中：s_{wb}——空白平行测定（批内）标准偏差；

f——批内自由度，等于 $m(n-1)$；m 为重复测定次数，n 为平行测定次数；

t_f——显著性水平为 0.05（单侧），自由度为 f 的 n 值。

（2）IUPAC 对检出限 L 作如下规定：

$$x_L = \overline{x_{\mathrm{b}}} + k' s_{\mathrm{b}}$$

式中：$\overline{x_{\mathrm{b}}}$——全程序空白多次测得信号 x_b 的平均值；

s_b——空白多次测得信号的标准偏差；

k'——根据一定置信水平确定的系数。

与 $x_L - \overline{x_{\mathrm{b}}}$（即 $k's_{\mathrm{b}}$）相应的浓度或量即为检出限 L

$$L = (x_L - \overline{x_{\mathrm{b}}}) / k$$

式中：k——方法的灵敏度（即校准曲线的斜率）。

$\overline{x_{\mathrm{b}}}$ 和 s_{b} 通常必须通过空白实验求出，测定次数必须足够多，一般最好能测定 20 次。若 $s_{\mathrm{b}}=0$，这并不意味着 $L=0$ 或检出限无限小。这时必须配制一个浓度略大于零浓度的试样系列（能产生一个可测信号值）代替全程序空白试验，求出其标准偏差，用来代替 s_{b}，即可按上式求出检出限。

1975 年，IUPAC 建议对光谱化学法取 $k'=3$，由于低浓度水平的测量误差可能不遵从正态分布，且空白的测定次数有限，因而与 $k'=3$ 相应的置信水平大约为 90%。

此外，尚有建议将 k' 取为 4、4.65 或 6。

（3）在某些分光光度法中，以扣除空白值后的吸光度与 0.01 相对应的浓度值为检出限。

（4）气相色谱分析的最小检测量系指检测器恰能产生与噪声相区别的响应信号时所需进入色谱柱的物质的最小量。一般认为恰能辨别的响应信号，最小应为噪声的两倍。最小检测浓度系指最小检测量与进样量（体积）之比。

（5）某些离子选择电极法规定：当校准曲线的直线部分外延的延长线与通过空白电位且平行于浓度轴的直线相交时，其交点所对应的浓度值即为各该离子选择电极法的检出限。

2．检出限检查

（1）通常由五组空白平行测定（批内）标准偏差或≥20 次的空白自然重复测定计算检出限，斜率和空白相对稳定的分光光度法以扣除空白值后的吸光光度为 0.01 相对应的浓度值为检出限。

（2）分析方法和新仪器初次使用时（含分析人员初次使用该方法）应进行检出限检查。

（3）检查方法采用校准曲线的测量条件，按要求对空白样进行多次（5 次以上）的批内平行测定，计算批内标准偏差 s_{wb} 可采用≥20 次的空白自然重复测定方法，然后计算最小检出限。标准方法中有规定时，检出限应满足规定要求，并可使用方法的检出限，否则应使用实测法。

（五）方法的适用范围（range of method）

方法适用范围为某特定方法具有可获得响应的浓度范围。在此范围内可用于定性或定量的目的。

方法的适用范围虽然不是方法的技术内容，但也是方法的非常关键性的内容。一个方法的适用范围通常包括三个方面的内容，方法的应用场合，待测元素的浓度，存在干扰时要指明干扰因素及其限量。当我们使用标准时，要弄清楚这方面的具体内容，制订方法时，要找出方法确切的应用场合，测定范围及其可能存在的干扰因素。

研究方法的适用范围时，对下述两种情况要给予特别注意：

（1）检测限和最低检出浓度：检测限是指对某一特定的分析方法在给定的可靠程度内可以从样品中检测待测物质的最小浓度或最小量。所谓检测是指定性检测，即断定样品中确实存在有高于空白浓度的待测物质。检测限本身表明检测的“下限”，使用的“检测下限”是不对的，表达检测的上限时，要用检测上限。最低检出限浓度是个定性概念，不能作为定量概念使用，见监测分析方法测定范围（表 5-1，表 5-2）。

表 5-1 常用无机污染物监测分析方法测定范围

序号	检测项目名称	使用仪器	检验方法	监测依据	最低检出浓度或测定范围/（mg/L）
1	pH 值	pH 计	水质 pH 值的测定 玻璃电极法	GB 6920—86	0.02 pH
			大气降水 pH 值测定电极法	GB 13580.4—92	
			大气降水样品采集与保存	GB 13580.2—92	
2	酸、碱度	滴定管	酸碱指示剂滴定法	《水和废水监测分析方法》（第四版）	25 ml±0.04 ml 50 ml±0.05 ml
3	悬浮物	电子天平	水质、悬浮物的测定 重量法	GB 11901—89	4
4	电导率	电导率仪	电导率仪法	《水和废水监测分析方法》（第四版）	（0～10^5）μS/cm
			电导率仪法	GB/T 5750.4—92	
			大气降水电导率的测定方法 电极法	GB 13580.3—92	（0～9 999）μS/cm
5	银	原子吸收分光光度计	水质 银的测定 火焰原子吸收分光光度法 火焰原子吸收分光光度法	GB 11907—89	0.03
6	砷	分光光度计	水质 总砷的测定 二乙基二硫代氨基甲酸银分光光度法	GB 7485—87	0.007～0.50
		原子荧光光度计	原子荧光法	GB/T 5750.6—2006 《水和废水监测分析方法》	检出限： 0.000 1～0.000 2
7	铍	原子吸收分光光度计	水质 铍的测定 石墨炉原子吸收分光光度法	HJ/T 59—2000	0.02 μg/L
8	铜铅锌镉	原子吸收分光光度计	石墨炉原子吸收分光光度法	《水和废水监测分析方法》（第四版）	铜：1～50 μg/L 铅：1～5 μg/L 镉：0.1～2 μg/L
9					
10			水质铜、铅、锌、镉的测定 原子吸收分光光度法	GB 7475—87	铜：0.05～5 铅：0.2～10 锌：0.05～1 镉：0.05～1
11				GB/T 5750.6—2006	

序号	检测项目名称	使用仪器	检验方法	监测依据	最低检出浓度或测定范围/（mg/L）
12	六价铬	分光光度计	水质 六价铬的测定 二苯碳酰二肼分光光度法	GB 7567—87	0.004～1.0
13	总铬	分光光度计	水质 总铬的测定 高锰酸钾氧化 二苯碳酰二肼分光光度法	GB 7466—87	0.004
		原子吸收分光光度计	火焰原子吸收法	《水和废水监测分析方法》（第四版）	0.03
14	总汞	AFS-3100 双道原子荧光光度计	原子荧光法	《水和废水监测分析方法》（第四版） GB/T 5750.6—2006	5 ng/L
15	铁	原子吸收分光光度计	水质 铁、锰的测定 火焰原子吸收分光光度法	GB 11911—89	0.03
16	锰				0.01
17	镍	原子吸收分光光度计	水质 镍的测定 火焰原子吸收原子吸收法	GB 11912—89	0.05
18	铝	原子吸收分光光度计	间接原子吸收法	《水和废水监测分析方法》（第四版）	0.1
19	铋	原子吸收分光光度计	原子荧光法	《水和废水监测分析方法》（第四版）	检出限：0000 1～0.000 2
20	锑	原子吸收分光光度计			检出限：0000 1～0.000 2
21	硒	原子吸收分光光度计		GB/T 5750.6—2006	检出限：0000 2～0.000 5
22	钾	原子吸收分光光度计	水质 钾和钠的测定 火焰原子吸收分光光度法	GB 11904—89	0.05～4
		原子吸收分光光度计	大气降水中钠、钾的测定原子吸收分光光度法	GB 13580.12—92	0.013
23	钠	原子吸收分光光度计	水质 钾和钠的测定 火焰原子吸收分光光度法	GB 11904—89	0.01～2.00
		原子吸收分光光度计	大气降水中钠、钾的测定原子吸收分光光度法	GB 113580.12—92	0.008
24	钙	原子吸收分光光度计	水质 钾和钠的测定 火焰原子吸收分光光度法	GB 11905—89	0.02
		原子吸收分光光度计	大气降水中钠、钾的测定原子吸收分光光度法	GB 13580.13—92	0.02
		滴定管	水质 钙的测定 EDTA 滴定法	GB 7476—87	2
25	镁	原子吸收分光光度计	水质 钾和钠的测定 火焰原子吸收分光光度法	GB 11905—89	0.002
		原子吸收分光光度计	大气降水中钠、钾的测定原子吸收分光光度法	GB 13580.13—92	0.002 5
26	钡	原子吸收分光光度计	原子吸收分光光度法	GB/T 15506—1995	1.7

序号	检测项目名称	使用仪器	检验方法	监测依据	最低检出浓度或测定范围/（mg/L）
27	总硬度（钙和镁总量）	滴定管	水质 钙和镁总量的测定 EDTA 滴定法	GB 7477—87	0.05 mmol/L
28	矿化度	电子天平	重量法	《水和废水监测分析方法》（第四版）	103～1 589
29	溶解氧	滴定管	碘量法	GB 7489—87	0.2～20
		Oxi330i 手提溶解氧测定仪	水质 溶解氧的测定 电化学探头法	GB 11913—89	0.00～19.99
			便携式溶解氧仪法	《水和废水监测分析方法》（第四版）	
30	氨氮	分光光度计	水质 铵的测定 纳氏度剂比色法	GB 7479—87	0.025
			大气降水中铵盐的测定纳氏试剂比色法	GB 13580.11—92	0.05
31	总磷、溶解性磷酸盐、溶解性总磷	分光光度计	水质 总磷的测定 钼酸铵分光光度法	GB 11893—89	0.01
		离子色谱仪	离子色谱法	《水和废水监测分析方法》（第四版）	0.12
32	亚硝酸盐（氮）	分光光度计	水质 亚硝酸盐氮的测定 N-（1-萘基）-乙二胺光度法	GB 7493—87	0.003
		离子色谱仪	大气降水中氟、氯、亚硝酸盐、硝酸盐、硫酸盐的测定 离子色谱法	GB 13580.5—92	0.05
33	硝酸盐（氮）	分光光度计	水质 硝酸盐氮的测定酚地磺酸分光光度法	GB 7480—87	0.02～2.0
		离子色谱仪	大气降水中氟、氯、亚硝酸盐、硝酸盐的测定 离子色谱法	GB 13580.5—92	0.10
34	凯氏氮	滴定管	水质 凯氏氮的测定	GB 11891—89	0.2
35	总氮	分光光度计	水质 总氮的测定 碱性过硫酸钾消解紫外分光光度法	GB 11894—89	0.05～4
		MultiN/C3000 总有机碳/总氮分析仪	仪器分析法	GB/T 5750.7—2006	0.04～100（CHD）
			德国对水、废水、污泥统一测定方法 TNb 的测定	DIN 38409—27：1992	
36	氯化物	滴定管	水质 氯化物的测定 硝酸银滴定法	GB 11896—89	10～500
		离子色谱仪	大气降水氟、氯、亚硝酸盐、硝酸盐、硫酸盐的测定 离子色谱法	GB 13580.5—92	10～500

序号	检测项目名称	使用仪器	检验方法	监测依据	最低检出浓度或测定范围/（mg/L）
37	氟化物	pH 计	水质 氟化物的测定 离子选择电极法	GB 7484—87	0.05～1 900
		离子色谱仪	大气降水氟、氯、亚硝酸盐、硝酸盐、硫酸盐的测定 离子色谱法	GB 13580.5—92	0.03
38	总氰化物	分光光度计	水质 氰化物的测定 第一部分 总氰化物的测定（吡啶-巴比妥酸比色法）	GB 7486—87	0.002
39	氰化物	分光光度计	异烟酸-巴比妥酸分光光度法	《水和废水监测分析方法》（第四版）	0.001
			水质 氰化物的测定 第一部分 总氰化物的测定（吡啶-巴比妥酸比色法）	GB 7487—87	0.002
40	硫酸盐	电子天平	水质 硫酸盐的测定重量法	GB 11899—89	10～5 000
		离子色谱仪	大气降水氟、氯、亚硝酸盐、硝酸盐、硫酸盐的测定 离子色谱法	GB 13580.5—92	0.10
41	硫化物	分光光度计	水质 硫化物的测定 亚甲基蓝分光光度法	GB/T 16489—1995	0.005
		滴定管	水质 硫化物的测定 碘量法	HJ/T 60—2000	0.40
42	游离氯和总氯	分光光度计	水质 游离氯和总氯的测定 *N*,*N*-二乙基-1,4-苯二胺分光光度法	GB 11898—89	0.000 4～0.07
43	高锰酸盐指数	滴定管	水质 高锰酸盐指数的测定	GB 11892—89	0.5～4.5
44	化学需氧量 COD_{Cr}	滴定管	水质 化学需氧量的测定 重铬酸盐法	GB 11914—89	30 mg/L
		哈希 BOD 滴定仪	快带密用催化清解法（分光光度法）	《水和废水监测分析方法》（第四版）	滴定法 5 法
		滴定管	高氯废水 COD 的测定 碘化钾-高锰酸钾法	HJ/T 132—2003	0.20
45	生化需氧量	滴定管	水质 五日生化需氧量（BOD_5）的测定 稀释与接种法	GB 7488—87	2～6 000
		哈希 BODTrak 测定仪	压差法	KIN 38409—52	0～700
		220B 型 BOD 快速测定仪	水质 生化需氧量（BOD）的测定 微生物传感器快速测定法	HJ/T 86—2002	2～50

表 5-2　部分有机污染物监测分析方法测定范围

序号	检测项目名称	使用仪器	检验方法	监测依据	最低检出浓度或测定范围/（mg/L）
1	总有机碳（TOC）	JS 总有机碳/总氮分析仪	水质 总有机碳的测定燃烧氧化-非分散红外吸收法	HJ/T 71—2001	0.5
2	挥发酚	SP 分光光度计	水质 挥发酚的测定 4-氨基安替比林直接光度法、萃取光度法	GB 7490—87	0.002～6
3	苯系物	GC 气相色谱仪	水质 苯系物的测定 气相色谱法	GB 11890—89	0.005
4	挥发性卤代烃	GC/MC 气-质联机	吹脱捕集 气相色谱-质谱法	《水和废水监测分析方法》（第四版）	二氯甲烷：0.02 μg/L 三氯甲烷：0.02 μg/L 四氯化碳：0.03 μg/L 三氯乙烯：0.007 μg/L
5	多氯联苯	GC/MC 气-质联机	《含多氯联苯废物污染控制标准》附录 A“废物中多氯联苯（PCB）的测定”	GB 13015—91	0.01～1 000 μg/L
6	氯苯类	GC 气相色谱仪	水质 1,2-二氯苯的测定 气相色谱法	GB/T 17131—1997	1,2-二氯苯：2 μg/L 1,4-二氯苯：5 μg/L 1,2,4-三氯苯：1 μg/L
			水质 氯苯的测定 气相色谱法	HJ/T 74—2001/EPA502.2	0.01
7	苯酚类	GC/MC 气-质联机	气相色谱-质谱法	《水和废水监测分析方法》（第四版）	2,4-二氯酚：0.7 ng/L 五氯酚：1.9 ng/L
8	甲醛	SP 分光光度计	水质 甲醛的测定 乙酰丙酮分光光度法	GB 13197—91	0.05
9	苯胺类	GC 气相色谱仪	气相色谱法	《生活饮用水卫生规范》卫生部（2001 年） GB/T 5750.8—2006	2 μg/L
10	硝基苯、对硝基氯苯类	GC 气相色谱仪	水质 硝基苯、硝基甲苯、硝基氯苯、二硝基甲苯的测定 气相色谱法	GB 13194—91	一硝基苯类：0.2 μg/L DNT 类：0.3 μg/L
11	有机磷农药	GC 气相色谱仪	水质 有机磷农药的测定气相色谱法	GB 13192—91	10^{-9}～10^{-10} g

序号	检测项目名称	使用仪器	检验方法	监测依据	最低检出浓度或测定范围/(mg/L)
12	有机氯农药	GC 气相色谱仪	水质 六六六 滴滴涕的测定 气相色谱法	GB 7492—87/EPA525.2	六六六：4 ng/L 滴滴涕：200 ng/L
		GC/MC 气-质联机	气相色谱-质谱法	《水和废水监测分析方法》(第四版)	六六六: 53 ng/L 滴滴涕: 46 ng/L
13	阴离子表面活性剂	分光光度计	水质 阴离子表面活性剂的测定 亚甲蓝分光光度法	GB 7494—87	0.05～2.0
14	三氯乙醛	气相色谱仪	水质 三氯乙醛的测定吡唑啉酮分光光度法	HJ/T 50—1999	0.08～2
15	丙烯腈	气相色谱仪	水质 丙烯腈的测定 气相色谱法	HJ/T 73—2001	0.6
16	石油类和动植物油	红外测油仪	水质 石油类和动植物油的测定 红外光度法	GB/T 16488—1996	0.1
17	五氯酚	GC 气相色谱仪	水质 五氯酚的测定 气相色谱法	GB 8972—88	0.04 μg/L
		GC/M 气-质联机	气相色谱-质谱法	《水和废水监测分析方法》(第四版)	1.9 ng/L
18	挥发性有机物	GC/M 气-质联机	吹脱捕集 气相色谱-质谱法	《水和废水监测分析方法》(第四版)	检出限：0.01～1.39 μg/L
19	半挥发性有机物	GC/MC 气-质联机	气相色谱-质谱法	《水和废水监测分析方法》(第四版)	检出限：0.9～50 μg/L
20	肼	SP 分光光度计	对二甲氨基苯甲醛分光光度法	GB/T 15507—1995	0.002～1.00
21	四乙基铅	SP 分光光度计	双硫腙比色法	《生活饮用水卫生规范》卫生部(2001 年) GB/T 5750.6—2006	0.1/L
22	吡啶	GC 气相色谱仪	气相色谱法	GB/T 14672—93	0.031
23	松节油	GC 气相色谱仪	气相色谱法	《生活饮用水卫生规范》卫生部(2001 年) GB/T 5750.8—2006	0.02
24	丁基黄原酸	SP 分光光度计	铜试剂亚铜分光光度法	《生活饮用水卫生规范》卫生部(2001 年) GB/T 4750.8—2006	2 μg/L
25	苯并[a]芘	LC 高效液相色谱	高效液相色谱法	GB 13198—91	0.07 ng
26	多环芳烃	LC 高效液相色谱	高效液相色谱法	GB 13198	5 ng
27	邻苯二甲酸酯类	LC 高效液相色谱	高效液相色谱法	HJ/T 72—2001	4 ng
28	丙烯腈	GC 气相色谱	气相色谱法	GB/T 5750.8—2006	0.05 ng
29	微囊藻毒素	LC 高效液相色谱	高效液相色谱法	GB 5750.8—2006 《水和废水点测分析方法》	0.06 μg/L

（2）关于干扰因素：干扰分可以克服的干扰和不可克服的干扰。不能克服的干扰列入适用范围内，表明有这种干扰因素时，方法不能使用，能克服干扰在相应的步骤当中（见本节四方法的干扰排除）。

（六）测定限（limit of determination）

为定量范围的两端，分别为测定下限和测定上限。

1. 测定下限

在测定误差能满足预定要求的前提下，用特定方法能准确地定量测定待测物质的最小浓度或量，称为该方法的测定下限。

测定下限反映出分析方法能准确地定量测定低浓度水平待测物质的极限可能性。在没有（或消除了）系统误差的前提下，它受精密度要求的限制（精密度通常以相对标准偏差表示）。分析方法的精密度要求越高，测定下限高于检出限越多。

有人建议以 3.3 倍检出限作为测定下限，其测定值的相对标准偏差约为 10%。

2. 测定上限

在限定误差能满足预定要求的前提下，用特定方法能够准确地定量测定待测物质的最大浓度或量，称为该方法的测定上限。

对没有（或消除了）系统误差的特定分析方法的精密度要求不同，测定上限亦将有所不同。

（七）最佳测定范围（optimum concentration range 或 optimum determination range）

最佳测定范围亦称有效测定范围，指在限定误差能满足预定要求的前提下，特定方法的测定下限至测定上限之间的浓度范围。在此浓度范围内能够准确地定量测定待测物质的浓度或量。

最佳测定范围应小于方法的适用范围。对测定结果的精密度要求越高，相应的最佳测定范围越小。分析方法特性关系如图 5-1 所示。

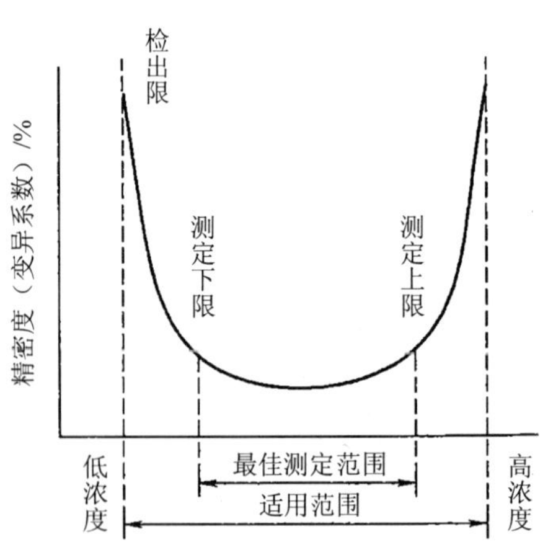

图 5-1 分析方法特性关系

（八）测量不确定度（uncertainty）

根据《测量不确定度评定与表示》（JJF 1059—1999）开展测量不确定度评定，通过对测量不确定度的管理和评定，定量说明测量结果的可信度，保证监测数据的准确可靠。

1．不确定度来源

监测工作中不确定度主要来源如下：

（1）采样代表性；

（2）监测环境和条件；

（3）监测仪器分辨率和精度；

（4）监测方法和监测过程；

（5）数据修订；

（6）监测人员能力。

2．测量不确定度的使用

一般情况下，监测报告不提供测量不确定度信息，当遇到下述情况之一时，应在监测报中给出这一质量参数。

（1）使用非标准方法时；

（2）能力验证时；

（3）国家标准方法中有需要时；

（4）用户提出要求时；

（5）其他需要时。

测量不确定度由监测站长组织实施评定计算，并报经技术负责审核确认后方可使用。

二、测试方法选用因素条件

（1）灵敏度：选择的分析方法能满足环境标准准确定量的要求，也就是说选择的监测方法（包括预富集或适当稀释），能对该项目的标准值进行准确定量。就是要求方法的检出限至少应小于标准值的 1/3，并力求低于标准值的 1/10，这样就能准确判断是否“超标”。例如，一级环境水质 Cd、Cu、Pb 的标准值分别是 1 μg/L、10 μg/L、10 μg/L，显然火焰原子吸收法是达不到要求的，这时应采用富集 100 倍的火焰原子吸收法和石墨炉原子吸收法，以满足一级水质 Cd、Cu、Pb 的监测要求。

（2）选择性：监测方法的选择性要好，抗干扰能力要强，若存在干扰，能采用适当的掩蔽剂和预分离的方法予以消除。分析方法标准中一般都给出了干扰试验的数据和消除干扰的各种方法，应根据样品的实际情况灵活应用。

（3）要求方法的稳定性好，才能保证结果具有良好的重复性、再现性和准确度。

（4）所用的仪器设备齐全易得，操作方法简便快速，所用试剂无毒或毒性较小。

（5）优先选用国家标准中已经列入的水、气及其他环境要素的监测分析方法。国家标准中暂未列入的分析方法，监测时应首先考虑选用经过验证后统一规定的方法。

（6）采用国家标准和统一规定的方法之外的其他分析方法，必须经过等效试验，验证合格并报上级监测站批准后方可采用。

（7）在可能的条件下尽量采用国内外的新技术和新方法。

（8）充分注意方法的应用范围。由于环境样品成分复杂多变，待测物的浓度和干扰物的浓度差别很大，有时可相差几个数量级，加上各个监测站拥有的仪器设备和技术条件不同，想让标准方法普遍适用是不可能的。任何一个监测方法都有它的局限性，有它的适用浓度范围、干扰物的种类及允许的限量，也就是说有它的适用对象和范围。因此，操作人员应根据样品的性质和自己的工作条件（如实验室、分析速度、经济承受能力和技术条件）综合平衡加以选择。

（9）分析方法的验证。一个分析方法要被认定为统一分析方法或上升为标准方法，除了有完整的条件试验所获得的特定参数外，还应是经过一定数量的有代表性实验室进行协作试验，有标准物质及实际样品作方法验证，辅以数理统计处理，证实方法的适用范围以及方法的特性参数。

不同的实验室由于分析人员的技术水平和实验室条件的差异，在选用分析方法时亦会发生同一个方法在不同实验室所得到的方法特性参数会有差异的现象，因此，每个实验室在选定方法后，即使是标准方法，也应进行验证，以便了解本实验室的质量水平，并寻找原因，以获得准确可比的数据。

此外，一个分析方法，即使是标准方法也存在改进的可能性，如消除不常见的干扰物，或提高灵敏度和降低检出限。当方法获得改进后，都必须经过一定形式的验证，以保证改进后的特性参数符合要求。

三、测试方法的确认程序

1. 使用有效版本

所有与认证项目监测工作有关的标准方法，技术规范，作业指导书、参考书等均应受控管理，并放在监测室内，便于获取使用。应对在用的标准方法、技术规范和行业统一监测方法进行不间断的跟踪，定期清理或查新，以保证使用最新的有效版本。

2. 选用标准方法

监测人员优先选用经过计量认证的国家标准方法，行业标准和行业统一的方法。若没有时，必须对新选的方法进行验证，合格后确认使用。

3. 新方法的选用

（1）制订新方法的条件

① 国家或行业没有现行有效版本的监测方法时；

② 原选用的方法，测量不确定度过大，影响监测数据的可靠性，需重新制定监测方法；

③ 超出其预定范围使用或扩充和修改标准监测方法时，需制定新的监测方法。

（2）新方法制订验证

监测人员在方法调研后编制新方法文本，经部门负责人审核后进行验证，形成验证报告，技术负责人组织相关人员，采用方法比对，标准核对，实验室间比对等其中 1～2 种方式，对计量认证范围外的新方法进行验证，并编制方法验证报告，以证明其能满足预期的用途。

方法验证报告内容，重点是精密度、准确度和不确定度评定。

四、测试方法的干扰排除

许多分析方法都受试样中可能存在的干扰物的影响，甚至有的干扰远远大于测定方法本身的误差，因而有的测定方法大部分操作是为了除去某一共存物的干扰，而被测物质本身的测定却很简单。根据样品的来源及选用的测定方法，比较常见和明显的干扰物是人们所共知的，所以在每一具体的方法中都有论述。但是由于样品性质的不同及成分复杂多变，有时可能遇到不知道的或预想不到的干扰物，会严重影响分析结果的准确性，这是不可避免。

1. 分析工作者必须预防干扰产生

（1）以前未试验过的离子。新遇到的化合物（尤其是络合物）和一种成分复杂的未知试样，可能存在干扰物。这时必须随时注意检查可能干扰物的存在，并设法排除其干扰。

（2）过去成分一向稳定的样品突然发生变化，在比色试验或滴定时发现任何不正常的颜色，任何意想不到的混浊、气味或其他现象，都是可疑的来源，这一变化可能是一般成分的相对浓度的正常干扰，但也可能是意外的干扰物造成的。

（3）假如两种或更多的方法得出的结论出入很大，很可能有干扰物存在。

（4）有些干扰，只要把水样稀释，问题就不太严重了；或改取较少试样也可以。如果结果的增加或减少的趋势和稀释倍数是一致的，很可能就是干扰的作用。

2. 干扰效应使结果偏高或偏低的原因

（1）当干扰物质与被测物质直接结合，可使结果偏低。例如用酚二磺酸法测定硝酸盐时，当有浓硫酸存在时，氯化物会和一部分硝酸盐生成硝酰氯，使结果偏低。

（2）当干扰物质具有与被测物质相同反应时，使结果偏高。如溴存在可以与氯同时被滴定。

（3）当干扰物质与分析用的试剂化合，因此阻碍了此试剂和被测物质起反应。例如游离氯可使有机试剂显色减弱、改变或消失。

此外，在进行光度分析时，由于浊度的干扰，可使吸光度增加，两三种以上物质同时存在，颜色偶尔可出现增强或减弱。

3. 消除或减弱干扰的方法

如遇到干扰或怀疑有干扰时，分析者就要努力去找一种办法，既能消除干扰，又不致对分析本身产生不良作用。

（1）可采用物理方法来分离被测物质或除去干扰物质。如蒸馏法可将氟化物、氰化物、酚、氨等蒸出，而干扰物质留在溶液中。

（2）利用调节 pH 值，以使只有被测物质能起反应。如络合滴定，在不同 pH 值的情况下滴定不同金属离子，消除其他金属离子的干扰。

（3）利用氧化还原反应，使试液中的干扰物转化为不干扰的价态。例如用硫代硫酸钠还原游离氯成氯化物；利用盐酸羟胺还原高锰酸钾为二价锰等。

（4）加入络合剂掩蔽干扰离子，虽然干扰物没有被去掉，但是不会干扰测定。如以滴定法测定水的硬度时，铜离子的干扰可加氰化物掩蔽。

（5）采用有机溶剂的萃取及反萃取的方法消除干扰。是利用被测物质和干扰物质在两种共存的互不相溶的溶剂中的分配系数不同进行分离的方法。如 4-氨基安替比林测酚，油类干扰测定，用四氯化碳萃取被测样品，弃去四氯化碳层，以除去油类的干扰。

（6）利用沉淀反应进行分离。是利用被测物质和干扰物质与某种试剂（沉淀剂）反应生成溶解度不同物质而进行分离的方法。如测定造纸废水中的硫化物时，可先用醋酸锌沉淀法除去可溶性还原剂（如亚硫酸盐、硫代硫酸盐等）的干扰，再将沉淀物酸化，通纯氮气曝气分离，可除去在沉淀中的单宁、纤维素、木质素的干扰。

（7）有时可利用湿法消解或干法灰化以消除颜色、浊度及有机物的干扰。

（8）空气中被测物和干扰物同为气态时，一般可利用其化学性质和物理性质不同，预先用吸收剂或吸附剂将干扰物吸收后再测定。如用乙二胺比色法测定二硫化碳时，硫化氢干扰，可用硝酸银的硫酸溶液吸收硫化氢，二硫化碳不被吸收，达到去除干扰的目的。

如果上述处理方法不能消除干扰时，可采用一些补偿法：

（1）在光度法中，如试样本来就有颜色和浊度，可以用光度补偿法。

（2）先测出干扰物的浓度，再向绘制校准曲线的标准溶液中加入同量的干扰物进行基体补偿，此法有时在原子吸收法中使用。这个方法比较费事，因此不常使用。

（3）如果在干扰物浓度增加时，干扰作用并不随之增加，而是趋于一定。可向所有试样和所有标准液内加入过量的干扰物，这个方法叫做“淹没法”。例如用光度法测定镁时，加入过量的钙。

（4）在化学试剂中含有被测物质时，可做一个空白测定来校正。

五、测试样品的预处理

在分析测试中，样品的预处理是非常重要的，它直接影响着分析的准确度、精密度和灵敏度。

（一）预处理是样品分析中的重要组成部分

样品的保存与制备、样品的分解、样品溶液的制备及试样的测定是样品分析的全部操作步骤。就整个分析程序而论，样品预处理所占的工作量是整个工作量的大部分，这是显而易见的。对于那些成分较复杂的样品，必须选择与其相适应的复杂的预处理技术，即使是仪器分析，预处理方法的重要性也不亚于分析方法本身。预处理的好坏直接影响着样品分析结果的准确性。

1．样品的损失

样品的损失是取样和处理过程中的难题之一。在痕量与超痕量分析工作中，样品的溶解、分解、浓缩及分离操作是不可缺少的。这些操作均可能引起样品质量的损失。例如，在样品的分解过程中，一方面可能由于样品的飞溅或者分解不完全引起样品质量的损失；另一方面还可能引起易挥发组分的损失。样品在灰化过程中，易挥发组分可能挥发损失。在过滤过程中，滤膜及溶液中的悬浮物对痕量重金属有较强的吸附作用，引起重金属的严重损失。

为了减少滤膜、悬浮物和器壁对重金属的吸附作用，在水样中加入酸，使溶液的 pH 小于 2 即可收到良好的效果。

2．样品干燥

土壤是环境分析的重要对象，河流、湖泊等底泥是以土壤为基准进行分析。以土壤、底质中的样品干燥问题为例简述如下：

固体的土壤底质样品与液体的水质样品相比较不易混匀，尤其在试样潮湿含水分较高的情况下，样品混不匀，取样代表性就差。

土壤底质样品一般都含有水分。这样的样品放入室内，会逐渐失去水分，所以干燥的程度不同，分析结果也不同。为了取得重复性的数据，需要把样品干燥到一定程度。即使干燥的样品，在室内长时间放置暴露于空气中，也会吸水造成分析结果的变异。据报告，样品残存 0.2%的水分，就会带来误差。因此，为了获得正确的分析结果，分析试样的干燥是预处理操作中必不可少的步骤，并且经干燥处理后的样品应置于干燥器内或装入洁净的瓶内密封保存。另外，样品在预处理过程中容易引进环境污染，所以在干燥过程中要防止从门外进来的尘土、扫地的扬尘等，防止墙上、天窗的涂料落在上面，甚至在室内吸烟的污染都要加以考虑。

（二）预处理能消除测定中的干扰离子和干扰因素

1．环境样品常处于不易溶解的状态

土壤，河流、湖泊的底泥，工业废渣，大气飘尘等样品常处于不易溶解的状态。对于不溶于水的样品，须经酸处理或碱熔融，借助化学反应使其变成可溶性的化合物。对有机物质中痕量组分进行分析时，通常亦采用加酸消解的方法或采用干灰化法，用于除去样品中的有机基质，以便进一步分析及定量测定有机物质中所含的待测物。

2．预处理中干扰因素、干扰离子的消除

样品在充分溶解或分解的基础上，除去或掩蔽共存干扰成分是分析试样制备的主要内容。消除干扰的方法是根据样品溶液的组分和分析目的的要求，将一种或数种可靠性好的化学反应组合而成的操作步骤。例如在比色法中分离干扰离子、消除干扰因素和富集被测物质，可采用挥发和蒸馏分离法、沉淀分离法、离子交换分离法、溶剂萃取分离法、络合法、还原析出金属法等。

（三）预处理在仪器分析中的作用

当代环境监测发展的基本趋势之一是广泛应用仪器分析法。仪器分析法不仅能对痕量物质进行定量分析，而且能获得较高的准确度和精密度，同时又可以大大减轻分析人员的工作量，提高工作效率，这是化学分析方法所不能及的。但是，采用仪器分析法时，必须预先将待测成分进行浓缩等预处理，否则，待测成分的浓度在仪器分析方法的检出限以下时，将不能定量测定。多数仪器分析法，都需要对待测样品进行分解或消解，并且对待测成分进行分离等，而测定仅仅是分析方法的最后一个步骤。在许多情况下，仪器的分析速度往往取决于样品化学预处理的速度。当然，对其测试质量的影响更不言而喻了。

第四节 标准物质及量值溯源

一、标准物质

是具有一种或多种足够均匀的且很好地确定了特性的，用以校准测量装置、评价测量方法或给材料赋值的一种材料或物质。而附有证书的经过溯源的标准物质称为有证标准物质。监测实验室应尽可能使用有证标准物质（或称参考物质）。若没有有证标准物质可用时，实验室通过比对试验、能力验证等方式证明量值的准确和溯源。当校准不能严格按国际单位制进行时，实验室应使用有资格的供应者提供有证校准物质来给出可靠的物理或化学特性。

1．标准物质证书（内容）基本信息

（1）标准物质名称及编号，在证书和标签上均有“CMC”标记。

（2）研制和生产单位名称，地址。

（3）标准包装形式，制备方法，保存方法。

（4）特性量值及其测量方法。

（5）标准值的不确定度，均匀性及稳定性使用说明。

（6）使用注意事项及必要的参考文献。

2．标准物质分级追溯

我国将标准物质分为一级与二级。一级标准物质由国家计量部门制作颁发或出售的标准物质。二级标准物质由各事业部门制作供厂矿或实验室日常使用。

一般一级标准物质的准确度比二级标准物质高 3～5 倍，即二级标准物质应溯源到一级标准物质，而一级标准物质应溯源到 SI 单位（图 5-2）。

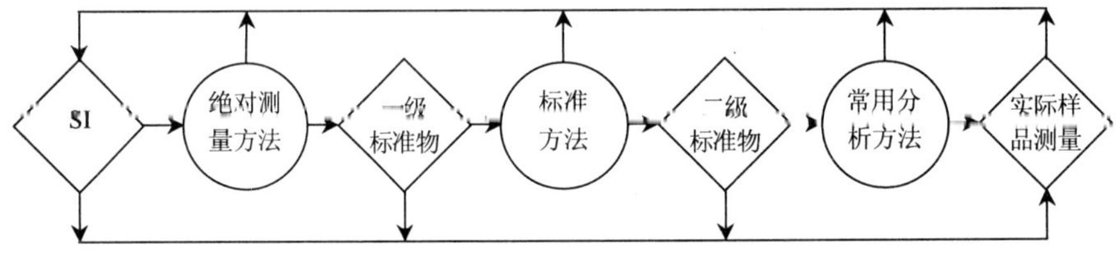

图 5-2 量值传递系统

3．标准物质的作用

（1）作为校准物质用于监测仪器的定度。因为化学分析仪器一般都是按相对测量方法设计的，所以在使用前或使用中必须有标准物质进行定度或制备“校准曲线”。

（2）作为已知物质，用以评价测量方法。当测量工作用不同的方法和不同的仪器进行时，已知物质可以有助于对新方法和新仪器所测出的结果进行可靠程度的判断。

（3）作为控制物质与待测物质同时进行分析。当标准物质得到的分析结果与证书给出的量值在规定限度内一致时，证明待测物质的分析结果是可信的。

二、环境标准物质

按规定的准确度和精密度确定了的某些物理性特值或组分含量值，在相当长时间内具有可被接受的均匀性和稳定性，并在组成和性质上接近于环境样品的物质。为了避免基体效应所产生的误差，通常把在组成和性质上与待测样品相似，而且组分含量已知的物质作为分析测定的标准，称为环境标准物质。环境标准物质有如下特点：

（1）环境标准物质是直接用环境样品或模拟环境样品制定的一种混合物。

（2）基体组成复杂，因此，所选环境标准物质必须具有较好的基体代表性。

（3）应具有良好的均匀性，这是指标准物质成为测量标准的基本条件。

（4）应具有良好的稳定性，可以长期保存，保证使用量。

三、标准溶液的配制

（1）若使用外购标准溶液，必须采购有资质单位生产的标准溶液。

（2）若自配制溶液，须准确称量，应尽量使用基准试剂或纯度不低于优级纯的试剂，所用溶剂为《分析实验用水规格和试验方法》（GB/T 6682—2008）规定的二级以上纯水或优级纯（不得低于分析纯）溶剂，试剂称样量一般不应小于 0.1 g，用检定合格的容量瓶定容。

（3）用基准物标定法配制的标准溶液，至少平行标定 3 份，平行标定相对偏差不大于 0.2%，取其平均值计算溶液的浓度。

（4）用工作基准试剂标定标准滴定溶液的浓度时，经 3 次平行标定，取其平均值为标准滴定溶液的浓度。其扩展不确定度一般不应大于 0.2%。

四、自配标准溶液的核查

（1）通过测试标准样品，核查自配标准溶液。

（2）使用质量监督员监督自配标准溶液的核查，发放检查所用的有证标准样品。

（3）监测分析人员核查后填写“自配标准溶液核查表”交质量监督员，质量监督员做结果统计。

五、标准曲线的绘制与使用

（1）按分析方法步骤，通过校准曲线的绘制，确定本实验室条件下的测定上限和下限。使用时，只能用实测的线性范围，不应将校准曲线任意外延。

（2）绘制校准曲线时，包括零浓度在内至少应有 6 个浓度点。

（3）离子选择电极法、原子吸收法、冷原子吸收（荧光）测汞法，气相色谱、液相色谱法、离子色谱法等仪器分析方法，校准曲线绘制必须与样品测试同时进行。

（4）校准曲线比较稳定的分光光度法项目，每次分两天至少作两条校准曲线，要求两条曲线的回归方程的截距、斜率经检验后无显著性差异后，合并使用。标准溶液或其他主要试剂重新配制后，应重新绘制标准曲线。

（5）绘制校准曲线用的容器和量器，应经检定合格，使用的比色管应配套。

（6）在样品分析不绘制校准曲线的情况下，应在样品分析同时测定校准曲线上 1～2

个点，其测定结果与原校准曲线相应浓度点的相对偏差不得大于 5%，否则需要重新绘制校准曲线。

六、常用的标准溶液

（1）必须在测定系统处于质量控制状态下，标准溶液在保质期内才能用标准水样的量值进行校验。在没有很好地掌握分析测定技术时，测定数据的偏离往往是实验失控引起的。

（2）如果待测样品与标准溶液在化学性质和基体组成上差异很大，由于未能排除基体干扰，用标准水样作为测定标准将会带来一定的误差。

（3）在一般分析测定中，溶液内待测物质的浓度不应低于测定下限。当样品的浓度接近于空白试验时，即使使用标准溶液仍将产生较大的误差。

（4）如果待测物质不稳定，应先固定待测物质再作测定，否则即使用标准溶液仍然不能得到准确结果。

（5）在废水的生物学试验方法中还不能使用标准物质，虽然各国在废水检验方法中规定了鱼类毒性试验、细菌试验和 BOD_5 等，但至今还没有这方面的标准物质。

七、标准传递

仪器设备的传递标定，如各种流量标准传递设备，用于校准自动监测系统中所有监测仪器和标准仪器中的流量。

1. 传递和标定周期

（1）对于传递为分析天平、皂膜流量计、湿式流量计、活塞式流量计、标准气压表、压力计、真空表、温度计、精密电阻箱和标准万能表等，每年至少一次送国家有关部门进行质量检验和标准传递。

（2）对标准气象传感器，每年至少一次送往国家有关部门进行质量检验和标准传递。

（3）对用于工作标准的质量流量计，电子皂膜流量计、气压表，压力计和真空表，用经国家有关部门传递过的标准每半年进行一次间接传递。

（4）对于现场仪器设备中使用的温度显示及控制装置、流量显示及控制装置、气压检测装置和压力检测装置，用工作标准每半年至少进行一次校定。

（5）对用于传递标准的臭氧发生器，每两年必须送至国家环保部和国际权威组织认可的标准传递单位进行至少一次质量检验和标准传递。对用于监测现场的工作标准臭氧发生器，必须每年用传递标准进行至少一次的标准传递。

2. 传递的标准

（1）必须是经过国家认证的各种基准标准气体或渗透管，用于标定或传递监测的各种工作标准气。

（2）采用质量传递专用仪器传递基准标准至工作标准或校验工作标准。

（3）便携式审核校准仪器，用于各自动站的现场定期审核和标定。

常用的气体标准传递物为零气发生器、渗透管、钢瓶标气。

3. 传递和标定方法

（1）流量传递

① 流量标准的间接传递法：该法是一种两级方式的传递过程。第一级传递系指经国

家计量部门质量检验和标准传递过的一级标准流量测定装置，如皂膜流量计、湿式流量计和活塞式流量计对用于现场校准和标定的传递标准，质量流量计或电子皂膜流量计等流量测定装置进行流量校准和标定。第二级传递系指用经过一级标准标定过的传递标准对用于现场流量测定的工作标准，如质量流量控制器等流量测定装置进行校准和标定。

② 流量标准的直接传递法：是指经国家计量部门质量检验或标准传递的一级标准流量测量装置直接对用于现场校准的工作标准，如质量流量控制器进行流量校准和标定。

（2）标准物质传递

液体与固体标准物传递用实验室量值传递程序进行，气体标准物质在环境监测中常用于环境空气质量监测的计量标准，空气质量的分析方法和监测仪器设备的浓度监测范围及读数刻度是用气体标准物质进行标定和校准。在自动空气监测系统中，通常采用逐级传递下来的工作校准级气体标准进行监测仪器设备的标定和校准。其常用方法：

① 用渗透管的校准传递。由于渗透管体积小，重量轻，便于携带和运输，在空气质量自动监测系统中作为标准气源被广泛使用，有仪器校准法和重量法可选用。

② 钢瓶标准气的标准传递。在空气质量自动监测系统中钢瓶标准气作为标准气源被广泛使用，钢瓶标准气法是用国家计量部门提供的或总站统一发放的一级标准钢瓶作为传递标准，用批量购进的钢瓶标准气作为工作标准，钢瓶标准气的压力符合要求并充足。钢瓶标准所用的液压阀和压力表必须经国家计量部门质量检验和标定过，在有效期内使用。渗透管传递法也必须用国家计量部门提供的或总站统一发放的一级标准渗透管作为传递标准，用批量购进的钢瓶气作为工作标准。

八、现行环境标准物质

（一）气体标准物质

表 5-3　现行气体标准物质

序号	标准物质名称	国家标准编号	研制单位	填充压力/MPa
1	氮气中二氧化硫	GSB 07-1405—2001	环保部标准样品研究所	10
2	氮气中一氧化氮	GSB 07-1406—2001	环保部标准样品研究所	10
3	氮气中一氧化碳	GSB 07-1407—2001	环保部标准样品研究所	10
4	氮气中二氧化碳	GSB 07-1408—2001	环保部标准样品研究所	10
5	氮气中氧	GSB 07-1987—2005	环保部标准样品研究所	10
6	氮气中硫化氢	GSB 07-1976—2005	环保部标准样品研究所	10
7	氮气中甲烷	GSB 07-1409—2001	环保部标准样品研究所	10
8	空气中甲烷	GSB 07-1411—2001	环保部标准样品研究所	10
9	氮气中丙烷	GSB 07-1410—2001	环保部标准样品研究所	10
10	氮气中氯乙烯	GSB 07-2249—2008	环保部标准样品研究所	10
11	氮气中苯	GSB 07-1988—2005	环保部标准样品研究所	10
12	氮气中苯乙烯	GSB 07-2247—2008	环保部标准样品研究所	10
13	氮气中一氧化碳与丙烷混合	GSB 07-1413—2001	环保部标准样品研究所	10
14	氮气中一氧化碳、二氧化碳与丙烷混合	GSB 07-2246—2008	环保部标准样品研究所	10

序号	标准物质名称	国家标准编号	研制单位	填充压力/MPa
15	氮气中5种苯系物混合，苯、甲苯、对二甲苯、间二甲苯、邻二甲苯	GSB 07-1412—2001	环保部标准样品研究所	10
16	氮气中7种苯系物混合，苯、甲苯、乙苯、对二甲苯、间二甲苯、邻二甲苯、苯乙烯	GSB 07-1989—2005	环保部标准样品研究所	10
17	氮气中4种氯代烃混合，二氯甲烷、三氯甲烷、1,1-二氯甲烷、1,2-二氯甲烷	GSB 07-2248—2008	环保部标准样品研究所	10
18	氮气中1,3-丁二烯	GSB 07-2560—2009	环保部标准样品研究所	10
19	氮气中氯苯	GSB 07-2561—2009	环保部标准样品研究所	10
20	氮气中 5 种氯代苯混合，氯苯、间二氯苯、对二氯苯、邻二氯苯、1,2,4-三氯苯	GSB 07-2562—2009	环保部标准样品研究所	10
21	氮气中6种氯代烃混合，二氯甲烷、三氯甲烷、1,1-二氯甲烷、1,2-二氯甲烷、1,1,1-三氯乙烷、1,1,2-三氯乙烷	GSB 07-2563—2009	环保部标准样品研究所	10

（二）液体标准物质

1．质控用标准物质

（1）水质监测标样

表 5-4　现行水质监测标样

序号	标准物质名称	国家标准编号	研制单位	规格/ml
1	水质 pH	GSB Z 50017—90	环保部标准样品研究所	20
2	水质 电导率	GSB 07-2245—2008	环保部标准样品研究所	30
3	水质 浊度	GSB 07-1377—2001	环保部标准样品研究所	20
4	水质 总碱度	GSB 07-1382—2001	环保部标准样品研究所	20
5	水质 总硬度	GSB Z 50007—88	环保部标准样品研究所	20
6	水质 化学需氧量	GSB Z 50001—88	环保部标准样品研究所	20
7	水质 生化需氧量	GSB Z 50002—88	环保部标准样品研究所	20
8	水质 高锰酸盐指数	GSB Z 50025—94	环保部标准样品研究所	20
9	水质 总有机碳	GSB 07-1967—2005	环保部标准样品研究所	20
10	水质 阴离子表面活性剂	GSB 07-1197—2000	环保部标准样品研究所	20
11	水质 挥发酚	GSB Z 50003—88	环保部标准样品研究所	20
12	水质 甲醛	GSB 07-1179—2000	环保部标准样品研究所	20
13	水质 苯胺	GSB Z 50034—95	环保部标准样品研究所	20
14	水质 硝基苯	GSB Z 50035—95	环保部标准样品研究所	20
15	水质 磷酸盐	GSB Z 50028—94	环保部标准样品研究所	20
16	水质 总磷	GSB Z 50033—95	环保部标准样品研究所	20
17	水质 氨氮	GSB Z 50005—88	环保部标准样品研究所	20
18	水质 凯氏氮	GSB 07-1374—2001	环保部标准样品研究所	20

序号	标准物质名称	国家标准编号	研制单位	规格/ml
19	水质 总氮	GSB Z 50026—94	环保部标准样品研究所	20
20	水质 氟化物	GSB 07-1194—2000	环保部标准样品研究所	20
21	水质 氯化物	GSB 07-1195—2000	环保部标准样品研究所	20
22	水质 溴化物	GSB 07-1380—2001	环保部标准样品研究所	20
23	水质 硫化物	GSB 07-1373—2001	环保部标准样品研究所	20
24	水质 总氰化物	GSB Z 50018—90	环保部标准样品研究所	20
25	水质 亚硝酸盐	GSB Z 50006—88	环保部标准样品研究所	20
26	水质 硝酸盐	GSB Z 50008—88	环保部标准样品研究所	20
27	水质 硫酸盐	GSB 07-1196—2000	环保部标准样品研究所	20
28	水质 锂	GSB 07-1378—2001	环保部标准样品研究所	20
29	水质 钠	GSB 07-1191—2000	环保部标准样品研究所	30
30	水质 钾	GSB 07-1190—2000	环保部标准样品研究所	20
31	水质 铍	GSB 07-1178—2000	环保部标准样品研究所	20
32	水质 镁	GSB 07-1193—2000	环保部标准样品研究所	20
33	水质 钙	GSB 07-1192—2000	环保部标准样品研究所	20
34	水质 锶	GSB 07-1379—2000	环保部标准样品研究所	20
35	水质 钡	GSB Z 50039—95	环保部标准样品研究所	20
36	水质 硼	GSB 07-1979—2005	环保部标准样品研究所	30
37	水质 铝	GSB 07-1375—2001	环保部标准样品研究所	30
38	水质 铊	GSB 07-1978—2005	环保部标准样品研究所	20
39	水质 铅	GSB 07-1183—2000	环保部标准样品研究所	20
40	水质 砷	GSB Z 50004—88	环保部标准样品研究所	20
41	水质 锑	GSB 07-1376—2001	环保部标准样品研究所	20
42	水质 硒	GSB Z 50031—94	环保部标准样品研究所	20
43	水质 钛	GSB 07-1977—2005	环保部标准样品研究所	20
44	水质 钒	GSB Z 50029—94	环保部标准样品研究所	20
45	水质 六价铬	GSB Z 50027—94	环保部标准样品研究所	20
46	水质 总铬	GSB 07-1187 2000	环保部标准样品研究所	20
47	水质 钼	GSB Z 50032—94	环保部标准样品研究所	20
48	水质 锰	GSB 07-1189—2000	环保部标准样品研究所	20
49	水质 铁	GSB 07-1188—2000	环保部标准样品研究所	20
50	水质 钴	GSB Z 50030—94	环保部标准样品研究所	20
51	水质 镍	GSB 07-1189—2000	环保部标准样品研究所	20
52	水质 铜	GSB 07-1182—2000	环保部标准样品研究所	20
53	水质 银	GSB Z 50038—95	环保部标准样品研究所	20
54	水质 锌	GSB 07-1184—2000	环保部标准样品研究所	20
55	水质 镉	GSB 07-1185—2000	环保部标准样品研究所	20
56	水质 汞	GSB Z 50016—90	环保部标准样品研究所	20
57	水质 铁与锰混合	GSB Z 50026—94	环保部标准样品研究所	20
58	水质 氟、氯与硫酸根混合	GSB 07-1194—2000	环保部标准样品研究所	20
59	水质 氟、氯、硫酸根与硝酸根混合	GSB 07-1195—2000	环保部标准样品研究所	20
60	水质 钾、钠、钙与镁混合	GSB 07-1380—2001	环保部标准样品研究所	30
61	水质 铜、铅、锌、镉、镍与铬混合	GSB 07-1373—2001	环保部标准样品研究所	20

（2）空气监测标样（水剂）

表 5-5 现行水剂空气监测标样

序号	标准物质名称	国家标准编号	研制单位	规格/ml
1	氮氧化物	GSB Z 50036—95	环保部标准样品研究所	20
2	二氧化硫（甲醛法）	GSB Z 50037—95	环保部标准样品研究所	20
3	模拟酸雨 pH、电导率、钾、钠、钙、镁、铵、氯、硝酸盐、硫酸盐	GSB 07-2241—2008	环保部标准样品研究所	30

（3）有机物监测标样

表 5-6 现行有机物监测标样

序号	标准物质名称	国家标准编号	研制单位	规格/ml
1	四氯化碳中石油类（红外法）	GSB 07-1198—2000	环保部标准样品研究所	10
2	二硫化碳中丙烯腈	GSB 07-1180—2000	环保部标准样品研究所	1.2
3	甲醇中一溴二氯甲烷	GSB 07-1980—2005	环保部标准样品研究所	1.2
4	甲醇中二溴一氯甲烷	GSB 07-1981—2005	环保部标准样品研究所	1.2
5	甲醇中苯	GSB 07-1021—1999	环保部标准样品研究所	1.2
6	甲醇中甲苯	GSB 07-1022—1999	环保部标准样品研究所	1.2
7	甲醇中乙苯	GSB 07-1023—1999	环保部标准样品研究所	1.2
8	甲醇中对二甲苯	GSB 07-1024—1999	环保部标准样品研究所	1.2
9	甲醇中间二甲苯	GSB 07-1025—1999	环保部标准样品研究所	1.2
10	甲醇中邻二甲苯	GSB 07-1026—1999	环保部标准样品研究所	1.2
11	甲醇中异丙苯	GSB 07-1027—1999	环保部标准样品研究所	1.2
12	甲醇中苯乙烯	GSB 07-1028—1999	环保部标准样品研究所	1.2
13	甲醇中邻二氯苯	GSB 07-1032—1999	环保部标准样品研究所	1.2
14	甲醇中间二氯苯	GSB 07-1033—1999	环保部标准样品研究所	1.2
15	甲醇中对二氯苯	GSB 07-1968—2005	环保部标准样品研究所	1.2
16	甲醇中 1,2,3-三氯苯	GSB 07-1969—2005	环保部标准样品研究所	1.2
17	甲醇中 1,2,4-三氯苯	GSB 07-1970—2005	环保部标准样品研究所	1.2
18	甲醇中 1,2,3,4-四氯苯	GSB 07-1971—2005	环保部标准样品研究所	1.2
19	甲醇中 1,2,4,5-四氯苯	GSB 07-1972—2005	环保部标准样品研究所	1.2
20	甲醇中五氯苯	GSB 07-1973—2005	环保部标准样品研究所	1.2
21	甲醇中六氯苯	GSB 07-1034—1999	环保部标准样品研究所	1.2
22	甲醇中对甲基苯酚	GSB 07-1038—1999	环保部标准样品研究所	1.2
23	甲醇中五氯苯酚	GSB 07-1039—1999	环保部标准样品研究所	1.2
24	甲醇中对硝基苯酚	GSB 07-1037—1999	环保部标准样品研究所	1.2
25	甲醇中苯胺	GSB 07-1035—1999	环保部标准样品研究所	1.2
26	甲醇中对硝基苯胺	GSB 07-1036—1999	环保部标准样品研究所	1.2
27	甲醇中邻苯二甲酸二甲酯	GSB 07-1029—1999	环保部标准样品研究所	1.2
28	甲醇中邻苯二甲酸二丁酯	GSB 07-1030—1999	环保部标准样品研究所	1.2
29	甲醇中邻苯二甲酸二正辛酯	GSB 07-1031—1999	环保部标准样品研究所	1.2
30	甲醇中邻苯二甲酸二（2-乙基己基）酯	GSB 07-1404—2001	环保部标准样品研究所	1.2

序号	标准物质名称	国家标准编号	研制单位	规格/ml
31	异辛烷中α-六六六	GSB 07-1387—2001	环保部标准样品研究所	1.2
32	异辛烷中β-六六六	GSB 07-1388—2001	环保部标准样品研究所	1.2
33	异辛烷中γ-六六六	GSB 07-1389—2001	环保部标准样品研究所	1.2
34	异辛烷中δ-六六六	GSB 07-1390—2001	环保部标准样品研究所	1.2
35	异辛烷中 *p,p'*-DDE	GSB 07-1391—2001	环保部标准样品研究所	1.2
36	异辛烷中 *p,p'*-DDT	GSB 07-1393—2001	环保部标准样品研究所	1.2
37	异辛烷中 *o,p'*-DDT	GSB 07-1394—2001	环保部标准样品研究所	1.2
38	异辛烷中 *p,p'*-DDD	GSB 07-1392—2001	环保部标准样品研究所	1.2
39	氯仿中马拉硫磷	GSB 07-1399—2001	环保部标准样品研究所	1.2
40	氯仿中对硫磷	GSB 07-1398—2001	环保部标准样品研究所	1.2
41	氯仿中甲基对硫磷	GSB 07-1397—2001	环保部标准样品研究所	1.2
42	氯仿中敌敌畏	GSB 07-1396—2001	环保部标准样品研究所	1.2
43	甲醇中阿特拉津	GSB 07-1502—2002	环保部标准样品研究所	1.2
44	甲醇中 5 种挥发性卤代烃混合（Ⅰ），三溴甲烷、三氯甲烷、四氯化碳、三氯乙烯、四氯乙烯	GSB 07-1403—2001	环保部标准样品研究所	1.2
45	甲醇中 5 种挥发性卤代烃混合（Ⅱ），三溴甲烷、三氯甲烷、四氯化碳、一溴二氯甲烷、二溴一氯甲烷	GSB 07-1982—2005	环保部标准样品研究所	1.2
46	甲醇中 7 种苯系物混合，苯、甲苯、乙苯、异丙苯、对二甲苯、邻二甲苯、间二甲苯	GSB 07-1043—1999	环保部标准样品研究所	1.2
47	二硫化碳中 7 种苯系物混合，苯、甲苯、乙苯、对二甲苯、邻二甲苯、间二甲苯、苯乙烯	GSB 07-1042—2001	环保部标准样品研究所	1.2
48	甲醇中 4 种氯代苯类混合（Ⅰ），氯苯、邻二氯苯、对二氯苯、1,2,4-三氯苯	GSB 07-1044—1999	环保部标准样品研究所	1.2
49	甲醇中 4 种氯代苯类混合（Ⅱ），邻二氯苯、间二氯苯、对二氯苯、1,2,4-三氯苯	GSB 07-1974—2005	环保部标准样品研究所	1.2
50	甲醇中 4 种酚类混合，苯酚、间甲酚、2,4-二氯酚、2,4,6-三氯酚	GSB 07-1045—1999	环保部标准样品研究所	1.2
51	甲醇中 3 种多环芳烃混合，芴、菲、荧蒽	GSB 07-1046—1999	环保部标准样品研究所	1.2
52	甲醇中 8 种有机氯农药混合（Ⅰ），α-六六六、β-六六六、γ-六六六、δ-六六六、*p,p'*-DDE、*p,p'*-DDT、*o,p'*-DDT、*p,p'*-DDD	GSB 07-1395—2001	环保部标准样品研究所	1.2
53	氯仿中 5 种有机磷农药混合，马拉硫磷、对硫磷、甲基对硫磷、敌敌畏、乐果	GSB 07-1400—2001	环保部标准样品研究所	1.2
54	甲醇中 5 种有机磷农药混合，马拉硫磷、对硫磷、甲基对硫磷、敌敌畏、乐果	GSB 07-1401—2001	环保部标准样品研究所	1.2

2．分析校准用标准物质

表 5-7　现行分析校准用标准物质

序号	标准物质名称	国家标准编号	研制单位	浓度	规格/ml
1	钾	GSB 07-1261—2000	环保部标准样品研究所	500 mg/L	20
2	钠	GSB 07-1262—2000	环保部标准样品研究所	500 mg/L	30
3	钙	GSB 07-1263—2000	环保部标准样品研究所	500 mg/L	20
4	镁	GSB 07-1285—2000	环保部标准样品研究所	500 mg/L	20
5	铅	GSB 07-1258—2000	环保部标准样品研究所	1 000 mg/L	20
6	铅	GSB 07-1282—2000	环保部标准样品研究所	500 mg/L	20
7	砷	GSB 07-1275—2000	环保部标准样品研究所	100 mg/L	20
8	锑	GSB 07-1277—2000	环保部标准样品研究所	100 mg/L	20
9	硒	GSB 07-1253—2000	环保部标准样品研究所	100 mg/L	20
10	钒	GSB 07-1256—2000	环保部标准样品研究所	500 mg/L	20
11	铬	GSB 07-1284—2000	环保部标准样品研究所	500 mg/L	20
12	钼	GSB 07-1254—2000	环保部标准样品研究所	500 mg/L	20
13	锰	GSB 07-1265—2000	环保部标准样品研究所	1 000 mg/L	20
14	锰	GSB 05-1127—2000	环保部标准样品研究所	500 mg/L	20
15	铁	GSB 07-1264—2000	环保部标准样品研究所	1 000 mg/L	20
16	铁	GSB 07-1286—2000	环保部标准样品研究所	500 mg/L	20
17	钴	GSB 07-1255—2000	环保部标准样品研究所	500 mg/L	20
18	镍	GSB 07-1260—2000	环保部标准样品研究所	500 mg/L	20
19	铜	GSB 07-1257—2000	环保部标准样品研究所	1 000 mg/L	20
20	铜	GSB 05-1117—2000	环保部标准样品研究所	500 mg/L	20
21	锌	GSB 07-1259—2000	环保部标准样品研究所	1 000 mg/L	20
22	锌	GSB 07-1283—2000	环保部标准样品研究所	500 mg/L	20
23	镉	GSB 07-1276—2000	环保部标准样品研究所	100 mg/L	20
24	汞	GSB 07-1274—2000	环保部标准样品研究所	100 mg/L	20
25	色度	GSB 07-1966—2005	环保部标准样品研究所	500 度	20
26	氟化物	GSB 07-1266—2000	环保部标准样品研究所	500 mg/L	20
27	氯化物	GSB 07-1267—2000	环保部标准样品研究所	500 mg/L	20
28	硫酸盐	GSB 07-1268—2000	环保部标准样品研究所	500 mg/L	20
29	硫酸盐	GSB 07-1269—2000	环保部标准样品研究所	5000 mg/L	20
30	氨氮	GSB 05-1145—2000	环保部标准样品研究所	500 mg/L	20
31	亚硝酸盐	GSB 07-1272—2000	环保部标准样品研究所	100 mg/L	20
32	硝酸盐	GSB 05-1144—2000	环保部标准样品研究所	500 mg/L	20
33	磷酸盐磷	GSB 07-1270—2000	环保部标准样品研究所	500 mg/L	20
34	苯酚	GSB 07-1281—2000	环保部标准样品研究所	500 mg/L	20
35	苯胺	GSB 07-1231—2000	环保部标准样品研究所	100 mg/L	20
36	十二烷基苯磺酸钠	GSB 07-1271—2000	环保部标准样品研究所	500 mg/L	20
37	二氧化硫	GSB 07-1273—2000	环保部标准样品研究所	100 mg/L	20
38	亚硝酸盐	GSB 05-1142—2000	环保部标准样品研究所	100 mg/L	20
39	氨	GSB 07-2439—2009	环保部标准样品研究所	500 mg/L	20
40	甲基汞	GSB 07-1503—2004	环保部标准样品研究所	10 mg/L	1.2
41	乙基汞	GSB 07-1504—2004	环保部标准样品研究所	10 mg/L	1.2
42	二溴甲烷	GSB 07-2418—2008	环保部标准样品研究所	1 000 mg/L	1.2
43	三溴甲烷	GSB 07-1230—2000	环保部标准样品研究所	1 000 mg/L	1.2

序号	标准物质名称	国家标准编号	研制单位	浓度	规格/ml
44	一溴一氯甲烷	GSB 07-2426—2008	环保部标准样品研究所	1 000 mg/L	1.2
45	二氯甲烷	GSB 07-2429—2008	环保部标准样品研究所	1 000 mg/L	1.2
46	三氯甲烷	GSB 07-1226—2000	环保部标准样品研究所	1 000 mg/L	1.2
47	四氯化碳	GSB 07-1227—2000	环保部标准样品研究所	1 000 mg/L	1.2
48	1,2-二溴乙烷	GSB 07-2437—2008	环保部标准样品研究所	1 000 mg/L	1.2
49	1,1-二氯乙烷	GSB 07-2419—2008	环保部标准样品研究所	1 000 mg/L	1.2
50	1,2-二氯乙烷	GSB 07-2420—2008	环保部标准样品研究所	1 000 mg/L	1.2
51	1,2-二溴-3-氯丙烷	GSB 07-2436—2008	环保部标准样品研究所	1 000 mg/L	1.2
52	1,2-二氯丙烷	GSB 07-2424—2008	环保部标准样品研究所	1 000 mg/L	1.2
53	1,3-二氯丙烷	GSB 07-2425—2008	环保部标准样品研究所	1 000 mg/L	1.2
54	2,2-二氯丙烷	GSB 07-2556—2009	环保部标准样品研究所	1 000 mg/L	1.2
55	1,1-二氯乙烯	GSB 07-2421—2008	环保部标准样品研究所	1 000 mg/L	1.2
56	顺-1,2-二氯乙烯	GSB 07-2422—2008	环保部标准样品研究所	1 000 mg/L	1.2
57	反-1,2-二氯乙烯	GSB 07-2423—2008	环保部标准样品研究所	1 000 mg/L	1.2
58	三氯乙烯	GSB 07-1228—2000	环保部标准样品研究所	1 000 mg/L	1.2
59	四氯乙烯	GSB 07-1229—2000	环保部标准样品研究所	1 000 mg/L	1.2
60	顺-1,3-二氯丙烯	GSB 07-2557—2009	环保部标准样品研究所	1 000 mg/L	1.2
61	反-1,3-二氯丙烯	GSB 07-2558—2009	环保部标准样品研究所	1 000 mg/L	1.2
62	六氯丁二烯	GSB 07-2427—2008	环保部标准样品研究所	1 000 mg/L	1.2
63	苯	GSB 07-1199—2000	环保部标准样品研究所	1 000 mg/L	1.2
64	甲苯	GSB 07-1200—2000	环保部标准样品研究所	1 000 mg/L	1.2
65	乙苯	GSB 07-1201—2000	环保部标准样品研究所	1 000 mg/L	1.2
66	异丙苯	GSB 07-1202—2000	环保部标准样品研究所	1 000 mg/L	1.2
67	苯乙烯	GSB 07-1203—2000	环保部标准样品研究所	1 000 mg/L	1.2
68	对二甲苯	GSB 07-1204—2000	环保部标准样品研究所	1 000 mg/L	1.2
69	间二甲苯	GSB 07-1205—2000	环保部标准样品研究所	1 000 mg/L	1.2
70	邻二甲苯	GSB 07-1206—2000	环保部标准样品研究所	1 000 mg/L	1.2
71	正丁基苯	GSB 07-2431—2008	环保部标准样品研究所	1 000 mg/L	1.2
72	仲丁基苯	GSB 07-2432—2008	环保部标准样品研究所	1 000 mg/L	1.2
73	叔丁基苯	GSB 07-2433—2008	环保部标准样品研究所	1 000 mg/L	1.2
74	对异丙基甲苯	GSB 07-2428—2008	环保部标准样品研究所	1 000 mg/L	1.2
75	溴苯	GSB 07-2417—2008	环保部标准样品研究所	1 000 mg/L	1.2
76	氯苯	GSB 07-1220—2000	环保部标准样品研究所	1 000 mg/L	1.2
77	邻氯甲苯	GSB 07-2434—2008	环保部标准样品研究所	1 000 mg/L	1.2
78	对氯甲苯	GSB 07-2435—2008	环保部标准样品研究所	1 000 mg/L	1.2
79	邻二氯苯	GSB 07-1221—2000	环保部标准样品研究所	1 000 mg/L	1.2
80	间二氯苯	GSB 07-1222—2000	环保部标准样品研究所	1 000 mg/L	1.2
81	对二氯苯	GSB 07-1223—2000	环保部标准样品研究所	1 000 mg/L	1.2
82	1,2,4-三氯苯	GSB 07-1224—2000	环保部标准样品研究所	1 000 mg/L	1.2
83	1,2,3,4-四氯苯	GSB 07-1225—2000	环保部标准样品研究所	1 000 mg/L	1.2
84	硝基苯	GSB 07-1211—2000	环保部标准样品研究所	1 000 mg/L	1.2
85	邻硝基甲苯	GSB 07-1212—2000	环保部标准样品研究所	1 000 mg/L	1.2
86	间硝基甲苯	GSB 07-1213—2000	环保部标准样品研究所	1 000 mg/L	1.2
87	对硝基甲苯	GSB 07-1214—2000	环保部标准样品研究所	1 000 mg/L	1.2
88	对硝基乙苯	GSB 07-1219—2000	环保部标准样品研究所	1 000 mg/L	1.2
89	邻硝基氯苯	GSB 07-1215—2000	环保部标准样品研究所	1 000 mg/L	1.2
90	间硝基氯苯	GSB 07-1216—2000	环保部标准样品研究所	1 000 mg/L	1.2

序号	标准物质名称	国家标准编号	研制单位	浓度	规格/ml
91	2,4-二硝基甲苯	GSB 07-1217—2000	环保部标准样品研究所	1 000 mg/L	1.2
92	2,4-二硝基氯苯	GSB 07-1218—2000	环保部标准样品研究所	1 000 mg/L	1.2
93	苯胺	GSB 07-1232—2000	环保部标准样品研究所	1 000 mg/L	1.2
94	间硝基苯胺	GSB 07-1233—2000	环保部标准样品研究所	1 000 mg/L	1.2
95	对硝基苯胺	GSB 07-1234—2000	环保部标准样品研究所	1 000 mg/L	1.2
96	盐酸联苯胺	GSB 07-1235—2000	环保部标准样品研究所	1 000 mg/L	1.2
97	间甲基苯酚	GSB 07-1236—2000	环保部标准样品研究所	1 000 mg/L	1.2
98	2,3-二甲基苯酚	GSB 07-1237—2000	环保部标准样品研究所	1 000 mg/L	1.2
99	2,4-二甲基苯酚	GSB 07-1238—2000	环保部标准样品研究所	1 000 mg/L	1.2
100	2,5-二甲基苯酚	GSB 07-1239—2000	环保部标准样品研究所	1 000 mg/L	1.2
101	2,6-二甲基苯酚	GSB 07-1240—2000	环保部标准样品研究所	1 000 mg/L	1.2
102	3,4-二甲基苯酚	GSB 07-1241—2000	环保部标准样品研究所	1 000 mg/L	1.2
103	3,5-二甲基苯酚	GSB 07-1242—2000	环保部标准样品研究所	1 000 mg/L	1.2
104	邻硝基苯酚	GSB 07-1243—2000	环保部标准样品研究所	1 000 mg/L	1.2
105	间硝基苯酚	GSB 07-1244—2000	环保部标准样品研究所	1 000 mg/L	1.2
106	对硝基苯酚	GSB 07-1245—2000	环保部标准样品研究所	1 000 mg/L	1.2
107	邻氯苯酚	GSB 07-1246—2000	环保部标准样品研究所	1 000 mg/L	1.2
108	间氯苯酚	GSB 07-1247—2000	环保部标准样品研究所	1 000 mg/L	1.2
109	对氯苯酚	GSB 07-1248—2000	环保部标准样品研究所	1 000 mg/L	1.2
110	邻苯二酚	GSB 07-1249—2000	环保部标准样品研究所	1 000 mg/L	1.2
111	间苯二酚	GSB 07-1250—2000	环保部标准样品研究所	1 000 mg/L	1.2
112	对苯二酚	GSB 07-1251—2000	环保部标准样品研究所	1 000 mg/L	1.2
113	间苯三酚	GSB 07-1252—2000	环保部标准样品研究所	1 000 mg/L	1.2
114	邻苯二甲酸二甲酯	GSB 07-1278—2000	环保部标准样品研究所	1 000 mg/L	1.2
115	邻苯二甲酸二乙酯	GSB 07-1207—2000	环保部标准样品研究所	1 000 mg/L	1.2
116	邻苯二甲酸二丁酯	GSB 07-1279—2000	环保部标准样品研究所	1 000 mg/L	1.2
117	邻苯二甲酸二正辛酯	GSB 07-1280—2000	环保部标准样品研究所	1 000 mg/L	1.2
118	邻苯二甲酸二（2-乙基己基）酯	GSB 07-1208—2000	环保部标准样品研究所	1 000 mg/L	1.2
119	邻苯二甲酸丁基苄酯	GSB 07-1209—2000	环保部标准样品研究所	1 000 mg/L	1.2
120	艾氏剂	GSB 07-1983—2005	环保部标准样品研究所	100 mg/L	1.2
121	狄氏剂	GSB 07-1984—2005	环保部标准样品研究所	100 mg/L	1.2
122	异狄氏剂	GSB 07-1985—2005	环保部标准样品研究所	100 mg/L	1.2
123	萘	GSB 07-2430—2008	环保部标准样品研究所	1 000 mg/L	1.2
124	丙烯醛-2,4-二硝基苯腙（丙烯醛监测分析用）	GSB 07-1181—2000	环保部标准样品研究所	100 mg/L	1.2
125	多氯联苯（Aroclor 1221）	GSB 07-1975—2005	环保部标准样品研究所	100 mg/L	1.2
126	多氯联苯（Aroclor 1242）	GSB 07-1383—2001	环保部标准样品研究所	100 mg/L	1.2
127	多氯联苯（Aroclor 1248）	GSB 07-1384—2001	环保部标准样品研究所	100 mg/L	1.2
128	多氯联苯（Aroclor 1254）	GSB 07-1385—2001	环保部标准样品研究所	100 mg/L	1.2
129	多氯联苯（Aroclor 1260）	GSB 07-1386—2001	环保部标准样品研究所	100 mg/L	1.2

（三）固体标准样品

1. 土壤监测标样

表 5-8 现行土壤监测标样

序号	标准物质名称	国家标准编号	研制单位	定值项目	规格/g
1	黑钙土	GSB Z 50011—88	环保部标准样品研究所	34 种无机元素和成分	80
2	棕壤	GSB Z 50012—88	环保部标准样品研究所	34 种无机元素和成分	80
3	红壤	GSB Z 50013—88	环保部标准样品研究所	34 种无机元素和成分	80
4	褐土	GSB Z 50014—88	环保部标准样品研究所	34 种无机元素和成分	80

2. 生物监测标样

表 5-9 现行生物监测标样

序号	标准物质名称	国家标准编号	研制单位	定值项目	规格/g
1	西红柿叶	GSB Z 51001—94	环保部标准样品研究所	25 种无机元素	35
2	牛肝	GSB Z 19001—94	环保部标准样品研究所	22 种无机元素	30
3	牡蛎	GSB Z 19002—95	环保部标准样品研究所	28 种无机元素	15

3. 工业固废监测标样

表 5-10 现行工业固废监测标样

序号	标准物质名称	国家标准编号	研制单位	定值项目	规格/g
1	铬渣	GSB 07-1019—1999	环保部标准样品研究所	12 种无机元素	100
2	锌渣	GSB 07-1020—1999	环保部标准样品研究所	10 种无机元素	40

4. 尘监测标样

表 5-11 现行尘监测标样

序号	标准物质名称	国家标准编号
1	BF-1 黄土尘	GSBZ 50021—91
2	BF-2 模拟大气尘	GSBZ 50022—91
3	FA-1 煤灰尘	GSBZ 50023—91
4	FA-2 煤灰尘	GSBZ 50024—91
5	大气试验粉尘标准样品　黄土尘	GB 13268—91
6	大气试验粉尘标准样品　煤灰尘	GB 13269—91
7	大气试验粉尘标准样品　模拟大气尘	GB 19270—91

5. 日遗化武标样

表 5-12 日本遗弃在华化学武器监测标样

序号	标准名称	标准编号
1	销毁日本遗弃在华化学武器 二苯氯砷	GSB 07-1616—2003
2	销毁日本遗弃在华化学武器 二苯氰砷	GSB 07-1617—2003
3	销毁日本遗弃在华化学武器 氯乙烯氧砷	GSB 07-1618—2003
4	销毁日本遗弃在华化学武器 氧联双二苯胂	GSB 07-1619—2003
5	销毁日本遗弃在华化学武器 芥子砜	GSB 07-1620—2003
6	销毁日本遗弃在华化学武器 芥子亚砜	GSB 07-1621—2003
7	销毁日本遗弃在华化学武器 氯乙烯胂酸	GSB 07-1622—2003
8	销毁日本遗弃在华化学武器 三苯胂	GSB 07-1623—2003
9	销毁日本遗弃在华化学武器 路易氏剂	GSB 07-1624—2003
10	销毁日本遗弃在华化学武器 芥子气	GSB 07-1625—2003
11	销毁日本遗弃在华化学武器 氯苯乙酮	GSB 07-1626—2003
12	销毁日本遗弃在华化学武器 氰溴甲苯	GSB 07-1633—2003
13	销毁日本遗弃在华化学武器 光气	GSB 07-1634—2003

第五节 监测质控图

一、质控图原理

为了对动态的测试进行质控，就需要有一个既能显示出监测过程质量波动状况，又能指导测试，起到事先预防作用的方法，质控图就是这样一种方法。质控图的作用是通过图表来显示监测随时间变化过程中质量波动的情况，它有助于分析和判断是随机误差还是系统误差造成的波动，从而提醒人们及时做出正确的对策，消除系统误差的影响，保持测试处于正常状态（即只有随机误差，如果出现系统误差，则一定是处于异常状态），预防不合格数据的产生。

简言之，质控图就是用于分析和判断测试是否处于正常状态所使用的带有控制界限的图，质控图法也就是利用质控图对测试进行质控的一种统计方法。为了能直观地描绘数据质量的变化情况，以便及时发现分析误差的异常变化或变化趋势，从而采取必要措施加以纠正，使用质控图是很有实际意义的。其原理是：

当测试条件正常，测试过程比较稳定，且仅有随机因素起作用的情况下，分析误差遵从正态分布。设其总体均值为μ，总体标准偏差为σ。根据概率论知识，约有 68.27%的数据落在$\mu\pm\sigma$范围内，约有 95.45%的数据落在$\mu\pm2\sigma$范围内，约有 99.73%的数据落在$\mu\pm3\sigma$范围内。在有限次测定中，将平均值$\bar{x}$作为μ的无偏估计量，标准偏差 s 作为σ的无偏估计量。在统计检验中，通常取显著性水平为 0.10、0.05 和 0.01，在质控图中则取为$\pm3\sigma$，其实际的显著性水平σ仅为 0.002 7，即 0.27%，而可接受域为 99.7%，见图 5-3 及表 5-13。由正态分布的性质可以知道，有 99.73%的数据的特性值出现在平均值正负三倍标准偏差的可接受域内，而在这个区域之外即拒绝域的数据加起来可能不超过 0.27%。

0.27%与 99.73%相比显得很小，实际上几乎不可能发生，可以忽略。这就是概率论中概率中常说的“小概率事件一般视为不可能发生”的原理。如果我们仅做几次或十几次取样测定就发生了小概率事件（如数据超出控制范围），便可以判断是由于存在系统误差使测试出现了异常波动。

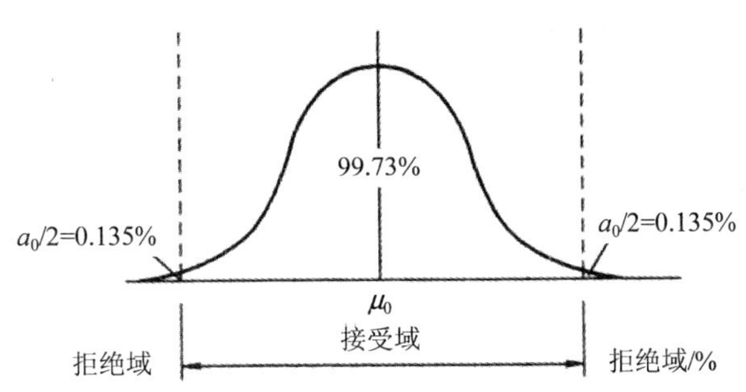

图 5-3　质量控制分域图

表 5-13　不同系数 K 下的 P 与 α 值表

K	P（$-K\leqslant\mu\leqslant K$）	$\sigma=1-P$	K	P（$-K\leqslant\mu\leqslant K$）	$\sigma=1-P$
1.0	0.682 7	0.317 3	3.0	0.997 3	0.002 7
2.0	0.954 5	0.045 5	4.0	0.999 9	0.000 1

休哈特质控图就是上述统计检验的图上操作法，其图形则来自于正态分布曲线图。当将正态分布图按顺时针方向旋转 90°，再上下翻转 180°时，即成为如图 5-4 所示的质控基本图形。该图以统计量参数值为纵坐标，测定顺序（时间或组号）为横坐标，测定结果的预期值为中心线，±3σ为控制域限，限内表示测定结果的可接受域，±2σ表示测定结果超过此范围即应引起注意的警告域限，±σ则为检查测定结果质量的辅助指标的所在区间。

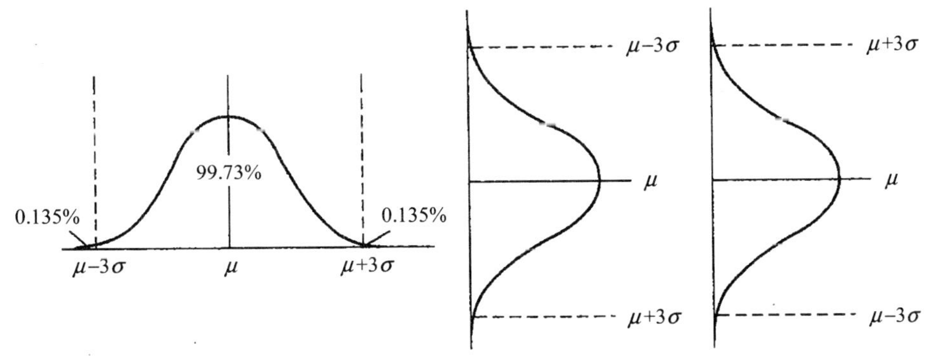

图 5-4　质控图基本图形的演变

从上述讨论可以看出，根据质控图的控制界限所做的判断也可能发生错误，这种可能的错误有两种：

（1）将正常状态判断为异常。也就是测试本来处于正常状态，只是由于随机原因引起数据过大的波动，越出控制界限而虚发警报。小概率事件发生的可能性虽小，但不是绝对不可能发生。1 000 次中出现 2.7 次是可能的，但我们却把它误判为异常，所以我们就会犯 0.27%的错误。

（2）将异常判断为正常。也就是说测试已发生变化，出现异常，但数据并没有越出控制界限而漏发警报，使人误认为处于稳定状态。一般地，随着样本大小（样本中包含数据的个体数）的增大，犯第二种错误的概率将减小。在抽检时，常常也会发生因抽取样本的原因，把不合格的数据判断为合格，或者反之。因此，在根据样本对总体做出推断时，使结论有很高的置信度很重要。为保证统计推断有高的置信度，常要用到抽样法、抽样技术、标本调查法等数理统计方法。

孤立地看，哪一种错误都可以避免。但是要同时避免两种错误却是不可能的，这是矛盾的两个方面。权衡一下要使两种错误造成的损失最小，就是把控制范围定在平均值的正负三倍标准偏差处。这个原则也叫“3σ原理”，是质控图控制界限的制定原则。

二、质控图绘制

图 5-5 是质控图的基本形式。图上有 7 条线，控制限的范围应该比要求的范围狭窄。使用时我们把被控制的质量特性值以点描在图上，根据点的排列情况，判断测试过程的正常与否。

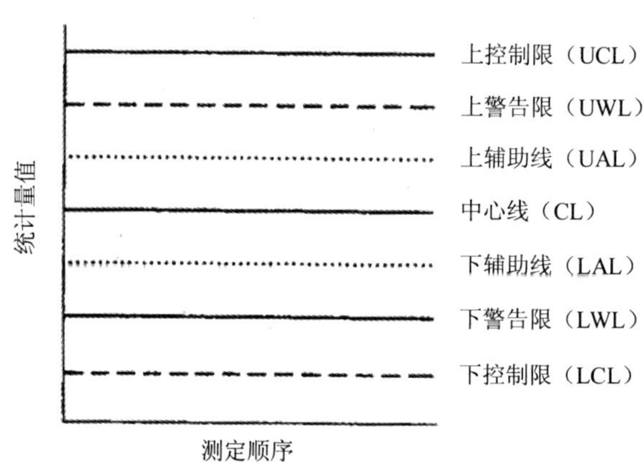

图 5-5　质控图的基本组成

中心线表示预期值；上、下警告限之间的区域为目标值；上、下控制限之间的区域为实测值的可接受范围；在中心线两侧与上、下警告限之间各一半处有上、下辅助线。

建立质控图首先要分析样品，按所选质控图的要求积累数据。然后计算各项统计量值，绘出原始图。当按照质控图的质量指标检查，证明原始图的质量符合要求时，即表明分析工作的质量是处于稳定的受控状况，此时即可用它对常规分析的结果进行质量判断。

1. 质控样品

用以建立质控图的质控样品，可以选用标准物质，也可用自制的质控样品或质量可靠的标准溶液。

选用的质控样品，严格地说，应该是组成成分与实际样品相似或相近，其中待测物浓度力求与实际样品的水平相当。由于环境样品成分复杂，待测物浓度范围多变，且在监测分析中，常常在同批测试时就有不同来源的样品，要选到能同时满足各个样品组成的质控样品是不现实的。另外，即使是常用的加标回收率测定，因测定率仅为10%～20%，所以同样不可能满足各个样品的实际要求。实践证明，使用有代表性基体组成的质控样品，即可满足一般的常规工作要求。在此情况下，比选用不带基体的标准物质或自制的标准溶液的效果更为理想。

质控样品的待测物含量很低时，其浓度极不稳定，可先配制较高浓度的溶液，临用时再按所用方法的要求进行稀释。

分析质控样品所用的方法及操作步骤，必须与样品的分析完全一致。

2. 积累数据

为建立质控图积累数据，必须在一定的时间间隔内完成，不得以一次测定多个数据的方式完成。质控图是用以连续地反映分析工作质量的。因而，积累的数据应尽可能多地覆盖不同条件下的数据变化情况。一般可以每天测定一次，按照所选质控图的要求积累一定数量的数据。

为建立单值控制图，可每天测一个数据，在一段时间内积累 100 个数据。空白值质控图和回收率质控图与此相同。对于获取数据困难较大或代价过高的项目，其积累的数据以 20 个至 40 个为宜。如需建立均值-极差质控图，即应按这种质控图的要求，每天测定一次平行样，于一定间隔时间内，例如 20 d 或更多，积累至少 20 对数据。

3. 计算统计量值

当按要求完成数据积累时，即可根据相应质控图的需要，用下列各公式计算各项统计量的参数值。

$$\overline{x_i}=\frac{\sum x_{ij}}{n},\quad \overline{\overline{x}}=\frac{\sum x_{ij}}{n}$$

$$s=\sqrt{\frac{\sum x_{ij^2}-(\sum\overline{x})^2/n}{n-1}}$$

$$R_i=\left|x_{i1}-x_{i2}\right|,\quad \overline{R}=\frac{\sum R_i}{n}$$

其中，标准偏差的 s 值不得大于所用分析方法中规定的相应浓度水平的值。

4. 绘制质控图

先在方格坐标纸的纵轴上按算出的统计量的范围标好整分度，再将各统计量值准确地标注在相应的位置。按此位置绘出与横轴平行的中心线，上、下控制限，上、下警告限和上、下辅助线。在横坐标上绘一条基线，按均匀的等分度标出测定顺序。这条基线与上、下控制限之间应留有一定的空间。最后，按测定顺序将相对应的各统计量值在图上植点，用直线连接各点，即成所需的质控原始图。

质控图绘成后，应标注有关内容，如测定项目、质控样品的浓度、分析方法、实验的起止日期、温度范围、分析人员和绘制日期等。

三、质控图类型

常用的质控图根据数据性质和分布类型各有不同的图。对于监测分析的连续性数据遵从正态分布的条件，常用的有单值质控图（x 图）、均值-极差质控图（$\bar{x}-R$ 图）、回收率质控图（P 图）和空白值质控图（x_b 图）。x 图的统计量为 $\bar{x}\pm3s$；$\bar{x}-R$ 图的统计量为 $\bar{\bar{x}}$、$\bar{R}$、$\bar{x}\pm A_2\bar{R}$。

P 图的统计量为 $P\pm3s_p$；x_b 图的统计量为 $x_b\pm3s_p$。在这四种常用的质控图中，以其统计量的性质而言，实际上只有单值质控图如 x 图、x_b 图和 P 循环图，与均值质控图如 $\bar{x}-R$ 图两类。

1．单值质控图（x 图）

单值质控图是反映整个测定值的波动情况以控制其质量状况的质控图，由样品单个测定值的平均值（$\bar{x}$）及其标准偏差（s）组成，如图 5-6 所示。

（1）中心线　以样品单个测定值的平均值（$\bar{x}$）估计μ。

（2）上、下控制限　以单个测定值的均值及其标准偏差的 3 倍为限，即 $\bar{x}\pm3s$。

（3）上、下警告限　以单个测定值的均值及其标准偏差的 2 倍为限，即 $\bar{x}\pm2s$。

（4）上、下辅助线　以单个测定值的均值及其标准偏差的 1 倍为限，分别位于中心线与上、下警告限之间的一半处，即 $\bar{x}\pm s$。

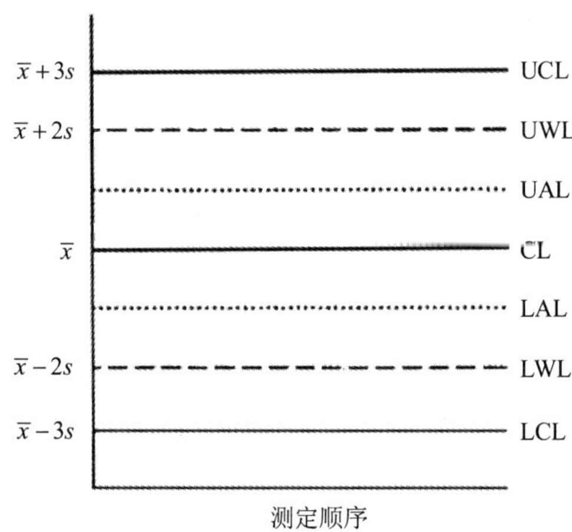

图 5-6　单值控制图

单值控制图也可用于单个空白实验值的质控。空白实验值的质控样除包括实验用水、试剂和试液外，还应包括采样时所用的样品保存剂，如硝酸、硫酸或磷酸、硫酸铜等。当工作需要对空白实验值进行平行双份或三份测定时，则应使用均值-极差质控图，而不宜用单值质控图。

空白实验值质控图中没有下控制限和下警告限，因为空白实验值越小越好，但在图内仍应保留低于中心线的空间位置。当测定的空白实验值逐步稳定下降而低于中心线时，表明实验水平有所提高，即可酌情逐次以较小的空白实验值取代原有的值，重新计算各统计量并绘图。

2．均值-极差质控图（$\bar{x}$-R 图）

$\bar{x}$-R 图由均值（$\bar{x}$）质控图和极差（R）质控图两部分组成，如图 5-7 所示。$\bar{x}$ 图部分控制分析结果的准确度和批间精密度，R 图部分控制批内精密度。由于两图同时使用，既观察了平均值的变化，又能观察到整体分布的变化情况，所以此图提供的信息量多、检验能力强、精度高，十分有效，是用得较多的一种图。它最适用于批量较大而且稳定的监测过程。它的使用方法是：先对测试过程进行分析，搜集监测条件（人员、仪器设备、实验材料、方法、环境）比较稳定和有代表性情况的一批数据（一般为 50 个以上）；计算好控制界限，画好质控图的各条线；然后将监测过程的数据在质控图上随时打点，随时观察分析过程有无异常。

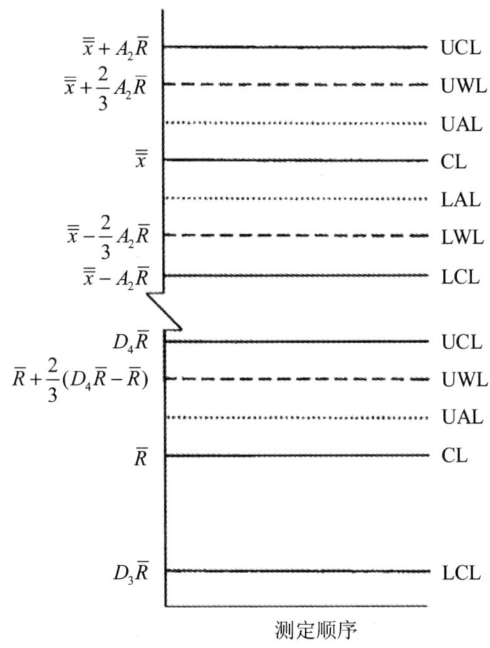

图 5-7 均值—极差质控图

$\bar{x}$-R 图的组成介绍如下：

（1）均值控制图部分

① 中心线：以各平行测定结果均值（$\bar{x}$）的总均值？估计 $\mu_0\,\bar{\bar{x}}=\sum_{i=1}^{n}\overline{x_i}/n$。

② 上、下控制限：以总均值加、减 A_2 倍的极差均值为限，即 $\bar{\bar{x}}\pm A_2\bar{R}$，其中，

$\left|R_i\right|=x_i-x_i',\bar{R}=\sum_{i=1}^{n}R_i/n$。

③ 上、下警告限：以总均值加、减$\frac{2}{3}A_2$倍的极差均值为限，即$\overline{\overline{x}} \pm \frac{2}{3}A_2\overline{R}$。

④ 上、下辅助线：以总均值加、减$\frac{1}{3}A_2$倍的极差均值为限，即$\overline{\overline{x}} \pm \frac{1}{3}A_2\overline{R}$，其中，均值质控图部分的控制因子$A_2$，可于表 5-14 中查得。

表 5-14 质控图系数（每次测定 n 个平行样）

系数 \ N	2	3	4	5	6	7	8
A_2	1.88	1.02	0.73	0.58	0.48	0.42	0.37
D_3	0	0	0	0	0	0.076	0.136
D_4	3.27	2.58	2.88	2.12	2.00	1.92	1.86

（2）极差质控图部分

① 中心线：以各平行测定结果之间的极差求得的平均值，极差均值为中心线，即$\overline{R}$。

② 上控制限：以极差均值的D_4倍为限，即$D_4\overline{R}$。

③ 上、下警告限：以极差均值的$\frac{1+2D_4}{3}$倍为限，即$\left(\frac{1+2D_4}{3}\right)\overline{R}$，或$\overline{R}+\frac{2}{3}(D_4\overline{R}-\overline{R})$。

④ 上辅助线：以极差均值的$\frac{2+D_4}{3}$倍为限，即$\frac{2+D_4}{3}\overline{R}$，或$\overline{R}+\frac{1}{3}(D_4\overline{R}-\overline{R})$。

⑤ 下控制限：以极差均值的D_3倍为限，即$D_3\overline{R}$。

极差质控图部分的控制因子D_3、D_4可于表 5-14 中查得。

分析测定结果的极差越小越好。当样品的平行测定次数在 6 以内时，极差的控制因子D_3都是零，此时的下控制限即为零，说明平行测定次数少时，其极差下限无法控制。

使用$\overline{x}$-R 图时，只要两部分图中有任一点超出控制限（不包括 R 图的下控制限），都表示分析工作的“失控”。所以，这种图的灵敏度远比单值图为好。

3. 加标回收率质控图（P 图）

在常规监测工作中，常用加标回收率实验的结果作为准确度的判断指标，也可以绘制加标回收率质控图进行准确度控制。当各样品的回收率均为单次测定时，可用单值控制图反映和控制它的波动及质量状况。在取得不少于 20 份样品回收率实验的测定结果后，按下列各式计算统计量：

$$\text{中心线}\quad \overline{P}\% = \frac{1}{n}\sum_{i=1}^{n}P_i\%$$

$$\text{上、下控制限}\quad \overline{P}+3s_p,\quad s_p=\sqrt{\frac{\sum_{i=1}^{n}P^2{}_i-(\sum_{i=1}^{n}P_i)^2/n}{n-1}}$$

$$\text{上、下警告限}\quad \overline{P}\pm 2s_p$$

$$\text{上、下辅助线}\quad \overline{P}\pm s_p$$

当回收率实验为平行测定时，则可使用均值-极差质控图检查和控制回收率的质量。由于各样品中待测物浓度常有一定的差异，回收率在中、高浓度时所受影响较小，而在低浓度时其波动对回收率有较大影响。因此，常需对低浓度样品分别绘制相应浓度范围的回收率质控图。

4．公用质控图

质控图是以高等数学的概率论及统计检验为理论基础而建立的一种既便于直观地判断分析质量，又能全面、连续地反映分析测试结果的波动状况的图形。但是，它的建立需要积累一定量的数据，并根据这些数据进行统计量的计算，然后方能绘制成图，其程序繁复，致使应用受到一定限制。

当前，在我国环境监测系统的实验室内，所用的分析方法是通过统一验证的。各方法性能指标的特性值都有明确的规定，如室内及室间标准偏差、相对标准偏差和加标回收率等。而且各单位按“环境监测质量保证管理规定（暂行）”第七条的要求，都组建了质量保证机构或配备了专职人员，负责日常监测分析中的质量保证工作。有了这些条件，就为推行公用质控图奠定了有利的基础。

公用质控图是可以在同一个监测项目上，既便于个人使用，又便于集体公用的质控图。所以，它既可用以自控，又能作为他控方式使用。

（1）公用质控图的基本图形

公用质控图就是休哈特质控图以固定的公认质量指标作控制范围的公用图形。因此，同样可以有一系列的图，如单值质控图、均值-极差质控图、回收率控制图等。由于在常规监测工作中，样品的分析常是单值测定，现以单值质控图为例，其公用质控图的基本图形如图 5-8 所示（s_W为实验室标准偏差）。

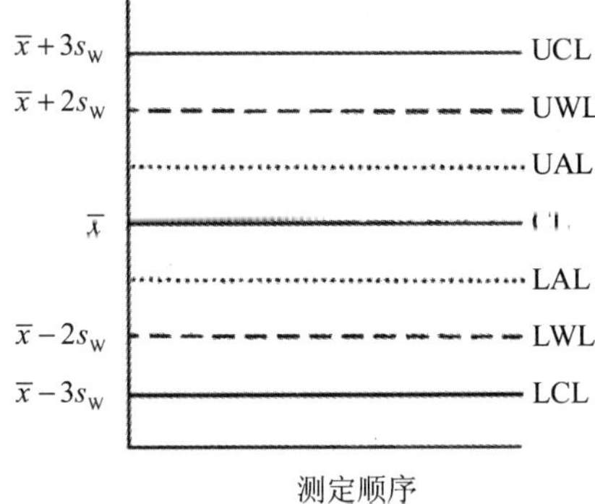

图 5-8　单值公用控制图

（s_W为实验室内标准偏差）

（2）样品

建立公用质控图可以用标准物质，也可以用质控样或标准溶液作为样品，其浓度可以选择某个项目常规样品的代表性浓度，由专职质控人员（或操作人员）制备质控样在分析中使用很方便。这种质控样可以用模拟的简单基体溶液制备，也可以临近使用时以此模拟的简单基体溶液稀释标准溶液作为质控样，其浓度可在保证分析为等精度的条件下略有微小变化，因而是基本恒等的。

（3）绘图

质控人员（或操作人员）针对所测项目预先按照监测方法的浓度范围，选定一个具有代表性的浓度值制备质控样，以其浓度为中心线（$\bar{x}$），质控范围则按所用方法性能指标中室内精密度指标 s_w 的 3 倍值作控制限，2 倍值为警告限，1 倍值为辅助限，见图 5-7。

在公用质控图中，因其以方法规定的精密度为控制范围，就无须考虑个人的分析精密度。这样，既不需要积累数据，也不必盲目追求过高的精密度，只要工作中能掌握分析方法，精密度达到规定的要求就可以了。所以，用同一张图便可同时反映测定相同项目的不同监测人员的监测数据，甚至还可以用实验室间精密度指标（s_b）作为控制范围，而将公用质控图用于实验室间质控。

在常规监测中，质控人员（或操作者）可将某项目的质控样以密码方式（或自控方式）安排监测，即在测定样品的同时，以质控样对比实验的办法进行测定，所得结果报给质控人员，在公用质控图上植点（或自行植点）检查测定结果的质量。质控人员对所报数据可以按人分别用不同颜色（或符号）做标志，将逐次结果按顺序植入图中的点阵后用同色笔连接即可。

（4）使用

当按照公用质控图的条件将个人测定该项目质控样的结果逐次植入图中时，就得到一张便于按个人判断分析质量的简便直观图形。按照个人测定结果在图中的分布状况，就可以直接反映其工作的受控状态和工作质量。用休哈特质控图的判断指标检查，当各测点能随机分布在中心线两侧，且在上、下控制限范围之内时，表示工作稳定受控；如测点位置出现异常，即可指示工作的失控，或预报失控趋势以及工作质量下降等情况。此时，专职质控人员或操作者，均可及时检查原因改进工作。

公用质控图可以直接张贴在实验室内，也可由质控人员和操作者各自分别保管一份，既便于每个操作人员在日常工作中及时了解自己的工作质量，又便于保密。

（5）公用质控图的使用价值

建立公用质控图可以在工作中起到其他质控方法难以达到的作用。总括起来，有下述几个方面：

① 这是一种自控或他控均可使用的质控图技术，无须事先积累数据和计算统计量即可直接绘图，既可用于实验室内，又可用于实验室间，简便易行。

② 由于公用的精密度一致，控制指标相同，故监测结果的质量评价标准得以统一。

③ 每批样品测定时，只需做质控样分析，减少了工作量。

④ 能全面、连续地反映工作质量状况，而非仅凭一次质控结果对测定数据的质量进行孤立的点估计。

⑤ 能简便直观地展示监测结果的质量状况，并能预报工作质量的变化趋势。

⑥ 操作人员只需掌握分析方法，测试精密度达到方法的规定即可，不追求过高的精密度。

⑦ 在公用质控图中，每人有自己的标志（颜色或符号），既能明确指示工作质量状况又便于保密。

⑧ 能作为工作质量的技术档案存查。

⑨ 作为技术档案还可以反映专职质控人员的工作。

5. 多样质控图——通用选控图

为适应环境样品浓度多变的情况，避免分析人员对单一浓度质控样的测定产生主观成见而出现习惯性误差，可使用多样质控图。当对浓度高低不同但相近的质控样进行分别测定时，因其标准偏差近似，可被视为常数，在此情况下，可使用各浓度质控样分别测定的结果与其平均浓度之间的差值绘制多样质控图。选控图和通用选控图的出现，进一步补充和发展了多样质控图。

休哈特质控图是以样品浓度为基础，直接反映测定值在一定精度范围内的波动状况。选控图的思路不全同于休哈特质控图，选控图着眼于所控指标相对于其均值的变化（例如误差），这种相对变化也有规律，并符合于某种典型分布，例如正态分布。当实测值的相对变化偏离了典型分布时，即说明有欲控的系统因素在起作用。至于非控的系统因素，由于选控图仅着眼于相对变化而不受它的影响，所以不予反映。

选控图适用于选控的目的。当将分析质量中的精密度与准确度因素分解为欲控因素和非控因素时，选控图可以只对欲控因素报警，对非控因素不予反映。选控图的既定前提与多样质控图相同，都是在等精度的情况下使用，所绘图形反映的是欲控因素的波动情况，当不符合等精度的先决条件时，不宜使用。

通用选控图进一步解决了不等精度实验的质量控制图形问题。当实验为不等精度时，可将浓度的变化视为非控因素，实测均值与真值的差值视为欲控因素，以消除浓度差异的影响。在有限次测定中，可用总均值代替真值，以 $\overline{x_i}-\overline{\overline{x_i}}$ 作为欲控因素，即可消除浓度差异的影响。又因精度不等，方差随待测物浓度的变化而改变，所以，在图中各浓度的控制限也各不相同。为能在一张图上同时反映各浓度测定的质量状况，可以用一个共同的控制限来解决。

四、质控图判断

对已建立的质控原始图，可按如下准则判断其质量是否有异常。这些准则也可在日常使用质控图时用以判断工作中测定结果是否异常。

（1）测试处于控制状态，必须同时满足以下两个条件：

1）没有超出控制界限的点，或连续 35 个点中仅有 1 个点出界，或连续 100 点中不多于 2 个点出界。

2）图中各点应在控制域内中心线两侧随机排列，没有规律，也没有排列缺陷（比如出现“连”，形成“趋势”，点靠近控制限，呈周期性排列即排列缺陷）。落在上、下辅助线范围内的点数按正态分布概率衡量应为 68.3%。由于绘制质控图的数据量有限，因而，落在此范围内的点数不得少于 50%。

（2）只要出现以下五条之一就可判定测试发生某种异常：

1）落在上、下控制限上或限外的点，表示失控数据，应予剔除。剔除后，需补充新数据，重新计算统计量值并绘图。如此反复进行直至落在控制域内的点数符合要求为止。

2）出现“连”。各点连续出现在中心线一侧谓之“连”，构成“连”的点数为“长”。当连长等于或大于 7 时；连续 11 点中至少有 10 点在同一侧；连续 14 点中至少有 12 点在同一侧；连续 17 点中至少有 14 点在同一侧；连续 20 点中至少有 16 点在同一侧——表示工作中已出现系统误差，属失控状态。如图 5-9 所示，由于在 20 个点中已有 1/3 以上的数据失控，这张图不适用。

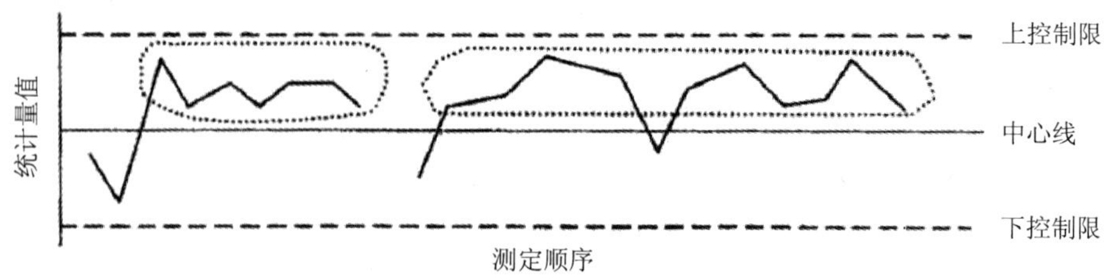

图 5-9 出现“连”判断异常

“连”出现于 1～7 点时，剔除这 7 个点后，应继续补充 7 个点，再计算统计量值、绘图。若连出现于中部，即 6～12、7～13、8～14、9～15 或 10～16 等处时，剔除这些点后，应至少补测 10 个以上的数据，以说明工作的连续稳定受控。如果“连”发生于后部，也应和出现在中部的情况同样处理。

3）形成“趋势”，出现连续上升或下降的趋势。连续 7 点递升或递降呈明显倾向时，判断工作质量异常。此时按连长 7 的情况处理，如图 5-10 所示。这种状况常是由于存在某种趋势的因素所致，如仪器磨损、实验材料失效等。

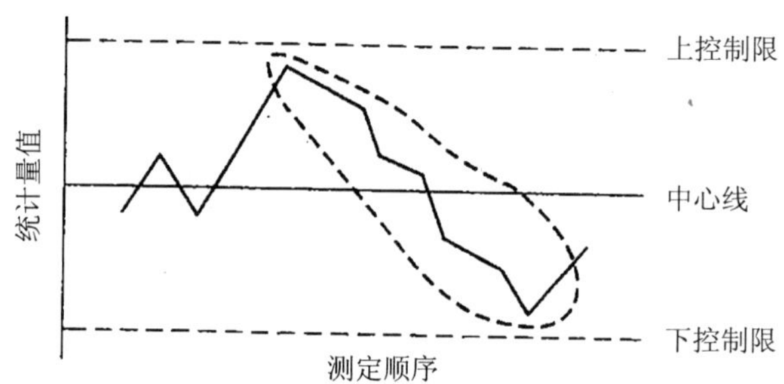

图 5-10 形成“趋势”判断异常

4）呈周期性变动。点随时间推移，发生具有一定间隔的周期性波动，可能存在周期性起作用的因素，见图 5-11。

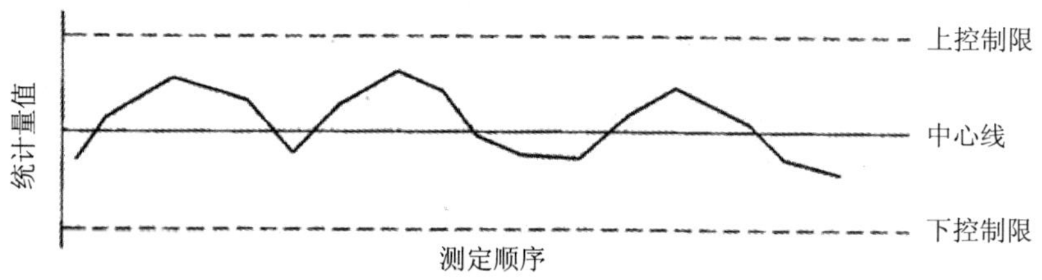

图 5-11 呈“周期性”变动质控图

5）点靠近控制限。把中心线与控制限中间分成三等份，连续 3 点之中有 2 点在最外侧的 1/3 带状区域内，表示工作质量异常，见图 5-12。此时即应中止实验，查明原因，并补充不少于 5 个数据，再重新计算、绘图。

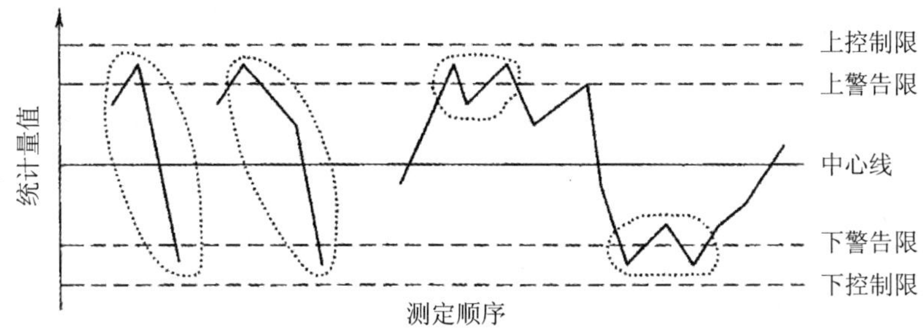

图 5-12　相邻 3 点中有 2 点接近控制限判断异常

上述各项判断工作质量异常的准则，按概率计算可知：

（1）连长为 7 时的概率 $p=2\times\left(\dfrac{0.9973}{2}\right)^7=1.53\%$。这种情况的显著性水平显然比拒绝域的水平 0.27%大得多；

（2）相邻 3 个点中两个点频频接近控制限的概率

$c_3^2\times0.0429^2\times0.9544+c_3^2\times0.0429^3=0.0055\approx0.55\%$。此概率比 0.27%大 1 倍。

$c_n^x=\dfrac{n!}{x!(n-x)!},n!=n(n-1)(n-2)\cdots\cdots\times3\times2\times1$，当 $x=1$ 时，$(n-x)!=0!=1$

式中：c_n^x——n 次实验结果出现 x 次失败的不同组合方式的数目。

使用质控图应注意以下几点：

（1）不能用浓度范围线或范围的 3/4 来代替控制限，控制限只能根据测试数据计算出来。

（2）对于所确定的控制对象应有定量的指标，且过程必须具有重复性。选择的质量指标应能代表过程或成果质量的指标。

（3）抽样的间隔时间应从过程中系统因素发生的情况、处理问题的及时性等技术方面来考虑。

（4）质控图应在监测现场中及时分析。当质控图报警后，先从取样、读数、计算、植点等问题检查无误后，再从监测方面查原因。

（5）当监测条件已发生了变化，或原有质控图已使用了一段时间，就必须重新核定质控图。

（6）质控图能起预防作用，但并不能解决监测条件的优化问题。

（7）在使用过程中，随着质控样品测定次数的增多，平均值的变化可能不大，但标准偏差 s 逐渐向 σ 靠拢。因此，要定期修正质控图的控制限和警告限，重新绘制新的质控图。

第六节　实验室间质控

一、室间质控目的

实验室外部质量控制是针对使用同一分析测定方法时，由于实验室和实验室之间条件（如试剂、蒸馏水、玻璃器具、分析仪器、实验室温度、湿度等）和操作人员技术水平，操作习惯不同所引起的系统误差而提出的。

实验室间的质量控制是在实验室内质量控制的基础上，由上一级监测站发放的标准参考物质与实验室内的标准溶液进行比对，或发放未知标准进行考核，检验和纠正各实验室间的系统误差，使协同工作的实验室能在保证基础数据质量的前提下，提供准确可靠的测试结果，即控制分析测试的随机误差达至最小的情况下，进一步控制系统误差。主要用于实验室性能评价和分析人员的技术评定，协作实验仲裁等方面。分析测试质量虽然在实验室内部采取了各种控制措施，但质量问题在监测过程中有时很难发现，通过监测站外实验室间的质控比对可以找出难以发现的质量问题。

二、室间质控程序

（1）建立工作机构：通常由上级单位的实验室或专门组织的专家技术组负责主持该项工作。

（2）制订计划方案：按照工作目的、要求制订工作计划。包括：实施范围、实施内容、实施方式、日期、数据报表及结果评价方法、标准等。

（3）标准溶液校准：由领导机构在分发标准样品之前，先向各实验室发放一份标准物质（包括标准溶液等），与各实验室的基准进行比对分析。以发现和消除系统误差，一般是使用接近分析方法上限浓度的标准来进行。测定后用 t 检验法检验两份样品的测定结果有无显著性差异。

（4）统一样品的测试：在上级机构规定的期限内进行样品测试，包括平行样测定、空白实验等，按要求上报结果。

（5）实验室间质量控制考核报表及数据处理：领导或主管机构在收到各实验室统一样品测定结果后，及时进行登记整理、统计和处理，以制订的误差范围评价各实验室数据的质量（一般采用扩展标准偏差或不确定度来评价）。绘制质量控制图，检查各实验室间是否存在系统误差。

（6）向参加单位通知测试结果。

三、室间标准溶液的比对

（1）国家一、二级站要配备本实验室的标准参考溶液（可购买国家鉴定的商品化标准物质或自制），并与上一级站的标准参考物进行比对和量值追踪。比对定值的标准参考溶液发放给下一级站使用。

（2）实验室标准溶液与标准参考溶液的比对实验。将上级站发放的标准参考溶液（A）与实验室配制的标准溶液（B），同时各取 n 份样品测定，按下式计算，并对测定值作 t 检验：

标准参考溶液测定值 A_1、A_2、$\cdots A_n$，平均值 $\overline{A}$，标准差 s_A；实验室标准溶液测定值 B_1、B_2、$\cdots B_n$，平均值 $\overline{B}$，标准差 s_B，计算统计量：

$$t=\frac{\left|\overline{A}-\overline{B}\right|}{s_{A-B}\cdot\sqrt{\frac{n}{2}}}$$

其中：

$$s_{A-B}=\sqrt{\frac{(n-1)(s_a^2+s_B^2)}{2n-2}}$$

当 $t \leqslant t_{0.05}$（n–1）时的临界值，二者无显著差异；

当 $t \geqslant t_{0.05}$（n–1）时的临界值，则实验室标准溶液存在系统误差，应查找原因纠正，或重新配制标准溶液。

四、室间质量考核

（1）监测质量考核制度，每年由上一级监测站组织下一级所属监测站进行质量考核。

（2）考核基本办法，由组织考核的监测站负责制订考核计划和实施方案，分发考核样品。参加考核的实验室应在规定的日期内完成考核工作。并遵照考核方案的要求如期报出上报的全部数据和资料。

组织考核单位对各上报的考核数据及时综合，统计处理和检验，作出评价。并将考核结果通知被考核单位。

（3）实验室误差的测试：实验室间起支配作用的误差通常为系统误差。为检查各参加考核实验室存在系统误差的大小及其分析结果的可比性是否有显著影响，可进行误差测试。

测试方法：将两个浓度不相同但较相近（约±5%）的样品同时分发给各监测站分别对其作单次测定，并要求在规定日期内上报测定结果。

数据处理：

（1）双样图系统误差检查法：将各监测站上报的两个浓度样的测定结果 x_1、y_i 算出其平均值 $\bar{x}$，$\bar{y}$。在方格坐标纸图中，横坐标代表 x 值，纵坐标代表 y 值，并划出 $\bar{x}$ 值垂线和 $\bar{y}$ 值水平线。再将各实验室的 x、y 值点于图中，根据点在双样图 5-13 中四个象限，双样图 5-13（a）中的图形，则不存在系统误差；双样图 5-13（b）中的椭圆形分布，表示各监测站测定值双偏高或偏低，则存在系统误差。

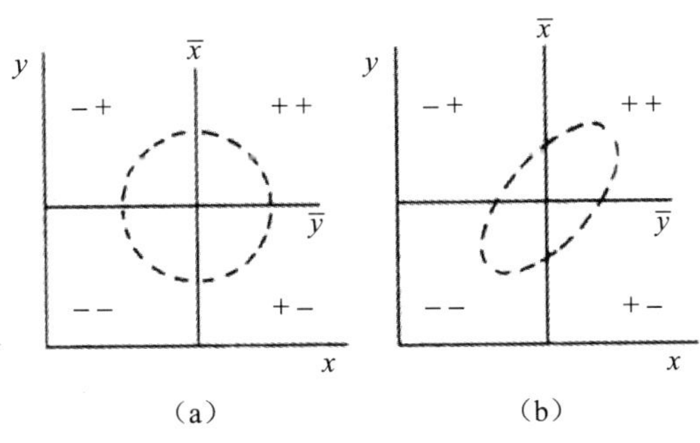

图 5-13　双样图

（2）误差分析：用标准偏差分析来判别是否存在系统误差。分别计算各监测站测定数据的总标准差 s 和随机标准差 s_r：当 $s_r=s$ 时，监测站间不存在系统误差；当 $s_r<s$ 时，

需进一步作方差分析。具体分析步骤如下：

① 先将各对数据 x_1、y_1 分别作如下计算：

和值	差值
$x_1+y_1=T_1$	$\lvert x_1+y_1\rvert=D_1$
$x_2+y_2=T_2$	$\lvert x_2+y_2\rvert=D_2$
……	……
$x_n+y_n=T_n$	$\lvert x_n+y_n\rvert=D_n$

② 取和值 T_1 计算各实验室数据分布的标准偏差：

$$s=\sqrt{\frac{\sum T_1^2-\frac{(\sum T_1)^2}{n}}{2(n-1)}}$$

上式中的分母乘以 2 是因为 T_1 值包括两个类似样品的测定结果而含有两倍的误差。

③ 由于标准偏差可分解为系统标准偏差和随机偏差，而两个类似样品的测定结果相减使系统标准偏差被消除，故可取差值 D_1 计算出随机标准偏差：

$$s_r=\sqrt{\frac{\sum D_1^2-\frac{(\sum D_1)^2}{n}}{2(n-1)}}$$

④ 如果所得 $s_r=s$，即说明总标准偏差只包括随机标准偏差，而不含有系统标准偏差，则表明实验室间不存在系统误差。

（3）方差分析：当标准偏差分析结果 $s_r<s$ 时进行方差分析，具体分析步骤如下：

① 计算

$$F=\frac{s^2}{s_r^2}$$

② 根据给定的显著水平（0.05）和估算 s 与 s_r 的自由度（f_1，f_2），查 F 值表。

③ 若由上式计算所得 $F\leqslant F_{0.05}$，（f_1，f_2）则在 95%的置信水平下，监测站间所存在的系统误差对分析结果的可比性无显著影响，即各监测站分析结果之间不存在显著性差异。

④ 如 $F>F_{0.05}$，（f_1，f_2）则监测站间所存在的系统误差将显著影响分析结果的可比性而不容忽视，此时应立即找出原因并采取相应的校正措施。

五、质控指标

实验室质量控制指标，主要有平行双样测定值的精密度和准确度容许差，几种常规监测项目的实验室质控指标见表 5-15。

表 5-15　几种常规监测项目的监测实验室质量控制指标

项目	样品含量范围/（mg/L）	精密度/%		准确度/%			适用的监测分析方法
		室内（$d_i/\bar{x}$）	室间（$d_i/\bar{x}$）	加标回收率	室内相对误差	室间相对误差	
化学需氧量	5～50	≤20	≤25	—	≤±15	≤±20	重铬酸钾法
	50～100	≤15	≤20	—	≤±10	≤±15	重铬酸钾法
	＞100	≤10	≤15	—	≤±5	≤±10	重铬酸钾法
总氮	0.025～1.0	≤10	≤15	90～110	≤±10	≤±15	过硫酸钾氧化-紫外分光光度法
	＞1.0	≤5	≤10	95～105	≤±5	≤±10	过硫酸钾氧化-紫外分光光度法
总磷	＜0.025	≤25	≤30	85～115	≤±15	≤±10	钼锑抗分光光度法，离子色谱法
	0.025～0.6	≤10	≤15	90～110	≤±10	≤±15	钼锑抗分光光度法，离子色谱法
	＞0.6	≤5	≤10	90～110	≤±10	≤±10	离子色谱法
总铅	≤0.05	≤30	≤35	80～120	≤±15	≤±20	石墨炉子原子吸收法，离子交换原子吸收法
	0.05～1.0	≤25	≤30	85～115	≤±10	≤±15	双硫腙光度法，阳极溶出伏安法，原子吸收法
	＞1.0	≤15	≤20	90～110	≤±8	≤±15	原子吸收法
总氰化物	≤0.05	≤20	≤25	85～115	≤±15	≤±20	异烟酸-吡唑啉酮光度法，吡啶-巴比妥酸光度法
	0.05～0.5	≤15	≤20	90～110	≤±10	≤±15	异烟酸-吡唑啉酮光度法，吡啶-巴比妥酸光度法
	＞0.5	≤10	≤15	90～110	≤士 10	≤±15	硝酸银滴定法
总砷	＜0.05	≤20	≤30	85～115	≤±15	≤±20	新银盐光度法，Ag • DDC 光度法
	＞0.05	≤10	≤15	90～110	≤±10	≤±15	Ag • DDC 光度法
总汞	≤0.001	≤30	≤40	85～115	≤±15	≤±20	冷原子吸收法，冷原子荧光法
	0.001～0.005	≤20	≤25	90～110	≤±10	≤±15	冷原子吸收法，冷原子荧光法
	＞0.005	≤15	≤20	90～110	≤±10	≤±15	冷原子吸收法，冷原子荧光法，双硫腙光度法
五日生化需氧量	＜3	≤25	≤30	—	≤±25	≤±30	稀释法（20℃±1℃）
五日生化需氧量	3～100	≤20	≤25	—	≤±20	≤±25	稀释法（20℃±1℃）
	＞100	≤15	≤20	—	≤±10	≤±15	稀释法（20℃±1℃）
总镉	≤0.005	≤20	≤25	85～115	≤±15	≤±20	原子吸收法，石墨炉原子吸收法
	0.005～0.1	≤15	≤20	90～110	≤±10	≤±15	双硫腙光度法，阳极溶出伏安法
	＞0.1	≤10	≤15	90～110	≤±10	≤±15	原子吸收法，示波极谱法
铬（六价）及总铬	≤0.01	≤15	≤20	85～115	≤±10	≤±15	二苯碳酰二肼光度法
	0.01～1.0	≤10	≤15	90～110	≤±5	≤±10	二苯碳酰二肼光度法
	＞1.0	≤5	≤15	90～110	≤±5	≤±10	硫酸亚铁铵滴定法
挥发酚	≤0.05	≤25	≤30	85～115	≤±15	≤±20	4-氨基安替比林光度法
	0.05～1.0	≤15	≤20	90～110	≤±10	≤±15	4-氨基安替比林光度法
	＞1.0	≤10	≤15	90～110	≤±10	≤±15	溴化容量法，4-氨基安替比林光度法

第七节　自动与人工监测比对

一、比对监测目的

比对监测是指采用手工监测作为参比（标准）方法，验证自动监测设备监测结果的准确性及有效性的监测行为。比对监测要求：

（1）以国家标准方法进行的手工监测结果作为在线自动监测数据的审核依据；

（2）比对监测方法与自动监测法在现场正常生产工况前提下实施同步采样分析。

二、比对监测的条件

（1）水污染源自动监测的规范排污口，一类污染物在车间排放口采样，其他污染物在总排口或污水处理设施的出水口采样，且应在企业边界内、外不超过 10 m 处，按 GB 15562.1—1995 设置 5 m 相应的排口图形标志牌。

（2）仪器设备的合法性确认证明，在线自动监测仪器设备应具备以下适用性检测报告及相应的资质证明。

① 中华人民共和国制造计量器具许可证；

② 进口仪器持有国家质量技术监督部门颁发的计量器具型式批准证书；

③ 具备环保部环境监测仪器质量监督检验中心出具的产品适用性检验合格报告和国家环保产品认证证书，仪器的名称型号必须与上述各种证书相符合，并在有效期内。

（3）自动监测设备调试合格与试运行报告证明。设备调试检验应在其完成安装，初调后，连续运行时间不少于 72 h 后进行，调试检测按照《水污染源在线监测系统安装技术规范》（试行）（HJ/T 353—2007）要求进行，调试检测技术指标满足 HJ/T 353—2007 要求。

（4）验收报告。验收监测应在自动监测设备完成调试检测后，按照《水污染源在线监测系统验收技术规范》（HJ/T 354—2007）要求进行，验收监测技术指标应满足规范要求并编写出验收报告。

（5）生产工况要求。比对监测期间，生产设备应正常稳定运行。

三、比对监测项目与频次

（1）水污染物主要为化学需氧重（COD_{Cr}）、总有机碳（TOC）、氨氮、总磷、总氮、pH 和流量，其中 TOC 应换算成 COD_{Cr}。

（2）考核指标主要包括：实际水样比对试验的相对误差和质检样的测试结果。

（3）水污染在线监测系统的比对监测频次每年至少 4 次，即每季至少 1 次，季节性生产企业、在生产期内比对监测 4 次。

（4）比对过程中应尽可能保证比对样品均匀一致，每次比对监测要求的样品数量在 3 对以上。

（5）对于 COD_{Cr} 或 TOC 样品的化学需氧量（COD_{Cr}）等监测项目，当实际水样 COD_{Cr} 小于 30 mg/L 时，以接近实际水样的低浓度（约 20 mg/L）质检样代替实际水样进行分析，至少测定 2 次。

（6）比对监测频次的确定。可采用事先通知的形式，或不通知的抽检形式进行，比对监测应尽可能在 1 天内完成。

四、比对监测方法

比对监测采用国家标准或国家环境保护标准方法，禁止使用非标准方法，现行标准分析方法的统计见第二章。

五、对比监测结果评价

实际水样比对监测至少获得 3 个测定数据对，其中 2 对实际水样比对试验相对误差应满足一定要求，常用的几种项目的要求如表 5-16 所示。质检样品测定的相对误差不大于标准值的 10%，比对监测结果判定为合格。

表 5-16　实际水样比对试验考核指标要求

项目	实际水样比对试验相对误差
化学需氧量（COD_{Cr}）	COD_{Cr} 小于 30 mg/L 时，绝对误差不超过 5 mg/L，以接近实际水样的低浓度（约 20 mg/L）质检样代替实际水样进行试验
总有机碳（TOC）	30 mg/L≤COD_{Cr}＜60 mg/L 时，相对误差不超过 30% 60 mg/L≤COD_{Cr}＜100 mg/L 时，相对误差不超过 20% 30 mg/L≥COD_{Cr}时，相对误差不超过 15%
氨氮、总磷、总氮	相对误差不超过±15%
pH	绝对误差不超过±0.5
水温	绝对误差不超过±0.5℃

第六章　数据处理质量管理

在数据处理过程中首先要解决的问题是选择真值的最佳估计以及确定该估计值的误差。研究误差的目的是要对自己实验所得的数据进行整理、处理，判断其最接近的值是多少，一般概率和数理统计的方法，对数据中离群较远的极值取舍，然后通过对样本的了解判断总体特征，估计数据的可信度和可靠性，正确地处理实验数据，充分利用数据信息，以便得到更接近真实的最佳结果。

第一节　数据误差及传递

环境监测常需使用各种测试方法去完成。由于被测量的数值形式通常不能以有限位数表示，又由于认识能力的不足和科学技术水平的限制，测量值及其真值并不完全一致，表现在数值上的这种差异即为误差（error）。任何测量结果都有误差，误差存在于一切测量的全过程中，这就是“误差公理”。

误差按其产生的原因和性质可分为系统误差、随机误差和过失误差。

一、系统误差

系统误差（systematic error）又称恒定误差、可测误差或偏倚（bias），指在多次测量同一量时，其测量值与真值之间误差的绝对值和符号保持恒定，或在改变测量条件时，测量值常表现出按某一确定规律变化的误差。确定规律是指这种误差的变化可以归结为某个或某几个因素的函数。这种函数一般可用解析公式、曲线和数来表达。

实验或测量条件一经确定，系统误差就获得一个客观上的恒定值，多次测量的平均值也不能削弱它的影响。

这类误差不论是恒定的或非恒定的，都可找出产生误差的原因和估计误差的大小，至少在理论上说是可以测定的，所以又称为可测误差。它的最重要的特性，是具有“单向性”。

1. 产生的原因

系统误差由测定过程中某些经常性的原因所造成。它对分析结果的影响比较恒定，会在同一条件的重复测定中重复地显示出来，使测定结果系统地偏高或偏低（能有高的精密度而不会有高的准确度）。也有的对分析结果的影响并不恒定，甚至在实验条件变化时误差的正负值也有改变。如溶液会因温度变化而影响溶液体积，从而使其浓度变化。但若掌握了溶液体积因温度而变化的规律，就可对分析结果作适当校正而使这种误差接近于消除。

（1）方法误差：由分析方法不够完善所致。例如在同一容量分析中，由于指示剂对反应终点的影响，致使指示终点与理论等当点不能完全重合所致的误差。

（2）仪器误差：常由使用未经校准的仪器或仪器本身的缺陷所致。例如容量瓶的标称容量与真实容量的不一致，天平两臂不相等。

（3）试剂误差：由所用试剂（包括实验用水）含有杂质，引入微量待测组分或对测定有干扰的杂质所致。

（4）操作误差：由测量者感觉器官的差异、反应的灵敏程度、固有的习惯或操作人员主观原因造成。如在读数时对仪器标线的一贯偏右或偏左，对终点颜色的辨别不同，有人偏深，有人偏浅。在实际工作中，有的人还有一种“先入为主”的习惯，即在得到第一个测量值后，再读取第二个测量值时，主观上尽量使其与第一个测量值相符合，这样也容易引起操作误差。

（5）环境误差：由测量时环境因素的显著改变（例如室温的明显变化）所致。

2. 消减的方法

系统误差可以采用一些校正的办法和制定标准规程的方法加以校正，使之接近消除。例如，选用公认的标准方法与所采用的方法进行比较，从而找出校正数据，消除方法误差。

（1）仪器校准：测量前预先对使用的砝码、容量器皿或其他仪器进行校准，并对测量结果进行修正。

（2）空白实验：用空白实验结果修正测量结果，以消除实验中由试剂、蒸馏水及器皿引入的杂质或其他各种原因所产生的误差。

（3）标准物质对比分析：将实际样品与标准物质在完全相同的条件下进行测定。当标准物质的测定值与其保证值保持一致时，即可认为测量的系统误差已基本消除。将同一样品用不同反应原理的分析方法进行分析，例如与经典分析方法进行比较，以校正方法误差。

（4）回收率实验：在实际样品中加入已知量的标准物质和样品在相同条件下进行测量，用所得结果计算回收率，观察是否能定量回收，必要时可用回收率作校正因子。

二、随机误差

随机误差（random error）又称偶然误差或不可测误差，是由测量过程中的各种随机因素（不可避免因素）的共同作用造成的。如同一批实验材料中的微量杂质或性质上的微小差异，仪器设备的微小波动，温度或电压的微小变化，操作技术上的不稳定性及偶然性原因等。这些因素往往同时起作用，就其中个别因素来说，出现的规律不易识别和掌握，即使能识别，要消除它们也会受到经济上的限制，遇到技术上难以逾越的障碍，所以，偶然性原因也称难以避免的原因。在实际测量条件下，多次测量同一量时，误差的绝对值和符号的变化，时大时小，时正时负，以不可测定的方式变化。随机误差只服从一定的统计规律，其大小和符号的变化是随机的。当对一个量进行大量观测时，正、负偏差出现的次数大致相同，小偏差出现的次数多，大偏差出现的次数少，因此，一般按正态分布处理随机误差。也就是说，在相同条件下对一个量进行重复测定的测定值可视为一个随机变量，记为 x，这个随机变量的概率密度函数为：

$$f(x)=\frac{1}{\sqrt{2\pi\sigma}}e^{-\frac{1}{2}\left(\frac{x-\mu}{\sigma}\right)^2}\ (-\infty<x<\infty)$$

其中，μ和σ分别为正态总体的均值和标准偏差。该随机误差的概率密度函数曲线又称正态分布曲线，由分布曲线可知，均值两侧包括测量值的概率是相同的，区间$\mu+1\sigma$，$\mu+2\sigma$，$\mu+3\sigma$包括单个测量值的概率分别为68.27%、95.45%和99.73%。

1．随机误差特点

其特点如下：

（1）有界性：在一定条件下对同一量进行有限次测量的结果，其误差的绝对值不会超过一定界限；

（2）单峰性：绝对值小的误差出现次数比绝对值大的误差出现次数多；

（3）对称性：在测量次数足够多时，绝对值相等的正误差与负误差的出现次数大致相等；

（4）抵偿性：在一定条件下，对同一量进行测量，随机误差的代数和随着测量次数的无限增加而趋于零。

2．产生的原因

随机误差是由能够影响测量结果的许多不可控制或未加控制的因素之微小波动引起的，有以下几点：

（1）各次称量、吸取、读数的误差不可能完全相同，量器的误差不可能完全一致。

（2）测量过程中环境温度的变化，气压、温度等的偶然波动，电源电压的微小波动。

（3）仪器受各种条件的限制，在使用过程中总不可能是恒定不变的，如仪器噪声的变动。

（4）分析人员判断能力和操作技术的微小差异及前后不一致等，如消解、分离、富集等操作步骤中的损失量或玷污程度不尽相同。

因此，随机误差可视为大量随机因素导致的误差的叠加。这些随机因素很多，且不易识别，往往是多种因素互相作用的结果，究竟哪个因素起主导作用纯属偶然。但是由于这些因素的影响所造成的监测质量差异很细微，一般是可以允许存在的。要消除这种差异，在技术上是做不到的，在经济上是不值得的。当然，这是相对的，随着科学技术水平和管理水平的提高，将使这种误差控制在更低限度。

由于存在着系统误差与偶然误差两大类误差，所以在分析和计算过程中，如未消除系统误差，则分析结果即使有很高的精密度，也并不能说明有高的准确度。只有消除了系统误差后，精密度高的分析结果才是既准确又精密的。

3．减小的方法

除必须严格控制实验条件、正确地执行操作规程外，还可用增加测量次数的方法减小随机误差。在消除系统误差的情况下，平行测定的次数越多，则测得值的算术平均值越接近真值。

三、过失误差

过失误差（mistake）也叫粗差。这类误差是分析者在测量过程中发生不应有的错误造成的。例如器皿不洁净、错用样品、错加试剂、操作过程中的样品损失、仪器出现异常而未发现、错记读数、计算错误以及分析大批样品时某个程序发生错误等。过失误差无一定规律可循。

含有过失误差的测量数据，经常表现为离群数据，可按照离群数据的统计检验方法将其剔除。对于确知操作过程中存在错误情况的测量数据，无论结果好坏，都必须舍弃。过失误差一经发现必须及时纠正。消除过失误差的关键在于改进和提高分析人员的业务素质和工作责任感，不断提高其理论和技术水平，严格遵守操作规程，养成良好的实验习惯。

四、误差的表征

1. 绝对误差和相对误差

（1）绝对误差

绝对误差是测量值（单一测量值或多次测量值的均值）与真值之差。测量结果大于真值时，误差为正，反之为负。

绝对误差=测量值－真值

（2）相对误差

相对误差为绝对误差与真值的比值（常以百分数表示）。

相对误差=绝对误差÷真值

2. 绝对偏差和相对偏差

（1）绝对偏差

绝对偏差为某一测量值（x_i）与多次测量值的均值$(\overline{x})$之差，以 d_i 表示。

$$d_i = x_i - \overline{x}$$

（2）相对偏差

相对偏差为绝对偏差与均值的比值（常以百分数表示）。

相对偏差=$d_i \div \overline{x}$

式中：$\overline{x}$——总体均质$(\overline{x} = \frac{1}{N}\sum_{i=1}^{N} x_i)$。

3. 平均偏差和相对平均偏差

（1）平均偏差

平均偏差为绝对偏差的绝对值之和的平均值，以 $\overline{d}$ 表示。

$$\overline{d} = \frac{1}{n}\sum_{i=1}^{n}|d_i| = \frac{1}{n}(|d_1| + |d_2| + \cdots + |d_n|)$$

（2）相对平均偏差

相对平均偏差为平均偏差与测量均值的比值（常以百分数表示）。

$$相对平均偏差=\overline{d}\div\overline{x}$$

4．极差

极差为一组测量值内最大值与最小值之差，又称范围误差或全距，以 R 表示。

$$R=x_{\max}-x_{\min}$$

式中：$x_{\max}$——测量值 x_1，x_2，x_3，…，x_n 中的最大值；

$x_{\min}$——测量值 x_1，x_2，x_3，…，x_n 中的最小值。

5．样本的差方和、方差、标准偏差和相对标准偏差

（1）差方和

差方和又称离均差平方和或平方和，指绝对偏差的平方之和，以 s 表示。

$$s=\sum_{i=1}^{n}(x_i-\overline{x})^2=\sum_{i=1}^{n}d_i^2=\sum_{i=1}^{n}x_i^2-(\sum_{i=1}^{n}x_i)^2/n$$

（2）方差

样本方差用 s^2 或 V 表示。

$$s^2=\frac{1}{n-1}\sum_{i=1}^{n}(x_i-\overline{x})^2=\frac{1}{n-1}s$$

（3）标准偏差

样本标准偏差（常称标准差）用 s 或 SD 表示。

$$s=\sqrt{\frac{1}{n-1}\sum_{i=1}^{n}(x_i-\overline{x})^2}=\sqrt{s^2}=\sqrt{\frac{1}{n-1}s}=\sqrt{\frac{\sum_{i=1}^{n}x_i^2-(\sum_{i=1}^{n}x_i)^2/n}{n-1}}$$

（4）相对标准偏差

样本相对标准偏差，又称变异系数，是样本的标准偏差与其均值的比值（常以百分数表示），前者记为RSD，后者记为 C_V。

$$\text{RSD}（C_V）=(s\sqrt{x})\times100\%$$

[注]总体方差及总体标准偏差分别用 σ^2 和 σ 表示。

$$\sigma^2=\frac{1}{N}\sum_{i=1}^{N}(x_i-\mu)^2$$

$$\sigma=\sqrt{\sigma^2}=\sqrt{\frac{1}{N}\sum_{i=1}^{N}(x_i-\mu)^2}$$

式中：N——总体容量。

五、误差的传递

分析结果通常是经过一系列测量步骤之后获得的，其中每一步骤的测量误差都会反映到分析结果中去。它们是怎样影响分析结果的准确度的？这就是误差传递所要讨论的问题。

1. 系统误差的传递

（1）加减法

若分析结果 R 是 A、B、C 三个测量值相加减的结果，例如：

$$R = A + B - C$$

若以 E 表示相应各项的误差，则可得到：

$$E_R = E_A + E_B - E_C$$

即分析结果的绝对偏差是各测量步骤绝对偏差的代数和。

如果有关项有系数，例如：

$$R = A + mB - C$$

则为：

$$E_R = E_A + mE_B - E_C$$

（2）乘除法

若分析结果 R 是 A、B、C 三个测量值相乘除的结果，例如：

$$R = \frac{AB}{C}$$

应得到：

$$\frac{E_R}{R} = \frac{E_A}{A} + \frac{E_B}{B} - \frac{E_C}{C}$$

即分析结果的相对偏差是各测量步骤相对偏差的代数和。

如果计算公式带有系数，例如：

$$R = m\frac{AB}{C}$$

同样得到：

$$\frac{E_R}{R} = \frac{E_A}{A} + \frac{E_B}{B} - \frac{E_C}{C}$$

2. 随机误差的传递

（1）加减法

设分析结果 R 是 A、B、C 三个测量值相加减的结果，例如：

$$R = A + B - C$$

若以 s 代表各项的标准偏差，则有

$$s_R^2 = s_A^2 + s_B^2 + s_C^2$$

即分析结果的标准偏差的平方是各测量步骤标准偏差的平方总和。

对于一般情况：

$$R = aA + bB - cC + \cdots$$

应为：

$$s_R^2 = a^2 s_A^2 + b^2 s_B^2 + c^2 s_C^2 + \cdots$$

（2）乘除法

若分析结果 R 是 A、B、C 三个测量值相乘除的结果，例如：

$$R = \frac{AB}{C}$$

可得到：

$$\frac{s_R^2}{R^2} = \frac{s_A^2}{A^2} + \frac{s_B^2}{B^2} + \frac{s_C^2}{C^2}$$

即分析结果的相对标准偏差的平方是各测量步骤相对标准偏差的平方的总和。

若有关项有系数，例如：

$$R = m\frac{AB}{C}$$

其误差传递公式与无系数时相同。

（3）极值误差

可以用一种简便的方法来估计测量过程中可能出现的最大误差。这就是考虑在最不利的情况下，各种误差都是最大的，而且互相叠加。这种误差称为极值误差。当然，这种估计不很合理，因为这种不利情况出现的概率是很小的。但是，用这种方法来粗略估计可能出现的最大误差，在实际中仍是有用的。

如果分析结果 R 是 A、B、C 三个测量数值相加减的结果，例如：

$$R = A + B - C$$

则极值误差为：

$$\frac{\varepsilon R}{R} = \left|\frac{\varepsilon A}{A}\right| + \left|\frac{\varepsilon B}{B}\right| + \left|\frac{\varepsilon C}{C}\right|$$

应该指出，以上讨论的是分析结果的最大可能误差，但在实际工作中，个别测量误差对分析结果的影响可能是相反的，因而彼此部分地抵消，这种情况在定量分析中是经常遇到的。

第二节　数据记录整理

测量人员首先应重视由监测获取的原始数据（包括现场采样和实验室分析）的记录

和运算整理。数据的有效数字的位数是否正确，主要取决于原始数据的正确记录和数据的正确运算。在记录数据的同时必须考虑计量器具的精密度、准确度及测试人员的读数误差，数据运算要遵照有效数字运算规则，不得随意增减有效数字位数。在广泛使用计算器的今天，监测人员很容易忽视有效数字位数，必须加以注意。在数据运算过程中，当有效数字位数确定之后，其余数字应按照数据的修约规则整理上报。

一、数据记录规则

监测结果的原始数据的记录开始就必须根据有效数字的保留规则，正确书写。所谓“有效数字”是指在分析和测量中实际能测得的数字，即表示数字的有效意义。换句话说，有效数字的位数反映了计量器具（或仪器）的精密度和准确度，即只应包含有效数字，故有效数字的位数不能任意增删。

有效数字是由全部确定数字和一位不确定数字构成的。从最后一位算起的第二位以前的数字应该是可靠的，或者说是确定的，只有末位数字是可疑的，或者说是不确定的。总体构成有效数字的数值。

数字“0”，当它用于指示小数点的位置，而与测量的准确程度无关时，不是有效数字；当它用于表示与测量准确程度有关的数值大小时，则为有效数字。这与“0”在数值中的位置有关。有如下情况。

（1）第一个非零数字前的“0”不是有效数字

例如：0.039 8　　三位有效数字

（2）非零数字中的“0”是有效数字

例如：8.009 8　　五位有效数字

4 301　　四位有效数字

（3）小数中最后一个非零数字后的“0”是有效数字

例如：5.890 0　　五位有效数字

0.360%　　三位有效数字

（4）以“0”结尾的整数，有效数字的位数难以判断。例如：78 900 可能是三位、四位或五位有效数字。在此情况下，应根据测定值的准确度改写成指数形式

例如：7.89×10^4　　三位有效数字

$7.890\,0\times10^4$　　五位有效数字

用万分之一的天平称量时，有效数字依仪器的精度可以记录到小数点后第四位，即零点漂移和读数误差达到 0.000 1 g（一位有效数字）。因此万分位上的读数实际上是不确定的。

如用托盘天平称量 1.5 g 样重时记录为 1 500 mg，是不正确的，因托盘天平读不出毫克位，而上述记录的却易误认为 00 是有效数字。故应记录为：1.5 g 或 1.5×10^3 mg（两位有效数字）。

光度法中，吸光度一般可记到小数点后面第三位。

容量法中，用合格的量器量取溶液时，量取的体积的有效数字根据量器的允许误差和读数误差决定，如 10 ml A 级无分度单标线吸管，其允许误差为±0.02 ml，准确体积为 10.00 ml。在确定准确体积的有效数字位数时，考虑了量器的读数误差。

稀释的中间标准溶液和标准系列，浓度的有效数字必须根据稀释计算公式并按计算规则通过计算确定。一些常用玻璃器具吸管、移液管、滴定管和容量瓶的准确体积表示见表 6-1～表 6-4。

表 6-1　一等无分度单标记移液管准确体积的表示

体积示值/ml	允许差/ml	准确体积/ml	体积示值/ml	允许差/ml	准确体积/ml
2	±0.006	2.00	20	±0.03	20.00
3	±0.006	3.00	25	±0.04	25.00
5	±0.01	5.00	50	±0.05	50.00
10	±0.02	10.00	100	±0.08	100.00
15	±0.03	15.00			

表 6-2　一等量入式容量瓶准确体积的表示

体积示值/ml	允许差/ml	准确体积/ml	体积示值/ml	允许差/ml	准确体积/ml
10	±0.02	10.00	250	±0.10	250.0
25	±0.03	25.00	500	±0.15	500.0
50	±0.05	50.00	1 000	±0.30	1 000.0
100	±0.10	100.00	2 000	±0.50	2 000.0
200	±0.10	200.00			

表 6-3　刻度吸管的允许误差

等级	体积/ml					
	1	2	5	10	25	50
一等	±0.01	±0.01	±0.02	±0.03	±0.05	±0.08
二等	±0.02	±0.02	±0.04	±0.06	±0.10	±0.16

表 6-4　滴定管的允许误差

等级	体积/ml				
	5	10	25	50	100
一等	±0.01	±0.02	±0.03	±0.05	±0.10
二等	±0.03	±0.04	±0.06	±0.10	±0.20

二、数据修约规则

各种测量、计算的监测数据需要修约时，按 GB 8170—81 数值修约规则进行。即按“四舍六入五余进，奇进偶舍”规则修约。

拟舍弃数字的最左一位数字小于 5 时，则舍去，即保留的各位数字不变。

拟舍弃数字的最左一位数字大于 5 或虽等于 5 而其后并非全部为 0 的数字时，则进 1，即保留的末位数字加 1。

拟舍弃数字的最左一位数字为 5，而右面无数字或皆为 0 时，若所保留的末位数字为奇数（1，3，5，7，9）则进 1，为偶数（2，4，6，8，0）则舍弃。

负数修约时，先将它的绝对值按上述规定进行修约，然后在修约值前面加上负号。

拟修约数字应在确定修约位数后一次修约获得结果，而不得多次按上述规则连续修约。

三、数据运算规则

监测数据在加、减、乘、除、开方、乘方、对数等运算中应遵守如下规则：

（1）在加、减运算时，得数经修约后小数点后面有效数字的位数应和参加运算的数中小数点后面有效数字位数最少者相同。

例如：一个水样被测质量浓度（ρ_1）为 0.50 mg/L，若标准质量浓度（ρ_2）为 0.525 mg/L

则加标后的平均质量浓度为$(\rho_1+\rho_2)/2$

即 0.50+0.525=1.025/2

按规则修约后应为 1.02/2 = 0.51 mg/L

（因为小数点后保留两位有效数字位数）

（2）乘除运算时，得数经修约后，其有效数字的位数应和参加运算的数中有效数字位数最少者相同。

如在 AAS 中测 Cu，吸取 5.00 ml，质量浓度为 1 073 mg/L 的 Cu 贮备液，用 1% HNO_3 溶液稀释到 1 000.0 ml，计算稀释后 Cu 的质量浓度，计算方法是：

$$\frac{1\,073\times5.00}{1\,000.0}=5.365\ \text{mg/L}$$

因为经乘除运算结果的有效数字位数以最少者计，即 5.00（三位有效数字）最少。

所以 5.365 mg/L 应修约为 5.36 mg/L（亦保留三位有效数字）。

（3）进行平方、立方、乘方或开方运算时，计算结果的有效数字的位数和原数相同。

如：$6.54^2=42.771\,6$（原数有效数字位数为 3 位）

所以保留三位有效数字 则为 42.8

如：$\sqrt{7.39}\approx2.718\,455\,444\cdots$

保留三位有效数字则为 2.72

（4）进行对数和反对数运算时，所取对数的有效数字位数（系小数点后面的位数，不包括首数）应与真数的有效数字位数相同。

如：求$[H^+]$为 7.98×10^{-2} mol/L 溶液的 pH 值

$[H^+]=7.98\times10^{-2}$ mol/L

$pH=-\lg[H^+]=-\lg(\underline{7.98}\times10^{-2})$

（对数）（真数）　（三位）

$\cong1.098$　（不包括首位，小数点后为三位）

如：求 pH 为 3.20 溶液的$[H^+]$浓度：

$\because pH=-\lg[H^+]=\underline{3.20}$　（查反对数）

二位

$\therefore [H^+]=6.3\times10^{-4}$ mol/L

（5）求多位（四位以上）准确度接近的近似值的平均值时，有效数字倍数可增加一位。

如：求下列近似值的平均值 $\bar{X}$：3.77，3.79，3.80，3.72。

$$\bar{X}=\frac{1}{5}(\underline{3.77}+\underline{3.70}+\underline{3.79}+\underline{3.80}+\underline{3.72}) \qquad \text{（均为三位）}$$
$$=\underline{3.756}\text{（取四位）}$$

（6）表示分析结果精密度的数据一般只取一位有效数字，只有当测定次数很多时才取两位，且最多只能取两位。

（7）分析结果有效数字所能达到的数位不能超过方法最低检出浓度有效数字所能达到的数位。例如：一个方法的最低检出浓度为 0.02 mg/L，分析结果报 0.085 mg/L 就不合理，应该报 0.08 mg/L。

当测定值小于分析方法的最低检出限时，为便于计算机计算存储，按 1/2 最低检出限值报结果。

（8）回归方程中系数的有效数字位数　回归方程中，斜率 b 的有效数字位数，应与自变量 X 的有效数字位数相等，或最多比 X 多保留一位；截距 a 的最后一位数，则和因变量 Y 数值的最后一位数取齐，或最多比 Y 多保留一位。

在数据运算中，有效数字位数确定之后，其余数字应按修约规则一律舍去。

四、系统数据统计规则

系统数据统计的有效性按如下规则：

（1）空气污染物 SO_2、NO_2、NO_x 年平均值每年至少有分布均匀的 144 个日均值，每月至少有分布均匀的 12 个日均值（包括 CO），日平均值至少 18 h 的采样时间，CO、O_3 小时平均值每小时至少有 45 min 的采样时间才为有效。

（2）自动监测系统采集的连续监测数据应能满足每小时的算术平均值计算。在每小时中采集到监测分析仪内正常输出一次值的 75%以上时，本小时的监测结果有效。用本小时内所有正常输出一次值计算的算术平均值作为该小时的平均值。

（3）自动监测每日气态污染物应有不少于 18 个有效小时平均值，可吸入颗粒物有不少于 12 个有效小时平均值的算术平均值为有效日均值。

日均值的统计时间段为北京时间，前日 12：00 至当日 12：00。

（4）自动监测每月不少于 21 个有效日均值，每年不少于 12 个月均值的算术平均值为有效均值。

（5）对于低浓度未检出结果和在监测仪器零点漂移技术指标范围内的负值，取监测仪器最低检出限 1/2 数值作为监测结果参加统计。

（6）对于手工校准的系统，仪器在校准零/跨度期间，发现仪器零点漂移或跨度漂移超出漂移控制限时，应从发现超出控制限时刻的前一天算起，到仪器恢复到调节控制限以下达标时间内的监测数据作为无效数据，不参加统计。但对于无效数据进行标注，作为参考数据保留。

（7）有自动标准装置的系统，仪器在校准零/跨度时间，发现仪器零点漂移或跨度漂移超出漂移控制限，应从发现超出控制限时刻算起，到仪器恢复到调节控制限以下这样时间内的监测数据作为无效数据，不参加统计。但该数据进行标注，作为参考数据保留。

（8）仪器标准零/跨度期间的数据为无效数据，不参加统计，但对应该数据进行标注，作为仪器检查的依据予以保留。

（9）如自动站临时停电或断电，则从停电断电时起至恢复供电仪器完成预热为止，时段内的任何数据都为无效数据，不参加统计，恢复供电后仪器完成预热一般需要 0.5～1 h。

第三节　监测数据的分布类型检验

环境监测的对象是各种环境要素，在没有掌握其变化规律之前要了解各环境要素的污染状况及环境质量状况，单凭一两个数据是很难判断的。应按照抽样理论采取足够的代表性样品进行测定，由测定结果来判断环境总体的污染状况。这些足够数量的样品用什么统计量来表示呢？这就需要掌握实测资料的分布类型，选用合适的统计处理方法，使得所计算的统计量（如平均值、标准差等）能反映总体状况。因此，对所测的一系列数据的分布类型要了解，然后才能进行离群值检验。环境监测中获取的各种污染物浓度数据的频数分布有多种类型，既有正态分布，又有对数正态分布和偏正态分布。

一、正态分布检验

正态分布是在相同条件下，重复实验的结果和测量中的随机误差遵从的分布。其分布曲线由正态分布概率密度函数给出：

$$\varphi(x)=\frac{1}{\sigma\sqrt{2\pi}}e^{-(x-\mu)^2/\sigma^2}$$

式中：x——该分布中抽取的随机样本值；

μ——正态分布的总体均值，即期望值；

σ——正态分布的总体标准偏差，反映数据的分散程度，其正态分布曲线见图 6-1。

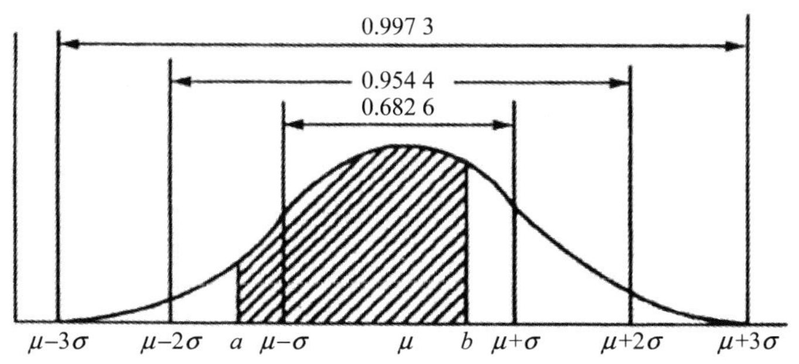

图 6-1　正态分布曲线

经计算得知，正态分布的样本落在下列各区间内外的概率如表 6-5 所示。

表 6-5　正态分布概率

区间 R	落在 R 内的概率/%	落在 R 外的概率/%
$\mu\pm1.00\sigma$	68.26	31.74
$\mu\pm1.645\sigma$	90.00	10.00
$\mu\pm1.960\sigma$	95.00	5.00
$\mu\pm2.000\sigma$	95.44	4.56
$\mu\pm2.567\sigma$	99.00	1.00
$\mu\pm3.000\sigma$	99.73	0.27

正态分布检验法通常用概率值法、夏皮罗-威尔克法和偏度-峰度法检验。

1. 概率值检验法

正态性概率值的构造是以变量 x 的取值为纵坐标，以正态曲线下相应的累积概率百分数为横坐标，累积概率百分数是按相应于标准差的倍数为尺度绘出的。检验时，以变尺值 x 为纵轴，以累积频率百分数为横轴绘制在正态概率纸上，如各点呈一直线，可认为这组数据具有正态分布性质，当各点离理论直线很远时，即非正态分布。

应用概率纸是解决这类问题的一种简单易行的方法。

概率纸是一种坐标纸，其中一个坐标的刻度频率（%），另一个坐标的刻度采用普通算术尺度或对数尺度。前一种用以检验数据的正态性（图 6-2）。后一种用以检验数据的对数正态性（图 6-3）。算术概率纸上累积频率的刻度是应用标准正态变量 x 与对应的分布函数 $F(x)$之间的关系刻制的，因此若用正态分布中的一些 x 值与对应的 $F(x)$值在纸上点出，这些点子必全部在一条直线上，但在应用概率纸时，不必将原来的数据（如频数分布中各组段的上限值）变换成μ值，因为直接应用原变量值无非是将坐标的尺度单位增大σ倍并将坐标平移μ个单位而已，并不会改变原有的直线形状。

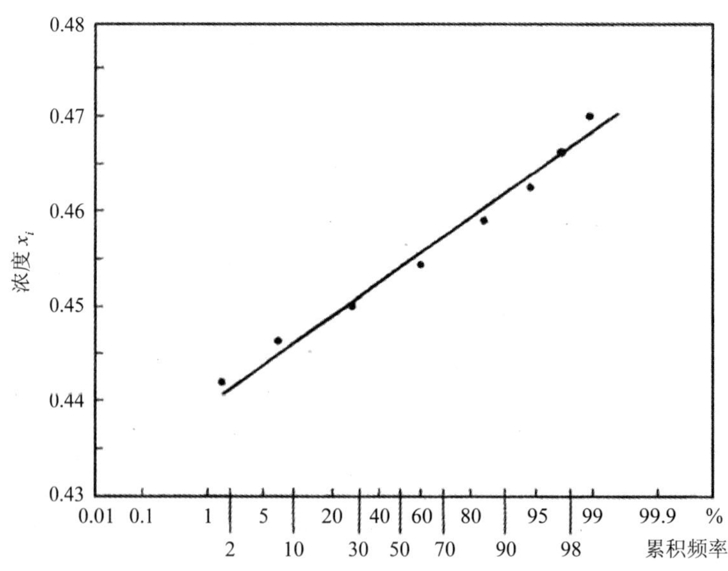

图 6-2　正态概率坐标纸上的累积频率曲线

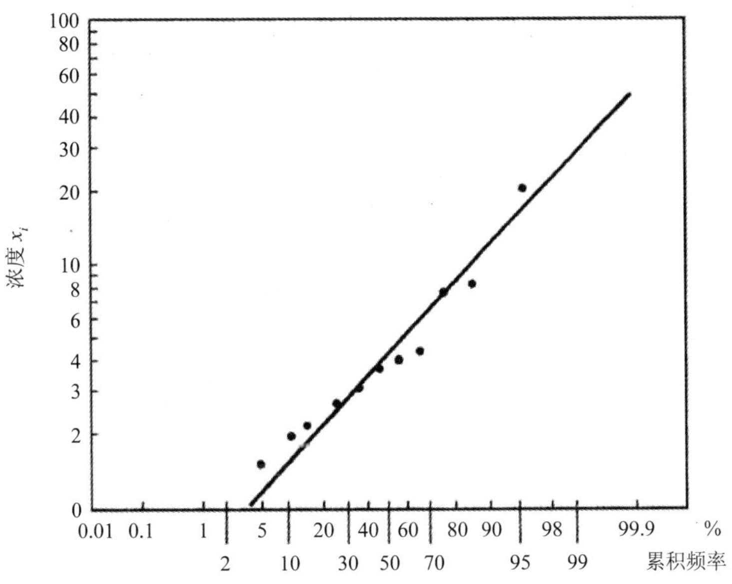

图 6-3 对数正态概率坐标纸上的累积频率曲线

现将用算术概率纸检验样本数据正态性的具体步骤叙述如下：

（1）将 n 个变量值由小到大排列起来，即使得 $x_1 < x_2 < \cdots x_n$，相同的数值也依次排出，写出各数值的秩次为 R_i，最小值的秩次为 1，最大值的秩次为 n。

（2）对每一变量 x_i，求 $\frac{R-0.5_i}{n}\times 100(\%)$，这是相应的累积频率。

（3）将各变量值与其相应的累积频率在算术概率纸上点出。

（4）如果点子呈直线趋势，可以认为样本数据遵从正态分布，并用目测法通过各点连一直线。

2．夏皮罗-威尔克法

本法适用于样本数 $n \leqslant 50$

检验步骤：

（1）将测定数据按从小到大的顺序排列在 $x_1 \cdot x_2 \cdots x_n$。

（2）查夏皮罗-威尔克 ain 表（见附录 1 附表 10-1），查出对应于样本含量 n 的 ain 值。

（3）计算 W 值。

$$W = \frac{\left\{\sum_{i=1}^{n} \text{ain}\left[x_{n+1-2} - x_i\right]\right\}^2}{\sum_{i=1}^{n}\left(x_{ii} - \bar{x}\right)^2}$$

式中：当 n 是偶数时，$\sum$ 为 $\sum_{i=1}^{\frac{n}{2}}$，当 n 为奇数时，$\sum$ 为 $\sum_{i=1}^{\frac{n-1}{2}}$。

（4）给定出显著性水平 α（通常为 0.01 或 0.05），查夏皮罗-威尔克的 $W_{(n,a)}$表中相应的（n，α）值，见附录 1 附表 10-2。

（5）判断

当$W \leqslant W_{(n,\alpha)}$时，在 0.05 显著性水平上不是正态分布；

当$W > W_{(n,\alpha)}$时，在 0.05 显著性水平上是正态分布。

3. 偏度-峰度检验法

正态分布的特点之一是高峰位于中央，两侧对称于平均数；其次是峰态固定，对于N（0.1）来说峰度的纵变是 0.398 9，在（+）及（–）1 倍标准差的范围内占总面积的 0.682 7，这种峰形称为正态峰。当数据的中心趋势集中于平均数附近，形成高峭峰，或比较分散形成低平峰时，均不是正态峰。偏度-峰度检验法就是检验实际的峰形是否符合正态峰。

（1）校正标准差$\hat{s}$的计算，在进行偏度-峰度检验时需要计算校正标准差，公式为：

$$\hat{s} = \sqrt{\frac{\sum fx_i^2 - \frac{1}{n}\sum f\left(x_i\right)^2}{n-1} + \frac{i^2}{12}} = \sqrt{s^2 - \frac{i^2}{12}}$$

式中：n——样本观察例数；

I——组距；

$\hat{s}$——标准差；

$\frac{i^2}{12}$——分组资料的薛帕校正数；

f——x_i的系数。

（2）偏度系数和峰度系数的计算，计算公式：

$$q_1 = \frac{\sum_{i=1}^{n}\left(x_i - \bar{x}\right)^3}{\left[\frac{\sum_{i=1}^{n}\left(x_i - \bar{x}\right)}{n}\right]^{\frac{3}{2}}} \qquad q_2 = \frac{\sum_{i=1}^{n}\left(x_i - \bar{x}\right)^4}{\left[\frac{\sum_{i=1}^{n}\left(x_i - \bar{x}\right)}{n}\right]^{2}}$$

判断：若$q = 0$，表示分布对称；

q_1>0，表示正偏态分布（平均数＞众数）；

q_1<0，表示负偏态分布（平均数＜众数）；

$q_2 = 0$，表示正态峰度；

q_2>0，表示高峭峰；

q_2<0，表示低平峰。

（3）偏度系数与峰度系数的显著性检验

① 偏度系数标准差s_{q_1}的计算

$$s_{q_1} = \sqrt{\frac{\sigma_n(n-1)}{(n-1)(n+1)(n+3)}}$$

u_1值计算，$u_1 = q_1 / s_{q_1}$

② 峰度系数标准差 s_{q_2} 的计算

$$s_{q_2}=\sqrt{\frac{24n(n-1)^2}{(n-2)(n-3)(n+3)(n+5)}}$$

$$u_2\text{ 值计算，}\quad u_2=q_2/s_{q_2}$$

③ 根据 u 值进行判断

所得 u_1,u_2 分别与正态曲线的 p 值进行比较，u_1,u_2 小于正态曲线的 p=0.05 的值者为正态峰形或标准正态分布。

二、对数正态性检验

此时的前提是要求测定的数据符合对数正态分布模型，通常用对数正态概率纸来进行检验。对数正态概率纸的制作原理与正态概率纸一样，只是在纵轴上表示的测定值不是用原控制测定数据，而是用它的对数值表示的。

造成环境介质中所测各种污染物浓度数据的频数分布具有多种类型，既有正态分布，又有对数正态分布和偏态分布。大多数属于对数正态分布。显然，用只适于检验正态分布的检验方法，去对待所有不同类型分布，势必有可能将一些真正有价值的、有意义的数据当做异常值被剔除，这是不恰当的。所以，首先进行数据分布类型检验，然后按类型分布进行离群值检验。即：若为正态分布，原始数据不转换，直接进行；若为对数正态分布或偏态分布，则统一按对数正态分布（因偏态分布更接近对数正态分布），进行异常值检验。主要不同的是先将测量值进行对数转换后再进行检验。

当基于正态性假定进行统计分析时，如果怀疑总体分布的正态性，应进行正态性检验。当有充分的理论依据或者根据以往积累的信息可确认总体为正态分布时，不必进行正态性检验。在使用正态性检验的方法时，必须保证抽样的随机性，必须注意每种方法所适用的样本大小的范围。

第四节　监测数据的离群值检验

与正常数据不是来自同一分布总体，明显歪曲监测结果的测量数据，称为离群数据，可能会歪曲测定结果，但尚未经检验断定其是离群数据的测量数据称为可疑数据。

在数据处理时，必须剔除离群数据以使测定结果更符合客观实际。正常数据总有一定分散性，如果人为地删去一些误差较大但并非离群的测量数据，由此得到精密度很高的测量结果并不符合客观实际。对可疑数值的取舍，实质是区别那个误差较大的数据究竟是偶然误差还是过失误差造成的。因此，对可疑数据的取舍必须遵循一定的原则。

测量中发现明显的系统误差和过失误差，由此而产生的数据应随时剔除。而可疑数据的舍取应必须采用统计方法判别，即离群数据的统计检验，剔除离群值后剩余的数据应继续进行检验。

在环境监测中根据不同情况可选用狄克逊、格鲁勃斯和科克伦等检验法。在至多只有一个异常值时，格鲁勃斯检验法判断异常值的功效最优，而狄克逊检验法正确判断异常值的功效与其相近。当出现多个异常值时用偏度-峰度检验法的功效最佳，但计算相当复杂。重复使用狄克逊检验法功效次之，而重复使用格鲁勃斯检验法功效较差。

一、狄克逊（Dixon）检验法

此法适用于一组测量值的一致性检验和剔除离群值，本法中对最小可疑值和最大可疑值进行检验的公式因样本的容量 n 的不同而异，检验方法如下：

（1）将一组测量数据从小到大顺序排列为：

$x_1 \cdot x_2 x \cdots x_{n-1} \cdot x_n x_1$ 和 x_n 分别为最小可疑值和最大可疑值。

（2）按表 6-6 计算公式求 Q 值。

（3）根据给定的显著性水平 α 和样本容量 n 从狄克逊检验表查得临界值 Q_α。

（4）若 $Q \leqslant Q_{0.05}$ 则可疑值为正常值；

若 $Q_{0.05} < Q \leqslant Q_{0.01}$ 则可疑值为偏离值；

若 $Q > Q_{0.01}$ 则可疑值为离群值。

表 6-6 狄克逊检验统计量 Q 计算公式

n 值范围	可疑数据为最小值 x_1 时	可疑数据为最大值 x_n 时	n 值范围	可疑数据为最小值 x_1 时	可疑数据为最大值 x_n 时
3～7	$Q=\frac{x_2-x_1}{x_n-x_1}$	$Q=\frac{x_n-x_{n-1}}{x_n-x_1}$	11～13	$Q=\frac{x_3-x_1}{x_{n-1}-x_1}$	$Q=\frac{x_n-x_{n-2}}{x_n-x_2}$
8～10	$Q=\frac{x_2-x_1}{x_{n-1}-x_1}$	$Q=\frac{x_n-x_{n-1}}{x_n-x_2}$	14～25	$Q=\frac{x_3-x_1}{x_{n-2}-x_1}$	$Q=\frac{x_n-x_{n-2}}{x_n-x_3}$

例：一组测定值从小到大顺序排列为：

14.65、14.90、14.90、14.92、14.95、14.96、15.00、15.01、15.01、15.02。检验最小值 14.65 和最大值 15.02 是否为离群值？

解：检验最小值 $x_1=14.65$，$x_2=14.90$，$x_{n-1}=15.01$，$n=10$

$$Q=\frac{x_2-x_1}{x_{n-1}-x_1}=\frac{14.90-14.65}{15.01-14.65}=0.69$$

查狄克逊检验表，当 n=10，给定显著性水平 α=0.01 时，$Q_{0.01}=0.597$

$$Q > Q_{0.01}$$

故最小值 14.65 为离群值应予以剔除。

检验最大值 $x_n=15.02$

$$Q=\frac{x_n-x_{n-1}}{x_n-x_2}=\frac{15.02-15.01}{15.02-14.90}=0.08$$

查狄克逊检验表可知

$$Q_{0.05}=0.477$$
$$Q<Q_{0.05}$$

故最大值 15.02 为正值。

二、格鲁勃斯（Grubbs）检验法

此法适用于检验多组测量值的均值的一致性和剔除多组测量值中的离群均值，也可用于检验一组测量值一致性和剔除一组测量值中的离群值，方法如下：

（1）有 1 组测定值，每组 n 个测定值的均值分别为 $\overline{x}_1$、$\overline{x}_2\cdots\overline{x}_{i-1}$、$\overline{x}_i$，其中最大均值记为 $\overline{x}_{\max}$，最小均值记为 $\overline{x}_{\min}$。

（2）由 n 个均值计算总均值 $\overline{\overline{x}}$ 和标准偏差 $s_{\overline{x}}$：

$$\overline{\overline{x}}=\frac{1}{l}\sum_{i=1}^{l}\overline{x}_i \qquad s_{\overline{x}}=\sqrt{\frac{1}{l-1}\sum_{i=1}^{l}(\overline{x}_1-\overline{\overline{x}})^2}$$

（3）可疑均值为最大值 $x_{\max}$ 时，按下列计算计量 T:

$$T=\frac{\overline{x}_{\max}-\overline{\overline{x}}}{s_{\overline{x}}}$$

可疑均值为最小值 $\overline{x}_{\min}$ 时，按下式计算统计量 T:

$$T=\frac{\overline{\overline{x}}-\overline{x}_{\max}}{s_{\overline{x}}}$$

（4）根据测定组数和给定的显著性水平α，从格鲁勃斯检验表查得临界值 T:

（5）若 $T\leqslant T_{0.05}$，则可疑均值为正常均值；

若 $T_{0.05}<T\leqslant T_{0.01}$，则可疑均值为偏离均值；

若 $T>T_{0.01}$，则可疑均值为离群均值，予以剔除，即剔除含有该均值的一组数据。

例：10 个监测站分析同一样品，各监测站 5 次测定的平均值按大小顺序为：4.41、4.49、4.50、4.51、4.64、4.75、4.81、4.95、5.01、5.39，检验最大均值 5.39 是否为离群均值？

解：$\overline{\overline{x}}=\dfrac{1}{10}\sum_{i=1}^{10}\overline{x}_i=4.746$

$$s_{\overline{x}}=\sqrt{\frac{1}{10-1}\sum_{i=1}^{10}(\overline{x}_1-\overline{\overline{x}})^2}=0.305$$

因为 $\overline{x}_{\max}=5.39$

则统计量

$$T=\frac{\overline{x}_{\max}-\overline{\overline{x}}}{s_{\overline{x}}}=\frac{5.39-4.746}{0.305}=2.11$$

当 l=10，给定显著性水平α=0.05 时，查格鲁勃斯检验表得临界值$T_{0.05}=2.176$。

因$T<T_{0.05}$，故 5.39 为正常均值，即均值为 5.39 的一组测定值为正常数据。

三、科克伦（Cochran）最大方差检验法

Cochran 最大方差检验法用于剔除多组测定值中精密度较差的一组数据，亦可用于多组测定值的方差一致性检验（等精度检验）。

设有 l 组测定值，每组 n 次测定的标准偏差分别为 s_1，s_2，…，s_l。

（1）将 l 个标准偏差按大小顺序排列，其中最大者记为 $s_{\max}$。

（2）计算统计量 C

$$C=\frac{s_{\max}^2}{\sum_{i=1}^{L}s_i^2}$$

若 n=2，每组两次测定值的极差分别为 R_1，R_2，…，R_l，亦可按下式计算统计量 C：

$$C=\frac{R_{\max}^2}{\sum_{i=1}^{l}R_i^2}$$

式中：$R_{\max}$——R（i=1，2，…，l）中最大者。

（3）根据给定的显著性水平α测定值的组数 l，每组测定次数 n，由科克伦最大方差检验临界值 C_α表，查得临界值 C_α。

（4）若 $C\geqslant C_{0.01}$，则可疑方差为离群方差，即该组数据精密度过低，应予剔除；若 $C_{0.05}<C\leqslant C_{0.01}$，则可疑方差为偏离方差；若 $C\leqslant C_{0.05}$，则可疑方差为正常方差，即 1 组测定值为等精度测定值。

对于经检验后确定的离群值应首先按技术性误差方面检查原因。例如：是否由于测试时的疏忽，计算中的错误、记录时的笔误或拿错了试样等。属于算错和笔误时，应予以更正。对于拿错的试样，应将其测试结果改填入相应的单元中，对于确认的离群值应予剔除。如果某个监测实验在几个不同的水平上都有异常值或高度异常值，这说明该室有很大的室内方差或系统误差，应将该实验室作为离群实验室，剔除其全部数据。

第五节 监测数据相关性检验

一、数据的相关关系

在环境监测数据分析中经常遇到两个变量之间是否有互相联系、相互影响的关系是完全确定的函数关系，还是非确定性的依赖或制约关系？在一组数据变量中是否存在着完全确定的函数关系需要通过数据的相关性检验。

如水中某种污染物浓度与某种水生生物体内该污染物的含量之间、工业废水中生化需氧量与化学耗氧量值之间、空气污染物浓度与气象条件之间、气体污染物与颗粒物及

空气微生物之间等均有一定的相关关系。回归分析就是研究各因数变量相互关系的统计方法。通过回归分析可以确立各因素变量间的关系，建立回归方程，计算相关系数，进而修正公式参数，提高模型的准确度。

回归分析是研究变量相互间关系的统计方法，回归分析有如下主要用途：

（1）从一组数据出发，确定这些定量间的定量关系式——建立回归方程。

（2）评价和度量变量间关系的密切程度——相关系数及其检验。

（3）应用回归方程从一些变量值去估计另一变量值。

（4）对回归方程的主要参考数作进一步的评价和比较——回归曲线的统计检验。

二、回归方程的建立

用曲线表示自变量和因变量之间的关系叫回归曲线，它们之间的关系式叫回归方程。最简单的直线回归方程为：

$$\hat{y} = ax + b$$

式中：a、b 为常数，当 x 为 x_i 时，实际 y 值在按计算所得 $\hat{y}$ 左右波动。

上述回归方程可根据最小二乘法来建立。即首先测定一系列 $x_1, x_2, \cdots, x_n$ 和相对应的 $y_1, y_2, \cdots, y_n$，然后按下式求常数 a 和 b：

$$a = \frac{n\sum xy - \sum x \sum y}{n\sum x^2 - \left(\sum x\right)^2}$$

$$b = \frac{\sum x^2 \sum y - \sum x \sum xy}{n\sum x^2 - \left(\sum x\right)^2}$$

在环境监测中经常遇到相互间存在着一定联系变量。

例：用比色法测酚得到下表所列数据，试作出吸光度和浓度回归直线方程。

酚浓度/（mg/L）	0.005	0.010	0.020	0.030	0.040	0.050
吸光度（A）	0.020	0.046	0.100	0.120	0.140	0.180

解：设酚浓度为 x，吸光度为 y

$$\sum x = 0.155, \sum y = 0.606, n = 6$$

$$\sum x^2 = 0.005\,52, \sum xy = 0.020\,8$$

$$a = \frac{6 \times 0.020\,8 - 0.155 \times 0.606}{6 \times 0.005\,52 - (0.155)^2} = 3.4$$

$$b=\frac{0.005\,52\times0.606-0.155\times0.020\,8}{6\times0.005\,52-(0.155)^2}=0.013$$

方程为 $\hat{y}=3.4x+0.013$

根据数据和公式，作图 6-4，图中直线是按公式所作，记号“×”是按实测数据所画之点。

这样，在条件不变的情况下即可根据吸光度内插回归曲线得知该溶液酚的含量。

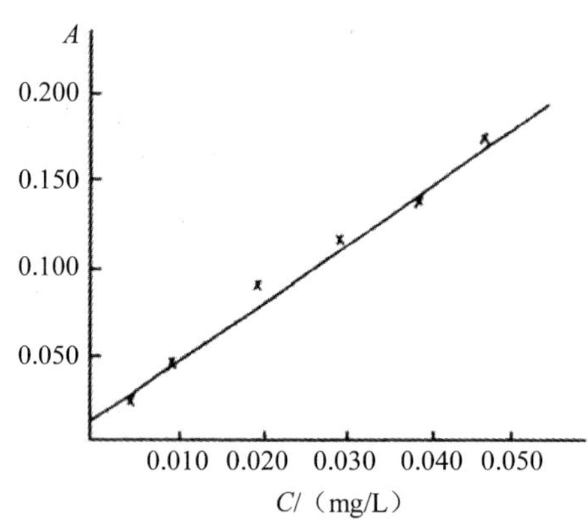

图 6-4 酚浓度和吸光度关系

三、相关系数及其显著性检验

当两个变量之间存在相关关系时，可有两种情况。直线相关和非直线相关。如把两变量中一对对数值点在直角坐标纸上制成散点图。点子呈直线趋势的称直线相关，也称线性相关（如上述酚的相关图）；如散点图呈曲线形态称非直线相关。衡量两个变量之间的相关程度时，常用相关系数 r 表示，其值在−1～+1 之间，公式为：

$$r=\frac{\sum_{i-1}^{n}(x_i-\overline{x})(y_i-y)}{\sqrt{\sum_{i-1}^{n}(x_i-\overline{x})^2\sum_{i-1}^{n}(y_i-\overline{y})^2}}$$

x 与 y 的相关关系有如下几种情况：

（1）若 x 增大，y 也相应增大，称 x 与 y 呈正相关，此时 $0<r<1$。若 $r=1$，称完全相关。图 6-5（a）、（b）是正相关的两种情况的图形。

（2）若 x 增大，y 相应减小，称 x 与 y 呈负相关。此时 $-1<r<0$。若 $r=-1$，称完全相关，图 6-5（c）、（d）是负相关的两种情况的图形。

（3）若 y 与 x 变化无关，称 x 与 y 不相关。此时 $r=0$，如图 6-5（e）～（h）所示。若总体中 x 与 y 不相关，在抽样时由于偶然性误差，可能计算得 $r\neq0$。此时 $r\neq0$。所以应检验 r 值有无显著意义。

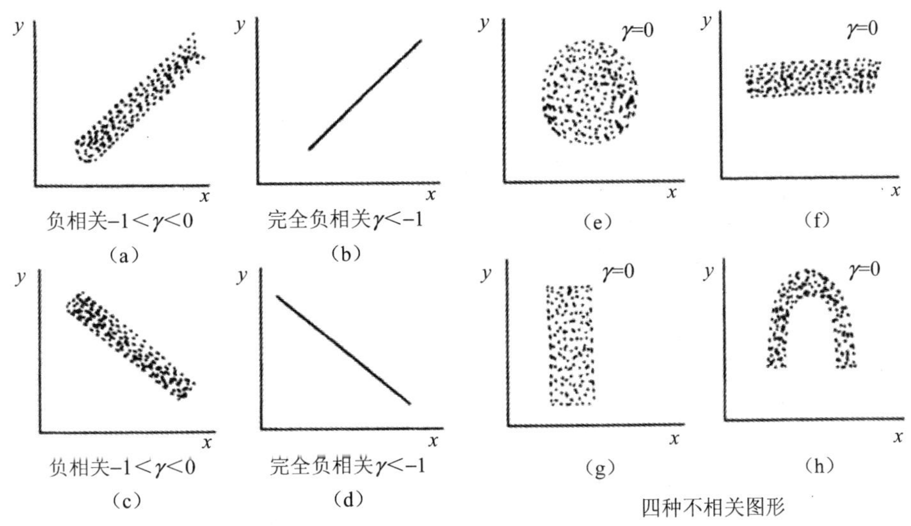

图 6-5　变量相关图

检验方法可用 t 检验。为了简化计算，统计学家已编制出相关系数临界值表。如表 6-30。

根据样本例数直接查 r 的界值，然后与所计算的 r 值进行比较，确定 p 值。如果计算 $r<r_{0.05}$ 时，$p>0.05$，即样品来自无关总体的概率大于 5%，表示该 r 来自无相关总体的机会大，统计学上认为相关无显著意义。如果 $r\geqslant\gamma_{0.05}$ 时 $p\leqslant0.05$，表示该 r 来自无相关总体的机会小，统计学上认为相关有显著意义。如果 $r\geqslant r_{0.05}$ 时，表示样本来自无相关总体的概率小于 1%，说明 r 来自无相关总体的机会甚微，统计学上认为相关有非常显著的意义，方法步骤如下：

（1）求出 r 值。

（2）按 $t=|r|\sqrt{\dfrac{n-2}{1-r^2}}$ 求出 t 值，n 为变量配对数，自由度 f=n–2。

（3）查 t 值表（一般单侧检验）。若 $t>t_{0.01(f)}$，$P<0.01$，r 有非常显著意义而相关；若 $t<t_{0.01(f)}$，$P>0.01$，r 关系不显著。

例：用 Ag-DDC 法测砷时得到下表所列数据。求其线性关系如何？并做显著性检验。

x/μg	0	0.50	1.00	2.00	3.00	5.00	8.00	10.00
y/A	0	0.014	0.032	0.060	0.094	0.144	0.230	0.300

解：$\sum x=29.50$　　$\sum y=0.874$

$$\bar{x}=\frac{29.50}{8}=3.69\qquad \bar{y}=\frac{0.874}{8}=0.109$$

$$r=\frac{\sum(x-\bar{x})[y-\bar{y}]}{\sqrt{\sum(x-\bar{x})^2\sum(y-\bar{y})^2}}=0.999\,3$$

从 r=0.999 3 可知 x 与 y 几乎成完全相关。

显著性检验：

$$
\begin{aligned}
t &= |r| \cdot \sqrt{\frac{n-2}{1-r^2}} \\
&= 0.999\,3\sqrt{\frac{8-2}{1-0.999\,3^2}} \\
&= 65.42
\end{aligned}
$$

因本例是正相关，不会出现负相关，用单侧检验查表得 $t_{0.01}(6)$ 单侧=3.14

$$f = 8-2=6$$

$$t = 65.42 \gg 3.14 = t_{0.01}(6)$$

所以，相关有非常显著意义。

例：在空气监测中当用两种型号的空气采样器在同一个监测点上，对比采集 SO_2 样品 30 件，平均浓度分别为 165 mg/L 和 157 mg/L。同上述经两组数据相关系数计算，r=0.744。查相关系数的界值表，当 n=30 时，$r_{0.01}=0.449$，$r>r_{0.01}$，$P<0.01$；可知两种采样器采样结果是高度正相关。相关系数的显著性检验表明，相关具有非常显著意义。

为了便于用相关系数的大小判断两变量之间相关程度，提供一个判断程度的界线：

当样本数大于或等于 100 时，$r<0.3$ 为低度相关。$0.3 \leqslant r<0.7$ 为中度相关。$r \geqslant 0.7$ 为高度相关。

在空气质量监测数据的分析中，常用相关回归统计方法。

例：用两种采样器（A 型与 B 型）采集 TSP 样品，对比采样 44 件，采样器 A 测得平均浓度 412 μg/L，采样器 B 测得平均浓度 410 mg/L（每组数据略）。对监测结果进行相关回归分析。

（1）计算相关系数。两组数据计算 r=0.945。两种采样器监测结果呈高度正相关。

（2）对相关系数进行显著性检验。n=44 时，查 r 界值表，$r_{0.01}(44-2)=0.393$，$r>r_{0.01}$，$P<0.01$，说明相关的非常显著的意义。

（3）建立回归方程。根据 x_i，y_i 和 $\bar{x}$，$\bar{y}$ 计算 a 和 b。得回归方程 $\hat{y}=4.24+0.980x$。

（4）对回归系数进行显著性检验。经计算 $t_b=18.71$，$n=44$ 时，查表得 $t_{0.01}(44-2)=$ 2.704。$t_b>t_{0.01}$，$P<0.01$ 说明回归系数显著性检验有非常显著意义。两种采样器监测结果之间有直线回归关系存在。

（5）计算结果列表，如表 6-7。

表 6-7　相关分析表

项目	结果
样品数	44 对
平均浓度：采样器 A（x）	412
采样器 B（y）	410
相关系数及显著性检验：r	0.945
$y_{0.01}(44-2)$	0.939
P	<0.01

项目	结果
回归系数及显著性检验	
回归方程	$y = 4.24 + 0.980x$
t_b	18.71
$t_{0.10}(44-2)$	2.704
P	<0.01

（6）结论。对两种采样器监测结果的相关与回归统计分析表明，两者呈高度相关，并符合直线回归方程，相关系数及回归系数的显著性检验均有非常显著的意义（$P<0.01$）可以用回归方程进行转换。即用一个变量值（x）推算另一个变量（y）的估计值（$\hat{y}$）。

四、相关分析应用

（1）同一样品不同监测分析项目数据间的相关分析，如某农药厂废水的 COD 与 TOC 监测数值之间的相关分析，如图 6-6 所示，线性关系非常显著。

（2）用不同的空气监测仪器测定同一污物，所得结果的相关分析，如图 6-7 所示。用 DK-6301 SO_2 监测仪与菲利普 SO_2 自动监测仪在同一监测点测试结果的比较。

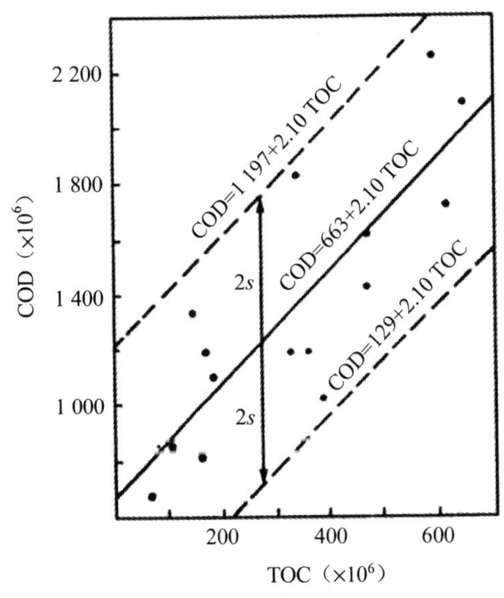

图 6-6　COD 对 TOC 的回归直线

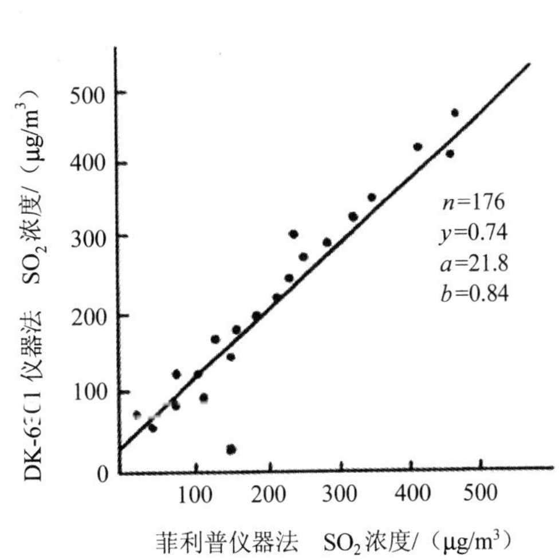

图 6-7　两种仪器监测 SO_2 结果的相关分析

（3）不同季节中空气中的两种污染物浓度间的相关分析。如表 6-8 是用电导法和 PbO_2 法分别测定同一监测点样品中 SO_2 和 SO_3 浓度的相关分析。

表 6-8　不同季节同监测点 SO_2 和 SO_3 浓度的比较

季节	样品数	回归方程	计算 r	有显著意义的 r
春　秋（3、4、9、10 月）	26	$y = 19.9x - 0.05$	0.650	0.363

季节	样品数	回归方程	计算 r	有显著意义的 r
夏（5、6、7、8月）	22	$y=7.61x+0.25$	0.304	0.423
冬（12、1、2月）	18	$y=17.4x-0.07$	0.609	0.462
年平均	66	$y=14x+0.07$	0.492	0.243

（4）不同监测方法所得结果的相关分析。这种相关分析常用于方法的对比和监测结果的统一分析中，如图6-8是化学法和仪器法监测 SO_2 结果的比较。

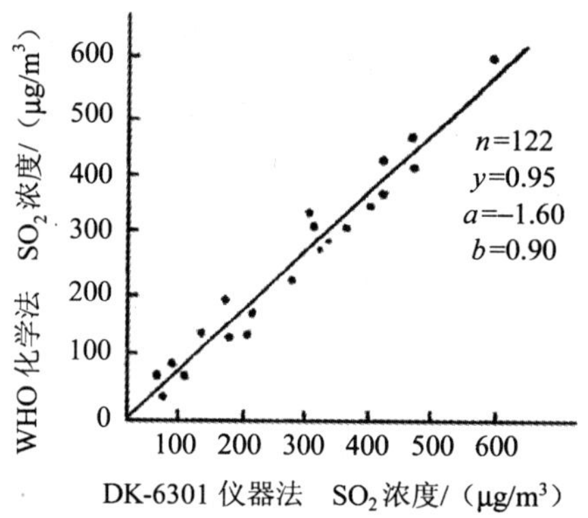

图6-8 两种监测方法测 SO_2 浓度数据的相关分析

（5）不同监测点所得资料的相关分析。为验证同一监测系统中监测点之间是否给出基本相同的数据资料，以排除重复工作，使监测网络最优化，可对有关监测资料进行相关分析。图6-9是对两个监测点的 SO_2 浓度所作的相关分析图。

通过相关分析证明两者给出的数据基本相同，相关有显著意义，可以撤销一个点。

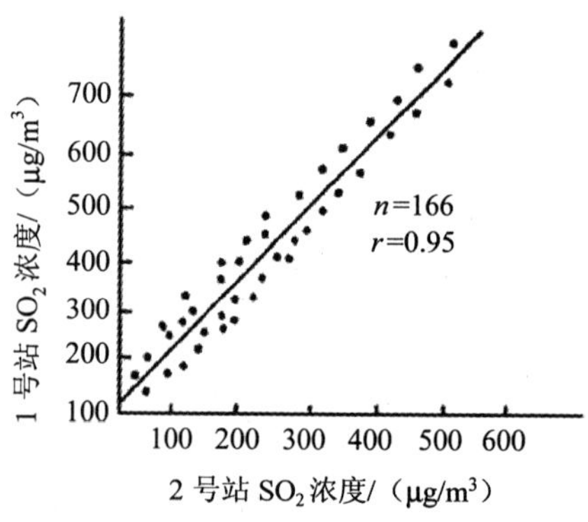

图6-9 一个监测网中的两个不同监测站 SO_2 日平均浓度相关分析

（6）模式计算浓度与实测浓度的相关分析。

图6-10所示是某空气污染物在实验区域内监测与计算的体积分数相关分析图。

进行相关分析的目的是修正空气扩散参数，提高模式的准确度（图中 B_2 是辛格空气稳定度分类中的级别）。

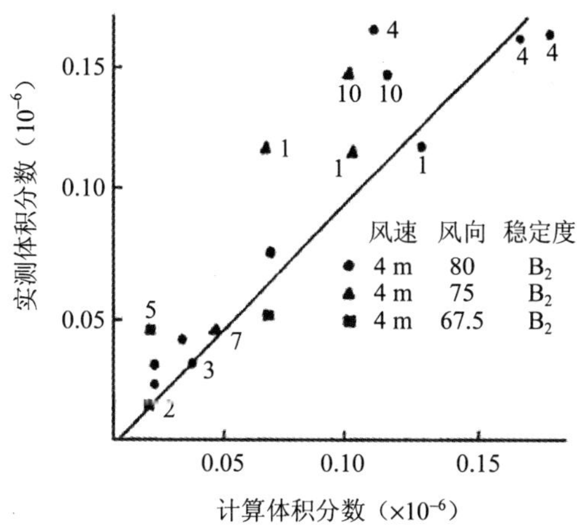

图 6-10 实测浓度与模式计算浓度比较

第六节 监测数据的统计检验

环境监测的监测对象是环境总体。在实际工作中只能测定其总体中抽出的代表样本，样本的函数称为统计量。通过样本来了解和判断总体，通常可对总体作出一些假设，然后利用实际测得的样本值，通过一定的统计方法检验假设是否合理。决定接受还是假设的方法称为统计检验。在数理统计中常用的统计量多为样本均值（$\bar{x}$）和样本方差（s），故一般采用总体均值的一致性检验和总体方差的一致性检验。包括总体均值区间估计及总体方差区间估计。利用总体均值与方差的估计量可以计算总体均值的置信区间。

一、总体均值的统计检验

（一）总体均值与一已知值相等的统计检验

这是用此比较测量值的总体均值与一已知值之间是否存在差异。当已知值为真值时，亦可发现测量中是否存在系统误差。根据总体方差已知或未知，检验方法可分为 u 检验法和 t 检验法，以 t 检验法应用最为广泛。

1．当总体方差σ^2已知时——u 检验法

设测量值的总体遵从正态分布 $N(\mu_1,\sigma_1^2)$，其中σ^2 为已知值。$x_1,x_2,\cdots,x_n$ 为来自总体的一组测量值，其样本均值为 $\bar{x}$ 当 μ_0 为一已知常数时，总体均值μ与 μ_0 相等的统计检验的步骤按检验表 6-9 进行。

表 6-9 μ与μ_0相等（σ^2已知）的检验表

		双侧检验	单侧检验	
（1）建立假设 H_0		$H_0：\mu=\mu_0$	$H_0：\mu \geqslant \mu_0$	$H_0：\mu \leqslant \mu_0$
（2）计算样本均值 $\bar{x}$		$\bar{x}=\frac{1}{n}\sum_{i=1}^{n}x_i$	$\bar{x}=\frac{1}{n}\sum_{i=1}^{n}x_i$	
（3）计算统计量 u		$u=\frac{\bar{x}-\mu_0}{\sigma/\sqrt{n}}$	$u=\frac{\bar{x}-\mu_0}{\sigma/\sqrt{n}}$	
（4）由给定的显著性水平α查 u 表得临界值		由 u 表查得临界值 u_a	由 u 表查得临界值 u_{2a}	
（5）统计检验	否定 H_0	若$\vert u\vert>u_a$ 则认为 $\mu \neq \mu_0$	若$\vert u\vert>u_{2a}$ 则认为 $\mu<\mu_0$	若$\vert u\vert>u_{2a}$ 则认为 $\mu>\mu_0$
	接受 H_0	若$\vert u\vert \leqslant u_a$ 则认为 $\mu=\mu_0$	若$\vert u\vert \leqslant u_{2a}$ 则认为 $\mu \geqslant \mu_0$	若$\vert u\vert \leqslant u_{2a}$ 则认为 $\mu \leqslant \mu_0$

* σ总体偏差。

例：某标准物质 A 组分的浓度为 4.47 μg/g，现以某种方法测定 A 组分，其 5 次测定值分别为：4.28、4.40、4.42、4.37、4.35 μg/g。若该方法在相应水平的总体方差 σ^2 = (0.108 μg/g)，试问测定中是否存在系统误差？

解：1）$H_0:\mu=4.47$（双侧检验）

2）$\bar{x}=\frac{1}{n}\sum_{i=1}^{n}x_i=4.364$

3）$u=\frac{\bar{x}-\mu_0}{\sigma/\sqrt{n}}=\frac{4.364-4.47}{0.108/\sqrt{5}}=-2.19$

4）给定 $a=0.05$，由 u 表查得 $u_{0.05}=1.960$。

5）$\vert u\vert=2.19>1.960=u_{0.05}$，故否定 H_0，即 $\mu \neq 4.47$ μg/g，该测定中存在系统误差。

2．当总体方差σ^2未知时——t 检验法

环境监测在大多数情况下，测量值的总体方差σ^2是未知的。因此，通常可用样本方差 s^2 来估计σ^2。在此情况下，相应的检验方法不能用 u 检验法而采用 t 检验法。

设测量值的总体遵从于正态分布 $N(\mu,\sigma^2)$，其中σ^2未知。$x_1,x_2,\cdots,x_n$ 为来自总体的一组测量值，其样本均值为 $\bar{x}$，样本方差为 s^2。当 μ_0 为一已知常数时，总体均值μ与 μ_0 相等（σ^2未知）的统计检验可按表 6-10 进行检验。

表 6-10 μ与μ_0相等（σ^2未知）的检验表

	双侧检验	单侧检验	
（1）建立假设 H_0	$H_0：\mu=\mu_0$	$H_0：\mu \geqslant \mu_0$	$H_0：\mu \leqslant \mu_0$
（2）计算样本均值 $\bar{x}$，样本标准差 s 和自由度 f	$\bar{x}=\frac{1}{n}\sum_{i=1}^{n}x_i$ $s=\sqrt{\frac{1}{n-1}\sum_{i=1}^{n}(x_i-\bar{x})^2}$ $f=n-1$	$\bar{x}=\frac{1}{n}\sum_{i=1}^{n}x_i$ $s=\sqrt{\frac{1}{n-1}\sum_{i=1}^{n}(x_i-\bar{x})^2}$ $f=n-1$	
（3）计算统计量	$t=\frac{\bar{x}-\mu_0}{s/\sqrt{n}}$	$t=\frac{\bar{x}-\mu_0}{s/\sqrt{n}}$	

		双侧检验	单侧检验	
（4）由给定的显著性水平α和自由度 f，查 t 表得临界值		由 t 表查得临界值 $t_{\alpha(f)}$	由 t 表查得临界值 $t_{2\alpha(f)}$	
（5）统计检验	否定 H_0	若$\lvert t\rvert > t_{\alpha(f)}$ 则认为 $\mu \neq \mu_0$	若$\lvert t\rvert > t_{2\alpha(f)}$ 则认为 $\mu < \mu_0$	若$\lvert t\rvert > t_{2\alpha(f)}$ 则认为 $\mu > \mu_0$
	接受 H_0	若$\lvert t\rvert \leqslant t_{\alpha(f)}$ 则认为 $\mu = \mu_0$	若$\lvert t\rvert \leqslant t_{2\alpha(f)}$ 则认为 $\mu \geqslant \mu_0$	若$\lvert t\rvert \leqslant t_{2\alpha(f)}$ 则认为 $\mu \leqslant \mu_0$

例：测定某标准物质中的 Fe，其 10 次测定平均值为 1.054%，标准偏差为 0.009%，已知 Fe 的保证值为 1.06%。检验测定结果与保证值有无显著差异。

解：1）$H_0: \mu = 1.06\%$（双侧检验）

2）$\bar{x}=1.054$，$s=0.009\%$，$f=n-1=9$

3）$t = \dfrac{\bar{x}-\mu}{s/\sqrt{n}} = \dfrac{1.054\% - 1.06\%}{0.009\%/\sqrt{10}} = -2.11$

4）给定$\alpha = 0.05$，由 t 表查得 $t_{0.05(9)} = 2.262$

5）$\lvert t\rvert = 2.11 < 2.262 = t_{0.05(9)}$，故接受 H_0，即测定结果与保证值无显著差异。

（二）两总体均值之差等于一已知值和两总体均值相等的统计检验

常应用于比较不同条件下（不同时间、不同地点、不同仪器、不同分析人员等）的两组测量数据之间是否存在差异，或差异是否等于一已知值 d。在实际问题中，最常遇到的是 $d=0$ 的情况，即要检验的假设是两总体均值相等。根据总体方差已知或未知，检验方法可分为 u 检验法和 t 检验法，以 t 检验法应用最为广泛。

1．当两总体方差 σ_1^2，σ_2^2 已知时——u 检验法

设两组测量值的总体分别遵从于正态分布 $N(\mu_1,\sigma_1^2)$ 和 $N(\mu_2,\sigma_2^2)$，其中 σ_1^2 和 σ_2^2 为已知值，两组测量值的样本容量为 n_1 和 n_2，样本均值为 $\bar{x}_1$ 和 $\bar{x}_2$。当 d 为一已知常数时，$\mu_1 - \mu_2 = d$ 的统计检验可按表 6-11 的检验表来进行。

表 6-11　$\mu_1 - \mu_2 = d$（σ_1^2，σ_2^2 已知）的检验表

	双侧检验	单侧检验	
（1）建立假设 H_0	H_0：$\mu_1 - \mu_2 = d$	H_0：$\mu_1 - \mu_2 \geqslant d$	H_0：$\mu_1 - \mu_2 \leqslant d$
（2）计算样本均值 $\bar{x}_1$ 和 $\bar{x}_2$	$x_1 = \dfrac{1}{n_1}\sum_{i=1}^{n_1} x_1 i$ $\bar{x}_2 = \dfrac{1}{n_2}\sum_{i=2}^{n_2} x_2 i$	$\bar{x}_1 = \dfrac{1}{n_1}\sum_{i=1}^{n_1} x_1 i$ $\bar{x}_2 = \dfrac{1}{n_2}\sum_{i=2}^{n_2} x_2 i$	
（3）计算统计量 u	$u = \dfrac{\bar{x}_1 - \bar{x}_2 - d}{\sqrt{\dfrac{\sigma_1^2}{n_1} + \dfrac{\sigma_2^2}{n_2}}}$	$u = \dfrac{\bar{x}_1 - \bar{x}_2 - d}{\sqrt{\dfrac{\sigma_1^2}{n_1} + \dfrac{\sigma_2^2}{n_2}}}$	
（4）由给定的显著水平α查μ表得临界值	由 u 表查得临界值 u_α	由 u 表查得临界值 $u_{2\alpha}$	

		双侧检验	单侧检验	
（5）统计推断	否定 H_0	若$\lvert u\rvert > u_{\alpha}$，则认为$\mu_1-\mu_2 \neq d$	若$\lvert u\rvert > u_{2\alpha}$，则认为$\mu_1-\mu_2 < d$	若$\lvert u\rvert > u_{2\alpha}$，则认为$\mu_1-\mu_2 > d$
	接受 H_0	若$\lvert u\rvert \leqslant u_{\alpha}$，则认为$\mu_1-\mu_2 = d$	若$\lvert u\rvert \leqslant u_{2\alpha}$，则认为$\mu_1-\mu_2 \geqslant d$	若$\lvert u\rvert \leqslant u_{2\alpha}$，则认为$\mu_1-\mu_2 \leqslant d$

2．当两总体方差σ_1^2，σ_2^2未知但相等时——t检验法

环境监测在大多数情况下测量值的总体方差σ_1^2和σ_2^2是未知的，只能用样本差s_1^2和s_2^2来估计σ_1^2和σ_2^2。在有些情况下，相应的检验方法不能用u检验法而应采用t检验法。

设两组测量值的总体分别遵从于正态分布$N(\mu_1,\sigma_1^2)$和$N(\mu_2,\sigma_2^2)$，其中σ_1^2和σ_2^2未知但相等，两组测量值的样本容量为n_1和n_2，样本均值为$\bar{x}_1$和$\bar{x}_2$。当d为已知常数时，$\mu_1-\mu_2=d$（σ_1^2，σ_2^2未知但相等）的统计检验可按表6-12的检验表来进行。

表6-12　$\mu_1-\mu_2=d$（σ_1^2，σ_2^2未知但相等）的检验表

		双侧检验	单侧检验	
（1）检验$\sigma_1^2=\sigma_2^2$		见两总体方差相等的统计检验——F检验法		
（2）建立假设H_0		H_0：$\mu_1-\mu_2=d$	H_0：$\mu_1-\mu_2 \geqslant d$	H_0：$\mu_1-\mu_2 \leqslant d$
（3）计算样本均值$\bar{x}_1$和$\bar{x}_2$；样本方差s_1^2,s_2^2；自由度f		$\bar{x}_1=\frac{1}{n_1}\sum_{i=1}^{n_1}x_{1i}$ $\bar{x}_2=\frac{1}{n_2}\sum_{j=2}^{n_2}x_{2j}$	$s_1^2=\frac{1}{n_1-1}\sum_{i=1}^{n_1}(x_{1i}-\bar{x}_2)^2$ $s_2^2=\frac{1}{n_2-1}\sum_{j=1}^{n_1}(x_{2j}-\bar{x}_2)^2$ $f=n_1+n_2-2$	
（4）计算统计量t		$t=\frac{\bar{x}_1-\bar{x}_2-d}{\sqrt{(n_1-1)s_1^2+(n_2-1)s_2^2}}\sqrt{\frac{n_1n_2(n_1+n_2-2)}{n_1+n_2}}$		
（5）由给定的显著性水平α和自由度f，查t表得临界值		由t表查得临界值$t_{\alpha(f)}$	由t表查得临界值$t_{2\alpha(f)}$	
（6）统计推断	否定H_0	若$\lvert t\rvert > t_{\alpha(f)}$，则认为$\mu_1-\mu_2 \neq d$	若$\lvert t\rvert > t_{2\alpha(f)}$，则认为$\mu_1-\mu_2 < d$	若$\lvert t\rvert > t_{2\alpha(f)}$，则认为$\mu_1-\mu_2 > d$
	接受H_0	若$\lvert t\rvert \leqslant t_{\alpha(f)}$，则认为$\mu_1-\mu_2 = d$	若$\lvert t\rvert \leqslant t_{2\alpha(f)}$，则认为$\mu_1-\mu_2 \geqslant d$	若$\lvert t\rvert \leqslant t_{2\alpha(f)}$，则认为$\mu_1-\mu_2 \leqslant d$

例：某监测站用火焰原子吸收法测定本监测站配制的铅标准溶液（测定平均值$x_2=5.02$ mg/L，标准偏差$s_2=0.03$ mg/L）和统一分发的同一浓度水平 5.00 mg/L 的铅标准溶液测定平均值$\bar{x}_1=5.17$ mg/L，标准偏差$s_1=0.04$ mg/L各 5 次，如果求其浓度差不得大于浓度水平的2%，问该监测站的标准溶液是否符合要求？

解：1）检验$\sigma_1^2=\sigma_2^2$（按$\sigma_1^2=\sigma_2^2$的F检验表进行）

2）$H_0:\mu_1-\mu_2 \leqslant 0.10$ mg/L（单侧检验）

3）$\bar{x}_2=5.02$ mg/L　　$s_2=0.03$ mg/L

$\bar{x}_1=5.17$ mg/L　　$s_1=0.04$ mg/L

$f=n_1+n_2-2=8$　　（因为$n_1=n_2=n$　故t的计算可简化如下）

4）$t=\dfrac{\overline{x}_1-\overline{x}_2-d}{\sqrt{s_1^2+s_2^2}/\sqrt{n}}=\dfrac{5.17-5.02-0.10}{\sqrt{0.04^2+0.03^2}/\sqrt{5}}=2.24$

5）给定$\alpha=0.05$，由 t 表查量$t_{0.05}(8)=1.860$

6）$|t|=2.236>1.860=t_{0.05}(8)$，故否定 H_0，即$\mu_1-\mu_2>0.10\text{ mg/L}$，所以该监测站配制的标准溶液不符要求。

二、总体方差的统计检验

（一）总体方差与一已知值相等的统计检验——x^2检验

应用于比较测量值的总体方差与一已知值之间是否存在差异。当已知值为某一确定的精密度指标时，利用这一检验可以判断测量是否能达到预定的精密度。

设测量值的总体遵从于正态分布$N(\mu,\sigma^2)$，x_1、$x_2\cdots x_n$为来自总体的一组测量值，其样本方差为 s^2。当σ_0^2为一已知常数时，总体方差σ^2与σ_0^2相等的统计检验的步骤可按表 6-13 检验表进行。

表 6-13　σ^2与σ_0^2相等的检验表

		双侧检验	单侧检验	
（1）建立假设 H_0		H_0：$\sigma^2=\sigma_0^2$	H_0：$\sigma^2\geqslant\sigma_0^2$	H_0：$\sigma^2\leqslant\sigma_0^2$
（2）计算方差和 s 和自由度 f		$s=\sum_{i=1}^{n}(x_1-\overline{x})^2$ 或$s=(n-1)s^2$ $f=n-1$	$s=\sum_{i=1}^{n}(x_1-\overline{x})^2$ 或$s=(n-1)s^2$ $f=n-1$	
（3）计算统计量 x^2		$x^2=\dfrac{s}{\sigma_0^2}$	$x^2=\dfrac{s}{\sigma_0^2}$	
（4）由给定的显著性水平α和自由度f，查 x^2 表得临界值		由 x^2 表查得临界值 $x^2_{\alpha/2(f)}$ 和 $x^2_{1-\alpha/2(f)}$	由 x^2 表查得临界值 $x^2_{1-\alpha(f)}$	由 x^2 表查得临界值 $x^2_{\alpha(f)}$
（5）统计推断	否定 H_0	若 $x^2>x^2_{\alpha/2(f)}$ 或 $x_1^2<x^2_{1-\alpha/2(f)}$ 则认为 $\sigma^2\neq\sigma_0^2$	若 $x^2<x^2_{1-\alpha(f)}$ 则认为 $\sigma^2<\sigma_0^2$	若 $x^2>x^2_{\alpha(f)}$ 则认为 $\sigma^2>\sigma_0^2$
	接受 H_0	若 $x^2_{\alpha/2(f)}>x^2\geqslant x^2_{1-\alpha/2(f)}$ 则认为 $\sigma^2-\sigma_0^2$	若 $x^2\geqslant x^2_{1-\alpha(f)}$ 则认为 $\sigma^2\geqslant\sigma_0^2$	若 $x^2\leqslant x^2_{\alpha(f)}$ 则认为 $\sigma^2\leqslant\sigma_0^2$

例：对样品中物质 A 用某一方法的 7 次测定值分别为：16.9、14.3、17.6、15.5、15.5、17.0、15.9 mg/L。若已知该方法在这一浓度下的室内标准偏差$\sigma_0=0.8\text{ mg/L}$，试检验这 7 次测定的精密度σ^2和σ_0^2是否有差异？

解：1）$H_0:\sigma_2=(0.8)^2$（双侧检验）

2）$s=\sum_{i=1}^{n}(x_1-\overline{x})^2=7.357\quad f=n-1=6$

3）$x^2=\dfrac{s}{\sigma_0^2}=\dfrac{7.357}{(0.8)^2}=11.5$

4）给定$\alpha=0.05$，由x^2表查得：

$$x^2_{1-a/2(f)}=x^2_{0.975(6)}=1.237$$
$$x^2_{a/2(f)}=x^2_{0.025(6)}=14.45$$

5）$x^2=11.5, x^2_{0.975(6)}<x^2<x^2_{0.025(6)}$

故接受H_0，即认为测定的总体方差与标准偏差方差$(0.8)^2$无显著差异。

（二）两总体方差相等的统计检验——F检验法

应用于比较不同条件下（不同地点、不同时间、不同分析方法、不同分析人员等）测量的两组数据是否具有相同的精密度。在两总体均值相等（或其差等于一已知值）的检验中，如总体方差未知时，先检验两总体方差是否相等，如其相等方可用t检验法比较两总体均值的差异。

设两组测量值的总体分别遵从于正态分布$N(\mu_1,\sigma_1^2)$和$N(\mu_2,\sigma_2^2)$，其样本容量分别为n_1和n_2，样本方差分别为s_1^2和s_2^2。记s_1^2、s_2^2中较大者为$s^2_{\max}$，较小者为$s^2_{\min}$。$s^2_{\max}$相应的样本容量$n_{\max}$，$s^2_{\min}$相应的样本容量为$n_{\min}$。则σ_1^2与σ_2^2相等的统计检验可按表6-14检验表进行。

表6-14　σ_1^2与σ_2^2相等的检验表

		双侧检验	单侧检验	
（1）建立假设H_0		H_0：$\sigma_1^2=\sigma_2^2$	H_0：$\sigma_1^2\leqslant\sigma_2^2$	H_0：$\sigma_1^2\geqslant\sigma_2^2$
（2）计算样本方差s_1^2和s_2^2		$s_1^2=\frac{1}{n_1-1}\sum_{i=1}^{n_1}(x_{1i}-\bar{x}_1)^2$ $s_2^2=\frac{1}{n_2-1}\sum_{j=1}^{n_2}(x_{2j}-\bar{x}_2)^2$	$s_1^2=\frac{1}{n_1-1}\sum_{i=1}^{n_1}(x_{1i}-\bar{x}_1)^2$ $s_2^2=\frac{1}{n_2-1}\sum_{j=1}^{n_2}(x_{2j}-\bar{x}_2)^2$	
（3）比较s_1^2与s_2^2，计算f_1与f_2		记两者较大的为$s^2_{\max}$、较小的为$s^2_{\min}$ f_1=$n_{\max-1}$ f_2=$n_{\min-1}$		
（4）计算统计量F		$F=\frac{s^2_{\max}}{s^2_{\min}}$		
（5）由给定的显著性水平α和自由度f_1、f_2，查F表得临界值		由F表查得临界值$F_{\alpha/2(f_1,f_2)}$	由F表查得临界值$F_{\alpha(f_1,f_2)}$	由F表查得临界值$F_{\alpha(f_1,f_2)}$
（6）统计推断	否定H_0	若$F>F_{\alpha/2(f_1,f_2)}$ 则认为$\sigma_1^2\neq\sigma_2^2$	若$F>F_{\alpha(f_1,f_2)}$ 则认为$\sigma_1^2>\sigma_2^2$	若$F>F_{\alpha(f_1,f_2)}$ 则认为$\sigma_1^2<\sigma_2^2$
	接受H_0	若$F\leqslant F_{\alpha/2(f_1,f_2)}$ 则认为$\sigma_1^2=\sigma_2^2$	若$F\leqslant F_{\alpha(f_1,f_2)}$ 则认为$\sigma_1^2\leqslant\sigma_2^2$	若$F\leqslant F_{\alpha(f_1,f_2)}$ 则认为$\sigma_1^2\geqslant\sigma_2^2$

例：实验室1用某方法测定质量控制样品，7次测定的标准偏差为$s_1=0.35$ mg/L，实验室2用同一方法测定同一样品，8次测定的标准偏差为$s_2=0.57$ mg/L。问这两个实验室是否具有相同的精密度？

解：1）$H_0:\sigma_1^2=\sigma_2^2$（双侧检验）

2）$s_1^2=0.1225$　$s_2^2=0.3249$

3）$s_{max}^2=0.3249$　$s_{min}^2=0.1225$

$f_1=n_{max}-1=8-1=7, f_2=n_{min}-1=7-1=6$

4）$F=\dfrac{s_{max}^2}{s_{min}^2}=\dfrac{0.3249}{0.1225}=2.65$

5）给定$\alpha=0.05$，查 F 表得临界值 $F_{0.025(7,6)}=5.70$

6）$F=2.65$，$F<F_{0.025(7,6)}$，故两个实验室具有相同的精密度。

三、总体均值的区间估计

即使对来源于同一总体的不同样本作估计，也会得到不同的总体估计量。因此，仅用一个值去估计测定数据的总体参数，往往是不够的，为了弥补点估计的缺陷，为总体参数的估计提供更多的信息，需要采用区间估计。

进行区间估计时，加以一定的概率来估计总体参数使之含在某个区间之中则这一区间即为总体参数的置信区间。能包含在置信区间中的总体参数的概率称为置信水平（通常以 $1-\alpha$表示；α为一很小的概率，称为显著性水平）。

确定置信水平不是一个单纯的数学问题，一般说来，置信水平取得大些，则置信区间也就大些，这样的估计把握性也大些。然而，置信区间过大，估计的精度就差，反而没有什么实用价值，甚至造成浪费，在环境监测中，最常采用的置信水平为 0.95，根据不同情况，有时也用 0.90 或 0.99，其相应的显著水平为 0.05，0.10 或 0.01。

（一）总体均值μ的区间估计

设测量值的总体遵从于正态分布 $N(\mu,\sigma^2)$，$x_1,x_2,\cdots,x_n$ 为来自总体的一组测量值。当总体方差 σ^2 已知或未知时，都可对总体均值作区间估计，但以 σ^2 未知时的总体均值的区间估计应用得更为广泛。

总体均值μ的区间估计可按表 6-15 进行。

表 6-15　总体均值μ的区间估计表

	σ^2 已知时	σ^2 未知时
（1）计算样本均值 $\bar{x}$ 、样本标准偏差 s 和自由度 f	$\bar{x}=\frac{1}{n}\sum_{i=1}^{n}x_i$	$\bar{x}=\frac{1}{n}\sum_{i=1}^{n}x_i$ $s=\sqrt{\frac{1}{n-1}\sum_{i=1}^{n}(x_i-x)^2}$ $f=n-1$
（2）确定置信水平为 $1-\alpha$，由α查出临界值	由 u 表查得临界值 u_a	由 t 表查得临界值 $t_{a(f)}$
（3）计算 δ	$\delta=u_a\sigma/\sqrt{n}$	$\delta=t_a(f)s/\sqrt{n}$
（4）在 $1-\alpha$的置信水平下，μ的置信区间为	$[\bar{x}-\delta,\bar{x}+\delta]$	

例 1：现对某样品的 A 物质进行了 8 次测定，得到的测定值为：8.21，8.47，8.56，8.38，8.42，8.29，8.64，8.53 mg/L，且由以往经验知其总体标准偏差$\sigma=0.11$ mg/L，试对测定结果的总体值作区间估计。

解：1）$\bar{x}=\left(\sum_{i=1}^{n}x_i\right)/n=8.438$

2）确定置信水平 $1-\alpha=0.95$，由$\alpha=0.05$ 查 u 表得临界值$u_{0.05}=1.960$

3）$\delta=u_{a}\sigma/\sqrt{n}=1.960\times0.11/\sqrt{8}=0.076$

4）在 0.95 的置信水平下，测定的总体均值的置信区间为$[\bar{x}-\delta,\bar{x}+\delta]$，即[8.362，8.514]。

例 2：例 1 中，若σ未知，试作区间估计：

解：1）$\bar{x}=8.438$

$$s=\sqrt{\frac{1}{n-1}\sum_{i=1}^{n}(x_i-x)^2}=0.143$$

$$f=n-1=7$$

2）$1-\alpha=0.95$，由$\alpha=0.05$ 和$f=7$，查 t 表得临界值$t_{0.05(7)}=2.365$

3）$\delta=t_{a(f)}s/\sqrt{n}=2.365\times0.143/\sqrt{8}=0.120$

4）在 0.95 的置信水平下，测定的总体均值的置信区间为$[\bar{x}-\delta,\bar{x}+\delta]$，即[8.318，8.558]。

（二）两总体均值之差 u_1-u_2 的区间估计

设两组测量值的总体分别遵从于正态分布$N(\mu_1,\sigma_1^2)$和$N(\mu_2,\sigma_2^2)$，两组测量值的样本容量分别为 n_1 和 n_2。当σ_1^2和σ_2^2已知或σ_1^2、σ_2^2虽未知但相等时，两总体均值之差$\mu_1-\mu_2$的区间估计可按表 6-16 进行。

表 6-16 两总体均值之差$\mu_1-\mu_2$的区间估计算

	σ_1^2，σ_2^2已知时	σ_1^2，σ_2^2虽未知但相等时
（1）计算样本均值$\bar{x}_1$、$\bar{x}_2$，样本方差s_1^2,s_2^2和自由度f	$\bar{x}_1=\frac{1}{n_1}\sum_{i=1}^{n_1}x_{1i}$ $\bar{x}_2=\frac{1}{n_2}\sum_{j=1}^{n_2}x_{2j}$	$\bar{x}_1=\frac{1}{n_1}\sum_{i=1}^{n_1}x_{1i}$ $\bar{x}_2=\frac{1}{n_2}\sum_{j=1}^{n_2}x_{2j}$ $s_1^2=\frac{1}{n_1-1}\sum_{i=1}^{n_2}(x_{1i}-\bar{x}_1)^2$ $s_2^2=\frac{1}{n_2-1}\sum_{j=1}^{n_2}(x_{2j}-\bar{x}_2)^2$ $f=n_1+n_2-2$
（2）确定置信水平为 $1-\alpha$，由α查出临界值	由 u 表查得临界值 u	由 t 表查得临界值 $t_{a(f)}$

	σ_1^2，σ_2^2 已知时	σ_1^2，σ_2^2 虽未知但相等时
（3）计算 δ	$\delta = u_a\sqrt{\frac{\sigma_1^2}{n_1}+\frac{\sigma_2^2}{n_2}}$	$\delta = t_{a(f)s}\sqrt{\frac{1}{n_1}+\frac{1}{n_2}}$ 即当 $n_1 = n_2 = n$ 时 $\delta = t_{a(f)}\sqrt{s_1^2+s_2^2}/\sqrt{n}$ 式中：$s=\sqrt{\frac{(n_1^2-1)s_1^2+(n_2-1)s_2^2}{n_1-n_2-2}}$
（4）在 1–α的置信水平下，μ_1–μ_2 的置信区间为	$[\bar{x}_1-\bar{x}_2-\delta,\ \bar{x}_1-\bar{x}_2+\delta]$	

例：某监测站用火焰原子吸收法测定本实验配制的铅标准溶液[测定平均值 $\bar{x}_2 = 5.02\ \text{mg/L}$，方差 $s_2^2 = (0.03\ \text{mg/L})^2$]和统一分发的铅准溶液[$\bar{x}_2 = 5.17\ \text{mg/L}$，$s_2^2 = (0.04\ \text{mg/L})^2$]各 5 次。试对两溶液测定值之差 $\mu_1-\mu_2$ 作区间估计。

解：1）$\bar{x}_1 = 5.17$　$s_1^2 = 0.04^2$

$\bar{x}_2 = 5.02$　$s_2^2 = 0.03^2$

$f = 5+5-2 = 8$

2）确定置信水平 1–α=0.95，由α=0.05 和f=8 查 t 表得临界值 $t_{0.05(8)} = 2.306$

3）$\sigma = t_{a(f)}\sqrt{s_1^2+s_2^2}/\sqrt{n} = 0.05$

4）在 0.95 的置信水平下，两溶液测定值之差的置信区间为 $[\bar{x}_1-\bar{x}_2-\delta,\ \bar{x}_1-x_2+\delta]$，即[5.17–5.02–0.05，5.17–5.02+0.05]或[0.10，0.20]。

四、总体方差σ^2的区间估计

设测量值的总体遵从于正态分布 $N(\mu,\sigma^2)$，$x_1,x_2,\cdots,x_n$ 为来自总体的一组测量值。则总体方差 σ^2 的区间估计可按表 6-17 进行。

表 6-17　总体方差σ^2的区间估计表

（1）计算方差和 S 和自由度 f	$S=\sum_{i=1}^{n}(x_i-\bar{x})^2$ $f = n-1$
（2）确定置信水平为 1–α，由α查出临界值	由 x^2 表查得临界值 $x^2_{a/2(f)}$ 和 $x^2_{1-a/2(f)}$
（3）在 1–α的置信水平下，σ^2 的置信区间为	$\left[\frac{s}{x^2_{a/2(f)}},\frac{s}{x^2_{1-a/2(f)}}\right]$

例：对某样品中 A_2 的 7 次测定值为 51.2，50.3，50.1，46.6，49.7，50.5，49.4 μg/g，试对总体方差 σ^2 作区间估计。

解：1）

$$S=\sum_{i=1}^{n}(x_1-\bar{x})^2 = 4.19$$

$$f = n-1 = 6$$

2）确定置信水平 1−α=0.95，由α=0.05 查 x^2 表得临界值 $x^2_{0.025(6)}=14.45$，$x^2_{0.097\,5(6)}=1.237$。

3）在 0.95 的置信水平下，σ^2 的置信区间可确定为

$$\left[\frac{s}{x^2_{a/2(f)}},\frac{s}{x^2_{1-a/2(f)}}\right]，即[0.29，3.4]。$$

监测数据的统计检验程序如图 6-11 所示。

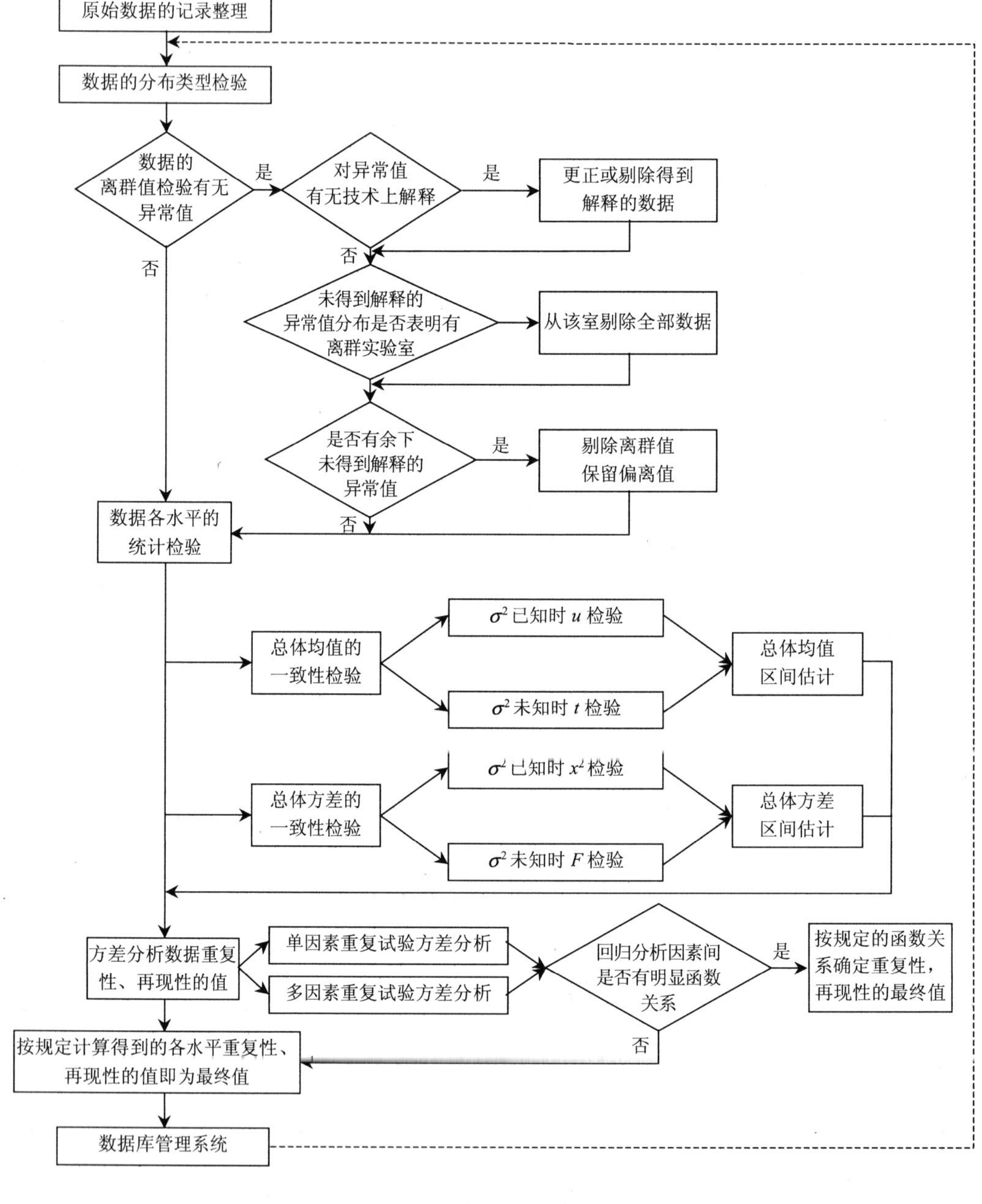

图 6-11　数据统计检验程序

在监测数据的处理、统计检验以及质量控制、综合评价中，数据的运算量很大。最

常见的累计求和、依次递减、求极差、校准偏差、变异系数、百分比回收率及方差分析等对计算机运算来说是轻而易举的。同时计算机对数据的运算准确性要求极高。因为错误的原始数据，必然导致错误的处理结果。所以计算机在运算过程中在某种程度上也可以帮助人们进行数据的检验和校准，同时也可以专门进行校验，无误后再行处理计算。

第七章　综合分析质量管理

第一节　综合分析质量管理内涵

一、综合分析质量管理要点

综合分析技术是在较高层次对信息加工、分析、利用的技术，要求从事该项工作人员有较高的理论水平和监测实践经验。在综合分析的质量管理工作中，首先要对监测成果的完整性进行系统分析，在现状分析、规律分析、趋势分析、因果分析的基础上评价环境质量，提出有针对性的污染防治对策。这个环节完成监测成果（含其他有关信息）向环境质量定性结论转变、监测成果信息向防治污染对策转变。

因此综合分析工作是环境监测为环境管理服务，当好“耳目”的最终环节，是环境监测所获得的全部环境质量信息的汇集、解释、运用能力的集中体现。这个环节最容易出现无形差错，相对地说监测数据各环节差错比较明显，也比较容易采取纠正措施，综合分析评价环节的差错不易发现，也较难纠正。其原因是综合分析评价阶段的数据多、信息结构复杂、信息量也大。而且定量的信息和定性的信息交叉在一起，现状信息和历史信息往往参差不齐。再加上综合分析要应用的科学知识较多，涉及的学科领域广，既有数据综合评价模型设计计算等硬科学，还有分析、推理、归纳、判断等软科学。可以说监测综合管理工作是环境监测的技术密集型工作，对外的窗口，是反映一个监测站水平的关键环节。

就单个监测数据而言，其作用和价值是有限的，很难代表一种规律，不会成为环境管理的重要依据。只有一定数量的数据和其他信息资料，经综合分析处理，才能得到我们所需的规律，此时的成果才体现了它的真正价值。当然，数据的质量是综合分析的基本前提，但是仅具有前提不一定有好的结果，要取得理想的结果，离不开综合分析技术，要对综合分析环节三个基本阶段进行严格的质量管理，其方法要点见表 7-1。

表 7-1　综合分析过程质量管理要点

综合分析过程阶段	工作内容及主要方法	质控要点
概括监测成果阶段	确定获取成果的目的：观察方法 确定监测方案：实验方法 调查计划及优化：优化方法 制订监测质量保证计划：调查方法	1．用同态信息系统图控制占有成果的完整性 2．用统一的监测技术规范控制质量保证计划

综合分析过程阶段	工作内容及主要方法	质控要点
分析发现规律阶段	数据处理及分析：数学方法 成果系统分析：系统分析方法 规律、趋势分析：综合方法 环境图、表的运用：归纳方法 规律解释：综合分析方法	3．用严格的系统分析制度控制解释发现规律工作的质量 4．用回顾评价方法检查环境质量结论的准确性 5．用专家判定法控制防治对策的针对性
创造成果新价值阶段	成果相关分析：数学分析 因果分析：科学抽象方法 目标分析：综合分析方法 效益分析：演绎方法 确定对策：综合方法	

为逐步实现环境信息管理手段的现代化，综合分析评价的科学化、系统化，应以全面、系统、准确的环境监测数据为基础，以科学的数据处理方法、合理适用的评价模式、形象直观的表征形式为手段，以强化环境质量变化原因分析为突破口，全面提升环境监测工作综合管理水平。

二、综合分析管理存在的主要问题

目前对综合分析普遍缺乏重视，尚未形成完整的技术体系和规律，缺乏统一的规范化管理，存在的主要问题：

（1）监测工作基础薄弱，全国发展非常不均衡，在监测要素、项目、频次、方法等方面全国差异大，造成监测信息收集的困难、环境质量评价的不全面和环境质量表征的不准确。

（2）监测信息收集手段落后、速度慢，不适应环境管理对环境质量信息的需求，造成环境监测工作滞后于环境管理需要的被动局面。

（3）环境监测事业在技术、人员、装备、资金等方面不能满足需要，导致大多数监测站工作量过度饱和，只能满足日常的例行监测，倡导多年的开拓污染源监督监测工作至今也没有真正开拓出来，致使目前多数地区的环境质量评价只能是就质量写质量，至于污染原因则大多数说不清。

（4）与环境质量相关信息知之甚少。环境质量的优劣除了与污染源排放情况有关外，还与经济、能源、工业结构、工业布局、气象因素、水文条件、地形地貌等因素有关，而这些相关信息有些是渠道不通，有些是时间上不适应，有些是重视不足，有些是真假难辨。

（5）人才缺乏。在信息技术高度发展的今天，高素质的人才是事业成功和发展的关键。但由于环境监测系统的条件所限，高素质的信息技术人才很少到监测部门来，而在职技术人员由于整天忙于日常工作，知识不能及时得到更新，水平难以提高。专业知识的不足严重制约了综合分析水平的提高。许多地方由于缺乏专业人才，至今还停留在人工监测、手工计算、报表传递的阶段。计算机多媒体技术、大型数据库技术、地理信息系统应用技术等新技术，许多地方因为没有专业人才而开展不了。加之综合分析人员拿课题难、出成果难、提职称难等原因，也造成了一部分专业人才的流失。

（6）评价方法单一，深度不够。目前我国的现状评价方法大多采用国外或国内 20 世纪 70 年代初期的研究成果，如综合指数、修正的综合指数、内梅罗指数、姚志其模式等，基本停留在单要素评价阶段，往往只能作一些横向比较和年际比较。在主要污染因子的筛选、污染程度的判断、污染趋势分析等方面就显得不足，尤其是多要素的综合评价技术基本还是空白。

（7）信息利用水平低，数据处理速度慢。我国每年获取的监测数据有上亿个，仅国家环境质量监测网络向国家提供的数据就有 3 000 多万个，而真正得到利用的只占少数。数据处理方面发展较快的采用单机数据库技术，一些地方仍以使用计算器为主，甚至还有少数站仍在用算盘处理监测数据，致使从监测数据产生到为环境管理或经济发展服务的周期过长，往往是事过境迁，及时性不够，参考性大打折扣。

（8）环境质量报告版式陈旧、内容单调、可读性不强，出现了一些快报不快、季报跨季、专报不专、年报隔年的现象。编辑水平和印刷质量也不尽如人意。许多报告的针对性不强，往往停留于为报告而写报告，缺乏及时编报的责任感和原动力。

（9）表征形式呆板。我国目前常用的环境质量表征形式不外乎文字报告和计算机演示系统两种。计算机演示系统又分为多媒体演示系统和图片演示系统。目前所作的计算机演示系统大多是应用 PowerPoint 软件制作的图片演示系统。多媒体演示系统由于受声像资料来源、硬件要求高和后期制作周期长等原因的制约，目前应用得还不普遍。

（10）技术交流严重不足，索取多、反馈少。全国性综合分析技术的交流几乎没有，地区性的交流也很少，在一定程度上影响了全国综合分析技术水平的提高。所形成的各类环境质量报告也是习惯于收集，由上而下的发放，和各地间的交流也很不足。

三、综合质量管理对策

1．严格全过程质量控制，监测出符合五性要求的监测数据

综合分析质量，首先取决于监测实施过程中一线科室和有关科室的从业能力和质量管理水平。监测过程严格按标准方法、规范操作，经常组织质量分析会，掌握质量动态。及时对可疑数据进行统计分析，积累经验，找出质量不合格的原因，采取预防措施。把实施过程影响质量的各因素都处于受控状态，让监测过程的操作条件稳定，能够保持高的合格率，预防产生不符合计划的成果出现。

2．建立不同层次综合分析人才库，加强人才培训，培养与交流

要求综合分析人员不仅要了解国家环境法规、政策及环境管理制度和措施，熟悉环境监测各要素的监测项目、分析方法、评价标准、环境毒理、生物与生态效益等，而且掌握计算机技术，包括数据库、地理信息系统技术，环境质量及污染评价技术。

3．组建综合技术专家队伍，开展综合分析技术难点研究

如“大型数据库的开发利用”、“修订报告书编写技术规定”、“监测信息软件开发”、“环境质量评价方法与模式研究”、“环境质量趋势分析方法研究”等。

4．完善环境信息网络，改变传输模式，快速提高我国监测信息能力建设水平

在省级站和重点城市站建立信息互通网络，通过站内局域网络建立大型数据库系统以提高信息处理速度和利用程度。

① 通过信息网发布环境质量状况、实现不同地区省际、国度间的环境监测信息交流，

丰富环境质量表征形式，扩大环境监测工作的服务领域，如空气质量月报、日报、环境状况公报、环境统计公报，环境质量（季）年报，流域水质月报，环境监测信息查询等。

② 大力提高监测信息的完整性。尽可能多的环境质量信息收集起来，用于地区、省级、流域和全国环境质量评价。首先，在一个地区做到监测要素，项目、频次、时段的相对一致，以提高监测的时效性、代表性和可比性。改变现在一年一度的信息传输方式为随测随报，如空气自动监测系统，每日报告，24 h 采样每日报告。上一级监测站有责任将汇总处理后的报告及时反馈给各基层监测站，年终不再系统收集。做到各级监测站都能随时掌握新的环境质量。

③ 迅速提高环境监测信息能力建设水平，要从根本上改变综合分析一把手和一支笔的状态。综合分析需加大投入，多方筹集资金，在各级监测站装备必要硬件设施，配置必要的软件系统，形成环境监测收集、传输、处理、发布能力，以有线、无线、卫星、专线、虚拟网等多种途径迅速传输环境监测信息。

5．建立环境质量声像资料，污染源排放状况声像资料的交流网络

目前的环境质量表征技术落后，表征形式呆板，只有很好地解决了信息来源问题，特别是声像信息源，才能提高环境评价和表征的技术水平，适应不同情况的需求。

第二节　监测数据的搜集统计

一、数据搜集的质量问题

数据的搜集应该有明确的目的，在搜集数据前必须先明确搜集数据的目的，不同的目的搜集的数据类型不同，在质量管理中通常按搜集数据的目的把数据分为：

1．分析用的数据

这是为掌握和分析现场质量动态情况而搜集的数据，以便于我们分析存在的问题、确定所要控制的几个影响因素、找出各因素之间的相互关系，为最后进行判断提供依据。

2．管理用的数据

这是为了掌握监测状况，对它做出推断和决定管理方针而搜集的数据。它也包括为判断操作中成果质量是否稳定、有无异常以及有无采取适用的措施用以预防和减少不合格数据而搜集的数据。

3．控制用的数据

这是对成果进行全数控制或抽样控制而搜集到的数据。

不论搜集哪种数据，都要尽量反映客观事实，必须做到完整、准确、可靠。

搜集质量数据，必须注意以下几点：

（1）正确的判断来源于反映客观事实的数据。如果假数真算，不但没有意义，还有因假信息而被贻误的危害。

（2）搜集到的原始数据应按一定的标志进行分组归类，尽量把同一条件下的数据归并在一起。

（3）记录搜集到的数据条件，如抽样方式、抽样时间、测定仪器、操作条件及操作人员等。

二、数据统计的质量问题

（1）必须要清楚数据的来源，并保证数据的准确、可靠。统计的数据必须真实，以事实为基础，进行客观地判断，不能对符合主观想象的数据就重视，反之就不重视。应搞清数据的来源，坚决排除虚假的数据。

（2）统计数据应以简单、实用为原则。用一些简单的统计方法，可以解决很多监测现场的质量问题，另外，在进行比较复杂的数值运算里，最好先画一画有关的统计图表，这样可以预先对计算结果做到心中有数。

（3）注意统计方法的适用范围。应用数据统计方法之前，必须充分了解各种方法的适用范围，应用不当可能导致错误的结论。因此，在准确地把握问题的同时，还必须熟悉方法的适用范围、计算的步骤、计算结果的解释方法等，为此要先搞清方法的基本原理，使用时的前提条件等，一般可按标准选用。

（4）必须紧密结合专业技术，选用统计方法，应用数理统计方法来使问题简化，但问题明确了并不等于造成问题的原因分析清楚了，怎样分析问题，按什么顺序去分析解决，还要依赖专业技术方面的知识。

（5）环境统计分析结果应尽量采用通俗易懂的表达方式，采用统一的指标数据。如：污水排放量（工业、生活）；工业废水排放达标率；工业废水中污染物排放量；二氧化硫排放量（工业、生活）；烟尘排放量（工业、生活）；工业粉尘排放量；工业固废产生量、排放量、贮存量、处置量；危险物及其数据；工业固废综合利用量等。

三、环境统计主要报表

表 7-2 环境统计综合报表（一）

表号	表名	综合范围	报送时间
环年综 1 表	各地区工业污染排放及处理利用情况	辖区内有污染物排放的工业企业	次年 3 月 20 日前上报
环年综 1-1 表	各地区重点调查工业污染排放及处理利用情况	辖区内有污染物排放重点调查的工业企业	次年 3 月 20 日前上报
环年综 1-2 表	各地区非重点调查工业污染排放及处理利用情况	辖区内有污染物排放非重点调查的工业企业	次年 3 月 20 日前上报
环年综 1-3 表	各地区火电企业污染排放及处理利用情况表	辖区内火电厂、热电厂及自备电厂	次年 3 月 20 日前上报
环年综 2 表	各地区工业污染治理项目建设情况表	辖区内在建污染治理项目的工业企业	次年 3 月 20 日前上报
环年综 3 表	各地区危险废物集中处理情况	辖区内危险物集中处理厂	次年 3 月 20 日前上报
环年综 4 表	各地区污水处理情况	辖区内城市污水处理厂及污水集中处理装置	次年 3 月 20 日前上报
环年综 5 表	各地区医院其他污染情况	辖区内县及县以上医院	次年 3 月 20 日前上报
环年综 6 表	各地区生活其他污染情况	辖区内城镇等生活及其他污染排放的县级行政区	次年 3 月 20 日前上报

表号	表名	综合范围	报送时间
环季综 1 表	各地区工业污染排放季报表	辖区内有污染物排放的工业企业	季后 15 日内
环季综 1-1 表	各地区重点监控企业污染排放季报表	辖区内有污染物排放重点监控工业企业	季后 15 日内
环季综 1-2 表	各地区非重点监控企业污染排放季报表	辖区内非重点监控企业	季后 15 日内
环季综 1-3 表	各地区国家重点监控企业污染排放季报、直报表	辖区内国家重点监控企业	季后 5 个工作日内

表 7-3　环境统计基层报表（二）

表年	表名	报送单位	报送日期
环年基 1-1 表	工业企业污染排放及处理利用情况	有污染物排放的重点调查工业企业	各省、自治区、直辖市按要求自定
环年基 1-2 表	火电企业污染排放及处理利用情况	有污染物排放的火电厂、企业自备电厂、热电厂	同环年基 1-1 表
环年基 2 表	工业企业排放废水、废气中污染物监测情况	同环年基 1-1 表、同环年基 1-2 表、环季基 1 表	同环年基 1-1 表
环年基 3 表	工业企业污染治理项目建设情况	有在建污染治理项目的工业企业	同环年基 1-1 表
环年基 4 表	危险废物集中处理厂运行情况	危废集中处理厂	同环年基 1-1 表
环年基 5 表	城市污水处理厂运行情况	城市污水处理厂及污水集中处置设施	同环年基 1-1 表
环年基 6 表	医院污染排放及处理利用情况	辖区内县及县以上各大医院	同环年基 1-1 表
环季基 1 表	工业企业主要污染物排放季报表	有污染物排放的重点监控企业	按各省、自治区、直辖市有关规定自定

表 7-4　环境统计风险检查表（三）

表号	表名	报送单位
F-101	企业基本情况	被检查企业
F-201	企业化学物质情况	被检查企业
F-202	企业生产单元及贮存单元	被检查企业
F-301	企业环境风险防范措施	被检查企业
F-302	企业环境应急处置及救援资源	被检查企业
F-401	企业周边水环境状况及环保目标	被检查企业
F-402	企业周边大气环境状况及环保目标	被检查企业

四、环境统计数据审核要求

对企业上报的环境统计报表的数据审核：

（1）从企业各类属性标识情况核查企业提供的台账是否准确完整。

（2）核查报表填报是否规范，数据与单位是否对应，指标单位是否符合统一要求。

（3）据企业生产工艺及治污设施情况判别企业排污浓度及去污率是否合理。

（4）填报指标偏大或偏小的应重点审核。

（5）存在不符合逻辑推理关系的需要重点审核。

（6）企业工业废水、废气项目数据是否过大过小，进行纵横比较审核。

对各级环境统计汇总数据的审核：

（1）上报数据是否有责任性或技术错误。

（2）上报数据指标间的逻辑关系是否有误。

（3）通过平均浓度计算审核数据。

（4）用监测数据核查统计数据。

（5）用产品产量排污系数审核统计数据。

（6）环境统计数据与地区经济发展趋势是否协调，与统计部门公布的相关产品产量数据是否符合对应关系。

（7）核查填报数据与物料衡算数据之间的差别是否较大。

第三节　监测数据的解释和表达

环境监测数据的表达常用图表的方式，数据解释包括三方面：一是概括，二是分析，三是解释。概括是前提，分析是手段，解释是目的。一般来说当监测方案经过正确设计，是可以得到满足监测目的要求的监测数据，围绕目的要求对数据进行概括、分析、解释也就容易些。监测数据解释的基本程序是先将监测数据进行科学概括，如频数分布概括、中心趋势概括、分散度概括及地理空间综合概括等。然后按目的进行数据分析，如数据集的完整性分析，数据分布规律分析，数据的时间序列分析，污染变化趋势定量分析及对照环境条件分析等，最后对监测数据解释。实际上，监测数据的概括、分析、解释之间并没有明确界限。概括是指数据的归纳方式，分析是将数据计算出所需要的参数为解释数据服务。数据解释是指说明数据的意义。总之，环境监测数据必须经过统计处理才能使用，经统计处理的监测数据的解释是经过概括分析结合社会调查对环境质量变化及发展趋势作出明确回答，这是对环境监测工作的新要求。

一、监测数据图表

任何监测数据都是时间和空间的函数，监测数据基本表示方法是准确地使用表格和图，所以任何一个类型的监测都需要有一个记录表格系统，其具体形式及复杂程度取决于监测规模和特点。对于图表的格式虽不能做过死的规定，但下述基本内容是应具备的：

（1）所监测的项目（污染物名称、污染指数等）；

（2）监测方法；

（3）数据类型（小时平均值、日平均值、季平均值、年均值范围、超标数值，或水质、空气质量类别等）；

（4）监测地点（测点编号、监测断面、所在地区、测点名称等）；

（5）监测时间；

（6）测量值单位。

由于监测数据在报表中是以时间和地点的函数被记录下来的，所以图表的形式很多，主要有一种是同一监测点的某种污染物按不同测定时间记录下来。如图 7-1 所示。另一种是同一时间不同监测点的测定值表示方法，如表 7-5 所示。

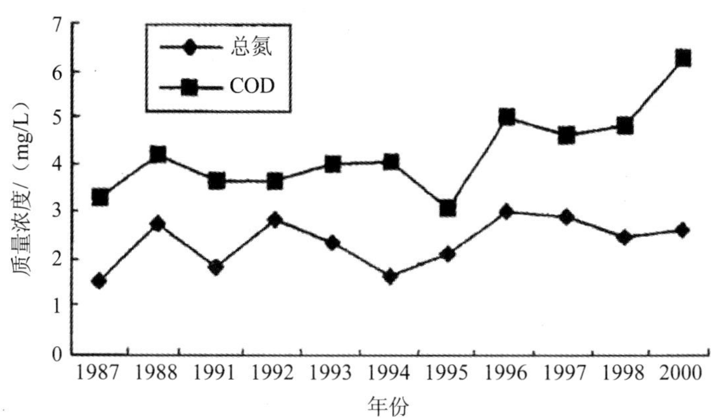

图 7-1 太湖水体近 20 年总氮、COD 平均质量浓度变化

若将原始数据加工制成图解，能清楚地反映数据分布情况，也能比较直观地发现数据的规律，还可发现数据漏失、测点数据异常等问题。将数据表制成的图，如图 7-2 所示。

表 7-5 黄河干流沿程监测断面污染指数（2000 年）

断面号	监测站名	断面名称	综合污染指数	断面号	监测站名	断面名称	综合污染指数
1	兰州	扶河桥	1.89	8	白银	五佛寺	4.11
2	兰州	包兰桥	4.08	9	石嘴山	黄河大桥	8.39
3	兰州	新城桥	2.34	10	石嘴山	陶乐渡口	7.19
4	兰州	什川桥	3.75	11	呼和浩特	河口镇	11.38
5	银川	银古公路桥	8.32	12	包头	昭君坟	4.25
6	白银	青城桥	3.81	13	包头	磴口	3.96
7	白银	靖远桥	3.95	14	济南	洛口	2.76

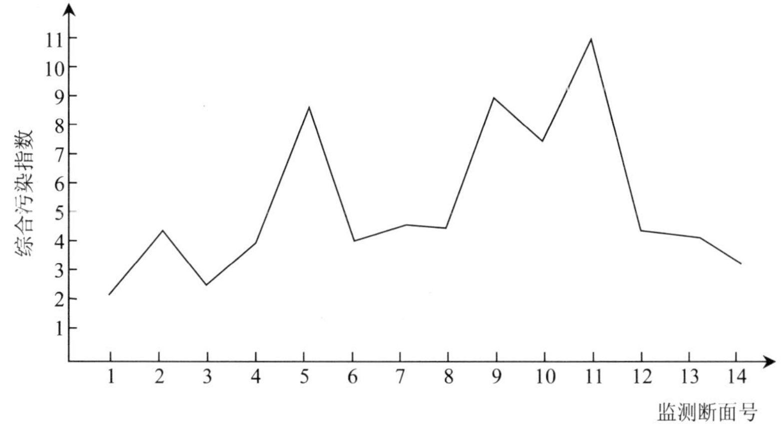

图 7-2 黄河干流沿程断面污染状况图

为了便于对原始数据进行分析和解释，图表的运用应进行事先设计，根据监测的目的，制订所需收集数据资料的计划。该项计划应包括所需图表的内容和形式。对于图表的基本要求是：

（1）尽可能用最少的图表数量来获取最丰富的环境质量信息；

（2）在每一种具体的图表中，尽可能反映多种信息；

（3）图表的格式应遵守统一规定，以利于不同地区、不同层次的信息交流；

（4）图表的种类应尽可能满足数据分析和解释工作的需要。

二、监测数据的概括

尽管根据原始数据图表也能提供环境质量信息，但毕竟由于原始数据量大，不能清晰地反映环境质量的全貌。一份关于环境质量状况全部原始数据，只能选取代表性的数据来说明环境质量问题。此时，便出现了用哪些“代表性”的数据说话的问题。为此，必须对大量的监测原始数据进行综合概括，从原始数据中尽量抽取那些反映规律特征的数据，并对它作进一步的分析和解释，才能完成对环境质量的认识过程。环境监测数据的概括方法主要有：

1．频数分布概括法

（1）圆角图法（百分位数法）：将原始数据从小到大进行排列（如果数据量较大则先进行分组排列）。最高值与最低值的差表明了数据集的范围或全距。如果数据数为奇数，中间位置为中位值；若为偶数，两个中位值的算术均值为中位数。将这一概念进行扩展，可获得四分位数（将数据集分四等分）和十分位数（将数据集分为十等分），第二个四分位数和第五个十分位数即为各自的中位数。依此方法，P 百分位数为百分之 P 的数据小于或等于第 P 百分位数。中位数即为第 50 百分位数，而相应的四分位数为第 25、第 50，第 75 百分位数。总数为 N 的数据集经排列后，第 P 百分数相当于第 $\frac{N}{100}$ 个数值。由于这个比值不一定是整数，可用线性插入法从数据集中两个相邻的数中推算出一个数来解决，这样概括方法，对于那些百分数法表示质量标准的情况，评比其对标准的符合程度是十分直观和方便的。如中国沿海部分沿岸海水水质类别 1999 年水质概括（图 7-3）。

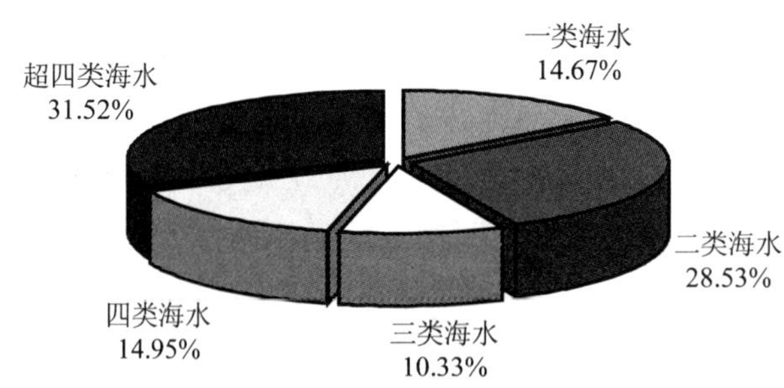

图 7-3　1999 年中国沿海部分沿岸海水水质类别图

（2）条图法：这是以图表的形式，概括地显示某一污染物在不同时间内的反映频数分布的某指标的变化。最早是美国用条图法概括城市空气污染变化趋势。该图横坐标描

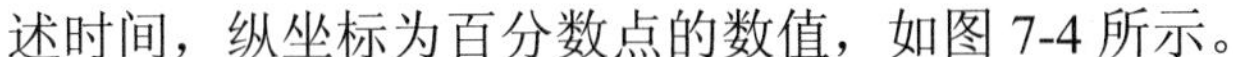
述时间，纵坐标为百分数点的数值，如图 7-4 所示。

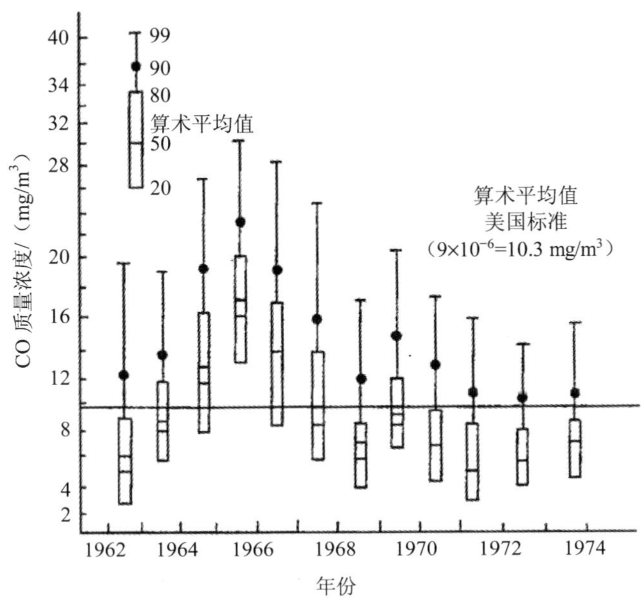

图 7-4　美国芝加哥 1962—1973 年 CO（8 h 均值）变化均势图

图中标明了百分位数点第 99、90、80、50、20 以及算术均值的值点。该图可提供如下信息：

该城市空气 CO 质量浓度 1962—1973 年都超过了 8 h 平均浓度的标准，从 1962 年到 1965 年是逐渐上升趋势，1965 年达到峰值后逐渐下降；到 1969 年后超过标准 10.3 mg/m^3 的数据已小于 10%。从条图的长短可以看出，浓度的变异率自 1968 年起下降了，但每年的算术均数都超过中位数约 0.6 mg/m^3。

2．中心趋势法

为了判断污染水平，观察污染变化趋势以及进行不同地域的环境质量对比，对原始数据进行“中心趋势”的概括显得很有意义。常用的表征中心趋势的数有算术平均值、中位数、众数和几何均数，它们各有自己的特征，应用在不同的场合。

（1）算术均数：均数或平均值是所有测量值的和除以测量次数，很显然，它的大小与每一个监测数据都有关，而且受数据群中极值（极大值或极小值）影响较大，但在环境监测中经常遇到污染物浓度低于分析方法灵敏度的情况，一般作为零。为了解决这个问题，常以最低检出限半数来代表，并参加计算。

（2）中位数：中位数是第 50 分位数值，它可以是一系列数据的中间一个或至多两个，它不受极值的影响。

（3）众数：众数是数据集中出现频率最高的那个数，可以是一个数，也可能出现几个区间频率均高的情况，此时会有第一众数、第二众数等。

（4）几何均数：它是数据的对数（底数为 e）算术均值的反对数，计算时，由于零数的对数概念不明确。所以，低于最低检出限时，数值不能作为零，应用最低检出限的半数来进行计算并在以后的计算中坚持用此替换值。

中心趋势可用直方图法表达。

直方图是通过对数据的加工整理，从而分析和掌握质量数据的分布情况和估算操作上不合格数据出现频率的一种方法。将全部数据分成若干组，以组距为底边，以该组距相应的频数为高，按比例而构成的若干矩形，即为直方图，其基本形式如图 7-5 所示。

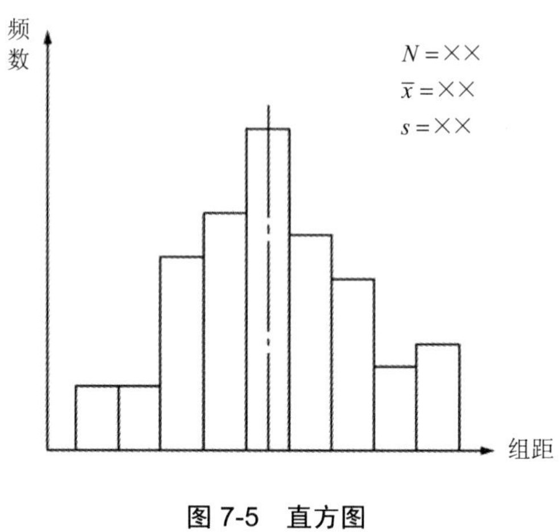

图 7-5　直方图

为什么我们要使用直方图呢？以前我们描述质量情况虽说已有合格率、平均值、标准偏差等统计数据，但是只有这些统计数据还不完善，不能充分说明问题。在分析质量情况时只看平均值或只看离散程度都是片面的，要综合起来看分布。直方图就可帮助我们分析成果质量的分布情况。一列分析数据，表面上各个数据的出现似乎是杂乱无章的，其实从直方图中可以发觉它们的出现还是有规律可循的。首先，这些数据具有明显的集中趋势，即它们集中于平均值附近。其次，各值相对于平均值而言，偏差大小相等、符号相反的值出现的次数大体相等。另外，偏差小的值出现的次数要远比偏差大的值出现的次数多。直方图的用途十分广泛，常用于定期报告质量情况，分析质量误差原因，估计操作不合格率等。

作直方图三大步骤：作频数分布表，画直方图，进行有关计算。

将数据按大小顺序分组排列反映各组频数的统计表，称为频数分布表（表 7-6）。它可以把大量的原始数据综合起来，以较直观、形象的形式表示分布的情况，并为作图提供依据。

表 7-6　频数分布表

组号	组界	组中值	频数分布	相对频数
1	1.265～1.295	1.280	1	0.01
2	1.295～1.325	1.310	4	0.04
3	1.325～1.355	1.340	7	0.07
4	1.355～1.385	1.370	17	0.017
5	1.385～1.415	1.400	24	0.024
6	1.415～1.445	1.430	24	0.024
7	1.445～1.475	1.460	15	0.015
8	1.475～1.505	1.490	6	0.06
9	1.505～1.535	1.520	1	0.01
10	1.535～1.565	1.550	1	0.01

画直方图

（1）先画纵坐标，再画横坐标。纵坐标表示频数。定纵坐标刻度时，考虑的原则是把频数中最大值定在适当的高度。原点为 0，均匀标出中间各值。

（2）横坐标表示质量特性。定横坐标刻度要同时考虑最大、最小值及规格范围（有时叫公差）都应含在坐标值内。在横坐标上画出规格线，规格下限与原点间稍留一点距离，以方便看图。

（3）以组距为底，频数为高，画出各组的直方。

（4）在图上标图名，记入搜集数据的时间和其他必要的记录。统计特征量数值 $\bar{x}$ 与 s 是直方图上的重要数据，一定要标出，根据频数分布分为若干组或类，一般采用 5～20 组为宜。直方图以图形来表示频数分布。图形为一系列的长方形，图形在 x 轴上宽度与组距成正比，而高度（y 轴）与频数成正比。根据直方图的开关和对称性来分析和解释数据。

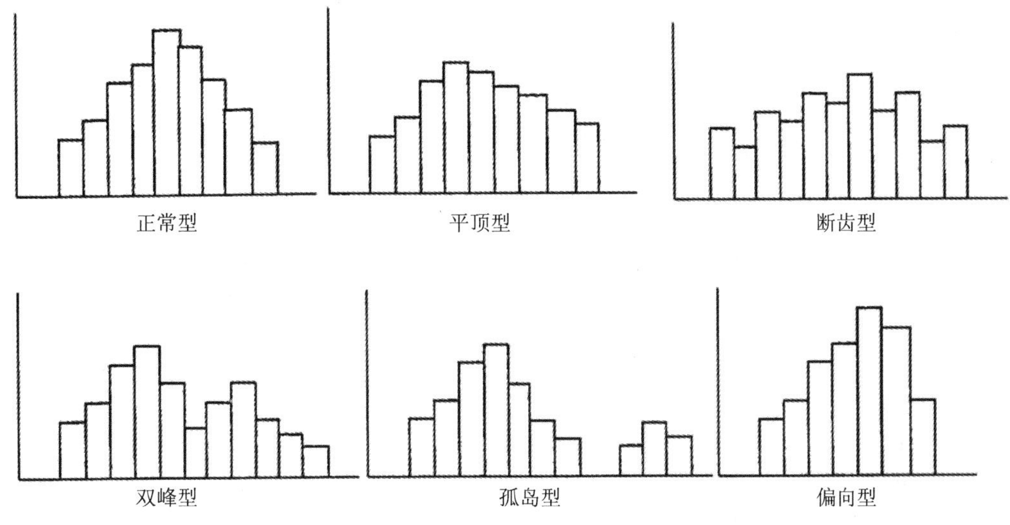

图 7-6　不同形状的直方图

（1）正常型：又称对称型，它的特点是中间高，两边低，呈左右基本对称，说明监测处于稳定状况。

（2）平顶型：直方呈平顶型，往往是由于监测过程中有缓慢变化的因素在起作用所造成。如仪器设备的磨损、操作者疲劳等，应采取措施，控制该因素稳定地处于良好的水平上。

（3）断齿型：这类型的直方图，大量出现参差不齐，但整个图形的整体看起来还是中间高、两边低、左右基本对称。造成这种情况不是监测上的问题，可能是分组过多或仪器设备精度不够，读数有误等原因所致。

（4）双峰型：这往往是由于把来自两个总体的数据混在一起作图所致。例如把两个人测定的数据或两台仪器测定的数据混为一批等。这种情况应分别作图后再进行分析。

（5）孤岛型：在远离主分布中心的地方出现小的直方，形如孤岛。孤岛的存在向我们揭示短时间内有异常因素在起作用，使测试条件起了变化。如操作疏忽、仪器有误差等。

（6）偏向型：直方的顶峰偏向一侧，所以也叫偏坡型。只控制一侧界限时，常出现此形状，有时也因操作习惯造成这样的分布。

3．分散度法

在环境监测实践过程中，所测数据变化较大的情况是经常遇到的，其原因很多，主要是污染物排放量的变化，环境条件的变化，以及污染物理化性质的变化等因素。上述几种概括方法都不能反映概括的可信度，为此，还应对监测数据进行分散度或变异量的概括，一般用的是全距（R）和标准差（s）。

（1）全距（R）：此范围为最大与最小的数据差，由于它受数据中两端极值的影响，对于解决污染数据时，其作用是有限的。

（2）标准差（s）：是最常用的变异性量指标，由各个数据与算术均数之差的平方和平均值的平方根计算而得。应注意的是，如果使用了几何均数，应采用几何标准差（s_g）作为描述变异量的指标。利用标准差判断可信区间。

4．空间概括法

前面所述的各种概括能比较好地反映时间变化规律。但是，环境污染不仅要分析时间变化规律，还要分析空间变化规律，因此，对环境监测原始数据的综合概括还应为分析、解释数据的空间分布特征服务。最常用的方法是绘制等浓度线地图。绘制该图的条件是监测点数目要有足够的数量；数据的完整性是绘制等浓度线的基本条件。

（1）将各监测点及其相应的污染物浓度如算术均数、几何均数、95 百分位数值或最大值等标在图上；

（2）从污染最大值点开始，线画在该点和附近点之间，找出近似于最高值的整数，并注明；

（3）将点用线连起来。

如果监测网点数不足以绘制等值线图，则可在地图上标出所要表现的评价数据，便于进行区域间的对比，如图 7-7 所示。

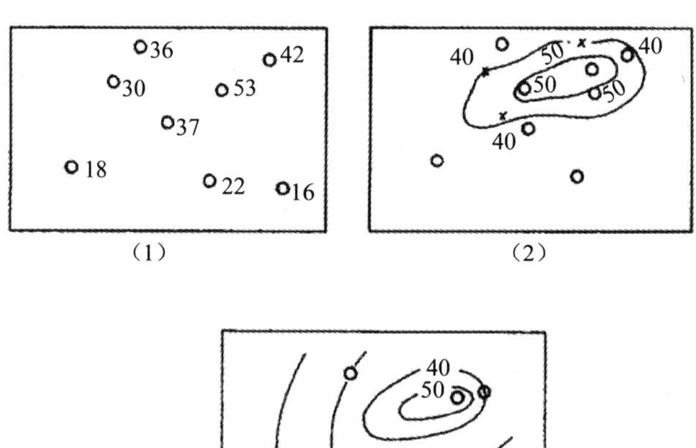

图 7-7　等浓度线绘制步骤

三、监测数据分析

应该说任何监测活动都是有目的的，所要获得监测数据都是事先有所计划，任何监测方案都能提供反映环境质量状况和为制订控制污染计划所需的数据。监测数据的分析直接与监测计划的目的有关，最基本的目的有：

1．判断环境质量现状

分析、观察监测数据与环境质量标准的符合程度，这种程度借助于超标倍数和超标率的数据分析结果来衡量。同时，用数据分析来进行不同时空的污染状况对比，找出主要污染源、污染物。如长江干流水质监测数据分析见表 7-7。

表 7-7　2000 年长江干流水质监测数据分析

项目	统计断面数	出现超标样品断面数	超标率范围/%	年均值超标断面数	年均值范围/（mg/L，pH 值、总硬度除外）	年均值超标断面最高断面	
						名称	超标倍数
总砷	43	0	0	0	0.001～0.009		
总硬度	43	0	0	0	6.69～187.67		
总氰化物	43	0	0	0	0.002～0.003		
总铅	43	5	7.4～27.8	0	0.001～0.035		
高锰酸盐指数	43	13	3.4～33.3	4	1.68～7.95	手爬岩	0.32
挥发酚	43	3	2.1～16.7	0	0.001～0.031		
亚硝酸盐	43	3	3.3～16.7	0	0.003～0.062		
氨氮	43	无数据	无数据	2	0.012～1.904	黄草峡	2.8
pH 值	43	0	0	0	7.55～8.39		
溶解氧	43	11	3.3～60	0	6.48～9.2		
生化需氧量	43	3	3.3～16.7	0	0.55～2.59		
石油类	43	16	3.3～100	10	0.01～0.237	皖河口	3.7
总镉	43	3	0	0	0.000 03～0.005		
总汞	43	4	2.5～11.1	0	0.000 01～0.000 1		
硝酸盐	43	0	0	0	0.28～1.43		
六价铬	43	0	0	0	0.002～0.034		
悬浮物	43	无数据	无数据	27	63.6～894.7	金沙江石门子	4.96

2．观察环境质量变化规律和发展趋势

通过监测数据相关分析，判断环境质量变化的趋势，通过对监测数据的时空分布规律的分析，发现环境质量变化的时空规律。

3．评价环境管理效果及污染控制方案

通过对监测数据的分析，观察环境管理措施前后的环境质量状况，并进行比较，借以判断环境管理效果及污染控制方案的作用。

4．评价对人体健康的危害程度

一般来说，分析数据的目的、方案在实际监测工作进行之前就应作出，这样才能保证使收集与分析目的要求有关的数据及为解释数据所有的辅助资料（环境条件、污染源情况及有关社会经济情况等）更符合监测工作的需要，提高监测效率，降低监测费用。

然而，在现实监测工作中，常常出现无计划地偶然收集了一些数据，或者说是收集了一些目的性不那么强的数据，这种情况应极力避免。

监测数据分析有如下几方面内容：

1．数据收集的完整性分析

数据分析的第一步是对所收集数据的正确性、完整性进行分析。为了确定数据的正确性，对每一个测量数据不仅必须逐一检查，而且还要作为一组数据中的一个来进行检查，这组数据可以是随时间连续测量的，也可以是在空间里不同地点同时测量的。通过仔细检查异常现象来验证数据的正确程度。通过综合概括和把数据集成图表的方法有利于发现异常数据，如果发现异常，在进行分析处理前，对这些异常数据必须进行校正或剔除。

数据的完整性一般有两种情况：一是由于监测网的故障使某些数据被丢失；二是有计划的中断数，计划的监测频率就是周期性间断的。在进行数据解释时，对这两种情况都应特别注意。在环境监测的实践过程中，人们都想从实用观点试图解决数据集不完全的问题，研究了不少统计近似方法。然而，对数据总体分布规律的了解都是少不了的。应该看到，采样频数的减少和从而取得数据集的总体变异性增加，则计算的统计指标（算术均数、几何均数、标准差等）的精度肯定会降低。以空气监测为例，如果每隔一天取24 h 的样品，则比每天采样所得的年平均值的偏差，实际上常小于±2%。如果每第 12 天取 24 h 样品，则比年平均值的偏差是±5%。很显然，由于数据集不完全，污染发生的最大值很可能被低估了，控制质量不超过某一值在实践中很可能出现问题。

事实上，如果执行某一采样计划，连续测量的一组数据中的最大值被检出的概率是可以计算出来的，仍以空气监测为例，超过短时间标准的数据被检出的概率是采样频数的函数，其函数的关系如表 7-8 所示。

表 7-8　两天或更多天检出超过标准或预定值的检出概率

每年实际超过标准的次数	采样频率		
	每隔 5 日（第 6 天）	每隔 2 日（第 3 天）	每隔 1 日
2	0.03	0.11	0.25
4	0.13	0.41	0.69
6	0.26	0.65	0.89
8	0.40	0.81	0.96
10	0.52	0.90	0.99
12	0.62	0.95	0.99
14	0.71	0.97	0.99
16	0.78	0.98	0.99
18	0.83	0.99	0.99
20	0.87	0.99	0.99
22	0.91	0.99	0.99
24	0.92	0.99	0.99
26	0.95	0.99	0.99

由表 7-8 可以看出，间隔采样基础上确定最大值时，其准确性是有限的，解决的办法是：

（1）增加测量次数；

（2）用数学公式从数据中估算最大值。

2．数据分布规律的分析

监测数据分布规律的分析目的在于：掌握实际数据所服从的分布规律，以便用很有限的一些数据来表达完整的数据集，用标准的数学方法来分析数据集。事实上，像频数分布和累计频数分布都能恰当地描述已知地点和已知时间中某种污染物的实际污染情况，再利用整个测量时间的平均浓度（如算术均数、几何均数等）推知宏观的完整情况。某些单个测量值的变异性可用相应的标准差来说明。这就是说，当实际数据集的分布规律确定后，标准差的概念就有了确切的意义和作用。

人们为了寻找环境监测数据的一般分布规律作了很多努力，几乎引入了全部数理统计知识。然而环境污染的随机性很大，其污染数据大多数呈偏态分布，所以，以对数正态分布近似法作为常用的方法。所谓偏态分布，即用浓度和频数分布结合画成的直方图或频数分布曲线是非对称的，为克服这个困难，可通过采用数据和对数来把它转换成正态分布，此时，几何均数及其标准差便可完整地说明这种分布规律。完成这种转换的最好方法是直接把数据（原始数据或分组数据）画在对数坐标纸上。

3．数据的时间序列分析

时间序列指在特定时间内（通常以相同的间隔）所测量的一组数据，它包括连续测量或计划间断测量的数据。一般来说，环境监测数据的时间序列主要有两种，一种是周期性时间序列，如空气监测一昼夜、一星期、一个月或一季度的监测数据；另一种是趋势性时间序列，如水质监测的一个水期、一个月的周期性监测等，为一个地区、一个水域长时间变动的趋势，要掌握这种趋势一般认为至少需要 5 年以上的污染数据。

对监测数据进行周期性时间序列的分析比较容易，只需将数据进行时间系列的整理即可。然而分析周期性变化时，将环境条件、污染源数据对照起来分析，或将环境条件数据、污染源数据和污染物浓度数据绘制在同一时间坐标纸上，对于分析污染状况十分有益。在确定监测数据中有无趋势时，要注意的是参数的选择和时间间隔的选择。参数一般选用年平均值，时间间隔一般可用几种不同的时间间隔进行趋势估计。另外，作趋势分析时，用图形方式对数据进行观察比较方便。为了减少趋势分析中的偏差，有两种时间序列的处理办法：一种是滑动平均值法，所得到的趋势线比较平滑。具体做法是使用时间序列中的一小部分连续数据，计算出一系列算术均值，得到一系列滑动平均数（通过每次删去每个时间序列的第一个数并加上这个时间序列下面一个数而算出的平均数），如表 7-9 所示。

表 7-9　时序分析表

时间序列	污染物浓度值		
	年平均值	3 年滑动平均值	几年滑动平均值
1995	184	—	—
1996	147	$\frac{184+147+153}{3}=161$	$\frac{x_1+x_2+\cdots+x_n}{n}$
1997	153	$\frac{147+153+184}{3}=161$	$\frac{x_2+x_3+\cdots+x_{n-1}}{n}$
1998	184	$\frac{153+184+151}{3}=163$	$\frac{x_3+x_4+\cdots+x_{n-2}}{n}$
1999	151	…	…

这种办法可以去掉许多偶然性变异。另一种办法是把时间间隔分为相等的两部分（年数为奇数时，中间年的数据在两个时期都要使用），将两个时期内的统计量的算术平均值进行比较。

4．对照环境条件的分析

环境监测数据的解释往往需要大量的环境条件特性资料，如解释空气污染监测数据需要气象学和气候学的数据，了解空气污染的气象背景；解释水环境监测数据需要水文学数据等。因此，在对监测数据进行分析时，应将环境污染的监测数据与同步环境条件数据结合起来分析，运用相关和回归分析技术确定它们之间的关系。常见的结合环境条件进行数据分析的例子如：将气象数据和空气污染数据结合分析的“风向频率、风速和污染系数玫瑰图”，如图 7-8 所示。

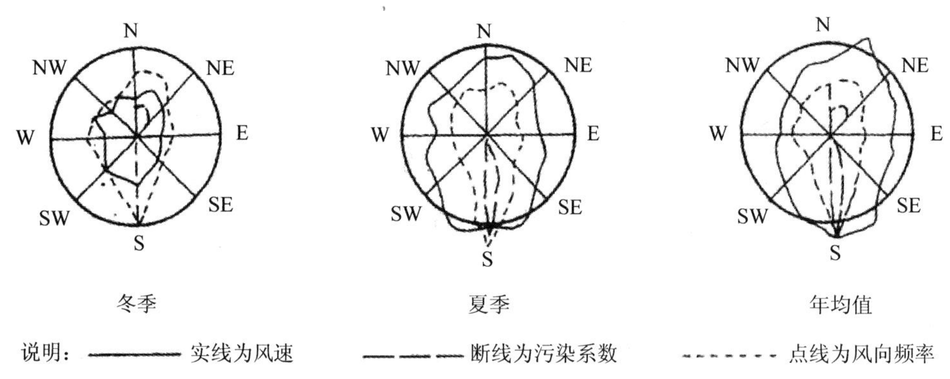

图 7-8　风向频率、风速和污染系数玫瑰图

5．污染变化趋势的定量分析

衡量环境污染变化趋势在统计上有无显著性，最常用的技术是 Daniel 的趋势检验，使用秩相关系数。为了使用这个方法，要求具备足够多的数据，一般至少应具四个期间的数据。设时间为 $y_1 \cdots y_N$，其相应值 x_i（即年平均值 1…N 年平均值）按由小到大顺序排列，统计检验用的秩相关系数按下式计算：

$$r_s = 1 - [6\sum_{i=1}^{N} d_i^2]/[N^3 - N]$$

式中：d_i 为变量 x 和变量 y 的差（时间从 1 到 N），并按测量的浓度值顺序排列至 i 次。

将秩相关系数 r_s 的绝对值同秩相关系数统计表中的临界值 W_p 进行比较，如果 $|r_s| > r_{a(n)}$，则表明变化趋势有显著意义，如果 r_s 是负值，则表明为下降趋势。

四、监测数据的解释应用

实际上对监测数据的分析和解释之间并没有明确的划分，统计概括、分析和解释之间的基本差别在于它们的目的性。统计概括是指数据归纳的方式，分析是将数据计算出所需要的参数（为解释数据服务），而解释则是指结果的意义，事实上，监测工作的目的为解释数据确定了方向及范围，收集数据的目的是什么，解释数据时就应解释什么。在环境监测工作中，解释数据的目的大体上有：

（1）现有数据能否说明环境质量现状？能说明的话，现状怎么样？为什么？

（2）现有数据表明环境质量的变化有哪些规律？

（3）现有数据所表明的趋势是什么？原因何在？

（4）从监测数据和调查资料的综合分析中，防治对策应该是什么？为什么？

应该指出的是，监测数据的解释没有可以套用的程式，它必须结合不同的监测目的来进行。

如根据太湖流域水质监测月报的监测数据可按照管理者、决策者和民众的不同需求，进行数据的概括、解释，可得出相应要求的综合分析报告：

（1）向国务院环委会提供太湖流域综合整治评估报告时，可将该期间太湖流域综合治理项目与相应的环境指标一一对应，新建设的污水处理厂能力与湖体主要污染物水平比较分析；工业企业及宾馆饭店的氨氮和总磷实际削减量与主要入湖河流环境指标实际变化比较，得出太湖流域综合治理投入产出效益评估报告。

（2）为流域内的地方政府环境保护目标达标服务。针对国家下达的“十五”期间，COD、TN、TP 污染物削减总量指标和环境质量控制指标，综合“十五”初期本地区各主要入湖河流的污染物实际现状，相关污染物质主要来源，污染物浓度时空变化等特点系统分析研究，然后锁定本地区各项指标的削减与控制对象，划定重点削减与控制区域，分配年度削减任务，提出投入意见的某城市“十一五”太湖流域污染物达标工作实施方案。

（3）为建设项目环境管理决策服务。可根据不同区域承担的环境污染负荷寻找可能发展空间，提出合理的减污设想与措施，做出有助于项目管理的区域建设项目环境管理意见书。

（4）为民众服务。对太湖流域“十五”初期、末期及“十一五”期间各时段太湖湖体和主要入湖河流水质状况，分别用不同颜色标注成太湖水质变化示意图，将太湖治理成效一目了然地公布于众。

五、监测成果的表达

环境监测成果是政府决策和环境管理的依据，监测成果总结表达直接影响环境监测工作效益发挥。如城市空气质量日报在地方或全国性的报刊杂志、电台、电视等传媒公布，引起了国内外各界群众的较大反响，促进了城市环境质量的改善。因此，环境监测成果的表达越来越受到重视。一般地说，环境监测成果有两种表达形式，一种是实测结果数据型，如日报、周报、月报等。另一种是评价结果文字型，近两年又发展了音像型。实测结果的表达方式，主要是各种监测结果表格在综合分析阶段只对各种监测数据分类、筛选、整理，并不作评价的属于监测成果的汇编，目前各地环境监测站所编制的月报、季报、年鉴、年报以及污染预报等均属此类。评价结果的表达则是以质量评价报告书的形式，不论用哪种方式，监测成果的表述应遵循如下原则：

（1）准确性：各类监测成果首要的是准确性。如果环境监测不能给人们一个确切的环境质量信息，监测工作也就失去意义了。因此要求监测成果实事求是、准确可靠、数据翔实、观点明确。

（2）及时性：环境监测通过它的成果为政府决策和环境管理服务，这种服务必须及时，否则会影响环境管理效益。及时地表达监测成果是环境监测工作生命力的重要体现，故此必须建立正常的工作秩序，建立切实可行的报告制度（如月报、季报、年报等）。运用先进的技术手段（如用电子计算机等）建立专门的综合分析组织机构，并加强综合分析人员的技术培训，提高综合分析水平。

（3）科学性：环境监测成果表达必须强调具有科学性。环境监测成果绝不是简单的数据资料汇总，更不是一般泛泛而谈的工作总结。它是采用科学的理论、方法及手段揭示环境质量变化规律，给环境管理提供科学依据。所以环境监测成果表达必须强调具有科学性，否则将贻误管理和科研工作。

（4）可比性：环境监测成果表述一定要统一、规范，内容、格式等都必须有相应的统一的技术规定，对各项成果均应有可比性的要求。尤其综合评价方法应统一，评价标准要一致，评价范围、精度应相对地稳定，环境质量的结论应有时间连续性，成果表达形式应具有时间、空间的可比性，便于对比分析。如空气质量日报中的污染指数，简称API是一种能反映和评价空气质量的方法，即将常规监测的几种空气污染的浓度简化成为单一的概念性数值形式，并分级表征空气质量状况与空气污染程度。其结果简明、直观、使用方便、可比性强，适用于表示城市空气质量状况和变化趋势。

（5）社会性：环境监测成果不仅是环境管理部门的重要管理依据，而且被社会各界广泛利用。国土整治部门要根据区域环境污染特征合理地进行国土规划；社会经济部门要根据区域环境的承载能力合理地进行工农业生产布局；工业部门要按照既发展生产又不污染和少污染环境的要求，确定各自的综合利用方向；城市规划部门要依据环境质量标准的要求，合理地进行城市发展规划的设计；环境科研部门要根据环境问题的实际情况选择科研课题等，这些都离不开环境质量状况。所以环境监测是社会公益性的科技工作，它的成果面向社会。因此，监测成果的表达一定要有社会性，要能够很快地被社会各界所理解，在各个领域中尽快地发挥效益。

（一）环境监测月报

每月15日前报同级环境管理部门及同级网络牵头单位。

这是一种简单、快速报告环境质量状况及环境污染问题的形式，也是环境监测成果表现形式之一。可用一事一报的方式编写环境监测简报，主要内容是上月或近期环境质量现状，重大污染事故的简要过程及分析，并对短期内的环境质量态势进行预报。对监测数据一般另做简单处理（如超标率的计算等），不做综合评价计算，只是以数据为依据的定性分析。月报格式应从简，其基本组成部分是：

1. 监测结果

只报告各环境要素出现超标现象的污染因子，不做全面报告。主要有如下结果：

（1）超标污染物监测结果。

（2）污染事故监测结果。

2. 环境质量分析

分析内容简要，观点明确。主要有：

（1）与前月份对比分析结果。

（2）当月主要问题及原因的简要分析。

（3）有无明显的变化趋势。

3. 环境管理近期建议

要求简单、明了。

（二）环境监测季报

每季第一个月底以前报出上季度的监测季报。

这是简要报告环境质量状况的又一种形式，从时间、内容上介于月报和年报之间，其目的有二：一是为环境管理及时提供信息。一般说来，环境污染治理工作当月难于见效，一个季度过去后有的治理措施往往开始见效果，需要及时全面地掌握环境效益情况，季度监测情况往往是转折点，及时总结、分析报告质量状况是十分必要的；二是为年度环境质量状况总结提供基础。因此，环境监测季报内容原则上应力求完整，季报格式应统一规定，基本内容是：

1. 季度监测工作概况

（1）监测点情况。

（2）监测技术规范执行情况。

（3）监测数据情况。

2. 季度监测结果及评价

（1）各环境要素污染物监测结果。

（2）单要素环境质量评价及结果。

3. 城市环境综合整治定量考核进展情况

（1）综合整治进展情况。

（2）主要环境质量问题。

（3）考核结果及原因分析。

4. 环境质量变化趋势估计

（1）环境质量变化趋势估计。

（2）改善环境管理工作的建议。

（三）环境监测年鉴

这是环境监测重要的基础技术资料。虽属中间成果性质，但也应算重要的环境监测成果。其性质在于“基础技术资料”，服务对象限于广大的技术人员。当年的环境监测年鉴与年度环境质量报告书的关系可表达为：

环境监测年鉴＋综合评价＝环境质量报告书。年鉴的基本要求是：内容全面、数据翔实、分析清晰。

编制年鉴的基本原则是：

（1）对数据只做整理、分类、筛选，不作评价。

（2）数据真实、可靠、完整。

（3）内容丰富，应涉及环境监测的各个方面。

（4）图表运用准确、使用方便。

年鉴的基本内容如下：

1. 环境监测工作概况

（1）基本情况：监测站人员构成统计表；监测机构及组织情况表；监测站仪器、设备统计表。

（2）监测网点情况：空气监测网点情况表；水环境监测网点情况表；噪声监测网点情况表；污染源监测网点情况表；其他环境要素监测网点情况表。

（3）监测项目和方法：空气环境监测项目和方法统计表；水质环境监测项目和方法统计表；其他环境要素监测项目和方法统计表。

（4）评价标准执行情况：空气环境质量评价标准执行情况表；水质环境质量评价标准和执行情况；其他环境质量评价标准执行情况。

2. 监测结果

（1）空气环境监测结果：各测点监测结果年度统计表；空气特异污染监测结果表。

（2）水环境监测结果：地表水监测结果表；地下水监测结果表；湖泊（水库）监测结果表；饮用水源监测结果表；特异水环境污染监测结果表。

（3）噪声监测结果：各监测点年度噪声 24 h 监测结果表；交通噪声监测结果年度统计表；其他噪声监测结果统计表。

（4）污染源监测结果：空气污染源监测结果统计表；水污染源监测结果统计表；其他污染源监测结果统计表。

（5）其他环境监测结果统计情况表。

3. 相关情况

（1）环境条件情况：环境气象条件统计表；环境水文条件统计表；其他环境条件统计表。

（2）社会经济情况：监测区域土地面积、人口密度统计表；燃料消耗年度统计表；车辆情况统计表；其他社会环境情况统计表。

（3）年份环境监测大事记；重大环境保护活动记事；重大环境监测活动记事；重大污染事故统计表。

（四）环境质量年报

由于环境质量报告书内容涉及面较广，工作量较大，监测站每年都编制环境质量报告书在人力、财力上都有一定困难。所以，环境质量报告书以每五年编报一次为宜，在没有编制环境质量报告书的年份，用环境质量年报的形式来反映当年环境质量状况。环境质量年报是环境保护行政主管部门向上级主管部门提示环境状况报告的主要依据，也是环境监测站发布环境质量情况的形式。环境质量年报的主要内容如下：

1. 概况

（1）监测工作情况：简要介绍布点、采样、监测项目、监测频率、数据处理以及实验室质量控制活动情况等。

（2）环境质量概况：以提炼出来的代表性数据，对本地区主要环境要素的质量状况进行扼要的描述。

2. 环境质量现状

（1）各环境要素监测结果。

（2）环境质量评价及趋势分析。

（3）主要环境质量问题小结。

3．总结

（1）各环境要素的主要环境质量问题。

（2）上年度环境污染治理效果总结。

（3）下年度综合治理对策建议。

（五）环境质量报告书

环境质量报告书是各级地方政府环境保护行政主管部门向同级人民政府及上级环境保护行政主管部门定期作出的环境质量情况报告，该报告不比一般的情况报告，它具有如下特点：

（1）严肃性：反映各级人民政府在环境保护工作中的成效。《报告书》需送同级人民代表大会审议，以评价该届政府在环保工作中的业绩。

（2）权威性：《报告书》以翔实的数据为基础，对工作范围内的环境质量进行科学的评价，其结论是最权威的，其他关于环境质量的公告、报告均以此为准。

（3）史实性：环境质量报告书年际间具有良好的可比性，它是各地环境质量变化史的权威记录。

（4）指导性：该报告不仅有关于环境质量背景情况、现状情况的丰富内容，还有关于未来变化趋势预测及改善环境质量状况的对策建议。所以，它是一个重要的环境工作文件，对环境保护工作有一定的指导意义。鉴于此，环境质量报告书是全面地、系统地反映环境质量的文件，是用数据说话的文件。它是环境保护工作成果的表现形式之一，它的编制过程是一项技术性强、涉及面广、要求高的综合劳动过程。

环境质量报告书基本内容如下：

（1）环境监测工作概况：简要介绍布点、采样、监测项目、监测频率、监测手段、数据处理及实验室质量保证工作概况。

（2）自然环境概况：从分析环境质量变化的原因角度出发，概括地叙述评价时段（《报告书》周期时间范围内）自然环境（主要指环境气象及水文条件等）因素的变化对环境质量的影响，为全面地分析、评价环境质量状况提供自然环境背景情况。

（3）社会环境概况：从分析环境质量变化的原因角度出发，概括地叙述时段内社会环境因素（主要指出农业生产、交通运输、能源结构、城市建设、工业布局、文化环境、服务环境等）的变化对环境质量的影响，为全面地评价环境质量状况提供社会经济背景情况。

（4）总结：主要环境问题及结论意见，本年度环境对策回顾及今后环境对策建设。

表 7-10　监测成果表达形式

表达形式	质量要求	使用部门
环境质量报告书	（1）报告准确可靠具有严肃性；（2）以翔实的数据为基础，结论具有权威性；（3）年际间有良好的可比性；（4）全面系统地反映环境质量的指导性文件	向同级政府及上级环境保护主管部门定期作出环境质量情况报告书（五年）为经济部门规划管理使用

表达形式	质量要求	使用部门
环境质量日（预）报	（1）数据翔实、准确；（2）及时性、可比性强；（3）结论简明	向人民群众及时发布全市空气质量状况并预报近期状况，为社会服务
环境污染公告（简报）	（1）数据翔实、准确、有质量保证措施，消灭数据差错率；（2）结论简明扼要；（3）及时性好	向人民群众及时发布污染公告，为社会服务
环境质量月（季）报	（1）数据准确；（2）用图用表准确；（3）结论准确；（4）格式统一；（5）可比性强	按管理层次逐级上报，主要为环境管理部门服务
环境监测年鉴	（1）数据丰富、翔实；（2）监测资料积累齐全；（3）数据分类、整理有序、筛选合理；（4）时间可比性强	上报政府，发送至社会经济部门，专门供各部门工程技术人员使用
环境污染图表（环境污染预报）	（1）重点突出、简单明了；（2）清晰直观、图例规范、信息量大	面向全社会，为经济部门规划管理使用，为提高全民环境意识服务
环境质量年度报告	（1）数据资料可靠；（2）能从生态平衡的整体观点看环境质量问题；（3）找出了主要污染问题；（4）指明了环境质量变化趋势；（5）有对策建议	上报政府，发送至有关社会经济部门，供部门制订环境建设和环保计划使用
环境质量公报	（1）及时性强；（2）准确度高；（3）能切中社会共同关心的环境质量问题，公告现状，预警未来，唤起民众，防患于未然	是环保主管部门向社会公众公告，面向社会，为保护人体健康，财产安全及生态良性循环服务
事故调查研究报告	（1）数据可靠，并有足够的信息量；（2）结论明确；（3）有实际应用价值	上报政府或主管部门及为专业部门处理事件服务

第四节　污染源监控减排质量管理

一、污染源调查监测建档

通过污染源调查监测统计资料汇编建立污染源档案是监测综合工作的主要内容之一。污染源档案是在污染源调查监测获得大量数据、资料基础上经过分析、整理、提炼而成的，它具有客观性、完整性、一致性、针对性和可行性的特点，所以客观地反映和记载了当时当地污染源的基本情况，污染物排放和治理情况及其发展演变过程，因此对污染源建档的质量管理要求是：

（1）慎守规范：严格按照各项规定填报，这是统一的基础。

（2）动态建档：要不断地把变化的情况加以充实，使之为动态档案。

（3）分层建档：按档案范围分区分层分别建档，便于统计使用。

（4）图文并茂：按统一规定编制各类图表及编码。

（5）数据一致：调查表、卡的编写及数据计算要一致。

（6）注重应用：建档的目的是成果开发，控制污染。

以档案原始资料为依据绘制出能形象地反映本地区主要污染物在三维空间上的排放量分布图，图件要按照全国统一的污染源制图规定编绘，用以说明调查监测成果，说清调查监测中的问题，针对存在问题提出防治对策。最后还必须将调查监测全部资料存档，确保调查监测工作的连续性和系统性。

（一）工业污染源调查数据资料内容

1. 企业环境状况

企业所在地的地理位置、地形、环境功能区（如商业区、居民区、文化区、风景区、工业区、农业区、林业区及养殖区）等环境现状。

2. 企业基本情况

（1）基本情况：企业详细名称、地址、主管机关名称、工业部门分类、经济类型、规模、开工年份、主要产品、产值、产量、利润、固定资产、职工人数、企业环境保护管理机构名称、厂区面积、厂区绿化面积等。

（2）厂区布局：车间（工段）、办公室、生活区、自备水源地、原料堆放地、燃料堆放地、固体废物及有害废物堆放地的位置和占地面积，以及各污染物排放的位置、形式、高度和大小等。

3. 生产工艺和排污情况

（1）生产工艺：工艺流程、主要反应方程式及主要工艺技术指标。

（2）排污情况：污染物产生的部位、排放量、排放方式和去向，污染物的种类、浓度和绝对量。

4. 能源、水源、原辅材料情况

（1）能源：构成、产地、成分、实际消耗量、主要产品的消耗定额、节能潜力及措施。

（2）水源：类型、供水方式、供水量、给水处理措施，重复用水及节水潜力。

（3）原辅材料：种类、产地、成分及含量、消耗量、消耗定额、节约原材料的潜力及措施。

5. 污染治理情况

（1）治理现状：项目、方法、工艺、投资、成本、效益、存在问题。

（2）治理规划：项目、方法、工艺、投资金额及来源、预期效果和经济效益估算。

6. 污染危害

危害对象、程度、原因、损失和作业人员健康状况。污染事故发生的时间、原因、损失、危害程度、处理情况和厂内外群众的反映。

7. 生产发展情况

发展方向、规模、布局、指标、预期污染物排放量及影响、“三同时”措施等。

调查的重点应是资源、能源的利用，污染物排放情况以及污染治理情况，其他诸方面都要紧紧围绕这一重点来调查。把这七个方面都搞清了，就能把生产管理与环境保护、污染物排放与环境影响有机地联系起来，对今后可能的发展趋势会有一个初步的估计。

（二）污染源建档范围分区

（1）按行政分区：即按市、区、县为单位进行调查，其优点是便于争取各级政府出面领导和组织，同时要与编写环境质量报告书相吻合。

（2）按自然分区：即按自然地理特点，把区域分为城区、流域区、湖区等自然区域，每次或每一阶段只对一个小自然区进行统一调查，如北京市西郊、太湖湖区工业污染源调查等。其优点是范围较小，针对性强，能将污染源与环境紧密结合起来，便于进行区域物料平衡分析、评价和污染效应分析，有利于制订总量控制标准和规划。

（3）按经济分区：把生产和经济联系密切的地区作为分区的依据，将其分为化工区、冶金工业区、商业区、生活区等小区，分阶段集中对其中一个小经济区进行集中调查，如南京燕子矶—栖霞工业区污染源调查。其优点是便于进行总量控制和制订综合治理方案。

（4）按行业分类：根据行业、产品特点和隶属关系来分类组织，如化工、造纸、建材、电镀行业工业污染源调查等。其优点是便于领导和组织，发挥各主管部门的作用，并有利于分析评价和规划。

不论进行哪种分区，都要求目的明确、范围适当、边界清楚，以利于调查数据的统计、分析和图表制作，及时编报工业污染源调查报告。

二、污染源普查资料的整理分析

针对《国民经济行业分类》第二产业中除建筑业外的全部工业污染源污染排放量及污染治理设施运行情况。包括工业源（包括交通运输等）、农业源（包括现代养殖业及农业面源）、生活源（包括城镇污水、垃圾、医院等）及集中式污染治理设施等。

（一）普查数据分析

1. 工业污染源普查数据处理与分析

（1）基本特征分析；

（2）资源消耗情况分析；

（3）污染物产生与排放情况分析；

（4）污染物处理与处置情况分析。

2. 生活源普查数据处理与分析

（1）基本情况分析；

（2）能源消耗情况分析；

（3）污染物产生和排放情况分析；

（4）污染治理情况分析。

3. 农业源普查数据处理与分析

（1）种植业普查数据处理与分析；

（2）畜禽养殖业普查数据处理与分析；

（3）水产业普查数据处理与分析；

（4）重点流域农村生活普查数据处理与分析。

4. 集中式污染治理设施的普查数据处理与分析

（1）基本情况分析；

（2）污染物产生和排放的情况分析。

5. 机动车污染普查数据处理与分析

（1）基本情况分析；

（2）污染物产生和排放情况分析。

6．放射性及特殊污染物普查数据处理和分析

（1）放射性污染源的统计分析；

（2）特殊污染源的普查和数据分析。

7．污染源普查数据的综合分析

（二）污染源有害物排放量计算

有害物质排放量的计算，通常采用实测法、物料衡算法和排放系数法，而实测法应是污染源调查中首先应用的主要方法。

1．实测法

这是通过实地测定某工作车间或车间外排废水、废气中有害物质的浓度及废水、废气流量，然后计算有害物质的绝对排放量。计算公式如下：

$$G_i = KQ \cdot \overline{C_i}$$

式中：K——单位换算系数，对废水取 10^{-6}，对废气取 10^{-9}；

G_i——废水或废气中 i 有害物质的绝对排放量，t/a；

Q——废水或废气的排放总量，t/a 或 m^3/a；

$\overline{C_i}$——i 有害物质的实测平均浓度，mg/L 或 mg/m^3：

$$\overline{C_i} = \frac{Q_1C_1 + Q_2C_2 + \cdots + Q_nC_n}{Q_1 + Q_2 + \cdots + Q_n}$$

式中：Q_n——第 n 次测定流量值；

C_n——第 n 次测定浓度值；

n——测定次数。

必须注意，样品采集必须与测量测定同时进行，计算中要注意浓度及流量计算单位的换算，并保证计算量纲的一致性。

若计算企业在一段时间内污染物排放量，则以污染源监督监测数据为基础计算。先计算监测时段（日）内各个排放口污染物排放量及该排放口计算时段内（月或季）排放量，再将各个排放口污染物排放量累加，获得计算时段内的企业污染物排放量，企业污染物年度排放总量为各计报时段的排放量之和，公式为：

$$P = (C \times Q \times \frac{1}{F} \times T) \times G \times \frac{1}{1\,000}$$

2．物料衡算法

根据质量守恒定律，在生产过程中投入的物料量等于产品重量和物料流失量总和。计算公式如下：

$$\sum G = \sum G_1 + \sum G_2$$

式中：$\sum G$——投入物料量总和；

$\sum G_1$——所得产品量总和；

$\sum G_2$——流失量总和。

有害物质的排放量计算公式如下：

$$\sum G_i = \sum (G \cdot M_i) - \sum (G_i \cdot N_i)$$

式中：$\sum G_i$——i有害物质排放量；

$\sum (G \cdot M_i)$——投入物料中i有害物质的量；

$\sum (G_i \cdot N_i)$——产品、副产品及回收产品中i有害物质的量；

M_i——投入物料中i有害物质百分含量；

N_i——产品、副产品及回收产品中i有害物质的百分含量。

3．排放系数法（经验计算法）

是指在正常技术经济和管理条件下，某单位产品所产生（或排放）的污染物数量的统计平均值。根据生产过程中产品的经验排放系数进行计算，求得污染物排放量的计算方法。

计算公式如下：

$$G_i = K_i \cdot W$$

式中：G_i——i污染物年排放量，kg/a；

K_i——污染物i的排放系数，kg/t（产品）；

W——产品的年产量（或生产规模），t。

为了确保实测法计算的准确性，应遵循如下原则：

（1）安装自动在线监测设备（其自动监测的进出口流量和浓度数据源通过市级以上环保部门有效性审核的），并与环保部门联网长期稳定运行的单位，应优先采用实时监测数据的汇总数作为排污量数据。

（2）未安装自动在线监测设备的单位，在采用实测法计算排污量时，为保证监测数据的准确性并具有代表性，满足总量控制和浓度控制相结合的管理要求，需多次测定样品取值，并经同级污染、监察、监测等部门共同认定。在计算时，流量取算术平均值，浓度取加权平均值。

（3）采用实测法计算排污数据须与用物料衡算法或排放系数法计算的排污量数据对照验证。如计算结果偏差较大应进行核实调查。尤其是二氧化硫排放量计算，一定要与物料衡算法计算结果相互验证。

在使用物料衡算法时必须详细掌握企业的生产工艺，污染治理和管理水平情况。为确保排放系数法计算准确，必须遵循如下原则：

（1）排放系数法是一种在没有实测数据时使用的简易计算方法，因系数的来源和适用条件不同，必须把握好适用的边界条件，不能随意使用。

（2）使用排放系数时，必须根据企业实际的生产工艺，生产规模及污染治理情况，参照国家提供的有关系数，选择合适的系数值，以保证计算结果的系统性和稳定性。

（3）采用排放系数计算的排污量数据应与使用物料衡算法计算的排污量数据对照验证，如与物料衡算计算结果偏差较大，应进行核实、调整。

三、污染源监测评价

污染源监测评价是污染源调查的继续和深入，是调查工作中一个主要组成部分。污染源监测评价不能直接反映环境质量状况，它是把调查工作中获得的大量数据进行等标化处理，简明地筛选出主要污染源和主要污染物。这是由于各工厂排放的污染不一样，它们对环境的影响也就不一样，为了区分各种污染物对环境的潜在污染能力，分别主次，需要对污染源进行评价，找出需要重点管理、治理的工厂和污染物，为综合防治提供依据。

目前，我国对污染源评价多系潜在污染能力评价和现状污染评价，常用的方法有分级法、指数法和函数法等。用得最为普遍、常见的有“排毒指数”、“等标污染负荷”、“等标排放量”等，都属指数法范畴。指数法是建立在污染物的排放量与评价标准的基础上，原则上是用超标倍数或者是使污染物达到评价标准时所需稀释介质这一基本物理量及其数量化来反映污染源所具有的污染能力。因而《规定》中采用了“等标污染负荷法”分别对水、气进行评价。

具体评价是选取评价标准，然后进行评价计算，最后将评价结果进行整理分析，写出污染源评价报告。

（一）选取评价标准

污染物进入环境后，由于环境作用的对象不同，因而有不同的要求。一般来说，评价标准的选择是根据评价的主要目的确定的，同时尽可能客观地反映各种污染物对人体和生物的影响，尽可能选取更多的污染物参加评价。由于我国现行的标准不全，难以完全满足工业污染源评价的需要，为了统一评价标准，根据工业污染源调查的现有水平，污染源评价主要可选取环境质量标准或污染物综合排放标准。选用前者是为了反映污染源排污对环境造成的潜在的污染影响；选用后者则可反映污染源防治或控制状况。

为使全国重点工业污染源动态信息与 1985 年的调查成果有可比性和延续性，从 1991 年开始进行的全国重点工业污染源动态信息工作中，其评价标准又恢复使用 1985 年全国工业污染源调查规定的标准，其工业废水评价标准见表 7-11，工业废气标准见表 7-12。

表 7-11 废水中主要有害物的评价标准

序号	有害物质名称	评价标准/（mg/L）	序号	有害物质名称	评价标准/（mg/L）
1	悬浮物	50	12	石油类	0.5
2	BOD_5	5	13	锌	1.0
3	COD	10	14	镍	0.5
	（以上为综合污染指标）		15	铍	0.000 2
4	挥发酚	0.01	16	氟化物	1.0
5	氰化物	0.1	17	硫化物	0.1
6	砷	0.08	18	苯胺类	0.1
7	总汞	0.001	19	硝基苯类	0.5
8	镉	0.01	20	有机磷	0.03
9	铬（三价）	0.5	21	有机氯	0.02
	铬（六价）	0.05	22	表面活性剂	0.5
10	铅	0.1	23	氨氮	0.5
11	铜	0.03			

表 7-12 废气中主要有害物的评价标准

序号	有害物质名称	评价标准/（mg/m³）	序号	有害物质名称	评价标准/（mg/m³）
1	二氧化硫	0.15	24	乙醛	0.01
2	氮氧化物（以 NO_2 计）	0.10	25	甲醇	1.0
3	一氧化碳	1.0	26	丙酮	0.35
4	氯	0.03	27	丙烯醛	0.03
5	氯化氢	0.015	28	甲烯醛	9×10^{-6}
6	氟化氢	0.005	29	粉尘及烟尘	0.30
7	硫化氢	0.008	30	吡啶	0.08
8	氰化氢	0.01	31	六价铬的化合物（以 Cr^{6+} 计）	0.001 5
9	砷化氢	0.06			
10	二硫化碳	0.005	32	锰及其化合物（以 MnO_2 计）	0.01
11	氨	0.2			
12	硝酸（以 HNO_3 计）	0.4	33	铅及其化合物（以 Pb 计）	0.000 7
13	硫酸（以 H_2SO_4 计）	0.1			
14	汞（以 Hg 计）	0.000 3	34	镉及其化合物（以 Cd 计）	0.003
15	四氟化硅	0.005			
16	苯	0.8	35	砷及其化合物（以 As 计）	0.003
17	甲苯	0.6			
18	苯胺	0.2	36	铍及其化合物（以 Be 计）	0.000 01
19	二甲苯	0.03			
20	硝基苯	0.008	37	铜（以 Cu 计）	0.001
21	苯酚	0.01	38	五氧化二钒	0.002
22	苯乙烯	0.003	39	苯并[a]芘	1.0 μg/100 m³
23	甲醛	0.01	40	丙烯腈	0.05

（二）评价计算步骤

（1）先计算污染物的等标排放量，即对 i 个污染源各污染物的等标排放量进行计算。

即
$$P_{ij}=\frac{M_{ij}}{S_B}$$

式中：P_{ij}——等标排放量；

M_{ij}——污染源 i 第 j 种污染物排放量；

S_B——选用的评价标准。

（2）计算污染源的等标排放量，即污染源的各污染物等标排放量之和。

$$P_i=\sum_{i=1}^{n}P_{ij}(j=1,\cdots,m)$$

（3）计算整个调查区域的等标排放量 P_T

$$P_T=\sum_{i=1}^{n}P_i$$

（4）计算每个污染源等标排放量的比值。

$$K_i = \frac{P_i}{P_{\mathrm{T}}}(i = 1,\cdots,m)$$

将 K_i 按数值由大到小依次排列，并将为 K_i 值依次叠加。当 $\sum K_i$ 的比值达 70%～80% 时，被叠加的污染源为主要污染源，如果要确定区域内的主要污染物，则可再计算全区域内某种污染物的等标排放量。

$$P_i = \sum_{i=1}^{m} P_{ij}$$

（5）再求出每个污染物的等标排放量的比值。

$$K_i = \frac{P_i}{P_{\mathrm{T}}}$$

同样，把 K_i 按数值大小排列，K_i 值最大或较大的几个即为该区域的主要污染物。

（三）污染综合分析

采用等标污染负荷法处理容易造成一些毒性大、在环境中易于积累的污染物排不到主要污染源中去，然而对这些污染物的排放控制又是必要的，所以通过计算后，还应作全面考虑和分析。最后确定出主要污染源和主要污染物。主要污染源的确定还应从以下四个方面来综合分析：

（1）依类选点：一个区域的工业污染源，尽管数量众多，但根据不同的分类方法，把工业污染源和污染物分成若干类，而后在每一类型中选择典型污染源。

（2）依量选点：以“三废”排放量和污染物排放量为依据，即选取排污量大或某污染物的主要排放单位。掌握了这批工业污染源，就基本上掌握了这一区域的“三废”排放特点和污染程度。

（3）依害选点：一个工业污染源在区域环境中所处的地位，最终决定于其危害能力的大小，既决定于污染物的排放量，又决定于污染物的毒性，所以污染危害能力的大小是确定主要污染源的主要依据。掌握了区域主要致害污染源，区域环境问题就大体明确了。

（4）依位选点：工业污染源所处的地理位置，对其污染危害能力影响极大。显然，处于城市居民稠密区或处于水源地的工业污染源，比处于远郊区或远离水源地的同类、同规模污染源危害要大得多。因此要根据各地情况，考虑位置特点和环境功能特点。

（四）编制评价报告

污染源监测服务于多种任务，如污染事故处理、工程建设项目的环境影响评估、功能区的环境质量控制、单项污染治理、环境规划、区域性普查等。由于监测任务的不同，评价目的也有所差别，但不论对何种监测任务，评价的共性目的都是为了从已获得大量、繁杂的污染源监测资料中，充分提取综合的、有效的排污信息。

对于一个环境受到污染的城市、地区或水域而言，往往是污染源数量众多、排污情况各异，它们对环境的污染影响也千差万别。为了判明污染源排污对环境造成污染的潜在威胁，需要在获取系统、完整、可靠的大量监测资料的基础上，对污染源进行评价，最终为环境管理的优化决策提供科学依据。

污染源评价，是对监测结果的综合、深化，又是进行环境质量评价、制订污染防治规划的必要前提，因而也是污染源监测全过程中一个必要的环节。

四、总量控制减排核算质量管理

工业污染源排放总量的控制与管理是以地区环境容量为依据，充分考虑本区工厂污染物的产生种类、产生量、发生节点及流失去向和生产原因的基础上，通过物料衡算、流失总量剖析等技术确定工业源及各污染节点（工艺、生产车间、污染排放总口等）的污染物允许排放负荷，进行有效的排污控制。根据允许排放负荷（总量控制目标），制订为保证其有效实施的管理方法（规范、条件、政策等），对污染源实行定量化、规范化、科学化的总量管理。它可以把环境容量—资源能源利用—工艺技术改造—污染源治理—生产与环境管理有机地融合为一体，把污染物消除在生产过程中。克服了监测数据以浓度控制的不足，是控制污染、加强管理的有效途径。其具体方法是：

（一）建立控制与管理系统

工业污染源既是一个独立存在的环境单元，同时又受到本地区社会、经济、环境诸因素及其周围工厂的制约与影响。因此，必须在工业污染源调查掌握了流失总量的基础上结合本地区社会经济技术状况、环境容量、其对环境污染贡献率，建立工业污染源排放总量控制与管理系统。该系统分为四部分，见图 7-9。

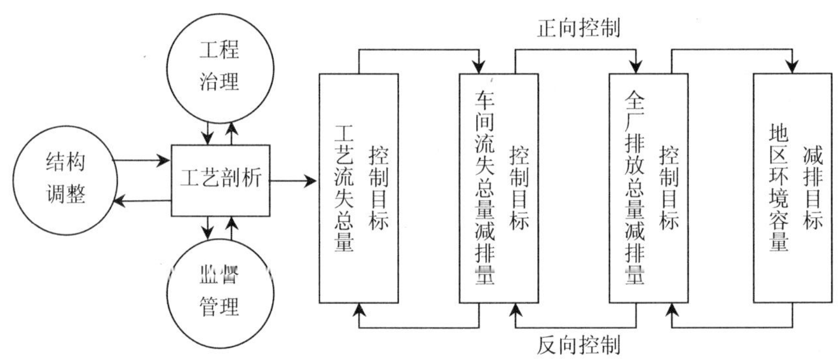

图 7-9　工业污染物排放总量控制与减排目标的制订程序

（1）总量控制指标体系：是实行总量控制的污染物种类，它是控制污染源对环境污染的基础，必须首先制订。

（2）总量控制目标：是指允许全厂为每个车间工艺所允许排放的污染绝对量。它是实行总量控制的标准和实行污染源定量化管理的依据。

（3）总量控制技术系统：为保证总量控制目标的实行而确定相应的污染物削减措施，如工艺改造、设备更新、“三废”、综合利用、提高资源能源利用率、污染治理措施等。

（4）总量管理系统：根据排放总量指标、目标和技术控制系统，制订相应的总量管理规范、条例和有关政策，形成一套管理方法和法规体系。

（二）选取制订控制指标和目标

控制标准及目标是工业污染源控制与管理的基础及依据，其准确性、代表性、科学性直接决定和影响能否对工业污染源实行有效控制，决定污染治理费用。因此，总量排放控制指标的选取和目标的确定是至关重要的（图 7-10）。

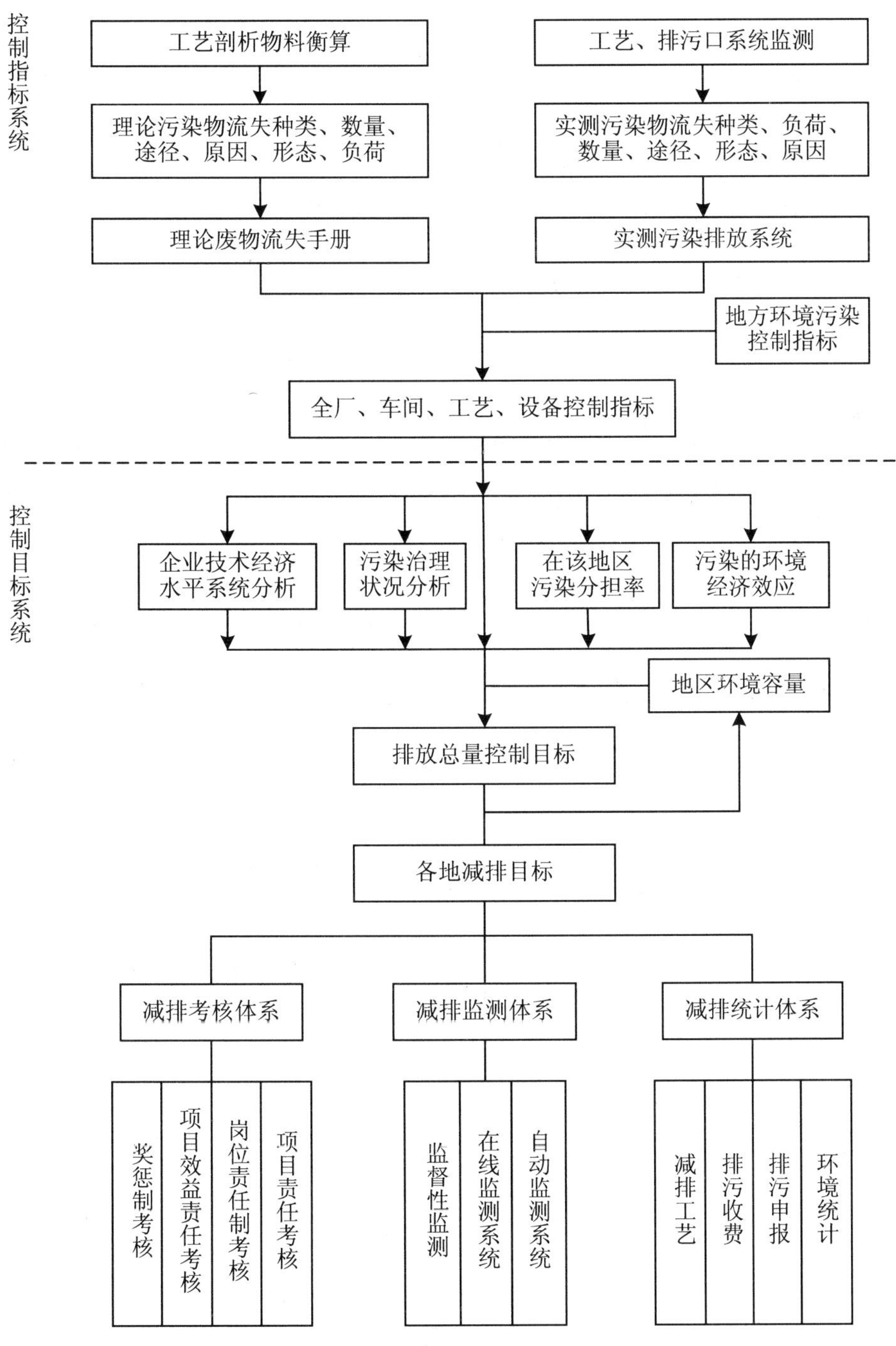

图 7-10　工业污染源总量控制减排考核系统图

1．控制指标的分类选取

控制指标必须满足两个条件：一是能够准确、全面地反映和代表企业和车间、工艺所排放的污染物种类及污染水平；二是满足地方环境污染控制指标的要求。根据我国城市污染状况和污染造成的社会、经济、环境的影响，工业污染源污染物总量控制指标可分为：空气污染物、水环境污染物、工业固体废弃物、噪声污染四类，同时亦可按气态、液态、固态加以分类：

（1）空气污染控制指标

工厂排放和生产的空气污染物主要有燃料污染物（SO_2、CO、NO_x、烟尘等）和工业尾气及工艺过程中流失气体。根据目前情况，可实行总量控制的是 SO_2 等燃煤污染物。

（2）水污染控制指标

水污染物种类繁多，为了便于控制与管理，同时满足地区污染控制的需要，可把其分为三类：

① 综合控制指标：BOD 和 COD 是目前我们评价和控制水质的综合指标。但其分析时间长、条件要求严格，操作繁琐，同时由于化学作用不能达到完全氧化的程度，易产生较大误差。故很难适合工业污染源总量控制要求。相比之下 TOC 较为理想。TOC 是指水体中有机物的含碳总量，简称总有机碳。其最大优点是应用仪器快速测定，一般仅几分钟，可达到对水质的快速自动连续准确测定。再通过 TOC 与 BOD，COD 相关性研究，最终以 TOC 代替 BOD 和 COD 进行水质监测和控制。该指标控制全厂和区域水质的综合指标。但目前国际上还尚未有公认的 TOC 标准。主要分析仪器 TOC 测定仪价格也较高。

② 难降解致癌、致畸、致突变污染物和重金属污染物：前者数量极大，但主要有多环芳烃、氨基物、有机氯等。这几种污染物在环境中易积累，潜伏期较长，对水生生物、农作物、人体健康有严重危害，同时对污水处理厂和土地处理系统等外环境工程的运转有较大影响。该类指标亦可称为工业废水毒性指标，把该类指标与综合控制指标相匹配，可有效地控制工业源的有毒难降解污水。同时可以明确地确认，该类指标必须控制在发生源。

③ 特征控制指标：除上述两类污染物外，各工厂由于产品工艺和原材料消耗不同，生成各类污染物，代表了企业的污染构成。这些污染物称为特征污染物。如油、酚、氰化物、pH、SS、硫化物、氨氮等。

（3）工业固弃物

根据性质工业固体废弃物分为两类：一为工业垃圾；二为工业有毒有害废弃物。

控制指标的选取可根据工业污染源的系统调查分析完成。在这方面，我国已做了大量工作，但对水污染综合控制指标等尚需做许多工作。而一些致毒、致癌的污染物又必须在源内控制，因此为了使控制指标能够全面反映该厂所排放的污染物种类水平，应采用投入产出模型，进行物料衡算和监测分析相结合的方法。同时参考地方水污染控制指标，制订出企业需要实行总量控制的指标。

2．控制目标的制订

控制目标是工业污染源控制与管理的核心，其直接影响和决定了污染治理费用、目标的可行性和对环境质量的影响。因此必须科学准确地制订工业污染源污染物排放总量。控制目标的制订可分为两步：

（1）污染物流失总量测算

对全厂主要生产工艺进行剖析，通过投入产出模型、物料衡算确定不同工艺、不同车间、不同产品的污染物流失种类、流失负荷、流失去向、流失点、流失形态，并对其环境经济效益应进行系统分析。

在进行工艺剖析的同时，进行工艺口、车间口和全厂总排污口同步监测，以确定污染物的实际排放种类和负荷以对理论计算结果进行考核。同时根据理论计算结果和实际监测结果比较，可求出污染物生成和排放系数。在监测技术不健全的情况下只要知道理论流失量就可以通过该系数计算出它的实际排放量。

（2）流失总量的剖析

把污染物流失部分划分正常流失部分和非正常流失部分。正常流失部分是指理论计算所应流失的，非正常流失部分是由于管理等原因造成的跑、冒、滴、漏部分。同时通过这些污染物的环境经济效益分析，制订出工艺流失总量控制目标、车间和全厂排放总量控制目标，这可称为正向控制。即从工艺角度控制污染物排放。为了使全厂污染物的排放量满足地区环境容量要求，必须根据地区所分配给企业的污染允许排放负荷来调节全厂的总量控制目标。同时又可根据全厂的三控制目标反馈地区环境容量，通过系统分析反复协调，最后制订出全厂的污染物排放总量控制目标，见图 7-9。

为使总量控制目标有更大的实用性和经济性，即更加充分利用环境容量，可把总量控制目标分为：周控制目标、月控制目标、季控制目标和年控制目标，从而充分利用一年四季中不同季节对污染物的不同容纳能力。

（三）主要污染物减排

“十一五”期间实施排放总量控制两项污染物 COD、SO_2 的排放总量（包括工业源和生活源污染物排放量，不含面源），2005 年主要污染物排放量按 2005 年环境统计结果确定（为基准年）减排指标是根据“十一五”规划到 2010 年，全国主要污染物排放总量，比 2005 年减少 10%减排指标的主要特征：

（1）是在消化新增量基础上的减排。

（2）相当于节能指标而言，减排指标是绝对量。

（3）各项措施（包括结构减排，工程减排和监督管理减排措施）的减排量要通过核查确定。

各省、自治区、直辖市污染物减排总量目标，是在确保实现全国总量控制目标的前提下，结合考虑各地环境质量状况。环境容量、排放基数、经济发展水平和削减能力，以及各污染防治专项规划的要求而确定的。各省、自治区、直辖市按照主要污染物总量减排目标，将控制目标分解落实到地市区县基层和排污单位。减排工作方案是各地减排工作的行动指南，也是落实削减目标责任书的具体体现，应分解落实到具体削减项目，落实到基层和重点制度单位，严格执行确保实现计划目标。

（四）编制污染物减排计划

编制各自的污染物减排计划要按如下要求进行：

（1）必须与所采取的减排措施（包括结构调整，工程治理和监督管理措施）相吻合；

（2）必须列出所有发挥持续稳定减排效果的明细；

（3）编制计划以属地为原则；

（4）计划与基数年统计的口径范围相一致。

减排计划编制内容是：

（1）总量减排目标；

（2）可达性分析；

（3）经济与环境现状分析；

（4）污染物新增排放量预测；

（5）产业结构减排实施方案；

（6）工程治理减排实施方案；

（7）监督管理减排实施方案；

（8）综合辅助实施方案；

（9）减排计划实施保证措施。

（五）主要污染物减排三大体系（见图 7-10）

（1）减排统计体系：是指为了顺利完成主要污染物减排任务，而建立的一套科学的系统的和符合国情的主要污染物排放总量统计分析，数据核定、信息传输体系，其主要标志是："方法科学、交叉印证、数据准确，可比性强"，能够做到及时、准确、全面反映主要污染物排放状态和变化情况，参见《主要污染物总量减排统计办法》。

（2）减排监测体系：是指为了顺利完成主要污染物减排任务，而建立的一套污染物监督性监测和重点污染源自动在线监测相结合的环境监测体系，其显著标志是："装备先进，标准规范，手段多样，运转高效"，能够及时跟踪各地区和重点企业主要污染物排放变化情况，参见《主要污染物总量减排监测办法》及《主要污染物减排监测质量保证和质量控制技术规定》。

（3）减排考核体系：是指为了顺利完成主要污染物减排任务，而建立的一套严格的、操作性强和符合实际的污染物减排成效考核和责任追究体系。其显著标志是："权责明确，监督有力，程序适当，奖罚分明"，能够做到让那些不重视污染减排工作的人付出应有代价，参见《主要污染物总量减排考核办法》。

（六）主要污染物减排核算

减排核算是针对一定时间、一定区域范围内，污染减排相关数据、污染减排项目进行核实和确认的基础上，以及统一确定的计算原则和方法，计算核定 COD　SO_2 总量减排量的过程。减排核算的原则是：

（1）坚持实事求是，反对弄虚作假；

（2）与环境统计制度结合，与统计报表衔接；

（3）现场核查与资料审核相结合。

减排核算的统计量：

（1）主要污染物排放量

核算期主要污染物排放量 = 上半年排放量 + 新增排放量 – 新增削减量

（2）主要污染物新增排放量

主要污染物新增排放量 = 核算期主要污染物排放量 – 上年同期主要污染物排放量

（3）主要污染物新增削减量

主要污染物新增削减量 = 上年同期主要污染物排放量 – 通过减排措施稳定的排放量

（4）主要污染物静态削减量

主要污染物静态削减量，指当地 GDP 零增长情况下，相对于基准年的污染物削减量。

（5）主要污染物动态削减量

主要污染物动态削减量，指当地 GDP 在一定情况增长下，污染物新增排放量 + 静态削减量的总和。

减排核算方式与程序

（1）各省、自治区、直辖市环保部门核算方式与内容：

① 协调督促市、县环保部门做好减排核查工作所需的记录资料。

② 对本区域内的主要污染物新增排放量、新增削减量和排放量进行逐项核算。

③ 将核算结果及主要参数的取值依据一并上报环保部督察中心。

（2）环境保护部督察中心减排核算方式内容：

① 对督察范围的省、减排情况与日常督察。

② 对减排情况定期核查，收集相关资料。

③ 将初步认定减排项目清单，减排数据、核算结果以及其主要参数的取值依据一并上报环保部。

第五节 环境质量评价质量管理

环境质量问题是环境科学研究的中心，研究环境质量变化的规律，评价环境质量的水平，探讨改善和提高环境质量的方法和途径，是环境监测工作的最终目的，是监测综合管理的重要内容之一。

环境质量是指环境素质的优劣，环境质量评价即是通过全面的数量指标化，对环境质量优劣作完整的评定。因此环境质量评价是在环境监测的基础上对监测数据、资料进行数学加工得到一些规律性的认识。再以适宜人类生活、生存和发展的程度和影响进行完整地科学解释和预测。

一、环境质量评价类型

环境质量评价类型很多，有各种各样的。主要是根据不同的目的，不同的要求来选择不同的类型。不同的类型，选择的参数和标准也就不同，结论也不一样。

一般来讲，可按时间、环境要素、地域范围把环境质量评价分成不同的类型。

按时间可分为回顾评价、现状评价、预断评价（影响评价）。回顾评价是指用历史积累的环境资料进行的评价，由此可回顾一个地区环境质量的发展和演变过程。回顾评价时限根据需要而定，一般为过去的三年到五年，但是这种评价往往要受历史资料积累情况的限制。现状评价一般是根据近两三年甚至一年的调查、监测资料进行的，通过评价，阐明环境的污染现状，为区域环境污染管理、综合防治提供依据。预断评价（影响评价）

是指根据区域的开发活动、经济发展和城市规划预测地区环境质量的变化所做的评价。根据我们这些年的实践，我们一般把对区域未来的环境质量的预测叫预断评价，把对一个企业或一个局部的未来环境质量做的预测，叫影响评价。

以上三种类型，我们用得最多的是后两种。

按环境要素可分为单要素的评价，多要素的联合评价和整体环境综合评价。单要素环境评价包括空气环境质量评价、水环境质量评价、城市声学环境质量评价、土地环境质量评价等。这种评价比较详细和集中，并可作为基础，供做城市整体综合评价使用。多要素的联合评价包括地表水、地下水的联合评价，土地和作物的联合评价，地面水、地下水、土地作物联合评价等。这种评价的目的，在于揭示污染物的迁移转化规律和污染物相互作用的控制，带有深层次的许多研究工作，并且需要一定的验证试验和计算，有一定的难度。整体综合评价是在单要素的评价基础上进行的。往往要与社会环境条件相结合，揭示各个环节的主要矛盾，为城市综合防治、规划提供依据。

按地域范围可分为城市区域环境质量评价、流域环境质量评价、海域环境质量评价和全球环境质量评价。

此外还有按职能分的，如工业环境质量评价、农业环境质量评价、交通环境质量评价；按评价参数分的，如化学评价、物理评价、生物学评价等。

二、环境质量评价精度

由于环境质量评价的类型不同，目的不同，对象不同，范围不同，因此评价的精度也不一样。一般来讲，由于城市人口集中，城市环境变化对人体的健康影响较大，要求的精度较高一些。海域和跨界的流域，要求的精度就低一些。当然，大中小城市、海域、流域的精度要求也不一样，表 7-13 是根据我国目前开展的环境质量评价工作归纳得来的，较粗糙一些。当前，我们在进行城市环境质量评价时，一般采用 0.5 km×0.5 km 和 1 km×1 km 的网络，表中的 n 取正整数。

表 7-13　不同区域环境质量评价类型各环境要素的取样密度

评价类型	评价地区面积/km²	取样密度						
		地表水			地下水	土壤	作物	大气
		水	底泥	水生生物				
城市分区环境质量评价	$n\times10^2$	$n\times10^2$	$n\times10$	$n\times10$	$n\times10^2$	$n\times10$	$n\times10$	$n\times10$
城市整体环境质量评价	$n\times10^3$	$n\times10^2$～$n\times10^3$	$n\times10^2$	$n\times10^2$	$n\times10^2$～$n\times10^3$	$n\times10^3$～$n\times10^3$	$n\times10^2$	$n\times10$
小流域环境质量评价	$n\times10^2$	$n\times10^2$	$n\times10$	$n\times10$	$n\times10^2$	$n\times10$	$n\times10$	$n\times10$
中等流域环境质量评价	$n\times10^3$～$n\times10^4$	$n\times10^2$～$n\times10^3$	$n\times10^2$	$n\times10^2$	$n\times10^2$	$n\times10^2$	$n\times10^2$	$n\times10$
大流域环境质量评价	$n\times10^4$～$n\times10^5$	$n\times10^3$	$n\times10^2$	$n\times10^2$	$n\times10^3$～$n\times10^3$	$n\times10^2$	$n\times10^2$	$n\times10$～$n\times10^2$

评价类型	评价地区面积/km^2	取样密度						
		地表水			地下水	土壤	作物	大气
		水	底泥	水生生物				
沿海流域环境质量评价	$n\times10^3$～$n\times10^4$	$n\times10^2$～$n\times10^3$	$n\times10^2$	$n\times10^2$	—	—	—	—
全国环境质量评价	$n\times10^6$	$n\times10^4$	$n\times10^2$	$n\times10^3$	$n\times10^3$～$n\times10^4$	$n\times10^3$～$n\times10^4$	$n\times10^3$～$n\times10^4$	$n\times10$～$n\times10^2$

三、环境质量评价内容

环境质量现状评价的基本内容包括环境背景调查与污染源评价，环境质量的调查和评价，环境效应的分析（即环境污染影响的分析）三部分。

1．环境背景调查与污染源调查评价

环境背景调查是环境质量评价的基础，对一个区域来讲，环境背景系指那些较少受到污染干扰或相对较为原始的自然环境的地方。环境质量的现状要和背景资料进行比较，才能知道污染程度和发生的过程，同时为寻找污染源提供依据。环境背景调查的内容较多，包括气象、水文、地貌地形、土地利用情况以及社会因素等。

污染源的调查和评价也是环境质量评价的基础之一，调查评价为评价区域环境提供依据，通过调查筛选出主要污染源、主要污染物，建立污染源档案。

2．环境质量的调查与评价

通过环境例行监测和资料收集得到环境质量的信息，再采用专门的评价方法得到定性和定量的结论，其目的在于研究外环境的污染情况，污染时空变化规律及污染物在大气、水体、土地等的迁移转化规律。它是环境质量评价的核心。

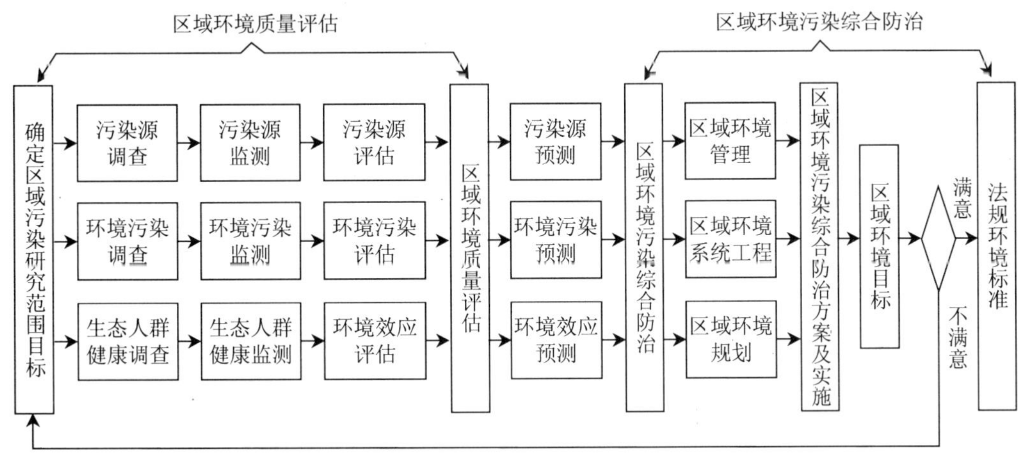

图 7-11 环境质量现状评价质量管理程序图

3．环境效应的分析

由于这方面的工作量较大，同时需要一定的研究成果给予支持，因此，可以间隔较

长的时间做一次。它包括三方面的内容：

（1）环境污染引起的生态效应。如生物的变异、生理功能异常、农作物减产和死亡。

（2）环境污染对人体健康的影响。如儿童发育健康状况，成人的发病率、死亡率以及这些与环境各要素的相关性。

（3）经济损益分析。计算由于环境污染造成的经济损失。

四、环境质量评价要点

1．正确、全面地分解环境，分析环境的构成因子

根据评价目的不同，选择不同的类型。正确地、全面地认识环境的范围、内容和功能，分析污染形成的原因、演化及其影响因素。这一过程，应从管理和监测、科研获得信息，定性地找出当地的环境各要素的主要问题，找出城市环境的主要问题，这是基础。

2．准确地选择评价参数

准确地选择评价参数是评价成败的关键。一般地说，应根据评价目的不同、类型不同来选择评价参数，实际上评价参数的选择是正确认识环境的延伸。参数的选择应考虑以下几个方面：

（1）国家规定的常规主要项目中，又是本地区的主要污染因子。

（2）为某种特殊目的做的评价而需要的因子，如对地区渔业水评价，就应选择重金属、溶解氧、有机氯。

（3）毒性大的污染因子应加以考虑，如水体中的一类污染物（难降解的）。

（4）应及时考虑选择国家有标准可衡量的污染因子。当然个别因子如果是当地的主要污染物，也可以考虑参照国外的标准。

3．评价标准的选择

目前国家已发布了千余项环境保护标准。作为评价标准，就我们涉及的环境要素空气、地表水、噪声都有标准。地下水如果作为主要饮用水源可用饮用水卫生标准衡量，但严格来讲，这是不够的。原因是饮用水标准只能表示人体对各种元素的适应能力，这个指标也会随着环境的变异和病理学研究的深入而改变。再者，地下水从未污染、开始污染到严重污染要有个过程，是要经过由量变到质变的过程，饮用水指标却不能反映这个过程。

为此，有人提出用污染起始值来作为评价地下水的标准。如公式：

$$X_0 = \overline{X} + \sqrt{\frac{\sum_{i=1}^{n}(X - \overline{X})^2}{n-1}}$$

式中：X_0——污染起始值（区域背景值）；

$\overline{X}$——某污染物的区域背景值的平均值；

X_i——背景值中各水井某污染物的实测值；

n——背景监测样品数量。

在研究工作中可以尝试使用这个公式。

4．参数的等标化

在监测中，各参数的度量单位是不一样的。有的是单位体积的重量，如 TSP；有的

是单位面积的重量，如降尘；有的是污染物的浓度，如地面水；有的又是分贝等。为了使这些单位、数值及其意义各不相同的参数在同一基准上进行比较，就需要将所有的参数都和它们各自的标准相比较，使它们转换成具有相同环境意义的定量数值，即我们常使用的公式：

$$I=\frac{C}{C_s}$$

式中：I——评价参数；

C——实测值；

C_s——标准值。

这就是等标化，这也是我们在各领域经常使用的数据处理方法。

5. 确定评价参数的权系数

上面提到“主要因素”，就是说不同的参数对环境质量和人体健康的影响是不一样的，因此，就要给不同的参数一个权系数，以分别各参数的影响度大小。要正确地确定权系数，包括两个方面的工作，一个是深入研究标志污染物在区域环境中的污染状况及对生物和人体健康的影响程度（流行病学），特别要确定污染物与其他多种污染物的联合作用的毒理学实验，确定污染物之间的加成、协同作用；另一方面要进行数学分析。目前确定权系数的方法有专家判别法、模糊数学法、综合法等。

6. 环境评价数学模式的建立

要想定量地表示污染物在多介质、多元体系中物质的运动规律，使用数学模型是非常好的方法。

评价环境质量使用的数学模型大致有：

指数评价模型：

（1）单因子指数：

$$I_i=\frac{C_i}{S_i}$$

式中：I_i——单因子指数；

C_i——第 i 种污染物在环境中的浓度；

S_i——第 i 种污染物的评价标准。

这是一种最简单的评价方法，实际上它表示的是超标倍数，I_i 越大，表示第 i 种污染物的环境质量越差。I_i 值是对某一个标准而言的，如果标准变了，尽管某种污染物在环境中的实际浓度没变，I_i 也有变化。因此，它是一个相对值，在进行横向比较时，如地表水和地下水，水体和土壤，要注意同一种污染物在不同的环境要素中是否具有相同的评价标准。

（2）多因子环境质量指数：

① 均值型：

$$I=\frac{1}{n}\sum_{i=1}^{n}I_i$$

式中：n——参与评价的因子数。

该指数基本出发点是各环境因子是等权的。我国早期的评价就使用这种，如北京、南京、广州、北京西部的水质量评价就用了均值型指数。

② 计权型：

$$I=\sum_{i=1}^{n}W_iI_i$$

式中：W_i——第 i 种污染物的权系数，权系数 $\sum_{i=1}^{n}W_i=1$。

这种指数应该说是很完全的，能比较好地衡量主导因子的作用。但 W_i 的数值多采用专家判别法，需要特别注意它的准确性。因此，W_i 的确定我们主张用多种方法综合评定为宜。

（3）积分值法：

积分值法是直接将因子浓度与标准挂钩，计算简单方便。其基本思想是根据每一个因子的浓度，按照已定的环境标准给定一个评分值，将所有的因子的评分值加在一起，得总分值，去查表来确定环境质量等级。一般质量等级定为 5 级，由 20～100 分，选 5～10 个因子。

该法的缺点是不能确切反映各个因子相对重要性关系。

（4）W 值法：

该法弥补了积分值法的不足，充分地考虑了主要污染物的影响。如果将环境质量标准作为评价标准，那么凡符合一级标准的因子得 10 分，符合二级、三级、四级、五级标准者，分别得 8 分，6 分，4 分和 2 分，写成数学通式：$SN_{10}^{n}N_{8}^{n}N_{6}^{n}N_{4}^{n}N_{2}^{n}$（式中，S 是参与评价因子数，$N_{10}^{n},\cdots,N_{2}^{n}$ 中的 n 为取得 10 分，8 分，6 分，4 分，2 分的因子数目），以最低两项分值之和去查分级表，确定出环境质量的理想、良好、污染、重污染和严重污染等级。

此外，还有近几年兴起的模糊评价法。

用于环境质量影响的评价模型还有矩阵法和网络法。

总之，从长远来说，为了不断提高环境质量的评价水平，从事实际工作的监测人员应努力提高自己的数学能力，加强数学与环境科学的交叉渗透，建立更好的环境评价数学模式。

7．环境质量的分级

从环境数学公式得到了质量的具体数字，这些数字是根据所评价的环境要素或单元的功能选择不同的标准取得的。同样的数字，在不同甚至相同的要素内，也要赋予它定性的解释，为此就要进行环境质量的分级，即根据环境质量指数对应的生态效应将质量指数划分为若干等级，比如上面说的五级（每级对应一个指数）：优、良好、轻度污染、中度污染、严重污染等，这样，每个环境质量指数值就有了具体的污染程度的概念了。

五、环境质量评价方法

目前各城市环境质量评价，以环境要素评价为基础，主要有空气质量评价、地表水环境质量评价、地下水环境质量评价、近岸海域水质评价、生态环境质量评价、土壤环境质量评价、城市噪声评价和辐射评价等。

（一）城市环境空气质量评价方法

113 个环保重点城市日报的监测项目包括二氧化硫（SO_2）、二氧化氮（NO_2）和可吸入颗粒物（PM_{10}）浓度，监测数据为各项目前一天中午 12:00 至当天中午 12:00 的 24 h 平均值。全国城市年报上报的监测项目主要包括二氧化硫、二氧化氮、可吸入颗粒物浓度，监测数据为各项目的年均值。

全国总体的空气质量分析通过由年报数据确定的单项污染物水平的级别以及综合的空气质量级别进行评价，其中年均单项污染物级别由环境空气质量的年平均标准确定。由于大部分城市只有可吸入颗粒物和总悬浮颗粒物中的一项，其颗粒物的级别根据可吸入颗粒物或总悬浮颗粒物的年平均值确定。部分城市同时监测可吸入颗粒物和总悬浮颗粒物，其颗粒物的级别根据其中最差的一个单项级别确定。根据上述二氧化硫、二氧化氮和颗粒物项目综合确定的最差的一个单项污染物级别即为空气质量级别。达到国家空气质量二级标准（一级和二级）为达标，超过二级标准（三级和劣三级）为超标。其中一级为空气接近良好背景水平的优级，二级为空气有一定程度的污染物存在但影响程度尚可接受的水平，三级为空气污染已到达危害性程度，劣三级为空气污染相当严重。

表 7-14 《环境空气质量标准》（GB 3095—1996）污染物年均浓度限值

污染物	取值时间	浓度限值（标准状态）/（mg/m^3）		
		一级标准	二级标准	三级标准
二氧化硫（SO_2）	年平均	0.02	0.06	0.10
二氧化氮（NO_2）	年平均	0.04	0.08	0.08
可吸入颗粒物（PM_{10}）	年平均	0.04	0.10	0.15

城市空气质量分析基于 113 个重点城市日报监测数据，包括日报三项目的单项水平和日均空气质量级别（优良天数和各级污染天数）以及相关分布。日均空气质量级别根据上述三项目综合确定的空气污染指数（API）确定。

空气污染指数用于判断日均污染水平，根据环境空气质量标准（表 7-14）和各项污染物对人体健康和生态环境的影响来确定污染指数的分级及相应的污染物浓度限值。日均空气质量取决于危害最大的污染物的污染程度，我国目前采用的空气污染指数分为五级（表 7-15，表 7-16）。

表 7-15 API 标准对应的污染物浓度限值

API 指数	污染物浓度（日均值）/（mg/m^3）		
	SO_2	NO_2	PM_{10}
50	0.05	0.08	0.05
100	0.15	0.12	0.15
200	0.80	0.28	0.35
300	1.60	0.57	0.42
400	2.10	0.75	0.50
500	2.62	0.94	0.60

表 7-16 API 标准及相应的空气质量类别

API 指数	空气质量状况	表征颜色	对健康的影响
0～50	优	蓝	可正常的活动
51～100	良	绿	
101～150	轻微污染	黄	易感人群症状有轻度加剧，健康人群出现刺激症状
151～200	轻度污染		
201～250	中度污染	橙	心脏病和呼吸系统疾病患者应减少体力消耗和户外活动
251～300	中度重污染		
＞300	重度污染	红	健康人运动耐受力降低，有明显强烈症状，出现某些疾病

重点城市的综合污染水平通过综合污染指数分析，污染指数是依据环境质量标准将有关的污染物浓度各自归一化，叠加得到简单的无量纲的指数，可以用于比较同等项目下环境污染的相对程度。空气综合污染指数是各项空气污染物的单项因子指数之和，其表达式为：

$$P_i = C_i / S_i \qquad P = \sum P_i$$

式中：P——空气综合污染指数；

P_i——第 i 项空气污染物的分指数；

C_i——第 i 项空气污染物的季或年均浓度值；

S_i——第 i 项空气污染物的环境质量标准限值。

目前计入空气综合污染指数的参数为空气质量常规监测的 SO_2、NO_2、PM_{10} 或 TSP 三项污染物。根据 TSP 和 PM_{10} 的数据完整性和代表性，选择其中一项计入综合污染指数。各项污染物的评价标准为《环境空气质量标准》中的年均浓度值二级标准。空气综合污染指数越大，表示空气污染程度越重，空气质量越差。单项污染物的分指数在综合指数中所占的比例（污染负荷系数）越大，其对综合指数的贡献率越大，对空气污染程度的影响越大。

（二）酸雨评价方法

是以城市的降水化学监测结果进行了统计分析，包括 SO_4^{2-}、NO_3^-、F^-、Cl^-、NH_4^+、Ca^{2+}、Mg^{2+}、Na^{2+}、K^+ 9 项。采用降水 pH 值小于 5.6 作为酸雨判据，用降水 pH 年均值和酸雨出现的频率评价酸雨。

（三）地表水水质评价方法

根据原国家环保总局环办[2008]8 号文件的要求，地表水国控断面每月开展水质监测工作，监测项目为《地表水环境质量标准》（GB 3838—2002）中的基本项目。

河流监测评价项目为水温、pH 值、电导率、溶解氧、高锰酸盐指数、化学需氧量、五日生化需氧量、氨氮、总磷、铜、锌、氟化物、硒、砷、汞、镉、铬（六价）、铅、氰化物、挥发酚、石油类、阴离子表面活性剂、硫化物、粪大肠菌群和流量。

湖库监测评价项目为水温、pH 值、电导率、溶解氧、高锰酸盐指数、化学需氧量、五日生化需氧量、氨氮、总磷、总氮、透明度、叶绿素 a、铜、锌、氟化物、硒、砷、汞、镉、铬（六价）、铅、氰化物、挥发酚、石油类、阴离子表面活性剂、硫化物、粪大肠菌群和水位。

水质评价标准执行《地表水环境质量标准》（GB 3838—2002），按Ⅰ类～劣Ⅴ类六个类别进行评价。

断面、河段水质类别与水质定性评价分级的对应关系见表 7-17。

表 7-17 断面、河段水质定性评价

水质类别	水质状况	表征颜色	水质功能
Ⅰ、Ⅱ类水质	优	蓝色	饮用水源一级保护区、珍稀水生生物栖息地、鱼虾类产卵场、仔稚幼鱼的索饵场等
Ⅲ类水质	良好	绿色	饮用水源二级保护区、鱼虾类越冬场、洄游通道、水产养殖区、游泳区
Ⅳ类水质	轻度污染	黄色	一般工业用水和人体非直接接触的娱乐用水
Ⅴ类水质	中度污染	橙色	农业用水及一般景观用水
劣Ⅴ类水质	重度污染	红色	除调节局部气候外，几乎无使用功能

地表水环境质量分为：优、良好、轻度污染、中度污染、重度污染五个等级。

对应的表征颜色为：蓝色、绿色、黄色、橙色和红色。

河流水质的评价指标为：pH 值、溶解氧、氨氮、高锰酸盐指数、五日生化需氧量、石油类、挥发酚、汞、铅等 9 项指标。水质类别判定采用单因子类别评价法，水质超标常和超标倍数计算，采用 GB 3939—2002 中Ⅲ类标准。

河流、水系水质类别比例与水质定性评价分级的对应关系见表 7-18，对于断面数少于 5 个的河流、水系，按表 7-17 直接指出每个断面的水质状况。

表 7-18 河流、水系水质定性评价

水质类别比例	水质情况	表征颜色
Ⅰ～Ⅲ类水质比例≥90%	优	蓝色
75%≤Ⅰ～Ⅲ类水质比例＜90%	良好	绿色
Ⅰ～Ⅲ类水质比例＜75%，且劣Ⅴ类比例＜40%	轻度污染	黄色
Ⅰ～Ⅲ类水质比例＜75%，且 20%≤劣Ⅴ类比例＜40%	中度污染	橙色
Ⅰ～Ⅲ类水质比例＜60%，且劣Ⅴ类比例≥40%	重度污染	红色

对不同时段水环境变化的判断：

（1）判断标准

设ΔG为后时段与前时段Ⅰ～Ⅲ类水质百分点之差：$\Delta G=G_2-G_1$；

设ΔG为后时段与前时段劣Ⅴ类水质百分点之差：$\Delta D=D_2-D_1$；ΔG和ΔD可正、可负。

（2）变化方向的判定

$\Delta G-\Delta D>0$，水质变好；

$\Delta G-\Delta D<0$，水质变差。

（3）变化程度的判定

10≥|ΔG–ΔD|＞0，变化不大，基本持平；

20≥|ΔG–ΔD|＞10，有所变化（好转或变差、下降）；

|ΔG–ΔD|＞20，明显变化（好转或变差、下降）。

不同时段水质对比分析：

进行同一水体与前一时段，前一年度同期水质比较时，必须满足下列条件，以保证数据的可比性。

（1）评价时选择的监测项目必须相同；

（2）评价时选择的断面基本相同；

（3）定性评价必须以定量评价为依据。

两个时段断面浓度对比分析：

评价某项污染项目的浓度值与前一时段的变化程度时，按以下规定进行：

（1）当评价指标浓度值升高或降低的幅度小于 20%时，且没有使该指标的水质类别发生变化，则属于水质明显变化；

（2）当评价指标浓度值升高或降低的幅度大于或等于 20%时，且没有使指标的水质类别发生变化，则属于水质有所好转或有所恶化；

（3）当评价指标浓度值的升高或降低使该指标的水质类别发生了一级或多级变化，则属于水质显著好转或显著恶化。

两时段的河流水质变化对比分析：

对河流水质在不同时段变化趋势分析，以断面类别比例的变化为依据，根据规定，按下属方法评价。

（1）当水质状况等级不变时，则评价为无明显变化；

（2）当水质状况等级发生一级变化时，则评价为好转或恶化；

（3）当水质状况等级发生两级以上（含两级）变化时，则评价为显著好转或显著恶化。

（四）湖泊、水库富营养化评价方法

湖泊、水库富营养化评价参数为高锰酸盐指数、总磷、总氮、叶绿素 a 和透明度 5 项指标，评价方法及营养状态分级如下：

（1）综合营养状态指数计算公式为：

$$\mathrm{TLI} = \sum W_j \cdot \mathrm{TLI}_j$$

式中：TLI——综合营养状态指数；

W_j——第 j 种参数的营养状态指数的相关权重；

TLI_j——第 j 种参数的营养状态指数。

以叶绿素 a（Chla）作为基准参数，则第 j 种参数的归一化的相关权重计算公式为：

$$W_j = r_{ij}^2 / \sum r_{ij}^2$$

式中：r_{ij}——第 j 种参数与基准参数叶绿素 a 的相关系数。

中国湖泊的叶绿素 a 与其他参数之间的相关关系 r_{ij} 及 r_{ij}^2 见表 7-19。

表 7-19 湖泊水质部分参数与 Chla 的相关关系 r_{ij} 及 r_{ij}^2 值

参数	Chla	TP	TN	SD	COD_{Mn}
r_{ij}	1	0.84	0.82	−0.83	0.83
r_{ij}^2	1	0.705 6	0.672 4	0.688 9	0.688 9

（2）营养状态指数计算公式为：

①TLI(Chla)=10×(2.5+1.086lnChla)

②TLI(TP)=10×(9.436+1.624lnTP)

③TLI(TN)=10×(5.453+1.694lnTN)

④TLI(SD)=10×(5.118−1.94lnSD)

⑤TLI(COD_{Mn})=10×(0.109+2.66lnCOD_{Mn})

式中，叶绿素 a 单位为 mg/m^3，透明度（SD）单位为 m；其他指标单位均为 mg/L。

（3）湖泊营养状态分级：

TLI(∑)＜30	贫营养
30≤TLI(∑)≤50	中营养
TLI(∑)＞50	富营养
50＜TLI(∑)≤60	轻度富营养
60＜TLI(∑)≤70	中度富营养
TLI(∑)＞70	重度富营养

（五）城市集中式饮用水源地水质评价方法

由于全国 113 个环保重点城市集中式饮用水源，把水质每月监测，地表水源按《地表水源质量标准》（GB 3838—2002）中基本项目和水源地补充项目共 28 项指标进行监测，地下水源地按《地下水质量标准》（GB/T 14848—93）中 23 项指标进行监测。水质评价执行《地表水环境质量标准》（GB 3838—2002）和《地下水质量标准》（GB 14848—93）III类标准采用单因子评价法，分为达标、不超标两类。水源地若有一项不达标，则该水源为 10%超标。

（六）近岸海域水质评价方法

海水质量评价采用《海水水法标准》（GB 3097—1997）和《近岸海域监测技术规范》（HJ 422—2008）。

入海河流监测断面水质评价：采用《地表水源质量标准》（GB 3838—2002）。

评价方法采用单因子判别法：即某一测点海水中任一评价指标超过一类海水标准，该测点水质即为二类，超过二类海水标准即为三类，依此类推。

平均浓度和超标率均以样品个数为计算单位。海水超标率计算统一采用《海水水质标准》（GB 3097—1997）中的二类海水标准作为评价标准。

（七）城市声环境质量评价方法

城市声环境质量监测包括：城市区域、城市道路交通及城市功能区噪声，城市区域和城市道路交通噪声为昼间监测，城市功能区噪声为昼夜监测。

城市区域声环境质量，按《声环境质量评价方法技术规定》中的等级划分规定进行评价。

表 7-20 城市区域环境噪声质等级划分

等级	好	较好	轻度污染	中度污染	重度污染
等效声级/dB	≤50.0	>50.0～55.0	>55.0～60.0	>60.0～65.0	>65.0

表 7-21 道路交通噪声质量等级划分

等级	好	较好	轻度污染	中度污染	重度污染
等效声级/dB	≤68.0	>68.0～70.0	>70.0～72.0	>72.0～74.0	>74.0

城市功能区声环境质量，按《声环境质量标准》（GB 3096—2008）中的规定进行评价。

表 7-22 《声环境质量标准》（GB 3096—2008）等级划分

功能区	0 类	1 类	2 类	3 类	4a 类	4b 类
昼夜	≤50	≤55	≤60	≤65	≤70	≤70
夜间	≤40	≤45	≤50	≤55	≤55	≤60

（八）生态环境状况评价方法

2009 年全国生态环境监测与评价的遥感数据源以 2007 年 Landsat 5 TM 数据为主，辅助以 CBERS—2 数据。

生物丰度指数和植被覆盖指数利用遥感数据获得，时间为 2007 年；水网密度指数中的河流长度采用全国最新 1∶25 万基础地图中的河流长度，湖库面积采用遥感监测数据；省域水资源量来自《2007 年环境统计年报》，县域的由各省站报送；省域的降水量来自《2007 年中国水资源公报》，县域降水量由各省站报送。

评价依据的标准为《生态环境状况评价技术规范（试行）》（HJ/T 192—2006），评价范围为除香港特别行政区、澳门特别行政区和台湾省外的全国 31 个省（自治区、直辖市）。

近来评价使用的归一化系数分为省域和县域两个级别，其中省域归一化系数利用前几年的全国解译数据进行了修订和优化，县域归一化系数在 2000 年的基础上进行了调整（表 7-23）。为了便于省域生态环境质量年际动态分析，对 2006 年省域生态环境状况指数进行重新计算。

表 7-23 2007 年全国生态环境质量评价归一化系数表

省域尺度归一化系数	生物丰度	676.083 196	河流长度	71.768 110	二氧化硫	1.667 106 5
	植被覆盖	588.260 760	水资源量	97.639 516	化学需氧量	0.058 146 4
	湖库系数	743.317 195	土壤侵蚀	273.051 554	固体废物	2.849 161 4
县域尺度归一化系数	生物丰度	511.264 213	河流长度	84.370 408	二氧化硫	0.064 186 6
	植被覆盖	458.534 081	水资源量	86.386 955	化学需氧量	0.331 040
	湖库系数	591.790 864	土壤侵蚀	146.334 327	固体废物	0.074 989

（九）辐射环境质量评价方法

辐射包括电离辐射和电磁辐射。2008 年辐射环境监测包括辐射环境质量监测，重点监管核辐射设施和电磁辐射设施周围辐射环境监督性监测。

国家辐射环境质量监测网辐射环境质量监测包括：

36 个辐射环境自动站，涵盖了除河南外的 30 个省（自治区、直辖市），连续监测环境γ贯穿辐射剂量率。其中 32 个自动站开展气溶胶总α和总β活度浓度监测，31 个自动站开展沉降物总α和总β活度浓度监测，18 个自动站开展空气中氚（HTO）活度浓度监测。

328 个陆地辐射点位，覆盖了 31 个省（自治区、直辖市）主要地市级城市，进行瞬时陆地γ辐射空气吸收剂量率和γ累积剂量监测。

108 个水体断面，其中主要江河水系 71 个断面，涵盖了长江、黄河、珠江、海河、淮河、辽河和松花江七大江河水系以及西南西北诸河、鸭绿江水系、南水北调、浙闽区河流、小清河和澜沧江水系；国控重点湖泊 11 个，国控重点水库 4 个；国控重点城市集中式饮用水源地 10 个，国控饮用地下水 2 个；近岸海域国控监测点 10 个。地表水和水源地饮用水监测总α、总β、铀、钍、镭 226、钾 40、锶 90、铯 137 活度浓度，饮用地下水总α、总β、铀、钍、镭 226、钾 40 活度浓度，海水监测铀、钍、镭 226、钾 40、锶 90、铯 137 活度浓度。175 个土壤点位，涵盖全国 31 个省（自治区、直辖市），监测铀 238、钍 232、镭 226、钾 40、锶 90、铯 137 活度浓度。

43 个电磁点位，涵盖了除湖南省以外的 30 个省（自治区、直辖市），监测环境综合电场强度。国家辐射环境质量监测网设置了 28 个国家重点监管的核与辐射设施周围核环境安全预警站点，包括核电站，研究堆和实验堆等其他各类核反应堆，核燃料生产、加工、贮存和后处理设施；铀矿山及水冶系统，伴生放射性矿物采选利用设施。核环境安全预警站点根据核与辐射设施源项、周围自然环境状况，按照《全国辐射环境监测方案（暂行）》（环办[2003]56 号）和《辐射环境监测技术规范》（HJ/T 61—2002）的要求开展监督性监测。

国家辐射环境质量监测网在 41 个重点电磁辐射设施周围设置了电磁监测站点，包括广播电视发射系统、高压输变系统、磁悬浮列车和移动通信基站，根据各电磁设施的发射频率和功率，按照《全国辐射环境监测方案（暂行）》（环办[2003]56 号）的要求，开展电磁辐射性监测。

所依据的评价标准分别为：

《电离辐射防护与辐射源安全基本标准》（GB 18871—2002）；

《电磁辐射防护规定》（GB 8702—88）；

《辐射环境监测技术规范》（HJ/T 61—2001）；

《生活饮用水卫生标准》（GB 5749—2006）；

《地下水质量标准》（GB/T 14848—93）；

《海水质量标准》（GB 3097—1997）；

《核电厂环境辐射防护规定》（GB 6249—86）；

《铀矿冶辐射防护规定》（EJ 993—2008）；

《500 kV 超高压送变电工程电磁辐射环境影响评价技术规范》（HJ/T 24—1998）。

（十）地下水环境质量评价方法

地下水环境质量依据《地下水质量标准》（GB/T 14848—93）和《地下水监测技术规范》（HJ/T 164—2004）进行监测评价。其评价程序和内容与水体环境质量评价相似。现就评价因子、评价标准和评价模型的选择要点介绍如下。

1．评价因子的选择

环境中影响地下水质量的有害物质很多，无机化合物有几十种，有机化合物有上百种，其中能溶解于水中的有 70 多种。不同地区污染物的组成不同。因此，地下水质量评价的因子选择，要根据研究区的具体情况而定。一般情况下，地下水的污染物质分为如下几类：

第一类是构成地下水化学类型和反映地下水性质的常规化学组成的一般理化指标，有 K^+、Na^+、Ca^{2+}、Mg^{2+}、SO_4^{2-}、Cl^-、HCO_3^-、CO_3^{2-}、NH_4^+、NO_2^-、NO_3^-、pH、矿化度、总硬度等。

第二类是常见的金属和非金属物质：Hg、Cr、Cd、As、F、CN^-等。

第三类为有机有害物质：酚、石油、有机磷、有机氯等。

第四类为生物污染物：细菌、病虫卵、病毒等。

在评价地下水质量时，除第一类反映地下水质量的一般理化指标必须监测之外，还必须根据各地的污染特点来选择评价因子。其中，地表污染源，表层地质结构，地貌特征、植被、人类开发工程、水文地质条件及地下水开发现状等，都是选择确定评价因子时要考虑的因素。

2．评价标准的选择

由于地下水大多作为饮用水源，故一般都是以饮用水的卫生指标作为评价标准。但严格来说，这还是不够的。原因是：饮用水卫生指标只能表示人体对地下水各种元素的适应能力，这个指标本身也会随着环境的变异和病理学研究的深入而改变；另外地下水从未污染、开始污染、到严重污染、至不能饮用，是要经历一个从量变到质变的过程的，仅仅用卫生学指标往往不能反映地下水质的量变过程。为此，有人提出以“污染起始值”作为地下水质值的评价标准，它不仅可以反映地下水质从量变到质变的污染过程，而且还能弥补有些组分当前不能饮用标准的不足。

地下水污染起始值的计算公式为：

$$x_0 = \overline{x} + 2s = \overline{x} + 2\sqrt{\frac{\sum (x_i - \overline{x})^2}{n-1}}$$

式中：x——污染起始值，即最大区域背景值；

$\overline{x}$——某种污染物的区域背景值，即背景值的平均值；

x_i——背景值调查中各水井该种污染物的实际含量；

n——背景调查样品的数量。

3．评价模式

目前国内地下水质量评价方法较多，概括起来有数理统计法，环境水文地质制图法，水质模型法和综合指数法等。

（1）一般统计法：即以监测点的检出值与背景值和饮用水的卫生指标作比较，统计其检出数，检出率，超标数，超标率等。此法适用于环境水文地质条件简单、污染物质单一的地区，或在初步评价阶段采用。

（2）环境水文地质制图法：环境水文地质制图法是以图件作为环境水文地质评价的主要表达形式，评价图件可分为三类：

①环境水文地质基础图件：包括表层地质环境分区图。这部分图件主要反映地表地质、地下水资源的同在赋存状态和条件以及地表污染源的分布和污染的迁移扩散条件等。

②单要素的地下水污染现状图：用等值线或符号来表示地下水的污染类型、污染范围和污染程度。

③环境水文地质评价图：它以多项污染物质、多项指标等综合因素来评价水质好坏，划分水质等级，将其用图表示出来，就是环境水文地质评价图。

（3）综合指数法：这些方法多数以评价地表水体为目的而提出来的，在对地下水质量进行评价时借用了过来。指数法前面已叙述，目前大多用此法。

（4）水质模型的数理统计法：该方法的基本点是将一组样品和每个样品的各元素看成因子分析，对地下水污染的化学特征进行分类，从而使地下水的化学分类更客观。对于分析探讨由于污染而引起的地下水的复杂变化具有一定意义，因而可以用于水质评价。

（十一）土壤环境质量评价方法

土壤介于生物界和非生物界之间，是一个复杂的物质体系，其组成包括有机物和无机物，形成固、气、液三相共存，是物质交换和相互作用最为频繁的地方。

土壤环境质量评价先进行现状调查，内容包括布点、采样、确定检测项目等。详见《土壤环境监测技术规范》（HJ/T 166—2004）。

土壤环境质量现状调查中布点要考虑调查区内土壤类型及其分布；土地利用及地形地貌条件。要使各种土壤类型、土地利用及地形地貌条件均有一定数量的采集点，还要注意设置对照点。为了了解土壤污染的纵向变化，要选择部分点从表层到基岩分层取样。采样方法是由下层向上层逐层采集，各层内分别用小土铲切取一片片土壤，然后集中起来混合均匀。现就土壤环境质量评价因子、评价标准、评价模型以及质量分级介绍如下：

1. 评价因子的选择

选择确定的土壤环境质量评价的评价因子一是根据土壤污染物的类型；二是根据评价目的和要求。一般选择的评价因子如下：

重金属及其他有毒物质：汞、镉、铅、锌、铜、铬、镍、砷、硒、氟、氰等。

有机毒物：酚、石油、3,4-苯并芘、DDT、六六六、三氯乙醛、多氯联苯以及酸度、全氮、全磷等。

此外，附加参数主要包括有机质、质地、石灰反应、氧化还原电位等。

2. 评价标准的选择

土壤不像空气和水体那样，污染物可直接进入人体危害健康。土壤污染物须通过食物链。主要是通过作物才能进入人体，且土壤和人体之间的物质平衡关系比较复杂。故确定土壤污染物的卫生标准难度较大。另外，土壤有其固有的地域成因，均一性差。这也是难以确定的统一的土壤污染物卫生标准的原因之一。

为了防止土壤污染，保护生态环境，保障农业、林业生产，维持人体健康，1995 年 7 月 1 日我国颁布土壤环境质量标准（GB 15618—95）。该标准是按土壤应用功能、保护目标和土壤主要性质，规定了土壤中污染物的最高允许浓度指标值及相应的监测办法。适于全国农田、蔬菜地、茶园、果园、牧场、林地、自然保护区等地的土壤评价，根据情况可选择当地区域土壤背景值、土壤本底值及对照点含量等作为评价标准。

（1）以区域土壤背景值为评价标准：区域土壤背景值是指一定区域内，远离工矿、城镇和道理（公路和铁路），未曾受到或相对未受到“三废”污染的土壤有毒物质的平均含量。由于背景值不仅包括区域内污染物的平均含量，同时还包括污染物含量的范围，故多以平均值±标准差表示。

$$x = \overline{x} \pm s$$

式中，$s = \sqrt{\dfrac{\sum_{j=1}^{n}(x_j - \overline{x})^2}{n-1}}$

式中：x——区域土壤中某污染物的背景值；

$\overline{x}$——区域土壤中某污染物的平均值；

x_j——土壤样品中该污染物的实测含量；

s——标准差；

n——统计样品数。

（2）以土壤本底值为评价标准：土壤本底值是指未受人为污染的土壤中污染物质的平均含量。

（3）以区域性土壤自然含量为评价标准：区域性土壤自然含量是指在清水灌区内选用与污染灌区的自然条件、耕作栽培措施大致相同、土壤类型相近的土壤中污染物的平均含量。以区域土壤中某污染物的平均值加减 2 倍标准差表示。

$$x = \overline{x} \pm 2s$$

式中符号及计算同土壤背景值。

（4）以土壤对照点含量为评价标准：土壤对照点含量是指与污染区的自然条件、土壤类型和利用方式大致相同的、相对未受污染或少受污染的土壤中污染物质的含量。往往以一个对照点或几个对照点的平均值作为对照点含量。

（5）以土壤和作物中污染物积累的相关数量作为评价标准：可以作物积累污染物的数量相对应的土壤污染物含量作为评价标准。

3. 土质评价模式

（1）单因子评价：土壤质量单因子评价，一般以污染指数表示。污染指数的计算方法如下：

①以土壤污染物实测值和评价标准相比计算土壤污染物的污染指数：

$$P_i = \frac{C_i}{S_i}$$

式中：P_i——土壤中污染物 i 的污染指数；

C_i——土壤中污染物 i 的实测浓度；

S_i——污染物 i 的评价标准。

②根据土壤和作物中污染物积累的相关数量计算污染指数：

首先，确定几个土壤与作物中污染物积累的相关数值：

土壤污染显著积累起始值：指土壤中污染物超过评价标准的数值，以 X_a 表示。

土壤轻度污染起始值：指土壤污染物超过一定限度，使作物体内污染物相应增加，以致作物开始遭受污染（即作物中污染物的含量超过其背景值），此时土壤中污染物的含量即轻度污染起始值，以 X_c 表示。

土壤重度污染起始值：指土壤污染物继续积累，作物受害加深，以致作物中污染物含量达到食品卫生标准，此时土壤中污染物的含量即重度污染起始值，以 X_p 表示。

根据上述 X_a、X_c、X_p 等数值，确定污染等级和污染指数范围：

非污染：土壤中污染实测值等或小于 X_a，$P_i<1$。

轻度污染：土壤中污染实测值大于 X_a，但小于 X_c，$1\leqslant P_i<2$。

中度污染：土壤污染物实测值大于 X_c，但小于 X_p，$2\leqslant P_i<3$。

重度污染：土壤污染物实测值大于或等于 X_p，$P_i\geqslant 3$。

按上述污染指数范围，要求具体的污染指数，这样可消除在 $P_i=\dfrac{C_i}{S_i}$ 计算中，由于各污染物的评价标准不同，P_i 可能相差极大的现象。具体计算如下：

C_i（实测值）$\leqslant X_a$ 时，$P_i=\dfrac{C_i}{X_a}$

$X_a<C_i\leqslant X_c$ 时，$P_i=1+\dfrac{C_i-X_a}{X_c-X_a}$

$X_c<C_i\leqslant X_p$ 时，$P_i=2+\dfrac{C_i-X_c}{X_p-X_c}$

$C_i>X_p$ 时，$P_i=3+\dfrac{C_i-X_p}{X_p-X_c}$

（2）多因子评价，一般以污染综合指数（r）表示。

①将土壤各污染物的污染指数叠加，作为土壤污染综合指数，计算如下式：

$$r=\sum_{i=1}^{n}r_i=\sum_{i=1}^{n}\frac{C_i}{S_i}$$

式中：r——污染物综合指数；

n——污染物的种类数，其余符号意义同前。

②按照内梅罗（N.L.Nemerow）污染指数计算土壤污染综合指数：

$$P=\sqrt{\frac{\text{平均}(C_i/S_i)^2+\text{最大}(C_i/S_i)^2}{2}}$$

式中各符号意义同前。

③以均方的方法求综合指数：

$$P=\sqrt{\frac{1}{n}\sum_{i=1}^{n}P_i^2}$$

式中所有符号意义同前。

④对土壤中各污染物的污染指数进行加权加和求取土壤综合污染指数：

$$P=\sum_{i=1}^{n}P_iW_i$$

式中：W_i——i 污染物的权重；其余符号意义同前。

4．质量分级

用评价模式对土壤环境质量进行评价的结果是一些定量的综合质量指数，为了给这些定量的数字赋予环境质量状况的实际含义，就必须进行土壤环境质量的分级，一般采用如下集中分级法：

（1）根据综合质量指数 P 值划分质量等级：一般 $P\geqslant 1$，为未污染；$P>1$ 为已污染；P 值越大，土壤污染越重。可根据 P 值变幅，结合作物受害程度和污染物累积状况，再划分轻度污染、中度污染和重度污染等级。

（2）根据土壤和作物中污染物累积的相关数量划分质量等级，已如前述。但这种分级只能表示土壤中各个污染物的不同污染程度，还不能表示土壤总的质量状况。

（3）根据系统分级划分质量等级，首先对土壤中各污染物的浓度进行分级，这种分级是根据土壤污染物含量和作物生长的相关关系以及作物中污染物的累积与超标情况来划分的。然后将土壤污染物浓度转换为污染指数，将各污染指数加权综合为土壤质量指数，据此也就得到了土壤环境质量的级别。

六、环境质量报告书编写大纲

根据《全国环境监测报告制度》的规定，在全国、省（自治区、直辖市）、市（地、州、盟）级编报《环境质量报告书》。编报周期为一年一小编，五年一大编，在编写各级环境质量报告书时参照“编写大纲”执行。内容上尽可能满足编写大纲要求，章节安排（尤其是章节内三、四级标题设置）可以自行调整。大纲只限报告书内容范围，至于环境监测数据处理方法、评价标准及方法、规律和趋势分析方法、报告项目及图表运用方法等均执行《环境质量报告书编写技术规定》。

（一）年度环境质量报告书编写大纲

1．编制目的

及时总结、反映报告范围内的环境质量现状，弄清本年度污染物的构成，分析污染原因，掌握一年来环境质量的变化态势，为制定年度环境管理工作计划及调整下年度监测工作计划提供基本依据，也是全年监测工作成果的重要体现，是环境管理工作的重要依据。

2．基本内容

（1）当年环境监测工作概况：包括环境监测布点采样概况、实验室工作概况、数据概况等。

（2）环境质量状况及主要结论：包含各环境要素质量评价结果，原则上不反映原始数据，只报告评价后的概念数据。

（3）综合工作建议：包括改善环境质量状况的基本建议。

3. 编写原则

（1）以环境监测实测数据为主，适当辅以环境统计数据。

（2）以博爱高环境质量状况（含现状、趋势等）为主，环境质量变化原因及改善环境质量建议为辅，自然生态的变化及环境质量变化的长期趋势预测在五年环境质量报告书中描述。

（3）数据运用以评价后的概念数据为主，原始数据在年鉴中反映，确保年度环境质量报告书的及时性。

（4）年度环境质量报告书力求简明扼要、文字精练，尽量使用综合性图表进行形象化描述。

（二）五年环境质量报告书编写大纲

1. 编制目的

在年度环境质量报告书的基础上编制五年环境质量报告书，其目的在于从环境整体出发，以系统论为指导，对五年来环境质量的变化进行系统的分析，剖析环境质量变化的大趋势、大规律，发现环境质量的长期变化态势，尤其是哪些在一年中难以突变的因素的变化情况，如自然生态破坏对环境的影响、环境质量变化对人体健康的影响、重大环境工程对环境质量的影响等，从而为制定环境保护规划及环境监测工作规划提供可靠依据。

2. 基本内容

（1）环境概况：包括自然环境概况、社会经济概况及环境监测工作概况等。

（2）环境质量状况及变化趋势。

（3）主要环境问题的基本对策。

3. 编制原则

（1）环境监测数据与环境管理统计数据结合，所有引用数据均需翔实可靠，有出处，可查考。

（2）评价环境质量现状与预测环境质量未来变化相结合，贯彻现状、规律分析和趋势分析并重的原则，提高五年环境质量报告书为环境规划服务的针对性。

（3）在分析环境质量变化原因时，做到环境污染因素与自然生态破坏因素相结合，既注重分析突变因素，又注重分析渐变因素，尽可能说清环境污染的来龙去脉。

（4）文字描述与图表形象表述相结合，五年环境质量报告书应内容丰富、文字精练、可读性强。

（三）五年环境质量报告书编制大纲（案例）

第一章　主要污染物排放情况

1.“十一五”期间社会经济发展状况

1.1 国民经济快速增长，综合国力显著增强

1.2 产业结构调整明显，二产比重稳步增加

1.3 能源产业增长迅速，经济增长方式仍然粗放
1.4 人口保持低速增长，城乡人口比重持续提高
2.“十一五”主要污染物排放情况
2.1 2010 年污染物排放现状
2.2 “十一五”总量排放责任目标完成情况
2.3 污染源排放总量达标情况
2.4 工业污染源主要排放趋势
2.5 东、中、西部主要污染物排放强度
2.6 重点流域化学需氧量排放趋势
2.7 重点工业二氧化硫排放情况
第二章 城市环境空气质量
1．概况
1.1 城市空气监测网
1.2 监测项目
1.3 城市空气质量评价方法
2．2010 年城市环境空气质量
2.1 全国城市环境空气质量总体概况
2.2 城市空气常规监测项目状况
2.3 113 个环保重点城市空气质量状况
2.4 奥运城市空气质量状况
2.5 世博城市空气质量状况
2.6 亚运城市空气质量状况
2.7 沙尘暴发生情况
3．2006—2010 年间城市环境空气质量变化趋势
3.1 城市空气质量级别变化
3.2 城市单项污染物水平变化
3.3 城市污染物组成和水平程度变化
3.4 “两控区”二氧化硫污染水平变化
4．城市环境空气污染及变化原因分析
5．小结
第三章 酸雨
1．概况
2．2010 年全国酸雨现状
2.1 降水酸度
2.2 酸雨频率
2.3 降水化学组成
2.4 全国酸雨区域分布
3．2006—2010 年全国酸雨变化趋势
3.1 降水酸度变化趋势

3.2 酸雨频率变化趋势
3.3 酸雨城市比例变化
3.4 降水化学组成的变化
3.5 酸雨区域分布变化
4．小结
第四章　主要江河水系水质
1．概况（包括2010年水系水质）
1.1 长江水系
1.2 黄河水系
1.3 珠江水系
1.4 松花江水系
1.5 淮河水系
1.6 海河水系
1.7 辽河水系
1.8 浙闽区河流
1.9 西北诸河
1.10 西南诸河
1.11 南水北调（在线）
1.12 主要江河水质比较
2．主要江河水系水质变化趋势
2.1 长江
2.2 黄河
2.3 珠江
2.4 松花江
2.5 淮河
2.6 海河
2.7 辽河
2.8 浙闽水系
2.9 西北诸河
2.10 西南诸河
2.11 南水北调
3．小结
第五章　湖泊、水库水质
1．概况
2．2010年湖泊、水库水质
2.1 太湖
2.2 滇池
2.3 巢湖
2.4 其他大型淡水湖泊

2.5 城市内湖
2.6 大型水库
3．湖泊、水库水质、营养状态变化趋势
3.1 太湖
3.2 滇池
3.3 巢湖
3.4 其他大型淡水湖泊
3.5 城市内湖
3.6 大型水库
4．小结
5．重点城市集中式饮用水源地
第六章　近岸海域海水水质
1．概况
2．2010 年近岸海域海水水质
2.1 四大海区海水水质
2.2 沿海市、县近岸海域水质
2.3 主要海湾及河口海域水质
2.4 沿海省、自治区、直辖市近岸海域水质
2.5 近岸海域海水主要污染指标
3．近岸海域海水水质变化趋势
3.1 四大海区近岸海域水质变化趋势
3.2 主要污染物浓度变化趋势
4．近岸海域海水污染变化原因分析
5．小结
第七章　城市声环境质量
1．概况
2．2010 年城市声环境
2.1 全国城市区域声环境
2.2 全国城市、道路交通声环境
2.3 2010 年 47 个重点城市功能区声环境
3．2006—2010 年城市声环境变化趋势及原因分析
3.1 城市区域声环境质量变化趋势
3.2 城市道路交通噪声变化趋势
4．声环境质量现状分析
4.1 2010 年声环境质量现状分析
4.2 “十一五”期间声环境质量变化趋势
第八章　生态环境状况
1．省域生态环境状况
2．县域生态环境状况

3．玉树地震典型区生态环境状况

4．舟曲泥石流典型区生态环境状况

5．汶川地震典型区生态环境状况

第九章 辐射环境质量

1．概况（包括辐射污染源分布）

2．2010 年辐射环境质量

2.1 电离辐射环境质量

2.2 电磁辐射环境质量

2.3 电离辐射污染源周围环境质量

2.4 电磁辐射污染源周围环境质量

3．“十一五”期间辐射环境质量变化趋势

3.1 电离辐射环境质量变化趋势

3.2 电磁辐射环境质量变化趋势

3.3 电离辐射污染源周围环境质量变化趋势

3.4 电磁辐射污染源周围环境质量变化趋势

4．小结

4.1 辐射环境质量

4.2 污染源周围辐射环境

4.3 存在问题

第十章 结论与建议

1．2010 年环境质量

2．“十一五”期间环境质量变化趋势

3．当前我国主要环境问题

4．对策与建议

第六节 环境影响评价质量管理

环境影响评价是指对规划和建设项目实施后可能对环境造成的影响进行分析、预测和评估，提出预防或者减轻不良影响的对策和措施。在编制建设或开发项目环境影响报告书时，要求制定环境监测计划。环境监测计划应用于建设项目的建设期、运营期以及服务期满后的环境影响监测。依据监测计划跟踪监测在环评过程中所识别、预测不利影响，以便评价建设项目的实际影响和所采取的环保措施的实际效果，其次是有能力及时发现在环评过程中未预计到的实际发生的不利影响，以便及时采取补救措施。因此环评监测质量管理在环境影响的评价活动中起着十分重要的作用，各级环境监测站对当地的规划和建设项目的环境影响分门别类的跟踪监测、分类全程管理。

一、环境影响评价类型

按评价性质分为规划的环境影响评价和建设项目的环境影响评价两种。规划的环境影响评价分自然资源开发利用规划，区域建设开发利用规划与专业发展规划的环境影响评价。建设项目的环境影响评价根据开发建设活动类型不同，分单个开发建设项目的环境影响评价、多个建设项目的环境影响综合评价、区域开发项目的环境影响评价及宏观活动的环境影响评价。

1．单个建设项目环境影响评价

这一评价是针对该项目的性质、规模等工程特征和所在地区的自然环境、社会环境进行调查分析和预测，找出对环境影响的范围和规模，提出环保对策。

2．多个建设项目环境影响联合评价

是指在同一地区建设两个以上项目对环境影响的整体评价。可节约评价时间和费用，防治对策具有整体实用价值。

3．区域开发环境影响评价

是对该区域所有建设行为，包括项目布局、结构和时序对整个区域环境影响最小的优化方案，促进区域内经济、社会与环境协调发展。

4．宏观活动环境影响评价

是指对人类环境质量有重大影响如国家的计划、立法、政策和其他全国性重大活动的环境影响评价。

依据工程项目的工程特征和可能对环境造成的影响程度与范围，以及项目所在地区的敏感程度。我国建设项目环境影响评价类型分为三类：

（1）A 类：可能对环境造成重大的不可逆的不利影响的建设项目，这类项目要作全面的环境影响评价。

（2）B 类：可能对环境产生有限的不利影响，其影响要素中极少数是不可逆的，并且通过规定控制或补助措施是可减缓对环境影响的建设项目。这类项目一般不要求进行全面的环境影响评价，但需作专项的环境影响评价或环境影响分析。

（3）C 类：对环境不产生不利影响或影响极小的建设项目。这类项目一般不需要开展环境影响评价或环境影响分析，只办理环境保护管理备案（填报告表）手续。

依据需要编制环境影响评价的各个专题其评价工作深度分为三个等级：

（1）一级：属于详评范围，是最详细的评价。属于这类的有：

① 大中型的工业项目或是量大面广，污染严重的项目；

② 自然条件复杂的地区；

③ 处于敏感地区或有重点保护对象的地区的项目；

④ 环境承载能力很小的地区。

（2）二级：比一级相应要差一点的工程和项目。

（3）三级：就内容、范围、深度都可以简略的，采用粗评。

二、环境影响评价工作程序

环境影响评价工作通常按五步进行。

1．准备阶段

工程建设项目确定后，评价单位对项目进行筛选，审定评价的分类等级和内容。建设单位在委托评价单位后，环境保护主管部门要审查评价单位资格，，以防止有些单位进行越权评价。评价单位在接受委托后组成评价组，对建设项目的评价地点进行现场踏勘，查阅并收集与项目有关的各种资料，如污染物排放情况，建设地点的环境状况等。

2．编制评价大纲

评价大纲在开展环境影响评价前编制，它是具体指导评价的技术文件，也是检查报告书内容和质量的主要依据。其主要内容包括项目概况，建设地点的自然和社会环境状况，评价工作的依据，环境保护的目标和对象，评价的标准、方法，工作进程以及经费和成果清单。

3．现场调查与监测

根据批准的评价大纲，查阅和收集有关建设项目和周围环境的资料，并开展现场调查与监测。调查和监测内容应包括：水文、气象、土壤的环境资料和实测数据，以及对建设项目影响所涉及范围内的污染源和可能对评价区域产生影响的污染源，都应同时进行调查和监测。

4．影响评价阶段

在掌握已有资料的基础上，对各种影响进行认别，筛选出其中重要的影响，确定评价因子，然后根据模拟实验、数学模型、类比调查等各种方法，对评价因子的未来状态进行预测。最后，在影响识别和预测的基础上，综合分析并评价主要影响的性质、程度和相对重要性。根据污染评价的结果，提出切实可行的污染防治措施和防止生态破坏的对策。把对环境的有害影响减少到最低，并对各种措施的预期效果和技术可行性进行分析，从而得出最优方案。

5．编制环境影响报告书

具体评价工作完成后，可对评价阶段所得的各种资料、数据进行综合分析，并作出结论，按规范的要求编写出环境影响报告书（见图 7-12）。

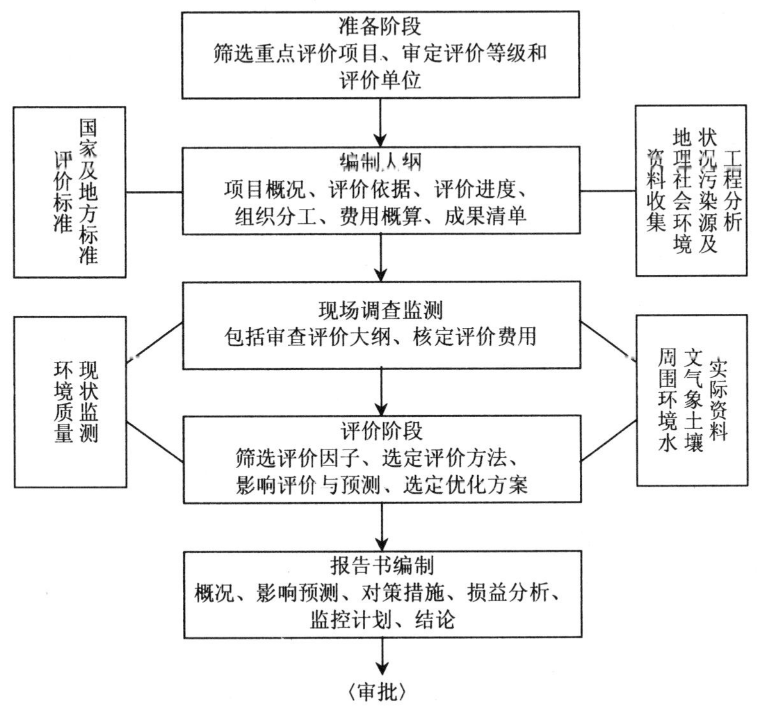

图 7-12　环境影响评价工作程序

三、评价大纲的编制

环境影响评价大纲是环境影响评价报告书的总体设计和行动指南，也是环境影响评价工作的总战术方案。“环评”中所采用的技术方法在大纲中都作了规定，评价单位必须按大纲要求去做。环境影响报告书的好坏取决于大纲的制订，因此，编制环境影响评价大纲是一个非常重要的阶段。环境影响评价主管部门是很看重评价大纲的。

1. 指导思想

编制环境影响评价大纲的指导思想是：

（1）考虑建设项目的特征和建厂地点及所处地区的环境特征。

（2）以环境法规为依据，既包括国家环境法规，也包括地方，如有些地方以地方法规为准。

（3）以保护环境质量为目的，坚持科学态度。

2. 基本内容

编制的依据；工程概述及分析；所处地区的地理、社会环境状况；评价区域的划分及区域范围；专题的设置（如水、气等）；评价标准；资料的收集；污染源的调查；预测的项目；组织分工、评价进度及其费用概算等。

国际金融组织贷款项目环境影响评价大纲的参考格式包括：前言；编制依据；贷款项目概况；拟建项目的区域环境状况（包括自然环境状况、生态环境状况、社会环境状况和生活质量状况）；环境影响因子的识别和评价因子的筛选；评价内容和评价重点；评价范围、环境保护目标及评价标准；专题设置和评价工作计划；提交的成果；组织分工；评价工作实施进度；评价费用估算；附件；附图；其他共 15 个部分。

四、环境影响报告书编制

1. 报告书的格式

国内基本上有两种格式，一种是环境保护部推荐的；另一种是国际金融组织贷款项目所要求的。

1）环保部推荐的格式，包括 10 个方面：

（1）总论，包括评价的目的、评价依据、评价采用的标准及评价后要达到的控制目标；

（2）建设项目概况；

（3）工程分析，对工程带来的影响要作分析；

（4）项目周围地区环境现状调查；

（5）环境影响预测；

（6）环境影响评价；

（7）对策述评与投资估算；

（8）环境影响损益分析；

（9）监测制度与建议；

（10）结论。

2）国际金融组织贷款项目的报告书格式，包括 9 个方面：

（1）前言；

（2）贷款项目概况；

（3）拟建设项目影响区域的环境概况；

（4）预期的环境影响及防治措施；

（5）替代方案；

（6）环境经济损益分析；

（7）环境保护管理计划和环境监控计划；

（8）公众参与；

（9）结论。

几点说明：

（1）无论是国内项目还是世行、亚行项目都有对监测计划的要求。要上一个项目，究竟这个项目在环境方面如何管理？从开始立项直到项目完成，包括今后运行必须有人管，即包括有机构、有措施。措施包括建立规章制度、设备仪器、跟踪监测。

（2）环境经济损益分析。环境影响的经济损益分析一般先筛选环境影响，量化环境影响，评估环境影响的货币化价值，再将货币化的环境影响价值纳入项目的经济分析四个步骤。

（3）公众参与是环评的重要组成部分，其目的是客观地反映项目所在地公众或社团对项目建设的意见和要求。报告书要设专章加以表达，使受影响的公众和社团有机会得到考虑和补偿。公众参与可采用下述方式进行。

① 建设单位和环保部门直接听取贷款项目所在地人大代表、政协委员、群众团体、学术团体或居委会、村委会的意见。

② 项目所在地人大、政协或社团征询受影响地区公众意见，可以分发《公众意见征询表》，召开座谈会或邀请参加环评大纲与报告书审查会议等形式进行。

2.《报告书》内容要求

（1）结构上要合理，内容要根据大纲要求，重点要突出，实用性强。国家级的各种开发区，如经济技术开发区、高新技术产业开发区、仓储保税区、旅游度假区等都要贯彻“先评价、后建设”的原则，应该作区域性的评价，一旦这个评价做出来了，在具体项目评价时，只要在区域评价的基础上缺什么补什么就可以了，这样可以节约经费，缩短评价周期，加快经济发展。

（2）基础数据要可靠。搞环境影响评价首先要保证建设项目环境影响评价现状监测资料数据的准确性、可靠性、代表性和合法性。数据、资料不可靠就不可能作出科学的决策的依据。因此，现状监测由省级环境保护行政主管部门的环境监测机构承担或组织承担，承担监测任务的环境监测机构，必须严格按审查通过后的“评价大纲”所确定的监测内容及时开展现状监测工作，其采样频次、监测方法、质量保证等须符合国家有关技术规范的规定，并对提供的监测数据的准确性和有效性负责。

（3）预测模型和参数的选择要合理。有些环境影响评价引用的模型不合适，如把高斯模型到处套用，实际上，每一个模型都有它适用的条件、适用范围，不能滥用，要谨慎选用。

（4）结论的观点要明确。所作结论观点要明确，要客观可信，不要为了上一个项目就多写好的方面，应该实事求是地下结论。

（5）语言要通顺、条理要清晰，文字要简练。最好是图文并茂，国外的评价很多是用图表示。

五、环境影响评价审批程序及原则

1. 审批程序

目前中国的环境影响评价审批程序可分以下步骤：

（1）环境保护行政主管部门及行业主管部门根据同级计委及有关部门立项批复，督促建设单位执行环境影响评价制度。

（2）建设单位征求负责审批报告书的环境保护部门意见，确定作报告书或报告表，委托持有相应等级的环境影响评价证书单位，编制环境影响报告书（表）的评价大纲。

（3）建设单位向负责审批的环境保护主管部门呈报环境影响评价大纲，并抄送行业主管部门，同时附立项文件及环评经费概算。环境保护部门根据情况确定审查方式，提出审查意见。

（4）根据环境保护部门对“大纲”的审查意见和要求，评价单位应与建设单位签订合同，开展环境影响评价工作。

（5）建设单位将编制完成的环境影响报告书按审批权限报主管部门并抄报负责审查环评报告书的环境保护部门和项目所在地的省、市环境保护部门。

（6）主管部门组织对报告书的预审工作，并将预审意见报负责审批报告书的环境保护部门审批。

（7）负责审批的环境保护部门从接到预审意见之日起，在规定的时间内批复或签署意见，逾期不批，可视其预审意见已被确认。

2. 审批原则

各级主管部门和环境保护部门在审批环境影响评价报告书时，应贯彻以下原则：

（1）审查该项目是否符合经济效益、社会效益与环境效益相统一的原则。

（2）审查该项目是否贯彻了“预防为主”、“谁污染谁治理、谁开发谁保护、谁利用谁补偿”的原则。

（3）审查该项目是否符合城市环境功能区划和城市发展总体规划。

（4）审查该项目的技术政策与装备政策是否符合国家规定。

（5）审查该项目环评过程中是否贯彻了“在污染控制上从单一的浓度控制逐步过渡到总量控制”,“在污染源治理上，从单纯的末端治理逐步过渡到对生产全过程的管理”,“在城市污染治理上，要把单一污染治理与集中治理或综合整治结合起来”。

六、项目竣工验收监测与调查

是指项目竣工试生产期间有审批权限的环境保护主管部门，委托有相应资质的（单位）监测站对项目设计、施工、投产各阶段环保工作开展监测与调查，并依据环评文件及批复要求，进行分析、评价，并得出结论，为项目竣工环保验收提供技术依据的过程。

1. 验收的依据

（1）依据项目设计文件；

（2）依据环评报告文件；

（3）依据环保局的要求；

（4）依据规划法规要求；

（5）依据产业改革和文件要求。

2．验收重点

（1）核查验收范围：包括项目工程组成（规模内容，工艺方法，能力和变更）环保措施落实及达标情况，总量控制，以新代老，清洁生产，敏感区保护等。

（2）核查验收工况：按项目产品量（原料、物料、能耗）、主体负荷运行情况等，验收期间工况情况要大于75%。

（3）核查验收标准：污染物排放标准（浓度、速率等）、环境质量标准（水、气、声等）、总量控制指标（水、气、固等）达标情况。不同功能区、执行不同标准。

（4）核查监测（调查）结果，包括环保设施的指标，设施运行效率，企业内部污染控制水平等。

（5）核查环境管理：包括从项目工程设计、施工到试运行全过程。

（6）核查环境现场。

3．验收条件

（1）审批完毕，资料齐全符合环境和设计要求；

（2）设备装备符合规范和要求；

（3）设备布置、适合主体工程要求；

（4）设备正常运行，符合交付使用要求；

（5）外排污染物达标排放总量不超标；

（6）可恢复生态工程得到修整；

（7）环境管理与监测机构符合环评及有关规定要求。

4．验收类型

按危害类型分：

（1）污染型项目：包括工业类、房地产业，饮食娱乐服务业等编制验收监测报告或表；

（2）生态型项目：包括水力，水电、交通运输、油气管理、农业、牧场等，编制验收调查报告（或表）。

按影响大小：

（1）对环境可能造成重大影响的编制验收监测报告书；

（2）对环境可能造成轻度影响的填写验收监测报告表；

（3）对环境可能造成很小影响的填写验收监测报告卡。

具体类别划分由负责建设项目竣工验收的环保主管部门检定。

5．验收结论

（1）通过验收，主要监测（调查）结果符合环保要求；

（2）延期验收，主要监测（调查）结果不符合环保要求，限期整改；

（3）责令停产，限期仍达不到环保要求。

6．验收监测（调查）工作程序

工作程序见示意图。

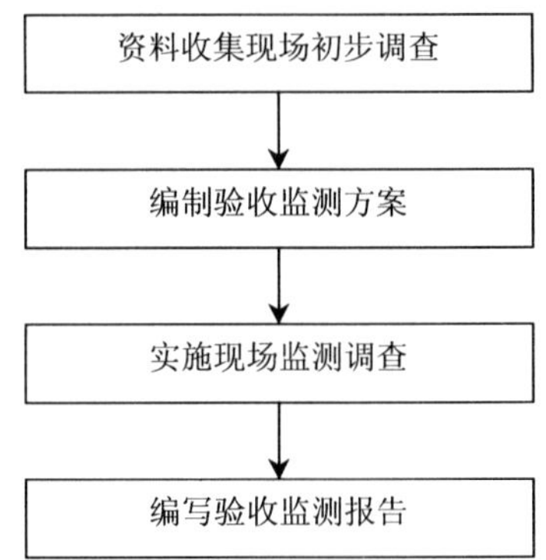

7. 验收监测技术要求

（1）验收监测的工况要求：工况稳定，负荷达到设计能力 75%以上。

（2）质量保证和质量控制：人员持证上岗，仪器检定、流量计校准、标准气校准、声级计校准，作平行样、质检样、加标回收、数据审核。

（3）监测因子的确定：环评文件、生产工艺、标准规定、总量控制、影响环境质量的污染因子。

（4）废水、废气、固废、噪声、振动、电磁辐射及环境质量监测技术要求（包括监测点位、监测因子、监测频次）。

（5）污染物排放总量核算（项目、排放总量计算）。

（6）在线监测仪器校比（按环评批复要求安装并通过质量检定和校准）。

七、竣工验收监测报告编制

1. 验收监测方案的编制

（1）总论：包括项目由来，从立项—建设—试生产审批过程，委托单位，验收监测单位，验收监测目的，编制依据，监测范围内容，工作程序等。

（2）工程概述：包括工程内容，建设过程，地理位置，燃料、水量设计，以及核算情况、生产工艺等。

（3）污染治理：包括主要污染源污染物治理及“三同时”等落实情况，并对环境影响进行分析。

（4）环评批复：初步回顾及批复要求等。

（5）环评标准：包括环境质量标准和排放标准，总量控制指标及设施设计指标等。

（6）实施方案：包括工况情况，监测点位，监测因子、频次，监测方法，监测仪器及与连续监测对比，水、气、固、声监测质量保证和质量控制。

（7）公众调查：包括公众调查方式、次数、调查结果等。

（8）环境管理检查：包括固废处理利用，环保设施建设和落实，风险事故环保应急措施等。

（9）进度与经费预算（附表说明）。

（10）结论与建议。

（11）附件。

2. 验收监测报告的编制

（1）总论：包括项目由来，编制依据，工作范围等。

（2）建设项目工程概况：包括建设内容，位置及平面布置，区域环境，工艺流程等。

（3）项目污染及治理：包括排放源，污染物及治理设施，排放状况及措施落实情况。

（4）环评回顾及批复要求。

（5）验收监测评价标准。

（6）验收结果及评价内容：

① 监测期间工况分析。

② 监测分析质量控制和质量保证。

③ 监测结果与分析：包括废水、废气、固废、噪声、振动、电磁等要素监测结果（附必要的监测结果表），监测项目、频次、断面及点位，采样方法和分析方法等，用相应标准值，设计指标进行评价，此外，对超标、异常数据要分析。

④ 必要的环境质量监测结果。

（7）总量控制及排污情况，包括污染物排放总量核算，总量控制指标评价等。

（8）公众意见调查结果。

（9）环境管理检查结果：包括固废处置利用情况，环保设施建成落实情况及风险防范设施等。

（10）验收监测结论与建议。

（11）附件：重点附图及各类文件

① 地理位置图；

② 厂区平面图；

③ 工艺流程图；

④ 物料平衡图；

⑤ 水循环图；

⑥ 污染治理工艺流程图；

⑦ 监测点位图，

⑧ 百佳工程评分、“三同时”登记表等。

第七节　环境风险评价质量管理

环境风险是指突发性事件对环境或人的危害程度。环境风险评价是指预测评价对厂界外人群的伤害、环境质量恶化及生态影响程度和范围，并提出防范、减少、消除对环境破坏的措施为工作重点的活动。因此，风险评价的基本内容为：风险识别、源项分析、后果计算，风险计算和评价以及风险管理等。

一、风险识别

通过风险分析了解潜在风险，查找事故原因、规律、发生概率，提出改进和消除潜在危险的措施，以达到系统安全最优化评估。

1．重大危险源的识别（GB 18218—2000）

（1）易燃易爆危险物质的贮存区；

（2）易燃易爆有毒物质的库区；

（3）具有火灾爆炸中毒危险的生产场所；

（4）企业危险建筑物；

（5）压力管道；

（6）锅炉；

（7）压力容器等。

2．风险识别的内容

（1）生产设备风险识别：包括生产装置、传动系统、环境设施及辅助生产设施等。

（2）物质风险性识别：危险物质指一种物质或若干物质混合物。由于它的化学、物理或毒性使其具有导致火灾、爆炸或中毒风险。包括原材料、辅助材料、中间产品、最终产品，以及生产过程排放的“三废”污染物等。

（3）生产过程潜在风险性识别：包括生产过程副产物。

二、源项分析

1．划分功能单元排查隐患

一般的建设项目有生产运行系统、公用工程系统，储运系统、生产辅助系统，环保系统，安全消防系统等。

将各功能系统分为功能单元，每个功能单元至少应包括一个危险性物质的主要贮存容器或管道，并且每个功能单元与所有其他单元有分隔开的地方，即有单一信号控制的紧急自动切断阀。

2．筛选危险物质，确定风险因子

分析各功能单元涉及的有毒有害、易燃易爆物质的名称和贮量。主要列出各单元所有容器和管道中的危险物质清单，包括物料类型，相态、压力，温度、体积或重量。

3．事故源项分析和最大可信事故筛选

根据清单，采用事故树法或类比分析法分析各功能单元可能发生的事故，确定其最大可信事故源，常用事件树分析法确定事故概率，这是一种逻辑译法，它是在给定一个初因事件的情况下分析该事件可能导致的各种事件序列后果，从而定性与定量评价系统特性。

事件树可以描述系统中可能发生的事件，是安全分析中的有效方法，世界银行《工业污染事故评价技术手册》把事件树法推荐为事故泄漏后果分析方法。事件树的定量化是计算每条事件发生的概率。首先确定初因事件发生频率和各条事件概率，事件树概率则由各条事件序列概率矩阵综合计算分析求得。常见的泄漏事故设备有十类：

（1）管道：包括管道、法兰、接头、弯管等。典型泄漏事故为法兰泄漏、管道泄漏及接头损坏。

（2）挠性连接器：包括软管、波纹管、铰接臂等，典型泄漏事故为破裂泄漏、接头泄漏及连接机件损坏。

（3）过滤器：包括滤器、滤网等，典型事故为滤体泄漏和管道泄漏。

（4）阀：包括球阀、拴、阻气门、保险、蝶形阀等典型事故为壳泄漏，盖孔泄漏、杆损坏泄漏。

（5）压力容器、反应槽：包括分离器、气体洗涤器、反应器、热交换器、火焰加热器、接收器、再沸器等，典型事故为容器破裂泄漏、进入孔盖泄漏、喷嘴断裂、仪表管路破裂、内部爆炸。

（6）泵：包括离心泵、往复泵等典型事故为机壳损坏、密封压盖泄漏。

（7）压缩机：包括离心式压缩机、轴流式压缩机、往复活塞式压缩机等。典型事故为机壳损坏，密封套泄漏。

（8）贮罐：包括贮罐连接管部分和周围的设施等。典型事故为容器损坏、接头泄漏。

（9）贮存器：包括压力容器、运输容器、冷冻运输容器、埋设或露天贮存器等，典型事故为气爆、破裂、焊接点断裂。

（10）放空燃烧装置、放空管：包括多歧接头、气体洗涤、分离罐等，典型事故为多歧接头泄漏或超标排气。

三、泄漏计算与风险评价

1. 泄漏物质性质分析

对于环境风险分析，应确定每种泄漏事故中泄漏的物质性质，与环境污染有关的性质有相（液体、气体或两相）、压力、温度、易燃性、毒性。由上述性质结合的几种泄漏物在环境风险评价中特别重要，即在常压下的液体、受压下的液化气体、低温下的液化气体、加压下的气体、沸液膨胀蒸汽爆炸物、有毒有害物的混合体等。

一般泄漏事故有四种，易燃易爆气体泄漏、毒气气体泄漏、可燃液体泄漏和毒性液体泄漏。可以用四种典型事件树形图描述事故的各种后果，事故树形图每个分枝点或每个节点均展示出一个有关的泄漏问题（如有毒气体事件树形图）。

2. 液体泄漏量的计算

根据伯努利（Bemoulli）方程建立小孔泄漏速度计算公式：

$$Q = C_d A\rho\sqrt{\frac{2(P-P_o)}{P}+2gh}$$

式中：Q——液体泄漏量，kg/s；

C_d——排放系数，通常取 0.6～0.64；

A——泄漏口面积，m^2；

ρ——泄漏液体密度，kg/m^3；

P——容器内介质压力，Pa（帕）；

P_o——环境压力，Pa；

g——重力加速度，9.8 m/s^2；

h——泄漏口上液位高度，m。

3. 气体泄漏量计算

根据多数事故的气体泄漏量声速流，可按下式计算：

$$Q = C_d \rho A \sqrt{\frac{rM}{RT}\left(\frac{2}{y+1}\right)^{\frac{y+1}{y-1}}}$$

式中：Q——气体泄漏量，kg/s；

C_d——排放系数，通常取 1.0；

A——泄漏口面积，m^2；

r——绝热指数，是等压比热容量与等容比热容的比值；

M——气体分子量，kg/mol；

R——气体常数，8.314 J/（mol·K）；

T——容器内气体温度，K°。

4．两相流泄漏量计算

公式为：

$$Q_{LG} = C_d A \sqrt{2P_m(P-P_o)}$$

式中：Q_{LG}——两相流泄漏量，kg/s；

C_d——排放系数；

P_m——流体压力；

P——容器内介质压力；

P_o——环境压力。

5．泄漏后扩散浓度计算

污染物进入环境后，在水和空气介质中扩散，对环境造成影响，在计算出物料泄漏量后，可依据相应的扩散模型预测污染可能造成的影响范围和程度。

（1）河流中的扩散：假定河流是稳态的，正常排污，污染物质为持久性物质，在整个河流内均匀混合，运用完全混合模型可估算受污染河流中污染物浓度。

$$\rho = \frac{\rho_{\mathrm{P}}\rho_{\mathrm{P}} + \rho_{\mathrm{h}} \cdot Q_{\mathrm{h}}}{Q_{\mathrm{P}} + Q_{\mathrm{h}}}$$

式中：ρ——污水河水混合后污染物的质量浓度，mg/L；

ρ_{P}——河流上游污染物质量浓度，mg/L；

Q_{P}——河流上游的流量，m^3/s；

ρ_{h}——泄漏点污染物质量浓度，mg/L；

Q_{h}——泄漏处的污水量，m^3/s。

（2）空气中的扩散：泄漏源有效高度为 H，取其在地面投影为坐标原点，x 轴指向风向，运用高架连续点源的高斯横聚估算下风向任一点（x，y）浓度。

高架连续点源地面浓度：

$$C_{(x,y,H)} = \frac{Q}{u\sigma_y\sigma_z}\exp\left(\frac{y^2}{2\sigma_y^2}\right)\exp\left(\frac{H^2}{2\sigma_z^2}\right)$$

式中：C——污染物质量浓度，mg/m^3；

Q——源强，mg/s；

u——泄漏高度的平均风速，m/s；

$\sigma_y \cdot \sigma_z$——用浓度标准偏差表示 y 轴及 z 轴上的扩散参数；

H——泄漏源有效高度，m。

6．风险计算与评价

综合分析确定最大可信事故及其风险程度包括造成厂（界）外环境损坏程度、人员死亡损伤及财产损失，用风险值评价事故后果。

$$R\text{风险值}\left[\frac{\text{后果}}{\text{时间}}\right]=P_{\text{概率}}\left[\frac{\text{事故数}}{\text{单位时间}}\right]\times C_{\text{危害程度}}\left[\frac{\text{后果}}{\text{每次事故}}\right]$$

在建设项目环境风险评值时，以最大可信事故的风险值（R）小于等于同行业可接受风险水平，则认为项目的风险水平可以接受，评价可以通过。否则需要采取减少事故的措施，使风险值达到可以接受的水平。

四、风险管理

是指企业或项目通过风险识别、后果评价，为有效地控制风险，用最经济的方法来综合处理风险，以实现最佳的环境安全的管理方法。包括减轻和消除事故对环境危害应采取的预防措施、减缓措施和应急预案。

1．风险防范与减缓措施

环境风险的防范与减缓措施应从两个方面考虑：一是开发建设活动特点、强度与过程，二是所处环境的特点与敏感性。

建设项目环境风险评价中，关心的主要风险是生产和贮运中的有毒有害、易燃易爆物的泄漏与着火、爆炸环境风险，如产品加工过程中产生的有毒、易燃易爆物的风险。

环境风险的防范与减缓措施是在环境风险评价的基础上做出的。主要环境风险防范措施为：

（1）选址、总图布置和建筑安全防范措施。厂址及周围居民区、环境保护目标设置卫生防护距离，厂区周围工矿企业、车站、码头、交通干道等设置安全防护距离和防火间距。厂区总平面布置符合防范事故要求，有应急救援设施及救援通道、应急疏散及避难所。

（2）危险化学品贮运安全防范及避难所。对贮存危险化学品数量构成危险源的贮存地点、设施和贮存量提出要求，与环境保护目标和生态敏感目标的距离符合国家有关规定。

（3）工艺技术设计安全防范措施。设自动监测、报警、紧急切断及紧急停车系统；防火、防爆、防中毒等事故处理系统；应急救援设施及救援通道；应急疏散通道及避难所。

（4）自动控制设计安全防范措施。有可燃气体、有毒气体检测报警系统和在线分析系统。

（5）电气、电信安全防范措施。

（6）消防及火灾报警系统。

（7）紧急救援站或有毒气体防护站设计。

2. 事故应急预案的编制

事故应急预案应根据全厂（或工程）布局、系统关联、岗位工序、毒害物性质和特点等要素，结合周边环境及特定条件以及环境风险评价结果制定。

应急预案的主要内容为：

（1）应急计划区。危险目标为装置区、贮罐区、重点保护目标。

（2）应急组织机构、人员。建立工厂、地区应急组织机构、人员。

（3）预案分级响应条件。规定预案的级别及分级响应程序。

（4）应急救援保障。配备应急设施、设备与器材等。

（5）报警、通信联络方式。规定应急状态下的报警通信方式，通知方式和交通保障、管制。

（6）应急环境监测、抢险、救援及控制措施。由专业队伍负责对事故现场进行侦察监测，对事故性质、参数与后果进行评估，为指挥部门提供决策依据。

（7）应急监测、防护措施、清除泄漏措施和器材。事故现场、邻近区域，控制防火区域，控制和清除污染措施及相应设备。

（8）人员紧急撤离、疏散、应急剂量控制、撤离组织计划。事故现场、工厂邻近区、受事故影响的区域人员及公众对毒物应急剂量控制规定，撤离组织计划及救护，医疗救护与公众健康。

（9）事故应急救援关闭程序与恢复措施。规定应急状态终止程序，事故现场善后处理，恢复措施，邻近区域解除事故警戒及善后恢复措施。

（10）应急培训计划。

（11）公众教育和信息。

3. 应急监测预案的编制准备

制定应急监测预案是为了适应突发性环境污染事故应急处理处置的需要，为确保预案的质量，制定预案前要进行危险分析和应急能力评估。

（1）危险分析

是制定预案的基础和关键，危险分析的结果不仅有助于确定需要重点考虑的危险，也为应急准备和应急响应提供信息。

危险分析包括：危险识别、脆弱分析和风险分析。

1）危险识别：是将城市中可能存在的重大危险源识别出来，作为危险分析的对象，危险识别应明确下列内容：

① 危险化学品工厂（尤其是重大危险源）的位置和运输路线；

② 伴随危险化学品的泄漏有可能发生的危险（火灾、爆炸和中毒）；

③ 城市内或经过城市运输的危险化学品的类型和数量；

④ 重大火灾隐患的情况，如地铁、大型商场等人口密集的场所等；

⑤ 其他可能的重大事故的隐患及可能的自然灾害、自然环境变化等异常情况。

2）脆弱分析：一旦发生事故，城市哪些地方容易受到破坏。

① 受事故灾害严重影响的区域及该区的影响因素（如地形、交通、风向、水电等

情况）；

② 预计位于脆弱带中的人口数类型（如居民、职工、学校、疗养院、托儿所）；

③ 可能遭受的财产破坏，包括基础设施（如水电、食品、医疗、交通、运输、通信等）；

④ 可能的环境影响。

3）风险分析：根据脆弱分析结果，评估事故灾害发生对城市造成破坏的可能性及程度。

① 发生事故灾害的可能性；

② 对人类造成破坏的类型（急性、慢性）；

③ 对财产造成破坏的类型（暂时、永久性）；

④ 对环境造成破坏的类型（可恢复、永久性）。

并进行风险源检查：调查环境风险源现状，防范措施及周边环境敏感区域情况。对企业（项目）实验室等特殊潜在危险的场所应注意的主要问题：

① 化学品安全管理问题；

② 压缩气瓶安全管理问题；

③ 通风橱安全管理问题。

容易引发的安全事故是：

① 火灾、爆炸事故；

② 化学品溅出事故；

③ 烧伤事故；

④ 触电事故。

（2）应急能力评估

应急资源和能力将直接影响应急行动的快速有效性，要依据危险分析的结果对已有的应急资源和应急能力进行评估，包括城市应急资源评估和企业应急资源的评估，明确应急救援的需求和不足。

应急资源包括：应急设施、装备和物资等。

应急能力包括：人员的技术、经验和接受培训等。

4．应急监测预案的编制内容

（1）总则；

（2）选用范围；

（3）组织机构和职责分工；

（4）应急监测工作分类及程序；

（5）制订监测方案（包括布点、频次、项目、方法、仪器、报告）；

（6）应急监测装备管理及安全防护；

（7）应急监测质量保证与质量控制；

（8）应急监测质量支持系统；

（9）预案的管理与更新；

（10）附录：

① 应急监测人员名单；

② 应急专家联络表；

③ 各区、县、应急小组联络表（包括局、站、中心）。

5．应急监测报告的编制要求

（1）应急监测快报：应急监测实行快报制度

快报采用文字型“一事一报”的方式，报告污染事故的应急监测情况，以及在监测过程中发生的异常情况及其原因分析，并提出处理意见和对策建议。快报报送主管环保局和上级监测站，同时报送负责事故处理的环保局。污染事故发生后 24 h 内应报出第一期应急监测快报，并应在污染事故影响期间内，连续编制各期快报。编报要求、周期、上报时间及报送对象由负责处理污染事故的环保局确定。

（2）预测预报

根据监测结果，综合分析突发环境事故污染变化趋势，运用扩散预测模型，并通过专家咨询和讨论方式，预测并报告突发环境事故的发展情况和污染物的变化，作为应急决策的依据，报告简明扼要，重点分析有据，科学性、实用性强。

（3）应急监测评估报告

当环境中污染浓度已降到规定限制以内，应急监测终止后，还应继续进行监测工作，是配合有关部门及突发事故单位查找事故原因，对事故造成的直接损失和生态破坏进行评价，对受灾范围进行科学评估，提出补偿和对遭受破坏的生态环境进行恢复的建议，对事故可能引起的中长期影响进行持续的监测和评价，最后要写出报告。

6．应急监测过程评价报告的编制

（1）评价的基本依据

① 环境应急过程记录；

② 现场各专业应急救援队伍总结报告；

③ 现场应急救援指挥部掌握的应急情况；

④ 应急救援效果产生的社会影响；

⑤ 公众反应。

（2）评价的基本内容

环境监测站作为突发环境事件应急处置中的专业小组，需要对应急监测过程进行总结，向主管部门和上级环境监测提交工作报告，包括对监测工作的响应速度，监测点位的布设，数据的准确性和代表性，报告的针对性和时效性进行评价。确定的监测因子和采用的监测方法应科学合理，适用的预测预报模型是否适合现场情况，以及与最终监测结果的拟合程度。分析仪器、防护装备、通信设备、交通工具及其他现场装备是否与应急监测任务适应等。

（3）评价结论

① 环境事件等级；

② 任务完成情况；

③ 是否符合保护公众保护环境的总要求；

④ 出动应急队伍的规模，仪器装备，应急程度；

⑤ 措施是否得当，出动速度是否与任务相适合；

⑥ 应急处理中对利益、代价、风险、困难关系的处理是否科学合理；

⑦ 发布的公告内容是否准确，时机是否得当，对公众的影响；

⑧ 成功或失败的典型事例及其他结论；

⑨ 应急保障情况：包括资源保障、装备保障、通信保障、人力资源保障，技术保障等，评价由环保部门会同事发地政府组织实施。

参考文献

[1] 吴邦灿．环境监测管理，第二版．北京：中国环境科学出版社，1997.

[2] 齐文启，等．水和废水监测分析方法，第四版．北京：中国环境科学出版社，2003.

[3] 吴邦灿．现代环境监测技术．北京：中国环境科学出版社，1999.

[4] 刘天齐．环境保护通论．北京：中国环境科学出版社，1997.

[5] 王林书．概率论及数理统计．北京：科学出版社，2000.

[6] 魏复盛．水和废水监测分析指南（下）．北京：中国环境科学出版社，1997.

[7] 韩培德．环境保护教程．北京：法律出版社，1998.

[8] 吴邦灿．环境监测技术．北京：中国环境科学出版社，1998.

[9] 何强，井文涌．环境学导论，第二版．北京：清华大学出版社，1994.

[10] 严跃基，吴邦灿．环境磁学．北京：地质出版社，1996.

[11] 戴树桂．环境化学．北京：高等教育出版社，1997.

[12] 朱良漪．分析仪器手册．北京：化学工业出版社，1997.

[13] 吴邦灿．环境监测中仪器分析．北京：中国环境科学出版社，1993.

[14] 陆雍森．环境评价，第二版．上海：同济大学出版社，1997.

[15] 叶文虎．环境质量评价学．北京：高等教育出版社，1994.

[16] 吴邦灿，等．环境管理与系统分析．济南：山东大学出版社，1988.

[17] 高密来．环境学教程．北京：中国物价出版社，1997.

[18] 吴忠勇，吴邦灿．全国环境监测岗位培训教材．北京：中国环境科学出版社，1997.

[19] 国家环境保护总局．中国环境保护．北京：中国环境科学出版社，2000.

[20] 国家环境保护总局．全国第六次监测工作会议文献．北京：中国环境科学出版社，2000.

[21] S.E.Manahan，Environmental Chemistry，Fourth Ed. Boston Willara Gront Press，1984.

[22] 吴鹏鸣，等．环境水质监测质量保证手册．北京：化学工业出版社，1984.

[23] 吴邦灿，齐文启．环境监测管理学．北京：中国环境科学出版社，2004.

[24] 中国环境报特约评论员．“论两大体系建设”．中国环境监测，2006，22（3）.

[25] 薛念涛．环境监测全面质量管理．北京：中国建筑工业出版社，2008.

[26] 罗毅，李国刚．地表水环境质量监测分析方法．北京：中国环境科学出版社，2009.

附　录

附录一　数据换算表

附表 1　t 分布的分位数

n	0.10	0.050	0.025	0.010	0.005	n	0.10	0.050	0.025	0.010	0.005
1	3.078	6.314	12.706	31.821	63.657	18	1.330	1.734	2.101	2.552	2.878
2	1.886	2.920	4.303	6.965	9.925	19	1.328	1.729	2.093	2.539	2.861
3	1.638	2.353	3.182	4.541	5.841	20	1.325	1.725	2.086	2.528	2.845
4	1.533	2.132	2.776	3.747	4.664	21	1.323	1.721	2.080	2.518	2.931
5	1.476	2.015	2.571	3.365	4.031	22	1.321	1.717	2.074	2.508	2.819
6	1.440	1.943	2.447	3.143	3.701	23	1.319	1.714	2.069	2.500	2.807
7	1.415	1.895	2.365	2.998	3.461	24	1.318	1.711	2.064	2.492	2.797
8	1.397	1.860	2.306	2.896	3.355	25	1.316	1.708	2.060	2.485	2.787
9	1.383	1.833	2.262	2.821	3.252	26	1.315	1.706	2.056	2.479	2.779
10	1.372	1.812	2.228	2.764	3.161	27	1.314	1.703	2.052	2.473	2.771
11	1.363	1.769	2.201	2.718	3.101	28	1.313	1.701	2.048	2.467	2.763
12	1.356	1.782	2.179	2.681	3.054	29	1.311	1.699	2.045	2.462	2.756
13	1.350	1.771	2.160	2.650	3.011	30	1.310	1.697	2.042	2.457	2.750
14	1.345	1.761	2.145	2.624	2.977	40	1.303	1.684	2.021	2.423	2.704
15	1.341	1.753	2.131	2.602	2.847	60	1.296	1.671	2.000	2.390	2.660
16	1.337	1.746	2.120	2.583	2.921	120	1.289	1.658	1.980	2.358	2.617
17	1.333	1.740	2.110	2.567	2.898						

注：α=0.995、0.990、0.975、0.950 和 0.900 是由 $t_{n,1-\alpha}=-t_{n,\alpha}$得到的。

附表 2　t 分布的双侧分位数 t_α表

f \ α	0.20	0.10	0.05	0.02	0.01	0.001	α / f
1	3.078	6.314	12.706	31.821	63.657	636.619	1
2	1.886	2.920	4.303	6.965	9.925	31.598	2
3	1.638	2.353	3.182	4.541	5.841	12.941	3
4	1.533	2.132	2.776	3.747	4.604	8.619	4
5	1.476	2.015	2.571	3.365	4.032	6.859	5
6	1.440	1.943	2.447	3.143	3.707	5.959	6
7	1.415	1.895	2.365	2.998	3.499	5.405	7
8	1.397	1.860	2.306	2.896	3.355	5.041	8

f \ α	0.20	0.10	0.05	0.02	0.01	0.001	α / f
9	1.383	1.833	2.262	2.821	3.250	4.781	9
10	1.372	1.812	2.228	2.764	3.169	4.587	10
11	1.363	1.796	2.201	2.718	3.106	4.437	11
12	1.356	1.782	2.179	2.681	3.055	4.318	12
13	1.350	1.771	2.160	2.650	3.012	4.221	13
14	1.345	1.761	2.145	2.624	2.977	4.140	14
15	1.341	1.753	2.131	2.602	2.947	4.073	15
16	1.337	1.746	2.120	2.583	2.921	4.015	16
17	1.333	1.740	2.110	2.567	2.898	3.965	17
18	1.330	1.734	2.101	2.552	2.878	3.922	18
19	1.328	1.729	2.093	2.539	2.861	3.883	19
20	1.325	1.725	2.086	2.528	2.845	3.850	20
21	1.323	1.721	2.080	2.518	2.831	3.819	21
22	1.321	1.717	2.074	2.508	2.819	3.792	22
23	1.319	1.714	2.069	2.500	2.807	3.767	23
24	1.318	1.711	2.064	2.492	2.797	3.745	24
25	1.316	1.708	2.060	2.485	2.787	3.725	25
26	1.315	1.706	2.056	2.479	2.779	3.707	26
27	1.314	1.703	2.052	2.473	2.771	3.690	27
28	1.313	1.701	2.048	2.467	2.763	3.674	28

附表 3 标准正态密度分布函数下的面积

Z_a	0.00	0.01	0.02	0.03	0.04	0.05	0.06	0.07	0.08	0.09
0.0	0.500 0	0.496 0	0.492 0	0.488 0	0.484 0	0.480 1	0.476 1	0.472 1	0.468 1	0.464 1
0.1	0.460 2	0.456 2	0.452 2	0.448 3	0.444 3	0.440 4	0.436 4	0.432 5	0.426 8	0.424 7
0.2	0.420 7	0.416 8	0.412 9	0.409 0	0.405 2	0.401 3	0.397 4	0.393 6	0.389 7	0.385 9
0.3	0.382 1	0.378 3	0.374 5	0.370 7	0.366 9	0.363 2	0.359 4	0.355 7	0.352 0	0.348 3
0.4	0.344 6	0.340 9	0.337 2	0.333 6	0.330 0	0.326 4	0.322 8	0.319 2	0.315 6	0.312 1
0.5	0.308 5	0.305 0	0.301 5	0.298 1	0.294 6	0.291 2	0.287 7	0.284 3	0.281 0	0.277 6
0.6	0.274 3	0.270 9	0.267 6	0.264 3	0.261 1	0.257 8	0.254 6	0.251 4	0.248 3	0.245 1
0.7	0.242 0	0.238 9	0.235 8	0.232 7	0.229 6	0.226 6	0.223 6	0.220 6	0.217 7	0.214 8
0.8	0.211 9	0.209 0	0.206 1	0.203 3	0.200 5	0.197 7	0.194 9	0.192 2	0.189 4	0.186 7
0.9	0.184 1	0.181 4	0.178 8	0.176 2	0.173 6	0.171 1	0.168 5	0.166 0	0.163 5	0.161 1
1.0	0.158 7	0.156 2	0.153 9	0.151 5	0.149 2	0.146 9	0.144 6	0.142 3	0.140 1	0.137 9
1.1	0.135 7	0.133 5	0.131 4	0.129 2	0.127 1	0.125 1	0.123 0	0.121 0	0.119 0	0.117 0
1.2	0.115 1	0.113 1	0.111 2	0.109 3	0.107 5	0.105 6	0.103 8	0.102 0	0.100 3	0.098 5
1.3	0.096 8	0.095 1	0.093 4	0.091 8	0.090 1	0.088 5	0.086 9	0.085 3	0.083 8	0.082 3
1.4	0.080 8	0.079 3	0.077 8	0.076 4	0.074 9	0.073 5	0.072 1	0.070 8	0.069 4	0.068 1
1.5	0.066 8	0.066 5	0.064 3	0.063 0	0.061 8	0.060 6	0.059 4	0.058 2	0.057 1	0.055 9
1.6	0.058 4	0.053 7	0.052 6	0.051 6	0.050 5	0.049 5	0.048 5	0.047 5	0.046 5	0.045 5
1.7	0.044 6	0.043 6	0.042 7	0.041 8	0.040 9	0.040 1	0.039 2	0.038 4	0.037 5	0.036 7
1.8	0.035 9	0.035 1	0.034 4	0.033 6	0.032 9	0.032 2	0.031 4	0.030 7	0.030 1	0.029 4

Z_a	0.00	0.01	0.02	0.03	0.04	0.05	0.06	0.07	0.08	0.09
1.9	0.028 7	0.028 1	0.027 4	0.026 8	0.026 2	0.025 6	0.025 0	0.024 4	0.023 9	0.023 3
2.0	0.022 8	0.022 2	0.021 7	0.021 2	0.020 7	0.020 2	0.019 7	0.019 2	0.018 8	0.018 3
2.1	0.017 9	0.017 4	0.017 0	0.016 6	0.016 2	0.015 8	0.015 4	0.015 0	0.014 6	0.014 3
2.2	0.013 9	0.013 6	0.013 2	0.012 9	0.012 5	0.012 2	0.011 9	0.011 6	0.011 3	0.011 0
2.3	0.010 7	0.010 4	0.010 2	0.009 90	0.009 94	0.009 39	0.009 14	0.008 89	0.008 66	0.008 42
2.4	0.008 20	0.007 98	0.007 76	0.007 55	0.007 34	0.007 14	0.006 95	0.006 76	0.006 57	0.006 39
2.5	0.006 21	0.006 04	0.005 87	0.005 70	0.005 54	0.005 39	0.005 23	0.005 08	0.004 94	0.004 84
2.6	0.004 66	0.004 53	0.004 40	0.004 27	0.004 15	0.004 02	0.003 91	0.003 79	0.003 68	0.003 57
2.7	0.003 47	0.003 36	0.003 26	0.003 17	0.003 07	0.002 98	0.002 89	0.002 80	0.002 72	0.002 64
2.8	0.002 56	0.002 48	0.002 40	0.002 33	0.002 29	0.002 19	0.002 12	0.002 05	0.001 99	0.001 93
2.9	0.001 87	0.001 81	0.001 75	0.001 69	0.001 64	0.001 59	0.001 54	0.001 49	0.001 44	0.001 39

附表 4　正态分布的双侧分位数 u_α表

α	0.00	0.01	0.02	0.03	0.04	0.05	0.06	0.07	0.08	0.09	α
0.0	∞	2.575 829	2.326 348	2.170 000	2.053 749	1.959 964	1.880 794	1.811 911	1.750 686	1.695 398	0.0
0.1	1.644 854	1.598 193	1.554 774	1.514 102	1.475 791	1.439 531	1.405 072	1.372 204	1.340 755	1.310 579	0.1
0.2	1.281 552	1.253 565	1.226 528	1.200 359	1.174 987	1.150 349	1.126 391	1.103 063	1.080 319	1.058 122	0.2
0.3	1.036 433	1.015 222	0.994 358	0.074 114	0.954 165	0.934 589	0.915 365	0.896 473	0.877 896	0.859 617	0.3
0.4	0.841 621	0.823 894	0.806 421	0.789 192	0.772 193	0.755 415	0.738 847	0.722 479	0.706 303	0.690 309	0.4
0.5	0.674 490	0.658 838	0.643 345	0.628 006	0.612 813	0.597 760	0.582 841	0.568 051	0.553 385	0.538 836	0.5
0.6	0.524 401	0.510 073	0.495 850	0.481 727	0.467 699	0.453 762	0.439 913	0.426 148	0.412 463	0.398 855	0.6
0.7	0.385 320	0.371 856	0.358 459	0.345 125	0.331 853	0.318 639	0.305 481	0.292 375	0.279 319	0.266 311	0.7
0.8	0.253 347	0.240 426	0.227 545	0.214 702	0.201 893	0.189 118	0.176 374	0.163 658	0.150 969	0.138 304	0.8
0.9	0.125 661	0.113 039	0.100 434	0.087 845	0.075 270	0.062 707	0.050 154	0.037 608	0.025 069	0.012 533	0.9
α	0.001		0.000 1		0.000 01		0.000 001		0.000 000 1	0.000 000 01	α
u_a	3.290 53		3.890 59		4.417 17		4.891 64		5.326 74	5.730 73	u_a

附表 5　x^2分布分位数表（节选）

v	P									
	0.850	0.900 0	0.950 0	0.975 0	0.980 0	0.990 0	0.995 0	0.997 5	0.999 0	0.999 5
52	62.552 56	65.422 41	69.832 16	73.809 86	75.021 43	78.615 76	82.000 83	85.220 15	89.272 15	92.210 78
54	64.755 14	67.672 79	72.153 22	76.192 05	77.421 77	81.068 77	84.501 90	87.765 63	91.871 85	94.848 69
56	66.953 96	69.918 51	74.468 32	78.567 16	79.814 71	83.513 43	86.993 76	90.301 09	94.460 54	97.474 91
58	69.149 21	72.159 84	76.777 80	80.935 59	82.200 65	85.950 18	89.476 87	92.827 06	97.038 83	100.090 08
60	71.341 10	74.397 01	79.081 94	83.297 67	84.579 95	88.379 42	91.951 70	95.344 02	99.607 23	102.694 76
62	73.529 77	76.630 21	81.381 02	85.653 73	86.952 94	90.801 53	69.418 65	97.852 42	102.166 25	105.289 46
64	75.715 40	78.859 64	83.675 26	88.004 05	89.319 92	93.216 86	96.878 11	100.352 68	104.716 33	107.874 67
66	77.898 12	81.085 49	85.964 91	90.348 90	91.681 17	95.625 72	99.330 43	102.845 16	107.257 88	110.450 83
68	80.078 06	83.307 90	88.250 16	92.688 54	94.036 97	98.028 40	101.775 92	105.330 24	109.791 30	113.018 34
70	82.255 35	85.527 04	90.531 23	95.023 18	96.387 54	100.425 18	104.214 90	107.808 22	112.316 93	115.577 58
72	84.430 11	87.743 05	92.808 27	97.353 05	98.733 10	102.816 31	106.647 63	110.279 42	114.835 12	118.128 91
74	86.602 43	89.956 05	95.081 47	99.978 35	101.073 88	105.202 03	109.074 38	112.744 11	117.346 16	120.672 66
76	88.772 42	92.166 17	97.350 97	101.999 25	103.410 06	107.582 54	111.495 38	115.202 55	119.850 35	123.209 12
78	90.940 16	94.373 52	99.616 93	104.315 94	105.741 82	109.958 07	113.910 87	117.655 00	122.347 95	125.738 58
80	93.105 75	96.578 20	101.879 47	106.628 57	108.069 34	112.328 79	116.321 06	120.101 68	124.839 22	128.261 31

附表 6 x^2 分布的上侧分位数 x_α^2 表

f \ α	0.995	0.99	0.975	0.95	0.05	0.025	0.01	0.005	α / f
1	0.043 93	0.031 57	0.039 82	0.003	3.84	5.02	6.63	7.88	1
2	0.010 0	0.010 1	0.050 6	0.103	5.99	7.38	9.21	10.60	2
3	0.071 7	0.115	0.216	0.352	7.81	9.35	11.34	12.84	3
4	0.107	0.297	0.484	0.711	9.49	11.14	13.28	14.86	4
5	0.412	0.554	0.831	1.145	11.07	12.83	15.09	16.75	5
6	0.076	0.872	1.237	1.635	12.59	14.45	16.81	18.55	6
7	0.989	1.239	1.690	2.17	14.07	16.01	18.48	20.3	7
8	1.344	1.646	2.18	2.73	15.51	17.53	20.1	22.0	8
9	1.735	2.09	2.70	3.33	16.92	19.02	21.7	23.6	9
10	2.16	2.56	3.25	3.94	18.31	20.5	23.2	25.2	10
11	2.60	3.05	3.82	4.57	19.68	21.9	24.7	26.8	11
12	3.07	3.57	4.40	5.23	21.0	23.3	26.2	28.3	12
13	3.57	4.11	5.01	5.89	22.4	24.7	27.7	29.8	13
14	4.07	4.66	5.63	6.57	23.7	26.1	29.1	31.3	14
15	4.60	5.23	6.26	7.26	25.0	27.5	30.6	32.8	15
16	5.14	5.81	6.91	7.96	26.3	28.8	32.0	34.2	16
17	5.70	6.41	7.56	8.67	27.6	30.2	33.4	35.7	17
18	6.26	7.01	8.23	9.39	28.6	31.5	34.8	37.2	18
19	6.84	7.63	8.91	10.12	30.1	32.9	36.2	38.6	19
20	7.43	8.26	9.59	10.85	31.4	34.2	37.6	40.0	20
21	8.03	8.90	10.28	11.59	32.7	35.5	38.9	41.4	21
22	8.64	9.54	10.98	12.34	33.9	36.8	40.3	42.8	22
23	9.26	10.10	11.69	13.09	35.2	38.1	41.6	44.2	23
24	9.89	10.86	12.40	13.85	36.4	39.4	43.0	45.6	24
25	10.52	11.52	13.12	14.61	37.7	40.6	44.3	46.9	25
26	11.16	12.20	13.84	15.38	38.9	41.9	45.6	48.3	26
27	11.81	12.88	14.57	16.15	40.1	43.2	47.0	49.6	27
28	12.46	13.56	15.31	16.93	41.3	44.5	48.3	51.0	28
29	13.12	14.26	10.05	17.71	42.6	45.7	49.6	52.3	29
30	13.79	14.95	16.79	18.49	43.8	47.0	50.9	53.7	30
40	20.7	22.2	24.4	26.5	55.8	59.3	63.7	66.8	40
50	28.0	29.7	32.4	34.8	67.5	71.4	76.2	79.5	50
60	35.5	37.5	40.5	43.2	79.1	83.3	88.4	92.0	60
70	43.3	45.4	48.8	51.7	90.5	95.0	100.4	104.2	70
80	51.2	53.5	57.2	60.4	101.9	106.6	112.3	116.3	80
90	59.2	61.8	65.6	69.1	113.1	118.1	124.1	128.3	90
100	67.3	70.1	74.2	77.9	124.3	129.6	135.8	140.2	100

α=0.05

附表 7　F 检验的临界值 F_{α} 表

f_2 \ f_1	1	2	3	4	5	6	7	8	9	10	12	15	20	24	30	40	60	120	∞	f_1 / f_2
1	161.0	200.0	210.0	225.0	230.0	234.0	237.0	239.0	241.0	242.0	244.0	246.0	248.0	249.0	250.0	251.0	252.0	253.0	254.0	1
2	18.5	19.0	19.2	19.2	19.3	19.3	19.4	19.4	19.4	19.4	19.4	19.4	19.4	19.5	19.5	19.5	19.5	19.5	19.5	2
3	10.1	9.55	9.28	9.1	9.01	8.94	8.89	8.85	8.81	8.79	8.74	8.70	8.66	8.64	8.62	8.59	8.57	8.55	8.53	3
4	7.71	6.94	6.59	6.39	6.26	6.16	6.09	6.04	6.00	5.96	5.91	5.86	5.80	5.77	5.75	5.72	5.69	5.66	5.63	4
5	6.61	5.79	5.41	5.19	5.05	4.95	4.88	4.82	4.77	4.74	4.68	4.62	4.56	4.53	4.50	4.46	4.43	4.40	4.36	5
6	5.99	5.14	4.76	4.53	4.39	4.28	4.21	4.15	4.10	4.06	4.00	3.94	3.87	3.84	3.81	3.77	3.74	3.70	3.67	6
7	5.59	4.74	4.35	4.12	3.97	3.87	3.79	3.73	3.68	3.64	3.57	3.51	3.44	3.41	3.38	3.34	3.30	3.27	3.23	7
8	5.32	4.46	4.06	3.84	3.69	3.58	3.50	3.44	3.39	3.35	3.28	3.22	3.15	3.12	3.08	3.04	3.01	2.97	2.93	8
9	5.12	4.26	3.86	3.63	3.48	3.37	3.29	3.23	3.18	3.14	3.07	3.01	2.94	2.90	2.86	2.83	2.79	2.75	2.71	9
10	4.98	4.10	3.71	3.48	3.33	3.22	3.14	3.07	3.02	2.98	2.91	2.84	2.77	2.74	2.70	2.66	2.62	2.58	2.54	10
11	4.84	3.98	3.59	3.36	3.20	3.09	3.01	2.95	2.90	2.85	2.79	2.72	2.65	2.61	2.52	2.53	2.49	2.45	2.40	11
12	4.75	3.89	3.49	3.26	3.11	3.00	2.91	2.85	2.80	2.75	2.69	2.62	2.54	2.51	2.42	2.43	2.38	2.34	2.30	12
13	4.67	3.81	3.41	3.18	3.03	2.92	2.83	2.77	2.71	2.67	2.60	2.53	2.46	2.42	2.38	2.34	2.30	2.25	2.21	13
14	4.60	3.74	3.34	3.11	2.96	2.85	2.76	2.70	2.65	2.60	2.53	2.46	2.39	2.35	2.31	2.27	2.22	2.18	2.13	14
15	4.54	3.68	3.29	3.06	2.90	2.79	2.71	2.64	2.50	2.54	2.48	2.40	2.33	2.29	2.25	2.20	2.16	2.11	2.07	15
16	4.49	3.63	3.24	3.01	2.85	2.74	2.56	2.59	2.54	2.49	2.42	2.35	2.28	2.24	2.19	2.15	2.11	2.06	2.01	16
17	4.45	3.59	3.20	2.96	2.81	2.70	2.51	2.55	2.49	2.45	2.38	2.31	2.23	2.19	2.15	2.10	2.06	2.01	1.96	17

f_2 \ f_1	1	2	3	4	5	6	7	8	9	10	12	15	20	24	30	40	60	120	∞	f_1 / f_2
18	4.41	3.55	3.16	2.93	2.77	2.66	2.58	2.51	2.46	2.41	2.34	2.27	2.19	2.15	2.11	2.06	2.02	1.97	1.92	18
19	4.38	3.52	3.13	2.90	2.74	2.63	2.54	2.48	2.42	2.38	2.31	2.23	2.16	2.11	2.07	2.03	1.98	1.93	1.88	19
20	4.35	3.49	3.10	2.87	2.71	2.60	2.51	2.45	2.39	2.35	2.28	2.20	2.12	2.03	2.04	1.99	1.95	1.90	1.84	20
21	4.34	3.47	3.07	2.84	2.68	2.57	2.49	2.42	2.37	2.32	2.25	2.18	2.10	2.05	2.01	1.96	1.92	1.87	1.81	21
22	4.30	3.44	3.05	2.82	2.66	2.55	2.46	2.40	2.34	2.30	2.23	2.15	2.07	2.03	1.98	1.94	1.89	1.84	1.78	22
23	4.28	3.42	3.03	2.80	2.64	2.53	2.44	2.37	2.32	2.27	2.20	2.13	2.05	2.00	1.96	1.91	1.86	1.81	1.76	23
24	4.26	3.40	3.01	2.78	2.62	2.51	2.42	2.36	2.30	2.25	2.18	2.11	2.03	1.98	1.94	1.89	1.84	1.79	1.73	24
25	4.24	3.39	2.99	2.76	2.60	2.49	2.40	2.34	2.28	2.24	2.16	2.09	2.01	1.96	1.92	1.87	1.82	1.77	1.71	25
26	4.23	3.37	2.98	2.74	2.59	2.47	2.39	2.32	2.27	2.22	2.15	2.07	1.99	1.95	1.90	1.35	1.80	1.75	1.69	26
27	4.21	3.35	2.96	2.73	2.57	2.46	2.37	2.31	2.25	2.20	2.13	2.06	1.97	1.93	1.88	1.84	1.79	1.73	1.67	27
28	4.20	3.34	2.95	2.71	2.56	2.45	2.30	2.29	2.24	2.19	2.12	2.04	1.96	1.91	1.87	1.82	1.77	1.71	1.65	28
29	4.18	3.33	2.93	2.70	2.55	2.43	2.35	2.28	2.22	2.18	2.10	2.03	1.94	1.90	1.85	1.81	1.75	1.70	1.64	29
30	4.17	3.32	2.92	2.69	2.53	2.42	2.33	2.27	2.21	2.16	2.09	2.01	1.93	1.89	1.84	1.79	1.74	1.68	1.62	30
40	4.08	3.23	2.94	2.61	2.45	2.34	2.25	2.18	2.12	2.08	2.00	1.92	1.84	1.79	1.74	1.69	1.64	1.58	1.51	40
60	4.00	3.15	2.76	2.53	2.37	2.25	2.17	2.10	2.04	1.99	1.92	1.84	1.75	1.70	1.65	1.59	1.53	1.47	1.39	60
120	3.92	3.07	2.68	2.45	2.29	2.18	2.09	2.02	1.96	1.91	1.83	1.75	1.66	1.61	1.55	1.50	1.43	1.35	1.25	120
∞	3.84	3.00	2.60	2.37	2.21	2.10	2.01	1.94	1.88	1.83	1.75	1.67	1.57	1.52	1.46	1.39	1.32	1.22	1.00	∞

附表 8　秩相关系数$\gamma_{\alpha(n)}$检验临界值表

n	α 0.05	α 0.01	n	α 0.05	α 0.01
5	1.000	—	11	0.618	0.755
6	0.836	1.000	12	0.587	0.727
7	0.786	0.929	13	0.560	0.703
8	0.738	0.881	14	0.538	0.679
9	0.700	0.833	15	0.521	0.654
10	0.648	0.794			

附表 9　相关系数的临界值γ_{α}表

f \ α	0.10	0.05	0.02	0.01	0.001	α / f
1	0.987 69	0.996 92	0.999 507	0.999 887	0.999 993 8	1
2	0.900 00	0.950 00	0.980 00	0.990 00	0.999 00	2
3	0.805 4	0.878 3	0.934 33	0.958 73	0.991 16	3
4	0.729 3	0.811 4	0.882 2	0.917 20	0.970 46	4
5	0.669 4	0.754 5	0.832 9	0.874 5	0.950 74	5
6	0.621 5	0.706 7	0.788 7	0.834 3	0.924 93	6
7	0.582 2	0.666 4	0.749 8	0.797 7	0.898 2	7
8	0.549 4	0.631 9	0.715 5	0.764 6	0.872 1	8
9	0.521 4	0.602 1	0.685 1	0.734 8	0.847 1	9
10	0.497 3	0.576 0	0.658 1	0.707 9	0.823 3	10
11	0.476 2	0.552 9	0.633 9	0.683 5	0.801 0	11
12	0.457 5	0.532 4	0.612 0	0.661 4	0.780 0	12
13	0.440 0	0.513 9	0.592 3	0.611 1	0.760 3	13
14	0.425 9	0.497 3	0.574 2	0.622 6	0.742 0	14
15	0.412 4	0.482 1	0.557 7	0.605 5	0.724 6	15
16	0.400 0	0.468 3	0.542 5	0.589 7	0.708 4	16
17	0.388 7	0.455 5	0.528 5	0.575 1	0.693 2	17
18	0.378 3	0.443 8	0.515 5	0.561 4	0.678 7	18
19	0.368 7	0.432 9	0.503 4	0.548 7	0.665 2	19
20	0.359 8	0.422 7	0.492 1	0.536 8	0.652 4	20
25	0.323 3	0.380 9	0.445 1	0.486 9	0.597 4	25
30	0.296 0	0.349 4	0.409 3	0.448 7	0.554 1	30
35	0.274 6	0.324 6	0.381 0	0.418 2	0.518 9	35
40	0.257 3	0.304 4	0.357 8	0.393 2	0.489 6	40
45	0.242 8	0.287 5	0.338 4	0.372 1	0.464 8	45
50	0.230 6	0.273 2	0.321 8	0.354 1	0.443 3	50
60	0.210 8	0.250 0	0.294 8	0.324 8	0.407 8	60
70	0.195 4	0.231 9	0.273 7	0.301 7	0.379 9	70
80	0.182 9	0.217 2	0.256 5	0.282 0	0.356 3	80
90	0.172 6	0.205 0	0.242 2	0.267 3	0.337 5	90
100	0.163 8	0.194 6	0.230 1	0.254 0	0.321 1	100

附表 10-1　夏皮罗-威尔克的 ain 系数表

i	n								
	2	3	4	5	6	7	8	9	10
1	0.707 1	0.707 1	0.687 2	0.664 6	0.643 1	0.603 3	0.605 2	0.588 8	0.573 9
2	—	0.000 0	0.167 7	0.241 3	0.280 6	0.301 3	0.316 4	0.324 4	0.429 1
3	—	—	—	0.000 0	0.087 5	0.140 1	0.174 3	0.197 6	0.214 1
4	—	—	—	—	—	0.000 0	0.056 1	0.094 7	0.122 4
5	—	—	—	—	—	—	—	0.000 0	0.039 9

i	n									
	11	12	13	14	15	16	17	18	19	20
1	0.560 1	0.547 5	0.535 9	0.525 1	0.515 0	0.505 6	0.496 8	0.488 6	0.480 8	0.473 4
2	0.331 5	0.332 5	0.332 5	0.331 8	0.330 6	0.329 0	0.327 3	0.325 3	0.323 2	0.321 1
3	0.226 0	0.234 7	0.241 2	0.246 0	0.249 5	0.252 1	0.254 0	0.255 3	0.256 1	0.256 5
4	0.142 9	0.158 6	0.170 7	0.180 2	0.187 8	0.193 9	0.198 8	0.202 7	0.205 9	0.208 5
5	0.069 5	0.092 2	0.109 9	0.124 0	0.135 3	0.144 7	0.152 4	0.158 7	0.164 1	0.686 0
6	0.000 0	0.030 3	0.053 9	0.072 7	0.088 0	0.100 5	0.110 9	0.119 7	0.127 1	0.133 4
7	—	—	0.000 0	0.024 0	0.043 3	0.059 3	0.072 5	0.083 7	0.093 2	0.101 3
8	—	—	—	—	0.000 0	0.019 6	0.035 9	0.049 6	0.061 2	0.071 1
9	—	—	—	—	—	—	0.000 0	0.016 3	0.030 3	0.422
10	—	—	—	—	—	—	—	—	0.000 0	0.014 0

i	n									
	21	22	23	24	25	26	27	28	29	30
1	0.464 3	0.459 0	0.454 2	0.449 3	0.443 0	0.440 7	0.466 6	0.462 8	0.429 1	0.425 4
2	0.318 5	0.315 6	0.312 6	0.309 8	0.306 9	0.304 8	0.301 8	0.299 2	0.296 8	0.294 4
3	0.257 8	0.257 1	0.256 8	0.255 4	0.254 8	0.253 3	0.252 2	0.251 0	0.249 9	0.248 7
4	0.211 9	0.218 1	0.213 9	0.214 5	0.214 8	0.215 1	0.215 2	0.215 1	0.215 0	0.214 8
5	0.178 6	0.176 4	0.178 7	0.180 7	0.182 2	0.188 6	0.184 8	0.185 7	0.186 4	0.187 0
6	0.139 9	0.144 8	0.148 0	0.151 2	0.153 9	0.156 6	0.158 4	0.169 1	0.161 6	0.163 0
7	0.109 2	0.115 0	0.120 1	0.124 5	0.128 3	0.131 6	0.134 6	0.137 2	0.139 5	0.141 5
8	0.080 4	0.087 8	0.094 1	0.099 7	0.104 6	0.108 9	0.112 6	0.116 2	0.119 2	0.121 9
9	0.053 0	0.061 8	0.069 6	0.076 4	0.082 6	0.087 6	0.092 3	0.096 5	0.100 2	0.103 6
10	0.026 8	0.036 8	0.045 9	0.058 9	0.064 0	0.067 2	0.072 8	0.077 8	0.082 2	0.086 2
11	0.000 0	0.012 2	0.022 8	0.032 1	0.040 3	0.047 6	0.054 0	0.059 6	0.065 0	0.069 7
12	—	—	0.000 0	0.010 7	0.020 6	0.026 4	0.035 8	0.042 4	0.046 3	0.053 7
13	—	—	—	—	0.000 0	0.009 4	0.017 8	0.026 3	0.022 0	0.038 1
	—	—	—	—	—	—	0.000 0	0.008 4	0.015 9	0.022 7
	—	—	—	—	—	—	—	—	0.000 0	0.007 6

附表 10-2 夏皮罗-威尔克 $W(n, a)$值表

n	3	4	5	6	7	8	9	10	11	12	13	14
a=0.10	0.789	0.796	0.806	0.826	0.838	0.854	0.859	0.869	0.876	0.883	0.889	0.895
a=0.05	0.767	0.748	0.762	0.788	0.803	0.818	0.829	0.848	0.850	0.859	0.868	0.874
a=0.01	0.753	0.687	0.686	0.713	0.730	0.749	0.764	0.781	0.792	0.805	0.814	0.825
n	15	16	17	18	19	20	21	22	23	24	25	26
a=0.10	0.901	0.906	0.910	0.914	0.917	0.920	0.923	0.920	0.928	0.930	0.931	0.933
a=0.05	0.891	0.887	0.892	0.897	0.901	0.905	0.908	0.911	0.914	0.916	0.918	0.920
a=0.01	0.835	0.844	0.851	0.858	0.863	0.868	0.873	0.878	0.881	0.884	0.888	0.891
n	27	28	29	30	31	32	33	34	35	36	37	38
a=0.10	0.935	0.937	0.937	0.939	0.940	0.941	0.942	0.943	0.944	0.945	0.946	0.947
a=0.05	0.923	0.924	0.926	0.927	0.929	0.930	0.931	0.933	0.934	0.935	0.936	0.938
a=0.01	0.894	0.876	0.989	0.900	0.902	0.904	0.906	0.908	0.910	0.912	0.914	0.916
n	39	40	41	42	43	44	45	46	47	48	49	50
a=0.10	0.948	0.949	0.950	0.951	0.951	0.952	0.953	0.953	0.954	0.954	0.955	0.955
a=0.05	0.939	0.940	0.941	0.942	0.943	0.944	0.945	0.945	0.946	0.947	0.947	0.947
a=0.01	0.917	0.919	0.920	0.922	0.923	0.924	0.926	0.927	0.928	0.929	0.927	0.930

附表 11 狄克逊检验临界值 Q_n 表

n	显著性水平α		n	显著性水平α	
	0.05	0.01		0.05	0.01
3	0.941	0.988	15	0.525	0.616
4	0.765	0.889	16	0.507	0.595
5	0.642	0.780	17	0.490	0.577
6	0.560	0.698	18	0.475	0.561
7	0.507	0.637	19	0.462	0.547
8	0.554	0.683	20	0.450	0.535
9	0.512	0.635	21	0.440	0.524
10	0.477	0.597	22	0.430	0.514
11	0.576	0.679	23	0.421	0.505
12	0.546	0.642	24	0.413	0.497
13	0.521	0.615	25	0.406	0.489
14	0.546	0.641			

附表 12 格鲁勃斯检验临界值 T_{α}表

l	显著性水平α			
	0.05	0.025	0.01	0.005
3	1.153	1.155	1.155	1.155
4	1.463	1.481	1.492	1.496
5	1.672	1.751	1.749	1.764
6	1.822	1.887	1.944	1.973
7	1.938	2.020	2.097	2.139
8	2.032	2.126	2.221	2.274
9	2.110	2.215	2.323	2.387
10	2.176	2.290	2.410	2.482
11	2.234	2.355	2.485	2.564
12	2.285	2.412	2.550	2.636
13	2.331	2.462	2.607	2.699
14	2.371	2.507	2.659	2.755
15	2.409	2.549	2.705	2.806
16	2.443	2.585	2.747	2.852
17	2.475	2.620	2.785	2.894
18	2.504	2.651	2.821	2.932
19	2.532	2.681	2.854	2.968
20	2.557	2.709	2.884	3.001
21	2.580	2.733	2.912	3.031
22	2.603	2.758	2.939	3.060
23	2.624	2.781	2.963	3.087
24	2.644	2.802	2.987	3.112
25	2.663	2.822	3.009	3.135
26	2.681	2.841	3.029	3.157
27	2.698	2.859	3.049	3.178
28	2.714	2.876	3.068	3.199
29	2.730	2.893	3.085	3.218
30	2.745	2.908	3.103	3.236
31	2.759	2.924	3.119	3.253
32	2.773	2.938	3.135	3.270
33	2.786	2.952	3.150	3.286
34	2.799	2.965	3.164	3.301
35	2.811	2.979	3.178	3.316
36	2.823	2.991	3.191	3.330
37	2.835	3.003	3.204	3.343
38	2.846	3.014	3.216	3.356
39	2.857	3.025	3.228	3.369
40	2.866	3.036	3.240	3.381
41	2.877	3.046	3.251	3.393
42	2.887	3.057	3.261	3.404
43	2.896	3.067	3.271	3.415
44	2.905	3.075	3.282	3.425
45	2.914	3.085	3.292	3.435
46	2.923	3.094	3.302	3.445
47	2.931	3.103	3.310	3.455
48	2.940	3.111	3.319	3.464
49	2.948	3.120	3.329	3.474
50	2.956	3.128	3.336	3.483
60	3.025	3.199	3.411	3.560
70	3.082	3.257	3.471	3.622
80	3.130	3.305	3.521	3.673
90	3.171	3.347	3.563	3.716
100	3.207	3.383	3.600	3.754

附表 13 科克伦最大方差检验临界值 $C_{0.05}$ 表

l \ n	2	3	4	5	6	7	8	9	10
2	0.998 5	0.975 0	0.939 2	0.905 7	0.877 2	0.853 4	0.833 2	0.815 9	0.801 0
3	0.966 9	0.870 9	0.797 7	0.745 7	0.707 0	0.677 0	0.653 1	0.633 3	0.616 7
4	0.906 5	0.767 9	0.683 9	0.628 7	0.589 4	0.559 8	0.536 5	0.517 5	0.501 8

l \ n	2	3	4	5	6	7	8	9	10
5	0.841 3	0.683 8	0.598 1	0.544 0	0.506 3	0.478 3	0.456 4	0.438 7	0.424 1
6	0.780 7	0.616 1	0.532 1	0.480 3	0.444 7	0.418 4	0.398 0	0.381 7	0.368 2
7	0.720 7	0.561 2	0.480 0	0.430 7	0.397 2	0.372 5	0.353 5	0.338 3	0.328 9
8	0.679 8	0.515 7	0.437 7	0.391 0	0.359 4	0.336 2	0.318 5	0.304 3	0.292 7
9	0.638 5	0.477 5	0.402 7	0.358 4	0.348 5	0.306 7	0.290 1	0.276 8	0.265 9
10	0.602 0	0.445 0	0.373 3	0.331 1	0.302 8	0.282 2	0.266 5	0.254 0	0.243 8
11	0.569 7	0.416 9	0.348 2	0.307 9	0.281 0	0.261 6	0.246 7	0.234 9	0.225 3
12	0.541 0	0.392 4	0.326 4	0.288 0	0.262 4	0.243 9	0.229 8	0.218 7	0.209 5
13	0.515 2	0.370 8	0.307 4	0.270 6	0.246 2	0.228 6	0.215 2	0.204 6	0.195 9
14	0.491 9	0.351 7	0.290 6	0.255 4	0.236 0	0.215 2	0.202 4	0.192 3	0.184 1
15	0.470 9	0.334 6	0.275 7	0.241 8	0.219 4	0.203 3	0.191 1	0.181 5	0.173 6

附表 14 科克伦最大方差检验临界值 C_a 表

l	n=2		n=3		n=4		n=5		n=6	
	a=0.01	a=0.05	a=0.01	a=0.05	a=0.01	a=0.05	a=0.01	a=0.05	a=0.01	a=0.05
2	—	—	0.995	0.975	0.979	0.939	0.959	0.906	0.937	0.877
3	0.993	0.967	0.942	0.871	0.883	0.798	0.834	0.746	0.793	0.707
4	0.968	0.906	0.864	0.768	0.781	0.684	0.721	0.629	0.676	0.590
5	0.928	0.841	0.788	0.684	0.696	0.598	0.633	0.544	0.588	0.506
6	0.883	0.781	0.722	0.616	0.626	0.532	0.564	0.480	0.520	0.445
7	0.838	0.727	0.664	0.561	0.568	0.480	0.508	0.431	0.466	0.397
8	0.794	0.680	0.615	0.516	0.521	0.438	0.463	0.391	0.423	0.360
9	0.754	0.638	0.573	0.478	0.481	0.403	0.425	0.358	0.387	0.329
10	0.718	0.602	0.536	0.445	0.447	0.373	0.393	0.331	0.357	0.303
11	0.684	0.570	0.504	0.417	0.418	0.348	0.366	0.308	0.332	0.281
12	0.653	0.541	0.475	0.392	0.392	0.326	0.343	0.288	0.310	0.262
13	0.624	0.515	0.450	0.371	0.369	0.307	0.322	0.271	0.291	0.246
14	0.599	0.492	0.427	0.352	0.349	0.291	0.304	0.255	0.274	0.232
15	0.575	0.471	0.407	0.335	0.332	0.276	0.288	0.242	0.259	0.220
16	0.553	0.452	0.388	0.319	0.316	0.262	0.274	0.230	0.246	0.208
17	0.532	0.434	0.372	0.305	0.301	0.250	0.261	0.219	0.234	0.198
18	0.514	0.418	0.356	0.293	0.288	0.240	0.249	0.209	0.223	0.189
19	0.496	0.403	0.343	0.281	0.276	0.230	0.238	0.200	0.214	0.181
20	0.480	0.389	0.330	0.270	0.265	0.220	0.229	0.192	0.205	0.174
21	0.465	0.377	0.318	0.261	0.255	0.212	0.220	0.185	0.197	0.167
22	0.450	0.365	0.307	0.252	0.246	0.204	0.212	0.178	0.189	0.160
23	0.437	0.354	0.297	0.243	0.238	0.197	0.204	0.172	0.182	0.155
24	0.425	0.343	0.287	0.235	0.230	0.191	0.197	0.166	0.176	0.149

附录二　部门规章选录

（一）实验室和检查机构资质认定管理办法

（国家质量监督检验检疫总局令第 86 号）

中华人民共和国国家质量监督检验检疫总局令

第 86 号

《实验室和检查机构资质认定管理办法》已经 2005 年 12 月 31 日国家质量监督检验检疫总局局务会议审议通过，现予公布，自 2006 年 4 月 1 日起施行。1987 年 7 月 10 日原国家计量局发布的《产品质量检验机构计量认证管理办法》同时废止。

局长　李长江

二〇〇六年二月二十一日

附件：

实验室和检查机构资质认定管理办法

第一章　总　则

第一条　为规范实验室和检查机构资质管理工作，提高实验室和检查机构资质认定活动的科学性和有效性，根据《中华人民共和国计量法》、《中华人民共和国标准化法》、《中华人民共和国产品质量法》、《中华人民共和国认证认可条例》等有关法律、行政法规的规定，制定本办法。

第二条　本办法所称的实验室和检查机构资质，是指向社会出具具有证明作用的数据和结果的实验室和检查机构应当具有的基本条件和能力。

本办法所称的认定，是指国家认证认可监督管理委员会和各省、自治区、直辖市人民政府质量技术监督部门对实验室和检查机构的基本条件和能力是否符合法律、行政法规规定以及相关技术规范或者标准实施的评价和承认活动。

第三条　在中华人民共和国境内，从事向社会出具具有证明作用的数据和结果的实验室和检查机构以及对其实施的资质认定活动应当遵守本办法。

第四条　国家认证认可监督管理委员会（以下简称国家认监委）统一管理、监督和综合协调实验室和检查机构的资质认定工作。

各省、自治区、直辖市人民政府质量技术监督部门和各直属出入境检验检疫机构（以下统称地方质检部门）按照各自职责负责所辖区域内的实验室和检查机构的资质认定和监督检查工作。

第五条 实验室和检查机构的资质认定，应当遵循客观公正、科学准确、统一规范、有利于检测资源共享和避免不必要的重复评审、评价、认定的原则。

第二章 资质认定

第六条 资质认定的形式包括计量认证和审查认可。

计量认证是指国家认监委和地方质检部门依据有关法律、行政法规的规定，对为社会提供公证数据的产品质量检验机构的计量检定、测试设备的工作性能、工作环境和人员的操作技能和保证量值统一、准确的措施及检测数据公正可靠的质量体系能力进行的考核。

审查认可是指国家认监委和地方质检部门依据有关法律、行政法规的规定，对承担产品是否符合标准的检验任务和承担其他标准实施监督检验任务的检验机构的检测能力以及质量体系进行的审查。

第七条 从事下列活动的机构应当通过资质认定：

（一）为行政机关作出的行政决定提供具有证明作用的数据和结果的；

（二）为司法机关作出的裁决提供具有证明作用的数据和结果的；

（三）为仲裁机构作出的仲裁决定提供具有证明作用的数据和结果的；

（四）为社会公益活动提供具有证明作用的数据和结果的；

（五）为经济或者贸易关系人提供具有证明作用的数据和结果的；

（六）其他法定需要通过资质认定的。

第八条 国家鼓励实验室、检查机构取得经国家认监委确定的认可机构的认可，以保证其检测、校准和检查能力符合相关国际基本准则和通用要求，促进检测、校准和检查结果的国际互认。

第九条 申请计量认证和申请审查认可的项目相同的，其评审、评价、考核应当合并实施。符合相关规定要求的，可以取得相应的资质认定。

取得国家认监委确定的认可机构认可的实验室和检查机构，在申请资质认定时，应当简化相应的资质认定程序，避免不必要的重复评审。

第十条 实验室和检查机构，应当在资质认定范围内正确使用证书和标志。

第十一条 有关法律、行政法规对实验室和检查机构的其他技术条件和能力有特殊要求的，可以在利用资质认定结果的基础上进行评审、评价或者考核。

第十二条 公民、法人或者其他组织，需要核实实验室和检查机构资质认定的真实性和有效性的，可以向国家认监委和地方质检部门提出书面申请，国家认监委和地方质检部门应当对申请核实的事项予以确认。

第三章 实验室和检查机构的基本条件与能力

第十三条 实验室和检查机构应当依法设立，保证客观、公正和独立地从事检测、校准和检查活动，并承担相应的法律责任。

第十四条 实验室和检查机构应当具有与其从事检测、校准和检查活动相适应的专业技术人员和管理人员。

从事特殊产品的检测、校准和检查活动的实验室和检查机构，其专业技术人员和管理人员还应当符合相关法律、行政法规的规定要求。

第十五条　实验室和检查机构应当具备固定的工作场所，其工作环境应当保证检测、校准和检查数据和结果的真实、准确。

第十六条　实验室和检查机构应当具备正确进行检测、校准和检查活动所需要的并且能够独立调配使用的固定的和可移动的检测、校准和检查设备设施。

第十七条　实验室和检查机构应当建立能够保证其公正性、独立性和与其承担的检测、校准和检查活动范围相适应的质量体系，按照认定基本规范或者标准制定相应的质量体系文件并有效实施。

第四章　资质认定程序

第十八条　国家级实验室和检查机构的资质认定，由国家认监委负责实施；地方级实验室和检查机构的资质认定，由地方质检部门负责实施。

第十九条　国家认监委依据相关国家标准和技术规范，制定计量认证和审查认可基本规范、评审准则、证书和标志，并公布实施。

第二十条　计量认证和审查认可程序：

（一）申请的实验室和检查机构（以下简称申请人），应当根据需要向国家认监委或者地方质检部门（以下简称受理人）提出书面申请，并提交符合本办法第三章规定的相关证明材料；

（二）受理人应当对申请人提交的申请材料进行初步审查，并自收到申请材料之日起5日内作出受理或者不予受理的书面决定；

（三）受理人应当自受理申请之日起，根据需要对申请人进行技术评审，并书面告知申请人，技术评审时间不计算在作出批准的期限内；

（四）受理人应当自技术评审完结之日起 20 日内，根据技术评审结果作出是否批准的决定。决定批准的，向申请人出具资质认定证书，并准许其使用资质认定标志；不予批准的，应当书面通知申请人，并说明理由；

（五）国家认监委和地方质检部门应当定期公布取得资质认定的实验室和检查机构名录，以及计量认证项目、授权检验的产品等。

第二十一条　资质认定证书的有效期为 3 年。

申请人应当在资质认定证书有效期届满前 6 个月提出复查、验收申请，逾期不提出申请的，由发证单位注销资质认定证书，并停止其使用标志。

第二十二条　已经取得资质认定证书的实验室和检查机构，需新增检查检验检测项目时，应当按照本办法规定的程序，申请资质认定扩项。

第二十三条　从事资质认定评审的人员应当符合相关技术规范或者标准的要求，并经国家认监委或者地方质检部门考核合格。

第二十四条　国家认监委和地方质检部门应当建立资质认定评审人员专家库，根据需要组成评审专家组。评审专家组应当独立开展资质认定评审活动，并对评审结论负责。

第二十五条　地方质检部门应当自向申请人颁发资质认定证书之日起 15 日内，将其作出的批准决定向国家认监委备案。

第五章　实验室和检查机构行为规范

第二十六条　实验室和检查机构及其人员应当独立于检测、校准和检查数据和结果所涉及的利益相关各方，不受任何可能干扰其技术判断的因素的影响，并确保检测、校准和检查的结果不受实验室和检查机构以外的组织或者人员的影响。

第二十七条　实验室和检查机构的人员不得与其从事的检测、校准和检查项目以及出具的数据和结果存在利益关系；不得参与任何有损于检测、校准和检查判断的独立性和诚信度的活动；不得参与与检测、校准和检查项目或者类似的竞争性项目有关系的产品的设计、研制、生产、供应、安装、使用或者维护活动。

第二十八条　实验室和检查机构从事与其控股股东生产、经营的同类产品或者有竞争性的产品的检测、校准和检查活动时，应当建立保证其检测、校准和检查活动的独立性和公正性的质量体系及其文件，明确本机构的职责、责任和工作程序，并与其控股股东从事的设计、研制、生产、供应、安装、使用或者维护等活动完全分开。

第二十九条　实验室和检查机构应当建立并有效实施与检测、校准和检查有关的管理人员、技术人员和关键支持人员的工作职责、资格考核、培训等制度，确保不因报酬等原因影响检测、校准和检查工作质量。

第三十条　实验室和检查机构应当按照相关技术规范或者标准的要求，对其所使用的检测、校准和检查设施设备以及环境要求等作出明确规定，并正确标识。

实验室和检查机构在使用对检测、校准的准确性产生影响的测量、检验设备之前，应当按照国家相关技术规范或者标准进行检定、校准。

第三十一条　实验室和检查机构应当确保其相关测量和校准结果能够溯源至国家基标准，以保证结果的准确性。

实验室和检查机构应当建立并实施评估测量不确定度的程序，并按照相关技术规范或者标准要求评估和报告测量、校准结果的不确定度。

第三十二条　实验室和检查机构应当按照相关技术规范或者标准实施样品的抽取、处置、传送和贮存、制备，测量不确定度的评估，检验数据的分析等检测、校准和检查活动。

第三十三条　实验室和检查机构应当按照相关技术规范或者标准要求和规定的程序，及时出具检测、校准和检查数据和结果，并保证数据和结果准确、客观、真实。

第三十四条　实验室和检查机构按照有关技术规范或者标准开展能力验证，以保证其持续符合检测、校准和检查能力。

第三十五条　实验室和检查机构及其人员应当对其在检测、校准和检查活动所知悉的国家秘密、商业秘密和技术秘密负有保密义务，并建立相应保密措施。

第三十六条　实验室和检查机构应当建立完善的申诉和投诉机制，处理相关方对其检测、校准和检查结论提出的异议。

第三十七条　实验室和检查机构因工作需要分包检测、校准或者检查工作时，应当将其工作分包给符合本办法规定并取得资质的实验室或者检查机构。

第六章　监督检查

第三十八条　国家认监委依法对地方质检部门及其组织的评审活动实施监督检查。

地方质检部门应当于每年一月向国家认监委提交上年度工作报告，接受国家认监委的询问和调查，并对报告的真实性负责。

第三十九条　国家认监委依法组织对实验室和检查机构的资质情况进行监督抽查；对不符合要求的，按照有关规定予以处理。

第四十条　任何单位和个人对实验室和检查机构资质认定中的违法违规行为，有权向国家认监委或者地方质检部门举报，国家认监委和地方质检部门应当及时调查处理，并为举报人保密。

第四十一条　有下列情形之一的，国家认监委或者地方质检部门，可以根据利害关系人的请求或者依据职权，撤销其作出的实验室和检查机构取得资质认定的决定：

（一）资质认定审批工作人员滥用职权、玩忽职守作出实验室和检查机构取得资质认定决定的；

（二）超越法定职权作出实验室和检查机构取得资质认定决定的；

（三）违反认定程序作出实验室和检查机构取得资质认定决定的；

（四）对不具备法定基本条件和能力的实验室和检查机构作出取得资质认定决定的；

（五）依法可以撤销资质认定的其他情形。

第四十二条　申请人申请资质认定时，隐瞒有关情况或者提供虚假材料的，资质认定监督管理部门应当不予受理或者不予批准，并给予警告；申请人在一年内不得再次申请资质认定。

第四十三条　实验室和检查机构以欺骗、贿赂等不正当手段取得批准决定的，国家认监委和地方质检部门应当撤销其所取得的资质认定决定，并予以公布。

实验室和检查机构自被撤销资质认定之日起 3 年内，不得再次申请资质认定。

实验室和检查机构出具虚假结论或者出具的结论严重失实，情节严重的，应当撤销其所取得的资质认定，并予以公布。

第四十四条　地方质检部门应当自作出撤销决定之日起 15 日内，将其撤销决定书面报告国家认监委备案。

国家认监委通过其网站或者其他方式向社会公布撤销资质认定的实验室和检查机构的名录。

第四十五条　从事实验室和检查机构资质认定的工作人员滥用职权、玩忽职守、徇私舞弊的，依法给予行政处分；构成犯罪的，依法追究刑事责任。

第四十六条　对于实验室和检查机构的其他违法行为，依照有关法律、行政法规的规定予以处罚。

第七章　附　则

第四十七条　下列用语的含义：

（一）实验室，是指从事科学实验、检验检测和校准活动的技术机构；

（二）检查机构，是指从事与认证有关的产品设计、产品、服务、过程或者生产加工场所的核查，并确定其符合规定要求的技术机构；

（三）实验室和检查机构的基本条件，是指实验室和检查机构应满足的法律地位、独立性和公正性、安全、环境、人力资源、设施、设备、程序和方法、质量体系和财务等方面的要求。

（四）实验室和检查机构的能力，是指实验室和检查机构运用其基本条件以保证其出具的具有证明作用的数据和结果的准确性、可靠性、稳定性的相关经验和水平。

第四十八条 资质认定收费，应当按照国家有关规定办理。

第四十九条 本办法由国家质量监督检验检疫总局负责解释。

第五十条 本办法自 2006 年 4 月 1 日起施行。1987 年 7 月 10 日原国家计量局发布的《产品质量检验机构计量认证管理办法》同时废止。

（二）关于印发《实验室资质认定评审准则》的通知

国认实函[2006]141 号

各省、自治区、直辖市质量技术监督局：

为贯彻实施《实验室和检查机构资质认定管理办法》，根据《中华人民共和国计量法》、《中华人民共和国标准化法》、《中华人民共和国产品质量法》、《中华人民共和国认证认可条例》等有关法律、法规的规定，结合我国实验室的实际状况、国内外实验室管理经验和我国实验室评审工作的经验，国家认监委组织制订了《实验室资质认定评审准则》（以下简称《评审准则》）。现印发给你们，请遵照执行。

为保证《评审准则》的顺利执行，现将有关事项通知如下：

1．认真组织学习《评审准则》，加强宣传和指导，及时进行新评审准则的宣贯，督促实验室及时进行转版。

2．在中华人民共和国境内，对从事向社会出具具有证明作用的数据和结果的实验室资质认定（计量认证/审查认可）的评审应当遵守本准则。

3．国家认监委将依据《评审准则》编写培训教材，并组织开展国家级评审员及省级评审员师资的培训、考核和发证工作。各省质量技术监督局负责组织开展省级以下评审员培训、考核和发证工作。执行实验室现场评审任务的人员必须经考核合格，具有注册评审员资质。

4．取得国家认监委确定的认可机构认可的实验室申请资质认定（计量认证/审查认可）的，只对本准则有别于认可准则的特定条款（黑体字部分）进行评审。同时申请实验室认可和资质认定（计量认证/审查认可）的，应按实验室认可准则和本准则的特殊条款进行评审。

5．本准则有关规定与原有关文件规定不一致的，以本准则规定为准执行。

6．本评审准则自 2007 年 1 月 1 日起开始实施，各计量认证/审查认可实验室应于 2007 年 12 月 31 日前完成转版工作，届时，原国家质量技术监督局发布的《产品质量检验机构计量认证/审查认可（验收）评审准则》（试行）废止。

特此通知。

附件：实验室资质认定评审准则

国家认证认可监督管理委员会

二〇〇六年七月二十七日

附件：

实验室资质认定评审准则

1．总则

1.1 为贯彻实施《实验室和检查机构资质认定管理办法》，确保科学、规范地实施实验室资质认定（计量认证/审查认可）评审，为实验室资质行政许可提供可靠依据，根据《中华人民共和国计量法》、《中华人民共和国标准化法》、《中华人民共和国产品质量法》、《中华人民共和国认证认可条例》等有关法律、法规的规定，制定本准则。

1.2 在中华人民共和国境内，对从事向社会出具具有证明作用的数据和结果的实验室资质认定（计量认证、授权、验收）的评审应当遵守本准则。

1.3 本准则所称的实验室资质认定评审，是指国家认证认可监督管理委员会和各省、自治区、直辖市人民政府质量技术监督部门对实验室的基本条件和能力是否符合法律、行政法规规定以及相关技术规范或者标准实施的评价和承认活动。

1.4 实验室的资质认定评审，应当遵循客观公正、科学准确、统一规范、有利于检测资源共享和避免不必要重复的原则。

1.5 对取得国家认监委确定的认可机构认可的实验室进行资质认定，只对本准则特定条款（黑体字部分）进行评审。同时申请实验室认可和资质认定的，应按实验室认可准则和本准则的特定条款进行评审。

2．参考文件

GB/T 15481—2000 《检测和校准实验室能力的通用要求》

ISO/IEC 17025—2005 《检测和校准实验室能力的通用要求》

《实验室和检查机构资质认定管理办法》（国家质量监督检验检疫总局第 86 号局长令）

《产品质量检验机构计量认证/审查认可（验收）评审准则》（试行）（质技监认实函[2000]046 号）

3．术语和定义

本准则使用《实验室和检查机构资质认定管理办法》和《检测和校准实验室能力的通用要求》（GB/T 15481—2000）中给出的相关术语和定义。

4．管理要求

4.1 组织

实验室应依法设立或注册，能够承担相应的法律责任，保证客观、公正和独立地从事检测或校准活动。

4.1.1 实验室一般为独立法人；非独立法人的实验室需经法人授权，能独立承担第三方公正检验，独立对外行文和开展业务活动，有独立账目和独立核算。

4.1.2 实验室应具备固定的工作场所，应具备正确进行检测和/或校准所需要的并且能够独立调配使用的固定、临时和可移动检测和/或校准设备设施。

4.1.3 实验室管理体系应覆盖其所有场所进行的工作。

4.1.4 实验室应有与其从事检测和/或校准活动相适应的专业技术人员和管理人员。

4.1.5 实验室及其人员不得与其从事的检测和/或校准活动以及出具的数据和结果存在利益关系；不得参与任何有损于检测和/或校准判断的独立性和诚信度的活动；不得参与和检测和/或校准项目或者类似的竞争性项目有关系的产品设计、研制、生产、供应、安装、使用或者维护活动。

实验室应有措施确保其人员不受任何来自内外部的不正当的商业、财务和其他方面的压力和影响，并防止商业贿赂。

4.1.6 实验室及其人员对其在检测和/或校准活动中所知悉的国家秘密、商业秘密和技术秘密负有保密义务，并有相应措施。

4.1.7 实验室应明确其组织和管理结构、在母体组织中的地位，以及质量管理、技术运作和支持服务之间的关系。

4.1.8 实验室最高管理者、技术管理者、质量主管及各部门主管应有任命文件，独立法人实验室最高管理者应由其上级单位任命；最高管理者和技术管理者的变更需报发证机关或其授权的部门确认。

4.1.9 实验室应规定对检测和/或校准质量有影响的所有管理、操作和核查人员的职责、权力和相互关系。必要时，指定关键管理人员的代理人。

4.1.10 实验室应由熟悉各项检测和/或校准方法、程序、目的和结果评价的人员对检测和/或校准的关键环节进行监督。

4.1.11 实验室应由技术管理者全面负责技术运作，并指定一名质量主管，赋予其能够保证管理体系有效运行的职责和权力。

4.1.12 对政府下达的指令性检验任务，应编制计划并保质保量按时完成（适用于授权/验收的实验室）。

4.2 管理体系

实验室应按照本准则建立和保持能够保证其公正性、独立性并与其检测和/或校准活动相适应的管理体系。管理体系应形成文件，阐明与质量有关的政策，包括质量方针、目标和承诺，使所有相关人员理解并有效实施。

4.3 文件控制

实验室应建立并保持文件编制、审核、批准、标识、发放、保管、修订和废止等的控制程序，确保文件现行有效。

4.4 检测和/或校准分包

如果实验室将检测和/或校准工作的一部分分包，接受分包的实验室一定要符合本准则的要求；分包比例必须予以控制（限仪器设备使用频次低、价格昂贵及特种项目）。实验室应确保并证实分包方有能力完成分包任务。实验室应将分包事项以书面形式征得客户同意后方可分包。

4.5 服务和供应品的采购

实验室应建立并保持对检测和/或校准质量有影响的服务和供应品的选择、购买、验收和储存等的程序，以确保服务和供应品的质量。

4.6 合同评审

实验室应建立并保持评审客户要求、标书和合同的程序，明确客户的要求。

4.7 申诉和投诉

实验室应建立完善的申诉和投诉处理机制，处理相关方对其检测和/或校准结论提出的异议。应保存所有申诉和投诉及处理结果的记录。

4.8 纠正措施、预防措施及改进

实验室在确认了不符合工作时，应采取纠正措施；在确定了潜在不符合的原因时，应采取预防措施，以减少类似不符合工作发生的可能性。实验室应通过实施纠正措施、预防措施等持续改进其管理体系。

4.9 记录

实验室应有适合自身具体情况并符合现行质量体系的记录制度。实验室质量记录的编制、填写、更改、识别、收集、索引、存档、维护和清理等应当按照适当程序规范进行。

所有工作应当时予以记录。对电子存储的记录也应采取有效措施，避免原始信息或数据的丢失或改动。

所有质量记录和原始观测记录、计算和导出数据、记录以及证书/证书副本等技术记录均应归档并按适当的期限保存。每次检测和/或校准的记录应包含足够的信息以保证其能够再现。记录应包括参与抽样、样品准备、检测和/校准人员的标识。所有记录、证书和报告都应安全储存、妥善保管并为客户保密。

4.10 内部审核

实验室应定期地对其质量活动进行内部审核，以验证其运作持续符合管理体系和本准则的要求。每年度的内部审核活动应覆盖管理体系的全部要素和所有活动。审核人员应经过培训并确认其资格，只要资源允许，审核人员应独立于被审核的工作。

4.11 管理评审

实验室最高管理者应根据预定的计划和程序，定期地对管理体系和检测和/或校准活动进行评审，以确保其持续适用和有效，并进行必要的改进。

管理评审应考虑到：政策和程序的适应性；管理和监督人员的报告；近期内部审核的结果；纠正措施和预防措施；由外部机构进行的评审；实验室间比对和能力验证的结果；工作量和工作类型的变化；申诉、投诉及客户反馈；改进的建议；质量控制活动、资源以及人员培训情况等。

5. 技术要求

5.1 人员

5.1.1 实验室应有与其从事检测和/或校准活动相适应的专业技术人员和管理人员。实验室应使用正式人员或合同制人员。使用合同制人员及其他的技术人员及关键支持人员时，实验室应确保这些人员胜任工作且受到监督，并按照实验室管理体系要求工作。

5.1.2 对所有从事抽样、检测和/或校准、签发检测/校准报告以及操作设备等工作的人员，应按要求根据相应的教育、培训、经验和/或可证明的技能进行资格确认并持证上岗。从事特殊产品的检测和/或校准活动的实验室，其专业技术人员和管理人员还应符合相关法律、行政法规的规定要求。

5.1.3 实验室应确定培训需求，建立并保持人员培训程序和计划。实验室人员应经过与其承担的任务相适应的教育、培训，并有相应的技术知识和经验。

5.1.4 使用培训中的人员时，应对其进行适当的监督。

5.1.5 实验室应保存人员的资格、培训、技能和经历等的档案。

5.1.6 实验室技术主管、授权签字人应具有工程师以上（含工程师）技术职称，熟悉业务，经考核合格。

5.1.7 依法设置和依法授权的质量监督检验机构，其授权签字人应具有工程师以上（含工程师）技术职称，熟悉业务，在本专业领域从业 3 年以上。

5.2 设施和环境条件

5.2.1 实验室的检测和校准设施以及环境条件应满足相关法律法规、技术规范或标准的要求。

5.2.2 设施和环境条件对结果的质量有影响时，实验室应监测、控制和记录环境条件。在非固定场所进行检测时应特别注意环境条件的影响。

5.2.3 实验室应建立并保持安全作业管理程序，确保化学危险品、毒品、有害生物、电离辐射、高温、高电压、撞击，以及水、气、火、电等危及安全的因素和环境得以有效控制，并有相应的应急处理措施。

5.2.4 实验室应建立并保持环境保护程序，具备相应的设施设备，确保检测/校准产生的废气、废液、粉尘、噪声、固废等的处理符合环境和健康的要求，并有相应的应急处理措施。

5.2.5 区域间的工作相互之间有不利影响时，应采取有效的隔离措施。

5.2.6 对影响工作质量和涉及安全的区域和设施应有效控制并正确标识。

5.3 检测和校准方法

5.3.1 实验室应按照相关技术规范或者标准，使用适合的方法和程序实施检测和/或校准活动。实验室应优先选择国家标准、行业标准、地方标准；如果缺少指导书可能影响检测和/或校准结果，实验室应制定相应的作业指导书。

5.3.2 实验室应确认能否正确使用所选用的新方法。如果方法发生了变化，应重新进行确认。实验室应确保使用标准的最新有效版本。

5.3.3 与实验室工作有关的标准、手册、指导书等都应现行有效并便于工作人员使用。

5.3.4 需要时，实验室可以采用国际标准，但仅限特定委托方的委托检测。

5.3.5 实验室自行制订的非标方法，经确认后，可以作为资质认定项目，但仅限特定委托方的检测。

5.3.6 检测和校准方法的偏离须有相关技术单位验证其可靠性或经有关主管部门核准后，由实验室负责人批准和客户接受，并将该方法偏离进行文件规定。

5.3.7 实验室应有适当的计算和数据转换及处理规定，并有效实施。当利用计算机或自动设备对检测或校准数据进行采集、处理、记录、报告、存储或检索时，实验室应建立并实施数据保护的程序。该程序应包括（但不限于）：数据输入或采集、数据存储、数据转移和数据处理的完整性和保密性。

5.4 设备和标准物质

5.4.1 实验室应配备正确进行检测和/或校准（包括抽样、样品制备、数据处理与分析）所需的抽样、测量和检测设备（包括软件）及标准物质，并对所有仪器设备进行正常维护。

5.4.2 如果仪器设备有过载或错误操作，或显示的结果可疑，或通过其他方式表明有缺陷时，应立即停止使用，并加以明显标识，如可能应将其储存在规定的地方直至修复；修复的仪器设备必须经检定、校准等方式证明其功能指标已恢复。实验室应检查这种缺陷对过去进行的检测和/或校准所造成的影响。

5.4.3 如果要使用实验室永久控制范围以外的仪器设备（租用、借用、使用客户的设备），限于某些使用频次低、价格昂贵或特定的检测设施设备，且应保证符合本准则的相关要求。

5.4.4 设备应由经过授权的人员操作。设备使用和维护的有关技术资料应便于有关人员取用。

5.4.5 实验室应保存对检测和/或校准具有重要影响的设备及其软件的档案。该档案至少应包括：

a）设备及其软件的名称；

b）制造商名称、型式标识、系列号或其他唯一性标识；

c）对设备符合规范的核查记录（如果适用）；

d）当前的位置（如果适用）；

e）制造商的说明书（如果有），或指明其地点；

f）所有检定/校准报告或证书；

g）设备接收/启用日期和验收记录；

h）设备使用和维护记录（适当时）；

i）设备的任何损坏、故障、改装或修理记录。

5.4.6 所有仪器设备（包括标准物质）都应有明显的标识来表明其状态。

5.4.7 若设备脱离了实验室的直接控制，实验室应确保该设备返回后，在使用前对其功能和校准状态进行检查并能显示满意结果。

5.4.8 当需要利用期间核查以保持设备校准状态的可信度时，应按照规定的程序进行。

5.4.9 当校准产生了一组修正因子时，实验室应确保其得到正确应用。

5.4.10 未经定型的专用检测仪器设备需提供相关技术单位的验证证明。

5.5 量值溯源

5.5.1 实验室应确保其相关检测和/或校准结果能够溯源至国家基标准。实验室应制定和实施仪器设备的校准和/或检定（验证）、确认的总体要求。对于设备校准，应绘制能溯源到国家计量基准的量值传递方框图（适用时），以确保在用的测量仪器设备量值符合计量法制规定。

5.5.2 检测结果不能溯源到国家基标准的，实验室应提供设备比对、能力验证结果的满意证据。

5.5.3 实验室应制定设备检定/校准的计划。在使用对检测、校准的准确性产生影响的测量、检测设备之前，应按照国家相关技术规范或者标准进行检定/校准，以保证结果的准确性。

5.5.4 实验室应有参考标准的检定/校准计划。参考标准在任何调整之前和之后均应校准。实验室持有的测量参考标准应仅用于校准而不用于其他目的，除非能证明作为参考标准的性能不会失效。

5.5.5 可能时，实验室应使用有证标准物质（参考物质）。没有有证标准物质（参考物质）时，实验室应确保量值的准确性。

5.5.6 实验室应根据规定的程序对参考标准和标准物质（参考物质）进行期间核查，以保持其校准状态的置信度。

5.5.7 实验室应有程序来安全处置、运输、存储和使用参考标准和标准物质（参考物质），以防止污染或损坏，确保其完整性。

5.6 抽样和样品处置

5.6.1 实验室应有用于检测和/或校准样品的抽取、运输、接收、处置、保护、存储、保留和/或清理的程序，确保检测和/或校准样品的完整性。

5.6.2 实验室应按照相关技术规范或者标准实施样品的抽取、制备、传送、贮存、处置等。没有相关的技术规范或者标准的，实验室应根据适当的统计方法制定抽样计划。抽样过程应注意需要控制的因素，以确保检测和/或校准结果的有效性。

5.6.3 实验室抽样记录应包括所用的抽样计划、抽样人、环境条件、必要时有抽样位置的图示或其他等效方法，如可能，还应包括抽样计划所依据的统计方法。

5.6.4 实验室应详细记录客户对抽样计划的偏离、添加或删节的要求，并告知相关人员。

5.6.5 实验室应记录接收检测或校准样品的状态，包括与正常（或规定）条件的偏离。

5.6.6 实验室应具有检测和/或校准样品的标识系统，避免样品或记录中的混淆。

5.6.7 实验室应有适当的设备设施贮存、处理样品，确保样品不受损坏。实验室应保持样品的流转记录。

5.7 结果质量控制

5.7.1 实验室应有质量控制程序和质量控制计划以监控检测和校准结果的有效性，可包括（但不限于）下列内容：

a）定期使用有证标准物质（参考物质）进行监控和/或使用次级标准物质（参考物质）开展内部质量控制；

b）参加实验室间的比对或能力验证；

c）使用相同或不同方法进行重复检测或校准；

d）对存留样品进行再检测或再校准；

e）分析一个样品不同特性结果的相关性。

5.7.2 实验室应分析质量控制的数据，当发现质量控制数据将要超出预先确定的判断依据时，应采取有计划的措施来纠正出现的问题，并防止报告错误的结果。

5.8 结果报告

5.8.1 实验室应按照相关技术规范或者标准要求和规定的程序，及时出具检测和/或校准数据和结果，并保证数据和结果准确、客观、真实。报告应使用法定计量单位。

5.8.2 检测和/或校准报告应至少包括下列信息：

a）标题；

b）实验室的名称和地址，以及与实验室地址不同的检测和/或校准的地点；

c）检测和/或校准报告的唯一性标识（如系列号）和每一页上的标识，以及报告结束的清晰标识；

d）客户的名称和地址（必要时）；

e）所用标准或方法的识别；

f）样品的状态描述和标识；

g）样品接收日期和进行检测和/或校准的日期（必要时）；

h）如与结果的有效性或应用相关时，所用抽样计划的说明；

i）检测和/或校准的结果；

j）检测和/或校准人员及其报告批准人签字或等效的标识；

k）必要时，结果仅与被检测和/或校准样品有关的声明。

5.8.3 需对检测和/或校准结果做出说明的，报告中还可包括下列内容：

a）对检测和/或校准方法的偏离、增添或删节，以及特定检测和/或校准条件信息；

b）符合（或不符合）要求和/或规范的声明；

c）当不确定度与检测和/或校准结果的有效性或应用有关，或客户有要求，或不确定度影响到对结果符合性的判定时，报告中还需要包括不确定度的信息；

d）特定方法、客户或客户群体要求的附加信息。

5.8.4 对含抽样的检测报告，还应包括下列内容：

a）抽样日期；

b）与抽样方法或程序有关的标准或规范，以及对这些规范的偏离、增添或删节；

c）抽样位置，包括任何简图、草图或照片；

d）抽样人；

e）列出所用的抽样计划；

f）抽样过程中可能影响检测结果解释的环境条件的详细信息。

5.8.5 检测报告中含分包结果的，这些结果应予清晰标明。分包方应以书面或电子方式报告结果。

5.8.6 当用电话、电传、传真或其他电子/电磁方式传送检测和/或校准结果时，应满足本准则的要求。

5.8.7 对已发出报告的实质性修改，应以追加文件或更换报告的形式实施；并应包括如下声明："对报告的补充，系列号……（或其他标识）"，或其他等效的文字形式。报告修改应满足本准则的所有要求，若有必要发新报告时，应有唯一性标识，并注明所替代的原件。

（三）环境监测管理办法

国家环境保护总局令

第 39 号

现发布《环境监测管理办法》，自 2007 年 9 月 1 日起施行。

局　长　周生贤

二〇〇七年七月二十五日

附件：

环境监测管理办法

第一条 为加强环境监测管理，根据《环境保护法》等有关法律法规，制定本办法。

第二条 本办法适用于县级以上环境保护部门下列环境监测活动的管理：

（一）环境质量监测；

（二）污染源监督性监测；

（三）突发环境污染事件应急监测；

（四）为环境状况调查和评价等环境管理活动提供监测数据的其他环境监测活动。

第三条 环境监测工作是县级以上环境保护部门的法定职责。

县级以上环境保护部门应当按照数据准确、代表性强、方法科学、传输及时的要求，建设先进的环境监测体系，为全面反映环境质量状况和变化趋势，及时跟踪污染源变化情况，准确预警各类环境突发事件等环境管理工作提供决策依据。

第四条 县级以上环境保护部门对本行政区域环境监测工作实施统一监督管理，履行下列主要职责：

（一）制定并组织实施环境监测发展规划和年度工作计划；

（二）组建直属环境监测机构，并按照国家环境监测机构建设标准组织实施环境监测能力建设；

（三）建立环境监测工作质量审核和检查制度；

（四）组织编制环境监测报告，发布环境监测信息；

（五）依法组建环境监测网络，建立网络管理制度，组织网络运行管理；

（六）组织开展环境监测科学技术研究、国际合作与技术交流。

国家环境保护总局适时组建直属跨界环境监测机构。

第五条 县级以上环境保护部门所属环境监测机构具体承担下列主要环境监测技术支持工作：

（一）开展环境质量监测、污染源监督性监测和突发环境污染事件应急监测；

（二）承担环境监测网建设和运行，收集、管理环境监测数据，开展环境状况调查和评价，编制环境监测报告；

（三）负责环境监测人员的技术培训；

（四）开展环境监测领域科学研究，承担环境监测技术规范、方法研究以及国际合作和交流；

（五）承担环境保护部门委托的其他环境监测技术支持工作。

第六条 国家环境保护总局负责依法制定统一的国家环境监测技术规范。

省级环境保护部门对国家环境监测技术规范未作规定的项目，可以制定地方环境监测技术规范，并报国家环境保护总局备案。

第七条 县级以上环境保护部门负责统一发布本行政区域的环境污染事故、环境质量状况等环境监测信息。

有关部门间环境监测结果不一致的，由县级以上环境保护部门报经同级人民政府协调后统一发布。

环境监测信息未经依法发布，任何单位和个人不得对外公布或者透露。

属于保密范围的环境监测数据、资料、成果，应当按照国家有关保密的规定进行管理。

第八条 县级以上环境保护部门所属环境监测机构依据本办法取得的环境监测数据，应当作为环境统计、排污申报核定、排污费征收、环境执法、目标责任考核等环境管理的依据。

第九条 县级以上环境保护部门按照环境监测的代表性分别负责组织建设国家级、省级、市级、县级环境监测网，并分别委托所属环境监测机构负责运行。

第十条 环境监测网由各环境监测要素的点位（断面）组成。

环境监测点位（断面）的设置、变更、运行，应当按照国家环境保护总局有关规定执行。

各大水系或者区域的点位（断面），属于国家级环境监测网。

第十一条 环境保护部门所属环境监测机构按照其所属的环境保护部门级别，分为国家级、省级、市级、县级四级。

上级环境监测机构应当加强对下级环境监测机构的业务指导和技术培训。

第十二条 环境保护部门所属环境监测机构应当具备与所从事的环境监测业务相适应的能力和条件，并按照经批准的环境保护规划规定的要求和时限，逐步达到国家环境监测能力建设标准。

环境保护部门所属环境监测机构从事环境监测的专业技术人员，应当进行专业技术培训，并经国家环境保护总局统一组织的环境监测岗位考试考核合格，方可上岗。

第十三条 县级以上环境保护部门应当对本行政区域内的环境监测质量进行审核和检查。

各级环境监测机构应当按照国家环境监测技术规范进行环境监测，并建立环境监测质量管理体系，对环境监测实施全过程质量管理，并对监测信息的准确性和真实性负责。

第十四条 县级以上环境保护部门应当建立环境监测数据库，对环境监测数据实行信息化管理，加强环境监测数据收集、整理、分析、储存，并按照国家环境保护总局的要求定期将监测数据逐级报上一级环境保护部门。

各级环境保护部门应当逐步建立环境监测数据信息共享制度。

第十五条 环境监测工作，应当使用统一标志。

环境监测人员佩戴环境监测标志，环境监测站点设立环境监测标志，环境监测车辆印制环境监测标志，环境监测报告附具环境监测标志。

环境监测统一标志由国家环境保护总局制定。

第十六条 任何单位和个人不得损毁、盗窃环境监测设施。

第十七条 县级以上环境保护部门应当协调有关部门，将环境监测网建设投资、运行经费等环境监测工作所需经费全额纳入同级财政年度经费预算。

第十八条 县级以上环境保护部门及其工作人员、环境监测机构及环境监测人员有下列行为之一的，由任免机关或者监察机关按照管理权限依法给予行政处分；涉嫌犯罪的，移送司法机关依法处理：

（一）未按照国家环境监测技术规范从事环境监测活动的；

（二）拒报或者两次以上不按照规定的时限报送环境监测数据的；

（三）伪造、篡改环境监测数据的；

（四）擅自对外公布环境监测信息的。

第十九条 排污者拒绝、阻挠环境监测工作人员进行环境监测活动或者弄虚作假的，由县级以上环境保护部门依法给予行政处罚；构成违反治安管理行为的，由公安机关依法给予治安处罚；构成犯罪的，依法追究刑事责任。

第二十条 损毁、盗窃环境监测设施的，县级以上环境保护部门移送公安机关，由公安机关依照《治安管理处罚法》的规定处 10 日以上 15 日以下拘留；构成犯罪的，依法追究刑事责任。

第二十一条 排污者必须按照县级以上环境保护部门的要求和国家环境监测技术规范，开展排污状况自我监测。

排污者按照国家环境监测技术规范，并经县级以上环境保护部门所属环境监测机构检查符合国家规定的能力要求和技术条件的，其监测数据作为核定污染物排放种类、数量的依据。

不具备环境监测能力的排污者，应当委托环境保护部门所属环境监测机构或者经省级环境保护部门认定的环境监测机构进行监测；接受委托的环境监测机构所从事的监测活动，所需经费由委托方承担，收费标准按照国家有关规定执行。

经省级环境保护部门认定的环境监测机构，是指非环境保护部门所属的、从事环境监测业务的机构，可以自愿向所在地省级环境保护部门申请证明其具备相适应的环境监测业务能力认定，经认定合格者，即为经省级环境保护部门认定的环境监测机构。

经省级环境保护部门认定的环境监测机构应当接受所在地环境保护部门所属环境监测机构的监督检查。

第二十二条 辐射环境监测的管理，参照本办法执行。

第二十三条 本办法自 2007 年 9 月 1 日起施行。

明确环境监测定位　强化环境监测管理

——《环境监测管理办法》解读

赵英民

2007 年 7 月 25 日，国家环保总局颁布了《环境监测管理办法》（总局令第 39 号，以下简称《办法》），并将于 9 月 1 日实施。

（一）深刻认识《办法》的重要意义

《办法》的发布，进一步完善了环境保护法规体系，填补了环境监测立法空白，为环境监测基础工作的推进和各项创新工作的开展提供了更为明确的法规依据。

1.《办法》的发布是推进历史性转变的重要举措

要实现三个历史性转变，环境监测必须审时度势，主动变革。要实现“并重”，就必须从社会经济发展的全局认识环境监测工作，环境监测工作必须跳出环保系统融入整个经济社会发展中去。要实现“同步”，就必须突出主动、事前、预防的特点。要实现“综合”，就必须突出环境保护过程中技术因素的作用。

2.《办法》的发布是推进节能减排工作的重要支撑条件

环境监测体系是污染物总量减排的三大支撑体系之一。科学的减排指标体系必须依靠监测手段来度量，科学的减排考核体系必须依靠监测数据来支撑。国家环保总局局长周生贤指出，建立先进的环境监测预警体系要做到数据准确、代表性强，方法科学、传输及时；做到全面反映环境质量状况和变化趋势，及时跟踪污染源污染物排放的变化情况，准确预警和及时响应各类环境突发事件，满足环境管理需要。

环境监测体系建设的核心任务是解决长期困扰和掣肘环境监测工作的体制、机制问题。《办法》的出台，对环境监测属性、定位、管理、规范、处罚等长期依靠行政指令规范的方面进行全面梳理，为先进的环境监测预警体系建设提供了全方位的制度框架。

3.《办法》的发布是完善环境法律体系的重要步骤

环境监测在法制化建设进程中明显滞后，目前尚未出台统一的、专门的环境监测法律、法规。现行法律对环境监测的规定比较分散，一些法律法规中环境监测工作界定出现交叉，法律、法规的缺失严重影响了环境监测管理的权威性和规范性，成为环境监测工作发展的主要障碍之一。

4.《办法》的发布是革新管理体制、创新运行机制的现实需要

目前，尽管法律、法规明确了环境保护部门的统一监督管理职责及各部门相关监测工作的职责和分工，但从总体上看，尚未统一环境监测管理。《办法》中对环保系统环境监测工作的准确定位，对环境监测信息发布的具体规定，有助于下一步理顺各方面关系，深入解决环境监测管理体制、机制问题。

5.《办法》的发布是制定《环境监测管理条例》的重要基础

从2002年起，国家环保总局就着手研究环境监测立法工作，考虑到立法程序和周期，本着务实的原则，先行对环保系统所涉及的环境监测工作做出规定，发布部门规章。《办法》的出台，一方面解决了目前环境监测领域法律缺位问题，同时为制定《环境监测管理条例》打下较为坚实的基础。

（二）认真领会《办法》的内涵

学习领会《办法》，要抓住6个要点：

1. 正确理解环境监测的法律地位

《办法》从3个方面强调了环境监测的法律属性。

一是重申并拓展了环境监测的内涵。即环境质量监测、污染源监督性监测、突发环境污染事件应急监测、为环境状况调查和评价等环境管理活动提供监测数据的其他环境监测活动。这几类环境监测活动都是政府行为，是代表公众利益，为更好地行使公权力开展的公共事务。

二是规定了环境监测成果的法律效力。依法取得的环境监测数据，是环境统计、排污申报核定、排污费征收、环境执法、目标责任考核的依据。多年来，在环境管理工作中还存在“两层皮”、“多层皮”的现象，环境监测、环境统计、排污申报数据相互矛盾，导致大量监测资源浪费，影响了环境管理的规范和统一。《办法》明确规定了环境监测数据的使用效力，就是要改变这种数出多门的现象。

三是强调了环境监测活动及环境监测设施受法律保护。《办法》以专门条款对企业的违法行为进行了规定，并明确了针对不同程度违法行为的处罚方式。对于环境监测设施破坏，《办法》也明确了罚责。

2．构建统一监督管理的基本格局

由于部门职责划分不明及环境监测事业本身的发展等诸多原因，环境监测的统一监督管理一直是整个环保工作的短板。《办法》从3个方面进行了规定：

一是统一标准。《办法》规定国家环保总局负责依法制定统一的国家环境监测技术标准和规范。省级环保部门对国家环境监测技术标准和规范未作规定的项目，可以制定地方环境监测技术规范。目前，由于开展监测的相关部门制定的行业规范不统一，导致监测数据缺乏可比性。统一技术标准和规范，有利于提高各类机构监测数据的可比性。下一步，有必要对现行环境监测技术标准和规范进行清理。第一，及时废止、修订涉及环境监测的不适用规范，整合不统一的规范；第二，重点围绕污染减排目标，制定污染源自动监控、环境信息传输等相关标准和技术规范；第三，做好不同部门、不同行业相关技术标准、规范的衔接工作。

二是统一信息发布。《办法》明确了由县级以上环境保护部门负责统一发布本行政区域的环境污染事故、环境质量状况等环境监测信息。原有的环境法律、法规中关于环境信息发布的规定过于笼统，环境监测数据信息的多头发布，损害了政府环境信息的权威性、严肃性和公信力。统一环境监测信息发布，必须建立统一的环境监测数据库，并逐步形成各级政府、各部门环境监测数据的共享机制。

三是统一标志。统一标志，就是建立一整套色彩鲜明、含义准确、便于认知的识别系统。

3．实施环境监测管理与技术分离

长期以来，环境监测管理与技术的关系始终未能科学界定，一是重管理、轻技术。环境监测站同时承担环境监测管理和技术工作，导致了政事不分，影响了整体工作效能。而且，由于环境监测技术积累时间短，环境监测技术相对滞后，一些环境热点问题长期得不到有效的技术支撑；二是重建设、轻质控，在一些地方，环境监测数据质量还得不到有效保障；三是重结果、轻过程。在环境监测工作中，十分重视实验室样品分析和数据的填报汇总，但在样品采集、保存运输、样品前处理、信息传输等过程中缺乏统一规范和有效的手段，影响了环境监测数据的可靠性。

《办法》明确界定了环保部门和其所属的环境监测机构职责，概括起来就是环境保护主管部门负责环境监测管理工作，所属的环境监测机构承担技术支持工作，实现了环境保护主管部门和环境监测机构的合理分工。实现管理与技术分离，就是要成立专门的环境监测管理机构。在国家层面适时成立实施统一监督管理的环境监测管理机构，地方也应成立相应的监管机构或明确相应的职能处（科）室。对于跨区域、流域环境问题突出、长期得不到有效解决的，国家环保总局将考虑建立直属跨界环境监测机构。

4．加强环境监测网络的建设与管理

《办法》规定了环境监测网的组成要素，即各环境监测要素监测点位（断面），同时规定了环境监测网的组建运行主体。

加强环境监测网建设，必须坚持统一规划，按事权划分确定投入及管理主体，合理确定不同类型网络的管理和运行模式。国家环保总局要建设国家环境监测网络，对网络覆盖范围进行科学优化。国家环境监测网要从国家大尺度和国际履约的角度出发，综合、优化布设环境空气、地表水、土壤、酸雨等监测点位和断面，从国家层面宏观反映环境质量的现状和变化趋势。省、市、县环境监测网建设要坚持地方为建设、运行主体的原则。地方环境监测网在点位选择优化过程中，应体现地域生态系统特征，突出重点、有所差别，可以将国家网相关点位纳入地方网，国家与地方从不同角度进行使用和评价。

5. 加强环境监测全过程质量管理

《办法》首次正式提出环境监测全过程质量管理的理念，重申了环境监测站要按建设标准规定达到相应的监测能力，对环境监测人员培训、考核、上岗做出规定，并重点强调了环保主管部门及环境监测站在质量管理方面的责任。

各级环保局和监测站必须切实履行各自的环境监测质量管理职责，要建立环境监测数据质量管理的相关制度，加强样品采集、保存、运输、前处理、实验室分析以及数据汇总、综合分析等全过程中处于受控和可追溯。

6. 明确企业环境监测责任和义务

排污状况监测既是环保主管部门的责任，同时也是排污企业的责任。目前，全国企业自我污染源监测能力发展缓慢，监测水平普遍较低。企业排污状况的监测工作量大、涉及面广，仅仅依靠环保部门所属的环境监测机构难以取得令人满意的工作效果。《办法》开创性地规定，排污企业有责任定期向政府环保部门提供污染物排放数据，并保证数据的准确性、真实性和及时性，排污者必须开展排污状况自我监测。实施这项规定，就是要求有能力的企业必须建立自测机构，其监测能力和数据的有效性由省级环境保护主管部门所属的环境监测站进行审核和定期验证；不具备能力的，必须委托有资质的环境监测机构进行监测。环保部门所属环境监测机构对于企业排污状况，由承担具体监测任务转向更多地对企业自我监测行为的监督管理上。

企业监测机构和其他社会监测机构都是环境监测整体的有机组成部分。必须建立严格的环境监测准入、监管和淘汰机制，整合社会监测力量，摒弃“小”监测，建立“大”监测的概念。

（三）切实推动《办法》的贯彻执行

各级环境监测管理机构和环境监测机构必须抓住环境监测发展的难得时机，认真组织《办法》的宣传贯彻，切实落实《办法》相关规定。

1. 高度重视，精心组织，抓好《办法》的学习

各级环保部门要重点强化机关特别是相关处（科）室工作人员的学习，理清环境管理人员在环境监测方面的模糊和不正确的认识。

2. 加强领导，明确分工，逐项研究落实

由于部门规章制定篇幅的限制，《办法》在环境监测数据管理、信息发布方式方法、环境监测网络管理、环境监测机构资质管理等方面还不能详尽，需要抓紧时间制定配套实施细则。各级环保局、监测站要依据《办法》认真研究自身工作的不足和问题，逐项提出贯彻落实措施。

3. 心系大局，重点突出，确保节能减排工作的成效

要把《办法》的贯彻落实纳入环境保护全局工作考虑，率先抓好减排“三大体系”

建设和先进的环境监测预警体系建设。积极争取地方政府支持，在政策、资金、人才队伍建设等方面争取有利条件，切实加强环境监测基础能力和专项能力建设。

4．形式多样，注重实效，加强对企业的宣传

一方面，通过媒体报道、发放宣传资料等形式向企业宣传；另一方面，要在项目审批、日常监管及政策资金扶持等工作中，通盘考虑环境监测要求。对于不按规定设立污染源在线监测装置、不认真开展排污情况自测、阻挠干扰监督性环境监测工作的企业，要依照有关规定严肃处理。

（四）关于印发《环境监测质量管理规定》和《环境监测人员持证上岗考核制度》的通知

环发[2006]114 号

各省、自治区、直辖市环境保护局（厅），新疆生产建设兵团环境保护局：

为贯彻落实《国务院关于落实科学发展观　加强环境保护的决定》（国发[2005]39号），提高环境监测质量管理水平，规范环境监测质量管理工作，我局制定了《环境监测质量管理规定》和《环境监测人员持证上岗考核制度》。现印发给你们，请遵照执行。

附件：1．环境监测质量管理规定

2．环境监测人员持证上岗考核制度

国家环境保护总局

二〇〇六年七月二十八日

附件 1：

环境监测质量管理规定

第一章　总　则

第一条　为提高环境监测质量管理水平，规范环境监测质量管理工作，确保监测数据和信息的准确可靠，为环境管理和政府决策提供科学、准确依据，根据《中华人民共和国环境保护法》及有关法律法规，制定本规定。

第二条　本规定适用于环境保护系统各级环境监测中心（站）和辐射环境监测机构（以下统称环境监测机构）。

第三条　环境监测质量管理工作，是指在环境监测的全过程中为保证监测数据和信息的代表性、准确性、精密性、可比性和完整性所实施的全部活动和措施，包括质量策划、质量保证、质量控制、质量改进和质量监督等内容。

第四条　环境监测质量管理是环境监测工作的重要组成部分，应贯穿于监测工作的全过程。

第二章 机构与职责

第五条 国务院环境保护行政主管部门对环境监测质量管理工作实施统一管理。地方环境保护行政主管部门对辖区内的环境监测质量管理工作具有领导和管理职责。各级环境监测机构在同级环境保护行政主管部门的领导下，对下级环境监测机构的环境监测质量管理工作进行业务指导。

第六条 各级环境监测机构应对本机构出具的监测数据负责。应主动接受上级环境监测机构对环境监测质量管理工作的业务指导，并积极参加环境监测质量管理技术研究、监测资质认证、持证上岗考核、质量管理评比评审、信息交流和人员培训等工作，持续改进、不断提高环境监测质量。

第七条 各级环境监测机构应有质量管理机构或质量管理人员，明确其职责，并具备必要的专用实验条件。

质量管理机构（或人员）的主要职责是：

（一）负责监督管理本环境监测机构各类监测活动以及质量管理体系的建立、有效运行和持续改进，切实保证环境监测工作质量；

（二）组织和开展质控考核、能力验证、比对、方法验证、质量监督、量值溯源及量值传递等质量管理工作，并对其结果进行评价；

（三）负责本环境监测机构环境监测人员持证上岗考核的申报与日常管理，国家级和省级环境监测机构组织和实施对下级环境监测机构人员的持证上岗考核工作；

（四）建立环境监测标准、技术规范和规定、质量管理工作的动态信息库；

（五）组织和实施环境监测技术及质量管理的技术培训和交流；

（六）组织开展对下级环境监测机构监测质量、质量管理的监督与检查；

（七）负责本环境监测机构质量管理的信息汇总和工作总结；

（八）参与环境污染事件、环境污染仲裁、用户投诉、环境纠纷案件、司法机构的委托监测等涉及争议的监测活动。

第三章 工作内容

第八条 各级环境监测机构应根据国家环境保护总局《环境监测站建设标准（试行）》及《辐射环境监督站建设标准（试行）》的要求进行能力建设，完善人员、仪器设备、装备和实验室环境等环境监测质量管理的基础。

第九条 各级环境监测机构应依法取得提供数据应具备的资质，并在允许范围内开展环境监测工作，保证监测数据的合法有效。

第十条 从事监测、数据评价、质量管理以及与监测活动相关的人员必须经国家、省级环境保护行政主管部门或其授权部门考核认证，取得上岗合格证。所使用的环境监测仪器应由国家计量部门或其授权单位按有关要求进行检定或按规定程序进行校准。所使用的标准物质应是有证标准物质或能够溯源到国家基准的物质。

第十一条 各级环境监测机构应建立健全质量管理体系，使质量管理工作程序化、文件化、制度化和规范化，并保证其有效运行。

第十二条 环境监测布点、采样、现场测试、样品制备、分析测试、数据评价和综合报告、数据传输等全过程均应实施质量管理。

（一）监测点位的设置应根据监测对象、污染物性质和具体条件，按国家标准、行业标准及国家有关部门颁布的相关技术规范和规定进行，保证监测信息的代表性和完整性。

（二）采样频次、时间和方法应根据监测对象和分析方法的要求，按国家标准、行业标准及国家有关部门颁布的相关技术规范和规定执行，保证监测信息能准确反映监测对象的实际状况、波动范围及变化规律。

（三）样品在采集、运输、保存、交接、制备和分析测试过程中，应严格遵守操作规程，确保样品质量。

（四）现场测试和样品的分析测试，应优先采用国家标准和行业标准方法；需要采用国际标准或其他国家的标准时，应进行等效性或适用性检验，检验结果应在本环境监测机构存档保存。

（五）监测数据和信息的评价及综合报告，应依照监测对象的不同，采用相应的国家或地方标准或评价方法进行评价和分析。

（六）数据传输应保证所有信息的一致性和复现性。

第十三条 各级环境监测机构应积极开展和参加质量控制考核、能力验证、比对和方法验证等质量管理活动，并采取密码样、明码样、空白样、加标回收和平行样等方式进行内部质量控制。

第十四条 质量管理实行报告制度。下级环境监测机构应于每年年底向同级环境保护行政主管部门和上一级环境监测机构提交本机构及本辖区内各环境监测机构当年的质量管理总结，向上一级环境监测机构提交下一年度的质量管理工作计划。

第十五条 对用户关于环境监测数据异议的核查、环境监测质量投诉事件的仲裁和环境监测质量事故的处理等工作，应由环境保护行政主管部门组织处理，并在其领导下进行调查和取证。

第四章 经费保障

第十六条 环境监测质量管理经费（包括公务费、业务费和设备购置费等）应给予保证，并确保专项使用。

第五章 处 罚

第十七条 违反本规定，有下列行为之一者，所在地或上级环境保护行政主管部门应责令限期改正，并对相关单位和责任人予以处罚。

（一）向外报出的监测数据是由未取得上岗合格证人员完成的；

（二）造成重大质量事故的；

（三）编造或更改监测数据，以及授意编造或更改监测数据的。

第六章 附 则

第十八条 各省、自治区、直辖市环境保护行政主管部门可根据本规定制定实施细则。

第十九条 本规定由国家环境保护总局负责解释。

第二十条 本规定自发布之日起施行。原《环境监测质量保证管理规定（暂行）》同时废止。

附件 2：

环境监测人员持证上岗考核制度

第一章 总 则

第一条 为了做好环境监测人员上岗合格证（以下简称合格证）考核（以下简称持证上岗考核）工作，保证考核工作的规范化、程序化和制度化，根据国家环境保护总局《环境监测质量管理规定》，制定本制度。

第二条 本制度适用于环境保护系统各级环境监测中心（站）和辐射环境监测机构（以下统称环境监测机构）中一切为环境管理和社会提供环境监测数据和信息的监测、数据分析和评价、质量管理以及与监测活动相关的人员（以下统称监测人员）的持证上岗考核。持有合格证的人员（以下简称持证人员），方能从事相应的监测工作；未取得合格证者，只能在持证人员的指导下开展工作，监测质量由持证人员负责。

第二章 职 责

第三条 持证上岗考核工作实行分级管理。国家环境保护总局负责国家级和省级环境监测机构监测人员持证上岗考核的管理工作，其中国家级环境监测机构监测人员的考核工作由国家环境保护总局组织实施，省级环境监测中心（站）和辐射环境监测机构监测人员的考核工作由国家环境保护总局委托中国环境监测总站和国家环境保护总局辐射环境监测技术中心组织实施。省级环境保护局（厅）负责辖区内环境监测机构监测人员持证上岗考核的管理工作，省级环境监测机构在省级环境保护局（厅）的指导下组织实施。

第四条 各环境监测机构负责组织本机构环境监测人员的岗前技术培训，保证监测人员具有相应的工作能力。

第五条 申请持证上岗考核的单位（以下简称被考核单位）向负责对其进行考核的单位（以下简称主考单位）提出考核申请，并填报《持证上岗考核申请表》。被考核单位在持证上岗考核组（以下简称考核组）进入现场考核之前，按照考核组的要求，做好考核准备，提供必需的工作条件。

第六条 主考单位根据被考核单位的申请制定考核计划，组建考核组，负责指导和监督考核组按计划实施考核，审核考核方案和《监测人员持证上岗考核报告》（以下简称考核报告），并负责将考核结果上报合格证颁发部门审批。

第七条 考核组负责考核工作的具体实施，包括命题及制定参考答案、确定被考人员的考核项目和考核方式、实施考核及阅卷和评分、向主考单位提交考核报告。考核组工作由考核组组长负责。

第三章　考核内容与考核方法

第八条　考核内容包括基本理论、基本技能和样品分析。根据被考核人员的工作性质和岗位要求确定考核内容。

（一）基本理论考核内容主要包括：环境保护基本知识、环境监测基础理论知识、环境保护标准和监测规范、质量保证和质量控制知识、常用数据统计知识、采样方法、样品预处理方法、分析测试方法、数据处理和评价模式等。

（二）基本技能考核内容主要包括：布点、采样、试剂配制、常用分析仪器的规范化操作、仪器校准、质量保证和质量控制措施、数据记录和处理、校准曲线制作、样品测试以及数据审核程序等。

（三）样品分析是指按照规定的操作程序对发放的考核样品进行分析测试。

第九条　基本理论的考核方式为笔试，原则上采取闭卷形式进行。

第十条　基本技能和样品分析考核采取现场操作演示与样品测试相结合的方式进行，考核项目的确定以具有代表性、尽量保证覆盖被考核人的实际能力为原则，一般考核项目数不少于被考核人申请项目的 30%。对有标准样品的项目，原则上进行标准样品的测试考核。对没有标准样品的项目，可采取实际样品测定、现场加标、留样复测、现场操作演示、提问、人员比对和仪器比对等考核方式。考核组根据测定结果、实际操作规范程度以及回答问题的正确程度评定考核结果。

第十一条　基本技能和样品分析中没有考核的项目，由被考核单位自行考核认定（以下简称自认定）。自认定情况经被考核单位核签后报考核组，随考核报告一同报主考单位。考核组在现场考核时抽查自认定情况，抽查比例不少于 5%。以现场考核时间为基准年，在同年度和上一年度参加国家和省级能力验证并考核合格者、参加标准样品定值并被采纳者，可认为自认定合格。

第四章　合格证的管理

第十二条　国家级环境监测机构监测人员的合格证由国家环境保护总局颁发；省级环境监测机构监测人员的合格证由中国环境监测总站和国家环境保护总局辐射环境监测技术中心颁发；其他环境监测机构监测人员的合格证，由各省级环境保护局（厅）颁发。

第十三条　合格证有效期为五年。

第十四条　监测人员取得合格证后，有下列情况之一者即取消持证资格，收回或注销合格证：

（1）违反操作规程，造成重大安全和质量事故者；

（2）编造数据、弄虚作假者；

（3）调离环保系统环境监测机构者。

第五章　附　则

第十五条　本制度由国家环境保护总局负责解释。

第十六条　本制度自发布之日起施行。原《环境监测人员合格证制度（暂行）》同时废止。

（五）关于印发《环境监测技术路线》的通知

环办[2003]49 号

各省、自治区、直辖市、环境保护重点城市环境保护局（厅）、新疆生产建设兵团环境保护局：

为引导全国环境监测技术发展方向，我局组织中国环境监测总站编制了《环境监测技术路线》，现印发给你们。请参照执行。

附件：《环境监测技术路线》

国家环境保护总局办公厅
二〇〇三年六月十二日

附件：

环境监测技术路线

一、空气监测技术路线

1. 技术路线

空气监测采用以连续自动监测技术为主导，以自动采样和被动式吸收采样—实验室分析技术为基础，以可移动自动监测技术为辅助的技术路线。

2. 监测项目与频次

空气例行监测项目表

监测项目	重点城市	一般城市（自动监测）	一般城市（连续采样—实验室分析）	空气背景站	典型区域农村空气监测站
SO_2	★	★	★	★	★
NO_2	★	★	★	★	★
TSP	▲	▲	▲	▲	▲
PM_{10}	★	★	★	★	★
CO	★	▲	▲	★	▲
O_3	★	▲	▲	★	▲
有毒有机物	★	▲	▲	★	▲
NMHC&CH_4	★	▲	▲	▲	▲
CO_2				▲	

★：规定的监测项目；

▲：根据情况和区域特性选择的监测项目。

自动监测系统满足实时监控的数据采集要求；连续采样—实验室监测分析方法要满足《环境空气监测技术规范》和《环境空气质量标准》（GB 3095）对长期、短期浓度统计的数据有效性的规定。被动式吸收监测方式可根据被监测区域的具体情况，采取每周、每月或数月一次的频次。

3．监测分析方法

空气中主要污染物监测分析方法表

监测项目	自动监测	连续采样—实验室分析
SO_2	（1）紫外荧光法（ISO/CD10498） （2）DOAS 法	（1）四氯汞盐吸收副玫瑰苯胺分光光度法（GB 8970—88） （2）甲醛吸收副玫瑰苯胺分光光度法（GB/T 15262—94）
NO_2	（1）化学发光法（ISO 7996） （2）DOAS 法	Saltzman 法（GB/T 15435—95）
TSP	颗粒物自动监测仪（β射线法、TOEM 法）	大流量采样—重量法（GB/T 15435—95）
PM_{10}	颗粒物自动监测仪（β射线法、TOEM 法）	重量法（GB/T 15432—95）
CO	非分散红外法（GB 9801—88）	非分散红外法（GB 9801—88）
O_3	（1）紫外光度法（GB/T 15438—95） （2）DOAS 法	靛蓝二磺酸钠分光光度法（GB/T 15437—85）
Pb	—	火焰光度原子吸收光度法（GB/T 15264—94）
NMHC & CH_4	（1）气相色谱 FID 法（GB/T 15263—94） （2）PID 检测法	气相色谱 FID 法（GB/T 15263—94）
CO_2	气相色谱 FID 法	气相色谱 FID 法
有毒有机物	GC/GC-MS/HPLC 等	

二、地表水监测技术路线

1．技术路线

地表水监测采用以流域为单元，优化断面为基础，连续自动监测分析技术为先导；以手工采样、实验室分析技术为主体；以移动式现场快速应急监测技术为辅助手段的自动监测、常规监测与应急监测相结合的监测技术路线。

2．项目与频次

1）监测项目

自动监测和常规监测项目分别按表 1 和表 2 执行。自动监测项目根据水质自动监测站配备的仪器确定，自动监测站的基本配置应保证必测项目所需的监测仪器。

2）监测频次

自动监测既可实时在线监测，也可根据实际需要自行设定各项目的监测频次。

常规监测的频次见表 3。

3．监测方法

1）自动监测：执行国家环境保护总局、EPA（USA）和 EU 认可的仪器分析方法，并按照国家环境保护总局批准的水质自动监测技术规范进行。

2）常规监测：执行地表水环境质量标准（GB 3838—2002，表 4、表 5 和表 6）中规定的标准分析方法。

表 1 自动监测方式测定项目

项目分类	项目名称
必测项目	pH、水温、电导率、浊度、溶解氧、高锰酸盐指数、氨氮
选测项目	化学需氧量、TOC（干法）、UV 吸收值、总磷、总氮、氰化物、氟化物、酚、硝酸盐、氯离子、砷、汞、水位、流量等

表 2 地表水体常规监测项目

水体	必测项目	选测项目	特定项目
河流	水温、pH、溶解氧、高锰酸盐指数、电导率、生化需氧量、氨氮、汞、铅、挥发酚、石油类（共 11 项）	化学需氧量、总磷、铜、锌、氟化物、硒、砷、镉、铬（六价）、氰化物、阴离子表面活性剂、硫化物、粪大肠菌群（共 13 项）	三氯甲烷、四氯化碳、三溴甲烷、二氯甲烷、1,2-二氯乙烷、环氧氯丙烷、氯乙烯、1,1-二氯乙烯、1,2-二氯乙烯、三氯乙烯、四氯乙烯、氯丁二烯、六氯丁二烯、苯乙烯、甲醛、乙醛、丙烯醛、三氯乙醛、苯、甲苯、乙苯、二甲苯、异丙苯、氯苯、邻二氯苯、对二氯苯、三氯苯、四氯苯、六氯苯、硝基苯、二硝基苯、2,4-二硝基甲苯、2,4,6-三硝基甲苯、硝基氯苯、2,4-二硝基氯苯、2,4-二氯酚、2,4,6-三氯酚、五氯酚、苯胺、联苯胺、丙烯酰胺、丙烯腈、邻苯二甲酸二丁酯、邻苯二甲酸二乙酯、水合肼、四乙基铅、吡啶、松节油、苦味酸、丁基黄原酸、活性氯、DDT、林丹、环氧七氯、对硫磷、甲基对硫磷、马拉硫磷、乐果、敌敌畏、敌百虫、内吸磷、百菌清、甲萘威、溴氰菊酯、阿特拉津、苯并[a]芘、甲基汞、多氯联苯、微囊藻毒素-LR、黄磷、钼、钴、铍、硼、锑、镍、钡、钒、钛、铊（共 80 项）
湖泊水库	水温、pH、溶解氧、高锰酸盐指数、电导率、生化需氧量、氨氮、汞、铅、挥发酚、石油类、总氮、总磷、叶绿素 a、透明度（共 15 项）	化学需氧量、铜、锌、氟化物、硒、砷、镉、铬（六价）、氰化物、阴离子表面活性剂、硫化物、粪大肠菌群、微囊藻毒素-LR（共 13 项）	同上
饮用水源地	水温、pH、总磷、高锰酸盐指数、溶解氧、氟化物、挥发酚、石油类、氨氮、粪大肠菌群（共 10 项）	硫酸盐、总氮、生化需氧量、氯化物、铁、锰、硝酸盐氮、铜、锌、硒、砷、镉、铬（六价）、铅、汞、氰化物、阴离子表面活性剂、硫化物（共 18 项）	同上

表 3 监测频次

	重点断面（点位）		市控断面	特殊断面
	国控	省控		
河流	12 次/年	6 次/年	4 次/年	根据需要确定
湖泊、水库	12 次/年	6 次/年	4 次/年	
水源地	12 次/年			

三、环境噪声监测技术路线

1. 技术路线

运用具有自动采样功能的环境噪声自动监测仪器、积分声级计、噪声数据采集器等设备，按网格布点法进行区域环境噪声监测，按路段布点法进行道路交通噪声监测，按分期定点连续监测法进行功能区噪声监测。在大型国际空港建立航空噪声自动监控系统，在穿越大型城市的铁路枢纽站、场建立铁路噪声自动监测系统。在全国建成功能完善的城市环境噪声监测网络和重点交通源的自动监测网络系统。

2. 监测项目与频次

环境噪声监测项目与频次表

监测项目	113 个重点城市	其它城市	备　注
城市功能区噪声	每月一次	每季一次	在线连续监测
城市道路交通噪声	每年四次	每年二次	
城市区域环境噪声	每年二次	每年一次	春、秋季为宜

3. 监测方法

城市功能区噪声：自动监测。用能量平均法计算每小时、昼间、夜间等效声级和昼夜平均等效声级。

城市道路交通噪声：人工采样，数据自动处理。用长度加权法计算每条道路及全市道路交通平均等效声级。

城市区域环境噪声：人工采样，数据自动处理。用面积加权法计算某区域或全市区域环境噪声平均等效声级。

四、固定污染源监测技术路线

1. 技术路线

重点污染源采用以自动在线监测技术为主导，其他污染源采用以自动采样和流量监测同步—实验室分析为基础，并以手工混合采样—实验室分析为辅助手段的浓度监测与总量监测相结合的技术路线。

2. 指标与频次

（1）水污染源监测

1）监测项目（5+X）

pH、化学需氧量（或 TOC）、氨氮、油类、悬浮物和不同行业排放的特征污染物（X）。

2）监测频次

① 废水排放量≥5 000 t/d 的污染源，安装水质自动在线监测仪，连续自动监测，随时监控。

② 废水排放量 1 000～5 000 t/d 的主要污染源，安装等比例自动采样器及测流装置，监测 1 次/天。

③ 废水排放量≤1 000 t/d 的污染源，监测 3～5 次/月。水质、水量同步监测。

④ 生产不稳定的污染源，监测频次视生产周期和排污情况而定。

（2）大气污染源监测

1）监测项目（4+X）

烟（粉）尘、二氧化硫、氮氧化物、黑度和不同行业排放的特征污染物（X）。

2）监测频次

① 电厂锅炉安装烟气自动连续测试装置，随时监控。

② 热负荷＞30 t/h（21 MW）的工业及采暖锅炉“十五”期间必须逐步安装烟气连续测试装置，随时监控。自动监测仪器安装前，工业锅炉监测 1 次/季，采暖锅炉监测 2 次/采暖期。

③ 单机热负荷 10～30 t/h（7～21 MW）的工业及采暖锅炉 2010 年底前必须逐步安装烟气连续测试装置。自动监测仪器安装前，工业锅炉监测 2 次/年，采暖锅炉监测 1 次/采暖期。单机热负荷＜10 t/h（7 MW）的工业及采暖锅炉至少监测 1 次/年。

④ 所有炉、窑、灶全程监测烟气黑度，监测 4 次/年。

3．方式方法

采用污染源在线自动监测系统的，原则上由企业负责安装和运行维护，环境保护行政主管部门组织认定和监督。具备监测能力并经环境保护行政主管部门认定的企业监测站，可自行监测上报数据，并接受环保监测部门的监督和审核，也可委托具有相应资质的环境监测站进行监测。

监测方法按照国家和行业排放标准，根据有关环境监测技术规范进行。有国家标准方法的，一律采用国家标准方法。自动监测系统要符合国家环境保护总局颁布的污染源自动监测系统技术条件的要求并按规定进行质量检定、校验。

五、生态监测技术路线

1．技术路线

生态监测以空中遥感监测为主要技术手段，地面对应监测为辅助措施，结合 GIS 和 GPS 技术，完善生态监测网络，建立完整的生态监测指标体系和评价方法，达到科学评价生态环境状况及预测其变化趋势的目的。

2．指标与频次

生态监测指标要体现生态环境的整体性和系统性，本质特征的代表性和环境保护的综合性。因此，一级指标应选为：优劣度、稳定度或脆弱度；二级指标应选为：植被覆盖指标、生物丰度指数、土地退化指数、污染负荷指数、水网密度指数等。各项二级指标可根据不同情况分别赋予不同的权重。

监测频次应视监测的区域和目的而定。一般全国范围的生态环境质量监测和评价应

1～2 年进行一次；重点区域的生态环境质量监测每年 1～2 次；专项目的的监测，如监测沙尘天气和近岸海域的赤潮监测要每天一次或每天数次，甚至采取连续自动监测的方式。

六、固体废物监测技术路线

1. 技术路线

采用现代毒性鉴别试验与分析测试技术，以危险废物和城市生活垃圾填埋厂、焚烧厂等重点处理处置设施的在线自动监测为主导，以重点污染源排放的固体废物的人工采样—实验室常规监测分析为基础，逐步建立并形成我国完整的固体废物毒性试验与监测分析的技术体系，使我国环境监测系统具备全面执行固体废物相关法规和标准的监测技术支撑能力。

2. 监测内容

（1）危险废物的毒性试验鉴别

危险特性的必测项目包括：易燃性、腐蚀性、反应性、浸出毒性、急性毒性、放射性。选测项目为：爆炸性、生物蓄积性、刺激性、感染性、遗传变异性、水生生物毒性。

（2）固体废物的监测分析

必测项目包括：As、Be、Bi、Cd、Co、Cr、Cr（Ⅵ）、Cu、Hg、Mn、Ni、Pb、Sb、Se、Sn、Tl、V、Zn、氯化物、氰化物、氟化物、硝酸盐、硫化物、硫酸盐、油分、pH；卤代挥发性有机物、非卤代挥发性有机物、芳香族挥发性有机物、半挥发性有机物、1,2-二溴乙烷/1,2-二溴-3-氯丙烷、丙烯醛/丙烯腈、酚类、邻苯二甲酸酯类、亚硝胺类、有机氯农药及 PCBs、硝基芳烃类和环酮类、多环芳烃类、卤代醚、有机磷农药类、有机磷化合物、氯代除草剂、二噁英类。

3. 监测频次

固体废物的常规监测频次为 2 次/年。特殊目的监测可根据实际情况加大监测频次。

4. 监测分析方法

（1）无机污染成分

无机污染成分的分析方法主要采用分光光度分析技术（SP）、离子色谱法（IC）、火焰原子吸收光谱技术（FLAAS）、石墨炉原子吸收光谱技术（GFAAS）、氢化物发生原子吸收光谱技术（HGAAS）、氢化物发生原子荧光光谱技术（HGAFS）、ICP 发射光谱技术（ICP）和 ICP-MS 技术。分析溶液的制备方法主要采用高压釜酸分解技术和微波辅助酸溶解技术，试液主要采用单酸或混酸消解的前处理方法并结合其他分离富集技术来获得。

（2）有机污染物成分

有机污染成分的分析方法主要采用气相色谱技术（GC）、气相色谱-质谱联用技术（GC-MS）和高效液相色谱技术（HPLC）。有机污染成分的提取方法主要采用快速溶剂萃取技术或微波辅助溶剂萃取技术；有机污染物的分离富集方法主要采用精制硅藻土柱色谱净化法、Florisil 柱色谱净化法和薄层色谱分离法；待测试液的进样主要采用吹扫-捕集技术（PT）、顶空技术（HS）和热脱附等技术。

5. 固体废物处理处置过程中的污染控制分析

（1）与焚烧设施有关的分析

排气分析的技术手段：（a）在线连续自动分析系统（CEMS）的分析项目为烟粉尘、

SO_2、NO_x、HX、CO；（b）自动采样—实验室分析的分析项目为重金属、二噁英等。

排水分析的技术手段：执行污水监测技术路线。

焚烧残余物分析的技术手段：人工采样—实验室分析的项目为灰分（%）、烧失量（%）等，其他项与固体废物分析相同（参考第3～第5节）。

（2）与填埋设施有关的分析

填埋场排气分析的技术手段：在线连续自动分析的分析项目为 CH_4、CO_2、恶臭、VOCs等。

渗滤液及其处理排水分析：渗滤液执行污水监测技术路线，处理后的排水采用污水在线自动监测系统技术路线，主要分析项目为COD、氨氮、总氮、总磷等。

七、土壤监测技术路线

1. 技术路线

以农田土壤监测为主，以污灌农田和有机食品基地为监测重点，开展农田土壤例行监测工作。对全国大型的有害固体废弃物堆放场周围土壤、污水土地处理区域和对环境产生潜在污染的工厂遗弃地开展污染调查，并对典型区域开展跟踪监视性监测，逐步完善我国土壤环境监测技术和网络体系。

2. 监测项目、频次与方法

土壤监测项目、频次与分析方法

<table>
<tr><th colspan="2">项目类别</th><th>监测项目</th><th>仪器方法</th><th>监测频次</th></tr>
<tr><td rowspan="2">必测项目</td><td>基本项目</td><td>pH、阳离子交换量</td><td>pH计</td><td rowspan="2">1次/年</td></tr>
<tr><td>重点项目</td><td>镉、铬、汞、砷、镍、铜、锌</td><td>原子吸收仪、测汞仪</td></tr>
<tr><td rowspan="4">选测项目</td><td>影响产量项目</td><td>全盐量、硼、氟</td><td>分光光度计</td><td rowspan="4">3～5次/年</td></tr>
<tr><td>污水灌溉项目</td><td>氰化物、硫化物、挥发酚、苯并[a]芘、石油类等</td><td>分光光度计、气相色谱仪、液相色谱仪及测油仪</td></tr>
<tr><td>农药残留项目</td><td>有机氯农药（如六六六和DDT等），有机磷农药及其他农药（如各种除草剂等）</td><td>气相色谱仪</td></tr>
<tr><td>其他污染项目</td><td>硒、氟等</td><td>分光光度计</td></tr>
</table>

八、生物监测技术路线

1. 技术路线

以生物群落监测技术为主，以生物毒理学监测技术为辅，优先开展水环境生物监测，逐步拓展大气污染植物监测；巩固现有水生生物监测网，逐步健全全国流域生物监测网络，以达到通过生物监测手段说清环境质量变化规律的目的。

2. 项目和频次

生物监测指标及频次

水体	监测指标	监测项目	频次	备注
河流	底栖动物	种类、数量	2 次/年	必测
	大肠菌群	数量	6 次/年	必测
	着生生物	种类、数量	2 次/年	选测
	浮游植物	种类、数量	2 次/年	选测
湖泊水库	叶绿素 a	含量	2 次以上/年	必测
	浮游植物	种类和密度	2 次以上/年	必测
	大肠菌群	数量	6 次/年	必测
	底栖动物	种类、数量	2 次/年	选测
城市水体	下列 5 种方法任选一种： 1. 鱼类急性毒性试验 2. 蚤类急性毒性试验 3. 藻类急性毒性试验 4. 发光细菌急性毒性试验 5. 微型生物群落级毒性试验	 96 h 死亡率 48 h LC_{50} 96 h EC_{50} 抑光率		选测
环境空气	SO_2	植物叶片中硫含量	2 次/年	必测

叶绿素 a 和浮游植物可视具体情况增加频次，夏季水华易发季节，应加大监测频次，主要湖泊监测频次夏季不得低于 1 次/月。对污染较重的水体，增加水体或底泥的生物毒性测试。

3. 方式方法

水环境生物监测，以生物群落监测为主，针对不同的水体和监测的目的，采用不同的监测指标和方法。河流监测指标以底栖动物和总大肠菌群数监测为主，结合着生生物监测和浮游植物监测进行分析评价，河流水质评价采用 Shannon 多样性指数。湖泊、水库主要监视其富营养化情况，监测指标以叶绿素 a、浮游植物为主要指标，结合底栖动物的种类、数量和大肠菌群进行分析。湖泊水质评价方法采用：① Shannon 多样性指数；② Margalef 指数；③ 藻类密度标准（湖泊富营养化评价标准）。

大气环境生物监测，主要是对二氧化硫开展植物监测，监测指标为叶片中硫含量的分析。测试植物选择当地分布较广、对 SO_2 具有较强吸附与蓄积能力的植物叶片。

九、辐射环境监测技术路线

1. 技术路线

以手动定期采样分析和测量为基本手段，在重点区域采取自动连续监测环境 γ 辐射空气吸收剂量率的现代化方式，说清全国辐射环境质量状况，说清重点辐射污染源的排泄情况，说清核事故对场外环境的污染情况。

2．项目与频次

辐射环境质量监测项目与频次

监测对象	监测项目	监测频次
空气	γ辐射空气吸收剂量率	连续
	γ辐射空气吸收剂量率	1 次/月
	累积剂量（或剂量率）	1 次/季
	氡浓度	1 次/季
气溶胶	总α、总β、γ能谱分析	1 次/季
沉降物	γ能谱分析	1 次/季
降水	^{3}H、^{210}Po、^{210}Pb	1 次/季（每月采样、集 3 个月的混合样）
水体	U、Th、^{226}Ra、总α、除 K 总β、^{90}Sr、^{137}Cs	2 次/年
土壤和底泥	U、Th、^{226}Ra、^{90}Sr、^{137}Cs	1 次/年
生物	^{90}Sr、^{137}Cs	1 次/年

（六）关于印发《全国环境监测站建设标准》的通知

环发[2007]56 号

各省、自治区、直辖市环境保护局（厅），新疆生产建设兵团环境保护局，中国环境监测总站：

为适应新时期环境监测能力建设的需要，加快建设先进的环境监测预警体系，我局组织制定了《全国环境监测站建设标准》，现印发给你们，请遵照执行。

附件：全国环境监测站建设标准

国家环境保护总局

二〇〇七年四月二十三日

附件：

全国环境监测站建设标准

为建设先进的环境监测预警体系，指导和规范全国各级环境监测机构能力建设，特制定本标准。有关辐射环境监测站的建设标准另行制定。本标准自发布之日起执行，原《环境监测站建设标准（试行）》同时废止。

本标准规定了省、市、县三级环境监测机构人员标准及机构、监测经费、监测用房、基本仪器配置、应急环境监测仪器配置和专项监测仪器配置。本标准为最低配置标准，有能力的地区可以适当提高标准。

本标准实行分级设置，分为一级、二级、三级。一级标准为各省（自治区、直辖市）设置的环境监测站、由国家环保总局批准的各专业环境监测站；二级标准为各地级市（自治州)、直辖市所辖区（县）设置的环境监测站执行；三级标准为各地级市（自治州）所辖区、县（自治县）设置的环境监测站执行。

每个级别（按照国务院确定的东部、中部、西部区域划分方法）划分为东部地区、中部地区、西部地区三档，处于不同区域的环境监测站执行不同的标准。直辖市及其所辖区（县）环境监测站分别执行东部地区一级、二级标准。

一、人员编制及人员结构

本标准规定了各级环境监测机构人员编制标准、环境监测技术人员占总人数的比例及高级、中级技术人员比例，详见表1。

表1　人员编制及人员结构

<table>
<tr><th>监测站级别</th><th>适用范围</th><th>人员编制/人</th><th>环境监测技术人员比例</th><th>高、中级专业技术人员比例</th></tr>
<tr><td rowspan="3">一级</td><td>东部地区</td><td>不少于120人</td><td rowspan="3">不低于85%</td><td rowspan="3">高级技术人员占技术人员总数比例不低于25%，中级不低于45%</td></tr>
<tr><td>中部地区</td><td>不少于100人</td></tr>
<tr><td>西部地区</td><td>不少于90人</td></tr>
<tr><td rowspan="3">二级</td><td>东部地区</td><td>不少于150人</td><td rowspan="3">不低于85%</td><td rowspan="3">高级技术人员占技术人员总数比例不低于20%，中级不低于50%</td></tr>
<tr><td>中部地区</td><td>不少于100人</td></tr>
<tr><td>西部地区</td><td>不少于70人</td></tr>
<tr><td rowspan="3">三级</td><td>东部地区</td><td>不少于20人</td><td rowspan="3">不低于75%</td><td rowspan="3">中级以上技术人员占技术人员总数比例不低于50%</td></tr>
<tr><td>中部地区</td><td>不少于18人</td></tr>
<tr><td>西部地区</td><td>不少于10人</td></tr>
</table>

二、监测经费

按照《国务院关于落实科学发展观　加强环境保护的决定》要求，应不断完善环境保护投入机制，确保环境监测机构经费支出。环境监测运行费是维持各项环境监测业务正常、稳定运行的基本保障，应予重点保证，仪器设备购置费及系统运行维护费是开展环境监测业务的基础条件，应予以支持。环境监测经费标准详见表2。

表2　环境监测经费标准

<table>
<tr><th>监测站级别</th><th>适用范围</th><th>业务费/（万元/人·年）</th><th>系统运行费/（万元/年）</th><th>仪器设备购置费/（万元/年）</th><th>仪器设备维护费/（万元/年）</th></tr>
<tr><td rowspan="3">一级</td><td>东部地区</td><td>不低于7.0</td><td rowspan="9">每个大气自动监测子站运行费用10.0万元/年，每个水质自动监测子站运行费用20.0万元/年</td><td>不低于200.0</td><td rowspan="9">按上一年仪器设备总值的10%计</td></tr>
<tr><td>中部地区</td><td>不低于5.0</td><td>不低于150.0</td></tr>
<tr><td>西部地区</td><td>不低于4.0</td><td>不低于80.0</td></tr>
<tr><td rowspan="3">二级</td><td>东部地区</td><td>不低于7.0</td><td>不低于200.0</td></tr>
<tr><td>中部地区</td><td>不低于5.0</td><td>不低于150.0</td></tr>
<tr><td>西部地区</td><td>不低于4.0</td><td>不低于80.0</td></tr>
<tr><td rowspan="3">三级</td><td>东部地区</td><td rowspan="3">不低于3.0</td><td rowspan="3">不低于10.0</td></tr>
<tr><td>中部地区</td></tr>
<tr><td>西部地区</td></tr>
</table>

注：业务费包括常规监测、质量保证、报告编写、信息统计等费用。

三、监测用房

监测用房是开展环境监测工作必备的基础之一，特别是实验室用房、大气、水质自动监测系统用房是环境监测机构的基础条件，应予以重点保证。本标准规定了各级环境监测机构用房面积及要求，详见表 3。

表 3 监测用房

<table>
<tr><th>监测站级别</th><th>适用范围</th><th>实验室用房/m²</th><th>行政办公用房/m²</th><th>用房要求</th></tr>
<tr><td rowspan="3">一级</td><td>东部地区</td><td>不低于 3 500</td><td rowspan="9">不低于人均 15</td><td rowspan="9">1. 监测业务用房要严格按照国家有关实验室建设要求，做好水、电、通风、防腐蚀、紧急救援、恒温等设施。
2. 行政办公用房配备桌、椅、柜等办公设施，配备传真机、复印机、互联网登录设备等</td></tr>
<tr><td>中部地区</td><td>不低于 3 000</td></tr>
<tr><td>西部地区</td><td>不低于 2 500</td></tr>
<tr><td rowspan="3">二级</td><td>东部地区</td><td>不低于 3 500</td></tr>
<tr><td>中部地区</td><td>不低于 3 000</td></tr>
<tr><td>西部地区</td><td>不低于 2 500</td></tr>
<tr><td rowspan="3">三级</td><td>东部地区</td><td>不低于 1 000</td></tr>
<tr><td>中部地区</td><td></td></tr>
<tr><td>西部地区</td><td></td></tr>
</table>

注：表中所列实验室用房面积不包括水和空气自动监测站的站房面积。

四、基本仪器配置

基本仪器是保障环境监测机构开展环境质量监测、污染源监督监测、加强有机污染物监测和前处理仪器的基础条件。本标准规定了各级环境监测机构必须配置的仪器设备的最低配备标准，详见表 4。

五、应急环境监测仪器配置

应急环境监测仪器是开展突发环境污染事故监测，为实施污染事故应急救援和政府决策提供决策依据的基础条件。本标准规定了各级环境监测机构必须配置的应急环境监测仪器配置标准，详见表 5。

六、专项监测仪器配置

专项监测仪器是为开展生态、海洋、沙尘暴等环境监测所必须配备的。本标准规定了各级环境监测机构、各专业环境监测站（如沙尘暴、生态监测站）为开展专项监测工作所需仪器配置，详见表 6。

表 4　基本仪器配置

序号	设备名称	数量/台								
		一级			二级			三级		
		东部地区	中部地区	西部地区	东部地区	中部地区	西部地区	东部地区	中部地区	西部地区
1	万分之一分析天平	2	2	2	2	2	2	1	1	1
2	十万分之一分析天平	1	1	1	1	1	1	自定	自定	自定
3	pH 计（实验室用）	2	2	2	3	2	2	2	1	1
4	pH 计（现场用）	1	1	1	2	1	1	自定	自定	自定
5	电导仪	2	2	1	3	2	1	2	1	1
6	离子计	2	2	1	2	2	1	1	1	1
7	可见光分光光度计	4	4	2	4	3	2	2	1	1
8	冷原子吸收测汞仪	1	1	1	1	1	1	自定	自定	自定
9	等离子发射光谱	1	1	自定	1	1	自定	自定	自定	自定
10	离子色谱仪	2	2	1	2	2	1	自定	自定	自定
11	BOD 培养箱	4	3	3	4	3	2	1	1	1
12	氮吹仪	1	1	1	1	1	自定	自定	自定	自定
13	有机样品浓缩仪	1	1	1	1	1	自定	自定	自定	自定
14	热脱附仪	1	1	1	1	1	自定	自定	自定	自定
15	自动顶空进样器	1	1	1	1	1	自定	自定	自定	自定
16	溶解氧测定仪	1	1	1	1	1	1	1	1	1
17	超净工作台	1	1	1	1	1	1	1	1	1
18	细菌检定分类系统	1	1	1	1	1	1	自定	自定	自定
19	生物发光测量仪	1	1	1	1	1	1	自定	自定	自定
20	生物显微镜	2	2	2	2	2	2	1	1	1
21	高压灭菌锅	1	1	1	2	1	1	1	1	1

序号	设备名称	数量/台								
		一级			二级			三级		
		东部地区	中部地区	西部地区	东部地区	中部地区	西部地区	东部地区	中部地区	西部地区
22	煤质工业自动分析仪	自定	自定	自定	自定	自定	自定	自定	自定	自定
23	土壤样品研磨机	1	1	1	1	1	1	自定	自定	自定
24	土壤采样器	1	1	1	2	1	1	自定	自定	自定
25	水样自动采样器	4	3	3	4	3	3	1	1	1
26	大气采样器	8	6	4	8	6	4	4	4	2
27	颗粒物采样器	8	6	4	8	6	4	4	4	2
28	汽车尾气监测仪	自定	自定	自定	自定	自定	自定	自定	自定	自定
29	柴油机排烟黑度监测仪	自定	自定	自定	自定	自定	自定	自定	自定	自定
30	声级计	4	3	3	6	4	4	2	2	2
31	振动测定仪	2	1	1	2	1	1	自定	自定	自定
32	内外网络系统	1	1	1	1	1	1	自定	自定	自定
33	监测数据处理平台	1	1	1	1	1	1	1	1	1
34	多媒体计算机	1 台/1 人	1 台/1 人	1 台/1 人	1 台/1 人	1 台/1 人	1 台/1 人	5～10	3～4	3～4
35	笔记本计算机	1 台/10 人	1 台/10 人	1 台/15 人	1 台/10 人	1 台/15 人	1 台/20 人	1～2	1	1
36	移动通信设备	1 部/3 人	1 部/3 人	1 部/3 人	1 部/5 人	1 部/5 人	1 部/5 人	2～4	2	2
37	全球定位系统（GPS）	1 部/10 人	1 部/10 人	1 部/15 人	1 部/10 人	1 部/15 人	1 部/20 人	1	1	1
38	小型采样艇或采样船	自定	自定	自定	自定	自定	自定	自定	自定	自定
39	环境监测车	1 辆/10 人	1 部/10 人	1 部/15 人	1 辆/10 人	1 部/15 人	1 部/20 人	2	1	1
40	降水采样器	以监测点位为基数，另有备用								
41	大气自动监测系统	所有地级以上城市均应配备大气自动监测系统，数量以监测点位为基数；所有县至少配备一套大气自动监测系统。自动监测系统要配备备用设备，地级以上城市每两套自动监测系统配备一套备用设备，县配备一套备用设备								
42	水质自动监测系统	所有省界断面均应配备水质自动监测系统，数量以处于省界的地表水国控断面为基数								

序号	设备名称	数量/台								
		一级			二级			三级		
		东部地区	中部地区	西部地区	东部地区	中部地区	西部地区	东部地区	中部地区	西部地区
43	原子吸收分光光度计									
44	紫外分光光度计									
45	红外测油仪									
46	原子荧光分光光度计									
47	气相色谱仪									
48	气质谱联用仪	用于环境质量监测和污染源监督性监测等，根据工作任务量确定配置数量								
49	液相色谱仪									
50	流动注射分析仪（最低 4 通道）									
51	苏码罐（含清洗、配气系统及预浓缩仪）									
52	自动吹扫捕集									
53	智能烟尘采样仪									
54	烟气采样器									
55	便携式流速测量仪									
56	烟气黑度仪									
57	COD 快速测定仪									
58	煤含硫量分析仪	污染源监督性监测专用仪器设备，根据工作任务量确定配置数量								
59	等比例废水自动采样器									
60	恒温恒流大气采样器									
61	水质手式采样泵									
62	加长烟尘采样枪									
63	个人防护装备									
64	对讲机									

序号	设备名称	数量/台								
		一级			二级			三级		
		东部地区	中部地区	西部地区	东部地区	中部地区	西部地区	东部地区	中部地区	西部地区
65	冷藏箱	污染源监督性监测专用仪器设备，根据工作任务量确定配置数量								
66	便携式多功能烟气测试仪									
67	便携式多参数废水测试仪									
68	傅立叶红外气体测试仪									
69	便携式余氯测试仪									
70	测距仪									
71	石油产品硫分测定仪									
72	GPC 净化仪									
73	COD 自动消解回流仪									
74	ICP-MS									
75	BOD 测试仪									
76	自动固相萃取仪									
77	自动液相萃取仪	污染源监督性监测专用仪器设备，根据工作任务量确定配置数量								
78	旋转蒸发器									
79	快速溶剂萃取仪									
80	非甲烷烃测定仪									
81	配气装置									
82	纯水制备装置									
83	分装装备									
84	烟尘烟气采样器流量校准仪									
85	皮托管压力传感器校准仪									
86	样品冷藏储存装置									
87	污染源采样运输专用车									

注：气相色谱仪、气质谱联用仪、液相色谱仪等大型仪器设备要配备齐全的前处理装置和自动进样装置。

表 5　应急环境监测仪器配置

序号	设备名称	数量/台								
		一级			二级			三级		
		东部地区	中部地区	西部地区	东部地区	中部地区	西部地区	东部地区	中部地区	西部地区
1	应急监测数据库	1	1	1	1	1	1	1	1	1
2	便携式多种气体分析仪	2	1	1	2	1	1	1	1	1
3	便携式气相色谱仪	1	1	1	1	1	1	自定	自定	自定
4	便携式分光光度计	1	1	1	1	1	1	自定	自定	自定
5	便携式多功能水质检测仪	1	1	1	1	1	1	自定	自定	自定
6	应急检测箱	1	1	1	1	1	1	1	1	1
7	便携式χ、γ辐射剂量仪	自定	自定	自定	自定	自定	自定	自定	自定	自定
8	α、β表面污染测量仪	自定	自定	自定	自定	自定	自定	自定	自定	自定
9	个人防护装备	3	3	3	5	3	3	2	1	1
10	多功能水质采样器	1	1	1	1	1	1	自定	自定	自定
11	便携式溶解氧测定仪	1	1	1	1	1	1	1	1	1
12	便携式流速测量仪	1	1	1	1	1	1	1	1	1
13	油分测定仪	1	1	1	1	1	1	自定	自定	自定
14	发光细菌毒性检测仪	1	1	1	1	1	1	1	1	1
15	水上救生设备	10	10	10	5	5	5	2	2	2
16	激光测距望远镜	2	2	2	2	自定	自定	自定	自定	自定
17	便携式大气采样器	5	5	5	2	2	2	自定	自定	自定
18	便携式色质联用分析仪（含吹扫捕集、顶空进样器及清洗系统）	1	1	1	1	自定	自定	自定	自定	自定
19	PID 检测仪	1	1	1	1	1	1	1	1	1
20	大气自动（应急）监测车	1	1	自定	1	自定	自定	自定	自定	自定
21	水质自动（应急）监测车	1	1	自定	1	自定	自定	自定	自定	自定

表 6 专项监测仪器配置

序号	专项监测	设备名称
1	生态监测	土壤水分测定仪
		气象观测仪
		便携式光面积测定仪
		倒置显微镜
		普通地物光谱仪
		光合系统测定仪
		卫星遥感解译设备
		野外通信设备
		涡相关观测仪
2	海洋监测	便携式多参数水质仪
		深层采水器
		沉积物采样器
		生物采样器
		营养盐自动分析仪
		小型采样艇或采样船
		便携式盐度计
		粒度分析仪
		船载多功能水质监测仪
3	沙尘暴	能量散射型 X 射线荧光能谱仪（国家级）
		碳-分析仪（国家级）
		CMS 静止气象卫星接收系统（国家级）
		激光差分雷达
		SC-1 型半自动（或全自动）沙尘暴采样器
		标准转子流量校准仪
		恒温恒湿箱

（七）关于印发《全国环境监测站建设补充标准》的通知

环办[2007]117 号

各省、自治区、直辖市环境保护局（厅）、新疆生产建设兵团环境保护局，中国环境监测总站：

为加强湖库水质监测预警工作，有效应对全国重点湖泊、水库蓝藻暴发引发的各类污染事件，进一步完善各级环境监测站的能力配置，推进先进环境监测预警体系建设，我局组织对《全国环境监测站建设标准》进行了补充完善。现将《全国环境监测站建设补充标准》印发给你们，请认真执行。

附件：全国环境监测站建设补充标准

国家环境保护总局办公厅
二〇〇七年九月十四日

附件：

全国环境监测站建设补充标准

为有效应对全国重点湖泊、水库蓝藻暴发引发的各类污染事件，进一步完善各级环境监测站能力配置，推进先进环境监测预警体系建设，特制定本补充标准，作为《全国环境监测站建设标准》（环发[2007]56 号）的补充。

本补充标准仅针对湖库环境监测能力，针对环境监测站其他方面的建设需求，各地应结合地方环境保护工作的最新需要，及时增补或提高相关建设标准。

本补充标准涉及范围包括国家、省级环境监测站及重点湖泊、水库相关环境监测站。

具体增补内容如下表：

序号	仪器设备名称	备注
实验室仪器配置		
1	高效液相色谱及相关前处理设备固相萃取、凝胶渗透色谱、氮吹仪、旋转蒸发器	部分前处理设备在《全国环境监测站建设标准》已有规定，但是针对液相色谱等仪器配置。各地在配置时应根据实验室分析技术要求，确保满足高效液相色谱应用要求
2	液相色谱—质谱联用机	选配
3	酶标仪	选配
4	藻类自动计数仪	
5	叶绿素测定仪	

序号	仪器设备名称	备注
现场及应急监测仪器配置		
6	采样船	《全国环境监测站建设标准》中规定为“小型采样艇或采样船”。根据各地重点湖库规模，部分地区应配置排水量更大的采样监测船只，对于距离城市较远的湖库可考虑配置相应的船载监测设备
7	湖泊底泥采样器	
8	便携式总磷分析仪	
9	便携式总氮分析仪	
遥感监测装备		
10	高性能服务器及图形工作站	
11	卫星数据解译软件	
12	地理信息系统软件	
自动站及观测站		
13	水质自动监测站	湖（库）体及入湖（库）重点河流建设水质自动监测站，在常规监测指标基础上增加总磷、总氮、叶绿素等在线监测装置，经济条件许可的地方可选配生物在线监测装置
14	湖库地面观测站	结合遥感监测工作和生态观测工作要求，常设地面观测站，对湖库重点污染指标和监视指标进行监测或观测

调整建设标准后，相关环境监测站经费投入、监测用房、人员编制等标准应结合实际作相应调整。

（八）关于印发《全国环境监测仪器设备管理规定（暂行）》的通知

（91）环监字第 090 号

各省、自治区、直辖市环境保护局，中国环境监测总站：

根据《中华人民共和国环境保护法》第十一条及《全国环境监测管理条例》的有关规定，我局组织制定了《全国环境监测仪器设备管理规定（暂行）》。现印发给你们，望遵照执行。

在执行过程中，请注意收集发现的问题和修改建议，并及时地反映给我们。

附件：《全国环境监测仪器设备管理规定（暂行）》

国家环境保护局

一九九一年二月二十一日

附件：

全国环境监测仪器设备管理规定（暂行）

第一章　总　则

第一条　为加强全国环境监测仪器设备管理，充分发挥仪器设备的作用，根据《全国环境监测管理条例》制定本规定。

第二条　监测仪器设备是开展环境监测的必备手段，是国家的宝贵财产。各级环境保护行政主管部门，应保证仪器设备折旧、更新和补充的经费。并纳入年度财务计划。

第三条　各级环境保护行政主管部门应设专人管理监测仪器设备，市级以上（含市级）环境监测站应设仪器设备管理科室；县级站应有专人管理。

第四条　本规定适用于全国各级环境保护行政主管部门和各级环境监测站。各部门、工矿企事业单位设置的各级环境监测站可参照执行。

第二章　使用与管理

第五条　各级环境保护行政主管部门主要职责是：

1．督促和检查本规定的贯彻实施；

2．制定所辖区仪器设备管理实施细则；

3．制定所辖区购置仪器设备经费分配计划；

4．负责办理审批同级环境监测站仪器设备报废申请；

5．组织和协调所辖区内设备的调配。

第六条　各级环境监测站主要职责是：

1．认真贯彻本规定及实施细则；

2．制定本单位仪器设备管理制度；

3．对下级监测站操作人员进行业务技术指导；

4．负责本单位仪器设备订购、验收、维修、建档和建卡等工作；

5．制定本单位仪器设备购置和更新计划及提出报废申请。

第七条　各级环境监测站要认真贯彻执行国家计量法的有关规定，对本单位使用的仪器设备应定期检定。

第八条　为保证大型仪器设备的完好率和充分发挥效能，各级环境监测站应统一管理集中使用。

第九条　各种仪器设备必须建立专人负责制，实行档案管理制度，建档建卡，做到技术档案资料齐全、完整。

第十条　操作人员必须经过专门培训和考核方能上机操作，使用中应遵守操作规程。

第十一条　仪器设备实行事故报告制度、发生事故，仪器负责人应立即报告仪器管理部门，并写出事故报告。

第三章 仪器设备的配置

第十二条 各级环境监测站应按所承担的监测任务，参照《全国各级环境监测站仪器设备配置参考标准》有计划地配置监测仪器设备。大型和进口仪器设备购置前，需进行可行性技术论证，报主管部门批准。

第十三条 仪器设备技术指标由国家环境保护行政主管部门制定。各单位配置的仪器应符合国家颁布的有关技术指标要求，做到规范化、系列化和标准化。

第十四条 省、自治区、直辖市所辖区内的监测仪器设备的选型工作，由各省、自治区、直辖市环境监测中心站负责进行，报主管部门批准。

第四章 折旧与报废

第十五条 各种仪器设备应按耐用年限，逐年折旧，核减固定资产总值。

第十六条 仪器设备由于长期使用，已达到耐用年限，技术性能已达不到技术指标，没有继续使用和修复价值，可由环境监测站提出报废申请，报主管部门批准，批准后削减固定资产总值，必要时可报上级主管部门批准。

第五章 附 则

第十七条 附件：

1．全国各级环境监测站仪器设备配置参考标准；

2．环境监测仪器设备固定资产折旧与报废管理办法（略）。

第十八条 本规定由国家环境保护局开发监督司负责解释。

第十九条 本规定自公布之日起实行。

附件 1：

全国各级环境监测站仪器设备配置参考标准

监测站级别 仪器名称	二级站	三级站	四级站
1/万分析天平	3～5	3～5	2～4
1/10 万分析天平	1	1	
可见分光光度计	3～5	3～5	2
紫外分光光度计	2	2	1
红外分光光度计	1		
pH 电位仪	4	4	2～3
气相色谱仪	2～3	2～3	1
原子吸收分光光度计	2～3	2～3	1
荧光分光光度计	1	1	
液相色谱仪	1	1	
离子色谱仪	1	1	1

仪器名称 \ 监测站级别	二级站	三级站	四级站
测汞仪	2	2～3	1～2
溶解氧测定仪	2	2～3	1～2
COD 测定仪	1～2	2	1
声级计	3	4	2～3
噪声分析仪	1	2	1
BOD 培养箱	2～3	2～3	1～2
电冰箱	5～6	8～10	4～5
环境污染监测车	2	2～3	1
空调机	与仪器配置	与仪器配置	与仪器配置

以下各类仪器设备可根据实际工作需要自行确定：色质谱联机、等离子体发射光谱、TOC 测定仪、油分测定仪、BOD 测定仪、电磁波测定仪、放射性测定仪、水质采样仪、污染源气体采样器、污染源粉尘采样器、大气采样器、悬浮微粒采样器、降水采样器、环境气体测定仪、汽车排气测定仪、电子计算机和显微镜。

设置大气连续自动监测系统、水质连续自动监测系统和噪声连续自动监测系统要先进行可行性技术论证。

注：一级站应根据实际需要自行确定。

附件 2：

环境监测仪器设备固定资产折旧与报废管理办法（另发）

（九）关于印发《环境监测人员持证上岗考核实施细则》的通知

总站综字[2007]96 号

各省、自治区、直辖市环境监测中心（站）、新疆生产建设兵团环境监测中心站：

为更好地贯彻实施国家环保总局《环境监测人员持证上岗考核制度》（环发[2006]114 号）、规范持证上岗考核及管理工作，我站制定了《环境监测人员持证上岗考核实施细则》。现印发给你们，请遵照执行。

附件：环境监测人员持证上岗考核实施细则

中国环境监测总站

二〇〇七年七月九日

附件：

环境监测人员持证上岗考核实施细则

第一章 总 则

第一条 为进一步做好环境监测人员持证上岗考核工作，确保考核工作的规范化、程序化和制度化，根据国家环境保护总局《环境监测人员持证上岗考核制度》（环发[2006]114 号，以下简称《制度》），特制定本细则。

第二条 本细则适用于中国环境监测总站（以下简称总站）对各省级环境监测中心（站）（以下简称被考核单位）环境监测人员的考核。

第二章 考核内容、方式和结果评定

第三条 持证上岗考核内容包括基本理论、基本技能和样品/样本分析三个方面（详见《制度》第八条）。根据被考核人员的工作性质和岗位分类确定具体考核内容，分为监测分析类（包括现场测试、采样、样品制备及实验室分析等）、质量管理类（包括质量保证和质量控制等）和综合技术类（包括数据管理、分析评价及报告编写、遥感解析和环境形势综合分析等）三类。

第四条 监测分析类人员的考核内容包括基本理论、基本技能和样品分析三个方面。基本理论以笔试的方式进行，基本技能和样品分析以现场考核的方式进行。

（一）所有人员均需进行基本理论考核，考核内容根据申请的持证项目（以下简称申请项目）而定，应涵盖申请项目的基本要求。

考核方式原则上采取闭卷形式进行。对男同志年满 50 周岁、女同志年满 45 周岁、且从事监测工作 10 年以上（含 10 年）的人员可开卷考试。

（二）现场考核采取基本技能和样品分析相结合的方式进行。样品分析指对标准样品或实际样品的测定，有标准样品的项目，原则上进行标准样品的测定，没有标准样品的项目，采取实际样品测定、加标回收实验、留样复测等方式进行，样品分析后需提交检测报告。基本技能考核通过实际操作、查看报告和提问等方式进行。

现场考核项目在所申请的项目中抽考。考核项目的确定以具有代表性、尽量覆盖被考核人的实际能力为原则，抽考项目的数量一般不少于本人申请项目的 30%，新持证项目的抽查比例应大于已持证项目。

参加国家级能力验证、实验室比对和质控考核且成绩合格或满意、参加标准样品定值且结果被采用的、计量认证现场考核（含获证评审、监督评审和复查评审）抽查项目合格的，三年内（按自然年计算）可以免去相应项目的现场考核，成绩按通过计。

（三）基本理论考核成绩达到试卷总分数的 70%为合格，否则为不合格。基本技能考核以每个项目的操作过程达到基本要求和回答问题正确为合格，否则为不合格。样品分析考核依据分析结果进行判定，分为合格和不合格。基本理论、基本技能和样品分析的考核均合格，则评定为该项目考核合格，其中之一不合格则评定为该项目不合格。

基本理论考核或样品分析考核不合格的，一个月内可以进行一次补考。

（四）抽查自考认定（见第十二条）项目不合格的，则评定该项目不合格，并按不合格项目数的 3 倍比例增加抽查比例，最终结果评定以抽查结果为准。

第五条 质量管理人员的考核内容包括环境监测基本知识、环境保护标准和监测规范基本要求、质量管理规章制度、实验室分析和现场监测的基本知识和质控措施、数理统计知识、计量基础知识、量值溯源及案例分析等。考核方式和成绩评定同监测分析类人员基本理论考核。

第六条 综合技术人员的考核内容包括监测数据的传输及管理知识、环境保护标准和监测规范基本要求、数据合理性判断、监测数据分析评价方法、报告编写要点、遥感解析技术和环境形势综合分析等。考核方式和成绩评定同监测分析类人员基本理论考核。

第三章 考核程序

第七条 按照持证上岗考核周期，总站下达考核计划。未列入计划的、被考核单位需要增加的考核，应在拟定考核时间前六个月向总站提出书面考核申请，申请需加盖本单位公章。

第八条 总站与被考核单位协商确定考核时间，考核时间至少在上岗证有效截止日期前三个月。被考核单位应在拟定考核时间前三个月向总站递交《持证上岗考核申请表》。

第九条 总站根据被考核单位的申请项目，组建持证上岗考核组，指定组长，并通知被考核单位及考核组成员。

第十条 考核组人数和考核天数根据考核内容的多少确定。考核组一般由 3～5 人组成，现场考核时间一般为 2～4 天。

第十一条 考核组长审查《持证上岗考核申请表》。根据考核基本要求和被考核人的申请项目，组织考核组确定理论考试试题以及基本技能和样品分析的考核项目、考核方式和具体日程安排，并通知被考核单位。

第十二条 被考核单位应在现场考核前完成对被考核人员的培训，并对监测分析类人员的监测能力进行考核认定（简称自考认定）；自考认定方式与第四条现场考核方式相同，参加省级以上（含省级）能力验证、实验室比对和质控考核且成绩合格或满意、参加标准样品定值且结果被采用的，三年内（按自然年计算）其结果可用于自考认定。

被考核单位应在现场考核前两周向考核组提交《持证上岗自考认定表》。

第十三条 考核组确定自考认定项目的抽查内容，至少在现场考核前三天通知被考核单位，抽查比例不少于自考认定项目的 5%。

第十四条 考核组根据现场考核和自考认定抽查内容，制定持证上岗现场考核计划，并通知被考核单位。

第十五条 考核组按照考核计划实施基本理论、基本技能和样品分析的考核，现场考核情况记录于《持证上岗现场考核记录表》。

第十六条 现场考核工作结束后，考核组形成持证上岗考核组意见，并向被考核单位通报。

第十七条 基本理论考试试卷及答案、《持证上岗现场考核记录表》由考核组成员签字后封存于被考核单位，备查。

第十八条 考核工作结束后，考核组编写《环境监测人员持证上岗考核报告》和审查《持证上岗自考认定表》，确认无误后签字，考核组长将纸质文件（签章齐全）和电子版一并上报总站。

第十九条 总站审定《环境监测人员持证上岗考核报告》和《持证上岗自考认定表》，对达到考核要求者颁发《环境监测人员技术考核合格证》。

第四章 考核组成员的管理

第二十条 总站负责组建考核专家库，并实行动态管理，考核组成员由总站从专家库中选取。

第二十一条 考核组成员应具备的条件

（一）大学本科以上学历，具有高级技术职称；

（二）较全面的环境监测或实验室分析理论知识、丰富的实践经验和较强的判断能力；

（三）具有客观公正的工作态度、良好的合作精神和较好的沟通协作能力。

担任考核组组长的专家除具备以上条件外，还应满足以下条件：

（一）至少具有 5 次以上现场考核经历；

（二）有较强的组织和决策能力。

第二十二条 考核组长的职责

（一）负责考核工作的总体组织和协调，向被考核单位介绍、阐述持证上岗考核的有关规定和要求；

（二）负责审核被考核单位的申请材料；

（三）负责组织基本理论试卷命题，确定基本技能和样品分析现场考核内容以及自考认定的抽查项目，制定现场考核计划；

（四）组织现场考核；

（五）负责协调和裁决现场考核工作中出现的分歧和问题；

（六）负责审核并向总站提交《环境监测人员持证上岗考核报告》和《持证上岗自考认定表》；

（七）负责向总站汇报现场考核情况和考核组成员的工作表现；反映考核中发现的违规行为；

（八）负责考核试卷、记录等文件的封存。

第二十三条 考核组成员的职责

（一）服从考核组长的安排，配合组长完成考核工作；

（二）完成所承担的考核工作；

（三）对考核情况实事求是、全面客观地评价；

（四）向总站反映考核中发现的违规行为。

第二十四条 总站负责收集对考核工作的意见和对考核组成员的反馈意见，定期或不定期组织召开交流会，推广好的做法，针对存在的问题提出改进意见。

第五章 附 则

第二十五条 本细则由中国环境监测总站负责解释。

第二十六条 各省级环境监测中心（站）对辖区内监测站的考核可参照本细则执行。

第二十七条 本细则自发布之日起执行。

附件一：持证上岗考核工作程序流程图

附件二：持证上岗考核工作用表（略）

1．持证上岗考核申请表

2．持证上岗现场考核计划表

3．持证上岗自考认定表

4．参加能力验证及考核等情况统计表

5．持证上岗现场考核项目统计表

6．持证上岗现场考核记录表

附件三：环境监测人员持证上岗考核报告（略）

附件四：环境监测人员技术考核合格证（略）

附件一：

持证上岗考核工作程序流程图

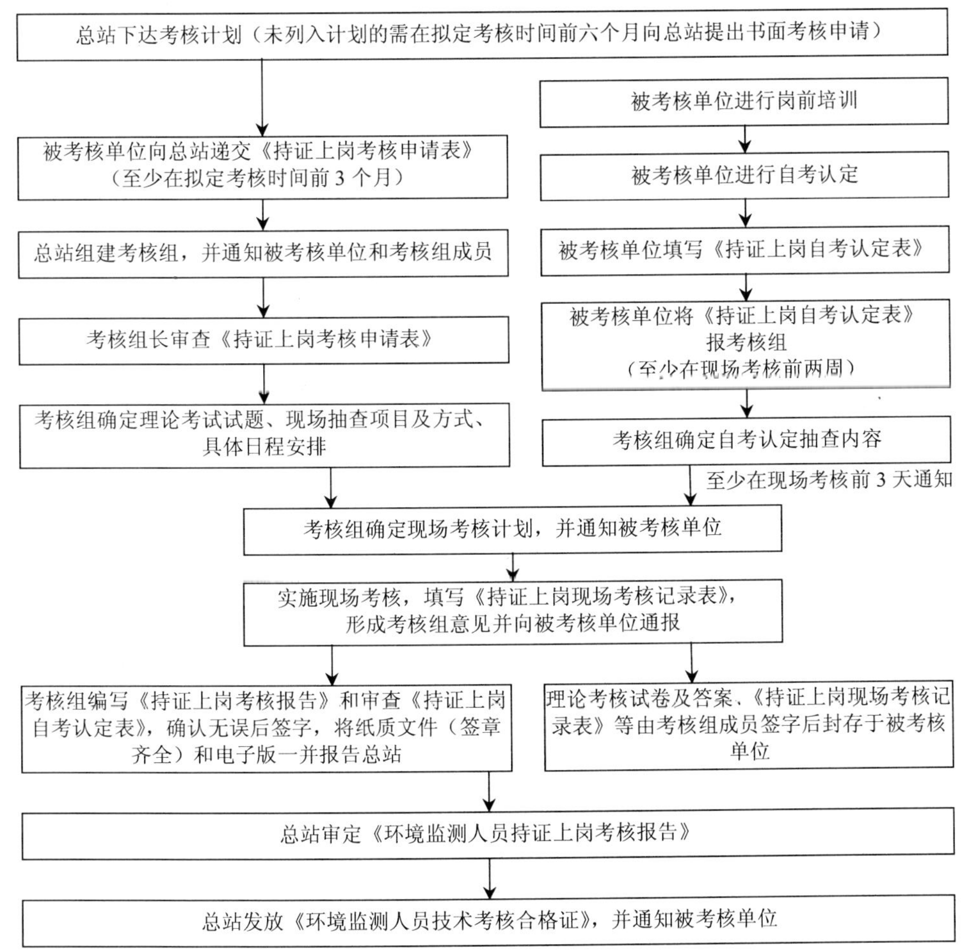

（十）关于印发《国控地表水自动监测质量管理规定（暂行）》等规定的通知

总站综字[2007]44 号

各省、自治区、直辖市和计划单列市环境监测中心（站），新疆生产建设兵团环境监测站，中国人民解放军工程与环境质量监督总站，内蒙古生态监测站，舟山海洋生态监测站，广西北海海洋环境监测站，武夷山大气监测背景站：

为了加强和规范国控地表水自动监测、113 个环保重点城市环境空气质量监测和全国地表水国控断面水质监测工作的质量管理，确保环境监测数据准确可靠，现将《国控地表水自动监测质量管理规定（暂行）》、《环保重点城市环境空气自动监测质量管理规定（暂行）》和《地表水国控断面水质监测质量管理规定（暂行）》印发给你们。请转发给辖区内的相关监测站，并遵照执行，做好监测工作。

附件：1. 国控地表水自动监测质量管理规定（暂行）

2. 环保重点城市环境空气自动监测质量管理规定（暂行）

3. 地表水国控断面水质监测质量管理规定（暂行）

中国环境监测总站

二〇〇七年四月四日

附件 1：

国控地表水自动监测质量管理规定（暂行）

为强化国控地表水自动监测质量管理，保证发布数据的质量，拟对国家环保总局（以下简称“总局”）投资建设的地表水自动监测站（以下简称“水站”）实施分级质量监督管理，在总局和中国环境监测总站（以下简称“总站”）发布的有关国控地表水自动监测站运行管理的文件基础上，制定本规定。

水站的质量管理工作由总站负责，各有关省、自治区、直辖市环境监测中心（站）（以下简称“省级站”）负责协助总站对辖区内的水站进行监督管理，日常运行维护工作由地方环境监测站（以下简称“托管站”）负责。

一、总站

1. 每年抽取 20%的水站进行现场检查，并对现场检查结果进行评议。总站将会同相关省级站人员共同进行省界断面现场检查。

2. 每年向所有托管站发放质控样品进行考核，并公布考核结果。

3. 年终编写水站数据质量评估报告。

4. 每年通报一次水站运行管理与质量管理情况，组织年终考评。

二、省级站

1．每年对辖区内水站上、下半年各进行一次现场检查和现场考核，检查运行管理制度的执行情况。按总站要求检查仪器运行情况、运行记录情况、数据质量情况、人员机构与经费使用情况。根据检查结果进行评议，并提出整改措施，形成检查报告并上报总站。

2．应安排专人负责水站数据的监视，发现数据质量问题应及时通知托管站予以检查复核。

3．每半年通报一次辖区内水站运行管理与质量管理情况，年终评比由省级站排序推荐。

三、托管站

1．必须设立水站的运行管理部门，明确专职人员，建立水站运行管理规章制度。水站的运行管理人员必须参加总站举办的业务考核，通过后持证上岗。

2．水站的运行管理必须严格按照总局、总站的相关规定进行。各托管站要根据当地的水质状况和仪器条件定期对自动监测系统进行维护和保养，确保水站的正常运行。

3．按时上报水质自动监测周报。

4．按时完成质量管理要求的标准检查和比对实验，确保水质自动监测的数据质量。

附录1　水质自动监测站现场检查考核内容与质控要求

一、水质自动监测站运行现场检查内容

检查项目	要求	评述
1．水站的维护管理		
站房	水、电、电话、空调（去湿）等满足要求。保证自动仪器具有良好的运行环境	
避雷	避雷工程须由有资质的单位设计并施工。每年还需通过年检。保证仪器在安全条件下运行	
自动监测仪器	定期清洗、定期更换试剂、定期更换易耗品；定期校准仪器；仪器故障及时报修，仪器的易耗品不超过最大使用寿命	
采水系统的维护	及时维护，保证采水系统通畅运行	
配水系统的维护	定期检查，防止管路堵塞或破裂	
通讯	水站保证电话和卫星通讯线路的畅通	
仪器运行记录	试剂使用，仪器状况，易耗品更换等	
2．运行经费的管理和使用情况		
财政部的有关规定	专款专用	
3．技术人员持证上岗		
培训合格，具有上岗证	技术人员参加培训班和持证情况	

检查项目	要求	评述
4．质量管理与质量控制		
日常质量管理	按要求进行每周标准溶液检查、每月比对实验的结果情况	
现场检查考核	抽测项目的质控样品或比对实验结果	
5．档案管理		
档案管理	仪器设备、备份数据、运行记录	

现场检查评述与建议：

二、现场考核指标要求

1．质控样品

质控样（国家认可的质控样或按规定方法配制的标准溶液）测定的相对误差不大于推荐值的±10%。

2．比对实验

采用实验室方法同步分析实际水样，与自动监测仪器的测定结果相比对，比对实验结果相对误差不大于±20%。实际样品浓度在自动监测仪器的 3 倍检测限以下时，相对误差结果只记录参考。

附录 2　水质自动监测站管理的有关文件与规定汇总

1．国家环保总局环办[2001]100 号《关于国家主要流域重点断面水质自动监测站运行管理有关问题的通知》。

2．中国环境监测总站水字[2001]002 号《关于加强水质自动监测站开展水质周报工作的通知》，全国主要流域重点断面水质周报实施办法（暂行）。

3．中国环境监测总站水字[2003]31 号《关于加强水质自动监测质量保证与质量控制工作的通知》。

4．中国环境监测总站水字[2003]61 号《水质自动监测站系统维护保养基本要求》。

5．中国环境监测总站水字[2003]64 号《国家水质自动监测站维护维修工作管理规定》。

附件 2：

环保重点城市环境空气自动监测质量管理规定（暂行）

为加强环境空气自动监测的质量管理，保证 113 个环保重点城市的环境空气质量自动监测子站（以下简称“监测子站”）运转正常、仪器维护和校准规范、监测数据准确，现对监测子站的质量管理做如下暂行规定。

监测子站的质量管理由中国环境监测总站（以下简称“总站”）和各省、自治区、直辖市环境监测中心（站）（以下简称“省级站”）以及113个环保重点城市环境监测站（以下简称“重点城市站”）分级管理和实施。

一、总站

（一）监测点位设置的代表性和完整性技术审查

对 113 个环保重点城市的监测点位设置和变更进行审核确认，检查点位设置是否符合规定。

（二）可溯源标准物质传递

1. 通过总站的空气质量监测实验平台建设项目，建立国家空气质量监测质量保证实验室，逐步开始对二氧化硫、一氧化氮、一氧化碳和臭氧等标准物质和质量流量等测量标准的可溯源标准传递。

2. 每年至少向省级站发放一次经过总站认定的标气或标准物质，作为一级传递标准，用于校准各省市区的二级传递标准。

3. 定期组织对省级站用于监测子站质量控制的流量计的检查。

（三）对监测子站的质控审核

1. 每年至少组织一次全国监测子站的质量控制考核。总站提供标准气体，由省级站具体实施。

2. 每年在全国范围内选取 2～3 个省市区的部分重点城市，组织专家进行现场质控审核。审核内容包括检查点位环境是否符合规范要求、通过标气和流量的检查确认仪器工作是否正常、监测数据是否准确等。

（四）监测数据的质量审查

1. 审核各省市区每年上报的环境空气质量自动监测的质量审核报告，包括质控记录和上报的监测数据质量。

2. 编制对全国 113 个环保重点城市环境空气质量自动监测的总体质量审核报告。

（五）监测人员的培训

每年组织环境空气质量自动监测的技术与质量管理培训班。

二、省级站

（一）监测点位设置的代表性和完整性技术初审

1. 对辖区内环保重点城市的监测点位设置和变更进行初审，检查点位设置是否符合规定，提出初审报告。

2. 对辖区内其他城市的监测点位设置和变更进行审核，检查点位设置是否符合规定，提出审核意见。

（二）可溯源标准物质传递

1. 建立和完善质量保证和质量控制实验室，负责向总站标准溯源，在辖区内进行标准传递。

2. 每年对辖区内监测子站用于环境空气监测系统质控的流量计进行检查。

（三）对辖区内监测子站的质控审核

1．负责具体实施总站组织的监测质量控制考核。

2．对辖区内监测子站每年至少进行一次巡回考核检查。内容包括：（1）结合全国监测子站的质量控制考核，采用总站提供的考核标气，考核和检查监测仪器；（2）采用 0～20 升的标准流量计检查子站颗粒物监测仪器流量。

3．组织专家对辖区内监测子站进行现场质控审核抽查。审核内容包括检查点位环境是否符合规范要求、通过标气和流量的检查确认仪器工作是否正常、监测数据是否准确等。

（四）监测数据的质量审查

1．审核辖区内各城市每年上报的环境空气质量自动监测的质量审核报告，包括质控记录和上报的监测数据质量。

2．编制对本辖区内所有环保重点城市监测的总体质量审核报告，并报送总站。

（五）监测人员的培训

组织辖区内环境空气质量自动监测的技术与质量管理培训。

三、重点城市站

（一）点位设置的代表性和完整性

根据城市建设变化状况，定期对监测点位进行回顾性审查。在需要进行点位增设、变更和撤销时，按环境空气质量监测规范要求提出点位变更的技术报告及其申请材料。

（二）可溯源标准物质传递

使用的各种厂家来源的标气等工作标准物质，需要用总站或省级站的标准物质进行标准溯源。标准传递溯源方法按《环境空气质量自动监测技术规范》（HJ/T 193—2005）进行。

（三）监测仪器的质量保证和质量控制

1．根据工作需要，对监测仪器的性能和工作状态进行检查和了解时，应做零/跨校准。

2．监测仪器设备安装调试期间，应对监测仪器做零/跨和多点校准，检验仪器的准确度和精密度是否符合要求。

3．对运行中的监测仪器每半年至少进行一次多点校准。

4．对于不具有自动校零/校跨的系统，一般每 5～7 天进行一次零/跨漂检查。将不含待测及干扰物质的零气和浓度为仪器测量满量程 75%～90%的标气通入仪器进行零/跨漂检查，并按要求对仪器进行零/跨漂调节。如仪器的性能状况已变差，应视情况缩短检查或调节周期。

5．对于用β射线法和 TEOM 法（微量振荡天平法）监测 PM_{10} 项目的监测分析仪器，每 6 个月应进行一次流量校准。每次换滤膜后，应检查仪器的采样流量。在有条件时，可同时用标准膜进行标定。

6．对于使用开放光程监测分析仪器，应每 3 个月进行一次单点检查（选择一个项目用满量程等效浓度 10% 到 20%的标气），每年进行一次多点校准（等效浓度）。

7．在进行监测仪器的零/跨校准时，应记录校准前后的仪器响应值和偏差。校准记录应存档。仪器校准前后需记录的各项参数参见附表。

（四）监测数据的质量审查

1．将例行的零/跨漂检查及多点校准（气体监测仪器）、条件许可时的标准膜标定校准（颗粒物监测仪器）、流量校准所获得的包括校准前后的分类误差进行分析，形成对相应每组监测数据的连续的质量标识历史记录，并进行定期的质量三级审核。以此推进形成严格的质量审核制度和数据应用质量保证。质量标识包括各气体监测项目单点零/跨漂误差、多点校准经最小二乘法所获得的偏差（$y=a+bx$ 中的 a 和 b）及相关系数、颗粒物标定校准所获得误差、流量校准误差等。

2．每年汇集辖区内监测子站的质量保证和质量控制报告，对各监测子站进行规范的监测质量审核和数据质量标识审核，进行城市总体的质量分析评价和总结。

3．编制本城市空气质量自动监测的质量审核报告，并报送省级站。

附录　仪器校准记录表

监测子站名称：		校准日期：	
监测仪器类型：		监测仪器编号：	
校准前		校准后	
通零气后仪器响应值		通零气后仪器响应值	
钢瓶标气浓度		钢瓶标气浓度	
稀释倍数		稀释倍数	
输入仪器的标气浓度		输入仪器的标气浓度	
通标气后仪器响应值		通标气后仪器响应值	
零点漂移（%）		零点漂移（%）	
跨度漂移（%）		跨度漂移（%）	

注：

（1）零点漂移计算公式：

$$ZD(\%)=ZD'/URL\times100=(Z'-Z)/URL\times100$$

式中：ZD——零点漂移量（%）；

ZD′——零点偏移量，10^{-6}（ppm）；

URL——仪器使用量程的上限，10^{-6}（ppm）；

Z——规定检查用零气的浓度值，10^{-6}（ppm）（Z 一般按零计算）；

Z'——监测分析仪不做零调节对该零气的响应值，10^{-6}（ppm）。

（2）跨度漂移计算公式：

$$SD(\%)=SD'/S\times100=(S'-ZD'-S)/S\times100$$

式中：SD——跨度漂移量（%）；

SD′——跨度偏移量，10^{-6}（ppm）；

S——规定检查用标气的浓度值，10^{-6}（ppm）；

ZD′——零气偏移量，10^{-6}（ppm）；

S'——监测分析仪不做零调节对该标气的响应值，10^{-6}（ppm）。

附件 3：

地表水国控断面水质监测质量管理规定（暂行）

为进一步规范环境质量监测工作，加强地表水国控断面水质监测质量控制，根据《地表水和污水监测技术规范》和《环境监测质量管理规定》等规定，在现行地表水水质监测有关要求的基础上，制定本规定。

中国环境监测总站（以下简称“总站”）负责地表水国控断面水质监测（以下简称“水质监测”）的技术指导和质量监督，各省、自治区、直辖市环境监测中心（站）（以下简称“省级站”）负责辖区内水质监测的技术指导和质量监督，协助总站技术指导和质量监督，水质监测任务承担单位（以下简称“监测单位”）按照相关技术规定和质量控制要求开展监测工作，对上报的监测数据质量负责。

一、总站

1．每年抽取 5～10 个监测单位进行现场检查，检查内容包括监测能力、管理制度及执行情况、质量管理体系建立及运行情况、实际监测工作、质量控制措施的合理性及其实施情况、检测报告和原始记录等方面。抽查省界断面时，相关省级站人员共同参加。

2．每年组织一次全体监测单位参加的质量控制考核或能力验证，确定考核或验证项目和发放样品，编制考核或验证报告并予以公布。

3．视情况组织开展同步监测。

4．年终编制全国国控断面水质监测数据质量评估总报告。

5．将监测数据质量作为国家评比与考核监测单位工作的重要内容之一。对监测数据多次出现问题或不合格的监测单位，向国家环保总局提出取消国控网补助经费和调整监测单位的建议。

二、省级站

1．每年对辖区内的监测单位进行一次现场检查，检查内容包括监测能力、管理制度及执行情况、质量管理体系建立及运行情况、实际监测工作、质量控制措施的合理性及其实施情况、检测报告和原始记录等方面。检查工作应以评估水质监测质量为目标，结合监测工作的实际情况和工作重点，检查内容的侧重可以不同，但不同年度的检查重点应有所区别。

2．帮助监测单位解决监测工作中的技术问题。协助监测单位查找总站质控考核或能力验证中不合格或不满意结果的原因，并将原因分析和解决情况报告总站。

3．每年选取 2～5 个监测单位开展同步监测或结果比对。视情况开展辖区内的质控考核或能力验证。

4．每年编制辖区水质监测数据质量评估报告，并报送总站。

5．对监测数据多次出现问题或不合格的情况及时向总站报告。

三、监测单位

1．所有监测人员均应按照《环境监测人员持证上岗考核制度》的要求持证上岗。没有上岗证的人员，只能在持证人员的指导和监督下开展工作，其工作质量由持证人员负责。

2．监测单位应通过计量认证，监测项目应为计量认证项目。

3．监测仪器须进行计量检定、校准或核查，且在有效期内使用。

4．检测报告、原始记录、原始数据及仪器核查报告等应按有关规定归档保存。

5．监测数据的精密度和准确度均应实施质量控制。

每个监测项目质量控制样品的比例应不少于样品量的 10%～20%；每批样品至少进行一次精密度质量控制，每月至少做一个准确度质控样品。

每批样品须做一个实验室空白；需要进行前处理的监测项目应做全程序空白；空白样品测定值明显偏高时，应仔细检查原因并消除影响因素。

6．监测单位应由本单位的质量管理部门或人员以密码样的方式对监测工作实施外部质量控制，应有外部质量控制计划，每月均须进行外部质量控制。

7．各项质量控制措施实施后，均应进行结果评定。只有结果评定为合格或满意时，方可认定对应的监测样品测定有效，否则应查找原因，并在消除影响因素后重新测定。质量控制结果随监测数据一同上报。

8．负责本单位监测质量的自我监督，每年至少进行一次水质监测报告质量审查，并保留记录。

9．每年编制本单位的监测数据质量评估报告，并报送总站和省级站。

（十一）关于印发《主要污染物减排监测技术规定》等 3 项技术规定的通知

总站源字[2007]148 号

各省、自治区、直辖市环境监测中心（站）、新疆生产建设兵团环境监测中心站：

为更好地贯彻实施国家环保总局《“十一五”主要污染物减排监测办法》，规范主要污染物减排监测及质量管理、污染源监测数据的填报及达标评价方法等工作，我站制定了《主要污染物减排监测技术规定》等 3 项技术规定。现印发给你们，请遵照执行。

附件：1．主要污染物减排监测技术规定（暂行）（略）

2．主要污染物减排监测质量管理规定（暂行）

3．污染源监测数据报告技术规定（暂行）（略）

（以上附件可到中国环境监测总站网站 www.cnemc.cn 下载）

中国环境监测总站

二〇〇七年九月二十一日

附件 2：

主要污染物减排监测质量管理规定（暂行）

为加强“十一五”主要污染物减排监测质量管理，确保污染源监测数据的准确，根据国家环境保护总局《环境监测质量管理规定》（环发[2006]114 号）、《“十一五”主要污染物减排监测办法》等规定，在现行环境监测质量管理和污染源监督监测有关要求的基础上，制定本规定。

中国环境监测总站（以下简称“总站”）负责全国主要污染物减排监测（以下简称“减排监测”）的技术指导和质量监督管理。各省、自治区、直辖市环境监测中心（站）（以下简称“省级站”）负责辖区内主要污染物减排监测的技术指导和质量监督管理，协助总站技术指导和质量监督。主要污染物减排监测承担单位主要包括省级监测站和地市级监测站（以下简称“监测单位”），按照相关技术规定和质量控制要求开展监测工作，对上报的监测数据质量负责。

一、总站

1．总站负责根据《“十一五”主要污染物减排专项监测方案》（总站综字[2007]81 号）和《主要污染物减排监测质量保证与质量控制技术规定（暂行）》（见附件），对全国主要污染物减排监测工作进行技术指导和监督考核。

2．每年抽取 5～10 个监测单位进行现场检查考核，检查考核内容包括监测能力、管理制度及执行情况、质量管理体系建立及运行情况、实际监测工作、质量控制措施的合理性及其实施情况、监测报告和原始记录等方面。抽查地市级监测站主要污染物减排监测质量时，相关省级站人员共同参加。

3．每年视情况组织开展跨省区的抽查与抽测工作。

4．负责对省级站减排监测数据质量的考核工作。

5．年终编制全国主要污染物减排监测数据质量评估报告。

6．将主要污染物减排监测数据质量作为国家评比与考核监测单位工作的重要内容之一。对监测数据多次出现问题或不合格的监测单位，予以通报。

二、省级站

1．可根据工作需要在《“十一五”主要污染物减排专项监测方案》（总站综字[2007]81 号）和《主要污染物减排监测质量保证与质量控制技术规定（暂行）》（见附件）的基础上，制定本地区主要污染物减排监测方案和质量保证与质量控制实施方案。

2．每年对辖区内各地市级站进行一次现场检查及同步监测。检查内容包括监测能力、管理制度及执行情况、质量管理体系建立及运行情况、实际监测工作、质量控制措施的合理性及其实施情况、检测报告和原始记录等方面。同步监测范围不少于被查单位辖区内 10%的重点污染源，同步监测项目主要为二氧化硫和化学需氧量。

3．帮助地市级站解决监测工作中的技术问题。协助地市级站查找总站组织的质控考核或能力验证中不合格或不满意结果的原因，并将原因分析和解决情况报告总站。

4. 制定本地区主要污染物减排监测质量评估与完善措施，视情况开展辖区内的质控考核或能力验证。

5. 每年编制辖区主要污染物减排监测数据质量评估报告，并报送总站。

6. 对监测数据多次出现问题或不合格的情况及时向总站报告。

三、监测单位

1. 监测单位应通过计量认证，监测项目应为计量认证项目。应建立健全污染源减排监测质量管理体系，使污染源质量管理工作程序化、文件化、制度化和规范化，并配备相应的质量监督员，保证其有效运行。

2. 监测单位应按《“十一五”主要污染物减排监测办法》要求的频次和范围开展污染源减排监测。

3. 所有监测人员均应按照《环境监测人员持证上岗考核制度》（环发[2006]114 号）的要求持证上岗。没有上岗证的人员，只能在持证人员的指导和监督下开展工作，其监测质量由持证人员负责。

4. 监测仪器须进行计量检定、校准或核查，且在有效期内使用。

5. 减排监测污染源点位的设置和管理应符合《地表水和污水监测技术规范》。

6. 减排监测中污染物化学需氧量的采样方法应符合 HJ/T 91—2002《地表水和污水监测技术规范》及 HJ/T 92—2002《水污染物排放总量监测技术规范》的要求；二氧化硫的采样方法应符合 GB/T 16157—1996《固定污染源排气中颗粒物测定与气态污染物采样方法》。采样记录填写应清晰、内容应全面。采样时仔细核查并监督工况，对监测期间的工况详细记录。

7. 减排监测中污染物化学需氧量和二氧化硫的监测分析方法应根据污染源类型、污染物成分等因素，在国家标准方法和行业标准方法中选择合适的分析方法和分析仪器，监测过程存在明显干扰因素而未采取有效的干扰消除措施的，监测结果应判断为无效。

8. 各监测单位应按《“十一五”主要污染物减排监测办法》要求的频次开展污染源自动监测设备的比对监测。

9. 监测报告、原始记录、原始数据及仪器核查报告等应按有关规定归档保存。

10. 监测数据的精密度和准确度均应实施质量控制。每个监测项目质量控制样品的比例应不少于每批次监测样品量的 10%～20%；每批次样品至少进行一次精密度质量控制，每批次监测至少做一个准确度质控样品。每批次样品须做一个实验室空白；需要进行前处理的监测项目应做全程序空白；空白样品测定值明显偏高时，应仔细检查原因并消除影响因素。所使用的标准物质应为有证标准物质或能够溯源到国家基准的物质。

11. 各监测单位质量管理部门或人员以密码样的方式对监测工作实施外部质量控制，应有外部质量控制计划，每季度应至少进行一次外部质量控制。

12. 制定本单位主要污染物减排监测质量评估与完善措施，各项质量控制措施实施后，均应进行结果评定。只有结果评定为合格或满意时，方可认定对应的监测样品测定有效，否则应查找原因，并在消除影响因素后重新测定。

13. 负责本单位监测质量的自我监督，每年至少进行一次主要污染物减排监测报告质量审查，并保留记录。

14．每年编制本单位主要污染物减排监测数据质量评估报告，并报送省级站。

附件：主要污染物减排监测质量保证与质量控制技术规定（暂行）

附件：

主要污染物减排监测质量保证与质量控制技术规定（暂行）

根据国家环境保护总局《"十一五"主要污染物总量减排监测办法》和《环境监测质量管理规定》（环发[2006]114号）等要求，为进一步加强主要污染物减排监测的质量保证工作，规范废水中化学需氧量（COD）及废气中二氧化硫（SO_2）的监测，特制定本技术规定。

1 适用范围

本规定适用于固定污染源主要污染物减排监测的质量保证和质量控制工作。

2 规范性引用文件

下列标准的条款通过本标准的引用成为本标准的条文，以本标准同效，凡不注明注日期的引用文件，其最新版本适用于本标准。

GB 8978—1996 污水综合排放标准

GB 11914—89 水质 化学需氧量的测定 重铬酸盐法

GB 18918—1996 城镇污水处理厂污染物排放标准

GB/T 16157—1996 固定污染源排气中颗粒物测定与气态污染物采样方法

HJ/T 70—2001 高氯废水 化学需氧量的测定 氯气校正法

HJ/T 75—2007 固定污染源烟气排放连续监测系统技术规范

HJ/T 76—2007 固定污染源烟气排放连续监测系统技术要求及检测方法

HJ/T 91—2002 地表水及废水监测技术规范

HJ/T 92—2002 水污染物排放总量监测技术规范

HJ/T 132—2003 高氯废水 化学需氧量的测定 碘化钾碱性高锰酸钾法

HJ/T 353—2007 水污染源在线监测系统安装技术规范

HJ/T 354—2007 水污染源在线监测系统验收技术规范

HJ/T 355—2007 水污染源在线监测系统运行与考核技术规范

HJ/T 356—2007 水污染源在线监测系统数据有效性判别技术规范

3 定义和术语

3.1 质量保证

是环境监测过程的全面质量管理。包含保证环境监测数据准确可靠的全部活动和措施。

3.2 质量控制

指用来满足环境监测质量需求所采取的操作技术和活动。

3.3 比对监测

指为了验证水、气在线自动监测仪监测结果的准确性及有效性进行的手工监测。应用实验室标准方法与在线自动监测仪器法同步采样分析，以按照国家标准方法进行的手工监测结果作为对在线自动监测数据的审核依据。

4 COD监测质量保证和质量控制技术要求

4.1 人员

监测人员应经培训，并按照《环境监测人员持证上岗考核制度》（环发[2006]114 号）要求持证上岗。

4.2 监测仪器设备

现场监测和实验室分析所需仪器设备，属于国家强制检定目录内的计量器具，应依法送检，检定合格并在有效期内使用。非强制检定的仪器可依法自行校准或核查，或送有资质的计量检定机构进行校准，校准合格并在有效期内使用。每年对仪器检定及自校情况进行核查，未按规定强检或自校的仪器不得使用。

每台仪器均应有责任人负责仪器日常维护保养，负责人应被赋予监督仪器使用操作的规范性的权利与义务。监测仪器设备应定期维护保养，应制定相关程序或制度，做好相应记录，以保证仪器设备处于完好状态。仪器出现故障时，责任人应及时报修，同时根据仪器故障程度确定仪器是否停止使用。对于使用频次高的仪器，应定期进行“期间核查”，每年编制期间核查计划，制定相关程序，并按程序执行。

每季度抽查仪器及使用记录，检查仪器运行状况是否正常，仪器使用是否按作业指导书要求执行，仪器使用记录是否全面准确。每半年抽查仪器期间核查情况，确认仪器期间核查使用的标准物质有效，期间核查方法符合现行有效标准。

4.3 工况要求

4.3.1 核查运行状况

监测时应记录企业生产和环保治理设施运行情况。监测现场应保证两名以上工作人员共同确认生产状况，必要时与企业人员一同确认。

4.3.2 核查用水量

核实企业总排水量时，应记录企业一个季度（月）内生产计划、实际生产量和当日生产量。对供水有计量装置的企业，应查看水表，记录用水量；无计量装置的企业，记录新鲜水水泵流量及水泵运行时间，计算用水量。当企业实际用水量与提供用水量不符时，应现场核实并纠正。

4.3.3 核查产量及能耗

记录能源（电、煤、油等）、生产原料消耗情况，记录企业单位产品能耗及产量，核查企业在监测时的生产负荷。当企业实际消耗与核算能耗不符时，应当场查明原因，及时记录正确信息。

4.4 监测样品采集

4.4.1 监测频次及采样频率

主要污染物减排监测每季度不少于 1 次。

工业污水采样频率按 GB 8978—1996《污水综合排放标准》5.2 的规定执行；城镇污水处理厂采样频率按 GB 18918—1996《城镇污水处理厂污染物排放标准》4.1.4.2 的规定执行。

4.4.2 采样点位

废水采样点位设在排污单位外排口。原则上外排口应设置在厂界外，如设置于厂界内，溢流口及事故口排水必须能够纳入采样点位排水中。

采样口若为多个企业共用，则采样点应设在其他企业排放污水未汇集处。若一个企业有多个排口，应对多个排口同时采样并测流量，汇总各排口总量。

如需对废水处理设施监测，应在各种废水处理设施入口和总排口设置采样点。当有多个入口时，应对全部入口进行监测。

采样前应检查并确定采样点符合规范化设置要求，并按 HJ/T 91—2002《地表水及废水监测技术规范》5.1.2 和 5.1.3 的规定执行采样点登记与管理。

4.4.3 采样断面

采样位置应靠近采样断面的中心。当水深大于 1 m 时，应在表层下 1/4 深度处采样；水深小于或等于 1 m 时，在水深的 1/2 处采样。对含石油类和动植物油的工业废水，一般采集水面下 10～15 cm 处的水样。

4.4.4 采样器具

4.4.4.1 采样器具的要求

采样器具应能够标记采样深度，材质和结构符合《水质采样器技术要求》中的规定。采样器具的清洗按 HJ/T 91—2002《地表水及废水监测技术规范》中 4.2.3.1 的要求执行。

4.4.4.2 采样瓶抽检

定期抽检采样瓶，每批采样瓶抽取 3%检测其待测项目能否检出。若存在检出，则该批次采样瓶不合格，应立即对采样瓶来源及清洗状况进行调查，找出原因，给予纠正。

4.4.5 样品采集、保存、运输和记录

采样现场质量保证措施应符合 HJ/T 92—2002《水污染物排放总量监测技术规范》9.2 的规定。样品采集以及样品的保存、运输和记录应符合 HJ/T 91—2002《地表水及废水监测技术规范》5.2.2 和 5.2.3 的规定。

4.5 实验室测试基础条件

实验室测试基本条件应符合 HJ/T 91—2002《地表水及废水监测技术规范》中 11.5 的规定，同一实验室内不得安排对 COD 项目有干扰的其他项目的分析。

4.6 实验室分析质量控制

4.6.1 分析测试方法

COD 实验室分析测试方法见表 1。

表 1 COD 实验室分析测定方法

序号	测定方法	方法来源
1	水质 化学需氧量的测定 重铬酸盐法	GB 11914—89
2	高氯废水 化学需氧量的测定 氯气校正法	HJ/T 70—2001

当样品浓度超过检测上限并需要稀释时，应移取 10 ml（包含 10 ml）以上样品进行稀释，稀释应一次完成，不可进行二次稀释。

采用重铬酸钾法分析时，硫酸亚铁铵溶液浓度需每天标定；样品消解时间应自样品溶液沸腾时起满 2 h；重铬酸钾法对未经稀释的水样的测定上限为 700 mg/L，此方法不适用于含氯化物浓度大于 1 000 mg/L（稀释后）的含盐水。

高氯废水化学需氧量测定应按照 HJ/T 70—2001《高氯废水 化学需氧量的测定 氯

气校正法》执行。

4.6.2 实验室内质量控制

4.6.2.1 全程序空白

每批次监测应做一个全程序空白。若全程序空白样品有检出，应查找原因，予以纠正。全程序空白值的测定方法见 HJ/T 91—2002《地表水及废水监测技术规范》中 11.6.1.1 的规定。

4.6.2.2 精密度控制

采用平行样控制分析的精密度。每批次监测分析应不少于 10%的平行样，样品较少时，至少做一份样品的平行样。若测定平行双样的相对偏差在允许范围内，最终结果以双样测定值的平均值报出；若测试结果超出规定允许偏差的范围，在样品允许保存期内，再加测一次，监测结果取相对偏差符合质控指标的两个监测值的平均值。否则该批次监测数据失控，应予以重测。COD 控制要求见表 2。

表 2 COD 监测精密度控制指标

项目	样品含量范围/（mg/L）	允许相对偏差/%
化学需氧量	10～50	≤20
	50～100	≤15
	＞100	≤10

4.6.2.3 准确度控制

实验室分析准确度可采用标准样品、质控样品或实验室内加标回收中任意一种方法来控制。

在对每批次监测样品进行分析的同时，需对一个已知浓度的标准样品或质控样品进行同步测定。若标准样品测得值超出保证值范围，或质控样品测得值超出误差允许范围±10%，应查找原因，予以纠正。

加标回收率应控制在 80%～120%范围内。

4.6.3 实验室间质量控制

实验室间质量控制可以密码样的方式实施，每年应至少进行一次。

4.7 标准样品、化学试剂与试液

监测过程中使用的标准样品应是正规厂家生产且经权威部门认定的有证产品，所采用的化学试剂和试液应是正规厂家生产的产品，购买时应索取生产者资质认定证书并确认在有效期内。

4.8 总量测量

废水总量监测应在采样同时测定废水流量及废水平均浓度，监测方法按 HJ/T 92—2002《水污染物排放总量监测技术规范》的要求执行。

4.9 监测报告

监测报告应执行三级审核制度。审核范围应包括样品采集、交接、实验室分析原始记录、数据报表等。原始记录中应包括质控措施的记录。质控样品测试结果合格，质控核查结果无误，监测报告方可通过审核。

4.10 COD 在线监测系统比对监测质量保证技术要求

4.10.1 比对监测条件

COD 在线自动监测仪器应满足 HBC 6—2001《环境保护产品认定技术要求 化学需氧量（COD_{Cr}）水质在线自动监测仪》和 HJ/T 353—2007《水污染源在线监测系统安装技术规范（试行）》中 4.2 的相关技术要求，并通过国家环境保护总局环境监测仪器质量监督检验中心的适用性检测和当地环境保护行政主管部门验收。

4.10.2 比对监测质控基本要求

4.10.2.1 比对监测频次

比对监测每季度至少进行一次，每次监测数据对不少于 3 对。

4.10.2.2 采样点位

比对监测与在线连续监测采样时间及采样点位必须保证一致，比对过程中应尽可能保证比对样品均匀一致。

4.10.2.3 样品分析

比对监测实验室分析样品应在 24 h 内完成测定，实验室质控要求参见本标准 4.6 的规定。

4.10.2.4 数据质量、数据有效性和缺失数据处理

实际水样比对监测数据质量、数据有效性和缺失数据处理按 HJ/T 356—2007《水污染源在线监测系统数据有效性判别技术规范（试行）》第 4 章、第 6 章和第 7 章的规定执行。

5 二氧化硫监测质量保证和质量控制技术要求

5.1 监测人员

按本规定 4.1 的要求执行。

5.2 监测仪器

5.2.1 仪器的检定与校准

除按本规定 4.2 的要求外，还应符合以下要求：

GB/T 16157—1996《固定污染源排气中颗粒物测定与气态污染物采样方法》12.2 中规定的仪器设备，应依据标准至少半年自行校正一次。

定电位电解法烟气（SO_2、NO_x、CO）测定仪，应根据仪器使用频率，每 3 个月至半年校准一次。在使用频率较高的情况下，应增加校准次数。用仪器量程中点值附近浓度的标准气校准，若仪器示值偏差不高于±5%，则为合格。测氧仪至少每季度检查校验一次，使用高纯氮检查其零点，用干净的环境空气应能调整其示值为 20.9%。

定电位电解法烟气测定仪和测氧仪的电化学传感器寿命一般为 1～2 年，若发现传感器性能明显下降或已失效，须及时更换传感器，送计量部门重新检定后方可使用。

5.2.2 监测仪器设备的质量检验

对微压计、皮托管和烟气采样系统进行气密性检验，检查漏气的方法按照 GB/T 16157—1996《固定污染源排气中颗粒物测定与气态污染物采样方法》中 5.2.2.3 的规定执行。当系统漏气时，应再分段检查、堵漏或重新安装采样系统，直到检验合格。

气态污染物采样前，确认采样管材质及滤料不吸收且不与待测污染物起化学反应，不被排气成分腐蚀，并能耐受高温排气。

采样前检查仪器预处理装置（除湿剂、气液分离装置、滤纸或滤膜）是否有效。除湿装置应使除湿后气体中污染物的损失不大于5%。各连接管不可存在折点或堵塞。

吸收瓶应严密不漏气，多孔筛板吸收瓶鼓泡要均匀，在流量为 0.5 L/min 时，其阻力应在（5±0.7）kPa。

5.2.3 仪器维护

采样仪器须有专人管理及维护，每次使用后应对仪器全面检查，清洁或修理。对于失效的消耗品（如干燥剂）及时更换，清洁仪器，检查电源及接线，发现破损及时修补。每次采样结束后，将采样器接通电源，通以干燥清洁空气 15 min，去除采样路径中可能存在的含湿废气。

每台仪器应备有专门的仪器使用维护记录，记录要全面，应包含仪器检定、校准、使用、维护等相关信息。

5.3 工况核查

5.3.1 核定风量

核定风量时，应在采样同时记录鼓风机和引风机的风压、风量等信息。初步核算实测风量与风机风量的合理性，若存在不合理情况（如实测风量大于风机额定风量），应立即现场核实与纠正。

5.3.2 核定燃料含硫量

监测二氧化硫时，可通过核算燃料含硫量核定工况。

应采集现场入炉煤样，检测含硫量，核算二氧化硫实测浓度与物料测算浓度的符合度，若两者相差大于±20%，应立即现场复核，找到原因，予以更正并记录。二氧化硫测算可参考公式（1）、公式（2）。

燃煤二氧化硫排放量（千克）=16×燃煤量（吨）×全硫分×（1–脱硫效率） （1）

燃油二氧化硫排放量（千克）=20×燃油量（吨）×全硫分×（1–脱硫效率） （2）

燃气排放量：燃烧 100 万立方米燃气约产生 630 千克二氧化硫

5.3.3 燃煤量测算

测算燃煤量消耗，若实际燃煤量与测算量相差超过±25%，应立即现场核实情况，予以纠正。

5.3.4 热工仪表核查

记录锅炉热工仪表输入及输出量，通过热水量及热水升高温度，计算热耗量，测算生产负荷。与现场实际负荷比较。若存在较大差异（超过±25%），应立即现场核查，予以纠正。

5.4 样品采集

5.4.1 采样点位

采样位置和采样点的设置按 GB/T 16157—1996《固定污染源排气中颗粒物测定与气态污染物采样方法》4.2 的规定执行。

5.4.2 采样频次及采样时间

根据污染源生产设施的运行工况、污染物排放方式及排放规律、相关排放标准、污染物排放浓度和监测分析方法的最低检出浓度确定采样频次和时间。

排气筒中废气污染物的采样频次和采样时间，以连续 1 h 的采样获取平均值；或在 1 h

内，以等时间间隔采集 4 个样品，计算平均值。

若排气筒的排放为间歇性排放，排放时间小于 1 h，应在排放时段内实行连续采样，或在排放时段内以等时间间隔采集 2～4 个样品，计算平均值；若排气筒的排放为间歇性排放，排放时间大于 1 h，则应在排放时段内按上述要求采样。

5.4.3 采样方法

化学法采样按照 GB/T 16157—1996《固定污染源排气中颗粒物测定与气态污染物采样方法》中 9.2.1 执行。

仪器直接法采样按照 GB/T 16157—1996《固定污染源排气中颗粒物测定与气态污染物采样方法》中 9.2.2 执行。

5.4.4 采样的质量保证

1）采样前应清理采样口内积灰，在采样系统连接好以后，应对采样系统进行气密性检查，如发现漏气应分段检查，找出问题，及时纠正。

2）采集废气样品时，采样管进气口应靠近管道中心位置，连接采样管与吸收瓶的导管应尽可能短，宜选用优质硅胶管，必要时要用保温材料保温。

3）使用吸收瓶系统采样时，吸收装置应尽可能靠近采样管出口，采样前使排气通过旁路 5 min，将吸收瓶前管路内的空气彻底置换；采样期间保持流量恒定，波动不大于 10%；采样结束，应先切断采样管至吸收瓶之间的气路，以防管道负压造成吸收液倒吸。

4）用碘量法测定烟气二氧化硫，采样必须使用加热采样管（加热温度 120℃），吸收瓶用冰浴或冷水浴控制吸收液温度。

5）用定电位电解法烟气分析仪进行监测，仪器应一次开机直至测试完毕，中途不能关机重新启动以免仪器零点变化。测定结束后，应将仪器置于干净的环境空气中，继续抽气吹扫仪器传感器，直至仪器示值符合仪器说明书要求后再关机。

6）对湿法脱硫装置进行脱硫效率的测定，应在正常运行条件下进行，同时测定洗涤液的 pH 值。在报出脱硫效率测定结果时，应注明洗涤液的 pH 值。

7）用于脱硫效率的测试，进出口的各种参数和样品应同步测定，并使用同一类型采样器采样。

8）为了防止烟尘进入试样干扰测定，在采样管入口或出口处装入阻挡尘粒的滤料，滤料应选择不吸收亦不与二氧化硫起化学反应的材料，并能耐受高温排气。

9）采样结束后，立即封闭样品吸收瓶两端，尽快送实验室进行分析。在样品运送和保存期间，应注意避光和控温。

5.4.5 吸收瓶抽检

使用吸收液采集气态污染物时，应定期对吸收瓶抽检。每批抽取 5%的吸收瓶检测待测物质，若有检出，则该批吸收瓶清洗不合格，应查找产生污染原因，纠正后再次抽测，直至合格为止。每批抽检数量不得少于 5 瓶。

5.5 实验室分析质量控制

5.5.1 实验室测试基本条件

实验室测试基本条件应符合实验室分析质控要求，同一实验室内不得安排对二氧化硫有干扰的其他分析项目。

5.5.2 分析测试方法

二氧化硫实验室分析测试方法见表 3。

表 3 二氧化硫实验室分析测定方法

序号	测定方法	方法来源
1	固定污染源排气中二氧化硫的测定 碘量法	HJ/T 56—2000
2	固定污染源排气中二氧化硫的测定 定电位电解法	HJ/T 57—2000

5.5.3 分析质量控制

1）碘量法分析质控要点：

A．吸收液酸度应用硫酸液或氨水调节 pH 至 5.4±0.3。

B．要用保证试剂 KIO_3 配制 KIO_3 标准溶液。

C．$Na_2S_2O_3$ 溶液要用新煮沸并已冷却的纯水配制，每升加 0.2 g $Na_2S_2O_3$ 保存剂，放置一周后再标定其浓度，若溶液呈现浑浊，应过滤后标定。

D．碘储备液应贮存于棕色瓶中避光保存，使用前应用标定好的 $Na_2S_2O_3$ 标液标定，用毕于冰箱中保存。

E．所有滴定反应都应在碘量瓶中进行。

F．当有 H_2S 等还原性物质存在时，用乙酸铅棉花消除 H_2S 干扰。

2）定电位电解法分析应严格按照 HJ/T 57—2000《固定污染源排气中二氧化硫的测定 定电位电解法》中相关规定和仪器说明书执行。

3）送实验室的样品应及时分析，否则应按要求保存，并在规定的期限内分析完毕。每批样品至少应做一个全程序空白样，实验室内进行质控样、平行样或加标回收样品的测定。

实验室分析按照实验室质量保证和控制要求实施。分析用的各种试剂和纯水的质量必须符合分析方法的要求。送实验室的样品应及时分析，否则必须按各项目的要求保存，并在规定的期限内分析完毕。每批样品应至少做一个全程空白样，实验室内应进行质控样品的测定。

5.6 标准样品、化学试剂与试液

按本标准 4.7 的规定执行。

5.7 监测报告

按本标准 4.9 的规定执行。

5.8 二氧化硫在线监测系统比对监测质量保证技术要求

5.8.1 比对监测条件

二氧化硫自动在线监测仪器按照 HJ/T 75—2007《固定污染源烟气排放连续监测系统技术规范》和 HJ/T 76—2007《固定污染源烟气排放连续监测系统技术要求及检测方法》安装调试完毕后，必须通过仪器性能适用性检测和验收，其设备运行应满足 HJ/T 76—2007、HJ/T 75—2007 中相应要求。比对监测需在额定负荷达到 75%以上的运行工况下进行。

5.8.2 比对监测质控基本要求

5.8.2.1 比对监测频次

比对监测每季度至少进行一次，每次监测数据对不少于 6 对。

5.8.2.2 采样点位

比对监测采样时间及采样点位必须与自动在线监测设备保证一致。手工采样位置应满足 HJ/T 75—2007《固定污染源烟气排放连续监测技术规范》中第 6 章的规定。

5.8.2.3 样品分析

样品分析应满足分析方法的质量保证与控制要求。

5.8.2.4 数据质量要求

气态污染物比对监测结果判定时，应用至少 6 个数据的测试平均值与同时段烟气自动在线监测仪器的分钟平均值进行准确度计算，计算方法参见 HJ/T 75—2007《固定污染源烟气排放连续监测技术规范》附录 A 公式（21）～公式（26）。

（十二）国控重点污染源自动监控能力建设项目污染源监控现场端建设规范

（环发[2008]25 号）

为配合“污染源减排三大体系能力建设”项目的顺利进行，规范国控重点污染源自动监控仪器设备的选型、安装和验收，保证污染源现场监测数据准确可靠，特作以下规定。

一、适用范围

根据《国控重点污染源自动监控能力建设项目建设方案》，对国家环保总局发布的国家重点监控企业名单内的国控重点污染源：

1．COD_{Cr} 排放量占全国污染负荷 65%以内的，应在主要排放口安装 COD/TOC 在线自动监测仪、污水流量计、数据采集传输仪。在此基础上可安装 pH 在线监测仪、氨氮在线自动监测仪、等比例采样器、视频监控设备等。

2．SO_2 排放量占全国污染负荷 65%以内的，应在主要排放口安装 SO_2 连续在线监测系统、流速等烟气参数连续自动监测系统、数据采集传输仪。在此基础上可安装烟尘、颗粒物、NO_x 等污染物在线自动监测系统、视频监控设备等。

此外，根据本地区地域、行业的特点与需求，可安装总磷、总氮、水中油、重金属等自动在线监测仪。对于其他重点污染源，可参照国控污染源标准执行。

二、仪器要求

所有安装于监控现场端的自动监控仪器设备，必须是通过国家环境保护总局环境监测仪器质量监督检验中心适用性检测合格，并在有效期内的产品。

1．COD/TOC 在线自动监测仪

污染源 COD 在线自动监测仪性能指标应符合《环境保护产品技术要求　化学需氧量

（COD_{Cr}）水质在线自动监测仪》（HJ/T 377—2007）相关要求。COD 在线自动监测仪应包括采样单元、样品预处理与计量单元、消解单元以及数据处理与传输单元等。

污染源 COD 在线自动监测仪须选用氧化原理的仪器，主要包括：重铬酸钾氧化-光度测量法、重铬酸钾氧化-库仑滴定法、燃烧氧化-红外测量法、氢氧基氧化-电化学测量法等。

对于非重铬酸钾氧化原理的仪器，应根据现场污水排放状况，在与《水质　化学需氧量的测定　重铬酸盐法》（GB 11914—89）方法比对基础上，做好 COD 工作曲线，并应根据排污企业的生产工艺、污水组分的变化，及时调整 COD 工作曲线。

2．污染源烟气排放 SO_2 连续在线监测系统

污染源烟气排放 SO_2 连续在线监测系统（含流速、含氧量、湿度、温度、压力等烟气参数）应符合《固定污染源烟气排放连续监测系统技术要求及检测方法》（HJ 76—2007）相关要求。

污染源烟气排放 SO_2 的在线自动监测系统按取样方式可选择稀释抽取式、直接抽取式和直接测量式；按二氧化硫分析原理可选择紫外荧光、非分散红外、非分散紫外、紫外差分吸收（DOAS）或定电位电解测量技术。

3．污水流量计

流量计应符合《环境保护产品技术要求　超声波明渠污水流量计》（HJ/T 15—2007）、《浅水流量计》（CJ/T 3017—93）以及压力传感器流量计等相关要求。

4．数据采集传输仪

数据采集传输仪电气指标应参照《污染治理设施运行记录仪技术条件及检测方法》，数据指标应符合《污染源在线自动监控（监测）系统数据传输标准》（HJ/T 212）要求。独立设置的数据采集传输仪应符合《污染源在线监控（监测）数据采集传输仪技术要求及检测方法》的有关要求。

三、现场安装

1．排放口规范化

排放口应按照国家环保总局关于《排放口规范化整治技术要求》《关于开展排放口规范化整治工作的通知》（环发[1999]24 号）以及地方环保部门有关要求，进行规范化整治。

2．监控站房要求

监控站房与排放口采样点距离应小于 50 m。监控站房和高度应能满足设备操作和维护的需要。原则上面积不应小于 2.5 m×2.5 m；房顶最低处高度不低于 2.2 m。站房应具备防漏、防尘、通风、消防、接地、避雷等基础条件。站房内应安装空调，并保证环境温度：5～40℃，相对湿度≤85%。站房内供电电压应符合 AC 220 V±10%，频率 50 Hz。功率不小于 6 kW；电源引入线应使用照明电源，严禁使用动力电源；电源进线应有浪涌保护器；电源应有明显标志，防止用户意外断电；接地线应牢固，并有明显标志。站房电源开关的设置应设系统总开关，对每台仪器均应设独立控制开关。

3．污水在线自动监测仪器的安装

污水在线自动监测仪器的安装应符合《水污染源在线监测系统安装技术规范》

（HJ/T 353—2007）相关要求。

污水排放口应按照《明渠堰槽流量计》（JJG 711—90）或《环境保护产品技术要求 超声波明渠污水流量计》（HJ/T 15—2007）的有关要求安装污水流量计，以便测量污水排放流量。堰槽应避免使用精度不高的玻璃钢材质，流量较小的排放口应避免使用巴氏槽。

（1）污水采样系统安装要求

采样系统应保证采集有代表性的水样，将水样无变质地输送至在线监测仪器取样分析或采样器采样保存。采样系统应尽量设在流路的中央部，采水的前端设在顺水流方向（减少采水部前端的堵塞）。对于漂浮物较多的污水可采用 10～20 目的金属筛网阻隔，避免漂浮物堵塞采样口。测量合流排水时，在合流后充分混合的场所采水。采样系统取水位置应在排放口采样断面的中心。采样点水位不应小于 0.5 m，当一般水深大于 1 m 时，应在表层下 1/4 深度处采样；水深小于 1 m 时，在水深的 1/2 处采样，并应设置成可随水面的涨落而上下移动的形式。并应同时设置人工采样口和供自动采样器采样的采样口，以便做比对试验，保证数据的正确性和可比性。

采样系统的构造应保障在 0℃以下可以工作并不至被损坏，应采取必要的防冻保温和防腐设施。采样取水管材料应对所监测项目没有干扰，并且耐腐蚀。取水管应能保证监测仪所需的流量，采样管路应采用优质的硬质 PVC 或 PPR 管材。采样头应做适当固定，防止随意挪动。

（2）COD 在线监测仪安装

仪器安装位置应避开腐蚀性气体、较强的电磁干扰和振动。现场在线监测仪应落地安装，或壁挂式安装，并有必要的防震措施，保证设备安装牢固稳定。在仪器周围应留有足够的空间，以方便仪器的维护。现场监测仪工作所必需的高压气体钢瓶，必须稳固固定在监测用房的墙上，防止钢瓶跌倒。

（3）废液回收

对于重铬酸钾氧化原理的 COD 在线自动监测仪器所产生的废液应以专用容器予以回收，并按照《固体废物污染环境防治法》及《危险废物贮存控制标准》（GB 18597—2001）的有关规定，交由有危险废物处理资质的单位处理，不得随意排放或回流入污水排放口。

4．烟气排放连续监测系统（CEMS）的安装

烟气排放连续监测系统（CEMS）的安装应符合《固定污染源烟气排放连续监测技术规范》（HJ/T 75—2007）相关要求。

（1）维护和取样平台

为便于 CEMS 的维护、运行和标准分析方法取样比对，应设置永久、安全、便于采样、测试的操作平台。操作平台应符合《固定污染源排气中颗粒物测定与气态污染物采样方法》（GB/T 16157—1996）中 4.2.3 的要求。操作平台宽度（平台外侧至烟囱/烟道的距离）与长度应能保证标准分析方法采样枪正常方便操作。操作平台与地面之间应易安全通行，当设置之字形楼梯、分段爬梯时，爬梯宽度应不小于 0.9 m。

（2）标准分析方法取样孔

为便于 CEMS 的定期比对和校验，CEMS 取样点位处应具有标准分析方法取样孔，标准分析方法取样孔的位置应满足《固定污染源排气中颗粒物测定与气态污染物采样方法》（GB/T 16157—1996）中 4.2.1 和 4.2.2 的要求。

5. 数据采集传输仪

本条指独立设置的数据采集传输仪设备，对集成的数据采集传输设备可参照执行。

（1）数据采集传输仪主机的安装

数据采集传输仪主机应安装于监控站房内，一般应采用壁挂式安装，应安装牢固，不得倾斜。安装在轻质墙上时，应采取加固措施。

（2）引入数采仪的电缆或导线要求

数采仪电源引入线应避免与一次仪表共电，各配线应整齐，避免交叉，并应固定牢靠；每个接线端接线不得超过 2 根。电缆芯和导线应留有不小于 5 cm 的余量。屏蔽线应遵守单端接地的原则。线全部接完后，数采仪过线孔的防护帽必须旋紧，以起到防护效果。采用无线传输方式的仪器，通电前必须装好 GPRS/CDMA 的天线。

（3）数采仪与一次仪表的连接

数采仪与监测仪表信号线的连接，模拟接口：采用 2 芯屏蔽线连接，数采仪的模拟接口负载电阻为 250 Ω，对应标准电流信号的 4～20 mA（兼容 0～20 mA/1～5V/0～5V），接口线长度要看测量仪表的负载能力而定，一般连线长度≤500 m。数采仪与监测仪表信号线的连接，数字接口（RS232）：采用 3 芯屏蔽线连接，一般连线长度≤10 m。数采仪与监测仪表信号线的连接，数字接口（RS485）：采用 2 芯屏蔽线连接，一般连线长度≤1 000 m。

四、整体调试

1. 安装准备

现场仪表均进行单独上电测试正常后，要按照符合各自仪表的安装规范要求安装固定。现场监控系统要求的上、下水，压缩空气（或空压机）均应准备就绪。

仪表间连线完毕，且检查无误。电源线、信号线（模拟和数字的）、电话线、网线等电气连线的布线，应符合《电气装置工程施工及验收规范》等布线规范。信号线应采用屏蔽抗干扰措施，屏蔽层应单端接地，信号传输距离应尽可能缩短，以减少信号损失。通讯线路（电话线、网线）、SIM 卡（GPRS、CDMA）完好，并测试使用正常。整理电线、电缆，清理现场环境。

2. 设置与测试

设置各类仪器的工作参数。对于模拟输出的测量仪表，调整模拟输出对应的量程。检测数据采集传输仪的显示结果与测量仪表的一致性：要求模拟输出接口对比误差≤0.2%；要求数字输出接口的仪表数值完全对应，滞后时间≤30 s（监测仪器自身的滞后不算在内）。

设置通信参数，采用测试软件检验数据采集传输仪与监控中心通信畅通。

3. 启动试运行

附录三 环境标准目录

一、水环境保护标准

（2011-01-12 实施）

1. 水环境质量标准

标准名称	标准编号	发布时间	实施时间
地表水环境质量标准	GB 3838—2002	2002-04-28	2002-06-01
海水水质标准	GB 3097—1997	1997-12-03	1998-07-01
地下水质量标准	GB/T 14848—93	1993-12-30	1994-10-01
农田灌溉水质标准	GB 5084—92	1992-01-04	1992-10-01
渔业水质标准	GB 11607—89	1989-08-12	1990-03-01

2. 水污染物排放标准

标准名称	标准编号	发布时间	实施时间
磷肥工业水污染物排放标准	GB 15580—2011	2011-04-02	2011-10-01
稀土工业污染物排放标准	GB 26451—2011	2011-01-24	2011-10-01
钒工业污染物排放标准	GB 26452—2011	2011-04-02	2011-10-01
淀粉工业水污染物排放标准	GB 25461—2010	2010-09-27	2010-10-01
酵母工业水污染物排放标准	GB 25462—2010	2010-09-27	2010-10-01
油墨工业水污染物排放标准	GB 25463—2010	2010-09-27	2010-10-01
陶瓷工业污染物排放标准	GB 25464—2010	2010-09-27	2010-10-01
铝工业污染物排放标准	GB 25465—2010	2010-09-27	2010-10-01
铅、锌工业污染物排放标准	GB 25466—2010	2010-09-27	2010-10-01
铜、镍、钴工业污染物排放标准	GB 25467—2010	2010-09-27	2010-10-01
镁、钛工业污染物排放标准	GB 25468—2010	2010-09-27	2010-10-01
硝酸工业污染物排放标准	GB 26131—2010	2010-12-30	2011-03-01
硫酸工业污染物排放标准	GB 26132—2010	2010-12-30	2011-03-01
杂环类农药工业水污染物排放标准	GB 21523—2008	2008-04-02	2008-07-01
制浆造纸工业水污染物排放标准	GB 3544—2008	2008-07-25	2008-08-01
电镀污染物排放标准	GB 21900—008	2008-07-25	2008-08-01
羽绒工业水污染物排放标准	GB 21901—2008	2008-07-25	2008-08-01
合成革与人造革工业污染物排放标准	GB 21902—2008	2008-07-25	2008-08-01
发酵类制药工业水污染物排放标准	GB 21903—2008	2008-07-25	2008-08-01
化学合成类制药工业水污染物排放标准	GB 21904—2008	2008-07-25	2008-08-01
提取类制药工业水污染物排放标准	GB 21905—2008	2008-07-25	2008-08-01
中药类制药工业水污染物排放标准	GB 21906—2008	2008-07-25	2008-08-01
生物工程类制药工业水污染物排放标准	GB 21907—2008	2008-07-25	2008-08-01
混装制剂类制药工业水污染物排放标准	GB 21908—2008	2008-07-25	2008-08-01
制糖工业水污染物排放标准	GB 21909—2008	2008-07-25	2008-08-01
皂素工业水污染物排放标准	GB 20425—2006	2006-09-01	2007-01-01
煤炭工业污染物排放标准	GB 20426—2006	2006-09-01	2006-10-01
医疗机构水污染物排放标准	GB 18466—2005	2005-07-27	2006-01-01
啤酒工业污染物排放标准	GB 19821—2005	2005-07-18	2006-01-01
柠檬酸工业污染物排放标准	GB 19430—2004	2004-01-18	2004-04-01
味精工业污染物排放标准	GB 19431—2004	2004-01-18	2004-04-01
兵器工业水污染物排放标准火炸药	GB 14470.1—2002	2002-11-18	2003-07-01
兵器工业水污染物排放标准火工药剂	GB 14470.2—2002	2002-11-18	2003-07-01
兵器工业水污染物排放标准弹药装药	GB 14470.3—2002	2002-11-18	2003-07-01
城镇污水处理厂污染物排放标准	GB 18918—2002	2002-11-19	2003-07-01

标准名称	标准编号	发布时间	实施时间
合成氨工业水污染物排放标准	GB 13458—2001	2001-11-12	2002-01-01
污水海洋处置工程污染控制标准	GB 18486—2001	2001-11-12	2002-01-01
畜禽养殖业污染物排放标准	GB 18596—2001	2001-12-28	2003-01-01
污水综合排放标准	GB 8978—1996	1996-10-04	1998-01-01
磷肥工业水污染物排放标准	GB 15580—1995	1995-06-12	1996-07-01
烧碱、聚氯乙烯工业水污染物排放标准	GB 15581—1995	1995-06-12	1996-07-01
航天推进剂水污染物排放标准	GB 14374—93	1993-05-22	1993-12-01
钢铁工业水污染物排放标准	GB 13456—92	1992-05-18	1992-07-01
肉类加工工业水污染物排放标准	GB 13457—92	1992-05-18	1992-07-01
纺织染整工业水污染物排放标准	GB 4287—92	1992-05-18	1992-07-01
海洋石油开发工业含油污水排放标准	GB 4914—85	1985-01-18	1985-08-01
船舶工业污染物排放标准	GB 4286—84	1984-05-18	1985-03-01
船舶污染物排放标准	GB 3552—83	1983-04-09	1983-10-01

3．相关监测规范、方法标准

标准名称	标准编号	发布时间	实施时间
水质　总汞的测定　冷原子吸收分光光度法	HJ 597—2011	2011-02-10	2011-06-01
水质　梯恩梯的测定　亚硫酸钠分光光度法	HJ 598—2011	2011-02-10	2011-06-01
水质　梯恩梯的测定　*N*-氯代十六烷基吡啶—亚硫酸钠分光光度法	HJ 599—2011	2011-02-10	2011-06-01
水质　梯恩梯、黑索今、地恩梯的测定　气相色谱法	HJ 600—2011	2011-02-10	2011-06-01
水质　甲醛的测定　乙酰丙酮分光光度法	HJ 601 —2011	2011-02-10	2011-06-01
水质　钡的测定　石墨炉原子吸收分光光度法	HJ 602—2011	2011-02-10	2011-06-01
水质　钡的测定　火焰原子吸收分光光度法	HJ 603—2011	2011-02-10	2011-06-01
水质　游离氯和总氯的测定　*N,N*-二乙基-1,4-苯二胺滴定法	HJ 585—2010	2010-09-20	2010-12-01
水质　游离氯和总氯的测定　*N,N*-二乙基-1,4-苯二胺分光光度法	HJ 586—2010	2010-09-20	2010-12-01
水质　阿特拉津的测定　高效液相色谱法	HJ 587—2010	2010-09-20	2010-12-01
水质　五氯酚的测定　气相色谱法	HJ 591—2010	2010-10-21	2011-01-01
水质　硝基苯类化合物的测定　气相色谱法	HJ 592—2010	2010-10-21	2011-01-01
水质　单质磷的测定　磷钼蓝分光光度法（暂行）	HJ 593—2010	2010-10-21	2011-01-01
水质　显影剂及其氧化物总量的测定　碘-淀粉分光光度法（暂行）	HJ 594—2010	2010-10-21	2011-01-01
水质　彩色显影剂总量的测定　169 成色剂分光光度法（暂行）	HJ 595—2010	2010-10-21	2011-01-01
水质　多环芳烃的测定　液液萃取和固相萃取高效液相色谱法	HJ 478—2009	2009-09-27	2009-11-01
水质　氰化物的测定　容量法和分光光度法	HJ 484—2009	2009-09-27	2009-11-01
水质　铜的测定　二乙基二硫代氨基甲酸钠分光光度法	HJ 485—2009	2009-09-27	2009-11-01
水质　铜的测定　2,9-二甲基-1,10 菲啰啉分光光度法	HJ 486—2009	2009-09-27	2009-11-01
水质　氟化物的测定　茜素磺酸锆目视比色法	HJ 487—2009	2009-09-27	2009-11-01
水质　氟化物的测定　氟试剂分光光度法	HJ 488—2009	2009-09-27	2009-11-01
水质　银的测定　3,5-Br_2-PADAP 分光光度法	HJ 489—2009	2009-09-27	2009-11-01
水质　银的测定　镉试剂 2B 分光光度法	HJ 490—2009	2009-09-27	2009-11-01
水质　采样样品的保存和管理技术规定	HJ 493—2009	2009-09-27	2009-11-01
水质　采样技术指导	HJ 494—2009	2009-09-27	2009-11-01
水质　采样方案设计技术指导	HJ 495—2009	2009-09-27	2009-11-01
水质　总有机碳的测定　燃烧氧化—非分散红外吸收法	HJ 501—2009	2009-10-20	2009-12-01
水质　挥发酚的测定　溴化容量法	HJ 502—2009	2009-10-20	2009-12-01
水质　挥发酚的测定　4-氨基安替比林分光光度法	HJ 503—2009	2009-10-20	2009-12-01
水质　五日生化需氧量（BOD_5）的测定　稀释与接种法	HJ 505—2009	2009-10-20	2009-12-01
水质　溶解氧的测定　电化学探头法	HJ 506—2009	2009-10-20	2009-12-01
水质　氨氮的测定　纳氏试剂分光光度法	HJ 535—2009	2009-12-31	2010-04-01
水质　氨氮的测定　水杨酸分光光度法	HJ 536—2009	2009-12-31	2010-04-01
水质　氨氮的测定　蒸馏-中和滴定法	HJ 537—2009	2009-12-31	2010-04-01
水质　总钴的测定　5-氯-2-（吡啶偶氮）-1,3-二氨基苯分光光度法（暂行）	HJ 550—2009	2009-12-30	2010-04-01
水质　二氧化氯的测定　碘量法（暂行）	HJ 551—2009	2009-12-30	2010-04-01
地震灾区地表水环境质量与集中式饮用水水源监测技术指南（暂行）	环境保护部公告 2008 年第 14 号	2008-05-20	2008-05-20
近岸海域环境监测规范	HJ 442—2008	2008-11-04	2009-01-01

标准名称	标准编号	发布时间	实施时间
水质　二噁英类的测定　同位素稀释高分辨气相色谱-高分辨质谱法	HJ 77.1—2008	2008-12-31	2009-04-01
水质　汞的测定　冷原子荧光法（试行）	HJ/T 341—2007	2007-03-10	2007-05-01
水质　硫酸盐的测定　铬酸钡分光光度法（试行）	HJ/T 342—2007	2007-03-10	2007-05-01
水质　氯化物的测定　硝酸汞滴定法（试行）	HJ/T 343—2007	2007-03-10	2007-05-01
水质　锰的测定　甲醛肟分光光度法（试行）	HJ/T 344—2007	2007-03-10	2007-05-01
水质　铁的测定　邻菲啰啉分光光度法（试行）	HJ/T 345—2007	2007-03-10	2007-05-01
水质　硝酸盐氮的测定　紫外分光光度法（试行）	HJ/T 346—2007	2007-03-10	2007-05-01
水质　粪大肠菌群的测定　多管发酵法和滤膜法（试行）	HJ/T 347—2007	2007-03-10	2007-05-01
水污染源在线监测系统安装技术规范（试行）	HJ/T 353—2007	2007-07-12	2007-08-01
水污染源在线监测系统验收技术规范（试行）	HJ/T 354—2007	2007-07-12	2007-08-01
水污染源在线监测系统运行与考核技术规范（试行）	HJ/T 355—2007	2007-07-12	2007-08-01
水污染源在线监测系统数据有效性判别技术规范（试行）	HJ/T 356—2007	2007-07-12	2007-08-01
水质自动采样器技术要求及检测方法	HJ/T 372—2007	2007-11-12	2008-01-01
固定污染源监测质量保证与质量控制技术规范（试行）	HJ/T 373—2007	2007-11-12	2008-01-01
水质　化学需氧量的测定　快速消解分光光度法	HJ/T 399—2007	2007-12-07	2008-03-01
水质　氨氮的测定　气相分子吸收光谱法	HJ/T 195—2005	2005-11-09	2006-01-01
水质　凯氏氮的测定　气相分子吸收光谱法	HJ/T 196—2005	2005-11-09	2006-01-01
水质　亚硝酸盐氮的测定　气相分子吸收光谱法	HJ/T 197—2005	2005-11-09	2006-01-01
水质　硝酸盐氮的测定　气相分子吸收光谱法	HJ/T 198—2005	2005-11-09	2006-01-01
水质　总氮的测定　气相分子吸收光谱法	HJ/T 199—2005	2005-11-09	2006-01-01
水质　硫化物的测定　气相分子吸收光谱法	HJ/T 200—2005	2005-11-09	2006-01-01
地下水环境监测技术规范	HJ/T 164—2004	2004-12-09	2004-12-09
高氯废水　化学需氧量的测定　碘化钾碱性高锰酸钾法	HJ/T 132—2003	2003-09-30	2004-01-01
水质　生化需氧量（BOD）的测定　微生物传感器快速测定法	HJ/T 86—2002	2002-01-29	2002-07-01
地表水和污水监测技术规范	HJ/T 91—2002	2002-12-25	2003-01-01
水污染物排放总量监测技术规范	HJ/T 92—2002	2002-12-25	2003-01-01
高氯废水　化学需氧量的测定　氯气校正法	HJ/T 70—2001	2001-09-11	2001-12-01
水质　邻苯二甲酸二甲（二丁、二辛）酯的测定　液相色谱法	HJ/T 72—2001	2001-09-29	2002-01-01
水质　丙烯腈的测定　气相色谱法	HJ/T 73—2001	2001-09-29	2002-01-01
水质　氯苯的测定　气相色谱法	HJ/T 74—2001	2001-09-29	2002-01-01
水质　可吸附有机卤素（AOX）的测定　离子色谱法	HJ/T 83—2001	2001-12-19	2002-04-01
水质　无机阴离子的测定　离子色谱法	HJ/T 84—2001	2001-12-19	2002-04-01
水质　铍的测定　铬菁R分光光度法	HJ/T 58—2000	2000-12-07	2001-03-01
水质　铍的测定　石墨炉原子吸收分光光度法	HJ/T 59—2000	2000-12-07	2001-03-01
水质　硫化物的测定　碘量法	HJ/T 60—2000	2000-12-07	2001-03-01
水质　硼的测定　姜黄素分光光度法	HJ/T 49—1999	1999-08-18	2000-01-01
水质　三氯乙醛的测定　吡唑啉酮分光光度法	HJ/T 50—1999	1999-08-18	2000-01-01
水质　全盐量的测定　重量法	HJ/T 51—1999	1999-08-18	2000-01-01
水质河流采样技术指导	HJ/T 52—1999	1999-08-18	2000-01-01
水质　挥发性卤代烃的测定　顶空气相色谱法	GB/T 17130—1997	1997-12-08	1998-05-01
水质　1,2-二氯苯、1,4-二氯苯、1,2,4-三氯苯的测定　气相色谱法	GB/T 17131—1997	1997-12-08	1998-05-01
环境　甲基汞的测定　气相色谱法	GB/T 17132—1997	1997-12-08	1998-05-01
水质　硫化物的测定　直接显色分光光度法	GB/T 17133—1997	1997-12-08	1998-05-01
水质　石油类和动植物油的测定　红外光度法	GB/T 16488—1996	1996-08-01	1997-01-01
水质　硫化物的测定　亚甲基蓝分光光度法	GB/T 16489—1996	1996-08-01	1997-01-01
环境中有机污染物遗传毒性检测的样品前处理规范	GB/T 15440—1995	1995-03-25	1995-08-01
水质　急性毒性的测定　发光细菌法	GB/T 15441—1995	1995-03-25	1995-08-01
水质　钒的测定　钽试剂（BPHA）萃取分光光度法	GB/T 15503—1995	1995-03-25	1995-08-01
水质　二氧化碳的测定　二乙胺乙酸铜分光光度法	GB/T 15504—1995	1995-03-25	1995-08-01
水质　硒的测定　石墨炉原子吸收分光光度法	GB/T 15505—1995	1995-03-25	1995-08-01
水质　钡的测定　原子吸收分光光度法	GB/T 15506—1995	1995-03-25	1995-08-01
水质　肼的测定　对二甲氨基苯甲醛分光光度法	GB/T 15507—1995	1995-03-25	1995-08-01
水质　可吸附有机卤素（AOX）的测定　微库仑法	GB/T 15959—1995	1995-12-21	1996-08-01
水质　烷基汞的测定　气相色谱法	GB/T 14204—93	1993-02-23	1993-12-01
水质　一甲基肼的测定　对二甲氨基苯甲醛分光光度法	GB/T 14375—93	1993-05-22	1993-12-01
水质　偏二甲基肼的测定　氨基亚铁氰化钠分光光度法	GB/T 14376—93	1993-05-22	1993-12-01
水质　三乙胺的测定　溴酚蓝分光光度法	GB/T 14377—93	1993-05-22	1993-12-01
水质　二乙烯三胺的测定　水杨醛分光光度法	GB/T 14378—93	1993-05-22	1993-12-01

标准名称	标准编号	发布时间	实施时间
水和土壤质量有机磷农药的测定　气相色谱法	GB/T 14552—93	1993-07-19	1994-01-15
水质湖泊和水库采样技术指导	GB/T 14581—93	1993-08-30	1994-04-01
水质　钡的测定　电位滴定法	GB/T 14671—93	1993-10-27	1994-05-01
水质　吡啶的测定　气相色谱法	GB/T 14672—93	1993-10-27	1994-05-01
水质　钒的测定　石墨炉原子吸收分光光度法	GB/T 14673—93	1993-10-27	1994-05-01
水质　铅的测定　示波极谱法	GB/T 13896—92	1992-12-02	1993-09-01
水质　硫氰酸盐的测定　异烟酸-吡唑啉酮分光光度法	GB/T 13897—92	1992-12-02	1993-09-01
水质　铁（Ⅱ、Ⅲ）氰络合物的测定　原子吸收分光光度法	GB/T 13898—92	1992-12-02	1993-09-01
水质　铁（Ⅱ、Ⅲ）氰络合物的测定　三氯化铁分光光度法	GB/T 13899—92	1992-12-02	1993-09-01
水质　黑索金的测定　分光光度法	GB/T 13900—92	1992-12-02	1993-09-01
水质　二硝基甲苯的测定　示波极谱法	GB/T 13901—92	1992-12-02	1993-09-01
水质　硝化甘油的测定　示波极谱法	GB/T 13902—92	1992-12-02	1993-09-01
水质　梯恩梯的测定	GB/T 13903—92	1992-12-02	1993-09-01
水质　梯恩梯、黑索金、地恩梯的测定　气相色谱法	GB/T 13904—92	1992-12-02	1993-09-01
水质　梯恩梯的测定　亚硫酸钠分光光度法	GB/T 13905—92	1992-12-02	1993-09-01
水质　微型生物群落监测　PFU 法	GB/T 12990—91		1992-04-01
水质　有机磷农药的测定　气相色谱法	GB/T 13192—91	1991-08-31	1992-06-01
水质　硝基苯、硝基甲苯、硝基氯苯、二硝基甲苯的测定　气相色谱法	GB/T 13194—91	1991-08-31	1992-06-01
水质　水温的测定　温度计或颠倒温度计测定法	GB/T 13195—91	1991-08-31	1992-06-01
水质　硫酸盐的测定　火焰原子吸收分光光度法	GB/T 13196—91	1991-08-31	1992-06-01
水质　甲醛的测定　乙酰丙酮分光光度法	GB/T 13197—91	1991-08-31	1992-06-01
水质　阴离子洗涤剂的测定　电位滴定法	GB/T 13199—91	1991-08-31	1992-06-01
水质　浊度的测定	GB/T 13200—91	1991-08-31	1992-06-01
水质　物质对蚤类（大型蚤）急性毒性测定方法	GB/T 13266—91	1991-09-14	1992-08-01
水质　物质对淡水鱼（斑马鱼）急性毒性测定方法	GB/T 13267—91	1991-09-14	1992-08-01
水质　苯胺类化合物的测定　*N*-（1-萘基）乙二胺偶氮分光光度法	GB/T 11889—89	1989-12-25	1990-07-01
水质　苯系物的测定　气相色谱法	GB/T 11890—89	1989-12-25	1990-07-01
水质　凯氏氮的测定	GB/T 11891—89	1989-12-25	1990-07-01
水质　高锰酸盐指数的测定	GB/T 11892—89	1989-12-25	1990-07-01
水质　总磷的测定　钼酸铵分光光度法	GB/T 11893—89	1989-12-25	1990-07-01
水质　总氮的测定　碱性过硫酸钾消解紫外分光光度法	GB/T 11894—89	1989-12-25	1990-07-01
水质　苯并[a]芘的测定　乙酰化滤纸层析荧光分光光度法	GB/T 11895—89	1989-12-25	1990-07-01
水质　氯化物的测定　硝酸银滴定法	GB/T 11896—89	1989-12-25	1990-07-01
水质　硫酸盐的测定　重量法	GB/T 11899—89	1989-12-25	1990-07-01
水质　痕量砷的测定　硼氢化钾-硝酸银分光光度法	GB/T 11900—89	1989-12-25	1990-07-01
水质　悬浮物的测定　重量法	GB/T 11901—89	1989-12-25	1990-07-01
水质　硒的测定　2,3-二氨基萘荧光法	GB/T 11902—89	1989-12-25	1990-07-01
水质　色度的测定	GB/T 11903—89	1989-12-25	1990-07-01
水质　钾和钠的测定　火焰原子吸收分光光度法	GB/T 11904—89	1989-12-25	1990-07-01
水质　钙和镁的测定　原子吸收分光光度法	GB/T 11905—89	1989-12-25	1990-07-01
水质　锰的测定　高碘酸钾分光光度法	GB/T 11906—89	1989-12-25	1990-07-01
水质　银的测定　火焰原子吸收分光光度法	GB/T 11907—89	1989-12-25	1990-07-01
水质　镍的测定　丁二酮肟分光光度法	GB/T 11910—89	1989-12-25	1990-07-01
水质　铁、锰的测定　火焰原子吸收分光光度法	GB/T 11911—89	1989-12-25	1990-07-01
水质　镍的测定火焰　原子吸收分光光度法	GB/T 11912—89	1989-12-25	1990-07-01
水质　化学需氧量的测定　重铬酸盐法	GB/T 11914—89	1989-12-25	1990-07-01
水质　五氯酚的测定　藏红 T 分光光度法	GB/T 9803—88	1988-08-15	1988-12-01
水质　总铬的测定	GB/T 7466—87	1987-03-14	1987-08-01
水质　六价铬的测定　二苯碳酰二肼分光光度法	GB/T 7467—87	1987-03-14	1987-08-01
水质　总汞的测定　冷原子吸收分光光度法	GB/T 7468—87	1987-03-14	1987-08-01
水质　总汞的测定　高锰酸钾-过硫酸钾消解法双硫腙分光光度法	GB/T 7469—87	1987-03-14	1987-08-01
水质　铅的测定　双硫腙分光光度法	GB/T 7470—87	1987-03-14	1987-08-01
水质　镉的测定　双硫腙分光光度法	GB/T 7471—87	1987-03-14	1987-08-01
水质　锌的测定　双硫腙分光光度法	GB/T 7472—87	1987-03-14	1987-08-01
水质　铜、锌、铅、镉的测定　原子吸收分光光度法	GB/T 7475—87	1987-03-14	1987-08-01
水质　钙的测定　EDTA 滴定法	GB/T 7476—87	1987-03-14	1987-08-01
水质　钙和镁总量的测定　EDTA 滴定法	GB/T 7477—87	1987-03-14	1987-08-01

标准名称	标准编号	发布时间	实施时间
水质　铵的测定　蒸馏和滴定法	GB/T 7478—87	1987-03-14	1987-08-01
水质　铵的测定　纳氏试剂比色法	GB/T 7479—87	1987-03-14	1987-08-01
水质　硝酸盐氮的测定　酚二磺酸分光光度法	GB/T 7480—87	1987-03-14	1987-08-01
水质　铵的测定　水杨酸分光光度法	GB/T 7481—87	1987-03-14	1987-08-01
水质　氟化物的测定　离子选择电极法	GB/T 7484—87	1987-03-14	1987-08-01
水质　总砷的测定　二乙基二硫代氨基甲酸银分光光度法	GB/T 7485—87	1987-03-14	1987-08-01
水质　溶解氧的测定　碘量法	GB/T 7489—87	1987-03-14	1987-08-01
水质　六六六、滴滴涕的测定　气相色谱法	GB/T 7492—87	1987-03-14	1987-08-01
水质　亚硝酸盐氮的测定　分光光度法	GB/T 7493—87	1987-03-14	1987-08-01
水质　阴离子表面活性剂的测定　亚甲蓝分光光度法	GB/T 7494—87	1987-03-14	1987-08-01
水质　pH 值的测定　玻璃电极法	GB/T 6920—86	1986-10-10	1987-03-01
工业废水　总硝基化合物的测定　分光光度法	GB/T 4918—85	1985-01-18	1985-08-01

4．相关标准

标准名称	标准编号	发布时间	实施时间
六价铬水质自动在线监测仪技术要求	HJ 609—2011	2011-02-11	2011-06-01
水质　词汇　第一部分	HJ 596.1—2010	2010-11-05	2011-03-01
水质　词汇　第二部分	HJ 596.2—2010	2010-11-05	2011-03-01
水质　词汇　第三部分	HJ 596.3—2010	2010-11-05	2011-03-01
水质　词汇　第四部分	HJ 596.4—2010	2010-11-05	2011-03-01
水质　词汇　第五部分	HJ 596.5—2010	2010-11-05	2011-03-01
水质　词汇　第六部分	HJ 596.6—2010	2010-11-05	2011-03-01
水质　词汇　第七部分	HJ 596.7—2010	2010-11-05	2011-03-01
地震灾区饮用水安全保障应急技术方案（暂行）	环境保护部公告 2008 年第 14 号	2008-05-20	2008-05-20
地震灾区集中式饮用水水源保护技术指南（暂行）	环境保护部公告 2008 年第 14 号	2008-05-20	2008-05-20
饮用水水源保护区标志技术要求	HJ/T 433—2008	2008-04-29	2008-06-01
饮用水水源保护区划分技术规范	HJ/T 338—2007	2007-01-09	2007-02-01
紫外（UV）吸收水质自动在线监测仪技术要求	HJ/T 191—2005	2005-09-20	2005-11-01
pH 水质自动分析仪技术要求	HJ/T 96—2003	2003-03-28	2003-07-01
电导率水质自动分析仪技术要求	HJ/T 97—2003	2003-03-28	2003-07-01
浊度水质自动分析仪技术要求	HJ/T 98—2003	2003-03-28	2003-07-01
溶解氧（DO）水质自动分析仪技术要求	HJ/T 99—2003	2003-03-28	2003-07-01
高锰酸盐指数水质自动分析仪技术要求	HJ/T 100—2003	2003-03-28	2003-07-01
氨氮水质自动分析仪技术要求	HJ/T 101—2003	2003-03-28	2003-07-01
总氮水质自动分析仪技术要求	HJ/T 102—2003	2003-03-28	2003-07-01
总磷水质自动分析仪技术要求	HJ/T 103—2003	2003-03-28	2003-07-01
总有机碳（TOC）水质自动分析仪技术要求	HJ/T 104—2003	2003-03-28	2003-07-01
近岸海域环境功能区划分技术规范	HJ/T 82—2001	2001-12-25	2002-04-01
制订地方水污染物排放标准的技术原则与方法	GB 3839—83	1983-09-14	1984-04-01

5．已被替代标准

标准名称	标准编号
海水水质标准	GB 3097—82
造纸工业水污染物排放标准	GB 3544—83
医院污水综合排放标准	GBJ 48—83
梯恩梯工业水污染物排放标准	GB 4274—84
黑索金工业水污染物排放标准	GB 4275—84
火炸药工业硫酸浓缩污染物排放标准	GB 4276—84
工业废水　总硝基化合物的测定　气相色谱法	GB/T 4919—85
雷汞工业水污染物排放标准	GB 4277—84
二硝基重氮酚工业水污染物排放标准	GB 4278—84
叠氮化铅、三硝基间苯二酚铅、D·S 共晶工业水污染物排放标准	GB 4279—84

标准名称	标准编号
纺织染整工业水污染物排放标准	GB 4287—84
水质　词汇　第一部分和第二部分	GB 6816—86
水质　铜的测定　2,9-二甲基-1,10-菲啰啉分光光度法	GB 7473—87
水质　铜的测定　二乙基二硫代氨基甲酸钠分光光度法	GB 7474—87
水质　铵的测定　蒸馏和滴定法	GB 7478—87
水质　铵的测定　纳氏试剂比色法	GB 7479—87
水质　铵的测定　水杨酸分光光度法	GB 7481—87
水质　氟化物的测定　茜素磺酸锆目视比色法	GB 7482—87
水质　氟化物的测定　氟试剂分光光度法	GB 7483—87
水质　氰化物的测定　第一部分　总氰化物的测定	GB 7486—87
水质　氰化物的测定　第二部分　氰化物的测定	GB 7487—87
水质　五日生化需氧量（BOD_5）的测定　稀释与接种法	GB 7488—87
水质　挥发酚的测定　蒸馏后 4-氨基安替比林分光光度法	GB 7490—87
水质　挥发酚的测定　蒸馏后溴化容量法	GB 7491—87
水质　五氯酚的测定　气相色谱法	GB/T 8972—88
水质　游离氯和总氯的测定　*N,N*-二乙基-1,4-苯二胺滴定法	GD/T 11897—89
水质　游离氯和总氯的测定　*N,N*-二乙基-1,4-苯二胺分光光度法	GB/T 11898—89
水质　银的测定　镉试剂 2B 分光光度法	GB 11908—89
水质　银的测定　3,5-Br_2-PADAP 分光光度法	GB 11909—89
水质　溶解氧的测定　电化学探头法	GB 11913—89
水质　词汇　第三部分～第七部分	GB/T 11915—89
水质　采样方案设计规定	GB 12997—91
水质　采样技术指导	GB 12998—91
水质采样　样品的保存和管理技术规定	GB 12999—91
水质　总有机碳（TOC）的测定　非色散红外线吸收法	GB 13193—91
水质　六种特定多环芳烃的测定　高效液相色谱法	GB 13198—91
水质　总有机碳的测定　燃烧氧化-非分散红外吸收法	HJ/T 71—2001

二、大气环境保护标准

（2011-01-12 实施）

1. 大气环境质量标准

标准名称	标准编号	发布时间	实施时间
室内空气质量标准	GB/T 18883—2002	2002-11-19	2003-03-01
环境空气质量标准	GB 3095—1996	1996-01-18	1996-10-01
保护农作物的大气污染物最高允许浓度	GB 9137—88	1998-04-30	1998-10-01

2. 大气污染物排放标准

标准名称	标准编号	发布时间	实施时间
稀土工业污染物排放标准	GB 26451—2011	2011-01-24	2011-10-01
钒工业污染物排放标准	GB 26452—2011	2011-04-02	2011-10-01
平板玻璃工业大气污染物排放标准	GB 26453—2011	2011-04-02	2011-10-01
陶瓷工业污染物排放标准	GB 25464—2010	2010-09-27	2010-10-01
铝工业污染物排放标准	GB 25465—2010	2010-09-27	2010-10-01
铅、锌工业污染物排放标准	GB 25466—2010	2010-09-27	2010-10-01
铜、镍、钴工业污染物排放标准	GB 25467—2010	2010-09-27	2010-10-01
镁、钛工业污染物排放标准	GB 25468—2010	2010-09-27	2010-10-01
硝酸工业污染物排放标准	GB 26131—2010	2010-12-30	2011-03-01
硫酸工业污染物排放标准	GB 26132—2010	2010-12-30	2011-03-01
非道路移动机械用小型点燃式发动机排气污染物排放限值与测量方法（中国第一、二阶段）	GB 26133—2010	2010-12-30	2011-03-01

标准名称	标准编号	发布时间	实施时间
煤层气（煤矿瓦斯）排放标准（暂行）	GB 21522—2008	2008-04-02	2008-07-01
电镀污染物排放标准	GB 21900—2008	2008-06-25	2008-08-01
合成革与人造革工业污染物排放标准	GB 21902—2008	2008-06-25	2008-08-01
储油库大气污染物排放标准	GB 20950—2007	2007-06-22	2007-08-01
加油站大气污染物排放标准	GB 20952—2007	2007-06-22	2007-08-01
煤炭工业污染物排放标准	GB 20426—2006	2006-09-01	2006-10-01
水泥工业大气污染物排放标准	GB 4915—2004	2004-12-29	2005-01-01
火电厂大气污染物排放标准	GB 13223—2003	2003-12-30	2004-01-01
锅炉大气污染物排放标准	GB 13271—2001	2001-11-12	2002-01-01
饮食业油烟排放标准（试行）	GB 18483—2001	2001-11-12	2002-01-01
工业炉窑大气污染物排放标准	GB 9078—1996	1996-03-07	1997-01-01
炼焦炉大气污染物排放标准	GB 16171—1996	1996-03-07	1997-01-01
大气污染物综合排放标准	GB 16297—1996	1996-04-12	1997-01-01
恶臭污染物排放标准	GB 14554—93	1993-08-06	1994-01-15
重型车用汽油发动机与汽车排气污染物排放限值及测量方法（中国III、IV阶段）	GB 14762—2008	2008-04-02	2009-07-01
摩托车污染物排放限值及测量方法（工况法，中国第III阶段）	GB 14622—2007	2007-04-03	2008-07-01
轻便摩托车污染物排放限值及测量方法（工况法，中国第III阶段）	GB 18176—2007	2007-04-03	2008-07-01
非道路移动机械用柴油机排气污染物排放限值及测量方法（中国Ⅰ、Ⅱ阶段）	GB 20891—2007	2007-04-03	2007-10-01
汽油运输大气污染物排放标准	GB 20951—2007	2007-06-22	2007-08-01
摩托车和轻便摩托车燃油蒸发污染物排放限值及测量方法	GB 20998—2007	2007-07-19	2008-07-01
车用压燃式发动机和压燃式发动机汽车排气烟度排放限值及测量方法	GB 3847—2005	2005-05-30	2005-07-01
装用点燃式发动机重型汽车曲轴箱污染物排放限值	GB 11340—2005	2005-04-15	2005-07-01
装用点燃式发动机重型汽车燃油蒸发污染物排放限值	GB 14763—2005	2005-04-15	2005-07-01
车用压燃式、气体燃料点燃式发动机与汽车排气污染物排放限值及测量方法（中国III、IV、V阶段）	GB 17691—2005	2005-05-30	2007-01-01
点燃式发动机汽车排气污染物排放限值及测量方法（双怠速法及简易工况法）	GB 18285—2005	2005-05-30	2005-07-01
轻型汽车污染物排放限值及测量方法（中国III、IV阶段）	GB 18352.3—2005	2005-04-15	2007-07-01
三轮汽车和低速货车用柴油机排气污染物排放限值及测量方法（中国Ⅰ、Ⅱ阶段）	GB 19756—2005	2005-05-30	2006-01-01
摩托车和轻便摩托车排气烟度排放限值及测量方法	GB 19758—2005	2005-05-30	2005-07-01
摩托车和轻便摩托车排气污染物排放限值及测量方法（怠速法）	GB 14621—2002	2002-11-27	2003-01-01
车用点燃式发动机及装用点燃式发动机汽车排气污染物排放限值及测量方法	GB 14762—2002	2002-11-18	2003-01-01
农用运输车自由加速烟度排放限值及测量方法	GB 18322—2002	2002-01-04	2002-07-01
车用压燃式发动机排气污染物排放限值及测量方法	GB 17691—2001	2001-04-16	2001-04-16
轻型汽车污染物排放限值及测量方法（Ⅰ）	GB 18352.1—2001	2001-04-16	2001-04-16

3．相关监测规范、方法标准

标准名称	标准编号	发布时间	实施时间
环境空气　总烃的测定　气相色谱法	HJ 604—2011	2011-02-10	2011-06-01
烟度卡	HJ 553—2010	2010-01-05	2010-05-01
环境空气　苯系物的测定　固体吸附/热脱附-气相色谱法	HJ 583—2010	2010-09-20	2010-12-01
环境空气　苯系物的测定　活性炭吸附/二硫化碳解吸-气相色谱法	HJ 584—2010	2010-09-20	2010-12-01
环境空气　臭氧的测定　紫外光度法	HJ 590—2010	2010-10-21	2011-01-01
非道路移动机械用小型点燃式发动机排气污染物排放限值与测量方法(中国第一、二阶段)	GB 26133—2010	2010-12-30	2011-03-01
环境空气　氮氧化物（一氧化氮和二氧化氮）的测定盐　酸萘乙二胺分光光度法	HJ 479—2009	2009-09-27	2009-11-01
环境空气　氟化物的测定　滤膜采样氟离子选择电极法	HJ 480—2009	2009-09-27	2009-11-01
环境空气　氟化物的测定　石灰滤纸采样氟离子选择电极法	HJ 481—2009	2009-09-27	2009-11-01
环境空气　二氧化硫的测定　甲醛吸收-副玫瑰苯胺分光光度法	HJ 482—2009	2009-09-27	2009-11-01
环境空气　二氧化硫的测定　四氯汞盐吸收-副玫瑰苯胺分光光度法	HJ 483—2009	2009-09-27	2009-11-01
环境空气　臭氧的测定　靛蓝二磺酸钠分光光度法	HJ 504—2009	2009-12-20	2009-12-01
环境空气和废气　氨的测定　纳氏试剂分光光度法	HJ 533—2009	2009-12-31	2010-04-01

标准名称	标准编号	发布时间	实施时间
环境空气 氨的测定 次氯酸钠-水杨酸分光光度法	HJ 534—2009	2009-12-31	2010-04-01
固定污染源废气 铅的测定 火焰原子吸收分光光度法（暂行）	HJ 538—2009	2009-12-30	2010-04-01
环境空气 铅的测定 石墨炉原子吸收分光光度法（暂行）	HJ 539—2009	2009-12-30	2010-04-01
环境空气和废气 砷的测定 二乙基二硫代氨基甲酸银分光光度法（暂行）	HJ 540—2009	2009-12-30	2010-04-01
黄磷生产废气 气态砷的测定 二乙基二硫代氨基甲酸银分光光度法（暂行）	HJ 541—2009	2009-12-30	2010-04-01
环境空气 汞的测定 巯基棉富集-冷原子荧光分光光度法（暂行）	HJ 542—2009	2009-12-30	2010-04-01
固定污染源废气 汞的测定 冷原子吸收分光光度法（暂行）	HJ 543—2009	2009-12-30	2010-04-01
固定污染源废气 硫酸雾的测定 离子色谱法（暂行）	HJ 544—2009	2009-12-30	2010-04-01
固定污染源废气 气态总磷的测定 喹钼柠酮容量法（暂行）	HJ 545—2009	2009-12-30	2010-04-01
环境空气 五氧化二磷的测定 抗坏血酸还原-钼蓝分光光度法（暂行）	HJ 546—2009	2009-12-30	2010-04-01
固定污染源废气 氯气的测定 碘量法（暂行）	HJ 547—2009	2009-12-30	2010-04-01
固定污染源废气 氯化氢的测定 硝酸银容量法（暂行）	HJ 548—2009	2009-12-30	2010-04-01
环境空气和废气 氯化氢的测定 离子色谱法（暂行）	HJ 549—2009	2009-12-30	2010-04-01
环境空气和废气 二噁英类的测定 同位素稀释高分辨气相色谱－高分辨质谱法	HJ 77.2—2008	2008-12-31	2009-04-01
环境空气质量监测规范（试行）	国家环保总局公告2007年第4号	2007-01-19	2007-01-19
非道路移动机械用柴油机排气污染物排放限值及测量方法（中国Ⅰ、Ⅱ阶段）	GB 20891—2007	2007-04-03	2007-10-01
固定污染源烟气排放连续监测技术规范（试行）	HJ/T 75—2007	2007-07-12	2007-08-01
固定污染源烟气排放连续监测系统技术要求及检测方法（试行）	HJ/T 76—2007	2007-07-12	2007-08-01
固定污染源监测质量保证与质量控制技术规范（试行）	HJ/T 373—2007	2007-11-12	2008-01-01
固定源废气监测技术规范	HJ/T 397—2007	2007-12-07	2008-03-01
固定污染源排放烟气黑度的测定林格曼烟气黑度图法	HJ/T 398—2007	2007-12-07	2008-03-01
车内挥发性有机物和醛酮类物质采样测定方法	HJ/T 400—2007	2007-12-07	2008-03-01
降雨自动采样器技术要求及检测方法	HJ/T 174—2005	2005-05-08	2005-05-08
降雨自动监测仪技术要求及检测方法	HJ/T 175—2005	2005-05-08	2005-05-08
环境空气质量自动监测技术规范	HJ/T 193—2005	2005-11-09	2006-01-01
环境空气质量手工监测技术规范	HJ/T 194—2005	2005-11-09	2006-01-01
酸沉降监测技术规范	HJ/T 165—2004	2004-12-09	2004-12-09
室内环境空气质量监测技术规范	HJ/T 167—2004	2004-12-09	2004-12-09
PM_{10}采样器技术要求及检测方法	HJ/T 93—2003	2003-01-29	2003-07-01
饮食业油烟净化设备技术方法及检测技术规范（试行）	HJ/T 62—2001	2001-06-04	2001-08-01
大气固定污染源 镍的测定 火焰原子吸收分光光度法	HJ/T 63.1—2001	2001-07-27	2001-11-01
大气固定污染源 镍的测定 石墨炉原子吸收分光光度法	HJ/T 63.2—2001	2001-07-27	2001-11-01
大气固定污染源 镍的测定 丁二酮肟-正丁醇萃取分光光度法	HJ/T 63.3—2001	2001-07-27	2001-11-01
大气固定污染源 镉的测定 火焰原子吸收分光光度法	HJ/T 64.1—2001	2001-07-27	2001-11-01
大气固定污染源 镉的测定 石墨炉原子吸收分光光度法	HJ/T 64.2—2001	2001-07-27	2001-11-01
大气固定污染源 镉的测定 对-偶氮苯重氮氨基偶氮苯磺酸分光光度法	HJ/T 64.3—2001	2001-07-27	2001-11-01
大气固定污染源 锡的测定 石墨炉原子吸收分光光度法	HJ/T 65—2001	2001-07-27	2001-11-01
大气固定污染源 氯苯类化合物的测定 气相色谱法	HJ/T 66—2001	2001-07-27	2001-11-01
大气固定污染源 氟化物的测定 离子选择电极法	HJ/T 67—2001	2001-07-27	2001-11-01
大气固定污染源 苯胺类的测定 气相色谱法	HJ/T 68—2001	2001-07-27	2001-11-01
燃煤锅炉烟尘和二氧化硫排放总量核定技术方法——物料衡算法（试行）	HJ/T 69—2001	2001-07-27	2001-11-01
车用压燃式发动机排气污染物测量方法	HJ/T 54—2000	2000-06-30	2000-09-01
大气污染物无组织排放监测技术导则	HJ/T 55—2000	2000-12-07	2001-03-01
固定污染源排气中二氧化硫的测定 碘量法	HJ/T 56—2000	2000-12-07	2001-03-01
固定污染源排气中二氧化硫的测定 定电位电解法	HJ/T 57—2000	2000-12-07	2001-03-01
固定污染源排气中氯化氢的测定 硫氰酸汞分光光度法	HJ/T 27—1999	1999-08-18	2000-01-01
固定污染源排气中氰化氢的测定 异烟酸-吡唑啉酮分光光度法	HJ/T 28—1999	1999-08-18	2000-01-01
固定污染源排气中铬酸雾的测定 二苯基碳酰二肼分光光度法	HJ/T 29—1999	1999-08-18	2000-01-01
固定污染源排气中氯气的测定 甲基橙分光光度法	HJ/T 30—1999	1999-08-18	2000-01-01
固定污染源排气中光气的测定 苯胺紫外分光光度法	HJ/T 31—1999	1999-08-18	2000-01-01
固定污染源排气中酚类化合物的测定 4-氨基安替比林分光光度法	HJ/T 32—1999	1999-08-18	2000-01-01
固定污染源排气中甲醇的测定 气相色谱法	HJ/T 33—1999	1999-08-18	2000-01-01
固定污染源排气中氯乙烯的测定 气相色谱法	HJ/T 34—1999	1999-08-18	2000-01-01
固定污染源排气中乙醛的测定 气相色谱法	HJ/T 35—1999	1999-08-18	2000-01-01
固定污染源排气中丙烯醛的测定 气相色谱法	HJ/T 36—1999	1999-08-18	2000-01-01

标准名称	标准编号	发布时间	实施时间
固定污染源排气中丙烯腈的测定　气相色谱法	HJ/T 37—1999	1999-08-18	2000-01-01
固定污染源排气中非甲烷总烃的测定　气相色谱法	HJ/T 38—1999	1999-08-18	2000-01-01
固定污染源排气中氯苯类的测定　气相色谱法	HJ/T 39—1999	1999-08-18	2000-01-01
固定污染源排气中苯并[a]芘的测定　高效液相色谱法	HJ/T 40—1999	1999-08-18	2000-01-01
固定污染源排气中石棉尘的测定　镜检法	HJ/T 41—1999	1999-08-18	2000-01-01
固定污染源排气中氮氧化物的测定　紫外分光光度法	HJ/T 42—1999	1999-08-18	2000-01-01
固定污染源排气中氮氧化物的测定　盐酸萘乙二胺分光光度法	HJ/T 43—1999	1999-08-18	2000-01-01
固定污染源排气中一氧化碳的测定　非色散红外吸收法	HJ/T 44—1999	1999-08-18	2000-01-01
固定污染源排气中沥青烟的测定　重量法	HJ/T 45—1999	1999-08-18	2000-01-01
定电位电解法二氧化硫测定仪技术条件	HJ/T 46—1999	1999-08-18	2000-01-01
烟气采样器技术条件	HJ/T 47—1999	1999-08-18	2000-01-01
烟尘采样器技术条件	HJ/T 48—1999	1999-08-18	2000-01-01
固定污染源排气中颗粒物测定与气态污染物采样方法	GB/T 16157—1996	1996-03-06	1996-03-06
环境空气质量功能区划分原则与技术方法	HJ/T 14—1996	1996-07-22	1996-10-01
环境空气　总悬浮颗粒物的测定　重量法	GB/T 15432—1995	1995-03-25	1995-08-01
环境空气　二氧化氮的测定　Saltzman 法	GB/T 15435—1995	1995-03-25	1995-08-01
环境空气　苯并[a]芘的测定　高效液相色谱法	GB/T 15439—1995	1995-03-25	1995-08-01
空气质量　硝基苯类（一硝基和二硝基化合物）的测定　锌还原-盐酸萘乙二胺分光光度法	GB/T 15501—1995	1995-03-25	1995-08-01
空气质量　苯胺类的测定　盐酸萘乙二胺分光光度法	GB/T 15502—1995	1995-03-25	1995-08-01
空气质量　甲醛的测定　乙酰丙酮分光光度法	GB/T 15516—1995	1995-03-25	1995-08-01
环境空气　总烃的测定　气相色谱法	GB/T 15263—94	1994-10-26	1995-06-01
环境空气　铅的测定　火焰原子吸收分光光度法	GB/T 15264—94	1994-10-26	1995-06-01
环境空气　降尘的测定　重量法	GB/T 15265—94	1994-10-26	1995-06-01
空气中碘-131 的取样与测定	GB/T 14584—93	1993-08-30	1994-04-01
空气质量　氨的测定　纳氏试剂比色法	GB/T 14668—93	1993-10-27	1994-05-01
空气质量　氨的测定　离子选择电极法	GB/T 14669—93	1993-10-27	1994-05-01
空气质量　恶臭的测定　三点比较式臭袋法	GB/T 14675—93	1993-10-27	1994-03-15
空气质量　三甲胺的测定　气相色谱法	GB/T 14676—93	1993-10-27	1994-03-15
空气质量　硫化氢、甲硫醇、甲硫醚和二甲二硫的测定　气相色谱法	GB/T 14678—93	1993-10-27	1994-03-15
空气质量　氨的测定　次氯酸钠-水杨酸分光光度法	GB/T 14679—93	1993-10-27	1994-03-15
空气质量　二硫化碳的测定　二乙胺分光光度法	GB/T 14680—93	1993-10-27	1994-03-15
汽油机动车怠速排气监测仪技术条件	HJ/T 3—93	1993-06-12	1993-12-01
柴油车滤纸式烟度计技术条件	HJ/T 4—93	1993-06-12	1993-12-01
大气降水采样分析方法总则	GB 13580.1—92	1992-06-20	1993-03-01
大气降水样品的采集与保存	GB 13580.2—92	1992-06-20	1993-03-01
大气降水电导率的测定方法	GB 13580.3—92	1992-06-20	1993-03-01
大气降水 pH 值的测定　电极法	GB 13580.4—92	1992-06-20	1993-03-01
大气降水中氟、氯、亚硝酸盐、硝酸盐、硫酸盐的测定　离子色谱法	GB 13580.5—92	1992-06-20	1993-03-01
大气降水中硫酸盐的测定	GB 13580.6—92	1992-06-20	1993-03-01
大气降水中亚硝酸盐测定　*N*-（1-萘基）-乙二胺光度法	GB 13580.7—92	1992-06-20	1993-03-01
大气降水中硝酸盐的测定	GB 13580.8—92	1992-06-20	1993-03-01
大气降水中氯化物的测定　硫氰酸汞高铁光度法	GB 13580.9—92	1992-06-20	1993-03-01
大气降水中氟化物的测定　新氟试剂光度法	GB 13580.10—92	1992-06-20	1993-03-01
大气降水中氨盐的测定	GB 13580.11—92	1992-06-20	1993-03-01
大气降水中钠、钾的测定　原子吸收分光光度法	GB 13580.12—92	1992-06-20	1993-03-01
大气降水中钙、镁的测定　原子吸收分光光度法	GB 13580.13—92	1992-06-20	1993-03-01
空气质量　氮氧化物的测定	GB/T 13906—92	1992-12-02	1993-09-01
气体参数测量和采样的固定位装置	HJ/T 1—92	1992-08-25	1993-01-01
锅炉烟尘测定方法	GB 5468—91	1991-09-14	1992-08-01
大气试验粉尘标准样品　黄土尘	GB/T 13268—91	1991-05-03	1992-08-01
大气试验粉尘标准样品　煤飞灰	GB/T 13269—91	1991-05-01	1992-08-01
大气试验粉尘标准样品　模拟大气尘	GB/T 13270—91	1991-05-03	1992-08-01
空气质量　飘尘中苯并[a]芘的测定　乙酰化滤纸层析荧光分光光度法	GB 8971—88	1988-03-26	1988-08-01
空气质量　一氧化碳的测定　非分散红外法	GB 9801—88	1988-08-15	1988-12-01
大气飘尘浓度测量方法	GB 6921—86	1986-10-10	1987-03-01
硫酸浓缩尾气硫酸雾的测定　铬酸钡比色法	GB 4920—85	1985-01-18	1985-08-01
工业废气耗氧值和氧化氮的测定　重铬酸钾氧化、萘乙二胺比色法	GB 4921—85	1985-01-18	1985-08-01

4. 相关标准

标准名称	标准编号	发布时间	实施时间
车用汽油有害物质控制标准（第四、五阶段）	GWKB1.1—2011	2011-02-14	2011-05-01
车用柴油有害物质控制标准（第四、五阶段）	GWKB1.2—2011	2011-02-14	2011-05-01
空气质量词汇	HJ 492—2009	2009-09-27	2009-11-01
轻型汽车车载诊断（OBD）系统管理技术规范	HJ 500—2009	2009-12-01	2010-02-01
车用陶瓷催化转化器中铂、钯、铑的测定电感耦合等离子体发射光谱法和电感耦合等离子体质谱法	HJ 509—2009	2009-11-03	2010-01-01
车用压燃式、气体燃料点燃式发动机与汽车车载诊断（OBD）系统技术要求	HJ 437—2008	2008-06-24	2008-07-01
车用压燃式、气体燃料点燃式发动机与汽车排放控制系统耐久性技术要求	HJ 438—2008	2008-06-24	2008-07-01
车用压燃式、气体燃料点燃式发动机与汽车在用符合性技术要求	HJ 439—2008	2008-06-24	2008-07-01
重型汽车排气污染物排放控制系统耐久性要求及试验方法	GB 20890—2007	2007-04-03	2007-10-01
压燃式发动机汽车自由加速法排气烟度测量设备技术要求	HJ/T 395—2007	2007-12-14	2008-03-01
点燃式发动机汽车瞬态工况法排气污染物测量设备技术要求	HJ/T 396—2007	2007-12-14	2008-03-01
汽油车双怠速法排气污染物测量设备技术要求	HJ/T 289—2006	2006-07-18	2006-09-01
汽油车简易瞬态工况法排气污染物测量设备技术要求	HJ/T 290—2006	2006-07-18	2006-09-01
汽油车稳态工况法排气污染物测量设备技术要求	HJ/T 291—2006	2006-07-18	2006-09-01
柴油车加载减速工况法排气烟度测量设备技术要求	HJ/T 292—2006	2006-07-18	2006-09-01
城市机动车排放空气污染测算方法	HJ/T 180—2005	2005-07-27	2005-10-01
确定点燃式发动机在用汽车简易工况法排气污染物排放限值的原则和方法	HJ/T 240—2005	2005-12-12	2006-01-01
确定压燃式发动机在用汽车加载减速法排气烟度排放限值的原则和方法	HJ/T 241—2005	2005-12-12	2006-01-01
车用汽油有害物质控制标准	GWKB 1—1999	1999-06-01	2000-01-01

5. 已被替代标准

标准名称	标准编号
大气环境质量标准	GB 3095—82
锅炉烟尘排放标准	GB 3841—83
柴油车自由加速烟度排放标准	GB 3843—83
汽油柴油机全负荷烟度排放标准	GB 3844—83
汽油车怠速污染物测量方法	GB 3845—83
柴油车自由加速烟度测量方法	GB 3846—83
汽车柴油机全负荷烟度测量方法	GB 3847—83
水泥厂大气污染物排放标准	GB 4915—85
锅炉烟尘测试方法	GB 5486—85
空气质量词汇	GB 6919—86
空气质量氮氧化物的测定盐酸萘乙二胺比色法	GB 8969—88
空气质量二氧化硫的测定四氯汞盐-盐酸副玫瑰苯胺比色法	GB 8970—88
工业炉窑烟尘排放标准	GB 9078—88
空气质量总悬浮微粒的测定（重量法）	GB/T 9802—1988
烟度卡标准	GB 9804—88
汽车曲轴箱排放物测量方法及限值	GB 11340—89
船舱内非危险货物产生有害气体的检测方法	GB 12301—90
锅炉大气污染物排放标准	GB 13271—91
汽油车排气污染物的测量怠速法	GB/T 3845—93
柴油车自由加速烟度的测量滤纸烟度法	GB/T 3846—93
摩托车排气污染物的测量　怠速法	GB/T 5466—93
摩托车排气污染物排放标准	GB 14621—93
摩托车排气污染物的测量-工况法	GB/T 14622—1993
空气质量 苯乙烯的测定 气相色谱法	GB/T 14670—93
空气质量 甲苯二甲苯苯乙烯的测定 气相色谱法	GB/T 14677—93

标准名称	标准编号
车用汽油机排气污染物排放标准	GB 14761.2—93
汽油车燃油蒸发污染物排放标准	GB 14761.3—93
汽车曲轴箱污染物排放标准	GB 14761.4—93
汽油车怠速污染物排放标准	GB 14761.5—93
柴油车自由加速烟度排放标准	GB 14761.6—93
汽车柴油机全负荷烟度排放标准	GB 14761.7—93
车用汽油机排气污染物试验方法	GB/T 14762—93
汽油车燃油蒸发气污染物的测量收集法	GB/T 14763—93
环境空气　二氧化硫的测定　甲醛吸收-副玫瑰苯胺分光光度法	GB/T 15262—94
环境空气　氟化物的测定　石灰滤纸　氟离子选择电极法	GB/T 15433—1995
环境空气　氟化物质量浓度的测定　滤膜　氟离子选择电极法	GB/T 15434—1995
环境空气　氮氧化物的测定　Saltzman 法	GB/T 15436—1995
环境空气　臭氧的测定　靛蓝二磺酸钠分光光度法	GB/T 15437—1995
环境空气　臭氧的测定　紫外光度法	GB/T 15438—1995
烟度卡标准	GB 9804—1996
火电厂大气污染物排放标准	GB 13223—1996
压燃式发动机和装用压燃式发动机的车辆排气可见污染物限值及测试方法	GB 3847—1999
汽车排放污染物限值及测试方法	GB 14761—1999
压燃式发动机和装用压燃式发动机的车辆排气污染物限值及测试方法	GB 17691—1999
轻型汽车污染物排放标准	GWPB 1—1999
锅炉大气污染物排放标准	GWPB 3—1999
轻型汽车排放污染物测试方法排气污染物的测试	HJ/T 26.1—1999
轻型汽车排放污染物测试方法曲轴箱气体排放的测试	HJ/T 26.2—1999
轻型汽车排放污染物测试方法燃油蒸发排放的测试密闭室法	HJ/T 26.3—1999
轻型汽车排放污染物测试方法污染控制装置耐久性时效试验	HJ/T 26.4—1999
轻型汽车排放污染物测试方法试验用基准燃油的规格	HJ/T 26.5—1999
摩托车排气污染物限值及测试方法	GB 14622—2000
轻便摩托车排气污染物限值及测试方法	GB 18176—2000
饮食业油烟排放标准	GWPB 5—2000
车用压燃式发动机排气污染物排放标准	GWPB 6—2000
车用压燃式发动机排气污染物测量方法	HJ 54—2000
汽车排放污染物限值及测量方法	GB 14761—2001
农用运输车自由加速烟度限值	GB 18322—2001
轻型汽车污染物排放限值及测量方法（Ⅱ）	GB 18352.2—2001
火电厂烟气排放连续检测技术规范	HJ/T 75—2001
固定污染源排放烟气连续监测系统技术要求及检测方法	HJ/T 76—2001
多氯代二苯并二噁英和多氯代二苯并呋喃的测定同位素稀释高分辨率毛细管气相色谱/高分辨质谱法	HJ/T 77—2001
摩托车排气污染物排放限值及测量方法（工况法）	GB 14622—2002
轻便摩托车排气污染物排放限值及测量方法（工况法）	GB 18176—2002

三、环境噪声与振动标准

（2009-04-17 实施）

1．声环境质量标准

标准名称	标准编号	发布时间	实施时间
声环境质量标准	GB 3096—2008	2008-08-19	2008-10-01
机场周围飞机噪声环境标准	GB 9660—88	1988-08-11	1988-11-01
城市区域环境振动标准	GB 10070—88	1988-12-10	1989-07-01

2．环境噪声排放标准

标准名称	标准编号	发布时间	实施时间
工业企业厂界环境噪声排放标准	GB 12348—2008	2008-08-19	2008-10-01
社会生活环境噪声排放标准	GB 22337—2008	2008-08-19	2008-10-01
摩托车和轻便摩托车定置噪声排放限值及测量方法	GB 4569—2005	2005-04-15	2005-07-01
摩托车和轻便摩托车加速行驶噪声限值及测量方法	GB 16169—2005	2005-04-15	2005-07-01
三轮汽车和低速货车加速行驶车外噪声限值及测量方法（中国Ⅰ、Ⅱ阶段）	GB 19757—2005	2005-05-30	2005-07-01
汽车加速行驶车外噪声限值及测量方法	GB 1495—2002	2002-01-04	2002-10-01
汽车定置噪声限值	GB 16170—1996	1996-03-07	1997-01-01
建筑施工场界噪声限值	GB 12523—90	1990-11-09	1991-03-01
铁路边界噪声限值及其测量方法	GB 12525—90	1990-11-09	1991-03-01

3．相关监测规范、方法标准

标准名称	标准编号	发布时间	实施时间
工业企业厂界环境噪声排放标准	GB 12348—2008	2008-08-19	2008-10-01
社会生活环境噪声排放标准	GB 22337—2008	2008-08-19	2008-10-01
摩托车和轻便摩托车定置噪声排放限值及测量方法	GB 4569—2005	2005-04-15	2005-07-01
摩托车和轻便摩托车加速行驶噪声限值及测量方法	GB 16169—2005	2005-04-15	2005-07-01
三轮汽车和低速货车加速行驶车外噪声限值及测量方法（中国Ⅰ、Ⅱ阶段）	GB 19757—2005	2005-05-30	2005-07-01
声屏障声学设计和测量规范	HJ/T 90—2004	2004-07-12	2004-10-01
汽车加速行驶车外噪声限值及测量方法	GB 1495—2002	2002-01-04	2002-10-01
城市区域环境噪声适用区划分技术规范	GB/T 15190—94	1994-08-29	1994-10-01
声学 机动车辆定置噪声测量方法	GB/T 14365—93	1993-03-17	1993-12-01
建筑施工场界噪声测量方法	GB 12524—90	1990-11-09	1991-03-01
铁路边界噪声限值及其测量方法	GB 12525—90	1990-11-09	1991-03-01
城市区域环境振动测量方法	GB 10071—88	1988-12-10	1989-07-01
机场周围飞机噪声测量方法	GB/T 9661—88	1988-08-11	1988-11-01

4．已被替代标准

标准名称	标准编号
城市区域环境噪声标准	GB 3096—82
城市港口及江河两岸区域环境噪声标准	GB 11339—89
工业企业厂界噪声标准	GB 12348—90
工业企业厂界噪声测量方法	GB/T 12349—90
城市区域环境噪声标准	GB 3096—93
城市区域环境噪声测量方法	GB/T 14623—93
摩托车和轻便摩托车噪声限值	GB 16169—1996
摩托车和轻便摩托车噪声测量方法	GB/T 4569—1996
摩托车噪声限值及测试方法	GB 4569—2000
轻便摩托车噪声限值及测试方法	GB 16169—2000

四、土壤环境保护标准

（2011-04-22 实施）

1．土壤环境质量标准

标准名称	标准编号	发布时间	实施时间
展览会用地土壤环境质量评价标准（暂行）	HJ 350—2007	2007-06-15	2007-08-01
食用农产品产地环境质量评价标准	HJ 332—2006	2006-11-17	2007-02-01
温室蔬菜产地环境质量评价标准	HJ 333—2006	2006-11-17	2007-02-01
拟开放场址土壤中剩余放射性可接受水平规定（暂行）	HJ 53—2000	2000-05-22	2000-12-01
土壤环境质量标准	GB 15618—1995	1995-07-13	1996-03-01

2. 相关监测规范、方法标准

标准名称	标准编号	发布时间	实施时间
土壤和沉积物　挥发性有机物的测定　吹扫捕集/气相色谱-质谱法	HJ 605—2011	2011-02-10	2011-06-01
土壤　干物质和水分的测定　重量法	HJ 613—2011	2011-04-15	2011-10-01
土壤　毒鼠强的测定　气相色谱法	HJ 614—2011	2011-04-15	2011-10-01
土壤　有机碳的测定　重铬酸钾氧化-分光光度法	HJ 615—2011	2011-04-15	2011-10-01
土壤　总铬的测定　火焰原子吸收分光光度法	HJ 491—2009	2009-09-27	2009-11-01
土壤和沉积物　二噁英类的测定　同位素稀释高分辨气相色谱-高分辨质谱法	HJ 77.4—2008	2008-12-31	2009-04-01
土壤环境监测技术规范	HJ/T 166—2004	2004-12-09	2004-12-09
土壤质量　词汇	GB/T 18834—2002	2002-09-11	2003-02-01
土壤质量　总砷的测定　二乙基二硫代氨基甲酸银分光光度法	GB/T 17134—1997	1997-12-08	1998-05-01
土壤质量　总砷的测定　硼氢化钾-硝酸银分光光度法	GB/T 17135—1997	1997-12-08	1998-05-01
土壤质量　总汞的测定　冷原子吸收分光光度法	GB/T 17136—1997	1997-12-08	1998-05-01
土壤质量　铜、锌的测定　火焰原子吸收分光光度法	GB/T 17138—1997	1997-12-08	1998-05-01
土壤质量　镍的测定　火焰原子吸收分光光度法	GB/T 17139—1997	1997-12-08	1998-05-01
土壤质量　铅、镉的测定　KI-MIBK 萃取火焰原子吸收分光光度法	GB/T 17140—1997	1997-12-08	1998-05-01
土壤质量　铅、镉的测定　石墨炉原子吸收分光光度法	GB/T 17141—1997	1997-12-08	1998-05-01
土壤质量　六六六和滴滴涕的测定　气相色谱法	GB/T 14550—93	1993-08-06	1994-01-15

3. 已被替代标准

标准名称	标准编号
土壤质量 总铬的测定 火焰原子吸收分光光度法	GB/T 17137—1997

五、固体废物环境标准

（2010-02-25 实施）

1. 固体废物污染控制标准

标准名称	标准编号	发布时间	实施时间
生活垃圾填埋场污染控制标准	GB 16889—2008	2008-04-02	2008-07-01
进口可用作原料的固体废物环境保护控制标准—骨废料	GB 16487.1—2005	2005-12-14	2006-02-01
进口可用作原料的固体废物环境保护控制标准—冶炼渣	GB 16487.2—2005	2005-12-14	2006-02-01
进口可用作原料的固体废物环境保护控制标准—木、木制品废料	GB 16487.3—2005	2005-12-14	2006-02-01
进口可用作原料的固体废物环境保护控制标准—废纸或纸板	GB 16487.4—2005	2005-12-14	2006-02-01
进口可用作原料的固体废物环境保护控制标准—废纤维	GB 16487.5—2005	2005-12-14	2006-02-01
进口可用作原料的固体废物环境保护控制标准—废钢铁	GB 16487.6—2005	2005-12-14	2006-02-01
进口可用作原料的固体废物环境保护控制标准—废有色金属	GB 16487.7—2005	2005-12-14	2006-02-01
进口可用作原料的固体废物环境保护控制标准—废电机	GB 16487.8—2005	2005-12-14	2006-02-01
进口可用作原料的固体废物环境保护控制标准—废电线电缆	GB 16487.9—2005	2005-12-14	2006-02-01
进口可用作原料的固体废物环境保护控制标准—废五金电器	GB 16487.10—2005	2005-12-14	2006-02-01
进口可用作原料的固体废物环境保护控制标准—供拆卸的船舶及其他浮动结构体	GB 16487.11—2005	2005-12-14	2006-02-01
进口可用作原料的固体废物环境保护控制标准—废塑料	GB 16487.12—2005	2005-12-14	2006-02-01
进口可用作原料的固体废物环境保护控制标准—废汽车压件	GB 16487.13—2005	2005-12-14	2006-02-01
医疗废物集中处置技术规范（试行）	环发[2003]206 号	2003-12-26	2003-12-26
医疗废物转运车技术要求（试行）	GB 19217—2003	2003-06-30	2003-06-30
医疗废物焚烧炉技术要求（试行）	GB 19218—2003	2003-06-30	2003-06-30
危险废物焚烧污染控制标准	GB 18484—2001	2001-11-12	2002-01-01
生活垃圾焚烧污染控制标准	GB 18485—2001	2001-11-12	2002-01-01
危险废物贮存污染控制标准	GB 18597—2001	2001-12-28	2002-07-01
危险废物填埋污染控制标准	GB 18598—2001	2001-12-28	2002-07-01
一般工业固体废物贮存、处置场污染控制标准	GB 18599—2001	2001-12-28	2002-07-01
含多氯联苯废物污染控制标准	GB 13015—91	1991-06-27	1992-03-01
城镇垃圾农用控制标准	GB 8172—87	1987-10-05	1988-02-01
农用粉煤灰中污染物控制标准	GB 8173—87	1987-10-05	1988-02-01
农用污泥中污染物控制标准	GB 4284—84	1984-05-18	1985-03-01

2. 危险废物鉴别标准

标准名称	标准编号	发布时间	实施时间
危险废物鉴别标准　腐蚀性鉴别	GB 5085.1—2007	2007-4-25	2007-10-1
危险废物鉴别标准　急性毒性初筛	GB 5085.2—2007	2007-4-25	2007-10-1
危险废物鉴别标准　浸出毒性鉴别	GB 5085.3—2007	2007-4-25	2007-10-1
危险废物鉴别标准　易燃性鉴别	GB 5085.4—2007	2007-4-25	2007-10-1
危险废物鉴别标准　反应性鉴别	GB 5085.5—2007	2007-4-25	2007-10-1
危险废物鉴别标准　毒性物质含量鉴别	GB 5085.6—2007	2007-4-25	2007-10-1
危险废物鉴别标准　通则	GB 5085.7—2007	2007-4-25	2007-10-1
危险废物鉴别技术规范	HJ/T 298—2007	2007-5-21	2007-7-1

3. 固体废物监测方法标准

标准名称	标准编号	发布时间	实施时间
固体废物浸出毒性浸出方法　水平振荡法	HJ 557—2010	2010-02-02	2010-05-01
固体废物　二噁英类的测定 同位素稀释高分辨气相色谱-高分辨质谱法	HJ 77.3—2008	2008-12-31	2009-04-01
固体废物　浸出毒性浸出方法　硫酸硝酸法	HJ/T 299—2007	2007-04-13	2007-05-01
固体废物　浸出毒性浸出方法　醋酸缓冲溶液法	HJ/T 300—2007	2007-04-13	2007-05-01
危险废物（含医疗废物）焚烧处置设施二噁英排放监测技术规范	HJ/T 365—2007	2007-11-01	2008-01-01
固体废物　浸出毒性浸出方法　翻转法	GB 5086.1—1997	1997-12-22	1998-07-01
固体废物　总汞的测定　冷原子吸收分光光度法	GB/T 15555.1—1995	1995-03-28	1996-01-01
固体废物　铜、锌、铅、镉的测定　原子吸收分光光度法	GB/T 15555.2—1995	1995-03-28	1996-01-01
固体废物　砷的测定　二乙基二硫代氨基甲酸银分光光度法	GB/T 15555.3—1995	1995-03-28	1996-01-01
固体废物　六价铬的测定　二苯碳酰二肼分光光度法	GB/T 15555.4—1995	1995-03-28	1996-01-01
固体废物　总铬的测定　二苯碳酰二肼分光光度法	GB/T 15555.5—1995	1995-03-28	1996-01-01
固体废物　总铬的测定　直接吸入火焰原子吸收分光光度法	GB/T 15555.6—1995	1995-03-28	1996-01-01
固体废物　六价铬的测定　硫酸亚铁铵滴定法	GB/T 15555.7—1995	1995-03-28	1996-01-01
固体废物　总铬的测定　硫酸亚铁铵滴定法	GB/T 15555.8—1995	1995-03-28	1996-01-01
固体废物　镍的测定　直接吸入火焰原子吸收分光光度法	GB/T 15555.9—1995	1995-03-28	1996-01-01
固体废物　镍的测定　丁二酮肟分光光度法	GB/T 15555.10—1995	1995-03-28	1996-01-01
固体废物　氟化物的测定　离子选择性电极法	GB/T 15555.11—1995	1995-03-28	1996-01-01
固体废物　腐蚀性测定　玻璃电极法	GB/T 15555.12—1995	1995-03-28	1996-01-01

4. 其他相关标准

标准名称	标准编号	发布时间	实施时间
危险废物（含医疗废物）焚烧处置设施性能测试技术规范	HJ 561—2010	2010-02-22	2010-06-01
地震灾区活动板房拆解处置环境保护技术指南	环境保护部公告 2009 年第 52 号	2009-10-12	2009-10-12
新化学物质申报类名编制导则	HJ/T 420—2008	2008-01-15	2008-04-01
医疗废物专用包装袋、容器和警示标志标准	HJ 421—2008	2008-02-27	2008-04-01
铬渣污染治理环境保护技术规范（暂行）	HJ/T 301—2007	2007-04-13	2007-05-01
报废机动车拆解环境保护技术规范	HJ 348—2007	2007-04-09	2007-04-09
废塑料回收与再生利用污染控制技术规范（试行）	HJ/T 364—2007	2007-09-30	2007-12-01
固体废物鉴别导则（试行）	环境保护部公告 2006 年第 11 号	2006-03-09	2006-04-01
长江三峡水库库底固体废物清理技术规范	HJ/T 85—2005	2005-06-13	2005-06-13
危险废物集中焚烧处置工程建设技术规范	HJ/T 176—2005	2005-05-24	2005-05-24
医疗废物集中焚烧处置工程技术规范	HJ/T 177—2005	2005-05-24	2005-05-24
废弃机电产品集中拆解利用处置区环境保护技术规范（试行）	HJ/T 181—2005	2005-08-15	2005-09-01
化学品测试导则	HJ/T 153—2004	2004-04-13	2004-06-01
新化学物质危害评估导则	HJ/T 154—2004	2004-04-13	2004-06-01
化学品测试合格实验室导则	HJ/T 155—2004	2004-04-13	2004-06-01
环境镉污染健康危害区判定标准	GB/T 17221—1998	1998-01-21	1998-10-01
工业固体废物采样制样技术规范	HJ/T 20—1998	1998-01-08	1998-07-01

标准名称	标准编号	发布时间	实施时间
船舶散装运输液体化学品危害性评价规范水生生物急性毒性试验方法	GB/T 16310.1—1996	1996-05-16	1996-12-01
船舶散装运输液体化学品危害性评价规范水生生物积累性试验方法	GB/T 16310.2—1996	1996-05-16	1996-12-01
船舶散装运输液体化学品危害性评价规范水生生物沾染试验方法	GB/T 16310.3—1996	1996-05-16	1996-12-01
船舶散装运输液体化学品危害性评价规范哺乳动物毒性试验方法	GB/T 16310.4—1996	1996-05-16	1996-12-01
船舶散装运输液体化学品危害性评价规范危害性评价程序与污染分类方法	GB/T 16310.5—1996	1996-05-16	1996-12-01
环境保护图形标志—固体废物贮存（处置）场	GB 15562.2—1995	1995-11-20	1996-07-01
农药安全使用标准	GB 4285—89	1989-09-06	1990-02-01

5. 已被替代的标准

标准名称	标准编号
有色金属工业固体废物污染控制标准	GB 5085—85
有色金属工业固体废物腐蚀性试验方法标准	GB 5087—85
含氰废物污染控制标准	GB 12502—90
危险废物鉴别标准　腐蚀性鉴别	GB 5085.1—1996
危险废物鉴别标准　急性毒性初筛	GB 5085.2—1996
危险废物鉴别标准　浸出毒性鉴别	GB 5085.3—1996
进口废物环境保护控制标准　骨废料（试行）	GB 16487.1—1996
进口废物环境保护控制标准　冶炼渣（试行）	GB 16487.2—1996
进口废物环境保护控制标准　木、木制品废料（试行）	GB 16487.3—1996
进口废物环境保护控制标准　废纸或纸板（试行）	GB 16487.4—1996
进口废物环境保护控制标准　纺织品废物（试行）	GB 16487.5—1996
进口废物环境保护控制标准　废钢铁（试行）	GB 16487.6—1996
进口废物环境保护控制标准　废有色金属（试行）	GB 16487.7—1996
进口废物环境保护控制标准　废电机（试行）	GB 16487.8—1996
进口废物环境保护控制标准　废电线电缆（试行）	GB 16487.9—1996
进口废物环境保护控制标准　废五金电器（试行）	GB 16487.10—1996
进口废物环境保护控制标准　供拆卸的船舶及其他浮动结构体（试行）	GB 16487.11—1996
进口废物环境保护控制标准　废塑料（试行）	GB 16487.12—1996
固体废物 浸出毒性浸出方法　水平振荡法	GB 5086.2—1997
生活垃圾填埋污染控制标准	GB 16889—1997
危险废物焚烧污染控制标准	GWKB 2—1999
生活垃圾焚烧污染控制标准	GWKB 3—2000
长江三峡水库库底固体废物清理技术规范（试行）	HJ/T 85—2002
医疗废物专用包装物、容器标准和警示标识规定	环发[2003]188 号

六、核辐射与电磁辐射环境保护标准

（2011-03-11 实施）

1. 放射性环境标准

标准名称	标准编号	发布时间	实施时间
核动力厂环境辐射防护规定	GB 6249—2011	2011-02-18	2011-09-01
低、中水平放射性废物固化体性能要求　水泥固化体	GB 14569.1—2011	2011-02-18	2011-09-01
核电厂放射性液态流出物排放技术要求	GB 14587—2011	2011-02-18	2011-09-01
拟开放场址土壤中剩余放射性可接受水平规定（暂行）	HJ 53—2000	2000-05-22	2000-12-01
低、中水平放射性废物近地表处置设施的选址	HJ/T 23—1998	1998-01-08	1998-07-01
放射性废物的分类	GB 9133—1995	1995-12-21	1996-08-01
铀矿地质辐射防护和环境保护规定	GB 15848—1995	1995-12-13	1996-08-01
核热电厂辐射防护规定	GB 14317—93	1993-04-20	1993-12-01
放射性废物管理规定	GB 14500—93	1993-06-19	1994-04-01

标准名称	标准编号	发布时间	实施时间
铀、钍矿冶放射性废物安全管理技术规定	GB 14585—93	1993-08-30	1994-04-01
铀矿冶设施退役环境管理技术规定	GB 14586—93	1993-08-30	1994-04-01
轻水堆核电厂放射性废水排放系统技术规定	GB 14587—93	1993-08-30	1994-04-01
反应堆退役环境管理技术规定	GB 14588—93	1993-08-30	1994-04-01
核电厂低、中水平放射性固体废物暂时贮存技术规定	GB 14589—93	1993-08-30	1994-04-01
低中水平放射性固体废物的岩洞处置规定	GB 13600—92	1992-08-19	1993-04-01
核燃料循环放射性流出物归一化排放量管理限值	GB 13695—92	1992-09-29	1993-08-01
核辐射环境质量评价的一般规定	GB 11215—89	1989-03-16	1990-01-01
辐射防护规定	GB 8703—88	1988-03-11	1988-06-01
低中水平放射性固体废物的浅地层处置规定	GB 9132—88	1988-05-25	1988-09-01
轻水堆核电厂放射性固体废物处理系统技术规定	GB 9134—88	1988-05-25	1988-09-01
轻水堆核电厂放射性废液处理系统技术规定	GB 9135—88	1988-05-25	1988-09-01
轻水堆核电厂放射性废气处理系统技术规定	GB 9136—88	1988-05-25	1988-09-01
核电厂环境辐射防护规定	GB 6249—86	1986-04-23	1986-12-01
建筑材料用工业废渣放射性物质限制标准	GB 6763—86	1986-09-04	1987-03-01

2. 电磁辐射标准

标准名称	标准编号	发布时间	实施时间
电磁辐射防护规定	GB 8702—88	1988-03-11	1988-06-01

3. 相关监测方法标准

标准名称	标准编号	发布时间	实施时间
辐射环境监测技术规范	HJ/T 61—2001	2001-05-28	2001-08-01
核设施水质监测采样规定	HJ/T 21—1998	1998-01-08	1998-07-01
气载放射性物质取样一般规定	HJ/T 22—1998	1998-01-08	1998-07-01
铀加工及核燃料制造设施流出物的放射性活度监测规定	GB/T 15444—95	1995-01-12	1995-10-01
低、中水平放射性废物近地表处置场环境辐射监测的一般要求	GB/T 15950—1995	1995-12-21	1996-08-01
环境空气中氡的标准测量方法	GB/T 14582—93	1993-08-30	1994-04-01
环境地表γ辐射剂量率测定规范	GB/T 14583—93	1993-08-30	1994-04-01
牛奶中碘-131 的分析方法	GB/T 14674—93	1993-10-27	1994-05-01
水中碘-131 的分析方法	GB/T 13272—91	1991-10-24	1992-08-01
植物、动物甲状腺中碘-131 的分析方法	GB/T 13273—91	1991-10-24	1992-08-01
水中氚的分析方法	GB 12375—90	1990-06-09	1990-12-01
水中钋-210 的分析方法　电镀制样法	GB 12376—90	1990-06-09	1990-12-01
空气中微量铀的分析方法　激光荧光法	GB 12377—90	1990-06-09	1990-12-01
空气中微量铀的分析方法　TBP 萃取荧光法	GB 12378—90	1990-06-09	1990-12-01
环境核辐射监测规定	GB 12379—90	1990-06-09	1990-12-01
水中镭-226 的分析测定	GB 11214—89	1989-03-16	1990-01-01
核设施流出物和环境放射性监测质量保证计划的一般要求	GB 11216—89	1989-03-16	1990-01-01
核设施流出物监测的一般规定	GB 11217—89	1989-03-16	1990-01-01
水中镭的α放射性核素的测定	GB 11218—89	1989-03-16	1990-01-01
土壤中钚的测定　萃取色层法	GB 11219.1—89	1989-03-16	1990-01-01
土壤中钚的测定　离子交换法	GB 11219.2—89	1989-03-16	1990-01-01
土壤中铀的测定　CL-5209 萃淋树脂分离 2-（5-溴-2-吡啶偶氮）-5-二乙氨基苯酚分光光度法	GB 11220.1—89	1989-03-16	1990-01-01
生物样品灰中铯-137 的放射化学分析方法	GB 11221—89	1989-03-16	1990-01-01
生物样品灰中锶-90 的放射化学分析方法　二-（2-乙基己基）磷酸酯萃取色层法	GB 11222.1—89	1989-03-16	1990-01-01
生物样品灰中锶-90 的放射化学分析方法　离子交换法	GB 11222.2—89	1989-03-16	1990-01-01
生物样品灰中铀的测定　固体荧光法	GB 11223.1—89	1989-03-16	1990-01-01
生物样品灰中铀的测定　激光液体荧光法	GB 11223.2—89	1989-03-16	1990-01-01
水中钍的分析方法	GB 11224—89	1989-03-16	1990-01-01
水中钚的分析方法	GB 11225—89	1989-03-16	1990-01-01

标准名称	标准编号	发布时间	实施时间
水中钾-40 的分析测定	GB 11338—89	1989-03-16	1990-01-01
水中锶-90 放射化学分析方法　发烟硝酸沉淀法	GB 6764—86	1986-09-04	1987-03-01
水中锶-90 放射化学分析方法　二-（2-乙基己基）磷酸萃取色层法	GB 6766—86	1986-09-04	1987-03-01
水中铯-137 放射化学分析方法	GB 6767—86	1986-09-04	1987-03-01
水中微量铀分析方法	GB 6768—86	1986-09-04	1987-03-01
放射性废物固化体长期浸出试验	GB 7023—86	1986-12-03	1987-04-01

4. 相关标准

标准名称	标准编号	发布时间	实施时间
辐射环境保护管理导则　电磁辐射监测仪器和方法	HJ/T 10.2—1996	1996-05-01	1996-05-01
辐射环境保护管理导则　核技术应用项目环境影响报告书（表）的内容和格式	HJ/T 10.1—1995	1995-09-04	1996-03-01
核设施环境保护管理导则　研究堆环境影响报告书的格式与内容	HJ/J 5.1—93	1993-09-18	1994-04-01
核设施环境保护管理导则　放射性固体废物浅地层处置环境影响报告书的格式与内容	HJ/J 5.2—93	1993-09-18	1994-04-01

5. 已被替代标准

标准名称	标准编号
水中锶-90 放射化学分析方法　离子交换法	GB 6765—86
土壤中铀的测定　三烷基氧膦萃取-固体荧光法	GB 11220.2—1989
辐射源和实践的豁免管理原则	GB 13367—1992
低、中水平放射性废物固化体性能要求　塑料固化体	GB 14569.2—1993

七、生态环境保护标准

（2010-10-25 实施）

1. 相关技术规范、标准

标准名称	标准编号	发布时间	实施时间
化肥使用环境安全技术导则	HJ 555—2010	2010-03-08	2010-05-01
农药使用环境安全技术导则	HJ 556—2010	2010-07-09	2011-01-01
农业固体废物污染控制技术导则	HJ 588—2010	2010-10-18	2011-01-01
环保用微生物菌剂环境安全评价导则	HJ/T 415—2008	2008-01-04	2008-05-01
生态环境状况评价技术规范（试行）	HJ/T 192—2006	2006-03-09	2006-05-01
食用农产品产地环境质量评价标准	HJ 332—2006	2006-11-17	2007-02-01
温室蔬菜产地环境质量评价标准	HJ 333—2006	2006-11-17	2007-02-01
自然保护区管护基础设施建设技术规范	HJ/T 129—2003	2003-08-13	2003-10-01
有机食品技术规范	HJ/T 80—2001	2001-12-24	2002-04-01
畜禽养殖业污染防治技术规范	HJ/T 81—2001	2001-12-29	2002-04-01
海洋自然保护区类型与级别划分原则	GB/T 17504—1998	1998-10-12	1999-04-01
山岳型风景资源开发环境影响评价指标体系	HJ/T 6—94	1994-04-21	1994-10-01
自然保护区类型与级别划分原则	GB/T 14529—93	1993-07-19	1994-01-01

2. 相关监测规范、方法标准

标准名称	标准编号	发布时间	实施时间
生物尿中 1-羟基芘的测定　高效液相色谱法	GB/T 16156—1996	1996-03-06	1996-10-01
生物质量　六六六和滴滴涕的测定　气相色谱法	GB/T 14551—93	1993-08-06	1994-01-15
粮食和果蔬质量　有机磷农药的测定　气相色谱法	GB/T 14553—93	1993-08-06	1994-01-15

八、其他环境保护标准

（2011-03-11 实施）

1．清洁生产标准

标准名称	标准编号	发布时间	实施时间
清洁生产标准　酒精制造业	HJ 581—2010	2010-06-08	2010-09-01
清洁生产标准　铜冶炼业	HJ 558—2010	2010-02-01	2010-05-01
清洁生产标准　铜电解业	HJ 559—2010	2010-02-01	2010-05-01
清洁生产标准　制革工业（羊革）	HJ 560—2010	2010-02-01	2010-05-01
清洁生产标准　水泥工业	HJ 467—2009	2009-03-25	2009-07-01
清洁生产标准　造纸工业（废纸制浆）	HJ 468—2009	2009-03-25	2009-07-01
清洁生产审核指南制订技术导则	HJ 469—2009	2009-03-25	2009-07-01
清洁生产标准　钢铁行业（铁合金）	HJ 470—2009	2009-04-10	2009-08-01
清洁生产标准　氧化铝业	HJ 473—2009	2009-08-10	2009-10-01
清洁生产标准　纯碱行业	HJ 474—2009	2009-08-10	2009-10-01
清洁生产标准　氯碱工业（烧碱）	HJ 475—2009	2009-08-10	2009-10-01
清洁生产标准　氯碱工业（聚氯乙烯）	HJ 476—2009	2009-08-10	2009-10-01
清洁生产标准　废铅酸蓄电池铅回收业	HJ 510—2009	2009-11-16	2010-01-01
清洁生产标准　粗铅冶炼业	HJ 512—2009	2009-11-13	2010-02-01
清洁生产标准　铅电解业	HJ 513—2009	2009-11-13	2010-02-01
清洁生产标准　宾馆饭店业	HJ 514—2009	2009-11-30	2010-03-01
清洁生产标准制订技术导则	HJ/T 425—2008	2008-04-08	2008-08-01
清洁生产标准　钢铁行业（烧结）	HJ/T 426—2008	2008-04-08	2008-08-01
清洁生产标准　钢铁行业（高炉炼铁）	HJ/T 427—2008	2008-04-08	2008-08-01
清洁生产标准　钢铁行业（炼钢）	HJ/T 428—2008	2008-04-08	2008-08-01
清洁生产标准　化纤行业（涤纶）	HJ/T 429—2008	2008-04-08	2008-08-01
清洁生产标准　电石行业	HJ/T 430—2008	2008-04-08	2008-08-01
清洁生产标准　石油炼制业（沥青）	HJ 443—2008	2008-09-27	2008-11-01
清洁生产标准　味精工业	HJ 444—2008	2008-09-27	2008-11-01
清洁生产标准　淀粉工业	HJ 445—2008	2008-09-27	2008-11-01
清洁生产标准　煤炭采选业	HJ 446—2008	2008-11-21	2009-02-01
清洁生产标准　铅蓄电池工业	HJ 447—2008	2008-11-21	2009-02-01
清洁生产标准　制革工业（牛轻革）	HJ 448—2008	2008-11-21	2009-02-01
清洁生产标准　合成革工业	HJ 449—2008	2008-11-21	2009-02-01
清洁生产标准　印制电路板制造业	HJ 450—2008	2008-11-21	2009-02-01
清洁生产标准　葡萄酒制造业	HJ 452—2008	2008-12-24	2009-03-01
清洁生产标准　造纸工业（漂白化学烧碱法麦草浆生产工艺）	HJ/T 339—2007	2007-03-28	2007-07-01
清洁生产标准　造纸工业（硫酸盐化学木浆生产工艺）	HJ/T 340—2007	2007-03-28	2007-07-01
清洁生产标准　电解锰行业	HJ/T 357—2007	2007-08-01	2007-10-01
清洁生产标准　镍选矿行业	HJ/T 358—2007	2007-08-01	2007-10-01
清洁生产标准　化纤行业（氨纶）	HJ/T 359—2007	2007-08-01	2007-10-01
清洁生产标准　彩色显像（示）管生产	HJ/T 360—2007	2007-08-01	2007-10-01
清洁生产标准　平板玻璃行业	HJ/T 361—2007	2007-08-01	2007-10-01
清洁生产标准　烟草加工业	HJ/T 401—2007	2007-12-20	2008-03-01
清洁生产标准　白酒制造业	HJ/T 402—2007	2007-12-20	2008-03-01
清洁生产标准　啤酒制造业	HJ/T 183—2006	2006-07-03	2006-10-01
清洁生产标准　食用植物油工业（豆油和豆粕）	HJ/T 184—2006	2006-07-03	2006-10-01
清洁生产标准　纺织业（棉印染）	HJ/T 185—2006	2006-07-03	2006-10-01
清洁生产标准　甘蔗制糖业	HJ/T 186—2006	2006-07-03	2006-10-01
清洁生产标准　电解铝业	HJ/T 187—2006	2006-07-03	2006-10-01
清洁生产标准　氮肥制造业	HJ/T 188—2006	2006-07-03	2006-10-01
清洁生产标准　钢铁行业	HJ/T 189—2006	2006-07-03	2006-10-01
清洁生产标准　基本化学原料制造业（环氧乙烷/乙二醇）	HJ/T 190—2006	2006-07-03	2006-10-01
清洁生产标准　汽车制造业（涂装）	HJ/T 293—2006	2006-08-15	2006-12-01
清洁生产标准　铁矿采选业	HJ/T 294—2006	2006-08-15	2006-12-01

标准名称	标准编号	发布时间	实施时间
清洁生产标准　电镀行业	HJ/T 314—2006	2006-11-22	2007-02-01
清洁生产标准　人造板行业（中密度纤维板）	HJ/T 315—2006	2006-11-22	2007-02-01
清洁生产标准　乳制品制造业（纯牛乳及全脂乳粉）	HJ/T 316—2006	2006-11-22	2007-02-01
清洁生产标准　造纸工业（漂白碱法蔗渣浆生产工艺）	HJ/T 317—2006	2006-11-22	2007-02-01
清洁生产标准　钢铁行业（中厚板轧钢）	HJ/T 318—2006	2006-11-22	2007-02-01
清洁生产标准　石油炼制业	HJ/T 125—2003	2003-04-18	2003-06-01
清洁生产标准　炼焦行业	HJ/T 126—2003	2003-04-18	2003-06-01
清洁生产标准　制革行业（猪轻革）	HJ/T 127—2003	2003-04-18	2003-06-01

2. 环境影响评价技术导则

标准名称	标准编号	发布时间	实施时间
环境影响评价技术导则　生态影响	HJ 19—2011	2011-04-08	2011-09-01
建设项目环境影响技术评估导则	HJ 616—2011	2011-04-08	2011-09-01
环境影响评价技术导则　地下水环境	HJ 610—2011	2011-02-11	2011-06-01
环境影响评价技术导则　制药建设项目	HJ 611—2011	2011-02-11	2011-06-01
环境影响评价技术导则　农药建设项目	HJ 582—2010	2010-09-06	2011-01-01
规划环境影响评价技术导则　煤炭工业矿区总体规划	HJ 463—2009	2009-03-14	2009-07-01
环境影响评价技术导则　声环境	HJ 2.4—2009	2009-12-23	2010-04-01
环境影响评价技术导则　城市轨道交通	HJ 453—2008	2008-12-25	2009-04-01
环境影响评价技术导则　大气环境	HJ 2.2—2008	2008-12-31	2009-04-01
环境影响评价技术导则　陆地石油天然气开发建设项目	HJ/T 349—2007	2007-04-13	2007-08-01
建设项目环境风险评价技术导则	HJ/T 169—2004	2004-12-11	2004-12-11
环境影响评价技术导则　水利水电工程	HJ/T 88—2003	2003-03-28	2003-07-01
环境影响评价技术导则　石油化工建设项目	HJ/T 89—2003	2003-01-06	2003-04-01
规划环境影响评价技术导则（试行）	HJ/T 130—2003	2003-08-11	2003-09-01
开发区区域环境影响评价技术导则	HJ/T 131—2003	2003-08-11	2003-09-01
环境影响评价技术导则　民用机场建设工程	HJ/T 87—2002	2002-08-07	2002-10-01
工业企业土壤环境质量风险评价基准	HJ/T 25—1999	1999-06-09	1999-08-01
500kV 超高压送变电工程电磁辐射环境影响评价技术规范	HJ/T 24—1998	1998-11-19	1999-02-01
环境影响评价技术导则　非污染生态影响	HJ/T 19—1997	1997-11-18	1998-06-01
辐射环境保护管理导则　电磁辐射环境影响评价方法与标准	HJ/T 10.3—1996	1996-05-10	1996-05-10
环境影响评价技术导则　总纲	HJ/T 2.1—93	1993-09-18	1994-04-01
环境影响评价技术导则　地面水环境	HJ/T 2.3—93	1993-09-18	1994-04-01

3. 环保验收技术规范

标准名称	标准编号	发布时间	实施时间
建设项目竣工环境保护验收技术规范　石油天然气开采	HJ 612—2011	2011-02-11	2011-06-01
建设项目竣工环境保护验收技术规范公路	HJ 552—2010	2010-01-06	2010-04-01
建设项目竣工环境保护验收技术规范水利水电	HJ 464—2009	2009-03-25	2009-07-01
储油库、加油站大气污染治理项目验收检测技术规范	HJ/T 431—2008	2008-04-15	2008-05-01
建设项目竣工环境保护验收技术规范港口	HJ 436—2008	2008-06-13	2008-08-01
建设项目竣工环境保护验收技术规范电解铝	HJ/T 254—2006	2006-03-09	2006-05-01
建设项目竣工环境保护验收技术规范火力发电厂	HJ/T 255—2006	2006-03-09	2006-05-01
建设项目竣工环境保护验收技术规范水泥制造	HJ/T 256—2006	2006-03-09	2006-05-01
建设项目竣工环境保护验收技术规范生态影响类	HJ/T 394—2007	2007-12-05	2008-02-01
建设项目竣工环境保护验收技术规范城市轨道交通	HJ/T 403—2007	2007-12-21	2008-04-01
建设项目竣工环境保护验收技术规范黑色金属冶炼及压延加工	HJ/T 404—2007	2007-12-21	2008-04-01
建设项目竣工环境保护验收技术规范石油炼制	HJ/T 405—2007	2007-12-21	2008-04-01
建设项目竣工环境保护验收技术规范乙烯工程	HJ/T 406—2007	2007-12-21	2008-04-01
建设项目竣工环境保护验收技术规范汽车制造	HJ/T 407—2007	2007-12-21	2008-04-01
建设项目竣工环境保护验收技术规范造纸工业	HJ/T 408—2007	2007-12-21	2008-04-01

4. 环境标志产品技术要求

标准名称	标准编号	发布时间	实施时间
环境标志产品技术要求　印刷　第一部分：平版印刷	HJ 2503—2011	2011-03-02	2011-03-02
环境标志产品技术要求　照相机	HJ 2504—2011	2011-03-02	2011-04-01
环境标志产品技术要求　移动硬盘	HJ 2505—2011	2011-03-02	2011-04-01
环境标志产品技术要求　彩色电视广播接收机	HJ 2506—2011	2011-03-02	2011-04-01
环境标志产品技术要求　网络服务器	HJ 2507—2011	2011-03-02	2011-04-01
环境标志产品技术要求　电话	HJ 2508—2011	2011-03-02	2011-04-01
环境标志产品技术要求　木制玩具	HJ 566—2010	2010-03-11	2010-06-01
环境标志产品技术要求　喷墨墨水	HJ 567—2010	2010-03-11	2010-06-01
环境标志产品技术要求　箱包	HJ 569—2010	2010-05-04	2010-07-01
环境标志产品技术要求　鼓粉盒	HJ 570—2010	2010-05-04	2010-07-01
环境标志产品技术要求　人造板及其制品	HJ 571—2010	2010-05-04	2010-07-01
环境标志产品技术要求　文具	HJ 572—2010	2010-05-04	2010-07-01
环境标志产品技术要求　喷墨盒	HJ 573—2010	2010-05-04	2010-07-01
环境标志产品技术要求　电线电缆	HJ 2501—2010	2010-12-22	2011-02-01
环境标志产品技术要求　壁纸	HJ 2502—2010	2010-12-22	2011-02-01
环境标志产品技术要求编制技术导则	HJ 454—2009	2009-02-04	2009-05-01
环境标志产品技术要求　防水卷材	HJ 455—2009	2009-02-04	2009-05-01
环境标志产品技术要求　刚性防水材料	HJ 456—2009	2009-02-04	2009-05-01
环境标志产品技术要求　防水涂料	HJ 457—2009	2009-02-04	2009-05-01
环境标志产品技术要求　家用洗涤剂	HJ 458—2009	2009-02-04	2009-05-01
环境标志产品技术要求　木质门和钢质门	HJ 459—2009	2009-02-04	2009-05-01
环境标志产品技术要求　数字式一体化速印机	HJ 472—2009	2009-06-17	2009-09-01
环境标志产品技术要求　皮革和合成革	HJ 507—2009	2009-10-30	2010-01-01
环境标志产品技术要求　采暖散热器	HJ 508—2009	2009-10-30	2010-01-01
环境标志产品技术要求　杀虫气雾剂	HJ/T 423—2008	2008-04-15	2008-07-01
环境标志产品技术要求　数字式多功能复印设备	HJ/T 424—2008	2008-04-15	2008-07-01
环境标志产品技术要求　橱柜	HJ/T 432—2008	2008-04-15	2008-07-01
环境标志产品技术要求　建筑装饰装修工程	HJ 440—2008	2008-07-03	2008-09-01
环境标志产品技术要求　生态住宅（住区）	HJ/T 351—2007	2007-07-23	2007-11-01
环境标志产品技术要求　太阳能集热器	HJ/T 362—2007	2007-09-10	2007-12-01
环境标志产品技术要求　家用太阳能热水系统	HJ/T 363—2007	2007-09-10	2007-12-01
环境标志产品技术要求　胶印油墨	HJ/T 370—2007	2007-11-02	2008-02-01
环境标志产品技术要求　凹印油墨和柔印油墨	HJ/T 371—2007	2007-11-02	2008-02-01
环境标志产品技术要求　复印纸	HJ/T 410—2007	2007-12-21	2008-04-01
环境标志产品技术要求　水嘴	HJ/T 411—2007	2007-12-21	2008-04-01
环境标志产品技术要求　预拌混凝土	HJ/T 412—2007	2007-12-21	2008-04-01
环境标志产品技术要求　再生鼓粉盒	HJ/T 413—2007	2007-12-21	2008-04-01
环境标志产品技术要求　室内装饰装修用溶剂型木器涂料	HJ/T 414—2007	2007-12-21	2008-04-01
环境标志产品技术要求　节能灯	HJ/T 230—2006	2006-01-06	2006-03-01
环境标志产品技术要求　再生塑料制品	HJ/T 231—2006	2006-01-06	2006-03-01
环境标志产品技术要求　管型荧光灯镇流器	HJ/T 232—2006	2006-01-06	2006-03-01
环境标志产品技术要求　泡沫塑料	HJ/T 233—2006	2006-01-06	2006-03-01
环境标志产品技术要求　金属焊割气	HJ/T 234—2006	2006-01-06	2006-03-01
环境标志产品技术要求　工商用制冷设备	HJ/T 235—2006	2006-01-06	2006-03-01
环境标志产品技术要求　家用制冷器具	HJ/T 236—2006	2006-01-06	2006-03-01
环境标志产品技术要求　塑料门窗	HJ/T 237—2006	2006-01-06	2006-03-01
环境标志产品技术要求　充电电池	HJ/T 238—2006	2006-01-06	2006-03-01
环境标志产品技术要求　干电池	HJ/T 239—2006	2006-01-06	2006-03-01
环境标志产品技术要求　卫生陶瓷	HJ/T 296—2006	2006-08-23	2006-09-01
环境标志产品技术要求　陶瓷砖	HJ/T 297—2006	2006-08-23	2006-09-01
环境标志产品技术要求　打印机、传真机和多功能一体机	HJ/T 302—2006	2006-11-22	2007-02-01
环境标志产品技术要求　家具	HJ/T 303—2006	2006-11-22	2007-02-01
环境标志产品技术要求　房间空气调节器	HJ/T 304—2006	2006-11-15	2007-01-01
环境标志产品技术要求　鞋类	HJ/T 305—2006	2006-11-15	2007-01-01
环境标志产品技术要求　生态纺织品	HJ/T 307—2006	2006-11-15	2007-01-01
环境标志产品技术要求　家用电动洗衣机	HJ/T 308—2006	2006-11-15	2007-01-01

标准名称	标准编号	发布时间	实施时间
环境标志产品技术要求 毛纺织品	HJ/T 309—2006	2006-11-15	2007-01-01
环境标志产品技术要求 盘式蚊香	HJ/T 310—2006	2006-11-15	2007-01-01
环境标志产品技术要求 燃气灶具	HJ/T 311—2006	2006-11-15	2007-01-01
环境标志产品技术要求 陶瓷、微晶玻璃和玻璃餐具	HJ/T 312—2006	2006-11-15	2007-01-01
环境标志产品技术要求 微型计算机、显示器	HJ/T 313—2006	2006-11-15	2007-01-01
环境标志产品技术要求 轻型汽车	HJ/T 182—2005	2005-09-02	2005-10-01
环境标志产品技术要求 水性涂料	HJ/T 201—2005	2005-11-22	2006-01-01
环境标志产品技术要求 一次性餐饮具	HJ/T 202—2005	2005-11-22	2006-01-01
环境标志产品技术要求 飞碟靶	HJ/T 203—2005	2005-11-22	2006-01-01
环境标志产品技术要求 包装用纤维干燥剂	HJ/T 204—2005	2005-11-22	2006-01-01
环境标志产品技术要求 再生纸制品	HJ/T 205—2005	2005-11-22	2006-01-01
环境标志产品技术要求 无石棉建筑制品	HJ/T 206—2005	2005-11-22	2006-01-01
环境标志产品技术要求 建筑砌块	HJ/T 207—2005	2005-11-22	2006-01-01
环境标志产品技术要求 灭火器	HJ/T 208—2005	2005-11-22	2006-01-01
环境标志产品技术要求 包装制品	HJ/T 209—2005	2005-11-22	2006-01-01
环境标志产品标准 软饮料	HJ/T 210—2005	2005-11-22	2006-01-01
环境标志产品技术要求 化学石膏制品	HJ/T 211—2005	2005-11-22	2006-01-01
环境标志产品技术要求 光动能手表	HJ/T 216—2005	2005-11-28	2006-01-01
环境标志产品技术要求 防虫蛀剂	HJ/T 217—2005	2005-11-28	2006-01-01
环境标志产品技术要求 压力炊具	HJ/T 218—2005	2005-11-28	2006-01-01
环境标志产品技术要求 空气卫生香	HJ/T 219—2005	2005-11-28	2006-01-01
环境标志产品技术要求 胶黏剂	HJ/T 220—2005	2005-11-28	2006-01-01
环境标志产品技术要求 家用微波炉	HJ/T 221—2005	2005-11-28	2006-01-01
环境标志产品技术要求 气雾剂	HJ/T 222—2005	2005-11-28	2006-01-01
环境标志产品技术要求 轻质墙体板材	HJ/T 223—2005	2005-11-28	2006-01-01
环境标志产品技术要求 干式电力变压器	HJ/T 224—2005	2005-11-28	2006-01-01
环境标志产品技术要求 消耗臭氧层物质替代产品	HJ/T 225—2005	2005-11-28	2006-01-01
环境标志产品技术要求 建筑用塑料管材	HJ/T 226—2005	2005-11-28	2006-01-01
环境标志产品技术要求 磁电式水处理器	HJ/T 227—2005	2005-11-28	2006-01-01

5．环境保护产品技术要求

标准名称	标准编号	发布时间	实施时间
环境保护产品技术要求 柴油车排气后处理装置	HJ 451—2008	2008-12-10	2009-03-01
环境保护产品技术要求 超声波明渠污水流量计	HJ/T 15—2007	2007-11-22	2008-02-01
环境保护产品技术要求 超声波管道流量计	HJ/T 366—2007	2007-11-22	2008-02-01
环境保护产品技术要求 电磁管道流量计	HJ/T 367—2007	2007-11-22	2008-02-01
环境保护产品技术要求 标定总悬浮颗粒物采样器用的孔口流量计技术要求及检测方法	HJ/T 368—2007	2007-11-22	2008-02-01
环境保护产品技术要求 水处理用加药装置	HJ/T 369—2007	2007-11-22	2008-02-01
总悬浮颗粒物采样器技术要求及检测方法	HJ/T 374—2007	2007-12-03	2008-03-01
环境空气采样器技术要求及检测方法	HJ/T 375—2007	2007-12-03	2008-03-01
24 小时恒温自动连续环境空气采样器技术要求及检测方法	HJ/T 376—2007	2007-12-03	2008-03-01
环境保护产品技术要求 化学需氧量（COD_{Cr}）水质在线自动监测仪	HJ/T 377—2007	2007-12-03	2008-03-01
污染治理设施运行记录仪技术要求及检测方法	HJ/T 378—2007	2007-12-03	2008-03-01
环境保护产品技术要求 隔声门	HJ/T 379—2007	2007-12-03	2008-03-01
环境保护产品技术要求 橡胶隔振器	HJ/T 380—2007	2007-12-03	2008-03-01
环境保护产品技术要求 阻尼弹簧隔振器	HJ/T 381—2007	2007-12-03	2008-03-01
环境保护产品技术要求 高压气体排放小孔消声器	HJ/T 382—2007	2007-12-03	2008-03-01
环境保护产品技术要求 汽车发动机排气消声器	HJ/T 383—2007	2007-12-03	2008-03-01
环境保护产品技术要求 一般用途低噪声轴流通风机	HJ/T 384—2007	2007-12-03	2008-03-01
环境保护产品技术要求 低噪声型冷却塔	HJ/T 385—2007	2007-12-03	2008-03-01
环境保护产品技术要求 工业废气吸附净化装置	HJ/T 386—2007	2007-12-03	2008-03-01
环境保护产品技术要求 工业废气吸收净化装置	HJ/T 387—2007	2007-12-03	2008-03-01
环境保护产品技术要求 湿法漆雾过滤净化装置	HJ/T 388—2007	2007-12-03	2008-03-01
环境保护产品技术要求 工业有机废气催化净化装置	HJ/T 389—2007	2007-12-03	2008-03-01
环境保护产品技术要求 汽油车燃油蒸发污染物控制系统（装置）	HJ/T 390—2007	2007-12-03	2008-03-01
环境保护产品技术要求 可曲挠橡胶接头	HJ/T 391—2007	2007-12-03	2008-03-01

标准名称	标准编号	发布时间	实施时间
环境保护产品技术要求　摩托车排气催化转化器	HJ/T 392—2007	2007-12-03	2008-03-01
环境保护产品技术要求　污泥脱水用带式压榨过滤机	HJ/T 242—2006	2006-04-13	2006-06-01
环境保护产品技术要求　油水分离装置	HJ/T 243—2006	2006-04-13	2006-06-01
环境保护产品技术要求　斜管（板）隔油装置	HJ/T 244—2006	2006-04-13	2006-06-01
环境保护产品技术要求　悬挂式填料	HJ/T 245—2006	2006-04-13	2006-06-01
环境保护产品技术要求　悬浮填料	HJ/T 246—2006	2006-04-13	2006-06-01
环境保护产品技术要求　竖轴式机械表面曝气装置	HJ/T 247—2006	2006-04-13	2006-06-01
环境保护产品技术要求　多层滤料过滤器	HJ/T 248—2006	2006-04-13	2006-06-01
环境保护产品技术要求　水力旋流分离器	HJ/T 249—2006	2006-04-13	2006-06-01
环境保护产品技术要求　旋转式细格栅	HJ/T 250—2006	2006-04-13	2006-06-01
环境保护产品技术要求　罗茨鼓风机	HJ/T 251—2006	2006-04-13	2006-06-01
环境保护产品技术要求　中、微孔曝气器	HJ/T 252—2006	2006-04-13	2006-06-01
环境保护产品技术要求　微孔过滤装置	HJ/T 253—2006	2006-04-13	2006-06-01
环境保护产品技术要求　电解法二氧化氯协同消毒剂发生器	HJ/T 257—2006	2006-04-13	2006-06-15
环境保护产品技术要求　电解法次氯酸钠发生器	HJ/T 258—2006	2006-04-13	2006-06-15
环境保护产品技术要求　转刷曝气装置	HJ/T 259—2006	2006-04-13	2006-06-15
环境保护产品技术要求　鼓风式潜水曝气机	HJ/T 260—2006	2006-04-13	2006-06-15
环境保护产品技术要求　压力溶气气浮装置	HJ/T 261—2006	2006-04-13	2006-06-15
环境保护产品技术要求　格栅除污机	HJ/T 262—2006	2006-04-13	2006-06-15
环境保护产品技术要求　射流曝气器	HJ/T 263—2006	2006-04-13	2006-06-15
环境保护产品技术要求　臭氧发生器	HJ/T 264—2006	2006-04-13	2006-06-15
环境保护产品技术要求　刮泥机	HJ/T 265—2006	2006-07-28	2006-09-15
环境保护产品技术要求　吸泥机	HJ/T 266—2006	2006-07-28	2006-09-15
环境保护产品技术要求　电凝聚处理设备	HJ/T 267—2006	2006-07-28	2006-09-15
环境保护产品技术要求　中和装置	HJ/T 268—2006	2006-07-28	2006-09-15
环境保护产品技术要求　自动清洗网式过滤器	HJ/T 269—2006	2006-07-28	2006-09-15
环境保护产品技术要求　反渗透水处理装置	HJ/T 270—2006	2006-07-28	2006-09-15
环境保护产品技术要求　超滤装置	HJ/T 271—2006	2006-07-28	2006-09-15
环境保护产品技术要求　化学法二氧化氯消毒剂发生器	HJ/T 272—2006	2006-07-28	2006-09-15
环境保护产品技术要求　旋转式滗水器	HJ/T 277—2006	2006-07-28	2006-09-15
环境保护产品技术要求　单级高速曝气离心鼓风机	HJ/T 278—2006	2006-07-28	2006-09-15
环境保护产品技术要求　推流式潜水搅拌机	HJ/T 279—2006	2006-07-28	2006-09-15
环境保护产品技术要求　转盘曝气装置	HJ/T 280—2006	2006-07-28	2006-09-15
环境保护产品技术要求　散流式曝气器	HJ/T 281—2006	2006-07-28	2006-09-15
环境保护产品技术要求　浅池气浮装置	HJ/T 282—2006	2006-07-28	2006-09-15
环境保护产品技术要求　厢式压滤机和板框压滤机	HJ/T 283—2006	2006-07-28	2006-09-15
环境保护产品技术要求　袋式除尘器用电磁脉冲阀	HJ/T 284—2006	2006-07-28	2006-09-15
环境保护产品技术要求　工业粉尘湿式除尘装置	HJ/T 285—2006	2006-07-28	2006-09-15
环境保护产品技术要求　工业锅炉多管旋风除尘器	HJ/T 286—2006	2006-07-28	2006-09-15
环境保护产品技术要求　中小型燃油、燃气锅炉	HJ/T 287—2006	2006-07-28	2006-09-15
环境保护产品技术要求　湿式烟气脱硫除尘装置	HJ/T 288—2006	2006-07-28	2006-09-15
环境保护产品技术要求　花岗石类湿式烟气脱硫除尘装置	HJ/T 319—2006	2006-11-22	2007-02-01
环境保护产品技术要求　电除尘器高压整流电源	HJ/T 320—2006	2006-11-22	2007-02-01
环境保护产品技术要求　电除尘器低压控制电源	HJ/T 321—2006	2006-11-22	2007-02-01
环境保护产品技术要求　电除尘器	HJ/T 322—2006	2006-11-22	2007-02-01
环境保护产品技术要求　电除雾器	HJ/T 323—2006	2006-11-22	2007-02-01
环境保护产品技术要求　袋式除尘器用滤料	HJ/T 324—2006	2006-11-22	2007-02-01
环境保护产品技术要求　袋式除尘器　滤袋框架	HJ/T 325—2006	2006-11-22	2007-02-01
环境保护产品技术要求　袋式除尘器用覆膜滤料	HJ/T 326—2006	2006-11-22	2007-02-01
环境保护产品技术要求　袋式除尘器　滤袋	HJ/T 327—2006	2006-11-22	2007-02-01
环境保护产品技术要求　脉冲喷吹类袋式除尘器	HJ/T 328—2006	2006-11-22	2007-02-01
环境保护产品技术要求　回转反吹袋式除尘器	HJ/T 329—2006	2006-11-22	2007-02-01
环境保护产品技术要求　分室反吹类袋式除尘器	HJ/T 330—2006	2006-11-22	2007-02-01
环境保护产品技术要求　汽油车用催化转化器	HJ/T 331—2006	2006-11-22	2007-02-01
环境保护产品技术要求　电渗析装置	HJ/T 334—2006	2006-12-15	2007-04-01
环境保护产品技术要求　污泥浓缩带式脱水一体机	HJ/T 335—2006	2006-12-15	2007-04-01
环境保护产品技术要求　潜水排污泵	HJ/T 336—2006	2006-12-15	2007-04-01
环境保护产品技术要求　生物接触氧化成套装置	HJ/T 337—2006	2006-12-15	2007-04-01
通风消声器	HJ/T 16—1996	1996-07-22	1996-07-22
隔声窗	HJ/T 17—1996	1996-07-22	1996-07-22

6．环境保护工程技术规范

标准名称	标准编号	发布时间	实施时间
废矿物油回收利用污染控制技术规范	HJ 607—2011	2011-02-16	2011-07-01
环境工程技术规范制订技术导则	HJ 526—2010	2010-02-22	2010-05-01
废弃电器电子产品处理污染控制技术规范	HJ 527—2010	2010-01-04	2010-04-01
火电厂烟气脱硝工程技术规范 选择性催化还原法	HJ 562—2010	2010-02-03	2010-04-01
火电厂烟气脱硝工程技术规范 选择性非催化还原法	HJ 563—2010	2010-02-03	2010-04-01
生活垃圾填埋场渗滤液处理工程技术规范（试行）	HJ 564—2010	2010-02-03	2010-04-01
农村生活污染控制技术规范	HJ 574—2010	2010-07-09	2011-01-01
酿造工业废水治理工程技术规范	HJ 575—2010	2010-10-12	2011-01-01
厌氧-缺氧-好氧活性污泥法污水处理工程技术规范	HJ 576—2010	2010-10-12	2011-01-01
序批式活性污泥法污水处理工程技术规范	HJ 577—2010	2010-10-12	2011-01-01
氧化沟活性污泥法污水处理工程技术规范	HJ 578—2010	2010-10-12	2011-01-01
膜分离法污水处理工程技术规范	HJ 579—2010	2010-10-12	2011-01-01
含油污水处理工程技术规范	HJ 580—2010	2010-10-12	2011-01-01
大气污染治理工程技术导则	HJ 2000—2010	2010-12-17	2011-03-01
火电厂烟气脱硫工程技术规范 氨法	HJ 2001—2010	2010-12-17	2011-03-01
电镀废水治理工程技术规范	HJ 2002—2010	2010-12-17	2011-03-01
制革及毛皮加工废水治理工程技术规范	HJ 2003—2010	2010-12-17	2011-03-01
屠宰与肉类加工废水治理工程技术规范	HJ 2004—2010	2010-12-17	2011-03-01
人工湿地污水处理工程技术规范	HJ 2005—2010	2010-12-17	2011-03-01
污水混凝与絮凝处理工程技术规范	HJ 2006—2010	2010-12-17	2011-03-01
污水气浮处理工程技术规范	HJ 2007—2010	2010-12-17	2011-03-01
污水过滤处理工程技术规范	HJ 2008—2010	2010-12-17	2011-03-01
工业锅炉及炉窑湿法烟气脱硫工程技术规范	HJ 462—2009	2009-03-06	2009-06-01
纺织染整工业废水治理工程技术规范	HJ 471—2009	2009-06-24	2009-09-01
畜禽养殖业污染治理工程技术规范	HJ 497—2009	2009-09-30	2009-12-01
危险废物集中焚烧处置设施运行监督管理技术规范（试行）	HJ 515—2009	2009-12-29	2010-03-01
医疗废物集中焚烧处置设施运行监督管理技术规范（试行）	HJ 516—2009	2009-12-29	2010-03-01
废铅酸蓄电池处理污染控制技术规范	HJ 519—2009	2009-12-21	2010-03-01
水泥工业除尘工程技术规范	HJ 434—2008	2008-06-06	2008-09-01
钢铁工业除尘工程技术规范	HJ 435—2008	2008-06-06	2008-09-01
铬渣污染治理环境保护技术规范（暂行）	HJ/T 301—2007	2007-04-13	2007-05-01
报废机动车拆解环境保护技术规范	HJ 348—2007	2007-04-09	2007-04-09
防治城市扬尘污染技术规范	HJ/T 393—2007	2007-11-21	2008-02-01
医疗废物高温蒸汽集中处理工程技术规范（试行）	HJ/T 276—2006	2006-06-14	2006-08-01
长江三峡水库库底固体废物清理技术规范	HJ 85—2005	2005-06-13	2005-06-13
危险废物集中焚烧处置工程建设技术规范	HJ/T 176—2005	2005-05-24	2005-05-24
医疗废物集中焚烧处置工程技术规范	HJ/T 177—2005	2005-05-24	2005-05-24
火电厂烟气脱硫工程技术规范（烟气循环流化床法）	HJ/T 178—2005	2005-06-24	2005-10-01
火电厂烟气脱硫工程技术规范（石灰石/石灰－石膏法）	HJ/T 179—2005	2005-06-24	2005-10-01
废弃机电产品集中拆解利用处置区环境保护技术规范（试行）	HJ/T 181—2005	2005-08-15	2005-09-01
医疗废物化学消毒集中处理工程技术规范（试行）	HJ/T 228—2005	2006-02-08	2006-03-15
医疗废物微波消毒集中处理工程技术规范（试行）	HJ/T 229—2005	2006-02-08	2006-03-15
在用机动车排放污染物检测机构技术规范	环发[2005]15 号	2005-01-31	2005-01-31
危险废物安全填埋处置工程建设技术要求	环发[2004]75 号	2004-04-30	2004-04-30
医院污水处理技术指南	环发[2003]197 号	2003-12-10	2003-12-10
医疗废物集中处置技术规范（试行）	环发[2003]206 号	2003-12-26	2003-12-26

7．环境保护信息标准

标准名称	标准编号	发布时间	实施时间
污染源编码规则（试行）	HJ 608—2011	2011-03-07	2012-06-01
环境信息网络建设规范	HJ 460—2009	2009-03-20	2009-06-01
环境信息网络管理维护规范	HJ 461—2009	2009-03-20	2009-06-01
环境信息化标准指南	HJ 511—2009	2009-11-16	2010-01-01
燃料分类代码	HJ 517—2009	2009-12-21	2010-03-01

标准名称	标准编号	发布时间	实施时间
燃烧方式代码	HJ 518—2009	2009-12-21	2010-03-01
废水类别代码	HJ 520—2009	2009-12-30	2010-04-01
废水排放规律代码（试行）	HJ 521—2009	2009-12-30	2010-04-01
地表水环境功能区类别代码（试行）	HJ 522—2009	2009-12-30	2010-04-01
废水排放去向代码	HJ 523—2009	2009-12-30	2010-04-01
大气污染物名称代码	HJ 524—2009	2009-12-30	2010-04-01
水污染物名称代码	HJ 525—2009	2009-12-30	2010-04-01
环境污染源自动监控信息传输、交换技术规范（试行）	HJ/T 352—2007	2007-07-12	2007-08-01
环境信息术语	HJ/T 416—2007	2007-12-29	2008-02-01
环境信息分类与代码	HJ/T 417—2007	2007-12-29	2008-02-01
环境信息系统集成技术规范	HJ/T 418—2007	2007-12-29	2008-02-01
环境数据库设计与运行管理规范	HJ/T 419—2007	2007-12-29	2008-02-01
污染源在线自动监控（监测）系统数据传输标准	HJ/T 212—2005	2005-12-30	2006-02-01
环境污染类别代码	GB/T 16705—1996	1996-12-20	1997-07-01
环境污染源类别代码	GB/T 16706—1996	1996-12-20	1997-07-01

8．其他

标准名称	标准编号	发布时间	实施时间
工业污染源现场检查技术规范	HJ 606—2011	2011-02-12	2011-06-01
环境监测　分析方法标准制修订技术导则	HJ 168—2010	2010-02-26	2010-05-01
饮食业环境保护技术规范	HJ 554—2010	2010-01-13	2010-04-01
环境保护标准编制出版技术指南	HJ 565—2010	2010-02-22	2010-05-01
畜禽养殖产地环境评价规范	HJ 568—2010	2010-04-16	2010-07-01
突发环境事件应急监测技术规范	HJ 589—2010	2010-10-19	2011-01-01
综合类生态工业园区标准	HJ 274—2009	2009-06-23	2009-06-23
钢铁工业发展循环经济环境保护导则	HJ 465—2009	2009-03-14	2009-07-01
铝工业发展循环经济环境保护导则	HJ 466—2009	2009-03-14	2009-07-01
污染源在线自动监控（监测）数据采集传输仪技术要求	HJ 477—2009	2009-07-02	2009-10-01
环境工程技术分类与命名	HJ 496—2009	2009-09-09	2009-12-01
生态工业园区建设规划编制指南	HJ/T 409—2007	2007-12-20	2008-04-01
行业类生态工业园区标准（试行）	HJ/T 273—2006	2006-06-02	2006-09-01
静脉产业类生态工业园区标准（试行）	HJ/T 275—2006	2006-06-02	2006-09-01
环境保护档案管理规范　环境监察	HJ/T 295—2006	2006-09-08	2006-12-01
环境标准样品研复制技术规范	HJ/T 173—2005	2005-03-24	2005-07-01
环境保护档案管理数据采集规范	HJ/T 78—2001	2001-12-25	2002-04-01
环境保护档案机读目录数据交换格式	HJ/T 79—2001	2001-12-25	2002-04-01
环境保护设备分类与命名	HJ/T 11—1996	1996-03-31	1996-07-01
环境保护仪器分类与命名	HJ/T 12—1996	1996-03-31	1996-07-01
环境保护图形标志——排放口（源）	GB/T 15562.1—1995	1995-11-20	1996-07-01
环境保护档案著录细则	HJ/T 9—95	1995-05-28	1996-01-01
中国档案分类法　环境保护档案分类表	HJ/T 7—94	1994-07-28	1995-01-01
环境保护档案管理规范　科学研究	HJ/T 8.1—94	1994-07-28	1995-01-01
环境保护档案管理规范　环境监测	HJ/T 8.2—94	1994-07-28	1995-01-01
环境保护档案管理规范　建设项目环境保护管理	HJ/T 8.3—94	1994-07-28	1995-01-01
环境保护档案管理规范　污染源	HJ/T 8.4—94	1994-07-28	1995-01-01
环境保护档案管理规范　环境保护仪器设备	HJ/T 8.5—94	1994-07-28	1995-01-01
制定地方大气污染物排放标准的技术方法	GB/T 3840—91	1991-08-31	1992-06-01